全国中医药行业高等教育"十四五"规划教材

全国高等中医药院校规划教材（第十一版）

分子生物学

（新世纪第四版）

（供中医学、中药学、针灸推拿学、中西医临床医学、护理学等专业用）

主　审　王继峰
主　编　唐炳华　郑晓珂

中国中医药出版社
·北京·

图书在版编目（CIP）数据

分子生物学 / 唐炳华，郑晓珂主编 . — 4 版 . —北京：
中国中医药出版社，2023.12（2025.4 重印）
全国中医药行业高等教育"十四五"规划教材
ISBN 978-7-5132-8569-8

Ⅰ . ①分… Ⅱ . ①唐… ②郑… Ⅲ . ①分子生物学—
中医学院—教材 Ⅳ . ① Q7

中国国家版本馆 CIP 数据核字（2023）第 223437 号

融合出版数字化资源服务说明

全国中医药行业高等教育"十四五"规划教材为融合教材，各教材相关数字化资源（电子教材、PPT 课件、视频、复习思考题等）在全国中医药行业教育云平台"医开讲"发布。

资源访问说明

扫描右方二维码下载"医开讲 APP"或到"医开讲网站"（网址：www.e-lesson.cn）注册登录，输入封底"序列号"进行账号绑定后即可访问相关数字化资源（注意：序列号只可绑定一个账号，为避免不必要的损失，请您刮开序列号立即进行账号绑定激活）。

资源下载说明

本书有配套 PPT 课件，供教师下载使用，请到"医开讲网站"（网址：www.e-lesson.cn）认证教师身份后，搜索书名进入具体图书页面实现下载。

中国中医药出版社出版

北京经济技术开发区科创十三街 31 号院二区 8 号楼
邮政编码　100176
传真　010-64405721
山东润声印务有限公司印刷
各地新华书店经销

开本 889×1194　1/16　印张 27.5　字数 732 千字
2023 年 12 月第 4 版　2025 年 4 月第 2 次印刷
书号　ISBN 978-7-5132-8569-8

定价　95.00 元
网址　www.cptcm.com

服 务 热 线　010-64405510　　微信服务号　zgzyycbs
购 书 热 线　010-89535836　　微商城网址　https://kdt.im/LIdUGr
维 权 打 假　010-64405753　　天猫旗舰店网址　https://zgzyycbs.tmall.com

如有印装质量问题请与本社出版部联系（010-64405510）

全国中医药行业高等教育"十四五"规划教材
全国高等中医药院校规划教材（第十一版）

《分子生物学》
编 委 会

主 审

王继峰（北京中医药大学）

主 编

唐炳华（北京中医药大学）　　　　　郑晓珂（河南中医药大学）

副主编

谭宇蕙（广州中医药大学）　　　　　詹秀琴（南京中医药大学）

赵京山（河北中医药大学）　　　　　刘　湘（湖北中医药大学）

宋　岚（湖南中医药大学）　　　　　朱　洁（安徽中医药大学）

编 委（以姓氏笔画为序）

马利刚（河南中医药大学）　　　　　王　鹤（福建中医药大学）

王宏英（长春中医药大学）　　　　　王艳杰（辽宁中医药大学）

史晓燕（陕西中医药大学）　　　　　米丽华（山西中医药大学）

孙丽萍（北京中医药大学）　　　　　杨军平（江西中医药大学）

杨品娜（首都医科大学）　　　　　　宋佳蕾（贵州中医药大学）

张效云（河北北方学院）　　　　　　陈　娟（浙江中医药大学）

陈巧云（黑龙江中医药大学佳木斯学院）　郑　斌（河北医科大学）

胡旭东（上海中医药大学）　　　　　姜　颖（黑龙江中医药大学）

黄光瑞（北京中医药大学）　　　　　黄映红（成都中医药大学）

龚明玉（承德医学院）　　　　　　　康　宁（天津中医药大学）

学术秘书

黄光瑞（北京中医药大学）

全国中医药行业高等教育"十四五"规划教材
全国高等中医药院校规划教材（第十一版）

专家指导委员会

名誉主任委员

余艳红（国家卫生健康委员会党组成员，国家中医药管理局党组书记、局长）

王永炎（中国中医科学院名誉院长、中国工程院院士）

陈可冀（中国中医科学院研究员、中国科学院院士、国医大师）

主任委员

张伯礼（天津中医药大学教授、中国工程院院士、国医大师）

秦怀金（国家中医药管理局副局长、党组成员）

副主任委员

王　琦（北京中医药大学教授、中国工程院院士、国医大师）

黄璐琦（中国中医科学院院长、中国工程院院士）

严世芸（上海中医药大学教授、国医大师）

高　斌（教育部高等教育司副司长）

陆建伟（国家中医药管理局人事教育司司长）

委　员（以姓氏笔画为序）

丁中涛（云南中医药大学校长）

王　伟（广州中医药大学校长）

王东生（中南大学中西医结合研究所所长）

王维民（北京大学医学部副主任、教育部临床医学专业认证工作委员会主任委员）

王耀献（河南中医药大学校长）

牛　阳（宁夏医科大学党委副书记）

方祝元（江苏省中医院党委书记）

石学敏（天津中医药大学教授、中国工程院院士）

田金洲（北京中医药大学教授、中国工程院院士）

仝小林（中国中医科学院研究员、中国科学院院士）

宁　光（上海交通大学医学院附属瑞金医院院长、中国工程院院士）

匡海学（黑龙江中医药大学教授、教育部高等学校中药学类专业教学指导委员会主任委员）

吕志平（南方医科大学教授、全国名中医）

吕晓东（辽宁中医药大学党委书记）

朱卫丰（江西中医药大学校长）

朱兆云（云南中医药大学教授、中国工程院院士）

刘　良（广州中医药大学教授、中国工程院院士）

刘松林（湖北中医药大学校长）

刘叔文（南方医科大学副校长）

刘清泉（首都医科大学附属北京中医医院院长）

李可建（山东中医药大学校长）

李灿东（福建中医药大学校长）

杨　柱（贵州中医药大学党委书记）

杨晓航（陕西中医药大学校长）

肖　伟（南京中医药大学教授、中国工程院院士）

吴以岭（河北中医药大学名誉校长、中国工程院院士）

余曙光（成都中医药大学校长）

谷晓红（北京中医药大学教授、教育部高等学校中医学类专业教学指导委员会主任委员）

冷向阳（长春中医药大学校长）

张忠德（广东省中医院院长）

陆付耳（华中科技大学同济医学院教授）

阿吉艾克拜尔·艾萨（新疆医科大学校长）

陈　忠（浙江中医药大学校长）

陈凯先（中国科学院上海药物研究所研究员、中国科学院院士）

陈香美（解放军总医院教授、中国工程院院士）

易刚强（湖南中医药大学校长）

季　光（上海中医药大学校长）

周建军（重庆中医药学院院长）

赵继荣（甘肃中医药大学校长）

郝慧琴（山西中医药大学党委书记）

胡　刚（江苏省政协副主席、南京中医药大学教授）

侯卫伟（中国中医药出版社有限公司董事长）

姚　春（广西中医药大学校长）

徐安龙（北京中医药大学校长、教育部高等学校中西医结合类专业教学指导委员会主任委员）

高秀梅（天津中医药大学校长）

高维娟（河北中医药大学校长）

郭宏伟（黑龙江中医药大学校长）

唐志书（中国中医科学院副院长、研究生院院长）

彭代银（安徽中医药大学校长）

董竞成（复旦大学中西医结合研究院院长）

韩晶岩（北京大学医学部基础医学院中西医结合教研室主任）

程海波（南京中医药大学校长）

鲁海文（内蒙古医科大学副校长）

翟理祥（广东药科大学校长）

秘书长（兼）

陆建伟（国家中医药管理局人事教育司司长）

侯卫伟（中国中医药出版社有限公司董事长）

办公室主任

周景玉（国家中医药管理局人事教育司副司长）

李秀明（中国中医药出版社有限公司总编辑）

办公室成员

陈令轩（国家中医药管理局人事教育司综合协调处处长）

李占永（中国中医药出版社有限公司副总编辑）

张峘宇（中国中医药出版社有限公司副总经理）

芮立新（中国中医药出版社有限公司副总编辑）

沈承玲（中国中医药出版社有限公司教材中心主任）

前 言

为全面贯彻《中共中央 国务院关于促进中医药传承创新发展的意见》和全国中医药大会精神，落实《国务院办公厅关于加快医学教育创新发展的指导意见》《教育部 国家卫生健康委 国家中医药管理局关于深化医教协同进一步推动中医药教育改革与高质量发展的实施意见》，紧密对接新医科建设对中医药教育改革的新要求和中医药传承创新发展对人才培养的新需求，国家中医药管理局教材办公室（以下简称"教材办"）、中国中医药出版社在国家中医药管理局领导下，在教育部高等学校中医学类、中药学类、中西医结合类专业教学指导委员会及全国中医药行业高等教育规划教材专家指导委员会指导下，对全国中医药行业高等教育"十三五"规划教材进行综合评价，研究制定《全国中医药行业高等教育"十四五"规划教材建设方案》，并全面组织实施。鉴于全国中医药行业主管部门主持编写的全国高等中医药院校规划教材目前已出版十版，为体现其系统性和传承性，本套教材称为第十一版。

本套教材建设，坚持问题导向、目标导向、需求导向，结合"十三五"规划教材综合评价中发现的问题和收集的意见建议，对教材建设知识体系、结构安排等进行系统整体优化，进一步加强顶层设计和组织管理，坚持立德树人根本任务，力求构建适应中医药教育教学改革需求的教材体系，更好地服务院校人才培养和学科专业建设，促进中医药教育创新发展。

本套教材建设过程中，教材办聘请中医学、中药学、针灸推拿学三个专业的权威专家组成编审专家组，参与主编确定，提出指导意见，审查编写质量。特别是对核心示范教材建设加强了组织管理，成立了专门评价专家组，全程指导教材建设，确保教材质量。

本套教材具有以下特点：

1.坚持立德树人，融入课程思政内容

将党的二十大精神进教材，把立德树人贯穿教材建设全过程、各方面，体现课程思政建设新要求，发挥中医药文化育人优势，促进中医药人文教育与专业教育有机融合，指导学生树立正确世界观、人生观、价值观，帮助学生立大志、明大德、成大才、担大任，坚定信念信心，努力成为堪当民族复兴重任的时代新人。

2.优化知识结构，强化中医思维培养

在"十三五"规划教材知识架构基础上，进一步整合优化学科知识结构体系，减少不同学科教材间相同知识内容交叉重复，增强教材知识结构的系统性、完整性。强化中医思维培养，突出中医思维在教材编写中的主导作用，注重中医经典内容编写，在《内经》《伤寒论》等经典课程中更加突出重点，同时更加强化经典与临床的融合，增强中医经典的临床运用，帮助学生筑牢中医经典基础，逐步形成中医思维。

3.突出"三基五性"，注重内容严谨准确

坚持"以本为本"，更加突出教材的"三基五性"，即基本知识、基本理论、基本技能，思想性、科学性、先进性、启发性、适用性。注重名词术语统一，概念准确，表述科学严谨，知识点结合完备，内容精炼完整。教材编写综合考虑学科的分化、交叉，既充分体现不同学科自身特点，又注意各学科之间的有机衔接；注重理论与临床实践结合，与医师规范化培训、医师资格考试接轨。

4.强化精品意识，建设行业示范教材

遴选行业权威专家，吸纳一线优秀教师，组建经验丰富、专业精湛、治学严谨、作风扎实的高水平编写团队，将精品意识和质量意识贯穿教材建设始终，严格编审把关，确保教材编写质量。特别是对32门核心示范教材建设，更加强调知识体系架构建设，紧密结合国家精品课程、一流学科、一流专业建设，提高编写标准和要求，着力推出一批高质量的核心示范教材。

5.加强数字化建设，丰富拓展教材内容

为适应新型出版业态，充分借助现代信息技术，在纸质教材基础上，强化数字化教材开发建设，对全国中医药行业教育云平台"医开讲"进行了升级改造，融入了更多更实用的数字化教学素材，如精品视频、复习思考题、AR/VR等，对纸质教材内容进行拓展和延伸，更好地服务教师线上教学和学生线下自主学习，满足中医药教育教学需要。

本套教材的建设，凝聚了全国中医药行业高等教育工作者的集体智慧，体现了中医药行业齐心协力、求真务实、精益求精的工作作风，谨此向有关单位和个人致以衷心的感谢！

尽管所有组织者与编写者竭尽心智，精益求精，本套教材仍有进一步提升空间，敬请广大师生提出宝贵意见和建议，以便不断修订完善。

国家中医药管理局教材办公室
中国中医药出版社有限公司
2023 年 6 月

编写说明

分子生物学在分子水平和整体水平上研究生命现象、生命本质、生命活动及其规律，其研究对象是核酸和蛋白质等生物大分子，研究内容包括生物大分子的结构、功能及其在遗传信息和代谢信息传递中的作用和作用规律。分子生物学理论和技术的不断发展将为认识生命、造福人类带来新的机遇、开拓广阔前景。分子生物学是一门重要的专业基础课程。它以生物化学、细胞生物学、遗传学、生理学及信息技术为基础，同时又是病理学、药理学等后续课程和其他临床课程的基础，起着承前启后的作用。

《分子生物学》（第四版）是全国中医药行业高等教育"十四五"规划教材和全国高等中医药院校规划教材之一，由国家中医药管理局统一规划、宏观指导，全国高等中医药教材建设研究会负责，全国多家高等医药院校共同参与编写，可供全国高等院校中医学、中药学、针灸推拿学、中西医临床医学、护理学等专业使用，也可作为生命科学工作者的参考用书。

本教材重视融入课程思政内容，并力求保持第三版的体系完善、特色突出、图表直观、叙述简洁、精益求精、方便读者的风格，科学把握本课程与细胞生物学、生物化学、组织学、生理学、药理学、病理学、病理生理学、肿瘤分子生物学、内科学、医学检验等其他课程的关系，具体有以下修订内容。

1. 更新理论及其应用：①增加细胞周期和程序性细胞死亡一章。②DNA 的生物合成一章结合研究进展更新 DNA 合成过程、DNA 修复、DNA 重组。③真核基因表达调控一章更新染色质水平调控、转录因子，增加调控 RNA。④原癌基因、抑癌基因和生长因子一章改名为肿瘤分子生物学，将部分原癌基因、抑癌基因内容融入信号转导等相关章节，更易于学习理解。⑤疾病分子生物学一章结合研究进展更新高血压、脂血症等相关疾病候选基因内容，糖尿病一节结合 WHO 文件 "Classification of diabetes mellitus（2019）" 重新编写。

2. 丰富技术及其应用：①核酸提取与鉴定一章增加植物基因组 DNA 提取及第二代 Illumina/Solexa 测序技术、第三代纳米孔测序技术。②将原印迹杂交技术与生物芯片技术两章合并为印迹杂交与芯片技术一章，简化芯片制备，突出芯片应用。③聚合酶链反应一章更新常用 PCR 技术。④重组 DNA 技术一章增加重组 DNA 技术发展一节，重点介绍基因文库、表面展示技术、定点突变技术、基因组编辑技术等。⑤基因诊断和基因治疗一章增加新冠病毒检测，更新 CODIS 系统内容，增加 T 细胞受体疗法。⑥人类基因组计划与组学一章结合进展更新相关内容。

3. 强化健康服务意识：从《国家基本医疗保险、工伤保险和生育保险药品目录》中选择代表性药物融入教材（并附药品分类代码），既引导学生提前介入相关专业课程的学习，更培养其救死扶伤、造福国民的健康意识。

4. 图文规范简洁明了：①重新编辑大部分插图，意在丰富内涵，突出主题，美观大方。②重视专业术语同义词问题，通过专业文库检索确定中英文同义词的使用频率，优先使用高频词；对于高频词较多的同义词采用以下两种形式表示："酶 [促反应] 动力学"表示"酶促反应动力学简称酶动力学"，"维生素 D_3（胆骨化醇、胆钙化醇）"表示"维生素 D_3 又称胆骨化醇、胆钙化醇"。③重视缩写符号的科学使用，以希腊字母、阿拉伯数字和连字符为例：涉及分子结构中的原子编号、基团位置或手性中心，如 α- 氨基酸、α-1,4- 糖苷键、1α- 羟基、7α- 羟化酶、6- 磷酸果糖、葡萄糖 -6- 磷酸酶，用连字符，其他如 α 螺旋、α 淀粉酶、血红蛋白 α 亚基、α 硫辛酸、磷酸果糖激酶 1，不涉及原子编号，不用连字符。

本教材共分 16 章，编写分工如下：陈娟、唐炳华编写绪论，黄映红、郑晓珂编写第一章，王宏英、张效云、朱洁编写第二章，米丽华、康宁编写第三章，陈巧云、王鹤、龚明玉编写第四章，郑斌、胡旭东、赵京山编写第五章，黄映红、马利刚、赵京山编写第六章，陈娟、康宁、朱洁编写第七章，杨军平、谭宇蕙编写第八章，宋岚、龚明玉编写第九章，杨品娜、唐炳华编写第十章，王艳杰、孙丽萍、郑晓珂编写第十一章，史晓燕、刘湘、詹秀琴编写第十二章，宋佳蕾、黄光瑞编写第十三章，姜颖、詹秀琴编写第十四章，刘湘、谭宇蕙编写第十五章，胡旭东、黄光瑞编写第十六章。

本教材的融合出版数字化资源工作在主编带领下，由全体编委和学术秘书共同完成。

本教材编写得到北京中医药大学及全国兄弟院校同道们的支持，北京中医药大学生命科学学院倾力支持本教材的编写，在此一并致以衷心感谢。

教材建设是一项长期工作。由于分子生物学内容丰富、编者学识有限，加之分子生物学发展迅速，本教材难免存在遗漏或错讹。谨请读者提出宝贵意见和建议，随时通过 tangbinghua@bucm.edu.cn 与编委会联系。编委会将及时回复并深表感谢，更将在修订时充分考虑您的意见和建议。

《分子生物学》编委会
2023 年 12 月

目　录

绪论 …………………………………… 1
　一、分子生物学发展简史 1
　二、分子生物学的主要研究内容 3
　三、分子生物学与其他学科的关系 4

第一章　基因和基因组 ………………… 7
　第一节　DNA 的结构和功能 7
　　一、DNA 的一级结构 8
　　二、DNA 的二级结构 9
　　三、DNA 的超螺旋结构 11
　　四、染色体的结构 12
　　五、染色体外 DNA 14
　第二节　RNA 的结构和功能 15
　　一、RNA 组成 16
　　二、RNA 结构 16
　　三、RNA 分类 16
　第三节　基因 21
　　一、基因的基本概念 21
　　二、基因的基本结构 23
　第四节　基因组 24
　　一、病毒基因组 24
　　二、原核生物基因组 25
　　三、真核生物基因组 25
　第五节　DNA 多态性和遗传标记 27
　　一、DNA 多态性种类 27
　　二、DNA 多态性意义 30
　　三、DNA 多态性分析 30
　　四、DNA 指纹 30

第二章　DNA 的生物合成 …………… 31
　第一节　DNA 复制的基本特征 31
　　一、半保留复制 31
　　二、双向复制 32
　　三、半不连续复制 33
　第二节　大肠杆菌 DNA 的复制合成 33
　　一、DNA 复制系统 33
　　二、DNA 复制过程 40
　　三、原核生物 DNA 合成的抑制剂 44
　第三节　真核生物 DNA 的复制合成 44
　　一、染色体 DNA 复制 44
　　二、线粒体 DNA 复制 49
　第四节　病毒 DNA 的复制合成 49
　　一、病毒 DNA 复制 49
　　二、噬菌体 DNA 复制 51
　第五节　DNA 损伤与修复 52
　　一、DNA 损伤 52
　　二、DNA 修复 56
　　三、DNA 修复缺失和疾病 63
　第六节　DNA 重组 64
　　一、同源重组 64
　　二、位点特异性重组 67
　　三、转座 68
　第七节　DNA 的逆转录合成 70

第三章　RNA 的生物合成 …………… 74
　第一节　转录的基本特征 74
　第二节　RNA 聚合酶 75

第三节　原核生物 RNA 的合成　77
　一、转录起始　78
　二、转录延伸　79
　三、转录终止　80
　四、转录后加工　81
第四节　真核生物 RNA 的合成　82
　一、转录起始　82
　二、转录延伸　85
　三、转录终止　85
　四、转录后加工　86
第五节　RNA 病毒 RNA 的复制合成　95
第六节　RNA 合成的抑制剂　96
　一、碱基类似物　96
　二、核苷类似物　96
　三、模板干扰剂　96
　四、RNA 聚合酶抑制剂　96

第四章　蛋白质的生物合成 …………98
第一节　蛋白质合成系统　98
　一、mRNA　99
　二、tRNA　102
　三、核糖体　103
第二节　氨基酸负载　104
　一、氨基酸负载机制　104
　二、氨酰 tRNA 合成酶　105
　三、起始蛋氨酰 tRNA　106
第三节　原核生物蛋白质的生物合成　106
　一、翻译起始　106
　二、翻译延伸　108
　三、翻译终止　110
　四、核糖体循环　111
第四节　真核生物蛋白质的生物合成　112
　一、翻译起始　112
　二、翻译延伸　114
　三、翻译终止　114
　四、核糖体循环　115
　五、硒蛋白合成　115
第五节　蛋白质的翻译后修饰　116

　一、肽键水解和肽段切除　116
　二、氨基酸修饰　117
　三、蛋白质糖基化　118
　四、蛋白质泛素化　119
　五、蛋白质 SUMO 化　120
　六、蛋白质辅基化　120
　七、蛋白质折叠和亚基组装　120
第六节　真核生物蛋白质的定向运输　124
　一、分泌蛋白等转入内质网腔　125
　二、膜蛋白插入内质网膜　127
　三、线粒体蛋白转入线粒体　129
　四、细胞核蛋白转入细胞核　130
第七节　蛋白质合成的抑制剂　131

第五章　原核基因表达调控 …………133
第一节　基因表达的方式　133
　一、组成性表达　133
　二、调节性表达　134
　三、协同表达　134
第二节　原核基因表达的特点　134
第三节　原核基因表达调控的特点　136
第四节　DNA 调控　136
第五节　转录调控　137
　一、调控要素　137
　二、乳糖操纵子　140
　三、色氨酸操纵子　142
　四、调节子　144
　五、SOS 反应诱导　145
第六节　翻译调控　146
　一、mRNA 稳定性　146
　二、5' 非翻译区　146
　三、密码子偏好性　147
　四、翻译抑制　148
　五、反义 RNA　149
　六、核糖体移码　150

第六章　真核基因表达调控 …………151
第一节　基因表达的特点　151
第二节　基因表达调控的特点　152

第三节　染色质调控 153
一、染色质重塑 153
二、组蛋白修饰 155
三、DNA 甲基化 156
四、基因重排 157
五、基因扩增 158
六、染色体丢失 159
第四节　转录调控 159
一、调控元件 159
二、转录因子 162
三、调控 RNA 169
第五节　转录后加工调控 170
一、加帽和加尾 170
二、选择性剪接 170
三、转运 171
四、转录后加工异常与疾病 171
第六节　翻译调控 172
一、mRNA 稳定性 172
二、翻译起始复合物形成 173
三、RNA 干扰 174
四、核糖体移码 177
第七节　翻译后调控 178
一、蛋白质降解 178
二、翻译后调控异常与疾病 180

第七章　信号转导 …………………… 182
第一节　概述 182
一、细胞通讯概述 182
二、信号转导概述 183
第二节　信号转导的分子基础 184
一、信号分子 185
二、受体 186
三、分子开关 189
四、第二信使 192
五、蛋白激酶和蛋白磷酸酶 193
六、转接蛋白 198
第三节　细胞内受体介导的信号通路 200
第四节　配体门控离子通道介导的信号通路 202

第五节　G 蛋白偶联受体介导的信号通路 203
一、PKA 途径 204
二、IP$_3$-DAG 途径 206
第六节　单次跨膜受体介导的信号通路 208
一、MAPK 途径 208
二、PI3K-Akt 途径 211
三、JAK-STAT 途径 213
四、TGF-β 途径 215
五、cGMP-PKG 途径 217
第七节　依赖泛素化的信号通路 219
一、NF-κB 途径 219
二、Wnt 途径 221

第八章　细胞周期和程序性细胞死亡 … 224
第一节　细胞周期 224
一、细胞周期概述 224
二、细胞周期调控 225
第二节　程序性细胞死亡 232
一、细胞凋亡 233
二、细胞程序性坏死 238
三、细胞焦亡 239

第九章　肿瘤分子生物学 …………… 243
第一节　概述 243
第二节　原癌基因 244
一、癌基因发现 244
二、癌基因定义 245
三、原癌基因及其产物命名 246
四、原癌基因产物功能和分类 246
五、原癌基因激活 248
六、部分原癌基因 251
第三节　抑癌基因 253
一、抑癌基因产物功能和分类 253
二、抑癌基因失活 254
三、部分抑癌基因 255
第四节　非编码 RNA 与原癌基因、抑癌基因 258
一、miRNA 与原癌基因、抑癌基因 258
二、lncRNA 与原癌基因、抑癌基因 258
第五节　生长因子 259

一、生长因子分类　259
二、生长因子功能　260
三、生长因子作用机制　260
四、生长因子与肿瘤　260

第十章　疾病分子生物学　262
第一节　概述　262
一、遗传性疾病的分子生物学　262
二、感染性疾病的分子生物学　264
第二节　血友病 A　266
第三节　高血压　268
一、原发性高血压　268
二、单基因遗传性高血压　269
第四节　脂血症　271
第五节　糖尿病　272
一、1 型糖尿病　273
二、2 型糖尿病　274
三、混合型糖尿病　274
四、特殊类型糖尿病　275
五、未分类糖尿病　276
六、妊娠期高血糖　276
第六节　乙型肝炎　276
一、HBV 形态结构　277
二、HBV 基因组与基因产物　277
三、HBV 感染检测　279
第七节　艾滋病　279
一、HIV 形态结构　280
二、HIV 基因组与基因产物　280
三、HIV 感染与复制　281
四、HIV 致病机制　282
五、HIV 感染检测　282
六、艾滋病防治　283

第十一章　核酸提取与鉴定　284
第一节　核酸提取　284
一、质粒提取　284
二、真核生物基因组 DNA 提取　286
三、真核生物转录组 RNA 提取　287
四、核酸高通量提取　288

五、核酸纯度鉴定　288
第二节　核酸电泳　288
一、琼脂糖凝胶电泳　289
二、聚丙烯酰胺凝胶电泳　290
三、毛细管电泳　290
第三节　DNA 测序　291
一、第一代 DNA 测序技术　291
二、第二代 DNA 测序技术　294
三、第三代 DNA 测序技术　298

第十二章　印迹杂交与芯片技术　300
第一节　分子杂交原理　300
一、核酸杂交　300
二、核酸探针与标记　302
三、固相支持物与印迹　307
第二节　常用杂交技术　308
一、DNA 印迹法　308
二、RNA 印迹法　309
三、斑点杂交法和狭缝杂交法　309
四、菌落杂交法和噬菌斑杂交法　309
五、原位杂交　310
六、等位基因特异性寡核苷酸杂交法　310
七、蛋白质印迹法　311
第三节　生物芯片概述　313
一、基因芯片　313
二、蛋白芯片　315
三、组织芯片　316

第十三章　聚合酶链反应技术　318
第一节　PCR 基本原理　318
第二节　PCR 特点　319
第三节　PCR 反应体系　320
第四节　PCR 条件优化　322
第五节　PCR 产物鉴定　323
第六节　常用 PCR 技术　323

第十四章　重组 DNA 技术　329
第一节　工具酶　329
一、限制性内切酶　329
二、DNA 连接酶　332

三、DNA 聚合酶　332
四、RNA 聚合酶　333
五、修饰酶　333
第二节　载体　333
一、概述　333
二、质粒载体　335
三、噬菌体载体　336
四、细菌人工染色体　339
五、真核载体　339
六、表达载体　340
第三节　基本过程　341
一、目的 DNA 制备　341
二、载体选择　343
三、体外重组　343
四、基因转移　344
五、细胞筛选和 DNA 鉴定　345
第四节　目的基因表达　348
一、大肠杆菌表达系统　348
二、酵母表达系统　349
三、哺乳动物细胞表达系统　349
第五节　重组 DNA 技术发展　350
一、基因文库　350
二、表面展示技术　351
三、定点突变技术　352
四、转基因技术　355
五、基因组编辑技术　355

第十五章　基因诊断和基因治疗………358
第一节　基因诊断　358
一、基因诊断策略　358
二、基因诊断特点　359
三、基因诊断常用技术　359
四、遗传性疾病基因诊断　360
五、肿瘤基因诊断　364
六、感染性疾病基因诊断　365

七、法医鉴定　367
第二节　基因治疗　368
一、基因治疗基本条件　368
二、基因治疗基本策略　368
三、基因治疗基本程序　369
四、基因治疗临床应用　371
五、基因治疗问题与展望　372

第十六章　人类基因组计划与组学 …373
第一节　人类基因组计划　373
一、人类基因组计划目标　373
二、人类基因组计划进程　374
三、人类基因组遗传标记　375
四、人类基因组图谱　376
五、人类基因组其他计划　378
第二节　基因组学　379
一、基因组学基本内容　379
二、基因组学与医学　380
三、药物基因组学　381
第三节　功能基因组学　383
一、功能基因组学内容　383
二、功能基因组学技术　383
三、转录组学　386
第四节　蛋白质组学　387
一、蛋白质组学内容　387
二、蛋白质组学特点　388
三、蛋白质组学应用　388
四、蛋白质组学技术　390
第五节　代谢组学　393
一、代谢组学概述　393
二、代谢组学与其他组学的联系　396
三、代谢组学在中医药研究中的应用　396

附录一　专业术语索引 ……………398

附录二　主要参考书目 ……………413

绪 论

扫一扫，查阅本章数字资源，含 PPT、音视频、图片等

分子生物学（molecular biology）是在分子水平和整体水平上研究生命现象、生命本质、生命活动及其规律的一门学科，其研究对象是核酸和蛋白质等生物大分子，研究内容包括生物大分子的结构、功能及其在遗传信息和代谢信息传递中的作用和作用规律。分子生物学是生物化学与其他学科相互交叉和相互渗透而形成的一门新兴学科。分子生物学理论和技术的不断发展将为认识生命、造福人类带来新的机遇、开拓广阔前景。

一、分子生物学发展简史

分子生物学从诞生到发展至今，大致分为三个阶段。

（一）准备和酝酿阶段

19 世纪后期到 20 世纪 50 年代初是分子生物学诞生前的酝酿阶段。这一阶段在认识生命本质方面有两个重大突破。

1. 确定了蛋白质是生命现象的物质基础　1897 年，E. Büchner（1907 年诺贝尔化学奖获得者）与其兄发现酵母无细胞提取液能使蔗糖发酵生成乙醇，并提出酶是生物催化剂的论断，开启了现代生物化学之门。1926 年，J. Sumner 提取并结晶了尿素酶，提出酶的化学本质是蛋白质。到 20 世纪 40 年代，J. Northrop 等科学家陆续提取并结晶了胰蛋白酶、胃蛋白酶等，证明酶的化学本质的确是蛋白质（J. Sumner、J. Northrop、W. Stanley 因此获得 1946 年诺贝尔化学奖），酶蛋白和其他蛋白质都与物质代谢、能量代谢联系密切，与消化、呼吸、运动等生命现象密不可分。在此期间，科学家对蛋白质一级结构的研究也有突破：1945 年，F. Sanger（1958 年、1980 年诺贝尔化学奖获得者）建立了用于分析肽链 N 端氨基酸残基的二硝基氟苯法；1950 年，P. Edman 建立了应用异硫氰酸苯酯分析蛋白质一级结构的 Edman 降解法；1953 年，F. Sanger 完成了第一种蛋白质——胰岛素的序列分析。此外，X 射线衍射技术的发展促进了对蛋白质构象的研究，L. Pauling 和 R. Corey 于 1950 年提出了 α 角蛋白构象的 α 螺旋模型，M. Perutz 和 Sr. Kendrew（1962 年诺贝尔化学奖获得者）于 1959 年阐明了血红蛋白的四级结构。

2. 确定了 DNA 是生命遗传的物质基础　1869 年，F. Miescher 最早分离到核素，但当时并未引起重视。20 世纪 30 年代，核酸的结构开始得到研究，但当时认为核酸的一级结构只是核苷酸单位的重复连接，不可能携带遗传信息，蛋白质可能是遗传信息的携带者。1944 年，O. Avery 等通过肺炎链球菌转化实验证明 DNA 是细菌的遗传物质；1952 年，A. Hershey（1969 年诺贝尔生理学或医学奖获得者）和 M. Chase 通过大肠杆菌（又称大肠埃希菌）T2 噬菌体感染实验进一步证明 DNA 也是 DNA 病毒的遗传物质。1953 年，E. Chargaff 提出了关于 DNA 组成的 Chargaff 规

则，为研究 DNA 结构奠定了基础。

（二）诞生和发展阶段

1953 年，J. Watson 和 F. Crick（1962 年诺贝尔生理学或医学奖获得者）提出了 DNA 的双螺旋 [结构] 模型，成为分子生物学诞生的里程碑，使分子生物学基本理论的发展进入了黄金时代。他们进一步提出的碱基配对原则、DNA 半保留复制特征和中心法则为研究核酸与蛋白质的关系及其意义奠定了基础。在此期间的主要发展包括：

1. 中心法则的建立　在提出 DNA 双螺旋结构模型的同时，J. Watson 和 F. Crick 提出了 DNA 复制的可能机制；1955 年，A. Kornberg（1959 年诺贝尔生理学或医学奖获得者）发现了大肠杆菌 DNA 聚合酶；1956 年，F. Crick 提出了分子生物学的中心法则；1958 年，M. Meselson 和 W. Stahl 用同位素标记技术和密度梯度离心技术证明 DNA 是半保留复制的；1968 年，R. Okazaki 提出 DNA 是不连续复制的；1971~1976 年，J. Q. Wang 先后发现了大肠杆菌 I 型 DNA 拓扑异构酶和 II 型 DNA 拓扑异构酶。这些发现都丰富了对 DNA 复制机制的认识。

在阐明 DNA 通过复制传递遗传信息的同时，对遗传信息表达机制的研究也取得了进展，mRNA 介导遗传信息表达的假说被 F. Jacob 和 S. Brenner 等提出并于 1961 年提取到 mRNA。1958 年，S. B. Weiss 和 J. Hurwitz 等发现了 RNA 聚合酶；1961 年，D. Hall 和 S. Spiegelman 通过 RNA-DNA 杂交分析证明了 mRNA 与 DNA 序列的互补性，RNA 的合成机制得以阐明。

20 世纪 50 年代，蛋白质合成机制的研究取得突破性进展，P. Zamecnik 等通过实验证明核糖体是蛋白质的合成机器；1957 年，M. Hoagland、M. Stephenson 和 P. Zamecnik 等分离出 tRNA，并对它们在蛋白质合成过程中转运氨基酸的作用提出了假设；1961 年，S. Brenner 和 Gross 等观察到在蛋白质合成过程中 mRNA 与核糖体结合；尤其令人鼓舞的是 R. Holley、H. Khorana 和 M. Nirenberg（1968 年诺贝尔生理学或医学奖获得者）等几组科学家于 1966 年破译了遗传密码，从而阐明了蛋白质合成的基本机制。

上述重大发现形成了以中心法则为基础的分子生物学理论体系。1970 年，D. Baltimore 和 H. Temin（1975 年诺贝尔生理学或医学奖获得者）分别发现了逆转录酶，进一步补充和完善了中心法则。

2. 对蛋白质结构和功能的进一步认识　1956~1958 年，C. Anfinsen（1972 年诺贝尔化学奖获得者）和 White 根据对酶蛋白变性和复性的实验研究，提出蛋白质的空间结构是由其氨基酸序列决定的；1956 年，V. Ingram 证明一种镰状血红蛋白（HbS）和正常血红蛋白（HbA）只是 β 亚基的一个氨基酸残基不同，使人们对蛋白质一级结构决定其功能的意义有了更深刻的认识；20 世纪 60 年代，血红蛋白、RNase A（核糖核酸酶 A）等蛋白质的一级结构相继被阐明；1965 年，中国科学家合成牛胰岛素，为阐明蛋白质的结构规律做出了重要贡献。

（三）深入发展阶段

20 世纪 70 年代，基因工程技术（重组 DNA 技术）的建立成为新的里程碑，标志着新阶段的开始。

1. 基因工程技术的建立　分子生物学理论和分子生物学技术的发展使基因工程技术的建立成为必然。1968 年，M. Meselson 和 R. Yuan 在大肠杆菌中发现了限制性内切酶；1972 年，P. Berg（1980 年诺贝尔化学奖获得者）等将大肠杆菌、噬菌体、病毒的 DNA 进行重组，成功构建了打破种属界限的重组 DNA 分子；1977 年，H. Boyer 等在大肠杆菌中表达生长抑素；1978 年，重组人胰岛素在大肠杆菌中被成功表达。研发基因工程产品成为医药业和农业的一个发展方向。

转基因技术和基因靶向技术的建立是基因工程技术发展的结果。M. Capecchi、M. Evans 和 O. Smithies（2007 年诺贝尔生理学或医学奖获得者）在小鼠胚胎干细胞基因靶向技术方面做出了卓越贡献。1982 年，R. Palmiter 等用大鼠生长激素基因转化小鼠受精卵，培育得到超级小鼠，激发了人们对培育优良品系家畜的热情。自 1996 年以来，转基因植物的培育突飞猛进：转基因玉米和转基因大豆作为农作物已经规模种植；我国科学家也成功培育出抗棉铃虫的转基因棉花和抗除草剂的转基因水稻。2020 年，E. Charpentier 和 J. Doudna 因发现"基因剪刀"CRISPR/Cas9 这一基因组编辑工具获诺贝尔化学奖。CRISPR/Cas9 基因组编辑系统是一种高度通用且易于使用的技术，它将彻底改变从医学到农业等生命科学领域的基础研究和应用研究，使世界各地实验室的基因组编辑大众化。在医学上，CRISPR/Cas9 为研究提供了强大的工具，并在治疗遗传病和其他疾病方面具有巨大潜力。

基因诊断和基因治疗是基因工程技术应用于医药领域的一个重要方面。血红蛋白病等部分遗传病已经实现产前基因诊断。腺苷脱氨酶缺乏症等部分单基因隐性遗传病的基因治疗已经获得成功。基因组编辑系统的应用将使基因治疗的发展发生质的飞跃。

2. 基因组研究的开展　随着分子生物学的发展，生命科学已经从研究单个基因发展到研究基因组。分析一种生物基因组核酸的全序列对揭示该生物的遗传信息及其功能具有重要意义。1977 年，F. Sanger 分析了 ΦX174 噬菌体的基因组序列；1990 年，人类基因组计划开始实施，并于 2003 年基本完成测序工作。目前已有 31666 种生物的基因组完成测序，基因组研究已经进入后基因组时代。

3. 基因表达调控机制的揭示　在 20 世纪 60 年代之前，人们主要认识了原核基因表达调控的一些基本规律。1977 年，猿猴空泡病毒 40（SV40）和腺病毒基因编码序列不连续性的发现拉开了认识真核生物基因组结构和基因表达调控机制的序幕。20 世纪 80~90 年代，真核基因的调控元件和转录因子开始得到研究，人们认识到核酸与蛋白质的相互识别与相互作用是基因表达调控的根本所在。

4. 信号转导机制研究的深入　对信号转导机制的研究可以追溯到 20 世纪 50 年代。E. Sutherland（1971 年诺贝尔生理学或医学奖获得者）于 1957 年发现 cAMP 和 1965 年提出第二信使学说是人们认识信号转导的一个里程碑。1977 年，A. Gilman（1994 年诺贝尔生理学或医学奖获得者）等发现了 G 蛋白，深化了对 G 蛋白介导信号转导的认识。之后，癌基因和抑癌基因的发现、酪氨酸激酶的发现及对其结构和功能的深入研究、各种受体蛋白基因的克隆及对受体蛋白结构和功能的揭示等，使信号转导机制的研究得到进一步发展。

综上所述，分子生物学是过去半个多世纪中生命科学领域发展最快的一个前沿学科，推动着整个生命科学的发展。

二、分子生物学的主要研究内容

化学家和物理学家对生物大分子组成和结构，特别是对核酸构象和蛋白质构象的研究，奠定了分子生物学的物质基础；而遗传学家和生物化学家对生物大分子功能和作用机制的研究，确立了以中心法则为核心的遗传信息传递理论。分子生物学的诞生是多学科研究相互融合的结果。

（一）核酸的分子生物学

核酸的分子生物学研究核酸的结构和功能，其研究内容包括核酸和基因组的结构，基因的鉴定，遗传信息的复制、转录和翻译，基因表达的调控，基因改造及基因工程相关技术的发展和应用等。中心法则是核酸分子生物学理论体系的核心。基因组学的建立和发展使核酸的分子生物学成为生命科学的领头学科。

（二）蛋白质的分子生物学

蛋白质的分子生物学研究执行各种生命活动的主要大分子——蛋白质的结构和功能。核酸的功能往往要通过蛋白质的作用来实现。因此，两类大分子的代谢与生命活动密切相关。人类研究蛋白质的历史比研究核酸的历史长，但是与核酸分子生物学相比，蛋白质分子生物学的发展较慢，因为蛋白质的研究难度更大。蛋白质组学的建立将从根本上推动了蛋白质分子生物学的发展。

（三）信号转导的分子生物学

信号转导的分子生物学研究细胞之间信号传递、细胞内部信号转导的分子基础。细胞的增殖、分化及其他活动均依赖各种环境信号。这些信号直接或间接刺激细胞，使其作出反应，表现为一系列生物化学变化，例如蛋白质构象的改变、蛋白质相互作用的改变等，以适应环境。信号转导研究的目标是阐明这些变化的分子机制，阐明各种信号转导分子及信号通路的效应和调节方式，认识由众多信号通路形成的信号网络。信号转导的研究在理论和技术方面与核酸的分子生物学、蛋白质的分子生物学联系密切，是分子生物学目前发展较快的领域之一。

（四）组学与生物信息学

20世纪末人类基因组计划的开展标志着生命科学之组学时代的到来。组学（omics）包括基因组学、蛋白质组学、转录组学、代谢组学、脂质组学、糖组学等，是从整体角度研究人类的组织、细胞、基因、蛋白质及其相互关系，通过整体表征和定量分析反映人体组织、器官功能和代谢的状态，为探索人类疾病的发病机制提供新思路。组学的高通量研究获得了海量生物学数据，信息学之全新数据分析策略、逻辑、系统应运而生。

生物信息学（bioinformatics）是利用应用数学、信息学、统计学和计算机科学的理论和方法来研究生物信息的一门交叉学科。其内容包括DNA序列、蛋白质序列等生物学数据的搜索（收集和筛选）、处理（编辑、整理、管理和显示）及分析（计算和模拟），基因遗传和物理图谱的处理，核酸和蛋白质序列分析，新基因的发现，蛋白质结构的模拟和功能的预测等。

三、分子生物学与其他学科的关系

分子生物学是由生物化学、生物物理学、遗传学、微生物学、细胞生物学和信息科学等学科相互渗透、综合融汇而建立和发展起来的，已经形成独特的理论体系和研究手段。

（一）分子生物学与其他学科相辅相成

分子生物学与生物化学的关系最为密切。在教育部公布的二级学科目录中，二者属于同一个二级学科，称为"生物化学与分子生物学"（代码071010），但研究侧重点不同。生物化学通过研究生物体的化学组成、代谢、营养、酶功能、遗传信息传递、生物膜、细胞结构及分子病等阐明生命现象；分子生物学则着重阐明生命的本质，主要研究核酸和蛋白质等生物大分子的结构和功能、生命信息的传递和调控。

分子生物学与细胞生物学的关系也十分密切。传统的细胞生物学主要研究细胞及细胞器的形态、结构和功能。细胞作为生命的基本单位，是由众多分子组成的复杂体系，在光学显微镜和电子显微镜下见到的结构是各种分子的有序集合体。阐明细胞成分的分子结构可以让我们更深入地认识细胞的结构和功能，因而现代细胞生物学的发展越来越多地应用分子生物学的理论和技术。分子生物学则从生物大分子的结构入手，研究生物分子之间的高层次联系和作用，特别是细胞整体代谢的分子机制。

分子生物学研究生命的本质，因而广泛地融合到医学领域中，成为重要的医学基础。分子生物学与微生物学、免疫学、病理学、药理学及临床学科广泛交叉和渗透，形成了一些交叉学科，如分子病毒学、分子免疫学、分子病理学和分子药理学等，极大地推动着医学的发展。

（二）分子生物学促进中医药研究

近年来，中医药研究在继承的基础上借鉴现代科学特别是分子生物学技术，拓宽研究思路，为中医药现代化开辟了一个新的研究领域。

1. 分子生物学在中医基础理论研究中的应用　中医基础理论研究是中医药现代化研究的基石。一个时期以来，中医基础理论研究虽然在某些方面取得了一些进展，但就本质而言，依旧没有重大突破。在新的形势下，研究人员将分子生物学技术与中医基础理论相结合，探索从微观角度阐明中医基础理论如藏象和证候的实质，为进一步研究提供理论基础。在证候的理论研究方面，研究人员还提出通过对足够数量的同一疾病证候患者的基因表达进行分析，建立辨证要素的基因表达谱数据库，再相互组合，建立证型的基因表达谱数据库，作为客观且规范的辨证标准，开展证候与易感基因相关性的研究，探索证候相关的易感基因型及其表达，寻找证候易感性差异的遗传学基础，从遗传多态性方面为证候学研究提供基因组依据。

2. 分子生物学在中药研究中的应用　中药是中医学的组成部分，其保健作用和治疗作用已经为几千年的生活实践所证实。不过，中药至今仍未在国际上得到广泛认知，大多数中药还不能作为药品进入国际市场。影响中药产业现代化和国际化的重要原因是大多数中药的有效成分还不明确。此外，还有药品质量控制不够标准、疗效评价不够规范、药理和毒理作用不够明确等问题有待解决。分子生物学技术应用于中药研究领域，不仅可以深化中药理论、提高中药疗效、减少中药副作用，而且有利于中药与现代医药接轨。运用分子生物学研究中药主要有以下几个方面。

（1）中药材的鉴定：为了保证中药的疗效，首先要控制中药材的质量。目前应用于中药材鉴定的分子生物学技术有电泳技术、免疫技术和 DNA 多态性分析等。

（2）药用植物和动物种质资源的研究和改良：运用分子生物学技术进行分子亲缘研究，广泛收集并保护药用植物种质资源，可以筛选优质药用植物，防止现有品种退化；可以改良传统药用植物的遗传性状，提高其有效成分含量；还可以保护和繁殖濒危动植物药材，大量生产高品质道地药材，在传统药材的生产和加工过程中发挥作用。

（3）中药有效成分的转化增量：中药有效成分（如生物碱、皂苷、糖苷、黄酮、挥发油等）大部分为次生代谢产物，应用基因工程、细胞工程、发酵工程、酶工程等技术可以大量获取这些原本含量很低的次生代谢产物。

（4）中药分子药理学的研究：近年来，随着分子生物学和现代药理学研究方法的结合，中药分子药理学已现雏形。在分子水平和基因水平上研究中药有效成分的作用机制，阐明中药药性理论，建立中药活性检测系统，或以受体和基因为靶点开发新药甚至开展基因治疗，将成为分子药理学的重要内容。中药作用的受体机制和受体的药理学特性、中药对基因表达的调控、基因水平的药物筛选、药物代谢酶及其基因的鉴定、中药诱发基因突变的分析等，将成为中药分子药理学研究中既有挑战性又有前景的新领域。

目前，中医药尚处于传统医学和现代医学的交会点。在传统医学这一层次上，中医药已经进入了后科学时期。中医药走向世界，一方面要通过更广泛的医疗实践来丰富中医药，另一方面要汇集全人类的智慧，结合现代医学成果来发展中医药，而分子生物学技术等现代科学技术将是完成这一使命的重要工具。

第一章

基因和基因组

扫一扫，查阅本章数字资源，含 PPT、音视频、图片等

自然界中从简单的病毒到复杂的高等生物，都有决定其基本特征和控制其生命活动的遗传信息，这些遗传信息的载体就是核酸。核酸包括脱氧核糖核酸（DNA）和核糖核酸（RNA）。DNA 包括染色体 DNA、线粒体 DNA、叶绿体 DNA 及质粒等，统称常居 DNA（resident DNA），是遗传物质。RNA 存在于细胞质、细胞核和其他细胞器中，参与遗传信息的复制和表达。此外，RNA 还是 RNA 病毒的遗传物质。

1869 年，瑞士科学家 F. Miescher 从脓细胞中分离到含 DNA 的核蛋白（nucleoprotein），并命名为 "nuclein（核素）"。1889 年，德国科学家 R. Altmann 从核素中分离到无蛋白成分，将其命名为 "nucleic acid（核酸）"。1909 年，丹麦植物学家 W. Johannsen 创造了 "gene（基因）" 一词（源于希腊语 genos，意为 "出生"），用以命名孟德尔遗传单位。对基因化学本质和功能的阐明是在 20 世纪 40 年代之后，基因（gene）是 DNA 表达遗传信息的功能单位，以一段或一组特定的核苷酸序列为载体，通过表达功能产物 RNA 或蛋白质控制各种生命活动，从而控制生物个体的性状。

1920 年，德国植物学家 H. Winkler 创造了 "genome（基因组）" 一词（是由基因 gene 与染色体 chromosome 构成的混成词）。遗传学上把一个配子的全套染色体称为一个染色体组，一个染色体组所含的全部 DNA 称为一个基因组。现代分子生物学把一种生物所含的一套遗传物质称为基因组（genome）。基因组以染色体组 DNA（核基因组）为主体，真核生物的基因组还包括线粒体 DNA（线粒体基因组）、叶绿体 DNA（叶绿体基因组）。RNA 病毒的基因组则为一套 RNA。总之，从简单的病毒到复杂的高等生物，都有决定其基本特征的基因组。

当代生物学及医药领域的许多新发现、新技术均以基因、基因组为核心。

第一节　DNA 的结构和功能

DNA 的基本结构单位是一磷酸脱氧核苷（dNMP），包括一磷酸脱氧腺苷（dAMP）、一磷酸脱氧鸟苷（dGMP）、一磷酸脱氧胞苷（dCMP）和一磷酸脱氧胸苷（dTMP），分别由腺嘌呤（A）、鸟嘌呤（G）、胞嘧啶（C）和胸腺嘧啶（T）等碱基与磷酸、脱氧核糖构成。一磷酸脱氧核苷按一定序列连接构成线性 DNA 单链，这是 DNA 的一级结构。两股 DNA 链反向互补结合并形成右手双螺旋结构，这是 DNA 的二级结构。原核生物及部分病毒的共价闭合环状 DNA（第十一章，289 页）进一步盘曲形成超螺旋结构；真核生物线性 DNA 与蛋白质及少量 RNA 结合，经过层层压缩，最终形成染色体结构，这些是 DNA 的三级结构。

一、DNA 的一级结构

● 1885 年，A. Kossel 团队（1910 年诺贝尔生理学或医学奖获得者）从酵母核素中分离出腺嘌呤，1891 年鉴定核酸成分之磷酸、腺嘌呤、鸟嘌呤，1893 年鉴定胞嘧啶、胸腺嘧啶，1901 年其学生 A. Ascoli 从酵母细胞核成分中鉴定尿嘧啶（A. Kossel 还于 1884 年鉴定组蛋白，1896 年鉴定组氨酸）。

四种一磷酸脱氧核苷通过 3',5'- 磷酸二酯键连接，构成 DNA 单链。

在 DNA 单链中，每个核苷酸的 3'- 羟基与相邻核苷酸的 5'- 磷酸基缩合，形成 3',5'- 磷酸二酯键（受 2'- 羟基影响，RNA 的 3',5'- 磷酸二酯键不如 DNA 的稳定）。DNA 主链又称骨架，由磷酸基与脱氧核糖交替连接构成，具有亲水性；碱基相当于侧链，具有疏水性。

DNA 单链有方向性，即有两个不同的末端，分别称为 5' 端和 3' 端，5' 端有游离磷酸基（或羟基），是头；3' 端有游离羟基，是尾。DNA 链有几种书写方式，均为从头到尾，即 5' → 3' 端书写，与核酸的合成方向一致。

不同 DNA 分子的长度不同，其一磷酸脱氧核苷的排列顺序不同。核苷酸广义上包括一磷酸脱氧核苷，所以 DNA 的一级结构通常被定义为 DNA 的核苷酸序列（图 1-1）。不同核苷酸只是碱基不同，所以核苷酸序列也称为碱基序列。

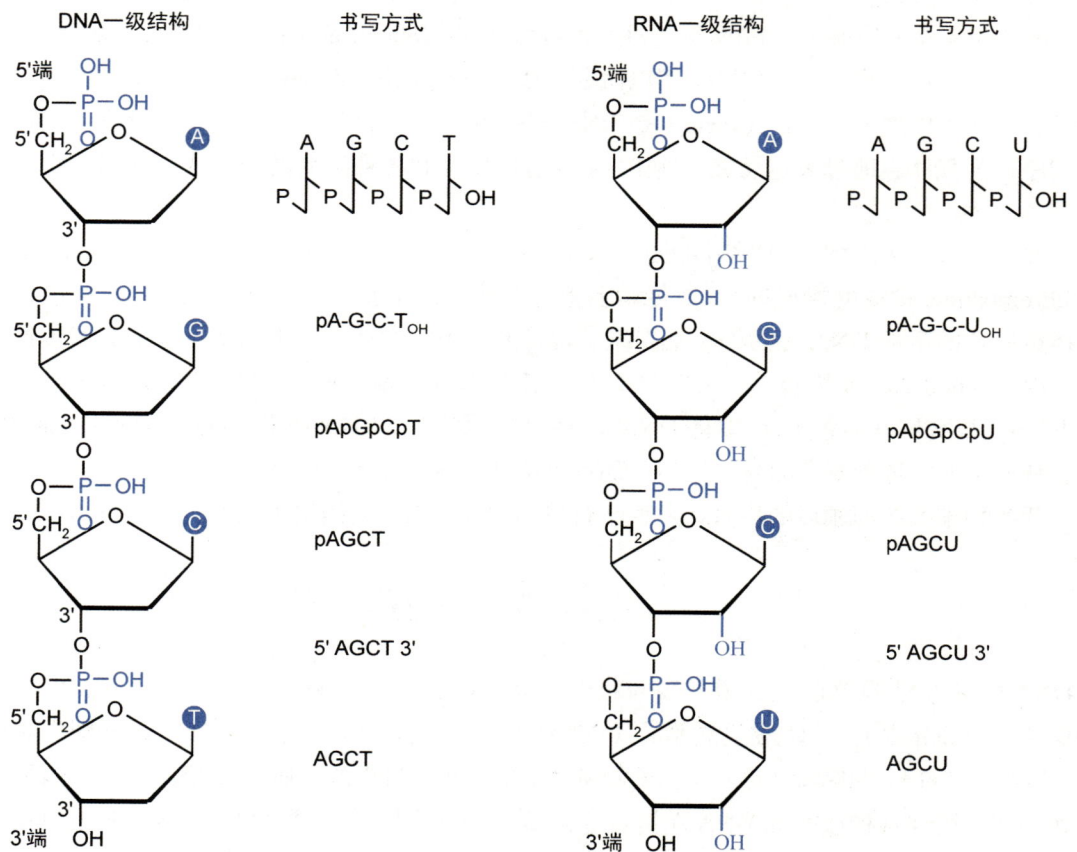

图 1-1　核酸一级结构及其书写方式

二、DNA 的二级结构

DNA 典型的二级结构为右手双螺旋结构。此外，DNA 分子还存在局部左手双螺旋结构、十字形结构和三股螺旋结构等。

（一）右手双螺旋结构

1953 年，J. Watson 和 F. Crick 结合 Chargaff 规则及 R. Franklin 和 M. Wilkins 对 DNA 纤维 X 射线衍射图的研究，提出了经典的 DNA 二级结构模型——双螺旋结构模型（double helix model，图 1-2）。

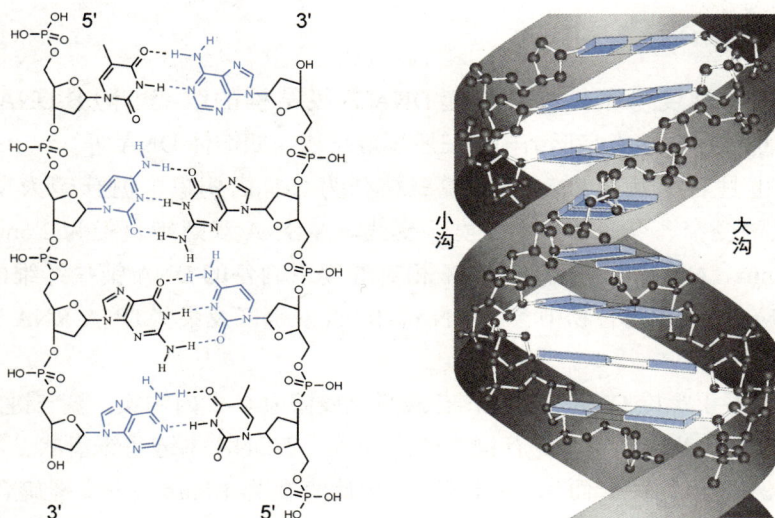

图 1-2 B-DNA 双螺旋结构示意图

1. 两股 DNA 链反向互补形成双链结构　在该结构中，DNA 主链位于外面，碱基侧链位于内部（暴露于大沟和小沟内）。双链碱基形成 Watson-Crick 碱基配对（图 1-3），即腺嘌呤（A）以两个氢键与胸腺嘧啶（T）结合，鸟嘌呤（G）以三个氢键与胞嘧啶（C）结合，这种配对称为碱基配对原则。由此，一股 DNA 链的核苷酸序列决定着另一股 DNA 链的核苷酸序列，两股 DNA 链称为互补链。

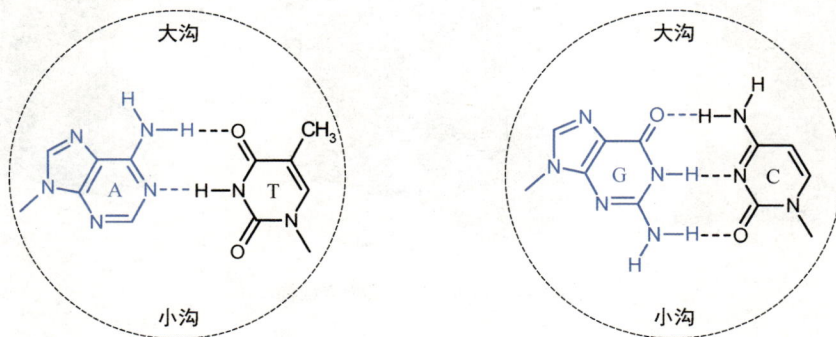

图 1-3 Watson-Crick 碱基配对

2. DNA 双链进一步形成右手双螺旋结构　在双螺旋结构中，碱基平面与螺旋轴（helical axis）垂直，脱氧核糖为 C-2' 内构象，糖苷键为反式构象，糖基平面与碱基平面接近垂直，与螺旋轴平行；双螺旋直径为 2nm，每个螺旋含 10bp（bp，base pair，用作双链核酸长度单位，1bp 为 1 个碱基对），螺距为 3.4nm，相邻碱基对之间的轴向距离为 0.34nm；双螺旋表面有两道沟槽，相对较深、较宽的为**大沟**（轴向沟宽 2.2nm），相对较浅、较窄的为**小沟**（轴向沟宽 1.2nm）。

3. 离子键、氢键和碱基堆积力维持 DNA 双螺旋结构的稳定性　金属离子与磷酸基形成的离子键和碱基对氢键维持双链结构横向稳定，碱基对平面之间的**碱基堆积力**（base stacking，包括范德华力和疏水作用）维持双螺旋结构纵向稳定。

上述双螺旋结构模型是在 92% 相对湿度下制备的 DNA 钠盐纤维的二级结构，称为 B-DNA。在溶液状态下，每个 B-DNA 螺旋含 10.5bp，螺距为 3.6nm，且形成碱基对的两个碱基并非共面，而是形成螺旋桨结构。细胞内 DNA 几乎都以 B-DNA 结构存在。

（二）其他二级结构

相对湿度、离子强度等条件均能引起 DNA 二级结构的改变，除 B-DNA 外，通常还有 A-DNA、Z-DNA（图 1-4）、十字形结构、三股螺旋结构、四链体 DNA 等。

1. A-DNA　也是右手螺旋 DNA，但脱氧核糖为 C-3' 内构象，糖苷键为反式构象，因而与 B-DNA 相比大沟变窄、变深，小沟变宽、变浅。A-DNA 双螺旋直径为 2.6nm，每个螺旋含 11bp，螺距为 2.8nm。A-DNA 是不高于 75% 相对湿度下制备的 DNA 钠盐纤维的二级结构。在细胞内，某些 DNA- 蛋白质复合物中含 A-DNA，RNA 双链区及某些 DNA-RNA 杂交双链的二级结构与 A-DNA 一致。

2. Z-DNA　是左手螺旋 DNA，嘧啶核苷酸脱氧核糖为 C-2' 内构象，糖苷键为反式构象，嘌呤核苷酸脱氧核糖为 C-3' 内构象，糖苷键为顺式构象。Z-DNA 主链呈锯齿状，其表面只有一道沟槽，对应 B-DNA 的小沟，窄而深。Z-DNA 双螺旋直径为 1.8nm，每个螺旋含 12bp，螺距为 4.5nm。Z-DNA 形成于嘧啶嘌呤交替排列序列，特别是 CpG 序列，在 B-DNA 大沟暴露的胞嘧啶发生甲基化修饰时，可变构为 Z-DNA。DNA 的这类变构效应与基因表达调控或 DNA 重组有关。

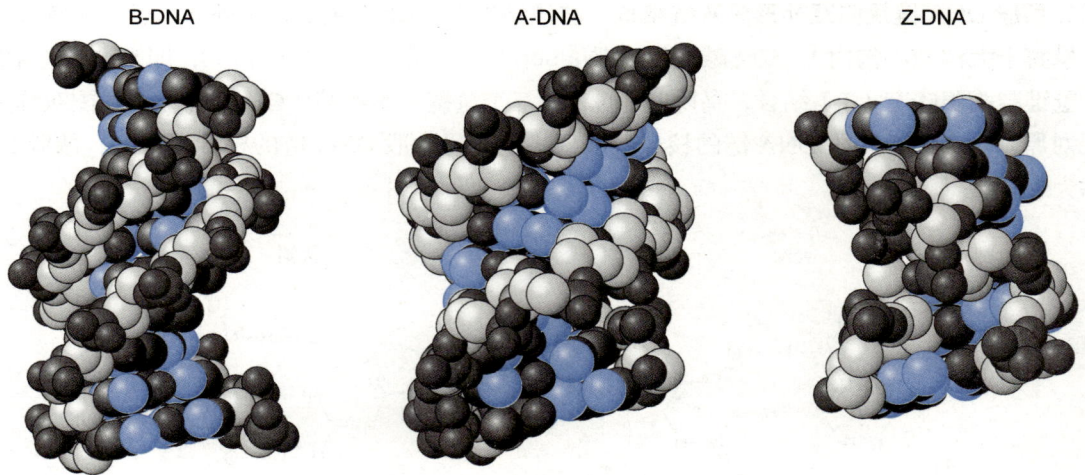

图 1-4　几种 DNA 双螺旋结构

3. 十字形结构　双链 DNA 中存在一类**反向重复序列**（IR），特别是调控序列附近及复制起点处，这种序列可以形成十字形结构。这种结构可能有助于 DNA 与 DNA **结合蛋白**（DBP）结合，故可能参与复制和转录调控。大肠杆菌 DNA 复制起点也存在十字形结构（cruciform，图 1-5）。

①反向重复序列

②十字形结构

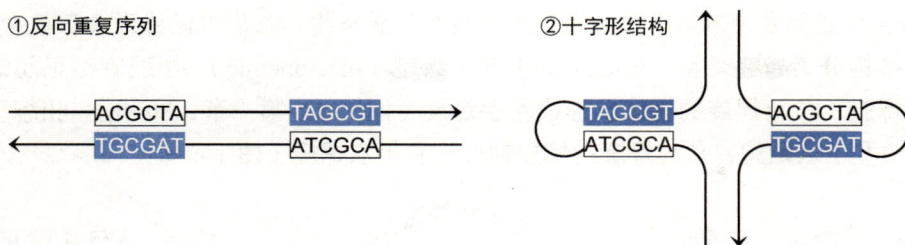

图 1-5 DNA 反向重复序列与十字形结构

4. G- 四链体 DNA 分子中，4 个共平面的鸟嘌呤可通过 Hoogsteen 氢键结合形成 G- 四分体（G-quartet），富含鸟嘌呤序列（如 $G_{3+}N_{1\sim7}G_{3+}N_{1\sim7}G_{3+}N_{1\sim7}G_{3+}$）可形成 G- 四链体（G-quadruplex）。G- 四链体中多核苷酸链的骨架可平行或反平行排布（图 1-6）。研究表明，G- 四链体序列普遍存在于端粒、复制起点、启动子等处，故可能参与复制和转录调控。人类基因组中约 300 种基因转录产物 mRNA 的 5' 非翻译区也含有 G- 四链体序列。某些癌基因序列中的 G- 四链体有望成为药物靶点。

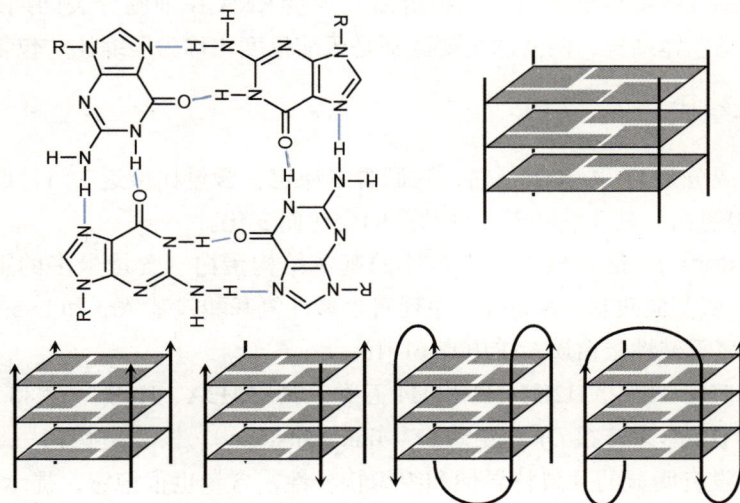

图 1-6 G- 四分体和 G- 四链体结构和类型

三、DNA 的超螺旋结构

B-DNA 的双螺旋结构称松弛结构（relaxed state，每个螺旋碱基对数 =10.5bp），其螺旋轴呈没有扭转（加捻，twisting）的线性或环形状态。松弛结构在不破坏双螺旋结构的前提下扭转，则螺旋轴会形成螺旋，称超螺旋结构（supercoil），扭转过程称为超螺旋化（supercoiling）。螺旋轴顺双螺旋方向扭转形成正超螺旋（positive supercoil，单螺旋碱基对数 <10.5bp），表现为单位长度所含右手螺旋数多于松弛 DNA，被称为扭转过度（overwound）。螺旋轴逆双螺旋方向扭转形成负超螺旋（negative supercoil，单螺旋碱基对数 >10.5bp），表现为单位长度所含右手螺旋数少于松弛 DNA，被称为扭转不足（underwound）。DNA 在细胞内通常处于负超螺旋状态，这有利于其复制或转录时解链。

● DNA 扭转应力（DNA torsional stress） 是指施加大小相等、方向相反的旋转力于 B-DNA 的两股链，使其相对于螺旋轴产生某种旋转而产生的作用力。根据施加旋转力的方向，产生的

DNA 扭转应力有正和负两种。负应力促使形成负超螺旋结构，正应力促使形成正超螺旋结构。

超螺旋结构分为**螺线管型**（solenoidal）和**相缠型**（plectonemic）。螺线管型正超螺旋的螺旋轴形成右手螺旋，负超螺旋的螺旋轴形成左手螺旋（图 3-6，第三章，80 页）。相缠型正超螺旋的螺旋轴形成左手双螺旋，负超螺旋的螺旋轴形成右手双螺旋（图 1-7）。

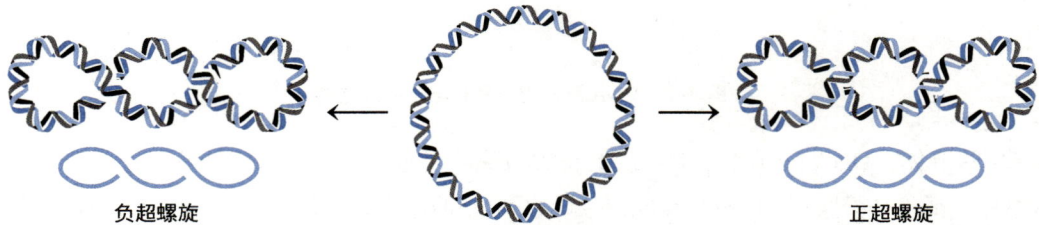

图 1-7   相缠型超螺旋

四、染色体的结构

真核生物染色体 DNA 与组蛋白、非组蛋白及少量 RNA 在细胞分裂间期形成染色质结构，在细胞分裂期形成染色体结构，两者的主要区别是压缩程度（称为压缩比、包装比）不同。

（一）染色体组成

染色体的主要成分是 DNA 和组蛋白，它们含量稳定，含量比接近 1∶1。此外，染色体还含有少量 RNA 和非组蛋白，其含量随着生理状态的变化而变化。

1. **组蛋白**（histone）　是真核生物染色体的基本结构蛋白、含量最多的染色体蛋白。C 端 2/3 序列富含疏水性氨基酸残基，N 端 1/3 序列富含碱性氨基酸残基 Arg 和 Lys（约占氨基酸残基数的 1/4）。组蛋白属于碱性蛋白质，等电点 pI>10。

组蛋白主要有 H1、H2A、H2B、H3 和 H4 五类，其中 H2A、H2B、H3 和 H4 称为**核心组蛋白**（core histone），H1 称为**连接 DNA 组蛋白**（linker histone）。核心组蛋白一级结构高度保守，特别是 H3 和 H4，没有明显的种属特异性和组织特异性，含量也很稳定，提示其功能高度保守。例如豆类（Ile60、Arg77）与牛（Val60、Lys77）的组蛋白 H4 仅有两个氨基酸残基不同，人与酵母的组蛋白 H4 仅有八个氨基酸残基不同。相比之下，连接 DNA 组蛋白 H1 在不同生物体、不同组织细胞中的差异较大，在个体发育过程中也有变化。组蛋白在维持染色体的结构和功能方面起关键作用。

2. **非组蛋白**（nonhistone）　大多数非组蛋白比组蛋白大，且富含酸性氨基酸，属于酸性蛋白质。非组蛋白种类广泛，具有种属特异性和组织特异性，并且在整个细胞周期中都有合成，而不像组蛋白仅在 S 期与 DNA 同步合成。非组蛋白既有支架蛋白（scaffold protein），又有酶和转录因子等，其主要功能是参与 DNA 折叠、复制、修复、重组，RNA 合成与加工，基因表达调控。非组蛋白有以下特性：

（1）种类多样性：有几千种，包括染色质重塑蛋白、DNA 复制酶系、转录酶系等，其中含量最多的依次为 DNA 拓扑异构酶、染色体结构维持蛋白，种类最多的为转录因子。

（2）结合特异性：以离子键、氢键结合于特定 DNA 序列的大沟。这些序列进化上具有保守性。相应的非组蛋白多可二聚化。

非组蛋白的结合特异性源于其含各种 DNA 结合基序，如螺旋 - 转角 - 螺旋、锌指、亮氨酸拉链、螺旋 - 环 - 螺旋（第六章，168 页）。

（3）功能多样性：包括染色质组装、染色体重塑、基因表达调控等。

3. 非编码 RNA（noncoding RNA）　占染色体质量的 1%~3%，含量最低，变化较大。功能是通过与组蛋白、非组蛋白相互作用而调控基因表达。

（二）染色体结构

真核生物 DNA 在双螺旋的基础上与组蛋白等组装，经过多级压缩形成染色质、染色体结构。

1. 串珠纤维　核小体是串珠纤维的基本结构单位，由组蛋白核心和核小体 DNA（＝核心 DNA ＋ 连接 DNA）构成。不同生物核小体 DNA 长度不同，人核小体 DNA 长 185~200bp。

（1）一个 $(H3\text{-}H4)_2$ 四聚体与两个 H2A-H2B 二聚体构成组蛋白八聚体（histone octamer），又称核小体核心（nucleosome core）、组蛋白核心（histone core）。

（2）组蛋白八聚体被核心 DNA（core DNA，145~147bp）以左手螺线管（solenoid，负超螺旋）方式缠绕 1.67 圈，形成圆盘形核小体核心颗粒（nucleosome core particle），厚约 6nm，直径 10~11nm。

（3）核小体核心颗粒与连接 DNA（linker DNA，15~60bp）构成核小体（nucleosome，人单倍体 DNA 与核心组蛋白形成 1.7×10^7 个核小体）。

（4）若干核小体形成直径约为 10nm 的串珠纤维（beads-on-a-string，又称核小体纤维、10nm 纤维，图 1-8）。从 DNA 双螺旋到串珠纤维，包装比（packing ratio，又称压缩比）为 6~7。

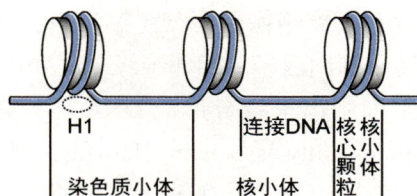

图 1-8　串珠纤维

串珠纤维进一步包装成高度凝集的染色质、染色体结构，包装机制尚未阐明，以下为早期假说之一。

2. 染色质纤维　串珠纤维经过螺旋化形成直径约为 30nm、螺距约为 12nm 的螺线管，称为 30nm 纤维，其每个螺旋含 6~7 个核小体，且每个核小体需结合一分子 H1（结合于连接 DNA 与核心 DNA 的连接部，覆盖约 20bp DNA；结合力较弱，可在盐溶液中分离）形成染色质小体（chromatosome，表 1-1）。核心组蛋白 N 端、组蛋白 H1、高离子强度对螺线管的形成和稳定起重要作用。从串珠纤维到 30nm 纤维，压缩比为 6。

表 1-1　染色质结构单位组成

	核心组蛋白 （H2A、H2B、H3、H4）	核心 DNA （146bp）	连接 DNA （15~16bp）	连接 DNA 组蛋白（H1）
组蛋白八聚体	+			
核小体核心颗粒	+	+		
核小体	+	+	+	
染色质小体	+	+	+	+

30nm 纤维进一步结合非组蛋白、少量 RNA 及与复制转录有关的酶类，形成染色质纤维（chromatin fiber）。

3. 染色线　在细胞分裂前期，染色质纤维进一步螺旋化形成直径约为 300nm 的超螺线管（supersolenoid）结构，称为染色线、300nm 纤维。从 30nm 纤维到 300nm 纤维，压缩比为 40。

4. 染色单体　300nm 纤维凝缩成直径约为 700nm 的染色单体，压缩比为 5。因此，细胞分裂中期染色单体的压缩比高达 8000~10000；相比之下，在细胞分裂间期，染色质结构的压缩比仅为 100~1000。

近期研究表明：①串珠纤维进一步包装形成染色质过程不存在染色质纤维形成环节。②染色质、染色体中存在化学本质为蛋白质的染色体支架（chromosomal scaffold），DNA 通过一些特异序列与支架结合。

串珠纤维在细胞分裂间期形成松散的染色质结构。它们并非如几十根面条在碗中相互纠缠，而是像聚拢的钢丝球一样各自独占一定空间（染色体域，chromosome territory）。每一条染色质均含两类区段，一类凝集程度低，所含基因处于活跃状态，位于常染色质区；另一类凝集程度高，所含基因处于沉默状态，或不含基因序列，位于异染色质区。两类染色质都含有一类绝缘子序列（第六章，161 页），可募集一类转录抑制因子。相邻绝缘子序列平均间距 800kb，与转录抑制因子结合形成 DNA 环，凝集为拓扑结构域（topologically associating domain，图 1-9）。

实际上，由于细胞内不断进行新陈代谢及基因表达，DNA 的扭转盘绕是一个动态过程，所以在不同周期时相、不同代谢状态、不同 DNA 区段，其盘绕方式和盘绕程度都不相同。

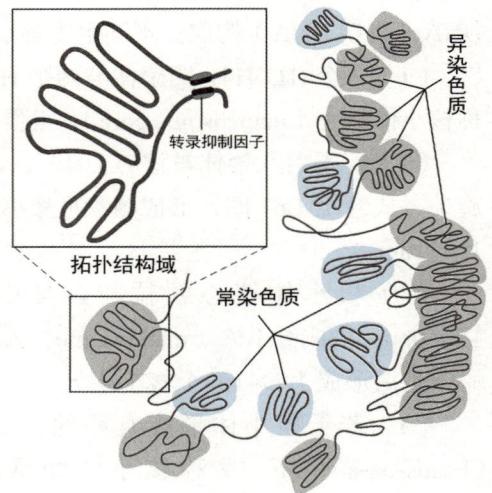

图 1-9　染色质拓扑结构域

（三）染色体结构生理意义

DNA 形成染色体结构具有重要的生理意义。

1. 便于细胞核容纳　DNA 分子在长度上高度压缩，有利于组装。例如人体细胞核内有 23 对染色体，其 DNA 总长度 1.7~2m，在细胞分裂期被压缩到长度约 200μm（细胞核直径 10~15μm），压缩了 8000~10000 倍。

●成年人体约有 10^{14} 个细胞，所含 DNA 总长度 $2×10^{11}$km。与地球周长（$4×10^4$km）及地球和太阳之间的距离（$1.5×10^8$km）对比或更易理解其压缩意义。

2. DNA 保护　相比之下，裸 DNA（naked DNA）容易受到损伤。

3. 便于细胞分裂时正确分配　避免形成非整倍体、异倍体。

4. 便于基因表达调控　使基因表达以正调控为主。

5. 超螺旋结构影响复制和转录　细胞核内 DNA 结构处于动态变化之中。超螺旋的转换可以协调 DNA 局部解链，从而影响复制和转录等的启动及进程。

五、染色体外 DNA

真核生物还存在线粒体 DNA、叶绿体 DNA（植物）等，许多原核生物及个别真核生物（酵母等真菌）还携带质粒，它们统称染色体外 DNA。染色体外 DNA 与原核生物染色体 DNA 均为裸露结构，统称基因带（genonema）。

（一）线粒体 DNA

1894 年，R. Altmann 发现线粒体。1963 年，M. Nass 和 S. Nass 从鸡胚肝细胞线粒体内鉴定线粒体 DNA（mtDNA），它所携带的遗传信息可以指导合成部分线粒体蛋白，因而属于细胞核外遗传系统。

一个细胞可以含成百上千个线粒体，一个线粒体含多个 mtDNA 拷贝，因此一个细胞含大量 mtDNA，可达细胞总 DNA 的 1%。mtDNA 属于重复序列（26 页）。

绝大多数 mtDNA 为共价闭合环状结构，一股链含较多的嘌呤碱基，浮力密度较高，称为 H 链（heavy chain，重链）；另一股链含较多的嘧啶碱基，浮力密度较低，称为 L 链（light chain，轻链）。草履虫 mtDNA 虽为线性结构，但末端为发夹结构，故没有游离单链末端。

人的线粒体多数含 2~10 个 mtDNA 拷贝，位于线粒体基质的不同区域。每个拷贝含 16569bp，几乎均为编码序列（基因间区累计仅 87bp），编码 2 种 rRNA（12S rRNA 和 16S rRNA）、22 种 tRNA（负载 Leu 和 Ser 的 tRNA 各有 2 种）和 13 种蛋白质多肽链（呼吸链复合物 Ⅰ、Ⅲ、Ⅳ 和 ATP 合成酶的 7、1、3 和 2 种肽链，每种约 50aa。aa：氨基酸，这里作为肽链长度单位）。人 mtDNA 于 1981 年完成序列分析。

（二）质粒

质粒（plasmid）是游离于某些细菌及个别低等真核生物（酵母等真菌）染色体 DNA 之外、能自主复制的遗传物质，大多数是一种共价闭合环状 DNA，大小为 2~400kb。质粒含复制起点，能够利用宿主细胞（host cell，是指病毒、质粒或其他外源 DNA 转化并赖以复制或扩增的细胞）的 DNA 复制系统进行复制，并在宿主细胞分裂时分配给子细胞。质粒在三个方面不同于染色体 DNA：①许多质粒不是宿主细胞生长所必需的，许多细菌没有质粒。②一个细胞通常含多个质粒拷贝。③在宿主细胞分裂形成子细胞时，它们向子细胞的分配是随机的。

一个宿主细胞所含质粒的数目称为质粒拷贝数。质粒拷贝数由其复制类型决定，并据此将质粒分为两类：①严紧型质粒（stringent plasmid）：其复制与宿主染色体复制同步，拷贝数较低，一个细胞内仅有 1~3 个，例如 pSC101。②松弛型质粒（relaxed plasmid）：其复制与宿主染色体复制不同步，可以自主复制，拷贝数较高，一个细胞内可有 10~500 个，例如 ColE1。一种质粒是属于严紧型还是松弛型，常和宿主细胞的代谢状况有关。例如，R 质粒在大肠杆菌中属于严紧型，而在奇异变形杆菌中属于松弛型。因此，质粒复制不仅由自身控制，还受宿主细胞制约。

质粒在重组 DNA 技术中用于构建载体。

质粒可根据所携带基因功能的不同分为 R 质粒（又称抗性质粒）、F 质粒（又称性因子、F 因子、致育因子）、Col 质粒（又称 Col 因子、大肠杆菌素生成因子）等。

此外，真核生物细胞核内存在染色体外环状 DNA（eccDNA），其意义有待系统阐明。目前发现 50% 以上肿瘤细胞细胞核内存在 eccDNA，携带肿瘤生长所需基因。正常心肌细胞 eccDNA 携带肌连蛋白（titin）基因。

第二节　RNA 的结构和功能

DNA 是遗传物质，其直接作用是指导合成 RNA。结构上 RNA 与 DNA 明显不同之处是其几乎都呈单链状态。单链结构赋予 RNA 结构复杂性和功能多样性。RNA 是唯一既可储存和传递遗传信息，又有催化活性的大分子，因而被推测为地球上最早出现的生命物质。核酶的发现也改变了酶的传统定义，即不限于蛋白质。

生物体内核酸都与蛋白质形成核蛋白（nucleoprotein），其中 RNA 形成的核蛋白称为核糖[核酸]核蛋白（ribonucleoprotein，RNP），有些 RNP 结构极其复杂，其 RNA 成分有的起结构作用，有的起催化作用。

一、RNA 组成

RNA 由四种核苷酸通过 3',5'- 磷酸二酯键连接形成，与 DNA 有以下不同。

1. 组成 RNA 的核苷酸含核糖而不含脱氧核糖，含尿嘧啶（U）而几乎不含胸腺嘧啶（T）。因此，组成 RNA 的四种常规核苷酸是一磷酸腺苷（AMP）、一磷酸鸟苷（GMP）、一磷酸胞苷（CMP）和一磷酸尿苷（UMP）。

2. RNA 含较多的稀有碱基（unusual base，minor base），各种稀有碱基几乎都有其特殊功能。

3. RNA 有较多 2'-O- 甲基核糖。

二、RNA 结构

绝大多数 RNA 为线性单链结构，其构象少有 DNA 那样典型的双螺旋结构，但有以下特征。

1. 线性单链 RNA 形成右手螺旋结构。

2. RNA 分子中某些片段具有序列互补性，因而可通过自身回折形成茎环结构（即发夹结构）。茎环结构由一段短的互补双链区（茎，又称臂）和一个有特定构象和功能的单链环构成（图 1-10），互补双链区碱基配对原则是 A 对 U、G 对 C，但可非 Watson-Crick 碱基配对，特别是 G-U 碱基对，例如 rRNA 富含 G-U、G-A 碱基对。互补双链区可形成右手双螺旋结构。

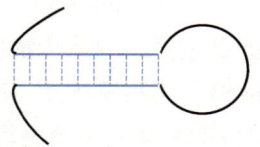

图 1-10　RNA 的茎环结构

3. 各种 RNA 三级结构复杂，直接决定其生理功能。

三、RNA 分类

人体一个细胞约含 10pg RNA（约含 7pg DNA）。与 DNA 相比，RNA 种类繁多，分子量较小，含量变化大。RNA 可根据结构和功能的不同分为信使 RNA 和非编码 RNA。非编码 RNA 可根据组织特异性和水平稳定性及编码基因不同分为管家 RNA（housekeeping RNA，组成[性]非编码 RNA）和调控 RNA（调节 RNA，regulatory RNA，调控[性]非编码 RNA）；也可根据大小分为非编码大 RNA（large noncoding RNA）和非编码小 RNA（small noncoding RNA，sncRNA，<200nt；nt，nucleotide，用作单链核酸长度单位，较短的也用 mer）（表 1-2）；还可根据分子长度、结构特征、分子伴侣、亚细胞定位等综合分类（表 1-3）。

表 1-2　非编码 RNA 分类

	管家 RNA	调控 RNA
非编码大 RNA	核糖体 RNA（rRNA） 长链非编码 RNA（lncRNA） 核酶	长链非编码 RNA（lncRNA）

续表

	管家 RNA	调控 RNA
非编码小 RNA	转运 RNA（tRNA） 核糖体 RNA（rRNA） 端粒 RNA 胞质小 RNA（scRNA） 核小 RNA（snRNA） 核酶	微 RNA（miRNA） piRNA 环 [状]RNA

表 1-3　人非编码 RNA 一览

ncRNA	基因数	大小（nt）	功能
rRNA	~300		蛋白质合成
tRNA	~500		蛋白质合成
snRNA	~40		mRNA 剪接
U7 snRNA	1		组蛋白 mRNA 3' 端加工
snoRNA	~85		Pre-rRNA 加工和 rRNA 修饰
miRNA	~19000	20~25	基因表达调控
piRNA	$>6 \times 10^7$		抑制生殖细胞转座子转座，联合 PIWI 蛋白
Xist	1	16500	X 染色体失活
7SK RNA	1	331	转录调节，抑制转录延伸因子 P-TEFb
RNase P RNA	1	341	tRNA 5' 端加工
7SL RNA	3	300	蛋白质分泌，SRP 成分
RNase MRP RNA	1		rRNA 加工，mtDNA 复制
端粒酶 RNA	1	451	端粒模板
Vault RNA	3		Vault 核糖核蛋白成分，调节自噬
hY1，hY3，hY4，hY5	~30		核糖核蛋白成分，功能未知
H19	1		未知
SRA1 RNA	1	875	类固醇 [激素] 受体共激活因子
NEAT1	1	22744	lncRNA，核旁斑成分，调节分化、发育，免疫反应等

人体内已有 23000 种功能 RNA 被鉴定。

（一）信使 RNA

信使 RNA（mRNA）最早发现于 1960 年，在蛋白质合成过程中负责传递遗传信息、直接编码一条或几条肽链，具有以下特点（结构特点见第四章，99 页）。

1. **含量低**　占细胞总 RNA 的 1%~5%。不同 RNA 含量不一，可相差 10^4 倍。

2. **种类多**　可达 10^5 种。不同基因编码不同的 mRNA。

3. **寿命短**　mRNA 指导合成蛋白质，合成完毕即被降解。细菌 mRNA 的平均半衰期（又称半寿期）约为 1.5 分钟。脊椎动物 mRNA 半衰期长短不一，平均约为 3 小时。

4. 长度差异大　细菌 mRNA 平均长度 1.2×10^3nt，不同真核生物 mRNA 平均长度 $1 \times 10^3 \sim 3 \times 10^3$nt，哺乳动物 mRNA 长度 $5 \times 10^2 \sim 1 \times 10^5$nt。

原核生物和真核生物的 mRNA 虽然有结构差异，但功能一样，均为指导蛋白质合成的模板（第四章，99 页）。

（二）转运 RNA

转运 RNA（转移 RNA，tRNA）在蛋白质合成过程中的作用是负载氨基酸、解读 mRNA 遗传密码。tRNA 占细胞总 RNA 的 10%~15%，绝大多数位于细胞质中。tRNA 由 F. Crick 于 1955 年提出其存在，P. Zamecnik 和 M. Hoagland 于 1957 年鉴定，R. Holley 于 1965 年完成了酵母丙氨酸 tRNA（tRNA^{Ala}）测序（第一种被测序的核酸分子）。以下介绍细胞质 tRNA。线粒体、叶绿体有自己的 tRNA，它们都比细胞质 tRNA 小。

1. tRNA 一级结构　①是一类单链小分子 RNA，长 73~95nt（共有序列 76nt），沉降系数 4S。②是含稀有碱基最多的 RNA，含 7~15 个稀有碱基（占全部碱基的 15%~20%），位于非碱基对区。③ 5' 末端多为 5'-GMP。④ 3' 端均为 CCA 序列，其中的 AMP 常称为 A76，其 3'- 羟基是氨基酸结合位点。

tRNA 稀有碱基中有些是 A、U、C、G 的甲基化、二甲基化修饰物。甲基化有些是为了避免配对错误，有些赋予 tRNA 局部疏水性，以便与氨酰 tRNA 合成酶或核糖体结合。

2. tRNA 二级结构　约 50% 碱基配对，形成四段双螺旋臂（arm，stem，类似于 A-DNA），与五段非配对序列形成三叶草形结构（图 1–11 ①）：①氨基酸臂（amino acid arm）长 7bp。②二氢尿嘧啶臂（D arm，D[HU] 臂）长 4bp（个别 3bp），末端有二氢尿嘧啶环（D[HU] 环），特征是含 2 或 3 个二氢尿嘧啶（D[HU]）。③反密码子臂（anticodon arm）长 5bp，末端有 7nt 反密码子环，中间 3nt 组成反密码子（第四章，102 页）。反密码子 5' 端与尿苷酸连接，3' 端与嘌呤核苷酸连接。④ TΨC 臂（TΨC arm，T 臂）长 5bp，末端有 TΨC 环（Ψ 环），特征是 TΨC 环含胸腺嘧啶核糖核苷 T54- 假尿苷 Ψ55- 胞苷 C56。⑤额外臂（extra arm，可变臂，variable arm）长 3~21nt，仅较大的 tRNA 含有。

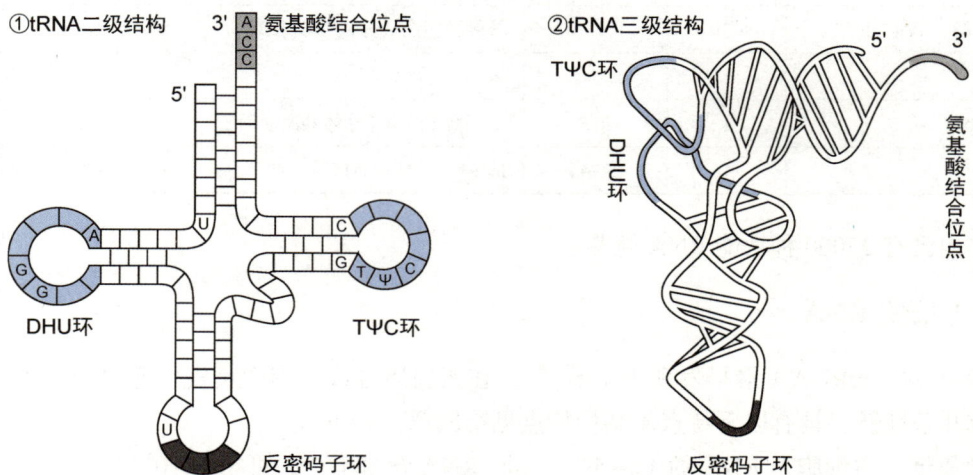

图 1–11　tRNA 结构

3. tRNA 三级结构　呈扭曲的 L 形，氨基酸结合位点位于其一端，反密码子环位于其另一端，DHU 环和 TΨC 环虽然在二级结构中位于两侧，但在三级结构中却相邻（图 1–11 ②）。

尽管各种 tRNA 的长度和序列不尽相同，但其三级结构相似，提示三级结构与其功能密切相关。

（三）核糖体 RNA

核糖体 RNA（rRNA）与核糖体蛋白（r-protein）构成核糖体（ribosome），一个大肠杆菌约有 15000 个核糖体。

1. 核糖体组成和结构　原核生物和真核生物的核糖体均由一个大亚基和一个小亚基构成，两个亚基均由 rRNA 和核糖体蛋白构成。它们的大小一般用沉降系数（S）表示（表 1-4）。

表 1-4　核糖体组成

生物	核糖体沉降系数	rRNA 质量占比 /%	亚基沉降系数	亚基所含 rRNA	核糖体蛋白种类
大肠杆菌	70S	66	50S 大亚基	23S（2904nt） 5S（120nt）	33（L1~L36）
			30S 小亚基	16S（1542nt）	21（S1~S21）
哺乳动物	80S	60	60S 大亚基	28S（4718nt） 5.8S（160nt） 5S（120nt）	49
			40S 小亚基	18S（1874nt）	33

（1）初期研究认为大肠杆菌核糖体大亚基（又称 50S 亚基）有 36 条肽链，编号 L1~L36。进一步研究表明：①L7 是 L12 的 Ser2 乙酰化产物。②L26 是小亚基（又称 30S 亚基）蛋白质 S20，并不是大亚基蛋白质。③L8 是两个 L7/L12 二聚体与 L10 形成的五聚体。因此，目前认为大肠杆菌核糖体大亚基含有 33 种基因编码的 36 条肽链。

（2）真核生物 18S、28S、5S rRNA 分别与原核生物 16S、23S、5S rRNA 同源，5.8S rRNA 与 23S rRNA 5' 端同源。

（3）核糖体与核糖体亚基形成解离平衡，Mg^{2+} 抑制解离。

2. 核糖体 RNA 特点　①含量高：rRNA 是细胞内含量最高的 RNA，占细胞总 RNA 的 80%~85%。②寿命长：rRNA 更新慢，寿命长。③种类少：原核生物有 5S、16S、23S 三种 rRNA，约占核糖体质量的 66%（其中 5S、23S rRNA 占核糖体大亚基质量的 70%，16S rRNA 占核糖体小亚基质量的 60%）；真核生物主要有 5S、5.8S、18S、28S 四种 rRNA，另有少量线粒体 rRNA、叶绿体 rRNA。

大肠杆菌 16S rRNA 的 3' 端有一段保守序列 ACCUCCU，可与 mRNA 中的 SD 序列互补结合（共有序列 AGGAGGU，第四章，107 页）。5S rRNA 有两段保守序列：① CGAAC，可以与 tRNA 的 TΨC 环的 GTΨCG 互补结合。② GCGCCGAAUGGUAGU，可以与 23S rRNA 中的一段序列互补结合。

3. 核糖体种类　原核生物只有一类核糖体，真核生物则有位于细胞不同部位的以下几类核糖体：游离核糖体、内质网核糖体（又称附着核糖体）、线粒体核糖体和叶绿体核糖体（植物）。游离核糖体和内质网核糖体实际上是同一类核糖体，它们比原核生物核糖体大，所含的 rRNA 和蛋白质也多。线粒体核糖体和叶绿体核糖体比原核生物核糖体小。这些核糖体的基本结构和功能一致。

（四）核酶

科学家在研究 RNA 的转录后加工时发现某些 RNA 有催化活性，可以催化 RNA 的剪接，这些由活细胞合成、起催化作用的 RNA 称为核酶（ribozyme，RNA 酶，RNA enzyme）。许多核酶的底物也是 RNA，甚至就是其自身，其催化反应具有专一性。

已阐明的天然核酶有锤头状核酶（斧头状核酶）、发夹状核酶、Ⅰ型内含子、Ⅱ型内含子、丁型肝炎病毒核酶、核糖核酸酶 P（RNase P）、肽酰转移酶（23S rRNA）等。

如何评价核酶的理论意义与实际意义，如何看待核酶与传统意义上的蛋白质酶在代谢中的地位，都有待进一步研究。

1. 核酶发现　核酶最早由 T. Cech 和 S. Altman（1989 年诺贝尔化学奖获得者）发现。1967 年，C. Woese、F. Crick 与 L. Orgel 等基于 RNA 二级结构的复杂程度提出其可能有催化活性；1982 年，T. Cech 团队在研究单细胞真核生物四膜虫 rRNA 前体剪接时（从 6.4kb 中剪除 413nt，得到 26S rRNA）发现其内含子有自我剪接活性；1983 年，S. Altman 在研究细菌 tRNA 前体时发现 RNase P 中的 M1 RNA 参与 tRNA 前体转录后加工；1982 年，K. Kruger 等建议将有催化活性的 RNA 命名为 "ribozyme（核酶）"。迄今已发现超过 1500 种这类内含子，广泛存在于真核生物甚至细菌中（但脊椎动物无），统称Ⅰ型内含子（大多数需要自我剪接）。

2. Ⅰ型内含子自我剪接机制　Ⅰ型内含子含一段内部指导序列（internal guide sequence）与上游外显子 3' 末端序列形成双链结构，并使其定向靠近下游外显子 5' 末端。①鸟苷（或 GMP、GDP、GTP）作为辅助因子先结合于 RNA 的 G 结合位点。②鸟苷 3'- 羟基亲核攻击内含子 5' 剪接位点磷酸基，使上游外显子 3'- 羟基游离。③上游外显子 3'- 羟基亲核攻击内含子 3' 剪接位点，释放Ⅰ型内含子（413nt）（图 1-12）。

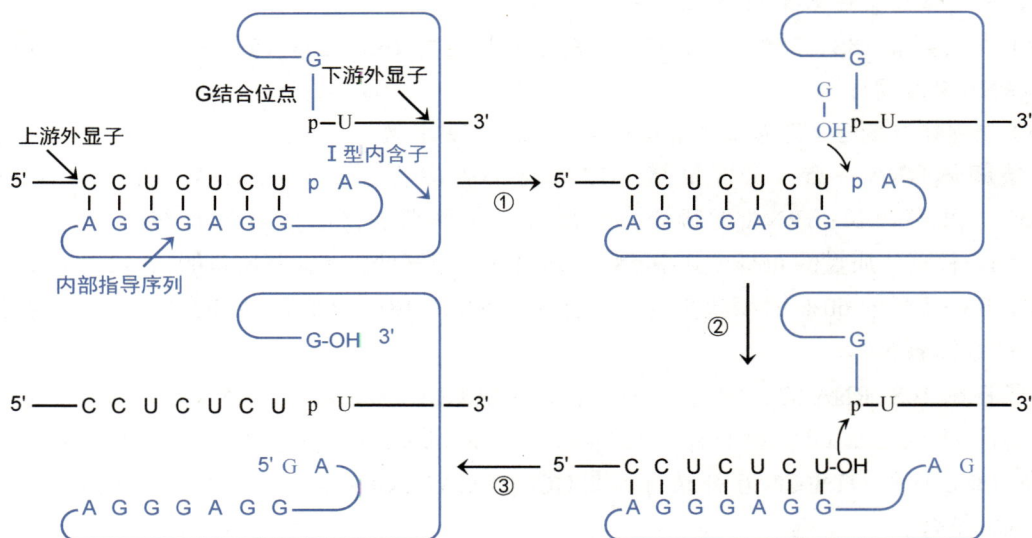

图 1-12　Ⅰ型内含子自我剪接机制

3. 核酶特点　到目前为止鉴定的各种核酶有以下特点。

（1）化学本质为 RNA 或 RNA 片段。有些核糖核蛋白也有催化作用，但活性中心位于其蛋白质成分上，并不属于核酶，例如端粒酶。然而，如果核糖核蛋白的 RNA 含活性中心，则该 RNA 组分是核酶，例如 RNase P 所含的 M1 RNA（第三章，82 页）。

（2）底物种类比较少，大多数是自身 RNA 或其他 RNA 分子，并因此将核酶分为自体催化、异体催化两类。此外还有其他底物，例如核糖体肽酰转移酶的底物是氨酰 tRNA 和肽酰 tRNA（第四章，104 页）。

（3）催化效率比蛋白质酶低得多。

（4）具有专一性。例如，M1 RNA 只切割 tRNA 前体 5' 端的额外核苷酸（extranucleotides，第三章，91 页），不切割其 3' 端的额外核苷酸及其他序列。

（5）均催化不可逆反应。

（6）催化反应时需要 Mg^{2+}，Mg^{2+} 既维持其活性构象，又参与催化反应。

（7）多数核酶在细胞内含量极低。

4. 核酶意义　①使我们对 RNA 的生理功能有了进一步的认识，即它既是遗传信息载体，又是生物催化剂，兼有 DNA 和蛋白质两类生物大分子的功能。②纠正了所有生物催化剂均为蛋白质的传统认知。③对于了解分子进化具有重要意义，RNA 或许是先于 DNA 和蛋白质出现的生物大分子。

5. 核酶应用　①基因治疗（第十五章，369 页）；②特定 RNA 降解；③生物传感器；④功能基因组学；⑤基因发现。

第三节　基　因

基因（gene）是遗传物质（DNA，RNA 病毒为 RNA）所携带遗传信息的表达单位和功能单位，以一段或一组特定碱基序列为载体，通过表达功能产物 RNA 或蛋白质，控制各种生命活动，从而控制着生物的遗传性状。一个基因除了含有决定功能产物一级结构的编码序列外，还含有表达该编码序列所需的调控元件等非编码序列。

一、基因的基本概念

人类对基因的认识经历了一个漫长过程，在 20 世纪 50 年代之前，基本局限在逻辑概念阶段，对其化学本质一无所知。

1944 年，O. Avery 等通过肺炎链球菌转化实验证明 DNA 是细菌的遗传物质；1952 年，A. Hershey 和 M. Chase 通过大肠杆菌 T2 噬菌体感染实验进一步证明 DNA 也是 DNA 病毒的遗传物质。遗传物质有两个特点：一是能自我复制，从而维持生物体的基本性状；二是会发生突变，从而赋予生物体新的性状，使生命得以进化。

1. 结构基因和调控基因　这两类基因的产物都可以是 RNA 和蛋白质，但产物功能不同：结构基因（structural gene）产物的功能是参与代谢活动或维持组织结构（也有定义 tRNA、rRNA 基因为第三类基因）。调控基因（调节基因，regulatory gene）产物的功能是调控其他基因的表达。

2. 断裂基因　在 20 世纪 70 年代之前，人们一直以为基因的编码序列是连续的。1977 年，R. Roberts 和 P. Sharp（1993 年诺贝尔生理学或医学奖获得者）均发现真核生物有些基因（如胰岛素基因）的编码序列是不连续的，被一组称为内含子的非编码序列分割成称为外显子的片段，因此这类基因被命名为断裂基因（split gene）。断裂基因在分子生物学的基础研究和肿瘤等疾病的医学研究中具有重要意义。

●不同真核生物基因组中断裂基因占比不同：酿酒酵母仅有 3.5%~4% 的基因是断裂基因（但其他酵母的基因多为断裂基因）；果蝇有 83% 的基因是断裂基因；哺乳动物有 94% 的基因是

断裂基因（组蛋白、α干扰素、β干扰素基因不是断裂基因）。叶绿体、植物和其他低等真核生物线粒体基因组中存在断裂基因。古细菌、细菌和噬菌体基因组中也存在个别断裂基因。

3. 重叠基因　两个或多个基因存在编码序列重叠，则它们被称为**重叠基因**（overlapping gene）。重叠基因之间有各种重叠方式，例如，ΦX174噬菌体基因组 DNA 全长 5386bp，但所包含 10 个蛋白质基因（编号 A~H、J~K）序列的累计全长 5784bp，大于实际全长，这一现象即源于基因重叠（overlapping，图 1-13）。

① 基因组结构

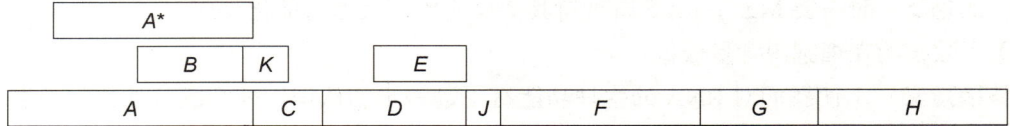

② 启动子、终止子与转录区

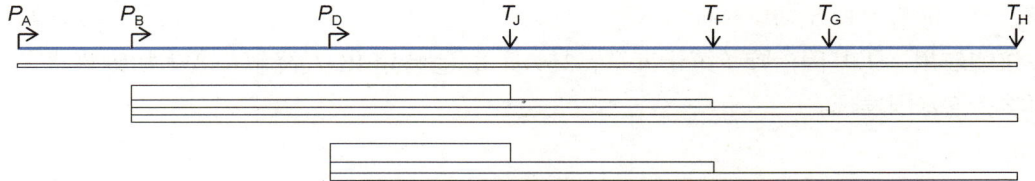

图 1-13　ΦX174 噬菌体基因组

（1）大基因序列完全包含小基因，例如 A 基因中包含 B 基因，D 基因中包含 E 基因，被包含的基因称为**基因内基因**（嵌套基因，nested gene）。

（2）两个基因的编码序列首尾重叠，有的甚至只重叠一个碱基，例如 D 基因终止密码子的第三碱基是 J 基因起始密码子的第一碱基，这一现象称为读框重叠（reading-frame overlapping）。

（3）多个基因存在重叠序列，例如 A 基因、A* 基因、B 基因、K 基因。

（4）反向重叠。

重叠基因的编码序列虽然存在重叠，但其转录产物 mRNA 的开放阅读框（第四章，101 页）不同，因而翻译合成的蛋白质并无同源序列。

重叠基因存在于病毒（图 10-4，278 页；图 10-6，281 页）、原核生物、真核生物（包括人类）DNA 中，包括线粒体 DNA。

4. 转座子　1944 年，B. McClintock（1983 年诺贝尔生理学或医学奖获得者）在研究玉米基因时发现，有些 DNA 片段可以自主复制，还可以在染色体 DNA 中移动位置。现已阐明，几乎所有生物基因组 DNA 中都存在这类非游离的、能自主复制或自我切割、以相同或不同拷贝在基因组中或基因组间移动位置的功能性片段，称为**转座子**（transposon，转座元件，transposable element，可移动元件，mobile element，最初称为跳跃基因，jumping gene）。转座子长 0.7~20kb，可能是最简单的寄生物，可称为**寄生分子**（molecular parasite，分子寄生物），可随宿主染色体 DNA 一起被动复制。某些转座子携带有对宿主有利的基因，与宿主是一种共生关系。

5. 顺反子　顺反子一词源于遗传学，多视为基因的同义词。①**单顺反子**：其转录后加工产物得到**单顺反子 mRNA**，即含单一开放阅读框，指导合成一种肽链。真核基因均为单顺反子。②**多顺反子**：其转录产物加工后得到**多顺反子 mRNA**，即含不止一个开放阅读框，每个开放阅读框指导合成一种肽链。原核基因多为多顺反子（第四章，99 页）。

6. 基因家族　同一物种中，结构甚至功能相似、进化起源上密切相关的一组基因被定义为一个**基因家族**（gene family，多基因家族，multigene family）。基因家族中的基因**同源**（homology），即它们来自同一个祖先基因，有相似的结构甚至功能。人类基因组中有 1.5 万个基因家族，例如 rRNA 基因及以下蛋白基因组成各自的基因家族：组蛋白、珠蛋白、生长激素、肌动蛋白、丝氨酸蛋白酶、主要组织相容性抗原。基因家族中完全相同的基因成员称为**重复基因**（多拷贝基因）。重复基因主要存在于真核生物基因组中，如人类有几百个 rRNA 基因拷贝。原核生物有 1~7 个 rRNA 基因拷贝（大肠杆菌有 7 个），蛋白基因多数只有一个拷贝。

● **蛋白质家族**（protein family）　同一基因家族编码的蛋白质的相同序列通常都在 25% 以上，且拥有某些共同的结构特征甚至功能特征，组成相应的蛋白质家族。蛋白质数据库（PDB）里的蛋白质归于 4000 多个蛋白质家族。

二、基因的基本结构

前面提到断裂基因序列中存在内含子、外显子等序列。为了方便学习，这里先介绍基因序列中的各种功能序列，包括它们的相互位置关系（图 1–14）。

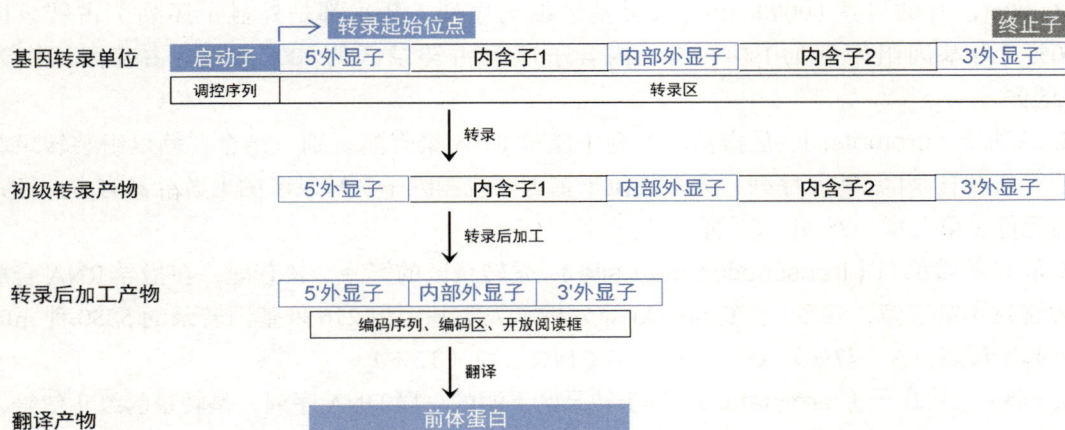

图 1–14　真核蛋白基因结构

1. 转录区（transcribed region）　又称转录单位（transcription unit），是编码初级转录产物核苷酸序列的 DNA 序列，即 RNA 聚合酶转录的全部 DNA 序列，始于转录起始位点，终于终止子，占人类基因组序列的 90% 以上，其中蛋白基因转录区占人类基因组序列的 30%。

2. 编码序列（coding sequence）　又称**编码区**（coding region）、开放阅读框（第四章，99 页），是基因组 DNA、互补 DNA（cDNA，第二章，71 页）、mRNA 中编码蛋白质氨基酸序列的密码子序列。cDNA 和 mRNA 中的编码序列均始于起始密码子，终于终止密码子。

3. 非编码序列（noncoding sequence）　又称非编码区（noncoding region）。①基因序列中除密码子序列之外的所有序列，例如内含子、增强子。②基因组序列中除基因序列之外的所有序列。人类基因组序列中 98% 以上为非编码序列。

● **ENCODE 计划**（DNA 元件百科全书计划）研究表明人类基因组序列 90% 以上有功能，可被转录，转录产物多为 ncRNA。其余不到 10% 虽不被转录，但含调控元件。

4. 调控元件（regulatory element）　又称调节元件、调控区、调控序列、顺式作用元件。①影响基因表达的 DNA 序列，是 RNA 聚合酶或转录因子的结合位点，例如启动子和终止子。

广义调控元件还包括反式作用元件，即调控基因，其编码产物称为反式作用因子、调节因子，包括蛋白质和 RNA。②影响 DNA 复制或重组的 DNA 序列，例如复制起点和重组起点。

5. 外显子（exon）和内含子（intron） 是交替串联组成断裂基因转录区的两种序列。

（1）外显子：是在转录产物 RNA 前体剪接时被保留的序列及其对应的基因序列，即转录区、RNA 前体、功能 RNA 的共有序列。①可根据在 RNA 前体中的相对位置分为 5' 外显子、内部外显子和 3' 外显子。②可根据是否含密码子序列分为编码外显子和非编码外显子。③部分 5' 编码外显子由密码子序列和非密码子序列构成，分别称为 5' 编码外显子编码区和 5' 编码外显子非编码区。部分 3' 编码外显子由密码子序列和非密码子序列构成，分别称为 3' 编码外显子编码区和 3' 编码外显子非编码区。编码外显子编码区和内部外显子构成编码序列。

（2）内含子：又称间插序列（intervening sequence），是在剪接时被切除的序列及其对应的基因序列（即只存在于转录区和 RNA 前体中的序列）。内含子和非编码外显子、编码外显子非编码区均属于非编码序列。

人类一个基因所含的外显子数少至 2 个，多至 179 个，平均 7~9 个，平均长度 145~150nt（50~10000nt），许多外显子仅够编码一个结构域（约 50aa），内含子平均长度 3365nt（50~10000nt，有的可达 800000nt）。人类基因编码序列（几乎都是外显子序列）占转录区的 5%~10%，占基因组序列的 1%~1.5%。内含子序列占转录区的 90%~95%，占基因组序列的 24%~25.9%。

6. 启动子（promoter） 是指基因序列中能被 RNA 聚合酶识别、结合，赖以组装转录起始复合物并启动转录的 DNA 序列，大多数位于基因（或操纵子）转录区的上游，具有方向性，属于调控元件（第三章，78 页，82 页）。

7. 转录起始位点（transcription start site） 是转录区的第一个核苷酸，在指导 RNA 合成时最先被转录（第三章，78 页）。Y. Suzuki 等分析了人类基因组 276 种基因转录的 5880 种 mRNA 的转录起始位点：A（47%）、G（28%）、C（14%）、T（12%）。

8. [转录] 终止子（terminator） 位于转录区下游的一段 DNA 序列，是转录的终止信号，其转录产物可通过形成发夹结构或其他二级结构使转录终止（第三章，80 页）。

第四节　基因组

每一种生物都有自己的基因组。不同生物的基因组从结构、大小到所携带的遗传信息量都不相同。基因组决定着一种生物个体的全部遗传性状。一个物种基因组的 DNA 含量和基因数目是恒定的，该恒定值分别称为 C 值（C-value）和 G 值（G-value）。物种的 C 值和 G 值与其遗传和形态复杂程度之间并无严格的对应关系，这种现象称为 C 值矛盾（C-value paradox）、G 值矛盾（G-value paradox）。

一、病毒基因组

病毒（virus）是一类以感染细胞为最重要特征的微生物。完整的病毒粒子由核酸和蛋白质构成。核酸包裹于内部，蛋白质则形成病毒衣壳和包膜，作用是保护核酸并协助其感染细胞。噬菌体（phage）也是病毒，是以细菌为宿主的病毒。

病毒没有独立的代谢系统，其唯一的生命活动是在感染细胞后可利用细胞代谢系统进行复制，形成新的病毒粒子。与其他生物相比，病毒基因组最小，并有以下基本特征。

1. 所含核酸的种类、结构、数目不同 可能是 DNA（如痘病毒）或 RNA（如逆转录病毒），单链分子（如冠状病毒）或双链分子（如腺病毒），共价闭合环状结构（如 T4 噬菌体）或线性结构（如疱疹病毒）。DNA 病毒基因组均为单一 DNA 分子。RNA 病毒基因组多数为单一 RNA 分子，部分有多个不同的 RNA 分子，例如流感病毒有 8 个单链 RNA 分子，呼肠孤病毒有 10 个双链 RNA 分子。逆转录病毒例外，有两个相同的单链 RNA 分子。

2. 基因组小 含 3~250 个单拷贝基因（逆转录病毒例外）。RNA 病毒的基因组都特别小，而 DNA 病毒的基因组大小差异较大。例如，乙型肝炎病毒基因组 DNA 长 3182~3248bp，含 4 个基因（C、X、P、S）；痘病毒基因组 DNA 长 130~230kb，约含 250 个基因。病毒基因数目比宿主少得多，几乎没有任何独立的生命活动，甚至依靠宿主细胞的代谢系统才能完成复制。

3. 基因组基本上都是编码序列 编码序列长度占病毒基因组的 95%，且编码产物均为蛋白质。

4. 基因连续性不同 病毒基因的连续性与其宿主基因一致，即原核病毒（噬菌体）基因与原核基因一致，是连续的；真核病毒基因与真核基因一致，有些基因是断裂基因。

5. 相关基因串联成一个转录单位 ① ΦX174 噬菌体的 11 个基因只有 3 个启动子（P_A、P_B、P_D）和 4 个终止子（T_J、T_F、T_G、T_H）（图 1-13）。②腺病毒的 5 个晚期基因（late gene，$L1$~$L5$）由同一个启动子启动转录，指导合成 1 种 mRNA 前体，再通过选择性剪接（第二章，87 页）加工成 5 种成熟 mRNA，指导合成 5 种蛋白质（图 3-1，74 页）。

二、原核生物基因组

原核生物（细菌、支原体、衣原体、立克次体、螺旋体、放线菌）有完整的代谢系统，并且可调节代谢以适应营养状况和环境因素的变化，因此其基因组所含基因数目多于病毒，但少于真核生物，并有以下基本特征。

1. 单一共价闭合环状双链 DNA 原核生物的 DNA 虽然结合有少量蛋白质，但并未形成典型的染色体结构，只是习惯上称为染色体。原核生物染色体在细胞内形成一个致密区域，称为原核或类核。原核无核膜，其核心部分（20%）由 RNA 和支架蛋白构成，外周（80%）是基因组 DNA。耐辐射球菌例外，有 4~10 个 DNA 拷贝。

2. 只有一个复制起点 相比之下，真核生物基因组 DNA 有多个复制起点。

3. 基因组序列以编码序列为主 占 85%~90%，非编码序列几乎都是调控序列，几乎不含重复序列。

4. 几乎所有基因都是单拷贝 个别例外，如大肠杆菌 rRNA 基因有 7 个拷贝。

5. 基因组所含基因数比病毒多 细菌有 1700~7500 个，较小的支原体也有近 500 个基因。

三、真核生物基因组

真核生物基因组最大，结构最复杂（表 1-5），并有以下基本特征。

表 1-5 原核生物基因组和真核生物基因组对比

特征	原核生物	真核生物	特征	原核生物	真核生物
染色体 DNA 结构	共价闭合环状	线性	基因密度	高	低
复制起点	一个	多个	重复序列	少	多
染色体外 DNA	质粒	线粒体 DNA，叶绿体 DNA，质粒	转座子	有	有
基因组大小	小	大			

1. 染色体 DNA 是线性分子　含三种特殊序列。

（1）**复制起点**：功能是启动 DNA 复制。每个染色体 DNA 分子都有多个复制起点，例如酵母每个染色体 DNA 分子平均有 25 个复制起点。

（2）**着丝粒 DNA**：为真核生物所特有，是动粒结合位点，几乎不含蛋白基因，功能是参与染色体分配，即将姐妹染色单体均分给子细胞。酿酒酵母着丝粒 DNA 是约 125bp 的单一序列，而大多数真核生物着丝粒 DNA 是 >40kb 的高度重复序列（含一种或几种 5~10bp 重复单位）。人着丝粒 DNA 又称 α 卫星 DNA。

（3）**端粒**：为真核生物所特有，是染色体 DNA 的末端序列，功能是维持染色体 DNA 结构的独立性和稳定性，参与 DNA 复制完成。端粒位于染色体 DNA 两端，是一种富含 T/G 的**短串联重复序列**，不含蛋白基因。不同真核细胞端粒长短差异悬殊，某些纤毛原生动物端粒只有几十个碱基对，哺乳动物端粒则长达数万碱基对。例如，哺乳动物和其他脊椎动物端粒以 TTAGGG 为重复单位，串联重复 500~5000 次（人 800~2400 次），长度为 3~30kb（人 3~20kb），末端有几百个核苷酸的黏性末端，形成 5~10kb 的 t 环（第二章，48 页）。

2. 染色体 DNA 形成染色体结构　染色体数目一定，除了配子是单倍体外，体细胞绝大多数是二倍体。

3. 基因组序列中仅有不到 10% 是蛋白质编码序列　人类基因组蛋白质编码序列甚至不到 2%（图 1-15）。编码序列在基因组序列中的比例是真核生物、原核生物和病毒基因组的重要区别，并且在一定程度上是衡量生物进化程度的标尺。

图 1-15　人类基因组序列分析

4. 基因在基因组中散在分布　相邻基因被称为**基因间区**（intergenic region，基因间序列，intergenic sequence）的非编码序列隔开。曾认为基因间区占人类基因组的 2/3，现在发现这部分可能不到 10%。许多基因间区的功能已经或正在阐明。

5. 基因组序列中包含大量重复序列　每一种**重复序列**（repetitive sequence，重复 DNA，repetitive DNA）都是一定拷贝数的某种核苷酸序列（称为**重复单位**）的集合。重复序列可根据重复单位的连续性分为**串联重复序列**（tandem repeat）和**散在重复序列**（interspersed repeat sequence），也可根据重复程度分为高度重复序列、中度重复序列和单一序列。

● **拷贝数（copy number）**　一个细胞内所含某种基因或 DNA 分子、序列的数目，范围 $2~10^7$。

（1）**高度重复序列**：又称高等重复 DNA，重复单位长度不到 100bp（多数不到 10bp），拷贝数可达 10^7 个，在哺乳动物基因组序列中占比不到 10%（人类 3%），在基因组中呈串联重复或反向重复排列，且大部分位于异染色质区，特别是端粒和着丝粒区（酵母例外）。高度重复序列不编码蛋白质或 RNA，其功能是参与 DNA 复制、DNA 转座、基因表达调控和细胞分裂时的染色体配对，例如着丝粒 DNA 是富含 A-T 的高度重复序列。

（2）**中度重复序列**：又称中等重复 DNA，重复单位长度可达 $10^2~10^3$bp，拷贝数可达 10^3 个，占哺乳动物基因组序列的 25%~50%（人类约 50%），多数散在分布于基因组中，包括转座子、基因间区、串联重复序列、蛋白基因内含子，也包括 rRNA 基因（100~5000 个拷贝，例如人类基因组约有 200 个，分布在 5 条染色体上；爪蟾基因组约有 600 个，集中在 1 条染色体上）、tRNA 基因（如人类基因组有 497 个）、5S rRNA 基因（如人类基因组约有 2000 个）和个别蛋白基因（如组蛋白、肌动蛋白、角蛋白等）。

（3）**单一序列**：又称单拷贝序列、单一 DNA，在整个基因组中只有一个或几个拷贝，占哺乳动物基因组序列的 50%~60%。蛋白基因大部分属于单一序列，但只占其一小部分。

不同真核生物基因组中重复序列占比差异极大。大多数单细胞真核生物基因组中重复序列占比不到 20%，动物基因组中重复序列占比可达 50%，植物和两栖动物基因组中重复序列占比可达 80%。

6. 基因组中存在各种基因家族 基因家族成员有的形成基因簇，有的散在分布。

●**基因簇**（gene cluster） 又称基因复合物（gene complex），是指基因组中高度丛集甚至串联的两个或多个基因的总称，所含基因多为结构基因，编码产物的功能相互联系，例如可能是催化同一代谢途径不同反应步骤的酶。

7. 基因组中含大量转座子 人类基因组序列中 45% 为转座子序列，不过其中绝大多数已因突变而失活，丧失转座能力。

第五节　DNA 多态性和遗传标记

同一物种不同个体的基因产物虽然绝大多数一致，但还是存在遗传差异。这种遗传差异的物质基础是 DNA 多态性。DNA 多态性（DNA polymorphism，遗传多态性，genetic polymorphism）是 DNA 分子的一种序列特征，是指染色体 DNA 的某个基因座（称为**多态性位点**）存在两个或多个等位基因（源于插入缺失、重排、置换），且其中至少有两个等位基因在种群内的存在频率 >1%（<1% 称为罕见突变），造成同种 DNA 分子在同一群体（或家族）的个体间或同一物种（或种族）的群体间的多样性。DNA 多态性表现为核苷酸序列差异或重复单位**拷贝数变异**（copy number variation，CNV），这些差异在种群中稳定存在，遗传方式符合孟德尔遗传规律。

遗传标记（genetic marker，遗传标志）是染色体上的一个位点，有可鉴定的表型，可作为同一染色体上其他位点、连锁群或重组事件的鉴定标记。随着分子生物学技术的发展，以 DNA 多态性为基础的遗传标记已广泛应用于遗传分析，如基因诊断。

一、DNA 多态性种类

DNA 多态性包括反映限制性酶切位点变化的限制性片段长度多态性、反映重复单位拷贝数差异的串联重复序列多态性、反映点突变的单核苷酸多态性。此外还有一些衍生的多态性和多态性分析，例如单链构象多态性（SSCP）、扩增片段长度多态性（AFLP）、随机扩增多态性 DNA（RAPD）等。

（一）限制性片段长度多态性

1970 年，H. Smith、K. Wilcox 和 T. Kelley 从流感嗜血杆菌中分离到一种核酸内切酶（内切核酸酶）*Hind* Ⅱ，它识别并切割 GTY-RAC 序列（Y 表示嘧啶，R 表示嘌呤，连字符表示水解的磷酸酯键）。这类能通过识别特定 DNA 序列切割 DNA 的酶统称**限制性内切酶**，限制性内切酶识别的 DNA 序列称为限制性酶切位点（第十五章，329 页）。

　　DNA 序列中存在着各种限制性酶切位点，用识别这些位点的限制性内切酶消化 DNA 可以得到一组 DNA 片段，称为限制性片段（restriction fragment）。对于一个个体而言，其 DNA 序列中限制性酶切位点的数目和分布是确定的，因而其限制性片段的种类和长度也是确定的。限制性片段可以反映该个体 DNA 分子的某些序列特征。另一方面，同一物种不同个体基因组存在 DNA 多态性，且约 10% 多态性位点导致限制性酶切位点的形成或消失，因而所含限制性酶切位点的数目和分布不同（限制性酶切位点多态性），其限制性片段的种类和长度也就不同。因此，限制性片段具有多态性，这种多态性称为限制性片段长度多态性（restriction fragment length polymorphism，RFLP）。RFLP 存在广泛，是人类基因组计划用于绘制基因图谱的第一代遗传标记。

（二）串联重复序列多态性

　　串联重复序列多态性（tandem repeat polymorphism）是指不同个体同一多态性位点所含某种重复单位的拷贝数具有多态性。

　　1. 串联重复序列与卫星 DNA　人类基因组序列中有 10%~15% 是串联重复序列，重复单位长 2~171bp。这些串联重复序列可根据密度梯度离心特点分为两类。

　　（1）卫星 DNA：G-C 碱基对占比不同于主体 DNA，因而浮力密度也不同于主体 DNA，进行密度梯度离心分析时会形成与主体 DNA（主带，main band）分离的"卫星"带（图 1-16）。

　　（2）隐蔽卫星 DNA：G-C 碱基对占比及浮力密度与主体 DNA 没有明显差别，进行密度梯度离心分析时不会形成"卫星"带。

　　广义卫星 DNA（satellite DNA）包括隐蔽卫星 DNA，因而串联重复序列即指卫星 DNA。

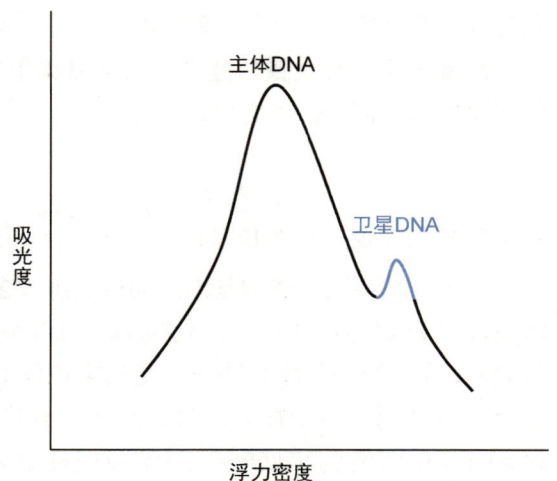

图 1-16　DNA 浮力密度曲线

　　2. 可变数目串联重复序列与小卫星 DNA、微卫星 DNA　可变数目串联重复序列（variable number of tandem repeat，VNTR）是指同一重复单位在不同个体基因组中形成的重复次数不同，因而长度不同的串联重复序列，包括小卫星 DNA 和微卫星 DNA，属于卫星 DNA。

　　（1）小卫星 DNA：重复单位长 10~100bp，串联重复 20~50 次，是一种信息量很大的遗传标记，可用印迹杂交（第十二章，300 页）或聚合酶链反应（PCR，第十三章，318 页）检测。目前在人类基因组中已经鉴定到 1000 多种小卫星 DNA（minisatellite DNA）。

　　（2）微卫星 DNA：又称短串联重复序列（STR）、简单重复序列（SSR），重复单位长度 2~7bp（多数 4bp），串联重复 4~50 次。微卫星 DNA（microsatellite DNA）在染色体 DNA 中分布广（一般位于结构基因侧翼序列或非编码序列中），密度高，但功能未知，是人类基因组计划的第二代遗传标记，可用 PCR 检测。目前在人类基因组中已经鉴定到 10^6 种微卫星 DNA（约占人类基因组序列的 3%），其中 4bp STR 就有 20000 多种。

　　法医学用于基因型分析的 STR 较短，重复 4~50 次（对应 4bp 重复单位重复长度 16~200bp）。

　　源于微卫星 DNA 的多态性称为微卫星多态性（短串联重复序列多态性、简单序列长度多态性、简单重复序列多态性）。

VNTR 的重复单位种类繁多，在基因组中分布广泛，大多数位于非编码序列中，其多态性信息量也极为理想，并且可用 PCR 进行检测。VNTR 的主要缺点是需利用凝胶电泳对多态性位点进行分型，不利于开展高通量、自动化分析。

（三）单核苷酸多态性

单核苷酸多态性（single-nucleotide polymorphism，SNP）是指在基因组水平上由单核苷酸置换或插入缺失产生的 DNA 多态性，因有以下特点而成为人类基因组计划的第三代遗传标记，成为研究复杂疾病、药物敏感性及人类进化、人类家系、动植物品系遗传变异的重要标记。

1. SNP 数目巨大 是人类基因组中最基本、最常见、最广泛的多态性，已经鉴定的有 $1.5×10^7$ 个，平均每 200bp 就有一个，占全部 DNA 多态性的 90% 以上。

2. SNP 具有二等位基因性 因而可以分析其等位基因频率。

3. 大多数 SNP 未引起蛋白质改变 仅有 5000~10000 个引起错义突变（第二章，53 页）。这部分虽然较少，但却是疾病发生发展的根本内因，因而更受关注。

4. 部分 SNP 可指导靶点确证 位于基因序列内的 SNP 直接影响产物结构或水平，因而可指导靶点确证。

● **靶点确证** 又称靶标确证，是指确定某种生命物质（核酸序列、蛋白质、代谢物等）是某种疾病发生的关键点，进而可以开发能特异性作用于该物质（靶点）并影响其活性的药物来治疗该疾病。

5. 检测方便 二等位基因性使 SNP 分析易于自动化、规模化。用基因芯片直接分析序列变异，可同时对上千个 SNP 位点进行分型。

（四）单倍型

单倍型（单体型，haplotype）是指同一染色体上一组特定的 SNP、等位基因、限制位点等遗传标记的组合，它们紧密连锁（相邻标记间隔 10^1~10^3bp），极少因发生重组而分离，因而多整体遗传给子代。每个个体通常拥有两套单倍型，分别来自父系和母系。

例如 4 个人类个体同一染色体的一段 6kb DNA 中的一种单倍型（图 1-17）：①示意 3 个 SNP 位点。②示意这段 DNA 中由 20 个 SNP 位点组成的一种单倍型，包括①示意的 3 个 SNP 位点（折线箭头所指）。③示意该单倍型的 3 个**标签 SNP**（tag SNP，可以作为单倍型标记的一组 SNP，人类基因组有 20 万 ~100 万个），只要鉴定这 3 个标签 SNP，就可以确定该单倍型。例如，如果鉴定某个个体的 3 个标签 SNP 是 A…T…C，就可以确定其该单倍型与个体 1 相同。

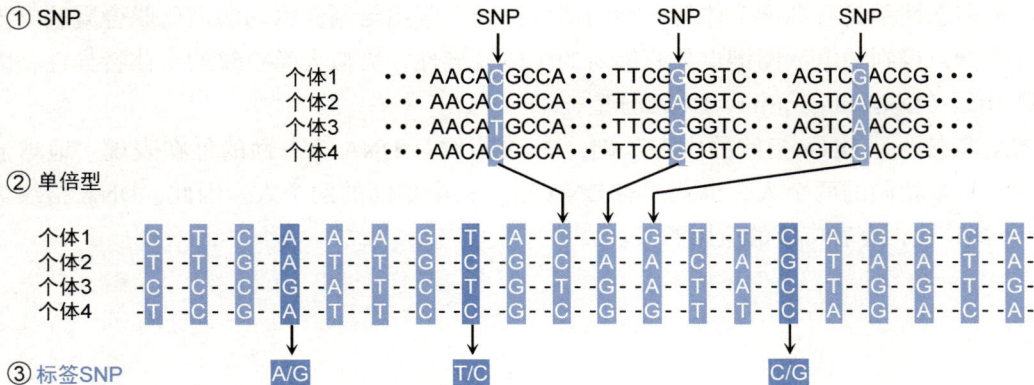

图 1-17 单倍型示意图

单倍型可作为人类族群或族群内某个个体的遗传标记、致病基因的定位标记。对于某种单倍型而言，只需几个位点作为其标签，便可鉴定该单倍型。因此，人类基因组单体型图的绘制可以有效地简化多态性研究（第十六章，378页）。

二、DNA 多态性意义

通过 DNA 多态性分析可以揭示人类个体的表型差异，例如环境反应性、疾病易感性和药物耐受性的差异，进而从根本上推动疾病预防、诊断、治疗的发展：①研究物种进化。②用作基因图谱的位标（第十六章，375页）。③用于家系分析、亲权鉴定、间接诊断、刑事鉴定等。④揭示常见多基因遗传病（如糖尿病、心脏病）的病因。⑤疾病的连锁分析及关联分析，用于疾病相关基因定位。⑥通过 SNP 检测揭示产生药物敏感性个体差异的根本原因，指导药物设计及个体化治疗（药物基因组学，第十六章，381页）。⑦指导和评价器官移植。

三、DNA 多态性分析

限制性片段长度多态性和串联重复序列多态性常用 DNA 印迹分析，单核苷酸多态性常用 PCR-RFLP、PCR-SSCP、毛细管电泳、DNA 测序、基因芯片、Taqman 技术分析。

1. 限制性片段长度多态性分析　1980 年，D. Bostein 建立了 RFLP 分析技术，即通过限制性内切酶消化联合 DNA 印迹法（第十二章，308页）进行分析。该技术操作简单、成本低廉，从而使 RFLP 被选为人类基因组计划的第一代遗传标记，用于基因图谱绘制、DNA 指纹分析、疾病易感性分析、基因诊断、亲权鉴定等。

2. 串联重复序列多态性分析　串联重复序列两翼的序列高度保守，因而就同一物种不同个体而言，同一串联重复序列多态性位点两翼的序列相同且为单一序列，据此可以设计相应的引物，通过 PCR 扩增，然后通过平板电泳、毛细管电泳（第十一章，290页）或基质辅助激光解吸飞行时间质谱（第十六章，392页）分析扩增产物的长度，鉴定其多态性。

3. 单核苷酸多态性分析　① SNP 的传统分析技术有 RFLP（第十三章，326页）、毛细管电泳（第十一章，290页）、变性高效液相色谱（第十五章，360页）等，但这些技术只能判断是否存在 SNP，不能鉴定 SNP 类型，且通量受限。② 5'- 核酸酶等位基因鉴别法、DNA 测序（第十一章，291页）、等位基因特异性寡核苷酸杂交法（第十二章，310页）、基因芯片（第十三章，313页）可以鉴定 SNP 类型，其中基因芯片可以在基因组范围内高通量分析 SNP。

四、DNA 指纹

DNA 多态性是具有高度个体特异性的遗传标记，应用限制性内切酶消化联合凝胶电泳分析 DNA 多态性，得到的电泳图谱也具有绝对的个体特异性，恰似人类指纹的个体特异性，因而称为 DNA 指纹（DNA fingerprint，DNA 分型）。

DNA 多态性是 DNA 指纹的内在基础，DNA 指纹是 DNA 多态性的外在表现。地球上没有 DNA 序列完全相同的两个人，也就没有 DNA 指纹完全相同的两个人。因此，DNA 指纹具有绝对的个体特异性，有着广泛的应用意义。

DNA 是遗传物质，其携带的遗传信息既可以通过复制从亲代 DNA（parental DNA）传递给子代 DNA（daughter DNA），又可以通过转录（transcription）指导合成 RNA，然后通过翻译（translation）由 mRNA 指导合成具有特定氨基酸序列的蛋白质，从而赋予细胞特定功能，赋予生物特定表型。1956 年，F. Crick 把遗传信息的上述传递规律归纳为中心法则（central dogma）。1965 年，科学家发现了某些 RNA 病毒 RNA 的复制现象。1970 年，D. Baltimore 和 H. Temin 发现了致癌 RNA 病毒 RNA 的逆转录现象，对中心法则进行了补充（图 2-1）。

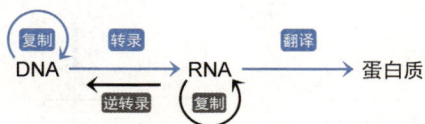

图 2-1　中心法则

第一节　DNA 复制的基本特征

DNA 复制（DNA replication）是指亲代 DNA 双链解链，两股单链分别作为模板按照碱基配对原则指导合成新的互补链，从而形成两个子代 DNA 的过程，是细胞增殖和多数 DNA 病毒复制时发生的核心事件。因此，DNA 的复制实际上是基因组的复制。

J. Watson 和 F. Crick 于 1953 年提出 DNA 的双螺旋结构模型时就推测了其复制的基本特征，并认为碱基配对原则使 DNA 复制和修复成为可能。现已阐明，在绝大多数生物体内，DNA 复制的基本特征是相同的。

一、半保留复制

半保留复制（semiconservative replication）是指 DNA 复制时，亲代 DNA 双链解成两股单链，分别作为模板，按照碱基配对原则指导合成新的互补链，最后形成与亲代 DNA 相同的两个子代 DNA 分子，每个子代 DNA 分子都含有一股亲代 DNA 链和一股新生 DNA 链（图 2-2）。

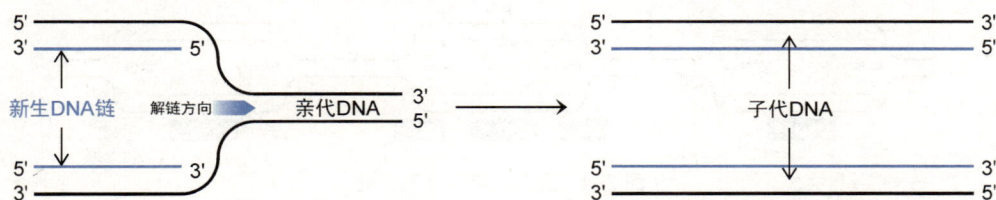

图 2-2　半保留复制

1958 年，M. Meselson 和 F. Stahl 通过实验（Meselson-Stahl experiment）研究证明，DNA 的复制方式是半保留复制。他们先用以 $^{15}NH_4Cl$ 作为唯一氮源的培养基（称为重培养基）培养大肠杆菌，繁殖约 15 代（每代 20~30 分钟），使其 DNA 全部标记为 ^{15}N-DNA，再改用含 $^{14}NH_4Cl$ 的普通培养基（称为轻培养基）继续培养，在不同时刻收集大肠杆菌，提取 DNA。用氯化铯密度梯度离心法分析 DNA（140000×g，约 48 小时），^{15}N-DNA 的浮力密度最高（ρ=1.80），离心形成的条带称为高密度带，最靠近离心管底端；^{14}N-DNA 的浮力密度最低（ρ=1.65），离心形成的条带称为低密度带，最靠近离心管顶端；$^{14}N/^{15}N$-DNA 离心形成的条带称为中密度带，位于前两种条带之间。结果表明，细菌在重培养基中增殖时合成的 DNA 显示为一条高密度带，转入轻培养基中繁殖的子一代 DNA 显示为一条中密度带，子二代 DNA 显示为一条中密度带和一条低密度带（图 2-3）。因此，DNA 的复制方式不是全保留复制、分散复制，而是半保留复制。

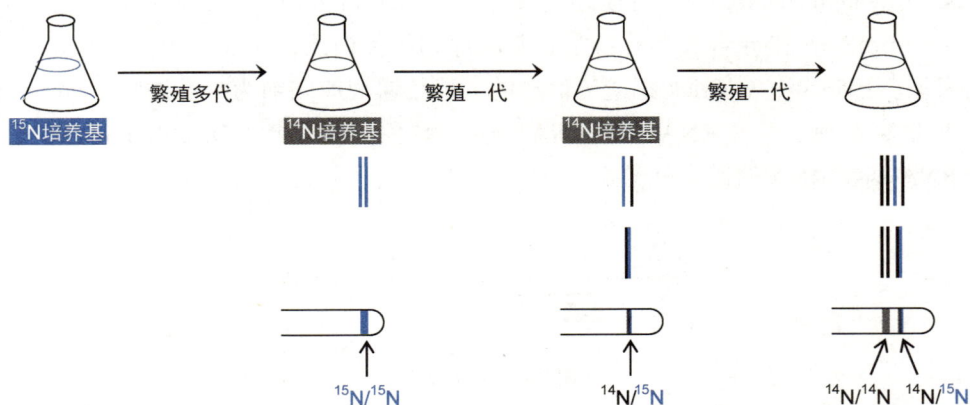

图 2-3   Meselson-Stahl 实验

半保留复制是 DNA 复制最重要的特征。DNA 分子独特的双螺旋结构为复制提供了精确的模板，碱基配对原则保证了亲代和子代遗传信息的高度保真。通过半保留复制，新形成的两个子代 DNA 分子的核苷酸序列均与亲代 DNA 完全一致，保留亲代 DNA 的全部遗传信息，维护遗传信息传递的稳定性与延续性。

二、双向复制

DNA 的解链和复制是从有特定序列的位点开始的，该位点称为**复制起点**（ori）。从一个复制起点启动复制的全部 DNA 序列是一个复制单位，称为**复制子**（replicon）。原核生物的 DNA 分子通常只有一个复制起点，因而构成一个复制子。真核生物的染色体 DNA 有多个复制起点，因而构成**多复制子**，这些复制起点分别控制一段 DNA 的复制，并共同完成整个 DNA 分子的复制（图 2-4）。

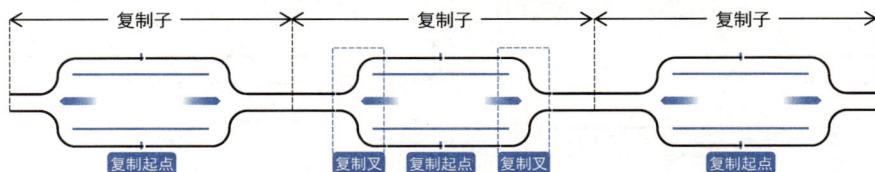

图 2-4   复制起点与复制方向

1963 年，J. Cairns 等用放射自显影技术（autoradiography）研究大肠杆菌 DNA 的复制过程，证明其先从复制起点解开双链，然后边解链边复制，所以在解链处形成分叉结构，这种结构称为**复制叉**（replication fork）。

绝大多数生物的 DNA 从复制起点解链时都是双向解链，形成两个复制叉，这种方式称为**双向复制**（bidirectional replication，图 2-4）。

三、半不连续复制

DNA 的两股链是反向互补的，但 DNA 新生链的合成是单向的，只能以 5' → 3' 方向合成。因此，在一个复制叉上，一股新生链的合成方向与其模板的解链方向相同，合成与解链可以同步进行，合成是连续的，这股新生链称为**前导链**（leading strand）；另一股新生链的合成方向与其模板的解链方向相反，只能先解开一段模板，再合成一段新生链，合成是不连续的，这股新生链称为**后随链**（lagging strand）。半不连续复制由 R. Okazaki 团队阐明，故分段合成的后随链片段称为**冈崎片段**（Okazaki fragment，图 2-5）。真核生物和细菌冈崎片段的长度分别为 150~200nt 和 1000~2000nt。在一个复制叉上进行的这种 DNA 复制称为**半不连续复制**（semidiscontinuous replication）。

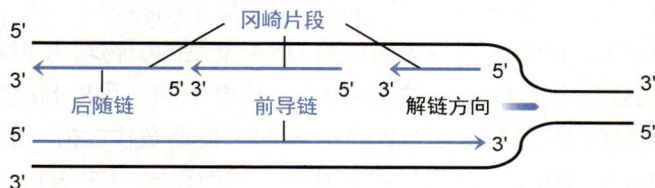

图 2-5　半不连续复制

第二节　大肠杆菌 DNA 的复制合成

无论是原核生物还是真核生物，DNA 的复制合成都需要单链 DNA 模板、DNA 聚合酶、dNTP 原料、引物和 Mg^{2+}。DNA 聚合酶催化脱氧核苷酸以 3',5'- 磷酸二酯键连接合成 DNA，合成方向为 5'→ 3'，合成反应可表示如下：

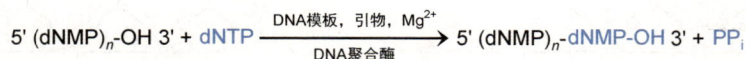

$$5' \ (dNMP)_n\text{-OH } 3' + dNTP \xrightarrow[\text{DNA聚合酶}]{\text{DNA模板，引物，}Mg^{2+}} 5' \ (dNMP)_n\text{-dNMP-OH } 3' + PP_i$$

DNA 聚合酶催化的反应本身可逆，但因与不可逆的焦磷酸水解反应相偶联而不可逆。体外实验 DNA 聚合酶可以催化 DNA 焦磷酸解生成 dNTP。

原核生物基因组 DNA 呈共价闭合环状，复制过程比真核生物简单。现以大肠杆菌 K-12 株为例介绍原核生物 DNA 的复制。复制可分为起始、延伸、终止三个阶段：起始阶段在复制起点由解链、解旋酶类解链形成复制叉，组装复制体。延伸阶段复制体募集引物酶合成 RNA 引物，募集 DNA 聚合酶合成前导链和后随链冈崎片段，募集 DNA 连接酶连接冈崎片段，最终形成连环体。终止阶段连环体解离。各种原核生物 DNA 的复制机制基本一致，细节会有区别。

一、DNA 复制系统

大肠杆菌 DNA 的复制是由 30 多种酶和其他蛋白质共同完成的，主要有 DNA 聚合酶、DNA

解链、解旋酶类、引物酶和 DNA 连接酶等。

（一）DNA 聚合酶

DNA 聚合酶（DNA polymerase，POL）全称依赖于 DNA 的 DNA 聚合酶（DNA-dependent DNA polymerase，DDDP），又称 DNA 复制酶，催化 dNTP 合成 DNA 的反应。

1. DNA 聚合酶催化特点　DNA 聚合酶活性中心需要两个 Mg^{2+}，催化的合成反应有以下特点。

（1）需要模板：DNA 聚合酶催化的反应是 DNA 复制，即合成单链 DNA 的互补链，该单链 DNA 被称为模板。

在中心法则中，模板（template）是指可以指导合成互补链的单链核酸。模板可以是 DNA 或 RNA，其指导合成的单链核酸可以是 DNA 或 RNA。DNA 模板指导 DNA 合成称为 DNA 复制，DNA 模板指导 RNA 合成称为转录，RNA 模板指导 RNA 合成称为 RNA 复制，RNA 模板指导 DNA 合成称为逆转录。

（2）需要引物：DNA 聚合酶不能催化两个 dNTP 形成 3',5'- 磷酸二酯键，只能催化一个 dNTP 的 5'-α- 磷酸基与一段（或一股）核酸的 3'- 羟基形成 3',5'- 磷酸二酯键，并且这段核酸必须与模板 DNA 互补结合。这段核酸称为引物（primer），其 3' 端称为引物末端（primer terminus）。引物可以是 DNA，也可以是 RNA。引导大肠杆菌 DNA 复制的引物均为 RNA。

（3）以 5'→3' 方向催化合成 DNA：这是由 DNA 聚合酶的催化机制决定的。DNA 合成的基本反应是由引物或新生链的 3'- 羟基对 dNTP 的 α- 磷酸基发动亲核攻击，形成 3',5'- 磷酸二酯键，并释放出焦磷酸（图 2-6）。DNA 双链是反向互补的，因而以 5'→3' 方向催化合成互补 DNA 是以 3'→5' 方向读取模板序列为基础的。

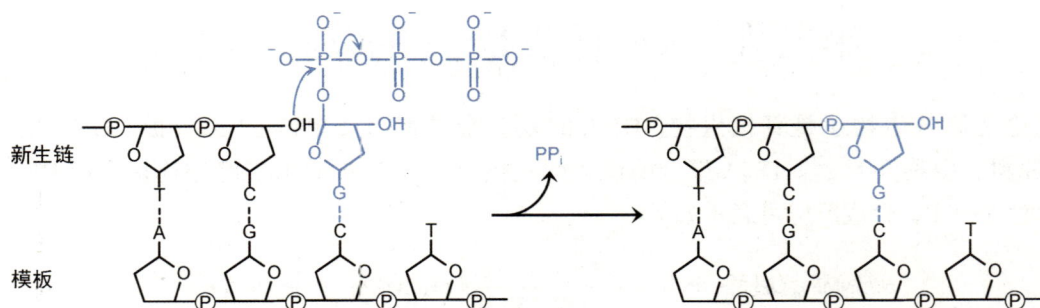

图 2-6　3',5'- 磷酸二酯键形成机制

2. 大肠杆菌 DNA 聚合酶种类　已鉴定的大肠杆菌 DNA 聚合酶有五种，分别用罗马数字编号，其中 DNA 聚合酶 Ⅰ、Ⅱ、Ⅲ 的结构和功能研究得比较详尽（表 2-1）。

（1）DNA 聚合酶 Ⅰ（Pol Ⅰ）：占大肠杆菌 DNA 聚合酶提取物总活性的 90% 以上，由 A. Kornberg（1959 年诺贝尔生理学或医学奖获得者）于 1955 年分离提纯和鉴定。DNA 聚合酶 Ⅰ 是一种多功能酶，有三个不同的活性中心：5'→3' 外切酶活性中心、3'→5' 外切酶活性中心和 5'→3' 聚合酶活性中心。H. Klenow 用枯草杆菌蛋白酶（subtilisin）水解 DNA 聚合酶 Ⅰ Thr323 和 Val324 之间的肽键，得到两个片段。其中大片段称为 Klenow 片段（克列诺片段、克列诺酶），含 3'→5' 外切酶活性中心和 5'→3' 聚合酶活性中心；小片段含 5'→3' 外切酶活性中心（图 2-7）。DNA 聚合酶 I 活性低，延伸能力弱，主要功能不是催化 DNA 复制合成，而是在复制过程中通过切口平移切除 RNA 引物，合成 DNA 填补缺口（gap）。此外，DNA 聚合酶 I 还参与 DNA 修复。

表 2-1 大肠杆菌 K-12 株 DNA 聚合酶

DNA 聚合酶	Pol I	Pol II	Pol III	Pol IV	Pol V
结构基因*	*polA*	*polB*	*polC*	*dinB*	*umuC*
亚基种类	1	≥ 7	≥ 10	1	3
分子量**	1.0×10^5	8.8×10^4	7.9×10^5	4.0×10^4	4.8×10^4
3'→5' 外切酶活性	+	+	+	−	−
5'→3' 外切酶活性	+	−	−	−	−
5'→3' 聚合酶活性	+	+	+	+	+
5'→3' 聚合速度（nt/s）	10~20	40	200~1000	2~3	1
延伸能力（nt）	3~200	1500	>500000	1	6~8
功能	切口平移，DNA 修复	DNA 修复	DNA 复制，DNA 修复	DNA 修复	DNA 修复

注：* 对于多酶复合体，这里仅列出聚合酶活性亚基的结构基因；** 仅聚合酶活性亚基，DNA 聚合酶 II 与 DNA 聚合酶 III 有共同亚基 β、δ、δ'、χ、ψ

图 2-7 大肠杆菌 DNA 聚合酶 I

（2）DNA 聚合酶 II（Pol II）：有 5'→3' 聚合酶活性中心和 3'→5' 外切酶活性中心，但没有 5'→3' 外切酶活性中心。DNA 聚合酶 II 的功能是参与 DNA 修复。

（3）DNA 聚合酶 III（Pol III）：是一种多酶复合体，全酶由核心酶、β 夹子和 γ 复合物构成（表 2-2，图 2-8）。①核心酶（core enzyme）是 αεθ 三聚体，α 亚基含 5'→3' 聚合酶活性中心，ε 亚基含 3'→5' 外切酶活性中心，θ 亚基可能起组装作用。②β 夹子（β sliding clamp）是 β₂ 二聚体，与核心酶结合而赋予其最强的延伸能力。③γ 复合物（γ complex，clamp loader complex）是七聚体，有 τ₃δδ'ψχ 和 γτ₂δδ'ψχ 两种。ψ 亚基和 χ 亚基作用于单链 DNA 结合蛋白（39 页），τ 亚基 N 端及 γ 亚基 N 端（两者依赖 ATP）和 δδ' 控制 β 夹子开合以夹住、释放 DNA 或在 DNA 上滑动，每个 τ 亚基 C 端还可以募集一个核心酶（因此 DNA 聚合酶 III 复合体有两种，分别含有三个和两个核心酶）。DNA 聚合酶 III 活性最高，是催化 DNA 复制合成的主要酶。此外，DNA 聚合酶 III 还参与 DNA 修复。

τ 亚基和 γ 亚基是同一个基因编码的两种同源体，①完整翻译合成 643aa 的 τ 亚基，可募集核心酶或解旋酶。②翻译时如果核糖体发生 −1 移码，就会由 Glu 置换 431 位的 Ser，后面是终止密码子，不再翻译，合成的是 431aa 的 γ 亚基，不能募集核心酶或解旋酶（第四章，101 页）。

表 2-2　大肠杆菌 K-12 株 DNA 聚合酶Ⅲ亚基组成

亚基	亚基数	功能	亚基	亚基数	功能
核心酶			**γ 复合物**		
α	3	聚合酶	τ	3	稳定模板结合，募集核心酶、解旋酶
ε	3	3' → 5' 外切酶	δ	1	夹子开启器
θ	3	稳定 ε	δ'	1	夹子装置器
β 夹子			χ	1	作用于 SSB
β	6	夹住模板，增强延伸能力	ψ	1	作用于 τ 和 χ

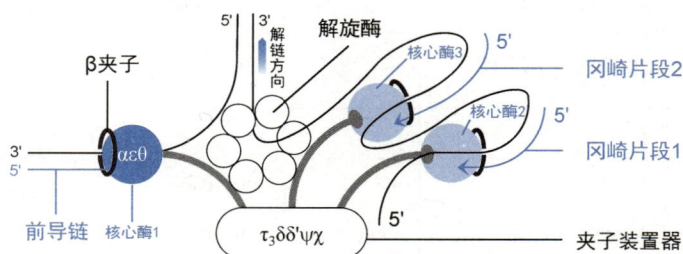

图 2-8　DNA 聚合酶Ⅲ复合体结构模型

（4）DNA 聚合酶Ⅳ和Ⅴ（Pol Ⅳ、Pol Ⅴ）：发现于 1999 年，功能是参与一类特殊的 DNA 修复（跨损伤合成）。其中 DNA 聚合酶Ⅳ又称跨损伤合成 DNA 聚合酶Ⅳ（translesion synthesis polymerase Ⅳ），DNA 聚合酶Ⅴ又称 UmuC 蛋白，它们均参与**跨损伤合成**（translesion synthesis，跨损伤修复，translesion repair），如在复制过程中遇到模板上有损伤（嘧啶二聚体、AP 位点）时，DNA 聚合酶Ⅲ不能催化复制，可由 DNA 聚合酶Ⅳ和Ⅴ接替催化复制。

3. 大肠杆菌 DNA 聚合酶活性中心与功能　大肠杆菌 DNA 聚合酶各个活性中心有不同的功能。

（1）5' → 3' 聚合酶活性中心与延伸能力：反映 DNA 聚合酶活性的动力学参数是其延伸能力和所催化反应的反应速度。DNA 聚合酶在催化连接核苷酸时一直结合在新生链的 3' 端，一旦有 dNTP 进入活性中心并与模板碱基配对，便催化连接，这一特点称为 DNA 聚合酶的**延伸能力**（processivity），它通常定义为 DNA 聚合酶结合在新生链 3' 端可以连续催化连接的核苷酸数。不同 DNA 聚合酶的延伸能力有很大差别，DNA 聚合酶Ⅳ结合一次只能连接 1 个核苷酸，DNA 聚合酶Ⅲ结合一次至少可以连接 50 万个核苷酸，延伸能力最强。

（2）3' → 5' 外切酶活性中心与校对功能：DNA 聚合酶的 3' → 5' 外切酶（exonuclease）活性中心与 5' → 3' 聚合酶活性中心相距约 3nm，可以切除新生链 3' 端与模板形成错误碱基配对的核苷酸。该活性中心高度专一，只切除错配核苷酸。因此，在 DNA 合成过程中，一旦发生错配核苷酸连接，聚合反应立即中止，错配核苷酸进入 3' → 5' 外切酶活性中心并被切除，然后聚合反应继续进行，这就是 DNA 聚合酶的**校对**（proofreading，又称编辑，editing）功能。

●**核酸酶**（nuclease）　包括专一降解 DNA 的 **DNase** 和降解 RNA 的 **RNase**，可分为**核酸内切酶**（endonuclease，内切核酸酶）和**核酸外切酶**（exonuclease，外切核酸酶）。少数核酸内切酶和核酸外切酶只降解单链 DNA。原核生物有一类只降解特定序列或其侧翼序列的核酸内切酶，称为**限制性内切酶**。

（3）5'→3' 外切酶活性中心与切口平移：仅 DNA 聚合酶 I 有 5'→3' 外切酶活性中心，而且只作用于双链核酸。因此，如果双链 DNA 中存在切口（nick），DNA 聚合酶 I 可在切口处催化两个反应：一个是水解反应，从 5' 端切除核苷酸，每次可连续切除约 10 个核苷酸；另一个是聚合反应，在 3' 端延伸合成 DNA。结果反应过程像是切口在移动，故称切口平移（nick translation，图 2-9）。在切口平移过程中被水解的可以是 RNA 引物，也可以是损伤 DNA。

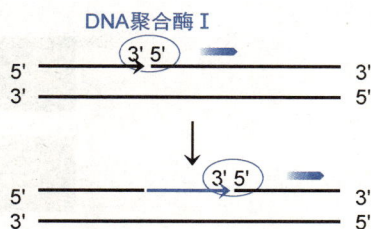

图 2-9　切口平移

DNA 聚合酶 I 的切口平移作用有两个意义：①在 DNA 复制过程中切除后随链冈崎片段 5' 端的 RNA 引物，并合成 DNA 填补，即切除较早合成的冈崎片段 1 的 RNA 引物 1，延伸合成较晚合成的冈崎片段 2（图 2-16、图 2-17）。②参与 DNA 修复。此外，在核酸杂交技术中，DNA 聚合酶 I 常用于通过切口平移标记探针（第十二章，305 页）。

（二）解链、解旋酶类

DNA 有超螺旋、双螺旋等结构，在复制时，作为模板的亲代 DNA 需要松弛螺旋，解开双链，暴露碱基，才能作为模板，按照碱基配对原则指导合成子代 DNA。参与亲代 DNA 解链，并维持其解链状态的酶和其他蛋白质主要有 DNA 解旋酶、DNA 拓扑异构酶和单链 DNA 结合蛋白。

1. DNA 解旋酶（DNA helicase）　作用是解开 DNA 双链。解链过程需要通过水解 ATP 提供能量，每解开一个碱基对消耗一个 ATP。目前在大肠杆菌中已经鉴定到解旋酶 DnaB、Rep、II、IV 和 RecB 等至少 13 种 DNA 解旋酶，其中解旋酶 DnaB 沿单链模板 5'→3' 方向移动解链，参与 DNA 复制；解旋酶 Rep、II、IV 沿单链模板 3'→5' 方向移动解链，参与错配修复；解旋酶 RecB 既可沿单链模板 3'→5' 方向移动解链，又可沿 5'→3' 方向移动解链，且有核酸外切酶活性，参与重组修复。

●细菌、噬菌体、线粒体解链似刀削水果皮，解旋酶 DnaB 环绕单链。真核生物解链似拉链扣解拉链，解旋酶 MCM 与双链 DNA 结合，双链入，单链出。

解旋酶 DnaB 是 *dnaB* 基因产物，形成同六聚体环结构，有依赖 DNA 的 ATP 酶（ATPase）活性。在 DNA 复制过程中，解旋酶 DnaB 同六聚体环套在复制叉的后随链模板上（图 2-17），沿 5'→3' 方向移动解链，解链过程中会在前方形成正超螺旋结构，由 DNA 拓扑异构酶松弛。

2. DNA 拓扑异构酶（DNA topoisomerase）　在共价闭合环状 DNA 双螺旋中，两股链相互缠绕的次数称为连环数（linking number，Lk）。有相同一级结构、不同连环数的 DNA 分子称为拓扑异构体（topoisomer）。DNA 拓扑异构酶（拓扑酶）由 J. Wang 和 M. Gellert 发现，其功能是催化 DNA 双螺旋 3',5'- 磷酸二酯键的断裂和形成，改变其连环数，形成拓扑异构体。

例如，一个只有 B-DNA 结构的 1100bp 环状 DNA 有 110 个螺旋，即连环数为 110；如果由 DNA 拓扑异构酶松弛 10 个螺旋，即连环数减至 100，则可能成为 A-DNA。松弛前后的两种结构互为拓扑异构体。

连环数不同的拓扑异构体压缩程度不同，则电泳速度不同，压缩程度越高泳动越快。连环数不同的拓扑异构体在琼脂糖凝胶电泳分析时形成梯状条带，连环数差值为 1 的异构体也可分离（图 2-10）。

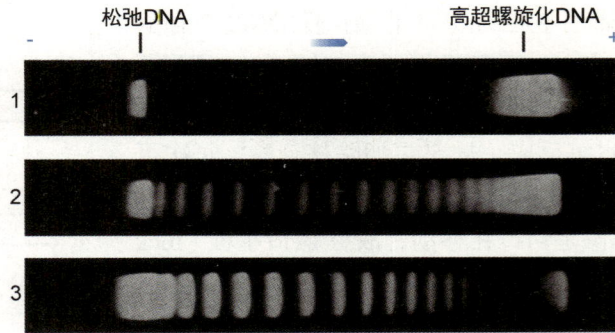

图 2-10 拓扑异构体琼脂糖凝胶电泳图谱

大肠杆菌有四种 DNA 拓扑异构酶，分为两类，均参与 DNA 的复制、转录、重组及染色质重塑（表 2-3）。

表 2-3 大肠杆菌 K-12 株 DNA 拓扑异构酶

分类	名称	结构	基因	功能
Ⅰ 型	DNA 拓扑异构酶 1	单体	topA	松弛负超螺旋
	DNA 拓扑异构酶 3	单体	topB	松弛负超螺旋，解连环
Ⅱ 型	DNA 拓扑异构酶 2	A_2B_2 四聚体	gyrA，gyrB	松弛负超螺旋，引入负超螺旋
	DNA 拓扑异构酶 4	A_2B_2 四聚体	parC，parE	解连环，松弛负超螺旋

（1）Ⅰ型 DNA 拓扑异构酶：又称**转轴酶**（swivelase），有 DNA 拓扑异构酶 1 和 DNA 拓扑异构酶 3 两种，能松弛超螺旋，即在双链 DNA 的某一部位将其中一股切断（不是水解），在松弛超螺旋（改变连环数）之后再连接起来，使 DNA 呈松弛状态，反应过程不消耗 ATP。Ⅰ型 DNA 拓扑异构酶改变连环数（Lk）的最小值是 1。

Ⅰ型 DNA 拓扑异构酶的催化机制——两步转酯反应：①Ⅰ型 DNA 拓扑异构酶活性中心含酪氨酸残基（大肠杆菌 DNA 拓扑异构酶 1 为 Tyr319，人为 Tyr723），其羟基通过亲核攻击（酯交换）断开一股 DNA 特定的 3',5'- 磷酸二酯键，形成切口。酪氨酸羟基以酯键与切口的 5'- 磷酸基结合。②另一股 DNA 穿过切口，使双链 DNA 改变一个连环数。③切口的 3'- 羟基通过亲核攻击取代酪氨酸羟基，重新与 5'- 磷酸基结合，形成 3',5'- 磷酸二酯键（图 2-11）。

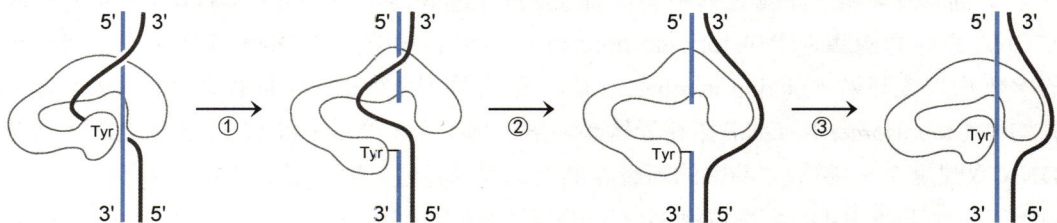

图 2-11 大肠杆菌Ⅰ型 DNA 拓扑异构酶催化机制

（2）Ⅱ型 DNA 拓扑异构酶：有 DNA 拓扑异构酶 2（**DNA 促旋酶**，DNA gyrase）和 DNA 拓扑异构酶 4 两种，能在双链 DNA 的某一部位将两股链同时切断（不是水解），在松弛超螺旋或使连环体解离（或形成，43 页）之后再连接起来，反应过程消耗 ATP（在一个 3000bp 质粒中引入一个超螺旋大约需要耗能 30kJ/mol）。此外，DNA 促旋酶还可以在 DNA 中引入负超螺旋（减少连环数，约 100 个 / 分钟）。Ⅱ型 DNA 拓扑异构酶改变 Lk 的值均为偶数，最小值是 2。

Ⅱ型 DNA 拓扑异构酶的催化机制：Ⅱ型 DNA 拓扑异构酶是 A_2B_2 四聚体，其中 A 亚基含切接活性中心，通过酪氨酸羟基（DNA 促旋酶为 Tyr122）催化反应，酪氨酸羟基的作用与Ⅰ型 DNA 拓扑异构酶基本一致。B 亚基含 ATPase 活性中心，并负责引入负超螺旋。①钳住 G 片段。②结合 ATP，钳住 T 片段。③切割 G 片段。④使 T 片段通过并进入 DNA 拓扑异构酶的中心孔。⑤G 片段重新连接，ATP 水解，T 片段释放（图 2-12）。

3. 单链 DNA 结合蛋白（SSB）　又称单链结合蛋白、松弛蛋白，活性形式为四聚体，可与单链 DNA 结合。SSB 的功能：①稳定解开的 DNA 单链（覆盖约 32nt），防止其重新形成双链结构。②抗核酸内切酶降解。

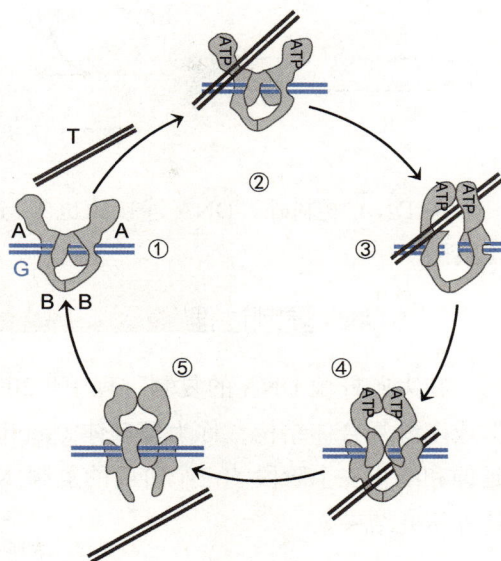

图 2-12　大肠杆菌Ⅱ型 DNA 拓扑异构酶催化机制

原核生物 SSB 与 DNA 的结合具有协同效应，当第一个 SSB 结合之后，其余 SSB 的结合能力可以提高 10^3 倍。因此，一旦结合开始，便快速扩展，直至结合全部单链 DNA。此外，SSB 并不是在 DNA 链上移动，而是通过不断的结合与解离来改变结合位点（滑行与步行）。

（三）DNA 引物酶

DNA 复制需要 RNA 引物。RNA 引物由引物酶催化合成。DNA 引物酶（DNA primase）又称引发酶，属于 RNA 聚合酶，但对利福平不敏感。大肠杆菌的引物酶是 DnaG，是 *dnaG* 基因产物。游离的引物酶 DnaG 没有活性。当解旋酶 DnaB 联合其他复制因子识别复制起点并启动解链形成复制叉时，引物酶 DnaG 被解旋酶 DnaB 等募集，组装成引发体（primosome），才会被激活，在后随链模板的一定部位（CTG 序列）合成 RNA 引物（pppAG……），合成方向与 DNA 合成方向相同，也是 5'→3' 方向。RNA 引物合成后可提供 3'- 羟基引发 DNA 合成。

部分微生物启动引物合成的三碱基位点：嗜热菌 CCC，金黄葡萄球菌、嗜热脂肪土芽孢杆菌、炭疽杆菌、枯草芽孢杆菌 CTA，T4 噬菌体 GTT 和 GCT，T7 噬菌体 GTC。

（四）DNA 连接酶

DNA 聚合酶催化合成冈崎片段或环状 DNA 时会形成切口，需要 DNA 连接酶（DNA ligase）催化切口处的 5'- 磷酸基和 3'- 羟基缩合，形成磷酸二酯键。

DNA 连接酶发现于 1967 年。大肠杆菌 DNA 连接酶是 *ligA* 基因产物。它不能连接游离的单链 DNA，只能连接双链 DNA 中的切口。连接反应由 NAD^+ 供能。相比之下，真核生物和古 [细] 菌的连接反应由 ATP 供能。

大肠杆菌 DNA 连接酶的催化机制：①DNA 连接酶先与 NAD^+ 反应，形成 DNA 连接酶 -AMP（并释放烟酰胺单核苷酸 NMN^+，其中 AMP 的磷酸基与活性中心 Lys115 的 ε- 氨基结合），再将 AMP 转移给切口处的 5'- 磷酸基，形成 5'-AMP-DNA，将 5'- 磷酸基活化。②切口处的 3'- 羟基对活化的 5'- 磷酸基进行亲核攻击，形成 3',5'- 磷酸二酯键，同时释放 AMP（图 2-13）。

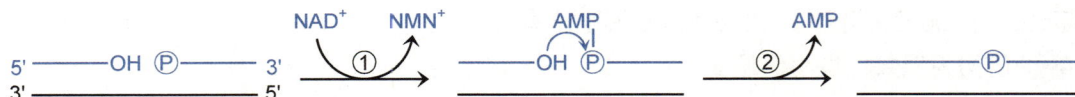

图 2-13　大肠杆菌 DNA 连接酶催化机制

除 DNA 复制外，DNA 连接酶也参与 DNA 重组、DNA 修复等，还是重组 DNA 技术重要的工具酶。

二、DNA 复制过程

在大肠杆菌 DNA 的复制过程中，20 多种与复制有关的酶和其他蛋白因子结合在复制叉上，形成多酶复合体结构，称为**复制体**（replisome），催化 DNA 的复制合成。复制过程可分为起始、延伸和终止三个阶段。三个阶段的复制体有不同的组成和结构。以下内容为大肠杆菌 DNA 复制体外研究结果。

（一）复制起始

DNA 复制始于复制起点，由解链、解旋酶类解链形成复制叉，组装复制体。解旋酶 DnaB 与后随链模板的结合依赖染色体复制起始蛋白 DnaA、细菌组蛋白 HU（αβ 二聚体）和 DNA 复制蛋白 DnaC（表 2-4）。

表 2-4　大肠杆菌 K-12 株 DNA 预引发复合物组成

酶 / 蛋白质	结构	功能
DnaA 蛋白（染色体复制起始蛋白）	单体	识别复制起点并解链
DnaB 蛋白（DNA 解旋酶）	同六聚体	DNA 解链，组装引发体
DnaC 蛋白（DNA 复制蛋白）	同六聚体	协助 DnaB 与复制起点结合
HU 蛋白（细菌组蛋白）	异二聚体	DNA 结合蛋白，促进起始
DNA 结合蛋白 Fis	同二聚体	DNA 结合蛋白，促进起始
整合宿主因子 IHF	异二聚体	DNA 结合蛋白，促进起始
DNA 促旋酶（DNA 拓扑异构酶 2）	异四聚体	松弛 DNA 超螺旋
单链 DNA 结合蛋白	同四聚体	结合单链 DNA
DnaG 蛋白（引物酶）	单体	组装引发体，合成 RNA 引物
RNA 聚合酶	异六聚体	提高 DnaA 活性
Dam 甲基化酶	单体	催化 oriC 的 GATC 中的 A 甲基化

1. 复制起点　大肠杆菌染色体 DNA 的复制起点称为 *oriC*，位于天冬酰胺合成酶和 ATP 合成酶操纵子之间，长度为 245bp，包含两种**保守序列**（conserved sequence，DNA、RNA 或蛋白质一级结构中的一些在进化过程中变化极小的序列）：①五段重复排列的 **9bp 序列**（R 位点，R1~R5），是 DnaA 蛋白（复制起始蛋白 DnaA）识别和结合位点，故又称 *dnaA* **盒，共有序列**（consensus sequence，一组 DNA、RNA 或蛋白质的同源序列所含的共有核苷酸序列或氨基酸序列）为 TTATC[CA]A[CA]A（图 2-14），可强力募集 DnaA-ATP 和 DnaA-ADP。②三段串联重复

排列的 13bp 序列，是起始解链区，故又称 DNA 解旋元件（DNA unwinding element，DUE），富含 AT，共有序列为 GATCTNTTNTTTT。③另外三个 DnaA 蛋白结合位点（I 位点，I1~I3），不含 9bp 共有序列，只募集 DnaA-ATP，且结合力弱。④整合宿主因子（integration host factor，IHF）和 DNA 结合蛋白 FIS（factor for inversion stimulation）结合位点。

共有序列GATCTNTTNTTTT　　　　　　　　　　　　共有序列TTA/TTNCACC

图 2-14　大肠杆菌 DNA 复制起点

大肠杆菌还有一种备用复制起点，称为 *oriH*，仅在 *oriC* 不能启动复制时启用。

2. 参与复制起始的酶和其他蛋白质　复制起始阶段至少需要 10 种酶和其他蛋白质（表 2-4），它们的作用是从复制起点解开 DNA 双链，组装预引发复合物（预引发 [复合] 体，prepriming complex，引发体前体，preprimosome）。

3. 起始过程　① DnaA 蛋白 N 端为 ATPase 结构域，与 ATP 形成复合物，C 端为 DNA 结合域，含 HTH 结合基序。8 个 DnaA-ATP 依次结合于复制起点 *oriC* 的 9bp 序列和 I1~I3 位点，并通过 ATPase 结构域相互结合。DnaA-ATP 结合致使 DNA 形成右手螺旋，因而引入正超螺旋。正超螺旋在两翼产生张力，加之随后有 DnaA-ATP 与 13bp 序列结合，导致 13bp 序列富含 A=T 区解链，成为开放复合物（图 2-15）。② DnaA-ATP 与单链 13bp 序列结合。这一过程会有 HU、IHF、FIS 结合，其作用均为促进 DNA 弯曲，协助 DnaA-ATP 使起始解链区解链（消耗 ATP）。③两个解旋酶 DnaB 六聚体环在十二个 DnaC-ATP 单体（有 ATPase 活性）的协助下开环，分别套住开放复合物的一股单链 13bp 区（未来成为后随链模板），组装两个预引发复合物（各含 1 个 PriC 单体、1 个 DnaT 单体、2 个 PriA 单体、2 个 PriB 二聚体、1 个 DnaB 六聚体）。DnaC-ATP 水解 ATP 后离去。预引发复合物沿着后随链模板 5'→3' 方向移动，继续解链（消耗 ATP），在复制起点两翼形成上下游两个复制叉。

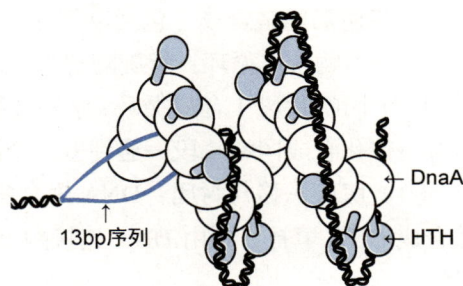

图 2-15　大肠杆菌 DNA 复制起始解链

起始过程的最后事项是 DNA 聚合酶Ⅲ结合于复制叉处，其 β 夹子激活 DnaA-ATP，DnaA-ATP 水解其 ATP，DnaA-ADP 从复制起点释放。

（二）复制延伸

DNA 复制的延伸阶段合成前导链和后随链。两股链的合成反应都由 DNA 聚合酶Ⅲ催化，但合成过程有显著区别，参与 DNA 合成的蛋白质也不尽相同（表 2-5）。下面以下游复制叉引物酶 DnaG 为核心介绍，它先合成的是上游复制叉前导链引物，之后合成的均为下游复制叉后随链引物。注意：如果催化反应的 DNA 聚合酶Ⅲ只有两个核心酶（1、2），则需要三个 β 夹子（1、2、3），其中 β 夹子 1 负责夹住引物 1，引发合成前导链；β 夹子 2 负责夹住引物 2、4、6……引发合成后随链冈崎片段 1、3、5……β 夹子 3 负责夹住引物 3、5、7……引发合成后随链冈崎片段 2、4、6 等。

表 2-5 大肠杆菌 K-12 株 DNA 复制体组成

酶 / 蛋白质	亚基数	功能	酶 / 蛋白质	亚基数	功能
单链 DNA 结合蛋白	4	单链 DNA 保护	DNA 聚合酶 I	1	引物切除，缺口填补
DNA 解旋酶（DnaB 蛋白）	6	DNA 解链	DNA 连接酶	1	冈崎片段连接
引物酶（DnaG 蛋白）	1	引物合成	DNA 促旋酶	4	拓扑张力消除
DNA 聚合酶Ⅲ	17	DNA 合成			

1. 上游前导链合成　①下游复制叉解旋酶 DnaB 募集引物酶 DnaG 形成引发体，DnaG 催化合成引物 1（5~14nt，引物合成方向均与解链方向相反），作为上游复制叉前导链引物。DnaG 离去（图 2-16）。②下游复制叉 DNA 聚合酶Ⅲ的 γ 复合物传递 β 夹子 1，夹住引物 1-模板杂交区。上游复制叉 DNA 聚合酶Ⅲ核心酶 1 与 β 夹子 1 结合，催化合成上游复制叉前导链。前导链的合成与其模板的解链保持同步（图 2-8 左）。

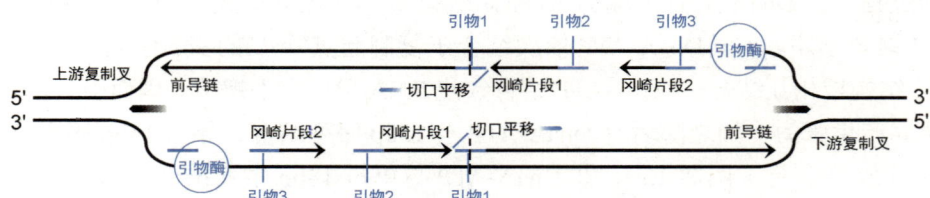

图 2-16　下游引物酶催化合成上游前导链引物和下游后随链引物

2. 下游后随链合成　包括以下几个交替进行的事件。

（1）引物合成循环：解旋酶解链 1000~2000nt →募集引物酶→催化合成引物→引物酶离去。

（2）冈崎片段 1 合成循环：γ 复合物协助 β 夹子夹住引物-模板杂交区→核心酶 2 与 β 夹子结合→催化合成冈崎片段→遇到上一个冈崎片段→核心酶 2 释放→ β 夹子由 γ 复合物接走。

（3）切口平移与封闭：DNA 聚合酶 I 募集于冈崎片段末端，通过切口平移降解 RNA 引物，并合成 DNA 填补，再由 DNA 连接酶催化连接 DNA 切口（图 2-17）。引物也可由 RNase H 催化降解。

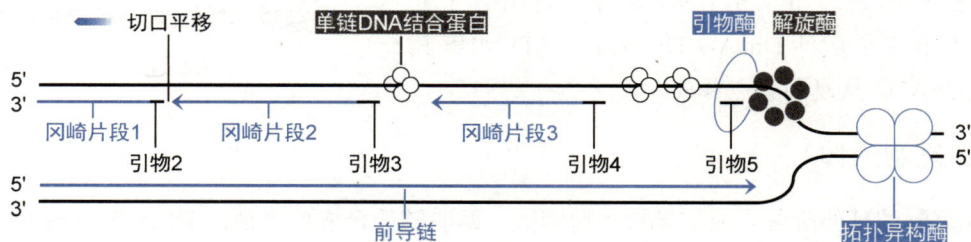

图 2-17　DNA 复制过程

解旋酶 DnaB 解链导致前方形成正超螺旋结构而产生拓扑张力，由 DNA 促旋酶负责松弛，它还可以引入负超螺旋，以协助解链（图 2-17）。

3. 后随链合成的长号模型　DNA 双链是反向互补的，而前导链和后随链是由一个 DNA 聚合酶Ⅲ复合体催化同时合成的，称为 DNA 的并行合成、协同合成。为此，后随链的模板必须形成一个突环（looping out），使后随链与前导链的合成方向一致，这样它们就可以由同一个 DNA

聚合酶Ⅲ复合体催化合成。DNA 聚合酶Ⅲ不断地与后随链的模板结合、合成 1000~2000nt 冈崎片段、释放，再结合、合成、释放……（图 2-18）。这一机制称为长号模型（trombone model）。

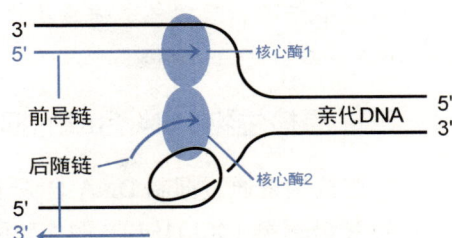

图 2-18 后随链合成的长号模型

4. DNA 复制过程中的保真机制 ① 5′→3′ 聚合酶活性中心对核苷酸的选择使其错配率仅为 10^{-5}~10^{-4}，典型错配来自酮式 - 烯醇式互变异构体。② 3′→5′ 外切酶活性中心的校对进一步将错配率降至 10^{-8}~10^{-6}（错配修复系统进一步将错配率降至 10^{-10}~10^{-9}，57 页）。

（三）复制终止

大肠杆菌环状 DNA 的两个复制叉向前推进，最后到达终止区（terminus region，约占大肠杆菌环状 DNA 总长度的 9%），形成连环体（环连体，catenane），又称 DNA 连环，在细胞分裂前由 DNA 拓扑异构酶 4 催化解离。

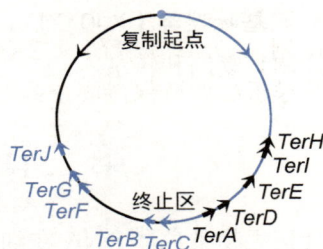

图 2-19 复制终止区

终止区包括两个复制叉的交会点和位于交会点两翼的 10 段 23bp 的终止序列（terminus sequence，Ter sequence），包括 *TerA~TerJ*，其中逆时针复制叉的 5 段终止序列 *TerA~TerI* 位于交会点的顺时针复制叉一侧，而顺时针复制叉的 5 段终止序列 *TerB~TerJ* 位于交会点的逆时针复制叉一侧。显然，一个复制叉必须通过另一个复制叉的终止序列之后才能停止推进。这样，在 *oriC* 处解链形成的两个复制叉将在交会点会合（图 2-19）。

使复制叉停止推进需要终止区结合蛋白 Tus（terminator utilization substance）的参与。Tus 蛋白是 *tus* 基因产物，特异地识别并结合于终止序列 Ter 的共有序列 N₄AGNATGTTGTAACTAAN₃（其中 N 不直接结合），形成 Tus-Ter 复合物，阻止 DNA 解旋酶继续解链，从而使复制叉停止推进。Tus-Ter 复合物只能阻止一个方向复制叉的推进，且每个复制周期也只需有一个 Tus-Ter 复合物起作用。因此，Tus-Ter 复合物的作用是让先到达终止区的复制叉停止推进，等待与对向复制叉会合。

两个复制叉在交会点相遇而结束复制，复制体解体，尚未完成复制的几百碱基对解开，通过尚未阐明的机制完成复制，得到两个子代染色体 DNA 环。两环相扣形成连环体，由 DNA 拓扑异构酶 4 催化解离（图 2-20），在细胞分裂时分配至子细胞。

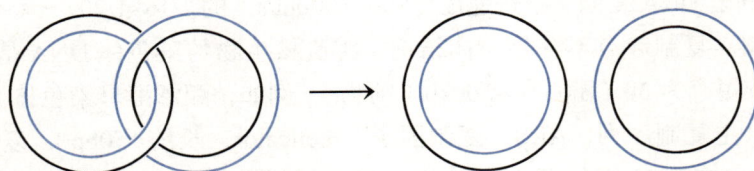

图 2-20 连环体解离

DNA 的复制速度相当快，在营养充足、生长条件适宜时，大肠杆菌 DNA 不到 40 分钟即可完成一次复制。大肠杆菌基因组 DNA 全长约 $4.6×10^6$bp，依此计算，每秒能掺入 2000 个核苷酸（事实并非如此，机制见 45 页）。

●某些细菌、噬菌体、病毒线性 DNA 的末端后随链以蛋白质为引物，由其酪氨酸的羟基引发 DNA 合成。

三、原核生物 DNA 合成的抑制剂

一些抗生素通过抑制 DNA 合成杀死原核病原体。

1. 喹诺酮类（XJ01M）　例如环丙沙星、吉米沙星、诺氟沙星、氧氟沙星、左氧氟沙星，通过抑制革兰阴性菌和革兰阳性菌的 Ⅱ 型 DNA 拓扑异构酶的连接活性，抑制 DNA 合成，对真核生物染色体 DNA 合成也有影响。

2. 硝基呋喃类（XJ01XE）　例如呋喃妥因，被细菌摄取之后，由硝基呋喃还原酶还原成多种中间产物，攻击 DNA、核糖体蛋白、呼吸链复合物、丙酮酸脱氢酶复合体等。

3. 硝基咪唑类（XJ01XD）　例如甲硝唑，被厌氧菌摄取并还原，还原产物与厌氧菌 DNA 结合，抑制其复制和转录。

第三节　真核生物 DNA 的复制合成

真核生物染色体 DNA 在细胞周期 S 期复制，复制机制与大肠杆菌相似，但复制过程更为复杂。真核生物线粒体 DNA 复制机制称为 D 环复制。

一、染色体 DNA 复制

真核生物染色体 DNA 与组蛋白、非组蛋白、RNA 形成线性染色质结构，位于细胞核内，其复制有别于原核生物，复制系统也比原核生物复杂。染色体 DNA 的端粒通过特殊机制合成。

（一）真核生物染色体 DNA 复制特点

真核生物的基因组比原核生物大，且形成复杂的染色体结构。例如人类为 3000Mb，而大肠杆菌只有 4.6Mb。不过，真核生物染色体 DNA 的复制用时并不长，且有以下特点。

1. 全部染色体同步复制　且与细胞周期同步，每个细胞周期只复制一次。

2. 发生染色质解离与重塑　真核生物的染色体 DNA 与组蛋白形成核小体结构，复制叉经过时需短暂解离；而当复制叉经过之后，还要马上在两条子代 DNA 双链上重塑核小体结构。相比之下，原核生物的 DNA 是裸露的，复制叉在推进过程中少有阻碍，所以复制速度较快。

3. 复制速度慢　受染色质解离与重塑影响，真核生物染色体 DNA 复制叉的推进速度约为 50nt/s，仅为大肠杆菌 DNA 复制叉推进速度（800~1000nt/s）的 1/16~1/20。

4. 多起点复制　复制起点不含核小体结构。①真核生物的染色体 DNA 是多复制子 DNA，每个复制子都比较短，为 30（酵母）~300kb（动物）。例如，酿酒酵母染色体 DNA 有 400 多个复制起点（称为自主复制序列，ARS，复制因子，replicator，长约 150bp），复制子平均长度为 30kb；人类全部染色体 DNA 可能有 $3×10^4$~$5×10^4$ 个复制起点，复制子平均长度为 100kb，仅相当于大肠杆菌的 2%。②基因组中复制子长度差异大，可相差 10 多倍。③如果各复制子同时启动复制，哺乳动物 DNA 复制完成约需 1 小时，但实际上需要 6~10 小时，因此只有 15% 复制子同时启动复制。通常靠近常染色质或活性基因的复制子先启动复制。当然也有各复制子同时启动复制的。复制起点组没有特异性。④大多数复制子没有终止区。

5. 冈崎片段短　真核生物冈崎片段的长度为 100~200nt，而大肠杆菌冈崎片段的长度为

1000~2000nt。

6. DNA 连接酶耗能差异　真核生物 DNA 连接酶连接冈崎片段时由 ATP 供能，而大肠杆菌由 NAD$^+$ 供能。

7. 终止阶段涉及端粒合成　真核生物的染色体 DNA 为线性结构，其末端端粒通过特殊机制合成。

8. 受 DNA 复制检查点控制　从而使染色体 DNA 在一个细胞周期中只复制一次；而快速生长的大肠杆菌分裂一次仅需 18 分钟，其 DNA 在一轮复制完成之前即可启动下一轮复制（"胎中胎"）。

（二）真核生物 DNA 聚合酶

真核生物有十几种 DNA 聚合酶，其基本性质和大肠杆菌 DNA 聚合酶一致，都有 5' → 3' 聚合酶活性。真核生物染色体 DNA 复制主要由三种多亚基酶催化，DNA 聚合酶 α、ε、δ 分别催化合成引物、前导链、后随链。线粒体 DNA 由 DNA 聚合酶 γ 催化复制。

1. DNA 聚合酶 α　又称 αDNA 聚合酶 - 引物酶复合物，功能是催化合成引物。

人 DNA 聚合酶 α 为异四聚体，含聚合酶催化亚基 POLA1 和调节亚基 POLA2，引物酶催化亚基 PRIM1 和调节亚基 PRIM2。染色体 DNA 复制时，先由引物酶催化亚基 PRIM1 催化合成 RNA 引物（约 10nt），再由聚合酶催化亚基 POLA1 催化合成一段 DNA（10~30nt），随后发生聚合酶转换（polymerase switching），即由 DNA 聚合酶 δ、ε 接替 DNA 聚合酶 α 催化 DNA 延伸合成。POLA1 没有 3' → 5' 外切酶活性，故无校对活性。

2. DNA 聚合酶 ε　功能是催化合成染色体 DNA 前导链。此外联合 DNA 聚合酶 κ 参与核苷酸切除修复。

人 DNA 聚合酶 ε 为四聚体结构，由催化亚基 POLE1 和辅助亚基 POLE2、3、4 组成。

3. DNA 聚合酶 δ　功能是催化合成染色体 DNA 后随链。此外联合 DNA 聚合酶 κ 负责约 50% 的核苷酸切除修复，参与部分跨损伤合成。

人 DNA 聚合酶 δ 为四聚体结构，由催化亚基 POLD1 和辅助亚基 POLD2、3、4 组成，催化亚基含 5' → 3' 聚合酶活性中心（切口平移）、3' → 5' 外切酶活性中心（校对）。

4. DNA 聚合酶 γ　是线粒体唯一的 DNA 聚合酶，负责 mtDNA 的复制与修复。

人 DNA 聚合酶 γ 为三聚体结构，由一个催化亚基 POLG1 和两个辅助亚基 POLG2 组成。

（三）参与真核生物染色体 DNA 复制的其他因子

参与真核生物染色体 DNA 复制的因子种类比原核生物多，结构和功能也更复杂。以下为已阐明的参与人类染色体 DNA 复制的因子。

1. 起始识别复合物（ORC）　与大肠杆菌 DnaA 同源，是一种六亚基蛋白质（ORC1~ORC6），在复制起始阶段与染色体 DNA 复制起点的保守序列结合，启动组装复制前复合物（pre-RC）。ORC 在整个细胞周期中都结合于复制起点，并且受控于调节细胞周期的一组蛋白质。

2. 细胞分裂周期蛋白 6（CDC6）和 DNA 复制因子 1（CDT1）　参与复制起始。CDC6 与 ORC1 结合促进 DNA 解旋酶 MCM 组装，并介导其与复制起点结合，从而组装复制前复合物。CDT1 协助 CDC6 促进解旋酶 MCM 组装。

3. 解链、解旋酶类　包括 DNA 解旋酶 MCM、解旋酶 hDNA2、DNA 拓扑异构酶和复制蛋白 A。

（1）解旋酶 MCM：是由 6 种微小染色体维持蛋白（minichromosome maintenance protein，MCM 蛋白，MCM2~MCM7）构成的六聚体环状 MCM2-7 复合物，相当于大肠杆菌的解旋酶 DnaB，但是沿前导链模板 3' → 5' 方向解链。细胞内缺少任何一种 MCM 都会导致 DNA 复制无法启动，故 MCM 与 CDC6、CDT1 统称 DNA 复制许可因子（replication licensing factor，RLF）。

（2）解旋酶 hDNA2：有 ATPase 活性、DNA 解旋酶活性和核酸内切酶活性，参与染色体 DNA 和线粒体 DNA 复制和修复。①冈崎片段 5' 端切除序列（flap）如果过长（超过 27nt），会被复制蛋白 A（RPA）包被而抗侧翼核酸内切酶 1（flap endonuclease 1，FEN-1）切割，则先由 hDNA2 切短，使 RPA 不能结合，再被 FEN-1 切割。②在修复双链断裂时削平 5' 端。

（3）DNA 拓扑异构酶：真核生物 DNA 拓扑异构酶分为 I 型和 II 型，功能和作用机制与原核生物相似，但有以下区别：①真核生物 I 型和 II 型 DNA 拓扑异构酶均可松弛负超螺旋和正超螺旋，原核生物仅可松弛负超螺旋。②真核生物细胞核 I 型 DNA 拓扑异构酶包括 DNA 拓扑异构酶 1、3α 和 3β，II 型 DNA 拓扑异构酶包括 DNA 拓扑异构酶 2α 和 2β。此外还有线粒体 I 型 DNA 拓扑异构酶。③真核生物 DNA 拓扑异构酶 1 和线粒体 I 型 DNA 拓扑异构酶催化反应时，活性中心酪氨酸羟基是取代 5'- 羟基与 3'- 磷酸基结合形成切口，5'- 羟基游离。原核生物及真核生物其他 DNA 拓扑异构酶活性中心酪氨酸羟基是取代 3'- 羟基与 5'- 磷酸基结合形成切口，3'- 羟基游离。④真核生物 DNA 拓扑异构酶 3α 还参与染色体分离、同源重组和线粒体 DNA 连环体解离。⑤真核生物 II 型 DNA 拓扑异构酶是染色体蛋白中含量最多的蛋白质之一，对维持染色质结构非常重要。

如果没有 DNA 拓扑异构酶，DNA 既不能复制、转录，也不能组装染色质，因而其抑制剂可以杀死细胞。肿瘤细胞拓扑异构酶高表达，拓扑异构酶抑制剂对其毒性高于正常细胞，可用于肿瘤化疗。已有 I 型、II 型 DNA 拓扑异构酶抑制剂类抗肿瘤药物。

●拓扑异构酶抑制剂：①喜树碱衍生物伊立替康、拓泊替康（XL01CB，药品目录误为鬼臼毒素衍生物）及羟喜树碱（XL01CX）为抗肿瘤药物，作用机制是与 I 型拓扑异构酶 -DNA 复合物结合，抑制切口连接。②蒽环类衍生物多柔比星（又称阿霉素，XL01DB）、鬼臼毒素衍生物依托泊苷（XL01CB）为抗肿瘤药物，作用机制是与 II 型拓扑异构酶 -DNA 复合物结合，抑制切口连接。

（4）复制蛋白 A（RPA）：结合并保护单链 DNA，类似于大肠杆菌的单链 DNA 结合蛋白（SSB）。目前已在人体内鉴定了 cRPA（由 RPA1、2、3 亚基构成）和 aRPA（由 RPA1、3、4 亚基构成）两种异三聚体，以 cRPA 为主。它们在 DNA 复制、重组和修复过程起作用。

4. 复制因子 C（RFC） 又称激活蛋白 1（activator 1），是 PCNA 的夹子装置器，促进复制复合物组装，人体 RFC 为 RFC1~RFC5 异五聚体，相当于大肠杆菌 γ 复合物，RFC1 与引物 - 模板杂交区结合，RFC2 与 ATP 结合。在复制延伸阶段接替 DNA 聚合酶 α 与引物 3' 端结合，并与增殖细胞核抗原（PCNA）一起协助 DNA 聚合酶 δ 或 ε 与 DNA 模板结合（消耗 ATP），形成复制体，催化 DNA 延伸合成。

5. 增殖细胞核抗原（PCNA） 在增殖细胞的细胞核内大量存在，有同三聚体结构，由 RFC 募集并与 DNA 结合，功能是提高 DNA 聚合酶 δ、ε 与 DNA 模板的亲和力，从而增强其延伸能力，与大肠杆菌 DNA 聚合酶 III 的 β 夹子（$β_2$）同源。

6. 核糖核酸酶 H2（RNase H2）和侧翼核酸内切酶 1（FEN-1） ① RNase H2 是由 A、B、

C 亚基构成的异三聚体，其中 A 为催化亚基，可以降解 RNA-DNA 杂交体中的 RNA，在 DNA 复制过程中降解冈崎片段的引物 RNA。② FEN-1（flap endonuclease 1）又称 DNase Ⅳ，有 5' 侧翼内切酶和 5'→3' 外切酶活性，三分子 FEN-1 与 PCNA 同三聚体形成六聚体，参与 DNA 复制（引物切除）和损伤修复。

7. DNA 连接酶 包括 DNA 连接酶 1、3、4，均消耗 ATP，参与 DNA 复制、重组、修复。

（四）复制起点与复制起始

真核生物染色体 DNA 的复制起点又称**自主复制序列**（autonomously replicating sequence，ARS）。

1. 复制起点结构 作为最简单的真核生物，酿酒酵母基因组 ARS 目前研究得最清楚，其 16 条染色体中约有 400 个 ARS，每个 ARS 长 50~185bp，含 4 段保守序列，从 3' 到 5' 依次为 A、B1、B2、B3，其中 A 序列长 14~15bp，包含一段富含 AT 的 11bp 共有序列 A/TTTTATRTTTA/T，称为**复制起点识别元件**（origin recognition element，ORE），是起始识别复合物（ORC）的结合位点。ORE 紧邻一段约 80bp 的富含 AT 序列，是 DNA 解旋元件（DUE）、DNA 解旋酶 MCM 的结合位点。哺乳动物 ARS 结构特征有待阐明。

2. 复制起始机制 酵母 DNA 复制起始过程分两个阶段。

（1）组装复制前复合物：在细胞周期 G_1 期，ORC 识别并结合于 ARS 中的 A 序列和 B1 序列，ORC 募集 CDC6、CDT1，三者共同募集解旋酶 MCM，组装成**复制前复合物**（pre-RC）。

（2）启动 DNA 复制：进入 S 期后，周期蛋白依赖性激酶复合物 cyclin A-CDK2 催化 CDC6、CDT1 等磷酸化，Dbf4 依赖性激酶（DDK，Cdc7-Dbf4 二聚体）催化解旋酶 MCM 磷酸化，RPA、DNA 聚合酶 δ/ε、DNA 聚合酶 α、RFC、PCNA 依次结合，启动 DNA 复制。之后 CDC6、CDT1 被释放和降解（CDC6 半衰期不到 5 分钟），避免启动二次复制。

（五）端粒合成与复制终止

真核线性染色体 DNA 复制终止发生于相邻复制起点的两个相向复制叉会合时。与大肠杆菌类似，终止过程包括复制体解离、连环体解离，需要其他蛋白质参与，细节有待阐明。

与原核生物 DNA 复制终止的显著区别是真核生物 DNA 复制终止涉及端粒合成。

1971 年，A. Olovnikov 提出末端复制问题（end replication problem）：既然真核生物的染色体 DNA 为线性结构，那么在复制时，后随链 5' 端切除 RNA 引物之后会留下短缺，无法由 DNA 聚合酶催化补齐。如果任其存在，DNA 每复制一次，DNA 双链都会缩短一部分（100bp 甚至更多，图 2-21）。

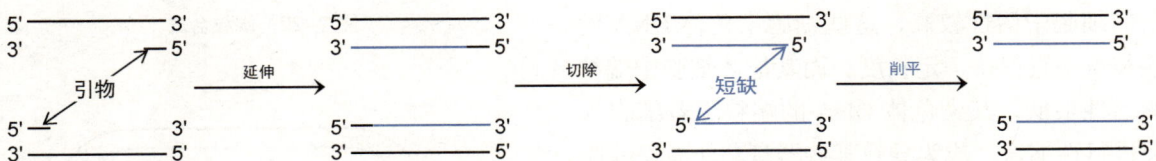

图 2-21 染色体 DNA 复制时末端短缺

1978 年，E. Blackburn 发现真核生物线性 DNA 末端存在端粒结构；1980 年，E. Blackburn 和 J. Szostak 报道其作用；1984 年，C. Greider（在读研究生）发现了端粒酶。E. Blackburn、C.

Greider 和 J. Szostak 因发现端粒和端粒酶并阐明其对染色体 DNA 的保护作用而获得 2009 年诺贝尔生理学或医学奖。

1. 端粒结构 端粒（telomere）是一种短串联重复序列，人端粒新生链（后随链，CA 股）重复单位是 CCCTAA，模板（TG 股）重复单位是 TTAGGG。复制后端粒的 TG 股长出，所以形成 3' 端突出结构。

2. 端粒功能 端粒的功能是维持染色体结构的独立性和稳定性，从而在染色体 DNA 复制和末端保护、染色体定位、细胞寿命维持等方面起作用。①末端保护：防止 DNA 被修复系统降解。②延伸合成：防止 DNA 因复制而缩短。③参与同源染色体配对和重组：促进减数分裂。

研究表明，体细胞染色体 DNA 的端粒会随着细胞分裂而缩短。当端粒缩短到一定程度时，细胞会停止分裂。因此，端粒起细胞分裂计数器的作用，其长度能反映细胞分裂的次数。

3. 端粒酶 端粒是由端粒酶催化合成的。端粒酶（telomerase）的化学本质是含有一段 RNA 的核糖核蛋白。人端粒酶 RNA 长 451nt，含 CUAACCCUAAC 序列，可以作为模板指导合成其端粒的 TG 股。因此，端粒酶是一种自带 RNA 模板的特殊逆转录酶。

4. 端粒合成 ①端粒酶结合于端粒 TG 股 3' 端，以端粒酶 RNA 为模板，催化合成端粒 TG 股一个重复单位。②端粒酶前移一个重复单位。③重复合成重复单位、前移（图 2-22）。TG 股合成到一定长度时（人 3~20kb，控制机制尚未阐明），端粒酶脱离。TG 股募集引物酶、DNA 聚合酶等，合成冈崎片段填补 CA 股短缺。虽然端粒依然保持 3' 端突出结构，但最终可以形成 t 环（t-loop，图 2-23），由端粒结合蛋白（如人的 TRF1、TRF2）进一步结合并保护。

端粒的长度反映端粒酶的活性。端粒酶分布广泛，在生殖细胞、胚胎细胞、干细胞和 85%~90% 的肿瘤细胞（如 Hela 细胞）等快速增殖的细胞中活性较高，这些细胞染色体 DNA 的端粒也一直保持一定长度；而其他体细胞中端粒酶活性很低，其染色体 DNA 的端粒随着细胞分裂进行性缩短，成为导致某些器官功能减退的原因之一。

5. 端粒酶与肿瘤诊断 神经母细胞瘤是一种来源于未分化的交感神经节细胞的胚胎性神经内分泌肿瘤，可通过分析端粒酶活性进行诊断。

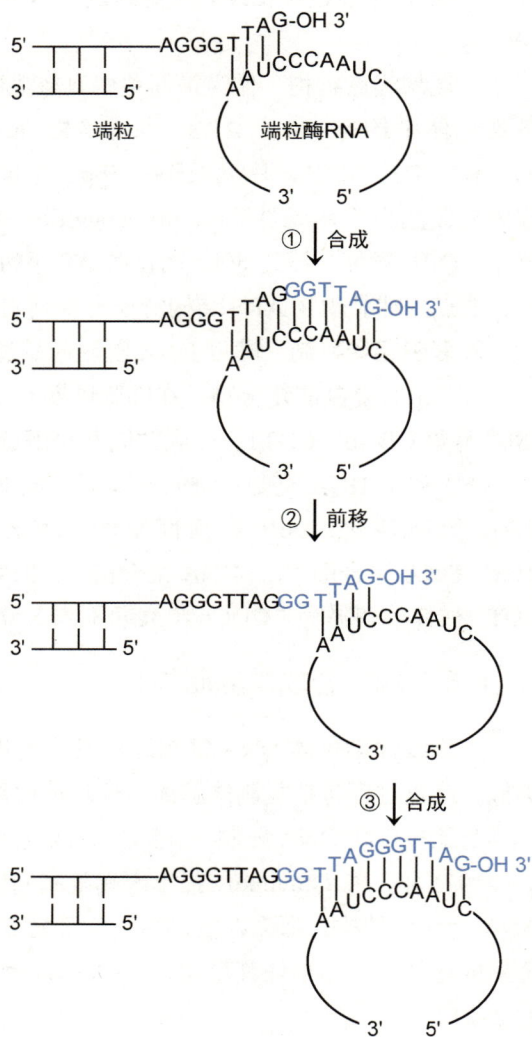

图 2-22 端粒合成

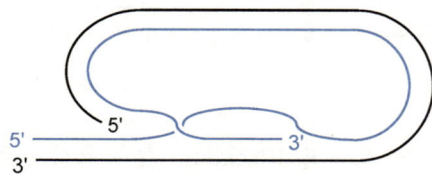

图 2-23 端粒 t 环结构

其预后与端粒酶活性呈负相关，即端粒酶活性越高预后越差。端粒酶基因表达受 N-myc 蛋白激活，故其水平也可以反映治疗效果，*MYCN* 基因发生扩增的肿瘤患者预后差。

6. 端粒酶与肿瘤治疗 多数肿瘤细胞端粒酶活性很高，多数正常细胞端粒酶活性很低，因而端粒酶有望成为抗肿瘤药物靶点。

二、线粒体 DNA 复制

绝大多数 mtDNA 为共价闭合环状结构，且 H 链和 L 链的复制起点错位分布，相隔距离为 mtDNA 总长度的 1/3。mtDNA 由 DNA 聚合酶 γ 催化复制，在细胞分裂 S 期和 G_2 期进行。

1. H 链复制合成 从其亲代 L 链上的复制起点 *ori*^H 处解链，RNA 聚合酶催化转录合成 RNA，RNA 被特异核酸内切酶切割成引物，引导 DNA 聚合酶 γ 合成新生 H 链，并且是单向复制。

2. L 链复制合成 当新生 H 链合成达到 mtDNA 总长度的 2/3 时，亲代 H 链上的复制起点 *ori*^L 暴露，由特定引物酶合成 RNA 引物，引导 DNA 聚合酶 γ 合成新生 L 链（图 2-24）。

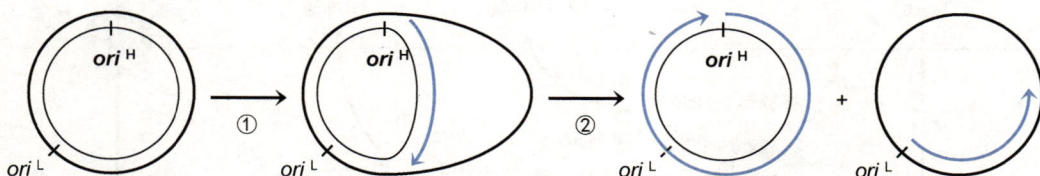

图 2-24 线粒体 DNA 的 D 环复制

mtDNA 两股链的复制起点错位分布，两股链复制的起始时间不同，终止时间也不同，所以其复制是不对称的。这种复制的前期是以新生 H 链替换（displacement）亲代 H 链的过程，并且亲代 H 链的游离结构形似字母 D，所以这种复制被形象地称为 D 环复制（D-loop replication）。

叶绿体 DNA 的复制方式也是 D 环复制，高等植物叶绿体 DNA 有两个 D 环。

第四节　病毒 DNA 的复制合成

病毒 DNA 的复制机制由其基因组特征和宿主 DNA 复制系统共同决定。

一、病毒 DNA 复制

许多 DNA 病毒的基因组为双链环状 DNA 分子，其复制是在细胞核内由宿主细胞的 DNA 复制系统完成的。不同病毒 DNA 的复制过程不尽相同，以下介绍乙型肝炎病毒（hepatitis B virus，HBV）复制机制。

1. HBV 基因组 HBV-DNA 是由两股不等长 DNA 链构成，含部分双链区的松弛环状 DNA（rcDNA，图 2-25）：长链 L 为负链 DNA（表 3-1，75 页），记作（－）DNA，其 5' 端有共价结合的 HBV DNA 聚合酶（protein P，POL，有逆转录酶活性，70 页）；短链 S 为正链 DNA（表 3-1，75 页），记作（＋）DNA，其 5' 端有 18nt 加帽 RNA，为前基因组 RNA（pgRNA）残留。HBV 基因组其他信息及基因产物见第十章（277 页）。

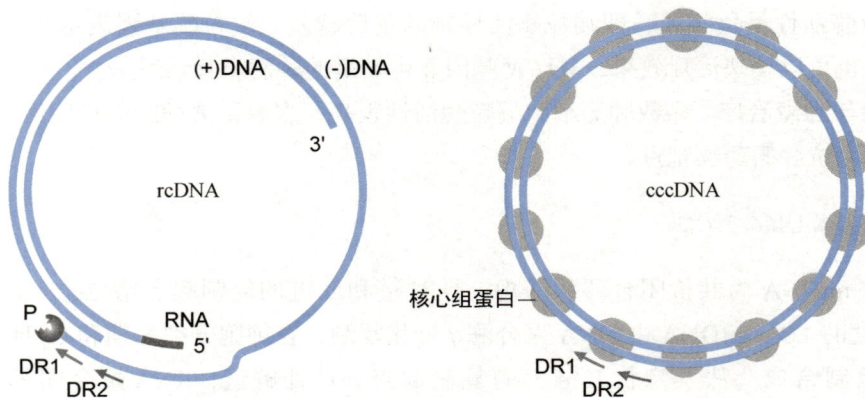

图 2-25 乙型肝炎病毒 rcDNA 和 cccDNA

2. HBV 复制机制 包括吸附、穿入、脱壳、合成、包装释放等环节（图 2-26）。

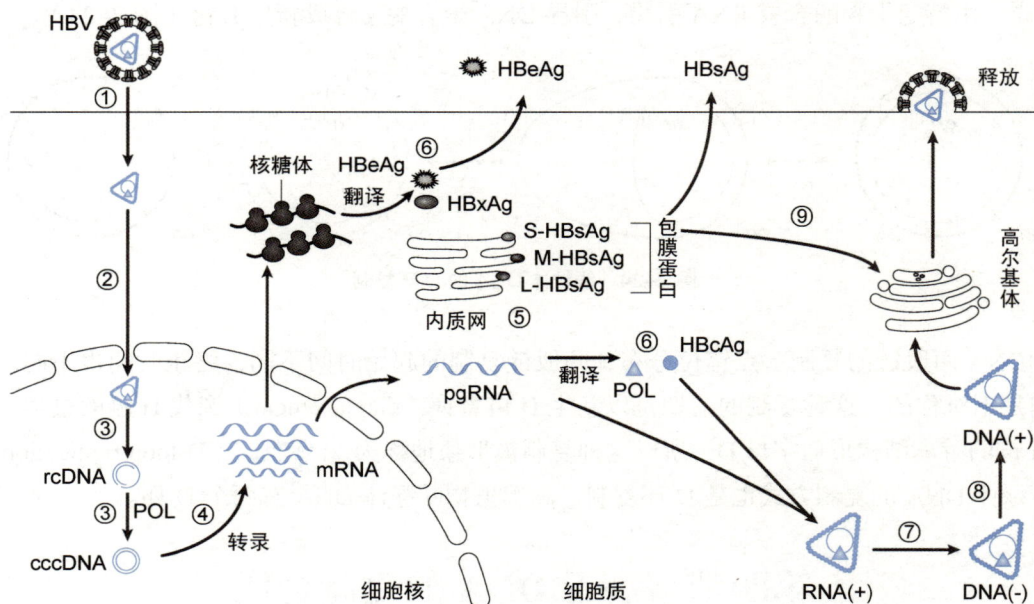

图 2-26 乙型肝炎病毒生命周期

（1）HBV 感染肝细胞，感染机制尚未完全阐明。研究发现牛磺胆酸钠共转运多肽（NTCP）是 HBV 受体（也是 HDV 受体），与 L-HBsAg N 端的 preS1 结合后内化，核衣壳（HBV-DNA-HBcAg 复合物）进入细胞质。肝细胞表面蛋白聚糖所含硫酸乙酰肝素促进 HBV 附着、内化。

（2）HBcAg 的 C 端结构域（CTD）含核定位信号，在肝细胞质中被蛋白激酶磷酸化后可募集输入蛋白 α 亚基，从而介导 HBV-DNA-HBcAg 通过核孔进入细胞核（第四章，130 页）。

（3）HBV-DNA-HBcAg 脱去 HBcAg，负链 5' 端 HBV DNA 聚合酶和正链 5' 端加帽 RNA 被切除，由肝细胞 DNA 聚合酶 κ 和 α、DNA 连接酶等催化修补缺口，形成共价闭合环状 DNA（cccDNA），进而募集核心组蛋白等，形成微型染色体，可进行不依赖肝细胞染色体的自主复制（图 2-25）。

（4）以 HBV-DNA 负链为模板，在肝细胞 RNA 聚合酶 Ⅱ 的催化下合成四种 mRNA，其中包括 3.5kb 的 pgRNA。

（5）在内质网合成包膜蛋白（HBsAg）。

（6）在细胞质合成 HBcAg（及分泌型 HBeAg）、DNA 聚合酶（POL）及 X 蛋白（HBxAg）。

（7）pgRNA 和 POL 被 HBcAg 包裹形成核衣壳。

（8）合成 rcDNA。

（9）在内质网、高尔基体内形成 Dane 颗粒并释放，同时有 HBsAg 构成的小球形颗粒和纤维状颗粒形成并释放（第十章，277 页）。

3. 病毒 DNA 合成的抑制剂　许多病毒有自己的 DNA 聚合酶，其中有些是抗病毒药物重要靶点，这类药物主要是核苷类似物，例如阿昔洛韦和拉米夫定。

（1）阿昔洛韦：又称无氧鸟苷，为鸟苷类似物，归类于抗感染药物（XS01A）和化疗药物（XD06）、核苷和核苷酸类全身用抗病毒药（XJ05AB），属于前药（prodrug），被病毒感染的细胞摄取之后，由病毒胸苷激酶（TK）催化磷酸化生成 acyclo-GMP，进一步由细胞激酶催化磷酸化生成三磷酸化产物 acyclo-GTP，然后通过两种机制抑制病毒 DNA 合成：①竞争性抑制病毒 DNA 聚合酶。②掺入病毒 DNA，抑制延伸。阿昔洛韦与病毒 TK 的亲和力是细胞 TK 的 200 多倍，因而几乎只杀死感染细胞，可用于治疗单纯疱疹病毒（HSV）、水痘带状疱疹病毒（VZV）等的感染。同类药物还有更昔洛韦。G. Elion 和 G. Hitchings 因为发明阿昔洛韦获得 1988 年诺贝尔生理学或医学奖。

（2）拉米夫定：为胞苷类似物，归类于核苷及核苷酸类逆转录酶抑制剂（XJ05AF）、艾滋病病毒感染的抗病毒药物（XJ05AR），属于前药，其三磷酸化产物抑制乙型肝炎病毒 DNA 聚合酶、艾滋病病毒逆转录酶，但也抑制细胞的 DNA 聚合酶。

二、噬菌体 DNA 复制

不同噬菌体 DNA 的复制方式不尽相同，这里仅介绍滚环复制。共价闭合环状 DNA 复制时有一股链被切断，形成的 5' 端被甩出，3' 端由 DNA 聚合酶结合，以环状股为模板延伸合成。当 3' 端延伸合成时，5' 端被连续甩出，好像环状模板在滚动，所以这种复制被形象地称为**滚环复制**（rolling circle replication），属于单向复制。甩出的 DNA 链有两种状况（图 2-27）。

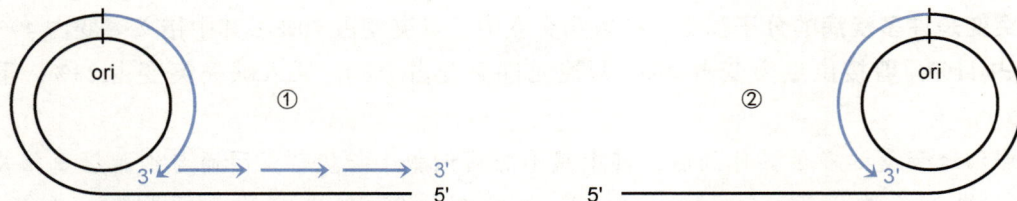

图 2-27　滚环复制

1. 作为模板指导不连续复制　得到双链 DNA **串联体**（concatemer，又称多联体，是指以基因组为重复单位的串联 DNA，或一组基因序列利用重组 DNA 技术构建的串联 DNA），并按照基因组长度切割成可被包装的线性双链 DNA，例如 λ 噬菌体和 T4 噬菌体。

2. 不复制　得到单链 DNA 串联体，按照基因组长度切割，两端连接成环，得到单链环状 DNA，例如 ΦX174 噬菌体和 M13 噬菌体。

第五节　DNA 损伤与修复

DNA 聚合酶的校对功能可保证 DNA 复制的保真性，对遗传信息在细胞增殖时的准确传递至关重要。DNA 复制虽然极少出错但并非万无一失。此外，即使在非复制期间，DNA 也会发生损伤，导致 DNA 的序列或结构出现异常，甚至发生基因突变。这种突变会影响表型，一方面是生物进化的基础，另一方面又是个体患病甚至死亡的遗传因素。不过，在漫长的进化过程中，生物体已经建立了一组修复系统，可以修复各种 DNA 损伤，以保证生命的延续性和遗传的稳定性。

一、DNA 损伤

DNA 复制的保真性使生物体维持着遗传信息的稳定性。不过，稳定是相对的，变异是绝对的。变异即基因突变（mutation），包括静态突变（static mutation，包括点突变和片段突变，能稳定遗传给子代）和动态突变（dynamic mutation，主要是重复序列拷贝数增加，遗传给子代时进一步发生突变）。基因突变的化学本质是 DNA 损伤（DNA damage），是指 DNA 结构出现异常，导致细胞或病毒的基因型发生稳定的、可遗传的变化，这种变化有时导致基因产物功能的改变或缺失，从而导致细胞转化或死亡。

（一）损伤意义

DNA 损伤会导致基因突变，一方面有利于生物进化，另一方面又可能产生不利后果。

1. 突变是生物进化的分子基础　遗传与变异是对立统一的生命现象。突变容易被片面理解成会危害生命，但实际上突变的发生在各种生物体内普遍存在，并且有其积极意义。有突变才有生物进化，没有突变就不会有大千世界的生物多样性。

2. 致死突变消灭有害个体　致死突变（lethal mutation）发生在对生命过程至关重要的基因上，可导致细胞死亡或个体夭亡，消灭病原体。例如短指是一种隐性致死突变，其纯合子个体会因骨骼缺陷而夭亡。

3. 突变是许多疾病的分子基础　在致病突变中，点突变占 70%（其中错义突变占 49%，无义突变占 11%，剪接位点突变占 9%，调控元件突变占 1%），插入缺失突变占 23%，重排等占 7%。

肿瘤细胞突变远多于其他细胞，其中赋予肿瘤细胞生长优势，因而与细胞癌变相关的不到 0.1%，称为驱动突变（driver mutation），其余超过 99.9% 部分称为乘客突变（passenger mutation）。驱动突变涉及约 65 种癌基因、75 种抑癌基因，包括影响细胞生存的（如 *ras*、*PIK3CA*、*MAPK*），影响基因组稳定性的（如 *ATM*、*ATR*），影响细胞归宿，即分裂、分化或静息的（如 *APC*）。仅有少数突变基因在多种肿瘤中都常见，如 *ras*、*p53*、*RB1*（第九章，243 页）。

4. 突变是多态性的分子基础　例如单核苷酸多态性。

（二）损伤类型

DNA 损伤类型多种多样，其中有些损伤可以遗传，因此导致基因突变。

1. 错配（mismatch）　导致 DNA 链上的一个碱基对被另一个碱基对置换，称为碱基置换

（base substitution）（图 2-28）。碱基置换有两种类型：①**转换**（transition），是嘧啶碱基之间或嘌呤碱基之间的置换，这种方式占 2/3，其中又以 C → T 转换最多，发生率约为其他转换的 10 倍。②**颠换**（transversion），是嘌呤碱基和嘧啶碱基之间的置换。

野生型：	GGG	AGT	GTA	CGT	CAG	ACC	CCG	CCC	TAT	AGC
	Gly	Ser	Val	Arg	Gln	Thr	Pro	Pro	Tyr	Ser
错　配：	GGG	AGT	GTA	CGT	CGG	ACC	CCG	CCC	TAT	AGC
	Gly	Ser	Val	Arg	Arg	Thr	Pro	Pro	Tyr	Ser
插　入：	GGG	AGT	GTA	CGT	CAG	ACC	CCG	GCC	CTA	TAG
	Gly	Ser	Val	Arg	Gln	Thr	Pro	Ala	Leu	终止
缺　失：	GGG	AGT	GTA	CGT	CAG	ACC	CGC	CCT	ATA	GC
	Gly	Ser	Val	Arg	Gln	Thr	Arg	Pro	Ile	

图 2-28　错配和插入缺失

2. **插入缺失**（indel）　是指 DNA 序列中发生一个碱基对或一小段核苷酸序列（通常是 1~60bp）的插入缺失。插入缺失位点如果位于编码区内（第四章，99 页），且插入缺失的不是 $3n$ 个碱基对，会导致该位点下游的遗传密码全部发生改变，这种突变称为**移码突变**（frameshift mutation，图 2-28）；插入缺失的如果是 $3n$ 个碱基对，则突变位点下游的遗传密码不会改变，这种突变称为**整码突变**（in-frame mutation）。

由一个碱基对的置换或插入缺失所导致的突变统称**点突变**（point mutation）。如果编码区发生点突变，会导致遗传密码改变，有多种可能的结果。

（1）**错义突变**（missense mutation）：是指一种氨基酸的密码子突变成为另一种氨基酸的密码子，约占第三碱基置换的 25%。

镰状细胞贫血是点突变致病的典型例子：患者镰状血红蛋白 β 亚基基因的编码序列有一个点突变 A → T（腺嘌呤被胸腺嘧啶置换），使原来 6 号谷氨酸（记作 Glu6）密码子 GAG（或 GAA）变成缬氨酸密码子 GTG（或 GTA）（记作 Glu6Val）。

（2）**无义突变**（nonsense mutation）：又称终止突变（stop mutation），是指一种氨基酸的密码子突变成为终止密码子，导致翻译提前终止，所编码的蛋白质通常完全失活。突变成为终止密码子 UAA、UAG、UGA 的无义突变分别称为赭石突变、琥珀突变、乳白突变。

（3）**同义突变**（synonymous mutation）：又称中性突变（neutral mutation），是指氨基酸的密码子突变成为其另一种同义密码子，因此不影响蛋白质结构，属于**沉默突变**（silent mutation，也有学者定义同义突变与沉默突变同义），占编码区错配的 50%。

（4）**移码突变**（frameshift mutation）：插入缺失一个碱基对导致的移码突变属于点突变。

3. **重排**（rearrangement）　又称基因重排、DNA 重排、**染色体易位**（chromosomal translocation），是指基因组中较大 DNA 片段（10~1000bp）移动位置，但不包括基因组 DNA 缺失或外源 DNA 插入。重排可发生在 DNA 分子内部（染色体内），也可发生在 DNA 分子之间（染色体间），例如血红蛋白 Lepore 病就是重排的结果（图 2-29）。

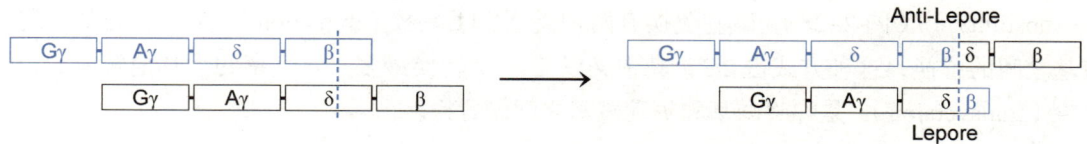

图 2-29 重排与血红蛋白 Lepore 病

● 中期染色体存在一种**脆性位点**（fragile site），该位点的 DNA 容易断裂、缺失或重排。有的脆性位点含短串联重复序列。例如，**脆性 X 综合征**（fragile X syndrome）是一种 X 连锁显性遗传病，表现为中度至重度智力低下，面部特征异常（如长脸、大耳、突颚等）。患者 X 染色体上的一种翻译抑制因子基因 *FMR1*（脆性 X 智力低下基因 1）的 5' 非翻译区（第四章，99 页）存在含 CGG 短串联重复序列的脆性位点，所含 CGG 短串联重复序列拷贝数高达 200~3000 个，而正常人只有 6~50 个，女性携带者和男性传递者为 50~200 个。

4. 共价交联 是指碱基之间形成共价键连接。例如，①同一股 DNA 链上相邻的胸腺嘧啶发生共价交联（链内交联），形成胸腺嘧啶二聚体，会抑制复制和转录。②补骨脂素类（psoralen）可在双链之间形成交联（链间交联），会抑制复制和转录。

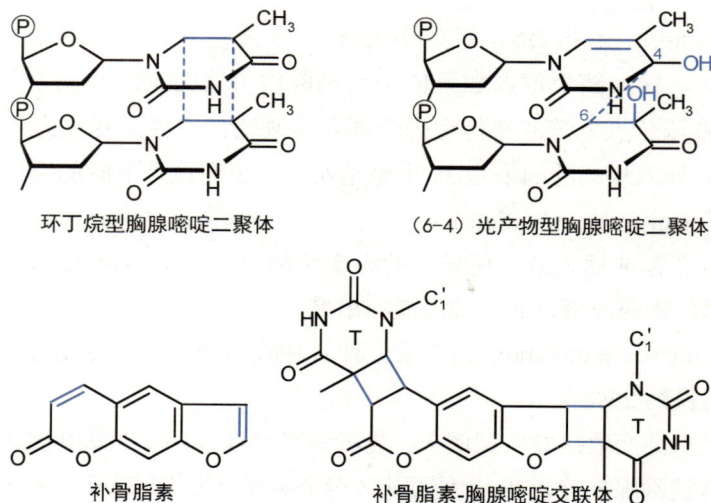

环丁烷型胸腺嘧啶二聚体　　　　（6-4）光产物型胸腺嘧啶二聚体

补骨脂素　　　　补骨脂素-胸腺嘧啶交联体

5. 单碱基损伤 ①脱碱基：糖苷键非酶促水解脱去碱基（脱嘌呤多于脱嘧啶），形成无碱基位点（abasic site, apurinic or apyrimidinic site，**无嘌呤嘧啶位点**，AP site，**AP 位点**）。其中脱嘌呤日发生率约为 $1/10^5$，一个哺乳动物细胞 DNA 每日可脱 5000~10000 个。②脱氨基：胞嘧啶非酶促脱氨基成尿嘧啶（尿嘧啶被糖苷酶脱去），日发生率约为 $1/10^7$，一个哺乳动物细胞 DNA 每日可脱 100~500 个；腺嘌呤脱氨基成次黄嘌呤（次黄嘌呤与 C 形成碱基配对）；鸟嘌呤脱氨基成黄嘌呤。③碱基烷化：黄曲霉毒素将鸟嘌呤烷化为 7- 加成物，诱导 G → T 颠换。④氧化：羟自由基将鸟嘌呤氧化为 8- 氧鸟嘌呤（8-oxoG），后者在 DNA 合成时会与腺嘌呤配对，诱导 G → T 颠换。

6. 主链断裂 电离辐射、自由基或某些化学试剂（如博莱霉素）可以使磷酸二酯键断裂，从而导致 DNA 单链断裂或双链断裂。

值得注意的是，绝大多数致病突变发生在编码区（其中 60% 为碱基置换，20%~25% 为插入缺失），仅有不到 1% 发生在调控区（调控元件）。

（三）损伤因素

内部因素和外部因素都会引起 DNA 损伤。内部因素如复制错误、自发性损伤会产生自发突变，特点是突变率相对稳定。例如细菌的碱基对突变率 10^{-10}~10^{-9}/代，基因（1000bp）突变率约 10^{-6}/代，基因组突变率约 $3×10^{-3}$/代，高等生物基因组突变率 10^{-8}~10^{-5}/代。人类基因组突变率 10^{-7}~10^{-6}/代，外部因素如物理因素、化学因素、生物因素会引起诱发突变，这些因素被称为诱变剂（致突变原，mutagen）。

1. 复制错误　主要导致点突变。DNA 聚合酶选择核苷酸的错配率为 10^{-5}~10^{-4}，经过 $3' → 5'$ 外切酶活性校对降至 10^{-8}~10^{-6}。

DNA 复制时，由于 DNA 聚合酶偶尔"打滑"（slippage，复制滑动、复制滑移），模板或新生链会发生核苷酸的"环出"现象。新生链环出会导致子二代 DNA 发生插入，而模板环出会导致子二代 DNA 发生缺失。发生复制滑动的主要位点是重复序列，特别是短重复序列（图 2-30）。例如，结肠癌 TGF-β 受体 R Ⅱ 常见一种突变，其基因序列中存在一段由 10 个连续的腺苷酸组成的短重复序列（A_{10}）。在复制时，由于 DNA 聚合酶滑动，子代 DNA 中的该短重复序列长度会改变至 A_9 或 A_{11}。

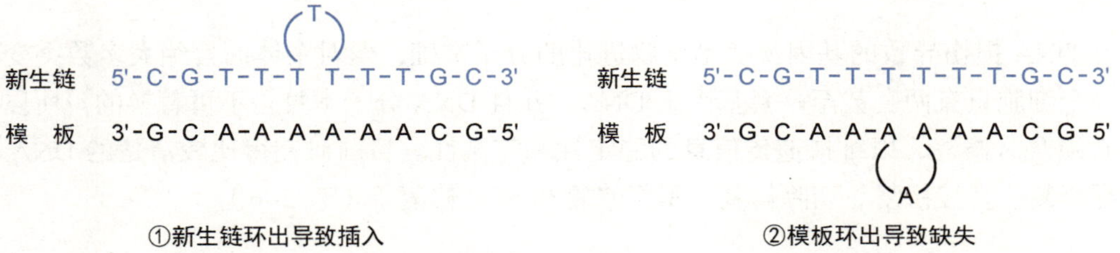

新生链　5'-C-G-T-T-T T-T-T-G-C-3'　　　新生链　5'-C-G-T-T-T-T-T-T-G-C-3'

模　板　3'-G-C-A-A-A-A-A-A-C-G-5'　　　模　板　3'-G-C-A-A-A A-A-A-C-G-5'

①新生链环出导致插入　　　　　　　　　②模板环出导致缺失

图 2-30　复制滑动

2. 自发性损伤　DNA 分子可以由于各种原因发生化学变化。碱基发生酮 - 烯醇互变异构是导致自发突变的主要原因，此外还有碱基修饰、碱基脱氨基甚至碱基丢失等。这些变化会影响碱基对氢键的形成，因而影响碱基配对。如果这些变化发生在 DNA 复制过程中，就会发生错配。

3. 物理因素　电离辐射（γ 射线、X 射线）和非电离辐射（紫外线及更长波长的电磁波）可导致主链断裂或交联、碱基丢失等。紫外线（特别是 100~280nm 的 UVC）通常使 DNA 链上相邻的嘧啶碱基形成二聚体（人皮肤细胞每小时发生 $5×10^4$ 处，T_2 最多，C_2 最少），在局部扭曲 DNA 双螺旋结构，阻断复制和转录。电离辐射例如 X 射线可直接使 DNA 主链断裂，也可作用于水而生成活性氧（氧化应激时生成增加），间接导致 DNA 断链或碱基氧化。在外部因素引起的 DNA 损伤中有 10% 是由紫外线和电离辐射引起的。

4. 化学因素　碱基类似物、碱基修饰剂（烷化剂、黄曲霉毒素）、染料、芳香族化合物、肿瘤化疗药物等可以引起 DNA 损伤。

（1）碱基类似物：氟尿嘧啶（5-FU，XD06）通过补救途径转化为嘧啶核苷酸类似物，在 DNA 合成时可代替正常核苷酸掺入 DNA。这些类似物容易发生互变异构，引起错配。所有碱基类似物引起的错配均为转换。

（2）碱基修饰剂：通过修饰碱基改变碱基配对，例如羟胺、亚硝酸盐（诱导 A → G 转换、C → T 转换）、烷化剂及活性氧（诱导 G → T 颠换）等自由基。

烷化剂是极强的诱变剂，它们带有一个或多个活性烷基，可以将 DNA 碱基烷基化，烷基化反应主要发生在鸟嘌呤的 N-7 位和腺嘌呤的 N-3 位上。①烷基化鸟嘌呤不稳定，容易水解脱落，从而形成 AP 位点，它会改变碱基配对性质，或者干扰 DNA 合成，例如导致缺失。②烷化剂还能使鸟嘌呤交联成二聚体，或者使 DNA 双链交联。交联 DNA 无法修复，因而烷化剂毒性较大，能导致细胞癌变、肿瘤发生。例如氮芥类（环磷酰胺、苯丁酸氮芥、苯丙氨酸氮芥）、硫芥、硫酸二甲酯、烷基磺酸盐、环氧化物类（环氧乙烷，苯并芘、黄曲霉毒素 B_1 转化产物）、卤代烃（溴代甲烷）。

某些抗肿瘤药物（XL01）作用机制即致 DNA 损伤，如烷化剂类（XL01A）中的氮芥类似物（XL01AA，氮芥、环磷酰胺、苯丁酸氮芥）、烷基磺酸盐（XL01AB，白消安）、亚硝基脲类（XL01AD，司莫司汀）、其他烷化剂（XL01AX，达卡巴嗪）。

（3）嵌入剂：原黄素、吖啶黄、吖啶橙、溴化乙锭等化合物有扁平芳香环结构，可以嵌入双链 DNA 相邻碱基对之间，所以称为嵌入染料（intercalative dye）。它们与碱基对大小相当，嵌入之后会引起复制滑动，发生插入缺失，从而导致移码突变。

5. 生物因素　病毒 DNA 整合、转座子转座（68 页）等可以改变基因结构，或者改变基因表达活性。

二、DNA 修复

虽然 DNA 损伤导致的基因突变是生物进化的分子基础，但对个体而言绝大多数突变都是有害的。一个细胞只有两套甚至一套基因组 DNA，并且 DNA 分子本身是不可替换的，所以一旦受到损伤必须及时修复，以维持遗传信息的稳定性和完整性。目前研究得比较清楚的 DNA 修复机制有错配修复、直接修复、切除修复、重组修复和 SOS 修复等（表 2-6）。

表 2-6　大肠杆菌 DNA 修复系统

修复系统	酶 / 蛋白质	修复损伤类型
错配修复	Dam 甲基化酶 MutS、MutL、MutH 蛋白 解旋酶 II（MutU，UvrD） SSB DNA 聚合酶 III 核酸外切酶 I、VII、X 核酸酶 RecJ DNA 连接酶	错配
碱基切除修复	DNA 糖基化酶 AP 核酸内切酶 DNA 聚合酶 I DNA 连接酶	损伤碱基（U，次黄嘌呤，黄嘌呤） 烷基化碱基 嘧啶二聚体
核苷酸切除修复	UvrA、UvrB、UvrC、UvrD DNA 聚合酶 I DNA 连接酶	大的损伤（如嘧啶二聚体）
直接修复	DNA 光解酶 O^6-mG-DNA 甲基转移酶 AlkB 蛋白	嘧啶二聚体 O^6-mG 1-mG，3-mC
双链断裂修复	RecA、RecBCD	双链断裂
跨损伤合成	Y 家族 DNA 聚合酶（如 UmuC）	嘧啶二聚体，无嘌呤位点，烷基化碱基

●在阐明 DNA 修复机制方面做出贡献的 T. Lindahl（碱基切除修复）、P. Modrich（错配修复）和 A. Sancar（核苷酸切除修复）获得 2015 年诺贝尔化学奖。

考虑到 DNA 复制错配率（10^{-6}）及我们一生中细胞分裂次数（10^{16}），则一生中我们基因组（3×10^{9}bp）的每个碱基对平均至少会发生 2 次自发突变。如果再考虑到其他因素诱发突变，在离世之际我们的基因组当面目全非了。当然事实并非如此，这要感谢 DNA 修复系统。典型哺乳动物的 DNA 损伤有 99.9% 都可及时修复（不能修复或未及时修复而成为突变的不到 1/1000），最终将错配率降至 $10^{-11} \sim 10^{-10}$。

DNA 修复系统的多样性反映出 DNA 损伤的多样性和 DNA 修复的重要性。某些常见损伤类型如嘧啶二聚体可以通过几种修复系统修复。人类基因组有近 200 种基因编码产物组成修复系统。在很多情况下，其中任何一种编码产物功能缺失都会导致基因组不稳定性增加，肿瘤发生的可能性增加。

（一）错配修复

错配修复（mismatch repair，MMR）是指在 DNA 复制完成后，在模板序列的指导下对新生链上的错配、单股插入缺失进行修复。大肠杆菌错配修复系统可修复 GATC 序列两翼 1kb 以内的错配，将复制精确度提高 $10^{2} \sim 10^{3}$ 倍。大肠杆菌参与错配修复的蛋白质至少有 12 种（表 2-6），其功能是识别模板或修复错配。

1. 模板识别　错配修复的关键是识别子代 DNA 的模板链和新生链，然后才可根据模板序列修复新生链错配。真核生物和大多数细菌错配修复系统模板识别机制尚未阐明，仅大肠杆菌等个别细菌已经阐明。大肠杆菌亲代 DNA 两股链中 GATC 序列的 A 均甲基化为 N^{6}-甲基腺嘌呤（$m^{6}A$），称为全甲基化 GATC。复制合成的子代 DNA 中，仅模板链 GATC 序列中的 A 甲基化，新生链未甲基化，称为半甲基化 GATC（图 2-31）。

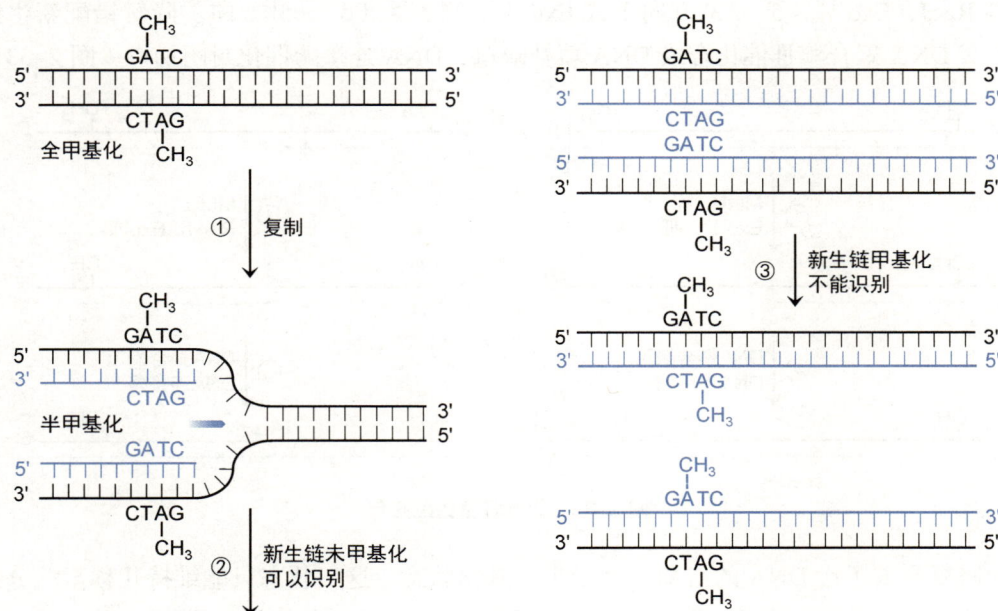

图 2-31　GATC 半甲基化和全甲基化

大肠杆菌错配修复蛋白 MutS 通过寻找半甲基化 GATC 识别模板链和新生链。①错配修复蛋白 MutS 二聚体扫描 DNA（消耗 ATP），结合于错配碱基对，募集错配修复蛋白 MutL 二聚体，形成 MutS-MutL 复合物。该复合物可以与除 C-C 之外的任何错配碱基对结合。② MutS-MutL 复合物在错配碱基对两翼滑动扫描，寻找较近的一个半甲基化 GATC（MutL 消耗 ATP），形成 DNA 环。③ MutL 募集错配修复蛋白 MutH 形成 MutSLH 复合物，激活 MutH。MutH 蛋白是一种位点特异性核酸内切酶，催化半甲基化 GATC 新生链 G 的 5' 端磷酸二酯键水解，形成切口（pN-pGpApTpC，图 2-32）。

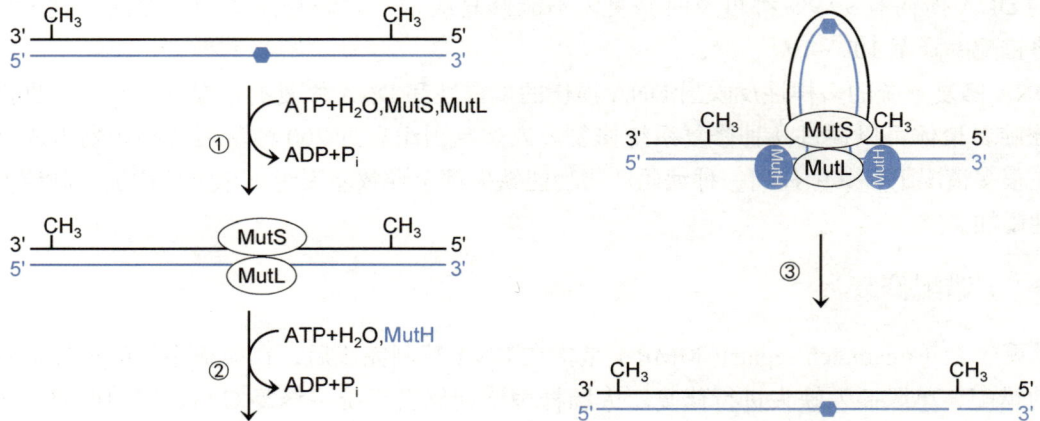

图 2-32　大肠杆菌错配扫描

MutS-MutL 复合物扫描范围覆盖错配碱基对两翼各 1000bp。考虑到 DNA 中相邻 GATC 序列的平均距离为 256bp（4^4），因此 MutS-MutL 复合物在错配碱基对侧翼会扫描到半甲基化 GATC 序列。

2. 错配修复机制　①解旋酶 Ⅱ（又称 UvrD 解旋酶、解旋酶 MutU，有 ATPase 活性和解旋酶活性，参与错配修复和核苷酸切除修复）从切口处向错配方向解旋 DNA，SSB 稳定，相应的核酸外切酶 RecJ、Exo Ⅶ（5'→3' 方向）或 Exo Ⅰ、Ⅶ、Ⅹ（3'→5' 方向）降解错配新生链，形成缺口。②DNA 聚合酶Ⅲ催化合成 DNA 填补缺口，DNA 连接酶催化封闭切口（图 2-33）。

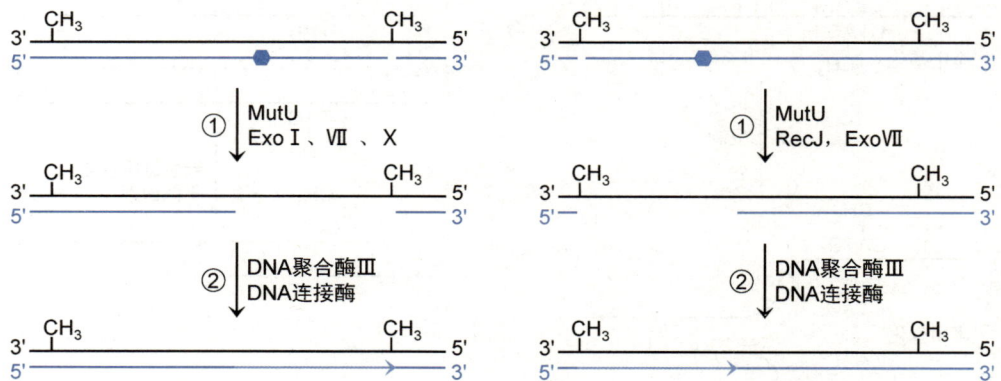

图 2-33　大肠杆菌错配修复

错配修复要求子代 DNA 的 GATC 处于半甲基化状态，这一状态只能维持几秒至几分钟，之后将被甲基化为全甲基化状态。甲基化由大肠杆菌 Dam 甲基化酶催化（图 2-31）。

注意：①错配修复极度耗能。错配碱基对与 GATC 序列可相隔 1000bp，降解后至少需要消耗同样多 dNTP 中 2 倍量的高能磷酸基团，仅仅为了修复一个错配碱基。这从一个侧面提示维护基因组 DNA 完整性至关重要。②一旦半甲基化 GATC 序列被甲基化为全甲基化序列，将无法识别模板链和新生链，即使可以修复错配，修复率也只有 50%。

真核生物错配修复系统有几种错配修复蛋白的结构和功能与细菌 MutS、MutL 类似，从酵母到人，真核生物最重要的 MutS 同源蛋白是 MSH2、MSH3、MSH6。MSH2-MSH6 异二聚体主要识别并结合单一错配碱基对，对较长错配结合力较弱。较长错配（2~6bp）由 MSH2-MSH3 识别并结合，或由两种二聚体串联识别并结合。MutL 同源蛋白主要是 MLH1-PMS1 异二聚体，与 MSH 复合物结合并稳定之。真核生物新生链识别机制尚未阐明，但已明确与 GATC 序列无关。修复机制则与大肠杆菌类似。真核生物错配修复系统还可修复复制滑动导致的插入缺失，需要 DNA 聚合酶 δ 参与。人体这几种错配修复蛋白基因突变与某些常见的遗传性肿瘤易感综合征相关，进一步佐证了 DNA 修复系统的重要性。

许多真核生物有一种特别的修复系统，可把 G-T 配对修复为 G-C 碱基对而不是 A-T 碱基对，考虑到 G-T 中的 T 主要来自 5mC 脱氨基，这一修复系统有特殊意义。真核生物有 5%C 甲基化，5mC 可自发脱氨基，故 G-T 是常见错配，且 T 为错配碱基。

（二）切除修复

切除修复（excision repair）是指切除双链 DNA 的单链损伤，然后以正常互补链为模板，合成 DNA 填补缺口，将其修复。切除修复是细胞内最普遍的修复机制。原核生物和真核生物都有核苷酸切除修复系统和碱基切除修复系统，且均以核苷酸切除修复系统为主。两套系统都包括两个步骤：①由特异性核酸酶寻找损伤部位，切除损伤片段。②合成 DNA 填补缺口。

1. **核苷酸切除修复**（nucleotide excision repair，NER） 当嘧啶二聚体、烷基化碱基、碱基加成物（如苯并芘 - 鸟嘌呤）等 DNA 损伤导致双螺旋结构异常扭曲时，通常由核苷酸切除修复系统修复。核苷酸切除修复系统的关键酶是一种称为**切除核酸酶**（excinuclease）的多酶复合体。大肠杆菌的切除核酸酶为 UvrABC，又称 UvrABC 修复系统，由 UvrA、UvrB、UvrC 构成（表 2-7）。它不同于一般的核酸内切酶，可以同时水解损伤位点 5' 侧翼（上游）的第 8 个磷酸二酯键和 3' 侧翼（下游）的第 5 个磷酸二酯键（消耗 ATP），释放损伤 DNA 片段，从而形成一个 12~13nt（含 1~2 个损伤碱基）的缺口。真核生物切除核酸酶与大肠杆菌的基本功能一样，但特异性不同，是同时水解损伤位点 5' 侧翼的第 22 个磷酸二酯键和 3' 侧翼的第 6 个磷酸二酯键，从而形成一个 27~29nt 的缺口。

表 2-7 大肠杆菌 K-12 株切除核酸酶 UvrABC

亚基	功能
UvrA	有 ATPase 活性，是 DNA 结合蛋白，与 UvrB 结合形成 UvrA$_2$B$_2$，扫描损伤位点
UvrB	在损伤位点形成 UvrB-DNA 前剪切复合体，募集 UvrC 组装剪切复合体
UvrC	含 C 端活性中心和 N 端活性中心，分别水解损伤位点 5' 侧翼磷酸二酯键和 3' 侧翼磷酸二酯键

（1）大肠杆菌核苷酸切除修复机制：① UvrA$_2$B$_2$ 扫描至损伤位点（消耗 ATP），UvrA$_2$ 脱离，UvrB$_2$ 催化损伤位点解链，并募集 UvrC，水解损伤位点侧翼特定磷酸二酯键，形成两个切口。② UvrD（即解旋酶 Ⅱ）结合，沿 3' → 5' 方向解链，释放损伤片段，形成 12~13nt 的缺口。③ DNA 聚合酶 Ⅰ 以互补链为模板，催化合成 DNA 填补缺口，DNA 连接酶催化封闭切口（图 2-34）。

（2）真核生物核苷酸切除修复机制：与大肠杆菌类似，只是参与修复的酶及其他蛋白质更多（至少25种），修复机制更复杂，有基因组修复和转录偶联修复两种机制。①基因组修复（global genome repair）：修复系统包括8种基因编码的XPA、XPC、XPD、XPF、XPG、ERCC1等，其中XPC功能相当于UvrA，可以识别损伤并启动修复。此外，识别嘧啶二聚体等损伤还需要DNA损伤结合复合体（DDB）协助。②转录偶联修复（transcription-coupled repair，TCR）：修复系统包括XPB、XPD、XPG、转录因子TFⅡH（第三章，85页）等，可修复转录过程中遇到的损伤，而且优先修复模板链。损伤导致RNA聚合酶Ⅱ变构，进而导致转录中止，而RNA聚合酶Ⅱ大亚基被降解。原核生物也有转录偶联修复系统。

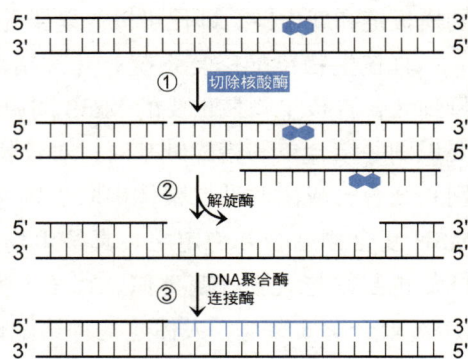

图2-34　核苷酸切除修复

真核生物两种修复机制都需要由通用转录因子TFⅡH在损伤位点解链约20bp。解旋酶XPB是TFⅡH的一个亚基（TFⅡH p89），其功能是参与转录启动子解链及损伤位点3'→5'解链。解旋酶XPD也是TFⅡH的一个亚基（TFⅡH p80），其功能是稳定转录起始复合物及参与损伤位点5'→3'解链（相当于UvrB），之后由ERCC1-XPF、XPG分别从损伤位点5'侧翼、3'侧翼切开，形成27~29nt的缺口，由DNA聚合酶δ或ε催化合成DNA片段填补。

2. 碱基切除修复（base excision repair，BER）　可以修复DNA的单碱基损伤，即依次由DNA糖基化酶催化切除损伤碱基，形成AP位点，AP核酸内切酶催化切断AP位点磷酸酯键，外切酶切除脱氧核糖，DNA聚合酶催化加接核苷酸，DNA连接酶催化封闭切口。

（1）大肠杆菌碱基切除修复机制：大肠杆菌碱基切除修复酶系包括五类酶。① DNA糖基化酶（DNA glycosylase，DNA糖苷酶，DNA glycosidase）：有几十种，每一种都特异识别并水解一种损伤碱基形成的糖苷键，释放损伤碱基，形成AP位点。可分为单功能糖基化酶（催化水解释放损伤碱基，形成AP位点）和双功能糖基化酶（除催化释放损伤碱基形成AP位点外，还有AP裂解酶活性）。② AP核酸内切酶（AP endonuclease，AP裂合酶）：有十几种，不同AP核酸内切酶催化机制及专一性不同。可分为水解酶（催化AP位点上游磷酸酯键水解，形成3'端为羟基、5'端为5'-磷酸脱氧核糖的切口）和裂解酶（催化AP位点下游磷酸酯键裂解——β消除，形成3'端为去饱和醛、5'端为5'-磷酸脱氧核苷酸的切口）。③核酸外切酶：催化脱去5'-磷酸脱氧核苷酸，如RecJ。④ DNA聚合酶Ⅰ：催化加接一个脱氧核苷酸（图2-35左）。在无核酸外切酶时，可通过切口平移合成一段寡脱氧核苷酸（有时简称寡核苷酸）（图2-35右）。⑤ DNA连接酶。

（2）真核生物碱基切除修复机制：真核生物有两条碱基切除修复途径，均在DNA糖基化酶（人类基因组编码的11种DNA糖基化酶已被鉴定）切除损伤碱基后由AP核酸内切酶APE1（还有3'→5'外切酶活性）催化AP位点上游的磷酸酯键水解，形成3'端为羟基、5'端为5'-磷酸脱氧核糖的切口，再由FEN1切除AP位点5'-磷酸脱氧核糖甚至1~9nt脱氧核苷酸：①短修补途径（SP-BER，单核苷酸碱基切除修复，SN-BER）：APE1募集DNA聚合酶β，催化切除AP位点5'-磷酸脱氧核糖，加接一个脱氧核苷酸，DNA连接酶1或3催化封闭切口（图2-35左）。②长修补途径（LP-BER）：APE1募集PCNA。PCNA募集FEN1，催化切除AP位点5'-磷酸脱氧核糖及1~9nt脱氧核苷酸，PCNA募集DNA聚合酶δ或ε等，催化加接2~10nt脱氧核苷酸。DNA连接酶1催化封闭切口（图2-35右）。

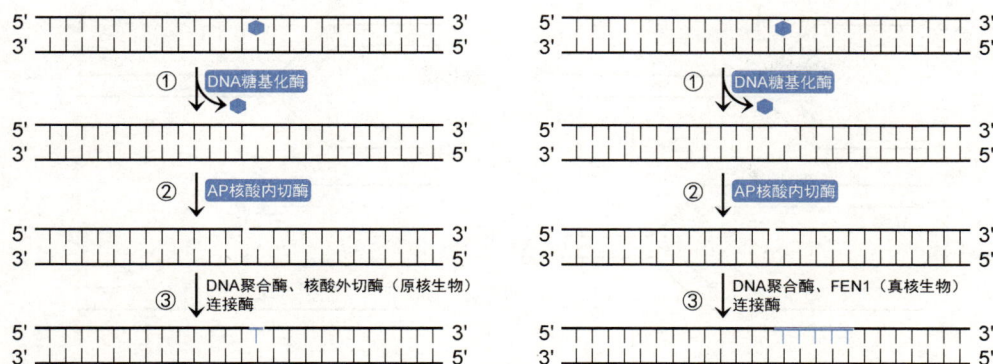

图 2-35　碱基切除修复

●鸟嘌呤会被氧化成 8- 氧鸟嘌呤（8-oxoG）。8-oxo-dGTP 在 DNA 复制时会以同样几率与 A 或 C 配对。大肠杆菌在三个环节修复 8-oxoG：①底物环节：dGTP 被氧化成 8-oxo-dGTP 时，8-oxo-dGTP 酶 MutT 催化 8-oxo-dGTP 水解，防止其掺入 DNA：8-oxo-dGTP+H_2O → 8-oxo-dGMP+PP_i；②产物环节：DNA 中的 dGMP 被氧化成 8-oxo-dGMP 时，DNA 糖基化酶 MutM 催化 8-oxo-dGMP 水解，启动碱基切除修复；③复制环节：DNA 复制过程中有 dAMP 掺入与 8-oxo-dGMP 互补配对时，DNA 糖基化酶 MutY 催化 dAMP 水解，启动碱基切除修复。

（三）直接修复

直接修复（direct repair）是指不切除损伤碱基或核苷酸，直接将其修复，例如嘧啶二聚体的光修复和烷基化碱基的去烷基化修复。

1. 光修复　嘧啶二聚体有多种修复机制，其中由 A. Sancar 团队阐明、由 DNA 光解酶催化进行的光修复是高度特异的直接修复方式。大肠杆菌 DNA 光解酶（DNA photolyase，又称 DNA 光裂合酶，每个细胞有 10~20 分子）以 $FADH^-$、N^5,N^{10}- 次甲基四氢叶酰多谷氨酸为辅助因子（发色团），被 300~600nm 光激活后可催化环丁烷嘧啶二聚体解聚。DNA 光解酶广泛存在于低等单细胞生物到鸟类及各种植物，但除有袋动物之外的有胎盘哺乳动物没有此酶。人类基因组编码两种 DNA 光解酶同源蛋白，被称为隐花色素（cryptochrome），其中隐花色素 1 是生物钟（circadian clock）的核心成分。

2. 去烷基化修复　有些酶可以识别 DNA 中的烷基化碱基。例如，①大肠杆菌 O^6- 甲基鸟嘌呤（O^6MeG，m^6G，与胸腺嘧啶配对，导致 G → A 转换）可被 O^6- 甲基鸟嘌呤 -DNA 甲基转移酶（MGMT，单体酶）识别，并且直接将其 O^6- 甲基转至 MGMT 的 Cys139 的巯基上（不可逆）。此外，该酶还可以同样机制转 O^4- 甲基胸腺嘧啶（m^4T）的 O^4- 甲基。②3- 甲基胞嘧啶（m^3C）和 1- 甲基腺嘌呤（m^1A）的甲基（甲基化发生在单链状态，影响配对）可以被氧化脱去，生成甲醛（以 Fe^{2+} 为辅助因子）：α- 酮戊二酸 +m^1A–DNA + O_2 = A–DNA + CO_2 + 甲醛 + 琥珀酸。原核生物（大肠杆菌 AlkB）和真核生物均存在该修复酶类。RNA 也有该修复机制。

（四）重组修复

重组修复（recombinational repair）系统可修复以下损伤：①复制进行至模板损伤（如嘧啶二聚体）部位时，复制体不能根据碱基配对原则合成新生链，会越过损伤继续复制，新生链对应模板损伤部位留下缺口（图 2-36 左）。②复制进行至模板切口或断裂位点时，复制体解体（collapse），复制叉一臂成为双链断裂末端（图 2-37 右）。两种损伤各由特定修复系统修复。

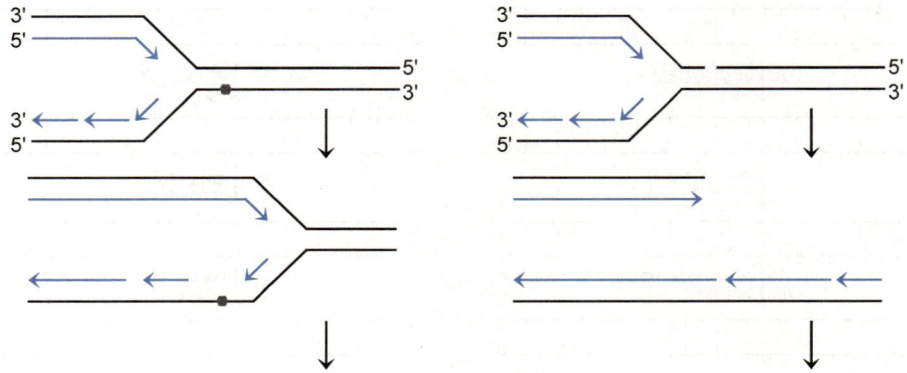

图 2-36　影响复制的损伤

1. 缺口修复　由重组酶 RecA 和核酸外切酶 V（又称 RecBCD 复合体，为 RecB、RecC、RecD 三聚体结构，都有核酸酶、解旋酶、ATP 酶活性，作用是提供 3' 黏性末端）等催化，从姐妹染色单体移植同源序列修补缺口（图 2-37）。复制完成时，损伤并未修复，可以通过切除修复机制进行修复。

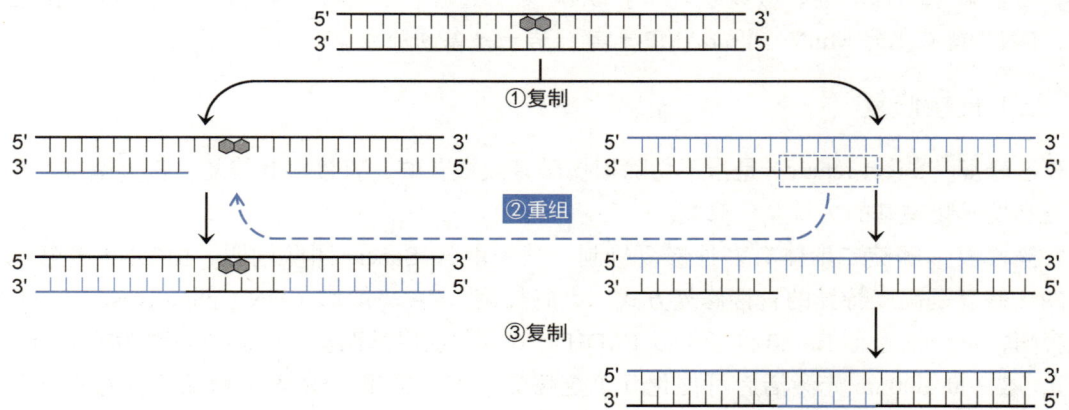

图 2-37　重组修复

重组酶 RecA 和核酸外切酶 V 还可在缺口形成前催化模板修复（图 2-38）：复制在损伤位点中止，复制体解体。①复制叉后退，前导链和后随链形成双链。②模板损伤进行切除修复。③复制叉恢复推进，复制体再形成，复制重启。此修复过程需要 RecA 稳定 DNA 单链，RecB、RecC 参与切除修复，有时会有重组发生（图中未示）。

2. 双链断裂修复　包括同源重组修复和非同源末端连接。同源重组修复是酵母双链断裂的主要修复机制（图 2-41，66 页）。非同源末端连接（nonhomologous end joining，NHEJ）是将断裂末端经过适当加工重新连接，由 J. Moore 和 J. Haber 于 1996 年报道，是高等生物双链断裂的主要修复途径，机制如下：①断裂末端募集 DNA 修复蛋白 XRCC6-XRCC5（Ku70-Ku80）二聚体（解旋酶 Ⅱ），进而募集 DNA-PK 催化亚基形成 DNA-PK 复合体，募集

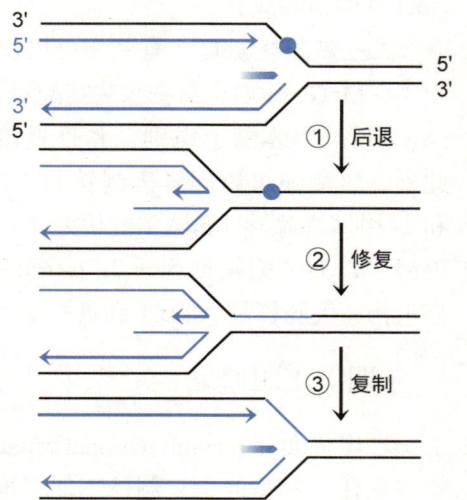

图 2-38　复制中修复

$5' \rightarrow 3'$ 外切酶 Artemis，形成断裂末端复合体，并二聚化。②断裂末端复合体中 DNA-PK 催化 Artemis 磷酸化激活，呈现 $5' \rightarrow 3'$ 内切酶活性。末端部分水解。③ XRCC6-XRCC5 催化断裂末端解链。④末端间单链局部退火。⑤ Artemis 切去游离末端，缺口由 Pol μ 或 Pol λ 催化合成填补，切口由 DNA 连接酶Ⅳ催化封闭（图 2-39）。

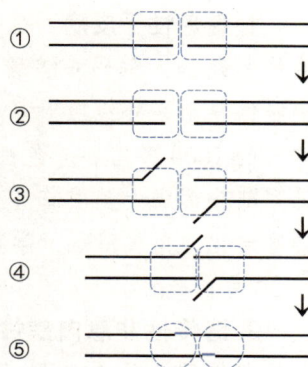

图 2-39　非同源末端连接

NHEJ 未保留原始序列，会在连接点引入突变，NHEJ 体系缺陷个体肿瘤发生风险增加。

DNA 链断裂监控与肿瘤：人体 DNA 断裂由聚 ADP 核糖聚合酶 1（PARP-1，聚 ADP 核糖转移酶）监控。PARP-1 缺失个体 DNA 修复能力低下，单链断裂积累，复制时形成双链断裂。某些类型的乳腺癌、卵巢癌存在双链断裂修复缺陷，即 *BRCA1*、*BRCA2* 或相关基因缺失。这些细胞一旦缺失 PARP-1 后果极其严重，因为单链断裂积累导致复制时染色体断裂。基于此开发的 PARP-1 抑制剂类抗肿瘤药物奥拉帕利（XL01XX）已经上市，可用于治疗存在双链断裂修复缺陷的肿瘤患者，例如用于某些 *BRCA1* 或 *BRCA2* 缺失型乳腺癌或卵巢癌患者的维持治疗。

（五）SOS 修复

DNA 修复系统的修复能力与 DNA 的损伤程度相关。DNA 损伤严重时会激活与 DNA 修复有关的一组基因，其中有许多参与 DNA 修复，这一现象称为 SOS 反应（SOS 应答，SOS response），这组基因称为 SOS 基因（SOS gene）。SOS 反应产生两类效应：①诱导切除修复和重组修复等修复系统基因的表达，从而提高修复能力。②启动 SOS 修复系统。SOS 修复系统的基因通常处于沉默状态，紧急情况下才被整体激活，指导合成 40 多种 SOS 蛋白（SOS protein），激活机制见第五章（145 页）。

大肠杆菌 SOS 修复系统的核心是 DNA 聚合酶Ⅳ（DinB）和 DNA 聚合酶Ⅴ（UmuC-UmuD'$_2$）。它们对碱基的识别能力差，能催化有损伤 DNA 模板的复制，称为跨损伤合成（translesion synthesis，TLS，跨损伤复制，translesion replication）。跨损伤合成不能校对，错配率高达 10^{-3}。

跨损伤合成是 DNA 损伤严重引起的一种应急反应，特点是保真性降低、突变率大增。跨损伤合成仅在复制叉推进过程中遇到 DNA 损伤而无法正常完成复制时才会启动（图 2-36 左）。其本质是 DNA 聚合酶Ⅳ和Ⅴ不严格执行碱基配对原则，而是近乎随机连接核苷酸。这种机制虽然使复制得以进行下去，但基本未修复损伤，最终发展为突变，造成突变积累，所以称为 SOS 修复（SOS repair，易错修复，error-prone repair）。

SOS 修复虽然最终会导致一些细胞死亡，但毕竟使另一些细胞得以存活。这种以发生突变为代价的修复似为无奈之举，但对存活突变体而言是值得的。

人体有 5 种 DNA 聚合酶催化跨损伤合成（其中 4 种属于 DNA 聚合酶 Y 家族），并且它们有一定的校对功能。例如，真核生物都有 DNA 聚合酶 η，它催化胸腺嘧啶二聚体的跨损伤合成时极少发生错配，因为它恰好优先选择连接腺苷酸。

三、DNA 修复缺失和疾病

DNA 损伤后果取决于 DNA 的损伤程度和细胞的 DNA 修复能力。如果细胞不能修复 DNA，就会因基因功能异常而导致疾病。一些遗传病和肿瘤等就与 DNA 修复缺陷有关。

1. 着色性干皮病　是一种常染色体隐性遗传病，患者存在 DNA 修复缺陷，特别是核苷酸切除修复缺陷，编码核苷酸切除修复系统的 8 个基因中（特别是 *XPA*、*XPB*、*XPC*）有突变发生，不能修复由紫外线照射等引起的表皮细胞 DNA 损伤，特别是嘧啶二聚体，导致高突变率，是正常人的 1000 多倍。着色性干皮病的特征是患者对日光尤其是紫外线特别敏感，易被晒伤，皮肤暴露部分形成大量黑斑甚至溃烂，常在婴儿期即显皮肤症状：皮肤干燥，真皮萎缩、角质化，眼睑瘢痕化，角膜溃烂，学龄前即发展为基底细胞上皮瘤及其他皮肤癌，许多患者因皮肤癌转移而在 30 岁前死亡。

2. 遗传性非息肉病性结直肠癌　又称 Lynch 综合征，约占全部结肠癌的 2%。患者存在错配修复缺陷（约 20% 肿瘤患者存在错配修复缺陷），不能修复复制滑动导致的插入缺失，因而其微卫星 DNA 长度异常。编码错配修复系统因子的五个基因即 *MLH1*（与大肠杆菌 *mutL* 同源）、*MSH2*（与大肠杆菌 *mutS* 同源）、*MSH6*、*PMS1*、*PMS2* 中只要有一个基因（多为 *MLH1* 和 *MSH2*）发生突变，就可能导致细胞错配修复缺陷，基因组稳定性得不到有效维护，调节细胞生长的基因容易发生突变，细胞容易发生恶性转化。缺陷个体通常早发肿瘤，以结肠癌最多。

3. Cockayne 综合征　是一种罕见的隐性遗传病，一种早衰症（progeroid syndrome），患者存在与转录偶联的核苷酸切除修复缺陷，特征是发育迟缓、神经退行性疾病、老年貌，多在 12 岁前死于早衰。

4. 乳腺癌　大多数卵巢癌和女性乳腺癌患者并无已知患癌倾向，但约 10% 的患者存在 *BRCA1* 或 *BRCA2* 缺陷。有 *BRCA1* 或 *BRCA2* 缺陷女性乳腺癌发生风险比正常女性高 70%。人 BRCA1 和 BRCA2 与一组蛋白质共同参与转录、染色体维持、DNA 修复、细胞周期调控。作用机制为参与双链断裂重组修复。

第六节　DNA 重组

DNA 重组（DNA recombination，遗传重组，genetic recombination）是 DNA 分子内或分子间发生的遗传信息改变共价排布的过程，包括基因组内大片段 DNA 易位、基因组间大片段 DNA 传递甚至基因组整合，其中基因组内大片段 DNA 易位又称基因重排。DNA 重组在各类生物都有发生。细菌及噬菌体的基因组为单倍体，其 DNA 可以通过多种方式进行重组。真核生物 DNA 重组多发生在减数分裂同源染色体交换环节。

DNA 重组的方式复杂多样，目前研究比较明确的有同源重组、位点特异性重组、转座。不同方式的 DNA 重组具有不同的生理意义，概括如下：①参与 DNA 复制。②参与 DNA 修复（双链断裂修复）。③参与基因表达调控。④在真核细胞分裂时促进染色体分离。⑤在真核细胞减数分裂时参与染色体交换，为种群贡献遗传多样性。⑥是抗体及其他免疫分子多样性的形成基础。⑦在胚胎发育期实现程序性基因重排。⑧参与某些病毒基因组与宿主 DNA 整合。

细胞分裂时非同源染色体也会发生 DNA 重组，称为染色体易位（translocation），易位效应取决于易位点是否位于基因序列内。如易位形成融合基因 *BCR-ABL* 会导致慢性粒细胞白血病。

DNA 重组的另一个含义是指一项分子生物学技术，应用于重组 DNA 技术、转基因技术、基因靶向、基因治疗等。

一、同源重组

在各种 DNA 重组机制中，同源重组效率最高。同源重组（homologous recombination，HR）

是指发生在两段较长的同源序列之间的交换。两段同源序列既可位于不同 DNA 分子中，又可位于同一 DNA 分子的不同位点。同源重组对序列本身没有要求，只要是同源序列即可发生同源重组。同源重组发生于 DNA 修复、真核生物减数分裂时同源染色体交换及姐妹染色单体的交换、细菌的转导和转化、噬菌体的整合等过程中。同源重组依赖几十种蛋白质，其中最重要的是 RecA（人为 Rad51）。目前有多种模型阐述同源重组机制，这里介绍一部分。

（一）Holliday 模型

R. Holliday 于 1964 年提出在减数分裂等过程发生同源重组时会形成一种称为 Holliday 连接的中间体，该机制被称为 Holliday 模型（图 2-40）。

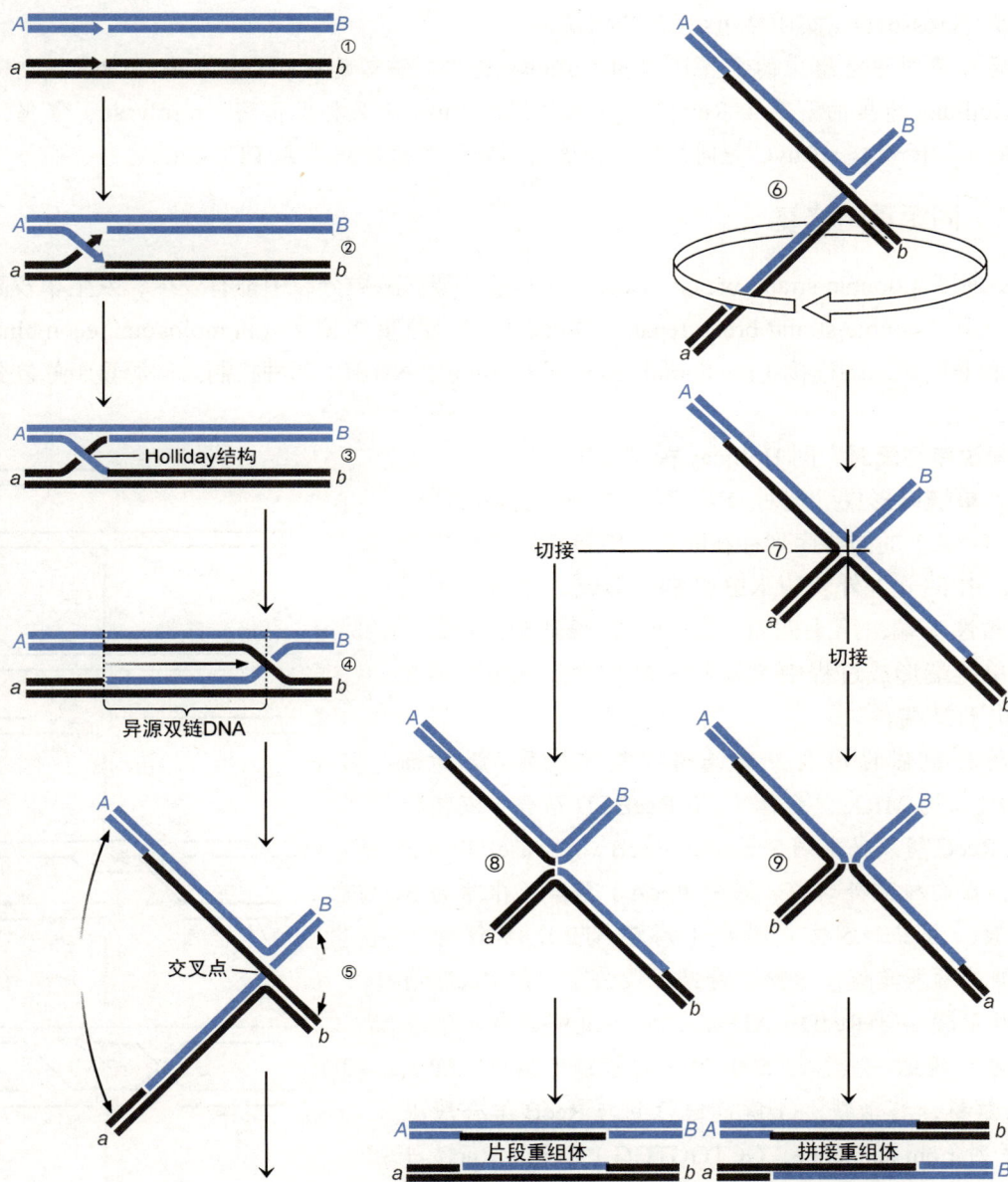

图 2-40　Holliday 模型

1. **同源序列配对**　这里同源序列是指两段不小于 100bp 的相同或相似序列。

2. **Holliday 连接形成**　即两段同源序列的单股同源 DNA 的同一磷酸二酯键被水解（①），

同源末端交换（②），连接（③），形成四股链交叉结构，被称为 Holliday 连接（Holliday 结构、Holliday 交叉）。

3. 分支迁移　即 Holliday 连接发生**分支迁移**（branch migration），形成**异源双链**（heteroduplex DNA，④；⑤~⑦结构同④，只是适当变形，便于理解接下来的两种解离方式）。

4. Holliday 连接解离　即两段同源序列的单股同源 DNA 的同一磷酸二酯键被水解，Holliday 连接解离（resolution），封闭切口，形成**重组体**。水解不同位点会得到不同的重组体。

（1）两次水解的是同股 DNA（⑧），形成**片段重组体**（patch recombinant）。这种重组未发生实质性交换（noncrossover，非实质性重组），依然是 *A-B*、*a-b*。

（2）两次水解的是异股 DNA（⑨），形成**拼接重组体**（splice recombinant）。这种重组发生实质性交换（crossover，实质性重组），产物是 *A-b*、*a-B*。

大肠杆菌同源重组中的分支迁移由 Holliday 连接 [分支迁移] 复合体 RuvABC 中的 RuvAB 催化，Holliday 连接的解离由 RuvABC 中的核酸酶 RuvC（又称解离酶，resolvase）催化，DNA 连接酶催化封闭切口。RuvC 是同二聚体，催化切割的共有序列是 A/TTT-G/C。

（二）同源重组修复

双链断裂（double-strand break，DSB）在有丝分裂和减数分裂中都有发生，发生率较高。**双链断裂修复**（double-strand break repair，DSBR）有同源重组修复（homologous recombinational repair）和非同源末端连接（nonhomologous end joining，NHEJ）两种机制。同源重组修复分为四步（图 2-41）。

1. 同源序列配对　同 Holliday 模型（①）。

2. 3' 单链端形成　配对 DNA 双链之一（受体 DNA，recipient DNA）的同源序列存在断裂，或被特定内切酶错位切割，由 5'→3' 外切酶水解 5' 端，形成 3' 单链端（相当于 3' 黏性末端，第十四章，330 页），长达 1kb（②）。有些 3' 单链端形成过程中 5' 端和 3' 端均发生水解，但 5' 端水解快于 3' 端。

大肠杆菌催化形成 3' 单链端的是核酸酶 / 解旋酶 RecBCD（人为 MRX 复合体）。① RecBCD 结合于双链断裂末端，RecC 将双链末端分开。② RecB（ATPase，3'→5' 解旋酶，双向核酸外切酶，募集 RecA）结合于末端为 3' 端的一股，沿 3'→5' 方向解链（消耗 ATP），解链同时水解解开的两股单链，水解自身结合股快于水解 RecD 结合股，移动慢。③ RecD（ATPase，5'→3' 解旋酶）结合于末端为 5' 端的一股，沿 5'→3' 方向解链（消耗 ATP）。RecD 只解链，移动快。④解链进行到与 RecB 结合股上的 chi 序列（chi sequence，GCTGGTGG）相遇，RecC 与之强力结合，该股链不再降解，末端保留 chi 序列（大肠杆菌基因组中有 1009 个散在分布的 chi 序列，可以使相距 1000bp 以内的重组修复加快 10~1000 倍）。⑤ RecD 结合股降解加快。⑥最终形成 3' 突出末端，用以募集重组

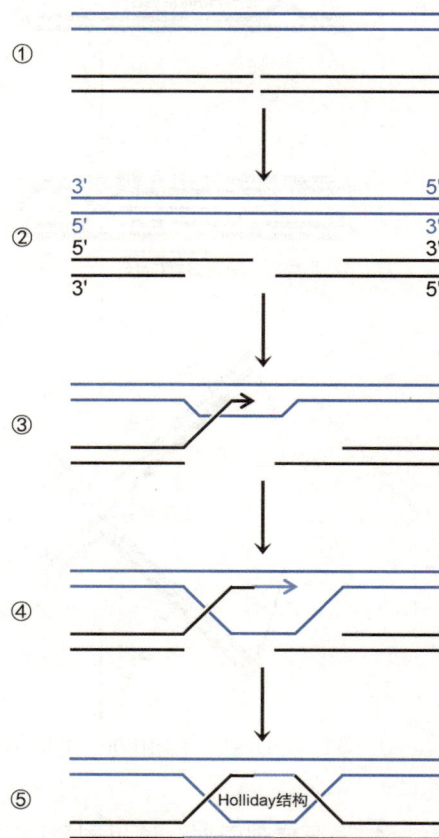

图 2-41　双链断裂同源重组修复模型

酶 RecA 等，进行接下来的链侵入。

3. 链侵入 1　一股 3' 突出末端攻击另一完整 DNA 双链（供体 DNA，donor DNA）的同源序列，形成称为取代环（D 环，D-loop）的分支结构。取代环中游离 3' 端作为引物以供体结合股为模板启动复制，分支迁移（③）。

大肠杆菌链侵入由几十种链交换蛋白催化，关键链交换蛋白为重组酶 RecA（人为 RAD51）。

4. 链侵入 2　另一股 3' 突出末端被取代环捕获，作为引物启动复制，分支迁移，直至形成两个切口。

5. Holliday 连接形成　DNA 连接酶催化封闭切口，形成双 Holliday 连接中间体（⑤）。

最终 Holliday 连接由解离酶、连接酶催化解离，两种解离方式得到两组不同的重组体（见 Holliday 模型）。

二、位点特异性重组

位点特异性重组（site-specific recombination，位点专一 [性] 重组）是发生在两段特定序列（重组位点，recombination site）之间的交换。重组位点一定是两段特定序列（20~200bp），但不要求同源。各种重组位点都只被特定重组酶识别，重组酶与其识别的重组位点组成位点特异性重组系统。有的重组系统催化交换时还受一种或几种辅助蛋白（accessory protein）控制。重组酶（recombinase）可根据催化基团分为酪氨酸重组酶（如噬菌体整合酶家族，integrase）和丝氨酸重组酶（如位点特异性解离酶家族，resolvase）。

位点特异性重组发生于基因表达调控、胚胎发育时程序性基因重排、免疫球蛋白基因重排、某些病毒 DNA 和质粒整合与解离等过程中。

（一）重组机制

这里以 λ 噬菌体 DNA 整合于大肠杆菌 DNA 而进入溶原状态为例，介绍位点特异性重组机制（图 2-42）。整合由 λ 噬菌体重组酶催化，发生在大肠杆菌重组位点 *attB* 和 λ 噬菌体重组位点 *attP* 之间。*attB* 长 23bp，*attP* 长 240bp，它们有 15bp 同源序列。λ 噬菌体重组酶又称整合酶（integrase，同四聚体），由 λ 噬菌体基因组编码，属于酪氨酸重组酶，是最先被鉴定的重组酶。

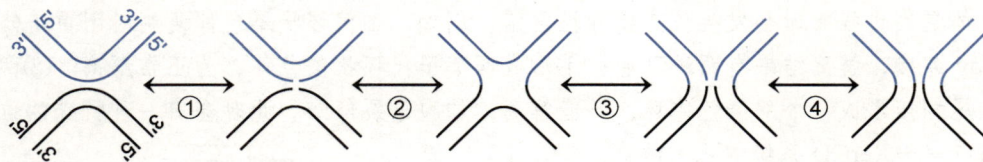

图 2-42　λ 噬菌体 - 大肠杆菌 DNA 整合机制

1. 第一次切割　整合酶四聚体与重组位点 *attP*、*attB* 结合，其中两个亚基催化两个重组位点一股 DNA 特定的 5'- 磷酸酯键发生转酯反应，形成两个切口。切口的 5' 端羟基游离，3' 端磷酸基与活性中心 Tyr342 的羟基以磷酸酯键结合（对比 DNA 拓扑异构酶，37 页）。

2. 第一次连接　两个切口的 5' 端交换，与对方 3' 端连接，形成 Holliday 连接。

3. 第二次切割　Holliday 连接变构，整合酶切断两个重组位点另一股 DNA 特定的 5'- 磷酸酯键，形成两个切口。切口的 5' 端羟基游离，3' 端磷酸基与活性中心 Tyr342 的羟基以磷酸酯键结合。

4. 第二次连接　两个切口的 5' 端交换，与对方 3' 端连接，Holliday 连接解离。

丝氨酸重组酶催化位点特异性重组时，两个重组位点的四股 DNA 同时切割、交换、连接，并不形成 Holliday 连接。

（二）重组效应

位点特异性重组既可以发生在一个 DNA 分子内，也可以发生在两个 DNA 分子间。重组位点的序列不对称，因而有方向性，重组时两个重组位点需"同向"排列，重组结果取决于重组位点的定位和取向（图 2-43）。

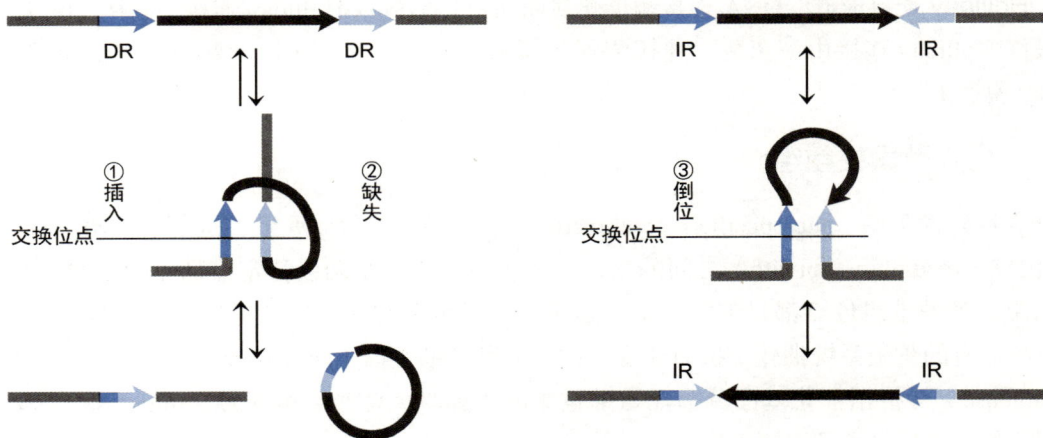

图 2-43　位点特异性重组效应

1. 插入　如果重组发生在两个 DNA 间且其中至少一个为共价闭合环状 DNA，则重组导致插入（insertion，即整合），并且在两端形成同向重复序列（DR，①）。

2. 缺失　如果 DNA 分子中一个片段的两端存在同向重组位点（属于同向重复序列），则重组导致该片段缺失（delete），并且缺失片段成环（②）。

3. 倒位　如果 DNA 分子中一个片段的两端存在反向重组位点（属于反向重复序列，IR），则重组导致该片段倒位（invert，③）。

某些位点特异性重组系统高度专一，只催化特定取向的重组。

染色体复制过程有时会发生位点特异性重组。例如，细菌环状染色体复制时因重组修复而形成 Holliday 连接，解离结果有两种可能：①形成两个子代环状染色体，为正常解离。②两个子代染色体首尾相接形成一个双染色体环，不能解离，细胞分裂停滞。此时会有一种特殊的位点特异性重组系统——XerCD 系统催化其解离。

三、转座

[DNA] 转座（[DNA] transposition）是指转座子（或其拷贝）从一个位点（供体位点）转移到另一个位点（靶点）的现象。转座发生于染色体内或染色体间，供体位点和靶点序列不需要同源，因而大多数 DNA 转座对转座靶点的选择是随机的（如 IS1），少数存在转座热点（如 IS2）或具有特异性（如 IS4）。这里介绍原核生物 DNA 转座子及其转座。

（一）转座子

各种转座子长短不一，均含转座酶基因序列和两端的重组位点。其中转座酶基因编码转座酶

（有时称整合酶），催化转座；重组位点是转座酶识别结合位点，反向重复排列，长 9~10^2bp，其序列通常可以只是相似，不需完全相同。细菌有两类典型的 DNA 转座子：插入序列和复合型转座子。

1. **插入序列**（insertion sequence，IS）　又称插入元件、简单转座子（simple transposon），通常以 IS + 数字命名，即 IS1、IS2……目前已发现 700 多种，是结构最简单的转座子。简单转座子长度 768~1531bp，只含转座酶基因序列和重组位点。

2. **复合[型]转座子**（composite transposon）　通常以 Tn + 数字命名，即 Tn3、Tn5……复合型转座子长 4.5~20kb，除含转座酶基因序列和重组位点外，还含有一个或一组其他基因。其他基因产物可能调控转座，或赋予宿主细胞新的表型，例如**抗性基因**赋予宿主细胞耐药性（抗药性），Tn3 转座子（4957bp）含氨苄青霉素抗性基因（编码 β- 内酰胺酶）（图 2-44）。致病菌通过转座传播抗性基因，导致抗生素疗效减弱甚至丧失。复合型转座子可以进一步分类。

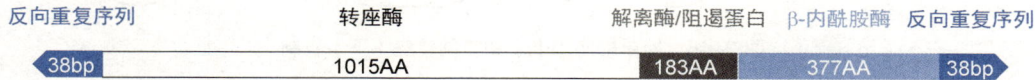

反向重复序列	转座酶		解离酶/阻遏蛋白	β-内酰胺酶	反向重复序列
38bp	1015AA		183AA	377AA	38bp

图 2-44　Tn3 转座子

（二）转座机制

DNA 转座子转座时，转座靶点处的一段序列会复制加倍，结果在插入的转座子两端形成一段同向重复序列（DR，图 2-45），长度 2、5、9bp，因转座酶而异，其形成源于转座酶催化转座子两端 3'- 羟基对转座靶点序列的错位双亲和取代反应——3'-3' 转酯反应（图 2-45 ①）。

细菌转座子有两种转座机制：简单转座和复制转座。有的转座子只采用其中一种转座机制，有的转座子两种机制都采用。

1. **简单转座**（simple transposition）　又称非复制型转座、剪切 - 粘贴转座，例如插入序列和 Tn5、Tn7、Tn10 的转座：①转座子由转座酶从供体位点切下，两个游离 3'- 羟基通过 3'-3' 转酯反应错位攻击转座靶点序列两个特定磷酸二酯键，插入转座靶点，并在转座子两端形成缺口。②通过 DNA 复制填补缺口，在转座子两端形成转座靶点同向重复序列（图 2-45 上）。对一个转座子而言，其同向重复序列本身不是唯一的，但长度是唯一的。

简单转座完成之后供体位点呈双链断裂状态，会通过非同源末端连接或同源重组修复，否则所属 DNA 会被降解。降解通常是致死性的。插入序列转座发生率为 10^{-7}/ 拷贝，即在 1 个世代的 10^7 个细菌中有 1 个发生插入。

2. **复制转座**（replicative transposition）　又称复制型转座，例如 Tn3、TnA、Mu 噬菌体的转座：在供体位点与转座靶点之间形成共合体，包括以下步骤（图 2-45 下）。

（1）转酯：供体位点转座子两股链仅 3' 端被转座酶切开，形成切口，两个游离 3'- 羟基通过 3'-3' 转酯反应错位攻击转座靶点序列两个特定磷酸二酯键，与靶点 DNA 的 5' 端共价连接。

（2）复制：转座子解链，各自作为模板指导合成互补链，形成称为**共合体**（cointegrate）的中间体，即供体 DNA- 转座子 - 靶 DNA- 转座子 - 供体 DNA 融合，其中已有两个完整且同向重复的转座子。

（3）解离：共合体通过位点特异性重组分离，由解离酶（resolvase）催化。解离后供体位点与转座靶点各有一个转座子。

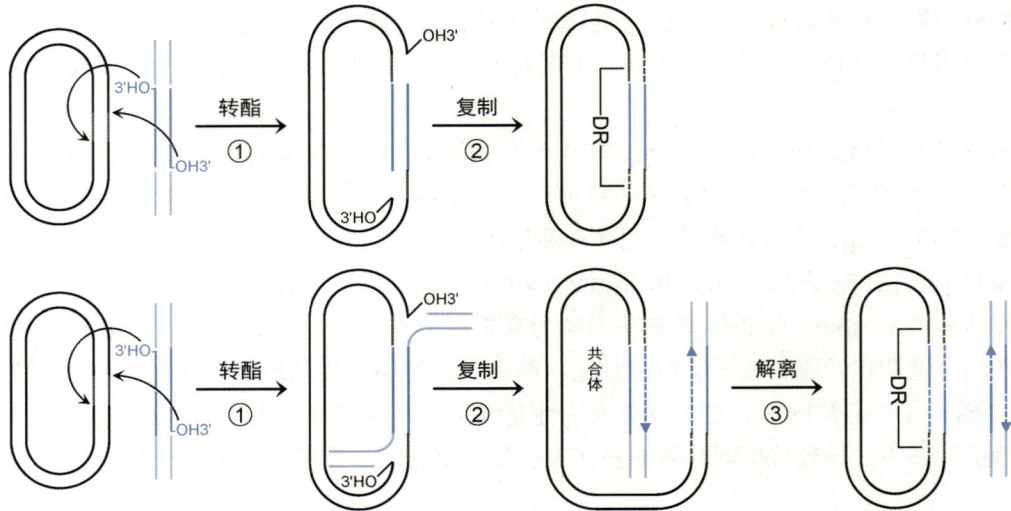

图 2-45　简单转座（上）和复制转座（下）机制

真核转座子与细菌转座子结构类似，有些转座子转座机制也类似。也有些转座子有其他转座机制，涉及 RNA 中间体形成。这些转座子的进化过程与某些 RNA 病毒的进化有交集，密不可分。人类基因组序列近 50% 为各种转座子。

（三）转座效应

与同源重组相比，DNA 转座发生率极低，一个转座子转座发生率仅为 $10^{-4} \sim 10^{-3}$/ 代，但转座的生理意义十分重要，是许多生物自发突变的主要分子基础。DNA 转座导致基因重排，产生以下效应。

1. 转座子移至新位点，其基因活性发生变化。

2. 转座位点位于编码序列中，转座子插入导致基因突变。转座子插入必需基因（essential gene，缺失会导致死亡的基因）会导致细胞死亡，因此转座个体非常少见。

3. 转座位点位于调控元件内，转座子插入影响基因表达。

4. 在转座位点插入转座子基因，赋予新表型，例如抗药性。

5. 经过复制转座之后，转座子拷贝之间发生位点特异性重组，导致缺失、插入、倒位、易位。

第七节　DNA 的逆转录合成

逆转录（反转录，reverse transcription）是以 RNA 为模板，以 dNTP 为原料，由逆转录酶催化合成 DNA 的过程。这是一个从 RNA 向 DNA 传递遗传信息的过程，与转录时从 DNA 向 RNA 传递遗传信息的方向相反，所以称为逆转录。逆转录病毒以 RNA 为遗传物质，复制时必须先由其 RNA 基因组指导合成 DNA。

1. **逆转录酶**　1962 年，H. Temin 提出 RNA 病毒可能存在逆转录酶。1970 年，D. Baltimore 和 H. Temin（1975 年诺贝尔生理学或医学奖获得者）报道致癌 RNA 病毒携带逆转录酶，能以 RNA 为模板指导 DNA 合成，所以这类病毒又称逆转录病毒（retrovirus）。

逆转录病毒有以下四个特征：①是唯一的二倍体病毒。②是唯一完全利用宿主细胞的转录系统合成基因组的 RNA 病毒。③是唯一以宿主细胞特定 RNA（tRNA）为引物进行复制的病毒。④是唯一在感染之后不能直接指导蛋白质合成的正链 RNA 病毒（第三章，95 页）。

逆转录病毒的逆转录由逆转录酶催化进行。其逆转录酶（reverse transcriptase）又称依赖于 RNA 的 DNA 聚合酶（RDDP），有两个活性中心，催化三个反应。

（1）聚合酶活性中心：由一级结构前 2/3 构成，以两个 Mg^{2+} 为辅助因子，催化两个反应。①逆转录：以逆转录病毒基因组 RNA 为模板，逆转录合成单链互补 DNA（sscDNA），形成 RNA-DNA 杂交体。该合成反应需要引物提供 3'- 羟基，该引物是逆转录病毒颗粒自带（来自原宿主）的一种 tRNA。②复制：以游离的单链互补 DNA 为模板，复制合成双链互补 DNA（dscDNA）。单链互补 DNA 和双链互补 DNA 统称互补 DNA（cDNA）。

一个逆转录病毒颗粒可以携带 50~100 个不同种类的 tRNA 分子，它们是在包装病毒颗粒时从宿主细胞获得的。不同的逆转录病毒以不同的 tRNA 作为引物。例如 HIV-1 的引物是 tRNA^{Lys}，莫洛尼鼠白血病病毒（MoMLV，M-MuLV）的引物是 tRNA^{Pro}。

（2）核糖核酸酶 H 活性中心：由一级结构后 1/3 构成，以两个 Mg^{2+} 为辅助因子，催化 RNA-DNA 杂交体中的 RNA 降解（所以命名为 RNase H、核糖核酸酶 H；H：hybridation），得到游离的单链互补 DNA。

逆转录酶的聚合酶活性中心没有 3' → 5' 外切酶活性和 5' → 3' 外切酶活性，所以在逆转录合成 DNA 过程中不能校对，错配率较高（$2×10^{-4}$，在体外高浓度 dNTP 和 Mg^{2+} 下，错配率高达 $2×10^{-3}$），因而逆转录病毒突变率高，容易形成新病毒株。

逆转录酶在体外可用于逆转录各种 RNA，在宿主细胞内只能逆转录逆转录病毒自己的基因组 RNA。

（3）逆转录酶抑制剂：①恩曲他滨属于全身用抗病毒药（XJ05），既是核苷及核苷酸类逆转录酶抑制剂（XJ05AF），又是艾滋病病毒感染的抗病毒药物（XJ05AR），通过抑制逆转录酶抑制 HIV 复制，还可联合替诺福韦（XJ05AF）抑制 HBV 复制。②齐多夫定（XJ05AF，XJ05AR）是脱氧胸苷类似物，是第一种被批准临床应用的抗艾滋病药物，被 T 细胞摄取后转化为三磷酸酯，与 HIV 逆转录酶亲和力大于 dTTP，因而竞争性抑制 dTTP 结合。此外，齐多夫定无 3'- 羟基，因此连接至 HIV-DNA 的 3' 端致使其合成流产。

●齐多夫定与细胞 DNA 聚合酶亲和力弱于 dTTP，1~5μmol/L 浓度下只影响逆转录，不影响细胞 DNA 复制，故对多数细胞无毒，但对骨髓细胞有毒性，因而会令患者出现贫血。

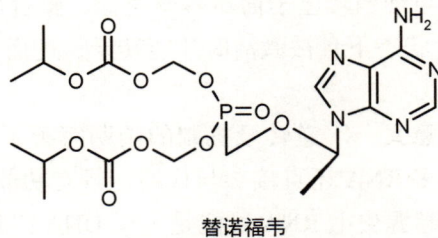

恩曲他滨　　　　　　　　　替诺福韦

2. 逆转录病毒基因组　逆转录酶是逆转录病毒基因组的表达产物。逆转录病毒基因组是 mRNA，含 5' 帽子结构和 poly(A) 尾（第三章，87 页）。其指导合成的双链互补 DNA 称为前病毒（provirus）。前病毒可以整合到宿主染色体 DNA 中，随之复制和表达，一定条件下可诱导宿主细胞癌变，因此逆转录病毒又称致癌 RNA 病毒。人类免疫缺陷病毒（HIV）属于逆转录病毒，是艾滋病的病原体。

各种逆转录病毒虽然大小不同，但是结构相似，都含有两个相同的正链基因组 RNA 拷贝（长度约为 10000nt），其编码序列中含调控元件（图 2-46）。

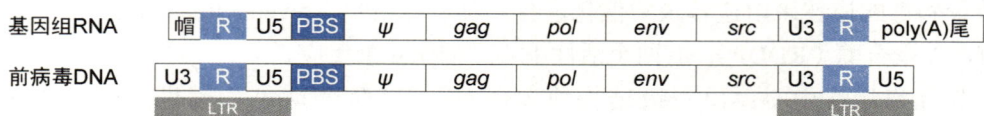

图 2-46 Rous 肉瘤病毒基因组

（1）**翻译区**（ORF）：典型的逆转录病毒基因组包含以下 3 个基因：① *gag*——编码一种基质蛋白和三种衣壳蛋白。② *pol*——编码蛋白酶 PR、逆转录酶 RT 和整合酶 IN。③ *env*——编码两种包膜蛋白，包膜蛋白赋予病毒感染性和宿主特异性。此外，有些逆转录病毒基因组还携带癌基因，例如 Rous 肉瘤病毒（劳斯肉瘤病毒，RSV）基因组携带癌基因 *src*。

（2）**包装信号**（packaging signal）：又称包装元件，为包装病毒颗粒所必需。

（3）**长末端重复序列**（LTR）：为前病毒整合及转录所必需。完整的长末端重复序列长 250~1400bp，包括以下序列：① U3——3' 非翻译区（3' UTR，170~1260nt，含启动子、增强子）。② R——重复序列（10~97nt，含加尾信号，且参与整合）。③ U5——5' 非翻译区（5' UTR，80~100nt）。仅前病毒 DNA 的长末端重复序列（LTR）是完整的，且两端存在短反向重复序列（即 U5 的 3' 端与 U3 的 5' 端存在短反向重复序列）。

（4）**引物结合位点**（PBS）：为逆转录所必需。PBS 位于 5' UTR 下游，距离 5' 端 100~200nt，可与 tRNA 引物 3' 端的 18nt 配对。

（5）**多嘌呤序列**（PPT）：为复制所必需。PPT 与 U3 相邻，富含嘌呤序列，例如 HIV-1 的 PPT 为 AAAAGAAAAGGGGGG，可以抗 RNase H 降解，并作为第二股 cDNA 的引物。

3. 逆转录过程 逆转录病毒感染宿主细胞时脱去包膜（成为宿主细胞膜的一部分），其由基因组 RNA、tRNA 引物和逆转录酶、整合酶、蛋白酶等组成的核衣壳进入细胞质，逆转录酶以基因组 RNA 为模板逆转录合成其前病毒 DNA。合成过程包括逆转录——以病毒基因组 RNA 为模板合成单链互补 DNA，降解——水解 RNA-DNA 杂交体中的 RNA，复制——以单链互补 DNA 为模板合成双链互补 DNA（即前病毒 DNA）等环节（图 2-47）。

前病毒 DNA 合成后进入细胞核，由整合酶（integrase，在序列、结构和功能上与转座酶有关）催化整合至染色体 DNA 中并处于休眠状态。整合位点虽然不具有特异性，但也并非完全随机。整合机制与细菌转座子简单转座类似，整合后在两端形成 4~6bp 的同向重复序列。前病毒 DNA 仅在整合状态下且被激活时才能转录，进而复制新病毒，因此整合是逆转录病毒生命周期中的重要事件。

4. 逆转录意义 ①逆转录机制的阐明完善了中心法则。遗传物质不都是 DNA，也可以是 RNA。因为许多 RNA 还直接参与代谢，具有功能多样性（表 1-3，17 页），所以越来越多的学者认为在生命起源史上 RNA 可能是先于 DNA 出现的生命物质。②研究逆转录病毒有助于阐明肿瘤发生的机制，探索其治疗策略。已知的致癌 RNA 病毒均为逆转录病毒，大多数逆转录病毒不会杀死其宿主细胞，而是将其基因组整合于宿主 DNA，随宿主细胞分裂而复制。通过研究其生命周期中的感染、逆转录、整合、表达、包装等环节的代谢机制，可以选择关键环节作为药物靶点，有针对性地发现药物。③逆转录酶是重组 DNA 技术常用的工具酶，可用于合成 cDNA，进而制备 cDNA 探针、克隆细胞基因、构建 cDNA 文库等（表 14-3，332 页）。常用的是来自禽成髓细胞瘤病毒（AMV）和莫洛尼鼠白血病病毒（MoMLV）的逆转录酶及其重组体。④经过改造的逆转录病毒是重组 DNA 技术、转基因技术、基因治疗的常用载体。

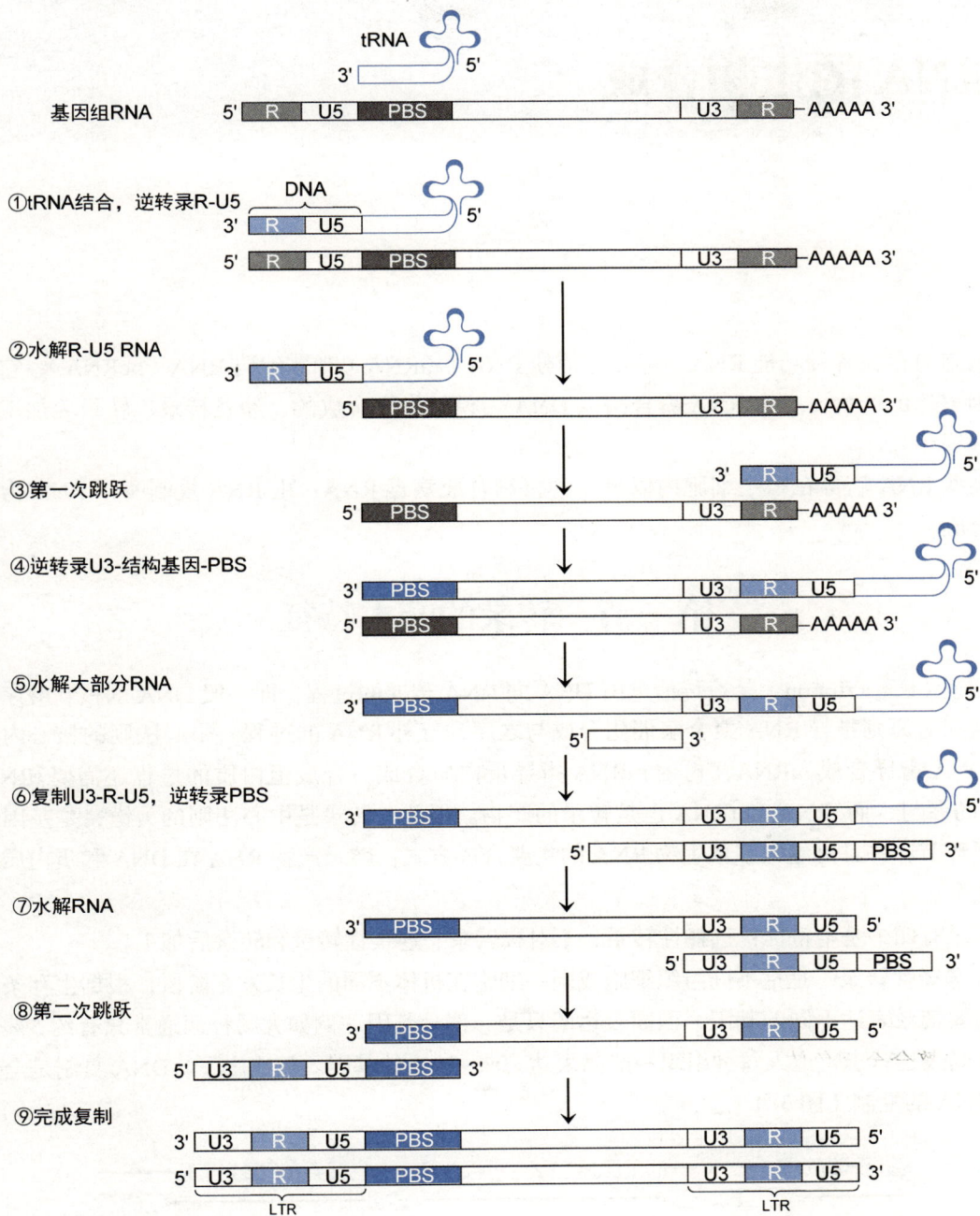

图 2-47　前病毒 DNA 合成过程

细胞内存在各种功能 RNA,可分为信使 RNA（mRNA）和非编码 RNA（ncRNA）。它们都是基因表达的产物,是由 RNA 聚合酶以 DNA 为模板指导合成的,涉及转录、转录后加工、定向运输等环节。

某些 RNA 病毒在宿主细胞内以另一种机制合成病毒 RNA:由 RNA 复制酶以 RNA 为模板指导合成。

第一节　转录的基本特征

转录（transcription）是遗传信息由 DNA 向 RNA 传递的过程,即一股 DNA 的核苷酸序列按照碱基配对原则指导 RNA 聚合酶催化合成与之序列互补 RNA 的过程。中心法则的核心内容就是由 DNA 指导合成 mRNA,再由 mRNA 指导蛋白质合成。合成蛋白质的过程还需要 tRNA 和 rRNA 的参与,而 tRNA 和 rRNA 也是转录的产物。因此,转录是中心法则的关键,是基因表达的首要环节,并且是绝大多数生物 RNA 的主要合成方式,转录产物 RNA 在 DNA 和蛋白质之间建立联系。

转录有四个基本特征:选择性转录、不对称转录、连续性转录和转录后加工。

1. **选择性转录**　是指不同组织细胞或同一细胞在机体不同的生长发育阶段,根据生存条件和代谢需要转录表达不同的基因,因而表达的只是一部分基因。例如大肠杆菌通常只有约 5% 的基因处于高表达状态,成人每种组织一般只表达 10%~20% 的基因。相比之下,DNA 复制是全部染色体 DNA 的复制（图 3-1）。

图 3-1　腺病毒基因组选择性转录和不对称转录

2. **不对称转录**　传统分子生物学的不对称转录是指每个基因的转录区 DNA 都只有一股链可被转录,被称为模板链（template strand）,另一股链称为编码链（coding strand）。它们的对比见表 3-1。

不同转录区的模板链可能分布在双链 DNA 的不同股上。因此,就整个双链 DNA 而言,其每一股链都可能含指导 mRNA、tRNA 或 rRNA 合成的模板链（图 3-1）。

为了便于学习,这里简单介绍基因序列的书写和编号规则（图 3-2）。

表 3–1　模板链和编码链对比

性质	模板链	编码链
其他名称	负链，反义链，非编码链	正链，正义链，有义链，非模板链
可以转录	一定	不一定
转录后加工产物	mRNA、tRNA 或 rRNA	反义 RNA
转录范围	整个转录区	可以是转录区局部
转录时序	先	后

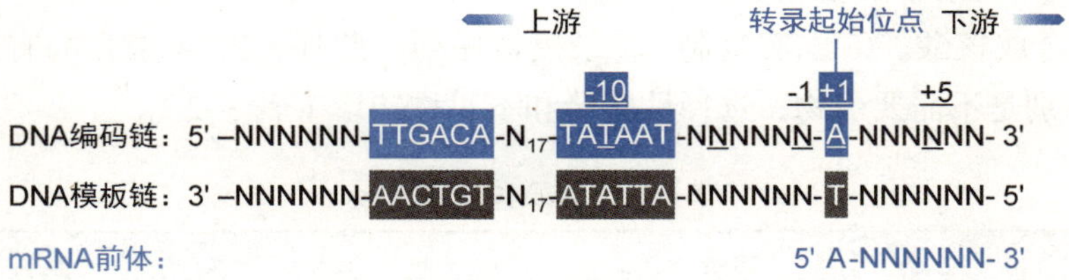

图 3–2　基因序列编号

（1）因为 DNA 双链的序列是互补的，所以只要给出一股链的序列，另一股链的序列也可推出。因此，为了避免繁琐，只需写出一股链。

（2）因为 DNA 编码链与转录产物 RNA 的核苷酸序列一致，只是 RNA 中以 U 取代了 DNA 中的 T，所以为了方便解读遗传信息，一般只写出编码链。同理，调控序列也只写出编码链同股序列。5' 端在左，3' 端在右。

（3）通常将编码链上位于转录起始位点的核苷酸编为 +1 号；转录进行的方向（向右）称为下游（downstream），核苷酸依次编为 +2 号、+3 号等；相反方向称为上游（upstream），核苷酸依次编为 –1 号、–2 号等，没有 0 号。

注意：虽然 RNA 聚合酶每次只转录转录区的模板链，但它转录双链 DNA 效率高于转录单链 DNA。

3. 连续性转录　一个 RNA 分子从头到尾由一个 RNA 聚合酶分子催化合成。

4. 转录后加工　RNA 聚合酶转录合成的 RNA 称为 RNA 前体（初级转录产物，新生 RNA），包括 mRNA 前体（真核）、tRNA 前体、rRNA 前体等，大多数需要经过加工才能成为功能 RNA（functional RNA，成熟 RNA，mature RNA）。初级转录产物加工成功能 RNA 的过程称为转录后加工。

研究发现基因组几乎全序列的双链都会被转录，某些转录产物被定义为反义转录产物（antisense transcript）、基因间转录产物（intergenic transcript）、异染色质转录产物（heterochromatin transcript）等。

第二节　RNA 聚合酶

无论是原核生物还是真核生物，RNA 的转录合成都由 RNA 聚合酶催化，以 DNA 为模板、NTP 为原料、Mg^{2+} 为辅助因子。RNA 聚合酶催化核苷酸以 3',5'- 磷酸二酯键连接合成 RNA，合成方向为 5' → 3'，合成的 RNA 与模板反向互补。合成反应可表示如下：

$$5'\ (NMP)_n\text{-OH}\ 3'\ +NTP\ \xrightarrow[\text{RNA聚合酶}]{\text{DNA模板, Mg}^{2+}}\ 5'\ (NMP)_n\text{-NMP-OH}\ 3'\ +PP_i$$

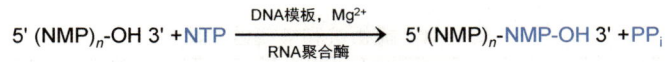

RNA 聚合酶（RNA Polymerase，Pol）全称依赖于 DNA 的 RNA 聚合酶（DNA-dependent RNA polymerase，DDRP），又称转录酶。RNA 聚合酶催化 RNA 的转录合成，是参与转录的关键要素之一。原核生物和真核生物的 RNA 聚合酶有其共同特点，但在结构、组成和性质等方面不尽相同。

1. RNA 聚合酶特点　原核生物和真核生物的 RNA 聚合酶有许多共同特点，其中以下特点与 DNA 聚合酶一致：①以 DNA 为模板合成其互补链。②催化核苷酸通过聚合反应合成核酸。③聚合反应是依赖 DNA 的聚合酶催化核苷酸形成 3',5'- 磷酸二酯键的反应。④以 3' → 5' 方向阅读模板，5' → 3' 方向合成核酸。⑤忠实复制 / 转录模板序列。此外，RNA 聚合酶有许多特点不同于 DNA 聚合酶，特别是不需要引物、选择性转录和不对称转录（表 3–2）。

表 3–2　转录和复制对比

项目	转录	复制
聚合酶	RNA 聚合酶	DNA 聚合酶
原料	NTP	dNTP
碱基配对原则	dA-rU，dT-rA，dG-rC，dC-rG	dA-dT，dT-dA，dG-dC，dC-dG
引物	不需要	需要
DNA 模板	基因组局部（转录区，选择性转录，可转录多次） 转录单链（模板链，不对称转录）	基因组全部（只复制一次） 复制双链（半保留复制）
错配率	10^{-5}~10^{-4}（保真性低）	10^{-8}~10^{-6}（保真性高）
起始	启动子	复制起点
连续性	连续	不连续
终止	终止子	终止区
产物	1~10^3 个单链 RNA，与模板短暂结合	1 股新生链，双链 DNA，与模板保持结合
后加工	有	无

2. 大肠杆菌 RNA 聚合酶　RNA 聚合酶全酶（holoenzyme）是由五种亚基构成的六聚体（$\alpha_2\beta\beta'\omega\sigma$）。其中 $\alpha_2\beta\beta'\omega$ 称为**核心酶**，所含亚基称为核心亚基。大肠杆菌只有一种核心酶（约 13000 个分子，数量与生长条件相关，几乎都与 DNA 结合），可以催化合成 mRNA、tRNA 和 rRNA。σ 亚基又称 **σ 因子**，是大肠杆菌的**转录起始因子**，其作用是在转录起始阶段与核心酶短暂结合，形成全酶，之后直接与启动子的 –10 区和 –35 区结合，因而协助核心酶识别并结合于启动子元件。

● 1955 年，S. Ochoa（1959 年诺贝尔生理学或医学奖获得者）报道鉴定了 RNA 聚合酶，后确定其实为多聚核苷酸磷酸化酶。RNA 聚合酶是由 J. Hurwitz 和 S. Weiss 于 1959 年鉴定的。

大肠杆菌 RNA 聚合酶各亚基的功能见表 3–3。不同原核生物的 RNA 聚合酶在分子大小、组成、结构、功能以及对某些药物的敏感性等方面都类似。

3. 真核生物 RNA 聚合酶　所有真核生物细胞核内都有 RNA 聚合酶Ⅰ、RNA 聚合酶Ⅱ、RNA 聚合酶Ⅲ（表 3–4），植物还有 RNA 聚合酶Ⅳ、RNA 聚合酶Ⅴ。

表 3-3　大肠杆菌 K-12 株 RNA 聚合酶

亚基	功能
α	启动 RNA 聚合酶组装，通过 CTD 直接识别并结合于上游元件，与某些激活蛋白结合
β	含活性中心，催化形成磷酸二酯键
β′	与 DNA 模板结合
ω	促进 RNA 聚合酶组装，参与某些转录调控
σ^{70}	与核心酶构成全酶后直接识别并结合于启动子元件

表 3-4　真核生物细胞核 RNA 聚合酶

RNA 聚合酶	名称缩写	转录产物	亚细胞定位	α 鹅膏蕈碱的抑制作用
RNA 聚合酶 I	Pol I	18S、5.8S、28S rRNA 前体	核仁	无
RNA 聚合酶 II	Pol II	mRNA、调控 RNA 前体	核质	强
RNA 聚合酶 III	Pol III	tRNA、5S rRNA、部分 sncRNA 前体	核质	弱

　　RNA 聚合酶结构由 R. Kornberg（2006 年诺贝尔化学奖获得者）于 2001 年揭示。人的 3 种细胞核 RNA 聚合酶分别由 14、12、17 个亚基构成，比大肠杆菌 RNA 聚合酶更复杂，但其部分亚基同源。

　　人的 3 种细胞核 RNA 聚合酶都含 2 个大亚基（如 RNA 聚合酶 II 的 RPB1 和 RPB2）、2 个类 α 亚基和 1 个类 ω 亚基，分别与大肠杆菌核心酶的 β′ 和 β、2 个 α 亚基和 ω 亚基同源。其中，RNA 聚合酶 II 的大亚基 RPB1 含有 C 端结构域（C-terminal domain，CTD，RPB1-CTD），由 52 个七肽单位（其中有 21 个与共有序列 YSPTSPS 完全相同）串联构成，其中的 Ser2、Ser5 是主要化学修饰调节（磷酸化）位点。C 端结构域长度是 RNA 聚合酶直径的 5~10 倍，通过一段固有无序区域（intrinsically disordered region，IDR）与主体相连，该 C 端结构域参与 RNA 合成、后加工、转运的调控。在启动转录时，它必须保持去磷酸化状态；然而转录一旦启动，它必须被磷酸化，才能使转录进入延伸阶段。

　　除了上述 5 个亚基之外，三种 RNA 聚合酶还各含 9、7、12 个小亚基，其中有 4 个小亚基是相同的（POLR2E、H、K、L），其余小亚基则具有特异性，即只参与构成某一种 RNA 聚合酶。这些亚基可能都是 RNA 聚合酶催化转录所必需的。

　　植物 RNA 聚合酶 IV 和 RNA 聚合酶 V 的功能是转录 miRNA 基因。

　　线粒体有自己的 RNA 聚合酶，催化转录线粒体 DNA 基因。线粒体 RNA 聚合酶能被利福霉素或利福平抑制，而利福霉素和利福平是原核生物 RNA 聚合酶抑制剂。因此，无论是在功能上还是在性质上，线粒体 RNA 聚合酶都更像原核生物 RNA 聚合酶。

第三节　原核生物 RNA 的合成

　　本节以大肠杆菌 K-12 株为例介绍原核生物 RNA 的合成和降解。大肠杆菌 RNA 的转录合成分为起始、延伸、终止和后加工四个阶段。起始阶段需要 RNA 聚合酶全酶催化，其所含的 σ 因子协助核心酶识别并结合于启动子元件，延伸阶段需要核心酶催化，终止阶段有的需要 ρ 因子参与。

一、转录起始

转录起始是基因表达的关键阶段，核心内容就是 RNA 聚合酶全酶识别并结合于启动子，形成**转录起始复合物**，启动 RNA 合成。

1. 启动子　是 RNA 聚合酶识别、结合和赖以启动转录的一段 DNA 序列，长度 40~70bp，位于 5' 侧翼区（5'-flanking region，–70~+30 区），具有方向性，包含以下元件（图 3–3）。

	上游启动子元件		-35区	间隔	-10区	间隔	+1（转录起始位点）
共有序列	NNAAAA/TA/TTA/TTTTTNNAAAAANNN	N	TTGACA	N_{17}	TATAAT	N_6	A
rrnB P1	AGAAAATTATTTTAAATTTCCT	N	GTGTCA	N_{16}	TATAAT	N_8	A
trp			TTGACA	N_{17}	TTAACT	N_7	A
lac			TTTACA	N_{17}	TATGTT	N_6	A
recA			TTGATA	N_{16}	TATAAT	N_7	A
araBAD			CTGACG	N_{18}	TACTGT	N_6	A

图 3–3　大肠杆菌部分基因的启动子

（1）**Sextama 盒**（Sextama box）：共有序列 $T_{82}T_{84}G_{78}A_{65}C_{54}A_{45}$（下标表示该碱基出现的频率），是 RNA 聚合酶依靠 σ 因子识别并初始结合的位点，因而又称 RNA 聚合酶识别位点。中心多位于 –35 号核苷酸处，故又称 **–35 区**、–35 序列。

（2）**Pribnow 盒**（Pribnow box）：共有序列 $T_{80}A_{95}T_{45}A_{60}A_{50}T_{96}$，是 RNA 聚合酶依靠 σ 因子识别并牢固结合的位点，因而又称 RNA 聚合酶结合位点。中心多位于 –10 号核苷酸处，故又称 **–10 区**、–10 序列。Pribnow 盒富含 A-T 碱基对，容易解链，有利于 RNA 聚合酶启动解链和转录。

（3）**转录起始位点**（transcription start site）：许多位于共有序列 $CA^{+1}T$ 内。

（4）**上游元件**（upstream element）：位于部分高表达基因（如 rRNA 基因）强启动子（第五章，138 页）的 –40~–60 区，是富含 AT 的识别元件、RNA 聚合酶 α 亚基 C 端结构域直接识别和结合的位点。

2. 起始过程　大肠杆菌的转录起始过程分四步（图 3–4）。

（1）结合：RNA 聚合酶全酶寻找启动子（速度 ≥ 10^3bp/s），通过其 σ 因子与启动子区结合，形成**闭合复合物**（closed complex），覆盖约 55bp（–55~+1）。

（2）解链：RNA 聚合酶全酶从 –10 区内到 +2 或 +3 之间将 DNA 解开 12~17bp（–11~+2，包含转录起始位点），形成**开放复合物**（open complex），覆盖 60~80bp（–55~+20）。解链不消

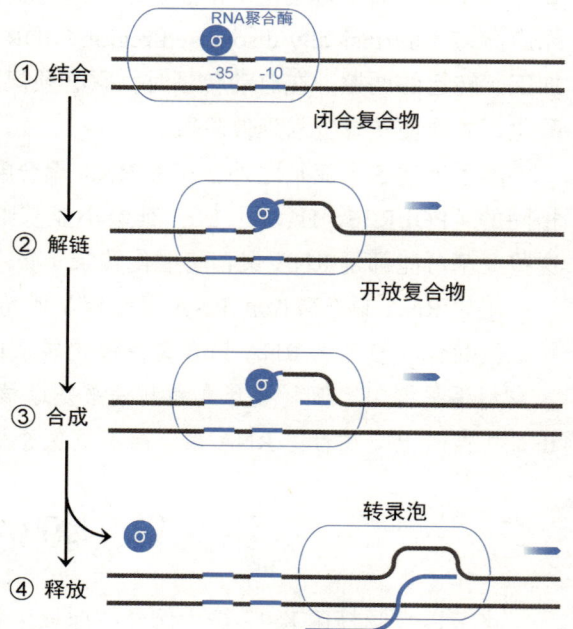

图 3–4　大肠杆菌转录起始

耗 ATP。

大肠杆菌 RNA 聚合酶核心酶与 DNA 的结合是非特异性的，在与 σ 因子结合成全酶时获得特异性，表现为与其他位点的亲和力下降到原来的 $1/10^4$（半衰期不到 1 秒），与启动子的亲和力则增强 10^3 倍（半衰期可达数小时），从而与启动子形成特异性结合。

（3）合成：RNA 聚合酶全酶根据模板链指令获取第一、二个 NTP，形成 3',5'- 磷酸二酯键，启动 RNA 合成。90% 以上基因转录产物的第一个核苷酸是嘌呤核苷酸，而且大多数是腺苷酸：

$$pppA\text{-}OH + pppN\text{-}OH \rightarrow pppApN\text{-}OH + PP_i$$

注意：第一个核苷酸在形成磷酸二酯键之后，将保留其 5' 端的三磷酸基，用于转录后加工时加帽。

（4）释放：RNA 聚合酶全酶催化合成 10nt 的 RNA 片段之后，σ 因子释放，同时有 NusA 蛋白与之结合，导致核心酶构象改变，与启动子的亲和力下降，于是沿着 DNA 模板链向下游移动（称为启动子清除、启动子逃逸），把转录带入延伸阶段。

大肠杆菌转录起始的上述四步很多时候并不是一步到位的：开放复合物的 RNA 出口被 σ 因子阻挡（图 3–5），需由新合成的 RNA 疏通。有时疏通失败导致 2~9nt 新合成的 RNA 片段释放。RNA 片段的释放意味着启动失败，需要重新启动转录，这一现象称为流产式启动（abortive synthesis），它会影响到转录启动效率。

当一个核心酶沿着转录区向下游转录时，另一个转录起始复合物开始形成。以大肠杆菌色氨酸操纵子为例，每分钟形成约 15 个转录起始复合物。

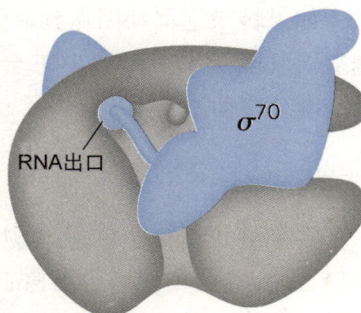

RNA出口　σ^{70}

图 3–5　大肠杆菌 RNA 聚合酶

二、转录延伸

在这一阶段，核心酶沿着 DNA 模板链 3' → 5' 方向移动（覆盖 30~35bp），使转录区保持约 17bp 解链；同时，NTP 按照碱基配对原则与模板链结合，由核心酶催化，通过 α- 磷酸基与 RNA 的 3'- 羟基形成磷酸酯键，使 RNA 链以 5' → 3' 方向延伸（50~100nt/s）。这时的转录复合物称为转录泡（transcription bubble，延伸复合物，elongation complex）。在转录泡上，RNA 的 3' 端 8~9nt 与模板链结合，形成 RNA-DNA 杂交体，5' 端则脱离模板链甩出；已经转录完毕的 DNA 模板链与编码链重新结合（图 3–6）。转录过程中在下游形成正超螺旋，由 DNA 促旋酶通过引入负超螺旋松弛；在上游形成负超螺旋，由 DNA 拓扑异构酶 1 松弛。

RNA 聚合酶没有独立的 3' → 5' 外切酶活性中心，错配率比 DNA 聚合酶高。因为一个基因通常会指导合成许多 RNA，这些 RNA 几乎都是一次性的，最终都会降解，需要时再合成，所以其错配的不利影响远小于 DNA 复制。即使如此，许多 RNA 聚合酶，包括细菌 RNA 聚合酶和真核生物 RNA 聚合酶Ⅱ，一旦发生错配也会通过校对纠正，切除错配核苷酸，将错配率降至 10^{-5}~10^{-4}。校对机制有两种：①焦磷酸解编辑（pyrophosphorolytic editing）：通过聚合反应的逆反应使错接的 NMP 与 PP_i 重新生成 NTP。②水解编辑（hydrolytic editing）：RNA 聚合酶停顿、后退 1~2nt，从 RNA 的 3' 端切除错接的 NMP，或含错接 NMP 的 2nt，然后继续转录。大肠杆菌 RNA 的水解编辑需要辅助因子（accessory factor）GreA 或 GreB 的协助。

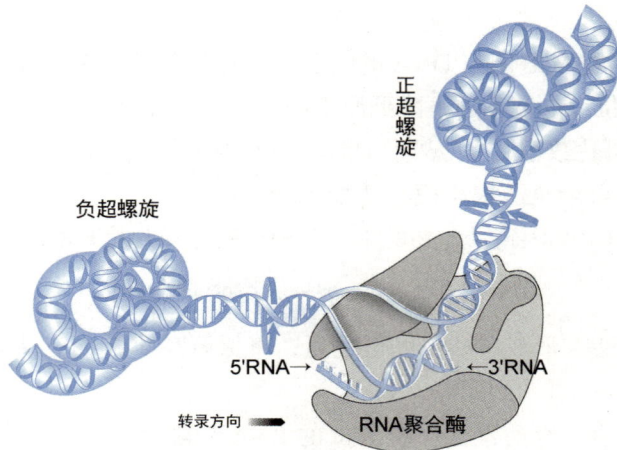

图 3-6　大肠杆菌转录泡

如果转录泡移动因遇到非组蛋白阻挡或 DNA 损伤等而中止，RNA 聚合酶会募集一种转录 - 修复偶联因子 TRCF。TRCF 会促使转录泡解体并募集修复系统修复损伤，或推动停滞不前的转录泡继续移动。

三、转录终止

转录终止由位于转录产物末端的转录终止信号序列控制。核心酶转录过转录终止信号后，RNA、NusA 蛋白先后脱离核心酶，核心酶脱离 DNA，再次结合 σ，启动下一轮转录。转录终止信号又称终止子（terminator），是位于转录区下游的一段 DNA 序列，最后才被转录，所以编码 RNA 前体的 3' 端。原核基因的终止子有两类：一类不需要转录终止因子 ρ 协助（ρ-independent）就能终止转录，另一类则需要 ρ 因子协助（ρ-dependent）才能终止转录。在细菌基因组中，两类终止子各占 50%。

1. **不依赖 ρ 因子的终止子**　又称内在终止子（intrinsic terminator），其 RNA 序列大多数有两段保守序列。①反向重复序列：长 15~20nt，富含 G/C，可以形成发夹结构。②U 序列：又称 oligo（U），长 3~8nt，与反向重复序列串联，与模板链以最弱的 dA-rU 对结合（图 3-7）。

发夹结构一方面作用于 β 亚基的一个 β-flap 结构域，使转录复合物停滞于 U 序列；另一方面解开 dA-rU 碱基对并削弱 RNA 与核心酶的结合，使 RNA-DNA 杂交区解链，RNA 释放。

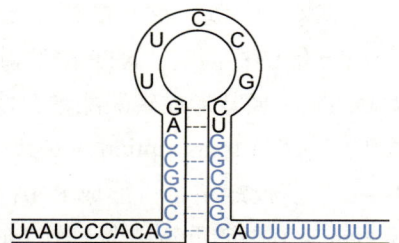

图 3-7　不依赖 ρ 因子的转录终止

2. **依赖 ρ 因子的终止子**　这类基因转录产物有两段保守序列：①反向重复序列：可以形成发夹结构，但之后不含 U 序列，所以本身不能终止转录。②rut 位点（rho utilization site，*rut* site）：又称 rut 元件（*rut* element），约 40nt，富含 C 或 CA 而少含 G，位于转录产物上游，可募集 ρ 因子。

ρ 因子（转录终止因子 ρ、ρ 蛋白、解旋酶 ρ）与解旋酶 DnaB 同源，是一种环状同六聚体蛋白，含量约为 RNA 聚合酶的 10%，有依赖 RNA 的 ATP 酶活性（被双环霉素抑制）和依赖 ATP 的 RNA-DNA 解旋酶活性，可以与 rut 位点结合，沿 mRNA 的 5' → 3' 方向前移，作用于已到达终止子的转录泡，使杂交体解链，RNA 释放（分子机制尚未阐明）。ρ 因子由 J. Roberts 于 1969 年发现于 T4 噬菌体感染的大肠杆菌。

有时 RNA 聚合酶转录到终止子序列时并不终止，而是继续向下游转录，这种现象称为连读、通读（read-through）。有一类称为抗终止因子的辅助因子（ancillary factor）通过作用于 RNA 或 RNA 聚合酶启动连读，称为抗终止作用。

四、转录后加工

RNA 聚合酶催化合成的初级转录产物是各种 RNA 前体（pre-RNA，nascent RNA chain）。大肠杆菌 mRNA 前体不需要加工，可以直接指导蛋白质合成，而 rRNA 前体和 tRNA 前体则需要经过加工才能成为功能 RNA。加工包括核酸酶水解、RNA 片段切除、碱基和核糖修饰。

1. mRNA 前体加工　大肠杆菌蛋白基因的 mRNA 前体（pre-mRNA）平均长度为 1200nt，一般不用加工，可以直接翻译，并且往往是边转录边翻译。

2. rRNA 前体加工　大肠杆菌有 7 个 rRNA 基因，其 7 种 rRNA 前体（pre-rRNA，30S，约 6500nt）均包含 16S rRNA、23S rRNA、5S rRNA、tRNA、外转录间隔区（external transcribed sequence，ETS）和内转录间隔区（internal transcribed spacer，ITS）序列，其中四种 rRNA 前体的 16S rRNA 和 23S rRNA 之间有一个 tRNA，另外三种有两个 tRNA（或均位于 16S、23S 之间，或第二个位于 5S 的 3' 端，即 3'ETS 区）。它们经过以下加工得到成熟 rRNA 和成熟 tRNA（图 3–8）。rRNA 与核糖体蛋白聚合成核糖体大亚基和小亚基。

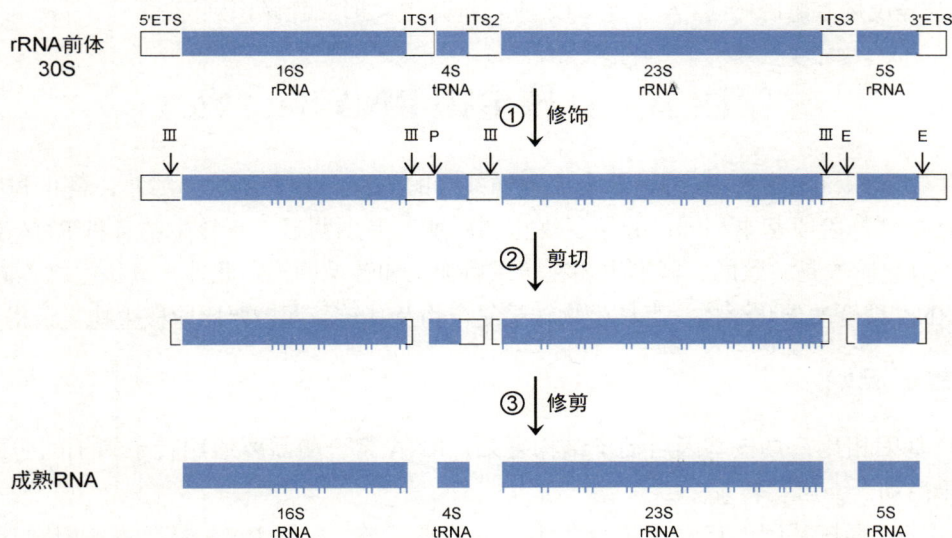

图 3–8　大肠杆菌 rRNA 前体转录后加工

（1）碱基和核糖修饰：迄今已在 rRNA 中发现有核糖 2'-O- 甲基化和 30 种碱基修饰（主要是甲基化），每种修饰都由特定酶催化。① 16S rRNA 酶促修饰形成 10 个甲基化核苷酸（包括碱基甲基化和 2'-O- 甲基化，多位于 3' 端）、1 个假尿苷。② 23S rRNA 酶促修饰形成 20 个甲基化核苷酸、10 个假尿苷、1 个二氢尿嘧啶核苷酸。

（2）切割：分别由 RNase Ⅲ、RNase P 和 RNase E 催化切割不同位点（图 3–8 ②，图中分别以 Ⅲ、P、E 表示）。

（3）修剪：分别由 RNase M16、M23 和 M5 进一步修剪，得到功能 RNA。

（4）亚基组装：rRNA 转录、加工与核糖体亚基组装同步进行，即边转录边加工边组装，前述各项加工大部分是在核糖核蛋白状态下进行的，加工过程中有核糖体蛋白（r-protein）适时附着，也有加工因子（assembly factor）适时离去。加工完成即意味着形成 30S 小亚基和 50S 大亚基。

3. tRNA 前体加工　大肠杆菌的 tRNA 基因大多数形成基因簇，有的转录单位是多拷贝单一tRNA 基因，有的转录单位含几种不同 tRNA 基因，有的与 rRNA 基因、蛋白基因共同组成转录单位。tRNA 前体（pre-tRNA）依次经过以下加工得到成熟 tRNA。

（1）切割：tRNA 前体 5' 前导序列由内切酶 RNase P 切除，形成成熟 5′端；3' 尾随序列由一种核酸内切酶和一组核酸外切酶切除，直至暴露出 CCA 序列为止。

大肠杆菌 RNase P 是一种核酶、核酸内切酶，由一个催化 RNA（M1）和一个蛋白亚基（C5）构成。

（2）加接 3'CCA：部分 tRNA 的 3'CCA 是后加的，反应由 tRNA 核苷酸转移酶（tRNA nucle-otidyl transferase）催化。该酶很特别，有三个活性中心，分别结合一个 CTP、CTP、ATP，依次加接，形成 3'CCA，因此反应不依赖 DNA 或 RNA 模板。

（3）碱基修饰：成熟 tRNA 分子含较多的稀有碱基，它们都是在 tRNA 前体水平上由常规碱基通过酶促修饰形成的，修饰方式包括嘌呤碱基甲基化为甲基嘌呤、腺嘌呤脱氨基成次黄嘌呤、尿嘧啶还原成二氢尿嘧啶、尿苷酸变位成假尿苷酸或甲基化为胸腺嘧啶核糖核苷酸等。目前已经发现了 81 种修饰方式（含真核生物 tRNA），如硫尿嘧啶（S^4U）、次黄嘌呤（I）、1- 甲基鸟嘌呤（m^1G）、N^6- 异戊烯基腺嘌呤（i^6A）。修饰效应：抗降解，形成翻译识别标志。

第四节　真核生物 RNA 的合成

真核生物和原核生物 RNA 的转录合成遵循共同的规律，分为起始、延伸、终止和后加工四个阶段。其中延伸阶段基本相同，起始、终止和后加工差别明显。真核生物各种 RNA 合成的起始、延伸、终止阶段是一致的，区别主要在转录后加工和转录调控。此外，真核生物不同的 RNA 由不同的 RNA 聚合酶催化合成。真核生物转录复合物及其转录调控要比原核生物复杂得多。

一、转录起始

与原核基因相比，真核基因启动子结构复杂，RNA 聚合酶需要通用转录因子的协助才能识别并结合于启动子，启动转录。

1. 启动子　真核基因的启动子可分为Ⅰ、Ⅱ、Ⅲ三类，三种 RNA 聚合酶各识别其中一类。RNA 聚合酶Ⅱ识别的Ⅱ类启动子（~100bp）种类最多，序列差异最大，以蛋白基因的启动子为主。Ⅱ类启动子结构特征尚未完全阐明，已从其序列中鉴定到两类启动子元件：①核心启动子（core promoter）：40~60nt，有方向性，位于 –45~+20 区，包括 TATA 盒、起始子、下游启动子元件等，功能是确定转录起始位点。②上游元件（upstream element）：又称上游启动子元件，无方向性，包括 GC 盒、CAAT 盒等，功能是控制转录启动效率（图 3–9）。

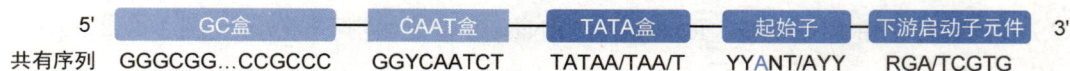

5'	GC盒	CAAT盒	TATA盒	起始子	下游启动子元件	3'
共有序列	GGGCGG...CCGCCC	GGYCAATCT	TATAA/TAA/T	YYANT/AYY	RGA/TCGTG	

图 3-9　真核基因Ⅱ类启动子元件

（1）**起始子**（initiator，Inr）：即解链起点，是含转录起始位点的一段保守序列，位于 –2~+5 区，哺乳动物共有序列是 YYA^{+1}NWYY（W=T+A），其中 A^{+1} 是转录起始位点。pre-mRNA 的 5' 末端碱基通常是嘌呤，特别是腺嘌呤。起始子是通用转录因子 TF Ⅱ D 特定 TAF 亚基的识别结合位点。

（2）**TATA 盒**（TATA box）：又称 Hogness 盒，中心一般位于 –25~–31 区（酵母 TATA 盒位于 –90 区），共有序列是 TATAAAA，是转录因子 TBP（TATA 结合蛋白）的识别结合位点、前起始复合物形成位点，作用是确定转录起始位点。TATA 盒富含 A-T 碱基对，容易解链，有利于 RNA 聚合酶Ⅱ与启动子结合并启动转录，是 RNA 聚合酶Ⅱ稳定结合的序列。TATA 盒在Ⅱ类启动子中出现率较高，常与起始子共存。

（3）**下游启动子元件**（downstream promoter element，DPE）：共有序列是 RGWCGTG，中心位于 +25~+32 区，是转录因子 TF Ⅱ D 的 TAF6、TAF9 亚基的识别结合位点。含起始子而不含 TATA 盒的基因多含下游启动子元件。

（4）**CAAT 盒**（CAAT box）：又称 CAT 盒，分布较散，多位于 –70~–90 区，是转录因子 NF-Y（Nuclear transcription factor Y，异三聚体）的结合位点，作用是控制转录启动效率。

（5）**GC 盒**（GC box）：哺乳动物不含 TATA 盒的启动子内的一段保守序列，多位于 –90 区。GC 盒长度为 20~50bp，包含两段共有序列：GGGCGG 和 CCGCCC。它们互为反向重复序列，是转录因子 Sp1（specificity protein 1）的结合位点，作用是控制转录启动效率。

不过，并非所有的Ⅱ类启动子都含上述启动子元件。对几千种蛋白基因启动子分析表明，30% 只含起始子，30% 含起始子和 TATA 盒，25% 含起始子和 DPE，15% 含起始子、TATA 盒和 DPE。例如，猿猴空泡病毒 40（SV40）的早期启动子含六个 GC 盒，不含 TATA 盒、CAAT 盒；组蛋白 H2B 的启动子含一个 TATA 盒和两个 CAAT 盒。

2. 转录因子　是参与 RNA 转录合成的一类蛋白因子。真核生物的三种 RNA 聚合酶Ⅰ、Ⅱ、Ⅲ转录基因时分别需要Ⅰ、Ⅱ、Ⅲ类转录因子（TF Ⅰ、Ⅱ、Ⅲ）协助。RNA 聚合酶Ⅱ需要一组转录因子，其中有些转录因子是与启动子结合的，称为**通用转录因子**（general transcription factor，基础转录因子），相当于原核生物 σ 因子（表 3–5）。

表 3–5　人 RNA 聚合酶Ⅱ的通用转录因子

转录因子	功能
TBP	识别并结合 TATA 盒
TF Ⅱ A	稳定 TF Ⅱ B、TBP 与 TATA 盒的结合
TF Ⅱ B	与 TBP 结合，进而募集 Pol Ⅱ-TF Ⅱ F 复合物
TF Ⅱ D	参与无 TATA 盒启动子启动
TF Ⅱ E	ATP 酶，解旋酶，募集 TF Ⅱ H
TF Ⅱ F	与 Pol Ⅱ、TF Ⅱ B 结合，提高 Pol Ⅱ结合特异性
TF Ⅱ H	解旋酶亚基解旋启动子，蛋白激酶亚基催化 Pol Ⅱ的 CTD 磷酸化，募集核苷酸切除修复系统

TATA 结合蛋白（TBP）是唯一能识别并结合 TATA 盒的转录因子。然而，即使没有 TATA 盒的启动子也需 TBP 参与识别，且三类启动子都需要。TBP 可以和一组 **TBP 相关因子**（TAF Ⅱ，包括 TAF1~TAF13）组成 TF Ⅱ D。TF Ⅱ D 也能与不含 TATA 盒的启动子结合，机制是通过 TAF Ⅱ 与起始子、下游启动子元件等其他核心元件结合。TAF Ⅱ 还可以与其他转录因子（转录激

活因子和共激活因子，第六章，162 页）结合。

●**双向启动子** 基因在基因组中的分布大都是随机的。研究发现，哺乳动物基因组中约 10% 的基因以**基因对**（gene pair）形式存在：它们的启动子反向串联于一段短的基因间区（<1000bp）两翼，模板链不在同一股 DNA 上，因而转录方向相背。它们可能受基因间区内同一调控序列调控。这种基因对被称为**双向基因对**（bidirectional gene pair），基因间区内的启动子和共用调控序列称为**双向启动子**（bi-directional promoter）。双向基因对的表达产物功能相关（例如同一异聚体蛋白的两种亚基、同一代谢途径的两种酶）且都很重要（例如 DNA 修复系统成员），因而在进化过程中很保守。双向基因对具有表达调控优势。

3. **起始过程** 转录起始是通用转录因子协助 RNA 聚合酶依托启动子形成转录复合物的过程（覆盖启动子 –30~+30 的 60bp 序列），以含 TATA 盒启动子为例（图 3–10）。

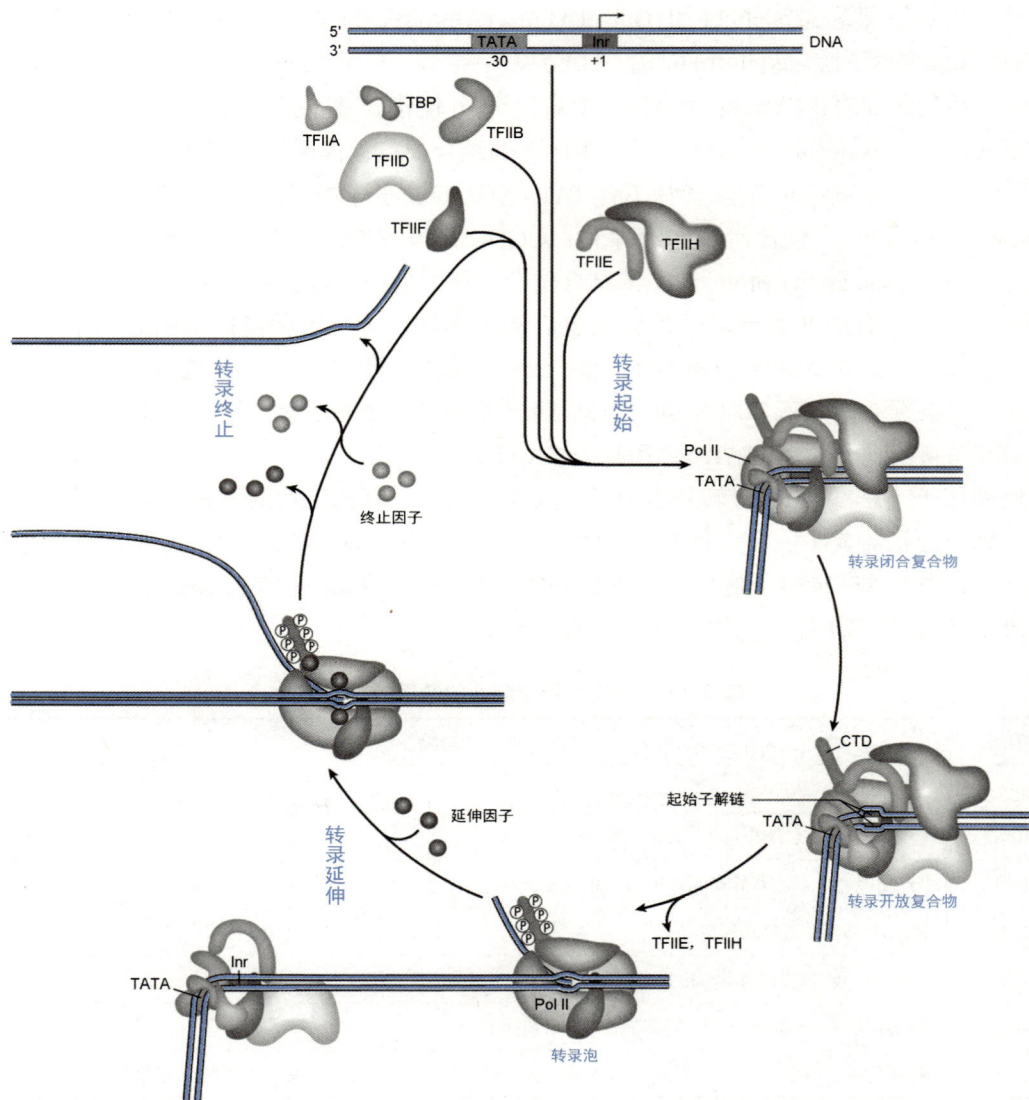

图 3-10 真核生物 RNA 聚合酶 Ⅱ 的转录过程

（1）闭合复合物形成：TF Ⅱ D（TBP-TAF1~13）通过 TBP 识别结合 TATA 盒而结合于启动子，通过 β 折叠插入小沟使 TATA 盒变形（特别是弯曲约 80°，使小沟展宽），进而依次募集 TF Ⅱ A、TF Ⅱ B、TF Ⅱ F-RNA 聚合酶 Ⅱ、TF Ⅱ E、TF Ⅱ H，形成**闭合复合物**（**转录前起始复合物**，基础转录复合物）。

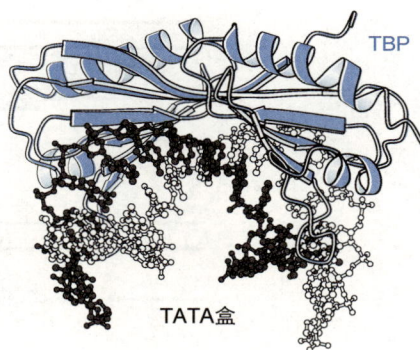

图 3-11　TBP-TATA 盒

　　TBP 与 TATA 盒的亲和力 10^5 倍于其他序列，TBP-TATA 盒复合物解离常数约 1nmol/L。TBP 构象呈鞍型，凹面与 TATA 盒结合，致使其双链弯曲（富含 AT 序列柔性好），小沟展宽，与 TBP 的 β 折叠充分结合（主要是疏水作用）。TBP-TATA 盒复合物不对称，对识别转录起始位点进而单向转录非常重要（图 3-11）。

　　（2）开放复合物形成：TF Ⅱ H 是十亚基蛋白，由一个七亚基 TFIIH 核心复合物（XPB-XPD-GTF2H1-5，参与转录偶联的核苷酸切除修复）与 1 个三亚基 CDK 激活激酶 CAK（cyclin H-CDK7-MNAT1）构成。XPB（3'→5'）、XPD（5'→3'）是依赖 ATP 的 DNA 解旋酶，可从起始子区解链 11~15bp，使闭合复合物变构为**开放复合物**（**转录起始复合物**）。TF Ⅱ E 可能参与解链。

　　（3）RNA 合成启动：TF Ⅱ H 中的 CDK7（细胞周期蛋白激酶 7）催化 RNA 聚合酶 Ⅱ 大亚基 RPB1 的 C 端结构域（RPB1-CTD）七肽单位中的 Ser5 磷酸化，导致开放复合物变构，启动 RNA 合成。和原核基因一样，真核 mRNA 转录合成多数也是从 A 开始（小鼠 *Tlr* 转录起始位点 GCTCTCCT，第一碱基为 G）。

　　（4）启动子清除：RNA 合成至 60~70nt 时，转录延伸因子 P-TEFb（正性转录延伸因子 b，CDK9-cyclin T 二聚体）中的 CDK9（细胞周期蛋白激酶 9）催化 RPB1-CTD 七肽单位中的 Ser2 磷酸化，致使 RNA 聚合酶 Ⅱ 释放 TF Ⅱ E、TF Ⅱ H 等大多数转录因子，转录进入延伸阶段。

二、转录延伸

　　RNA 聚合酶与约 50bp DNA 保持结合，受核小体移位和重塑影响，转录速度较慢（10~40nt/s）。

　　真核基因的转录延伸与原核基因基本相同，不过 RNA 聚合酶 Ⅱ 始终与 TF Ⅱ F 结合，并被 RPB1-CTD 募集的转录延伸因子（P-TEFb、ELL、S Ⅱ、S Ⅲ）激活，通过 RPB1-CTD 进一步募集 RNA 加工酶类等。研究表明，人胚胎干细胞约 1/3 基因的表达过程需要转录延伸因子。

　　起始阶段 RPB1-CTD 必须处于去磷酸化状态，以与增强子募集的共激活因子结合（图 6-4，155 页）。之后必须被 CDK7、CDK9 催化磷酸化，以摆脱大多数起始因子，进入延伸阶段，且在延伸阶段募集 RNA 加工酶系（Ser5 募集加帽酶，Ser2 募集剪接因子）进行转录后加工。

　　如果转录泡移动因遇到 DNA 损伤而中止时，TF Ⅱ H 可结合于损伤部位，募集核苷酸切除修复酶系修复损伤，模板链修复效率高于编码链。TF Ⅱ H 特定亚基遗传缺陷导致某些遗传病，如着色性干皮病、Cockayne 综合征。

三、转录终止

　　真核蛋白基因的转录终止机制尚未阐明。哺乳动物蛋白基因的最后一个外显子中有一段保守序列，称为**加尾信号**（多腺苷酸化信号，polyadenylation signal），其共有序列是 AATAAA。加尾信号下游 10~30bp 处是**加尾位点**（多腺苷酸化位点，polyadenylation site），加尾位点下游 20~40bp 处还有一段富含 G/T 或 T 的序列（图 3-12）。mRNA 转录终止与加尾同步进行。

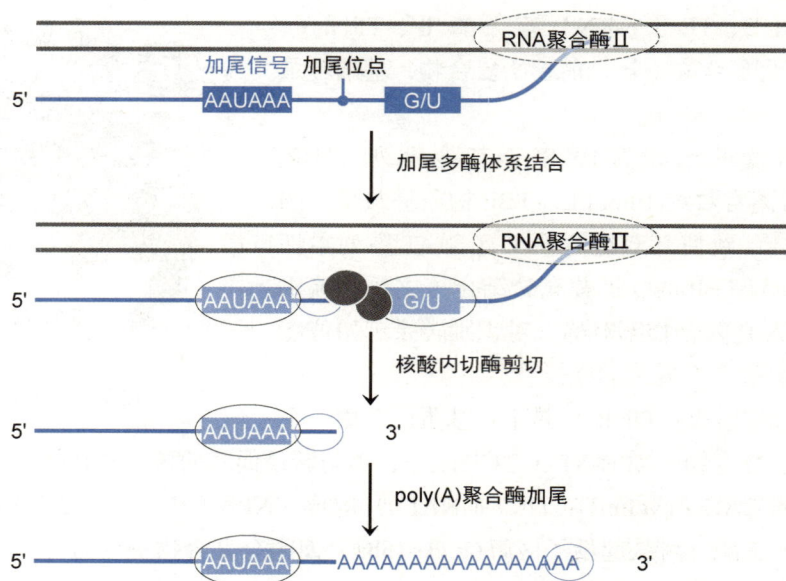

图 3-12   真核生物蛋白基因转录终止和加尾

1. **切割**   转录过加尾位点后，加尾信号 AAUAAA 依次募集聚腺苷酸化特异因子 CPSF（有核酸内切酶活性）、剪切刺激因子（切割刺激因子，该因子同时与加尾位点下游富含 G/U 或 U 的序列结合）、剪切因子Ⅰ、剪切因子Ⅱ，最后募集 poly(A) 聚合酶。poly(A) 聚合酶激活 CPSF，CPSF 从加尾位点切断转录产物。

2. **加尾**   poly(A) 聚合酶以 ATP 为原料，在 RNA 的 3' 端合成 200~250nt 的 poly(A) 尾。

值得注意的是，只有 RNA 聚合酶Ⅱ的转录产物才会加尾。组蛋白基因转录发生于细胞周期 S 期，转录产物不加尾。

3. **终止**   切割、加尾之后，RNA 聚合酶Ⅱ并未终止转录，而是继续转录，长度可达几千个核苷酸（称为额外 RNA），之后才会终止转录，终止信号和终止机制尚未阐明。目前有以下两种终止模型。

（1）**变构模型**（allosteric model）：RNA 切割导致转录泡构象改变，使 RNA 聚合酶Ⅱ延伸能力减弱，终止转录并与 RNA、模板分离。

（2）**鱼雷模型**（torpedo model）：5' → 3' 核酸外切酶 2 结合于 RNA 加尾位点之后部分（还在继续转录）的无帽 5' 端，其催化 RNA 降解的速度快于 RNA 聚合酶Ⅱ合成的速度，因而追上 RNA 聚合酶Ⅱ，协助结合于 RPB1-CTD 上的辅助蛋白使 RNA 聚合酶Ⅱ终止转录并与模板分离。

转录终止时，RPB1-CTD 去磷酸化，转录复合物解体，必要时启动新一轮转录。

四、转录后加工

RNA 聚合酶转录一个转录单位得到一种初级转录产物，经过转录后加工得到功能 RNA。转录单位可根据加工方式分为简单转录单位和复杂转录单位。

简单转录单位（simple transcription unit）占人蛋白基因的 5%，其初级转录产物只有一种剪接方式（个别甚至不需要剪接），因而最终只得到一种或一组功能 RNA。简单转录单位有三种情况：①初级转录产物不加尾，不剪接，如核心组蛋白和大多数 rRNA、tRNA 基因。②初级转录产物只加尾，不剪接，如 α 干扰素、酵母大多数蛋白质、鸟类组蛋白 H5 基因。③初级转录产物既加尾，又剪接，但只有一种剪接方式，称为组成性剪接（constitutive splicing），如 α、β 珠蛋白基因和所有非编码 RNA 基因。

复杂转录单位（complex transcription unit）占人蛋白基因的 95%，其初级转录产物需要剪接，且有不止一种剪接方式（少则两种，多至几百种甚至几千种），称为选择性剪接（alternative splicing，又称可变剪接）。复杂转录单位均为蛋白基因，经过选择性剪接可以得到不同的成熟 mRNA，指导合成不同的蛋白质。这些 RNA 及其编码的蛋白质统称同源 [异构] 体（isoform，剪接变异体，splicing variant）。成人多数组织只表达基因组 10%~20% 的基因，即 2500~5000 种基因（肝、肾表达 10000~15000 种），但却指导合成 10000~20000 种 mRNA。每种基因平均指导合成 4 种 mRNA。这主要是通过选择性剪接实现的。

（一）mRNA 前体加工

人类几乎所有 mRNA 都要进行 5' 端加帽、剪接、3' 端加尾，之后才会运出细胞核，指导合成蛋白质。催化 mRNA 前体加帽、剪接、加尾等的转录后加工因子均募集于磷酸化 RPB1-CTD 且相互结合，因而 mRNA 前体的各种后加工之间及其与转录合成之间相互协调。

真核蛋白基因大多数是断裂基因，其外显子和内含子都被转录，初级转录产物是 mRNA 前体（pre-mRNA）。pre-mRNA 的平均长度是成熟 mRNA 的 4~5 倍（人类高达 10 倍），并且半衰期短（5~15 分钟），只有一部分加工成为成熟 mRNA。pre-mRNA 加工过程如下（mRNA 的转录"后"加工并非始于转录终止后）。

1. 5' 端加帽　又称 mRNA 加帽。真核生物几乎所有 mRNA 的 5' 端都有一个特殊的三核苷酸结构，称为 5' 帽子。其第一个核苷酸是 5'- 磷酸 -7- 甲基鸟苷（5'-m7GMP），第二个是 5'- 二磷酸核苷（5'-NDP），两者通过 5'-5' 三磷酸连接（5',5'-triphosphate linkage）。目前已经发现三种 5' 帽子结构，其中 1 型最多，但单细胞真核生物 mRNA 主要是 0 型，酵母甚至只有 0 型，2 型见于脊椎动物 RNA（图 3–13，表 3–6）。

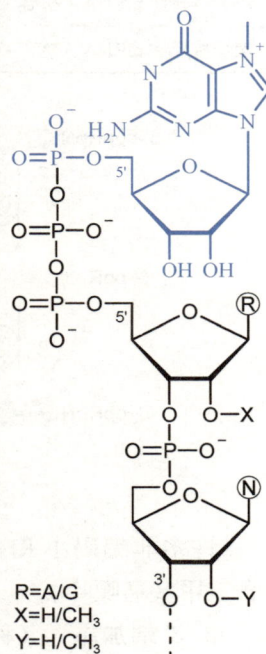

R=A/G
X=H/CH₃
Y=H/CH₃

图 3–13　5' 帽子结构

表 3–6　真核生物 mRNA 三种 5' 帽子

种类	X	Y	结构书写	mRNA	加帽场所
0	H	H	m⁷GpppRpN	酵母，某些病毒	细胞核
1	CH₃	H	m⁷GpppRmpN	各种生物，某些病毒	细胞质（0 型帽子甲基化）
2	CH₃	CH₃	m⁷GpppRmpNm	脊椎动物	细胞质（1 型帽子甲基化）

5' 帽子结构的作用：①募集帽结合复合物，介导 5' 外显子剪接及 mRNA 转运出核。②募集翻译起始因子 eIF-4F，介导组装核糖体复合物，启动蛋白质合成。③抗磷酸酶重复降解，从而保护 mRNA。

真核生物 mRNA 的 5' 帽子结构形成于转录延伸早期，当时 RNA 仅合成了 20~30nt。催化加帽的酶就结合在 RPB1-CTD 七肽单位的磷酸化 Ser5 上。

mRNA 加帽过程由加帽酶系（表 3–7）催化：① HCAP1 催化 mRNA 的 5'-pppRpN 二核苷酸水解脱去 γ- 磷酸，生成 5'-ppRpN。② HCAP1 催化 5'-ppRpN 与 GTP 缩合，生成 GpppRpN。

③ RG7MT1 催化 G 甲基化，形成 m^{7}GpppRpN（0 型帽子）。④ MTr1 催化 0 型帽子 R-2'-O- 甲基化，形成 m^{7}GpppRmpN（1 型帽子）。⑤ MTr2 催化 1 型帽子 N-2'-O- 甲基化，形成 m^{7}GpppRmpNm（2 型帽子）。加帽所需甲基来自 S- 腺苷蛋氨酸（adoMet，供出甲基生成 S- 腺苷同型半胱氨酸，adoHcy）（图 3-14）。

表 3-7　人 mRNA 加帽酶系

酶	名称缩写	产物
mRNA 加帽酶（双功能酶：多核苷酸 -5'- 三磷酸酶 + mRNA 鸟苷酸转移酶）	HCAP1	0 型帽子
mRNA 帽子鸟嘌呤 -N^7- 甲基转移酶	RG7MT1	
帽子特异性 mRNA（核苷 -2'-O-）- 甲基转移酶 1	MTr1	1 型帽子
帽子特异性 mRNA（核苷 -2'-O-）- 甲基转移酶 2	MTr2	2 型帽子

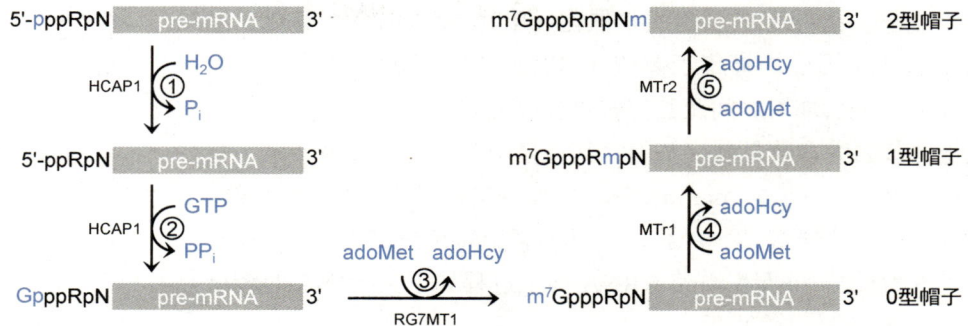

图 3-14　mRNA 加帽

许多非编码小 RNA（sncRNA）也有 5' 帽子结构，例如剪接体 sncRNA 含三甲基帽子结构（含三甲基鸟嘌呤）。

2. 3' 端加尾　又称 mRNA 多腺苷酸化。除组蛋白 mRNA 外，真核生物其他 mRNA 的 3' 端都有聚腺苷酸序列，其长度因不同 mRNA 而异，一般为 200~250nt，该序列称为 poly(A) 尾或多聚 (A) 尾。加尾过程见图 3-12。

poly(A) 尾的作用：①参与蛋白质合成的起始和终止，提高翻译效率。②募集 poly(A) 结合蛋白（PABP）以保护 poly(A)，抗 3' → 5' 外切酶降解，提高 mRNA 稳定性。poly(A) 尾可使 mRNA 寿命延长至数小时甚至数日。组蛋白 mRNA 没有 poly(A) 尾，半衰期只有几分钟。一些细菌 mRNA 也有 poly(A) 尾，但却促进其降解。

在细胞核内完成加尾的 mRNA 转运到细胞质后，其 poly(A) 会被降解并导致 mRNA 降解。特殊情况下一些 mRNA 会在细胞质进行二次加尾，以延长寿命。有些 mRNA 先以无尾形式储存，翻译前再加尾。

其他 RNA 也有加尾修饰，如 5S rRNA、U2-snRNA、SRP RNA、7SK RNA。

3. RNA 编辑（RNA editing）　是指在转录后加工时通过非剪接方式改变 RNA 的编码区序列，即在 mRNA 中插入、删除或改变核苷酸，从而改变密码子，结果一个基因可以编码多种蛋白质。目前已有两种编辑机制被阐明。

（1）位点特异性脱氨基：多见于腺嘌呤和胞嘧啶脱氨基，分别形成次黄嘌呤和尿嘧啶。脱氨基发生于特定组织细胞且受到调控，例如人类载脂蛋白 apo B-100 和 apo B-48 是同一个基因

APOB 产物。① apo B-100：在肝细胞内，*APOB* 基因的初级转录产物在加工之后指导合成 4563aa 的多肽链，经过切除 27aa 的信号肽等翻译后修饰得到 4536aa 的 apo B-100。② apo B-48：在小肠细胞中，*APOB* 基因初级转录产物的加工有所不同，一种小肠细胞特异性胞嘧啶脱氨酶（mRNA C-6666 脱氨酶）与初级转录产物的第 2180 号密码子 CAA（位于外显子 26 中，编码谷氨酰胺）结合，催化其胞嘧啶脱氨基成尿嘧啶，密码子 CAA 改造为终止密码子 UAA，指导合成 2179aa 的多肽链，经过切除 27aa 的信号肽等翻译后修饰得到 2152aa 的 apo B-48（图 3–15）。

密码子编号		2146		2148		2150		2152		2154		2156	
编辑前密码子	···	CAA	CUG	CAG	ACA	UAU	AUG	AUA	CAA	UUU	GAU	CAG	···
apoB-100	—	Gln	Leu	Gln	Thr	Tyr	Met	Ile	Gln	Phe	Asp	Gln	—
编辑后密码子	···	CAA	CUG	CAG	ACA	UAU	AUG	AUA	UAA	UUU	GAU	CAG	···
apoB-48	—	Gln	Leu	Gln	Thr	Tyr	Met	Ile					

图 3–15　人 *APOB* 基因 mRNA 编辑

人脑组织谷氨酸受体 2（GluR2，一种阳离子通道）mRNA 发生 Gln607Arg 编辑（CAG → CGG），编辑氨基酸位于第二段跨膜域内，是其生理功能必需的。未编辑型谷氨酸受体 2 允许多种阳离子通过，编辑型谷氨酸受体 2 阻止钙离子通过。人转录因子 WT1 的 mRNA 在睾丸会发生 T839C 编辑，导致 Leu280Pro 置换，置换后转录因子活性降低 30%。

（2）gRNA 指导的 UMP 插入 / 删除：在线粒体和叶绿体基因 RNA 最常见。锥虫（trypanosomes）线粒体几种蛋白质 pre-mRNA 的后加工过程发生尿嘧啶插入或删除导致密码子甚至阅读框改变，例如其细胞色素氧化酶亚基Ⅱ-mRNA 的一段序列发生如下编辑：GAG-AAC-CU → GAU-UGU-AUA-CCU。该编辑依赖指导 RNA（guide RNA，gRNA，一种 60~80nt 的线粒体 RNA，含被编辑 RNA 的互补序列）定位和一组酶催化，插入的 U 来自 gRNA 的 poly(U)（图 3–16）。该编辑既导致密码子改变，又发生 –1 移码（第六章，177 页）。

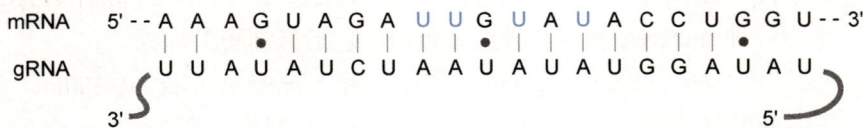

mRNA　5'--AAGUAGAUUGUAUACCUGGU--3'
gRNA　　UUAUAUCUAAUAUAUGGAUAU
　　3'　　　　　　　　　　　　　　5'

图 3–16　锥虫线粒体细胞色素氧化酶亚基Ⅱ-mRNA 编辑

一种真核基因通过编辑可以编码多种氨基酸序列不同的蛋白质，这不但丰富了基因的信息量、基因产物的多样性，而且还和生物发育有关，是基因表达调控的一个环节，使生物可以更好地适应生存环境。

某些 microRNA 后加工时发生 A 脱氨基编辑（第六章，176 页）。

4. 修饰　除了在 5' 帽子结构中有 1~3 个甲基化核苷酸之外，真核生物许多 mRNA 分子内部也有 1~2 个 N^6- 甲基腺嘌呤，常见于 5' 非翻译区（第四章，99 页）。N^6- 甲基腺嘌呤是在 pre-mRNA 剪接之前由特异 RNA 甲基化酶催化形成的。真核生物 mRNA 的化学修饰会影响到 mRNA 与 RNA 结合蛋白的相互作用，从而在翻译水平影响基因表达。

加帽、加尾、剪接体系并不是各行其是，它们在 RPB1-CTD 上有序组装，加工时相互协调，与转录同步（cotranscription），与转录延伸偶联（couple）。

从 mRNA 转录、转录后加工到向细胞质转运，先后有几十种蛋白质参与，它们与 mRNA

形成一种复杂的动态超分子结构（supramolecular），称为信使核糖核蛋白[体]（messenger ribonucleoprotein，mRNP）。mRNP 的蛋白质组成随 mRNA 加工、运输和翻译而变，它们决定着 mRNA 的运输、翻译和归宿。

（二）rRNA 前体加工

真核生物 rRNA 基因的拷贝数较高，通常有几十到几千个，并且形成基因簇。每个转录单位由 18S、5.8S、28S rRNA 基因及外转录间隔区、内转录间隔区组成，在核仁区由 RNA 聚合酶 I 催化转录，合成 rRNA 前体（哺乳动物 rRNA 前体 45S），经过修饰与切割，得到 3 种成熟 rRNA（图 3-17）。大多数真核生物的 5S rRNA 基因自成转录单位，由 RNA 聚合酶 III 催化转录。rRNA 与核糖体蛋白聚合成核糖体大亚基和小亚基。

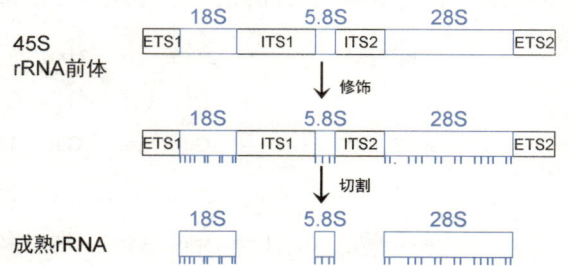

图 3-17 真核生物 rRNA 前体转录后加工

真核生物 rRNA 前体加工类似原核生物，包括内切酶或外切酶催化的切割、核苷酸修饰，部分 RNA 前体加工还包括内含子剪接。rRNA 前体加工始于核仁。在加工因子的协助下，还在转录延伸阶段的 rRNA 边合成边与核糖体蛋白组装成大的核糖核蛋白，例如小亚基（small-subunit，SSU）加工体（processome）结合于 pre-rRNA 的 5' 端，介导 18S rRNA 加工。rRNA 转录、后加工和核糖体组装在核仁内偶联进行，一气呵成。每个复合物包含切割 rRNA 前体的核酸酶、碱基修饰酶、snoRNA、核糖体蛋白。酵母 rRNA 前体加工需要超过 170 种非核糖体蛋白、约 70 种指导碱基、核糖修饰的 snoRNA 和 78 种核糖体蛋白。人 rRNA 约有 200 种修饰核苷，因而需要更多的 snoRNA 和蛋白质参与。

1. 核糖和碱基修饰 主要是核糖甲基化和形成假尿苷酸。人 rRNA 有 115 个核糖 2'-O- 甲基化（依赖 40 多种 C/D snoRNP），95 个尿苷酸变位成假尿苷酸（依赖 20 多种 H/ACA snoRNP），每一种 snoRNP 都由一种 snoRNA 和 4~5 种组装蛋白（包括修饰酶）构成。

snoRNA（核仁小 RNA，small nucleolar RNA，属于 snRNA）长 60~300nt，许多为其他 RNA 前体内含子序列的转录后加工产物。每一种 snoRNA 都有一段 10~21nt 序列（反义元件）与 rRNA 修饰位点旁序列完全互补，为修饰酶指示 rRNA 修饰位点。snoRNA 还含有两类关键元件，作用是折叠成特定构象，进而募集相关蛋白组成 snoRNP（核仁小核糖核蛋白）：① H/ACA 盒（box H/ACA）：含 H 盒（box H，共有序列 ANANNA）和 ACA 盒（box ACA，共有序列 ACA），组成的 H/ACA snoRNP 参与假尿嘧啶核苷化。② C/D 盒（box C/D）：组成的 C/D snoRNP 参与 2'-O- 甲基化。

2. 亚基组装和 rRNA 前体切割 与大肠杆菌一样，真核生物 rRNA 加工与亚基组装同步进行。始于核仁，完成于核质。切割在亚基组装完成后进行，由多种核酸内切酶和核酸外切酶催化进行。

亚基转至细胞质后还要进行其他修饰，故后加工始于细胞核仁，完成于细胞质。

（三）tRNA 前体加工

真核生物 tRNA 基因由 RNA 聚合酶 III 催化转录合成 tRNA 前体，加工得到成熟 tRNA，其加工与原核生物一致（图 3-18）。

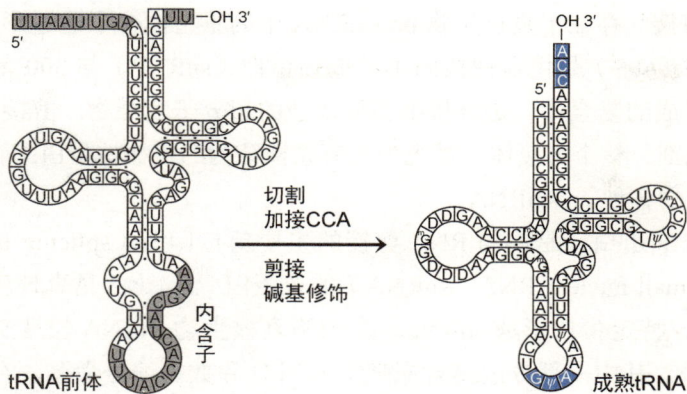

图 3-18　真核生物 tRNA 前体转录后加工

1. 切割　tRNA 前体 5' 前导序列由内切酶 RNase P 切除，3' 尾随序列由核酸外切酶 RNase Z 等核酸酶切除。

人 RNase P 由一个催化 RNA（H1）和至少十个蛋白亚基构成，参与 RNA 聚合酶Ⅲ催化合成的各种 RNA 的加工，包括 tRNA、5S rRNA、7SL RNA、U6 snRNA。

2. 加接 3'CCA　真核生物几乎所有 tRNA 前体都没有 3'CCA，要在加工时添加，由 CCA tRNA 核苷酸转移酶催化，不需要模板，加接反应在细胞核和细胞质进行。

3. 剪接　人类基因组有 509 个 tRNA 基因，其中 32 个有一个 14~60nt 的Ⅳ型内含子，位于反密码子下游且只隔一个核苷酸。在加工时，该内含子由一种剪接核酸内切酶（splicing endonuclease）切除（形成 5'- 羟基和 3'- 磷酸基），再由一种 tRNA 剪接酶复合体将两个外显子连接起来（消耗 GTP），这一过程称为 tRNA 剪接，反应在细胞核内进行。

4. 碱基修饰　包括甲基化、还原、脱氨、糖苷键重排，有的发生于剪接前，有的发生于剪接后；有的发生于细胞核，有的发生于细胞质。

5. 加接 5'G　组氨酸 tRNA 没有 5'G，由组氨酸 tRNA 鸟苷酸转移酶催化加接，反应在细胞质中进行。

（四）RNA 剪接

真核生物经过加工去除断裂基因初级转录产物中的内含子，连接外显子，得到功能 RNA，这一过程称为 RNA 剪接（RNA splicing）。

1. 内含子分类　内含子存在于 mRNA、rRNA 和 tRNA 前体中，可根据剪接机制的不同分为四类。染色体基因组蛋白基因主要含Ⅲ型内含子，又称剪接体内含子（表 3-8）。

表 3-8　内含子分类及剪接机制

内含子类型	剪接酶	特征	分布
Ⅰ型内含子	催化 RNA	利用鸟苷或鸟苷酸自我催化，释放线性内含子	细胞核，线粒体，叶绿体 mRNA、rRNA、tRNA，细菌偶见
Ⅱ型内含子	催化 RNA，成熟酶，逆转录酶	利用内含子内基团自我催化，释放套索内含子	主要真菌、藻类和植物的线粒体、叶绿体 mRNA，细菌偶见
Ⅲ型内含子	催化 snRNA，剪接体蛋白	剪接体剪接，利用内含子内基团，释放套索内含子	真核细胞核基因，存在选择性剪接
Ⅳ型内含子	蛋白质酶	用剪接内切酶和连接酶，释放线性内含子	tRNA，个别 mRNA（如 XBP1）

2. Ⅲ型内含子剪接 存在于真核生物 pre-mRNA 中的Ⅲ型内含子通过形成剪接体进行剪接。剪接体（spliceosome，60S）是由 5 种核内小核糖核蛋白（snRNP）与 300 多种其他剪接因子组装于Ⅲ型内含子上形成的复合体，是真核细胞最复杂的超分子复合物。剪接体所含 RNA 成分是各种剪接步骤的催化剂，整个剪接体可被视为具有柔性结构的核糖核蛋白酶，可适应细胞核中序列和大小均差异极大的各种 pre-mRNA。

（1）核内小核糖核蛋白：是参与 RNA 剪接的主要剪接因子（splicing factor），是含核内小 RNA（核小 RNA，small nuclear RNA，snRNA）的核蛋白。snRNA 是真核生物细胞核内的一类小 RNA，每一种都与特定蛋白形成 snRNP。多细胞真核生物 snRNA 长度 90~300nt，在不同的真核生物中高度保守，其中一部分因富含尿嘧啶而用 U 和数字编号命名。在哺乳动物细胞核内已经发现了十几种 snRNA：① U1、U2、U4、U5 和 U6（长度 106~185nt）位于核质内，参与形成剪接体，参与 pre-mRNA 的剪接。其中 U6 是核酶。② U7 参与组蛋白 pre-mRNA 3' 端的加工。③ U3（U3 snRNA，U3 snoRNA）主要位于核仁内，参与 rRNA 前体的加工及核糖体组装（表 3-9）。

表 3-9　参与 mRNA 剪接的核内小核糖核蛋白（snRNP）

snRNP	所含 snRNA 大小（nt）	作用
U1	165	与 5' 剪接位点结合
U2	185	与分支点结合并与 U6 构建活性中心
U4	145	抑制 U6 的催化活性
U5	116	先后募集 5'、3' 剪接位点使其定向靠近
U6	106	催化剪接

此外有些 snRNA 有其他功能。例如，7SK RNA（280nt）调节转录因子活性，B2 RNA 调节 RNA 聚合酶Ⅱ活性，端粒酶 RNA 作为指导端粒合成的模板。

（2）Ⅲ型内含子：绝大多数Ⅲ型内含子含三段保守序列，称为剪接信号：① 5' 端的二核苷酸序列 GU 位于 5' 剪接位点（5' splice site），又称剪接供体（splice donor，SD）内（脊椎动物共有序列为 AG-GUAAGU），可以与 U1 的 5' 端序列互补结合，形成双螺旋结构。② 3' 端的二核苷酸序列 AG 位于 3' 剪接位点（3' splice site），又称剪接受体（splice acceptor，SA）内（脊椎动物共有序列为 Y_{10}NCAG-GU）。上述Ⅲ型内含子末端序列的保守特征称为 GT-AG 规则（GT-AG 法则）。③ 3' 剪接位点上游 18~50nt 处的一段富含嘧啶的序列，可以与 U2 互补结合。该序列中有一个特定的 A，称为分支点（intron branch site，酵母共有序列 UACUAC，动物共有序列 YNYYRAY，图 3-19）。

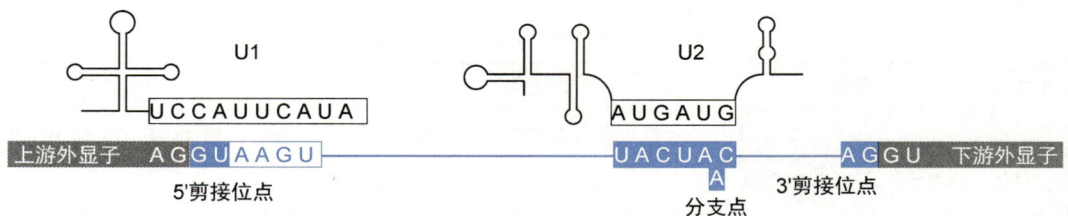

图 3-19　酵母Ⅲ型内含子

Ⅲ型内含子以符合 GT-AG 规则的 U2 型为主（占人类基因组Ⅲ型内含子的 98% 以上），另有少量符合 GT-AG 规则的 U12 型和符合 AT-AC 规则的 U12 型。

（3）转酯反应：Ⅲ型内含子剪接过程是先组装剪接体，再发生两步转酯反应（transesterification reaction）：①第一步转酯反应：又称 2'-3' 转酯反应，分支点 A 的 2'- 羟基亲核攻击上游外显子（upstream exon）3' 端的 3'- 磷酸酯键（内含子 5' 端磷酸基），使其断开，释放上游外显子 3' 端羟基，内含子 5' 端则形成含 2',5'- 磷酸二酯键的内含子套索（intron lariat）。②第二步转酯反应：又称 3'-3' 转酯反应，上游外显子 3' 端羟基亲核攻击内含子 3' 端的 3'- 磷酸酯键（内含子 3' 端磷酸基），使其断开，释放内含子套索，并使上游外显子 3' 端与下游外显子（downstream exon）5' 端以 3',5'- 磷酸二酯键连接（图 3–20）。

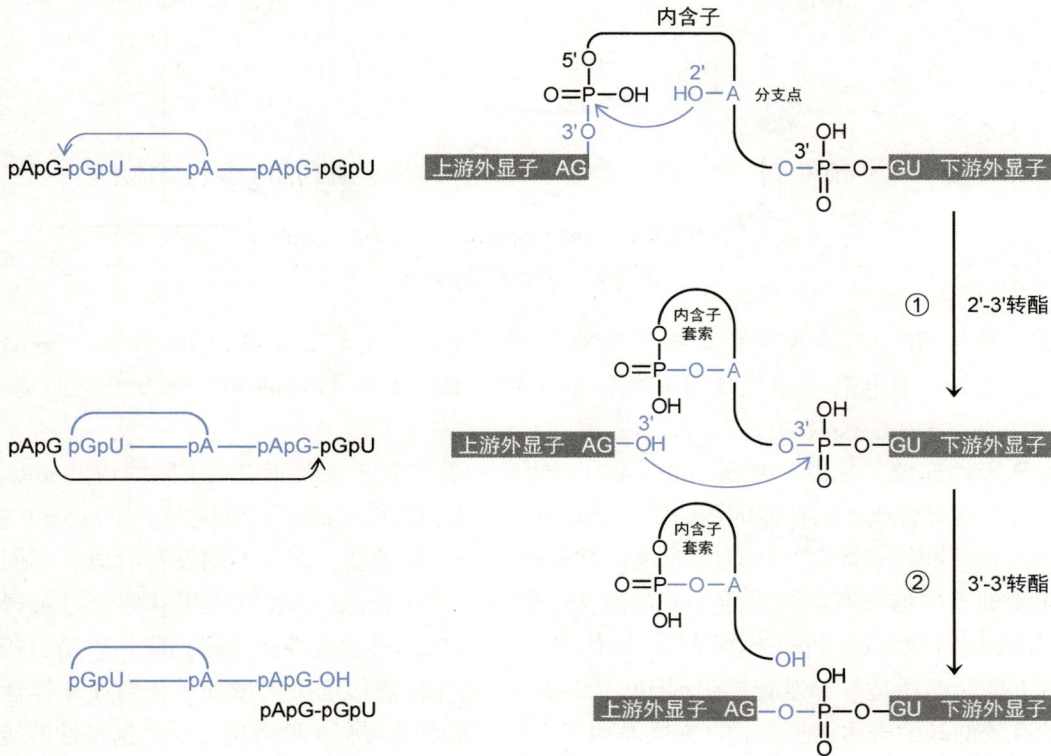

图 3–20　Ⅲ型内含子转酯反应

（4）剪接过程：①形成 A 复合物：U1 snRNP 通过暴露于表面的 snRNA 保守的 6nt 序列 ACUUAC 与 5' 剪接位点互补结合。U2 snRNP 在剪接因子 U2AF 和 SF1（BBP）的协助下通过碱基配对结合于分支点（消耗 ATP），形成 A 复合物（A complex），且 A 凸出，便于与 5' 剪接位点进行转酯反应。②形成 B 复合物：U4、U5、U6 snRNP 预组装为三联体（tri-snRNP），通过 U4 snRNP 结合于 U2 snRNP（消耗 ATP），形成 B 复合物（又称无活性剪接体），此时内含子弯曲，上游外显子与下游外显子相互靠近。③形成 C 复合物：U6 snRNP 取代 U1 snRNP 与 5' 剪接位点结合，U1 snRNP 释放。U6 snRNP 取代 U4 snRNP 与 U2 snRNP 结合形成活性中心，U4 snRNP 释放，分支点靠近 5' 剪接位点，形成 C 复合物（又称活性剪接体）。④转酯反应（图 3–21）。

剪接过程有多个步骤消耗 ATP，用于 RNA 解旋酶解链以便于碱基变更配对及 snRNP 释放。剪接体中有 8 种蛋白质是 ATPase。如果把剪接体视为一个酶蛋白，则它是一种一次性转换酶，每组装一次只能切除一个内含子。因此，每切除一个内含子都要经历组装、激活、催化、释放等环节。

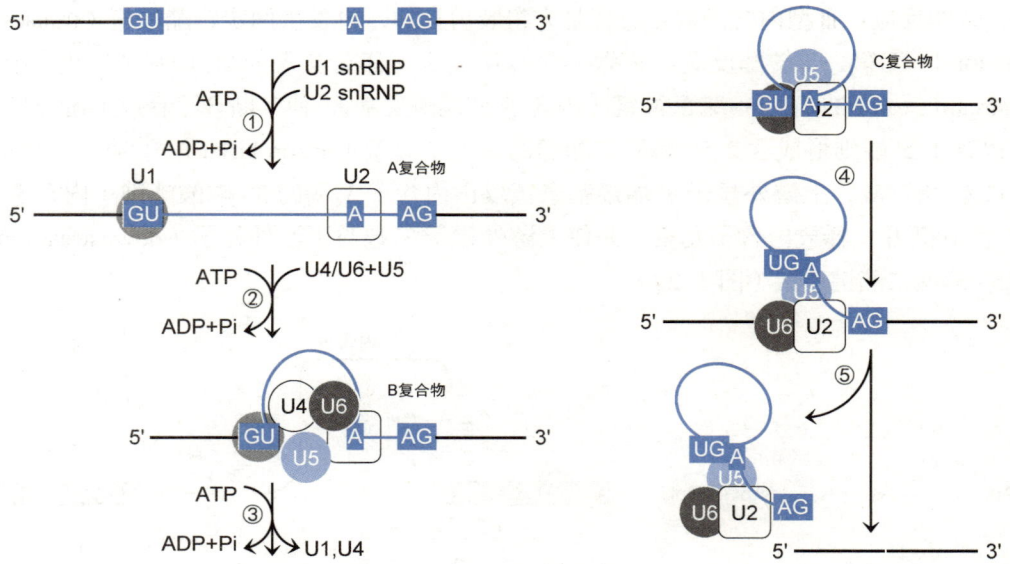

图 3-21　Ⅲ型内含子剪接

上述剪接 GU-AG 内含子的剪接体称为**主要剪接体**。人类基因组约 1% 内含子是 AU-AC 内含子，由次要剪接体剪接。**次要剪接体**不含 U1、U2、U4、U6 snRNP，取而代之的是 U11、U12、U4atac、U6atac snRNP。

3. 选择性剪接　是指一种 pre-mRNA 有不止一种剪接方式，因而得到不同的成熟 mRNA 同源体，它们指导合成不同功能的蛋白质。选择性剪接由剪接体中的反式剪接因子与 pre-mRNA 中顺式剪接元件的结合决定，因而具有组织特异性或条件特异性，即在不同发育阶段、不同组织细胞或受到不同信号刺激时发生不同的剪接。例如，同一 pre-mRNA 在人甲状腺经过选择性剪接得到降钙素 mRNA（翻译产物调节钙磷代谢），在人脑经过选择性剪接得到降钙素基因相关肽 mRNA（翻译产物是一种血管扩张剂）（图 3-22）。选择性剪接既极大增加了蛋白质多样性，又是一种有效的基因表达调控方式。人类基因组中每个基因平均有 4 种剪接方式。选择性剪接大大增加了蛋白质的多样性，以支持更复杂的生命活动，但也使蛋白质组比基因组更复杂。

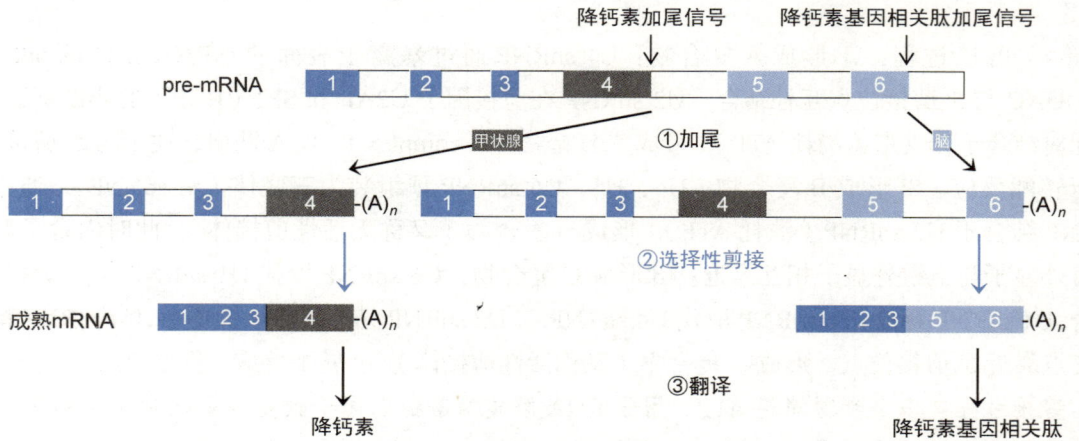

图 3-22　mRNA 选择性剪接

4. 异常剪接　选择性剪接与细胞分化、个体发育等关系密切。在点突变导致的遗传病中，至少有 15% 是因为发生**剪接[位点]突变**（splicing mutation）导致**异常剪接**（aberrant splicing）。例如，人类基因组有两个 *SMN* 基因，*SMN1* 和 *SMN2*。只有 SMN1-mRNA 可以正常剪接得到成熟 mRNA，指导合成功能蛋白。SMN2-mRNA 中有一段 RNA 沉默子序列，它可导致 SMN1-mRNA 外显子 7 被切除，因而不能指导合成功能蛋白。健康个体通过表达 *SMN1* 即可得到 SMN 蛋白，用以组装 snRNP，进而组装剪接体，*SMN1* 突变个体 SMN1-mRNA 内含子 6 的 3' 剪接位点发生突变，导致 pre-mRNA 异常剪接，丢失外显子 7，翻译产物很快就被降解，导致脊髓运动神经元过早死亡，发生脊髓性肌萎缩症，通常在两岁前死亡。用于治疗脊髓性肌萎缩症的诺西那生（XM09）是一种人工合成 18mer 反义寡核苷酸，与 SMN2-mRNA 沉默子序列互补，可以矫正其选择性剪接方式，保留外显子 7，得到成熟 mRNA，指导合成功能 SMN 蛋白。

一些病毒基因的表达过程也发生选择性剪接，例如猿猴空泡病毒 40（SV40）的早期基因初级转录产物通过 5' 选择性剪接生成大 T 抗原（LT-AG）和小 t 抗原（ST-AG）mRNA。

第五节　RNA 病毒 RNA 的复制合成

某些噬菌体和动物病毒的基因组是 RNA，带有编码 RNA 复制酶的基因。这类 RNA 复制酶（RNA replicase）能以噬菌体或病毒 RNA 为模板，以四种 NTP 为原料，以 5' → 3' 方向催化合成 RNA 的互补链，此过程称为 RNA 复制（RNA replication）。RNA 病毒种类不一，其 RNA 的复制方式也不尽相同。

1. 含正链 RNA 的 RNA 病毒　这类病毒感染宿主细胞之后，首先利用宿主细胞表达系统合成 RNA 复制酶亚基和相关蛋白，组装 RNA 复制酶；然后由 RNA 复制酶以正链 RNA（mRNA）为模板合成负链 RNA（cRNA），再以负链 RNA 为模板合成正链 RNA；最后由正链 RNA 和蛋白质包装成新的 RNA 病毒颗粒。Qβ 噬菌体、脊髓灰质炎病毒、冠状病毒属于这种类型。

病毒 RNA 复制酶只复制病毒 RNA，且没有 3' → 5' 外切酶活性，所以催化 RNA 复制时不能校对，错配率较高（达 10^{-4}）。病毒性感冒的病原体是 RNA 病毒，因错配率高、变异快，容易逃避免疫攻击，所以不易制备疫苗。

RNA 复制酶也见于植物、原生生物、真菌、某些低等动物，功能通常是参与小干扰 RNA 合成，调控基因表达。

2. 含负链 RNA 和 RNA 复制酶的 RNA 病毒　这类病毒感染宿主细胞之后，先以病毒负链 RNA（vRNA）为模板合成正链 RNA（mRNA），并以正链 RNA 为模板翻译合成病毒蛋白，再以正链 RNA 为模板合成负链 RNA。流感病毒、狂犬病病毒和马水泡性口炎病毒属于这种类型。

流感病毒 mRNA 有 5' 帽，但来源特别：流感病毒 A 基因组 RNA 是 8 个负链 RNA（vRNA，890~2341nt），每个 RNA 都与 1 分子病毒 RNA 聚合酶（PB1-PB2-PA 三聚体）形成核糖核蛋白。①转录：vRNA 指导合成病毒 mRNA（vmRNA），通过抢帽机制在细胞核内进行（其他 RNA 病毒都在细胞质中）。PB2 结合于宿主 mRNA 帽子，PA 切下其帽端 10~13nt 片段，PB1 以其作为引物，以 vRNA 为模板合成 vmRNA。②复制：vRNA 指导合成病毒基因组 RNA 模板（vcRNA），不需要引物。vmRNA 不同于 vcRNA（表 3–10）。

表 3–10　流感病毒 A 的 vmRNA 和 vcRNA 对比

性质	长度	5' 帽	3' 尾	蛋白质合成抑制剂
vmRNA	比 vRNA 短	+	+	不敏感
vcRNA	与 vRNA 等长	–	–	敏感

3. 含双链 RNA 和 RNA 复制酶的 RNA 病毒　这类病毒感染宿主细胞之后，先合成正链 RNA，并以正链 RNA 为模板翻译合成病毒蛋白，再以正链 RNA 为模板，复制合成双链 RNA。呼肠孤病毒属于这种类型。

第六节　RNA 合成的抑制剂

一些临床药物及科研试剂是干扰 RNA 合成的抗代谢物。

一、碱基类似物

2- 氨基嘌呤、6- 巯基嘌呤、8- 氮鸟嘌呤、硫鸟嘌呤、5- 氟尿嘧啶、6- 氮尿嘧啶等碱基类似物有以下作用。

1. 作为核苷酸抗代谢物直接抑制核苷酸合成　例如 6- 巯基嘌呤进入体内可通过补救途径转化为巯基嘌呤核苷酸，抑制嘌呤核苷酸的合成，在临床上用于治疗急性白血病和绒毛膜上皮癌等。

2. 掺入 RNA　使其形成异常结构，失去生物活性。例如 5- 氟尿嘧啶能掺入 RNA，在临床上用于治疗直肠癌、结肠癌、胃癌、胰腺癌、乳腺癌等。

二、核苷类似物

以核苷类前药利巴韦林（XJ05AB，XJ05AP）为例，作为嘌呤核苷类似物，其磷酸化产物发挥以下作用：①掺入 RNA 病毒的 RNA：诱导致死突变。②抑制 RNA 病毒的 RNA 聚合酶：从而抗 RNA 病毒复制。③抑制某些 DNA 病毒 RNA 加帽：从而抑制其翻译，如痘病毒。④抑制 IMP 脱氢酶：从而抑制 GTP 的从头合成，抗 DNA 病毒，但因此有副作用。⑤增强 T 细胞的抗病毒活性：例如抗丙型肝炎病毒（HCV）。

●国家食品药品管理总局（CFDA）在 2006 年的药物不良反应信息通报（第 11 期）中指出"警惕……利巴韦林的安全性问题"。

三、模板干扰剂

一些放线菌素，包括放线菌素 D、色霉素 A$_3$、橄榄霉素和光神霉素等，属于模板干扰剂。放线菌素 D 是从链霉菌中分离到的含肽抗生素，在与 DNA 非共价结合时，其酚噁嗪酮（phenoxazone）环平面可嵌入（intercalation）相邻的 GC 碱基对之间，其肽部分在 DNA 的小沟内阻碍 RNA 聚合酶移动转录，且对原核生物和真核生物都有效，故用于治疗某些肿瘤。

四、RNA 聚合酶抑制剂

某些抗生素和化学药物能够抑制 RNA 聚合酶活性，从而抑制 RNA 合成。

1. 利福霉素　是 1957 年从链霉菌中分离到的一类抗生素，能强烈抑制革兰阳性菌和结核 [分枝] 杆菌，对其他革兰阴性菌的抑制作用较弱。利福平（XJ04AB，XS01A）是 1962 年研发的半合成利福霉素 B 衍生物，有广谱抗菌作用，对结核分枝杆菌杀伤力更强，用于治疗肺结核。不过有 1/3 患者的结核分支杆菌会发生突变而产生耐药性。利福霉素及其同类化合物的作用机制是与细菌 RNA 聚合酶全酶 β 亚基活性中心旁的 RNA-DNA 结合区特异性结合，抑制其活性，将转录起始阻止在 RNA 只合成 2~3nt 的环节，即抑制启动子清除。

2. 利迪链菌素　与细菌 RNA 聚合酶的 β 亚基结合，抑制转录延伸反应。

3. α 鹅膏蕈碱　是真菌毒鹅膏（又称鬼笔鹅膏）合成的一种八肽，可抑制真核生物 RNA 聚合酶活性（抑制移位，从而抑制启动子清除），特别是 RNA 聚合酶 Ⅱ（K_d=10nmol/L），致死浓度 10^{-8}M。对细菌 RNA 聚合酶的抑制作用极弱。

蛋白质是生命活动的执行者。生物体内几乎任何生命活动都需要一种或数种蛋白质去实施。储存遗传信息的 DNA 并不直接指导蛋白质合成，DNA 的遗传信息通过转录传递给 mRNA，mRNA 直接指导蛋白质合成。mRNA 由 4 种核苷酸合成，而蛋白质由 20 种氨基酸合成。因此，蛋白质合成过程是从 mRNA 读取遗传信息，用氨基酸合成肽链，进而加工成蛋白质的过程，即把核酸语言翻译成蛋白质语言的过程，故蛋白质的合成过程又称翻译（translation）。

蛋白质是基因表达的终产物，一个细胞需要几千种蛋白质维持其正常代谢活动（一个原核细胞中约有 10^7 个蛋白质分子）。这些蛋白质必须适时地合成和降解，以适应代谢需要。一个生长迅速的大肠杆菌细胞中含有 15000 个核糖体（一个哺乳动物细胞有 10^7 个核糖体）、100000 个参与蛋白质合成的蛋白质分子（含酶）、200000 个 tRNA 分子，占细胞干重的 35%~50%，合成蛋白质所消耗的能量占细胞合成代谢消耗能量的 90%。与蛋白质合成和降解有关的几十种代谢相互协调，维持蛋白质平衡（proteostasis），维持生命活动。蛋白质合成障碍可导致相关疾病的发生，抑制蛋白质合成的抑制剂如抗生素等常用于医学研究，部分已用于临床治疗。

第一节　蛋白质合成系统

蛋白质的合成过程非常复杂，合成系统由近 300 种大分子组成，包括 mRNA、tRNA、rRNA、酶和一组蛋白因子，合成反应可表示如下：

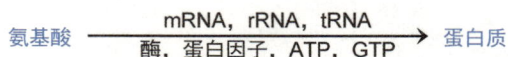

$$氨基酸 \xrightarrow[\text{酶，蛋白因子，ATP，GTP}]{\text{mRNA，rRNA，tRNA}} 蛋白质$$

这里先介绍蛋白质合成系统的核心成分 mRNA、tRNA 和含 rRNA 的核糖体，其他因子将结合在蛋白质合成过程中介绍（表 4-1）。

表 4-1　蛋白质合成系统

蛋白质合成阶段	参与蛋白质合成的物质
氨基酸负载	20 种氨基酸，20 种氨酰 tRNA 合成酶，≥ 32 种 tRNA，ATP，Mg^{2+}
翻译起始	核糖体大、小亚基，mRNA，蛋氨酰 tRNA，翻译起始因子，GTP，Mg^{2+}
翻译延伸	氨酰 tRNA，翻译延伸因子，GTP，Mg^{2+}
翻译终止	释放因子，GTP
翻译后修饰	分子伴侣，酶，辅助因子和其他成分（用于切除、水解、修饰等）

一、mRNA

mRNA 传递从 DNA 转录的遗传信息，其一级结构中编码区的密码子序列直接编码蛋白质多肽链的氨基酸序列。

1. mRNA 的一级结构　由编码区（coding region）和非翻译区（UTR）构成（图 4-1）。

| ① 原核生物mRNA | 5'非翻译区 | 编码区1 | 顺反子间区 | 编码区2 | 3'非翻译区 |

| ② 真核生物mRNA | 5'帽子 | 5'非翻译区 | 编码区 | 3'非翻译区 | poly(A)尾 |

图 4-1　mRNA 的一级结构示意图

（1）5' 非翻译区：又称前导序列（leader，leader sequence），是从 mRNA 的 5' 端到起始密码子之前的一段序列，原核生物 mRNA 的 5' UTR 几乎都大于 25nt，不编码蛋白质，但具有翻译调控功能。真核生物 mRNA 的 5' UTR 较长，但多数不超过 100nt。

（2）编码区：又称编码序列，是从 mRNA 的 5' 端起始密码子到 3' 端终止密码子的一段连续的、无重叠的密码子序列，是 mRNA 的主要序列。一个编码区编码（平均长度约 1050nt）一种肽链（平均长度约 350aa）。细菌和古细菌有许多 mRNA 有两个或多个不同的编码区（因而编码两种或多种肽链），相邻编码区被一个顺反子间区（intercistronic region，-1~40nt）隔开，这种 mRNA 称为多顺反子 mRNA（polycistronic mRNA），大肠杆菌有 50%mRNA 是多顺反子 mRNA。真核生物几乎所有 mRNA 都只有一个编码区，只能编码一种肽链，这种 mRNA 称为单顺反子 mRNA（monocistronic mRNA）。

（3）3' 非翻译区：又称尾随序列（trailer，trailer sequence），是从 mRNA 的终止密码子之后到 3' 端的一段序列。少数 mRNA 的非翻译区长度可达编码区的 2~3 倍，通常 3' 非翻译区更长。非翻译区影响加工、转运、储存、降解、翻译，从而成为调控基因表达的环节之一，其中部分事件发生在 P 小体上（P body）。

除编码区和非翻译区外，真核生物 mRNA 5' 端还有 5' 帽子结构，3' 端有 poly(A) 尾（组蛋白 mRNA 例外）。

2. 密码子　mRNA 开放阅读框内从 5' 端向 3' 端每三个相邻核苷酸为一组组成一种遗传密码，称为密码子（codon，三联体密码，triplet code）（表 4-2）。密码子共有 64 个，其中 61 个编码氨基酸，称为有义密码子（sense codon）。

（1）起始密码子：位于编码区 5' 端的第一个密码子是起始信号，同时编码蛋氨酸（又称甲硫氨酸），即蛋白质合成都从蛋氨酸开始。原核基因的起始密码子（start codon）绝大多数是 AUG（蛋氨酸密码子），少数是 GUG（缬氨酸密码子）、UUG（亮氨酸密码子）。大肠杆菌三种起始密码子使用率依次为 91%、7%、2%，但翻译起始因子 3 mRNA 的起始密码子是 AUU。结核分枝杆菌 H37Rv 三种起始密码子使用率依次为 61%、35%、4%。真核基因的起始密码子几乎都是 AUG，极少数是 CUG（亮氨酸密码子）。人睾丸 5- 磷酸核糖焦磷酸合成酶 3 mRNA 的起始密码子为 ACG（苏氨酸密码子）。

（2）终止密码子：位于编码区 3' 端的最后一个密码子是终止信号，不编码任何氨基酸，称为终止密码子（stop codon，无义密码子，nonsense codon）。终止密码子有 UAA（赭石密码子）、UAG（琥珀密码子）和 UGA（乳白密码子）三种，在细菌基因组中的使用频率 UAA>UGA>UAG。

表 4-2 遗传密码表

第一碱基	第二碱基				第三碱基
	U	C	A	G	
U	UUU 苯丙（Phe, F）	UCU 丝（Ser, S）	UAU 酪（Tyr, Y）	UGU 半胱（Cys, C）	U
	UUC 苯丙（Phe, F）	UCC 丝（Ser, S）	UAC 酪（Tyr, Y）	UGC 半胱（Cys, C）	C
	UUA 亮（Leu, L）	UCA 丝（Ser, S）	UAA 终止密码子	UGA 终止密码子	A
	UUG 亮（Leu, L）	UCG 丝（Ser, S）	UAG 终止密码子	UGG 色（Trp, W）	G
C	CUU 亮（Leu, L）	CCU 脯（Pro, P）	CAU 组（His, H）	CGU 精（Arg, R）	U
	CUC 亮（Leu, L）	CCC 脯（Pro, P）	CAC 组（His, H）	CGC 精（Arg, R）	C
	CUA 亮（Leu, L）	CCA 脯（Pro, P）	CAA 谷胺（Gln, Q）	CGA 精（Arg, R）	A
	CUG 亮（Leu, L）	CCG 脯（Pro, P）	CAG 谷胺（Gln, Q）	CGG 精（Arg, R）	G
A	AUU 异亮（Ile, I）	ACU 苏（Thr, T）	AAU 天胺（Asn, N）	AGU 丝（Ser, S）	U
	AUC 异亮（Ile, I）	ACC 苏（Thr, T）	AAC 天胺（Asn, N）	AGC 丝（Ser, S）	C
	AUA 异亮（Ile, I）	ACA 苏（Thr, T）	AAA 赖（Lys, K）	AGA 精（Arg, R）	A
	AUG 蛋（Met, M）	ACG 苏（Thr, T）	AAG 赖（Lys, K）	AGG 精（Arg, R）	G
G	GUU 缬（Val, V）	GCU 丙（Ala, A）	GAU 天（Asp, D）	GGU 甘（Gly, G）	U
	GUC 缬（Val, V）	GCC 丙（Ala, A）	GAC 天（Asp, D）	GGC 甘（Gly, G）	C
	GUA 缬（Val, V）	GCA 丙（Ala, A）	GAA 谷（Glu, E）	GGA 甘（Gly, G）	A
	GUG 缬（Val, V）	GCG 丙（Ala, A）	GAG 谷（Glu, E）	GGG 甘（Gly, G）	G

● 遗传密码的破解完成于 1966 年，是 20 世纪最重要的科学发现之一，R. Holley、H. Khorana 和 M. Nirenberg 因此于 1968 年获得诺贝尔生理学或医学奖。

3. 密码子特点 包括方向性、连续性、简并性、通用性等。

（1）方向性（directionality）：核糖体阅读 mRNA 编码区的方向是 5'→3'，因此：①所有密码子都以 5'→3' 方向阅读。②起始密码子位于编码区的 5' 端，终止密码子位于编码区的 3' 端。

（2）连续性（continuity）：① mRNA 编码区的密码子之间没有间隔（gap），即每个核苷酸都参与构成密码子。②密码子没有重叠（nonoverlapping），即每个核苷酸只参与构成一个密码子。因此，如果发生插入缺失突变，并且插入缺失的不是 $3n$ 个碱基，插入缺失点下游就会发生移码突变，导致蛋白质的氨基酸组成和序列改变。

（3）简并性（degeneracy）：一个有义密码子编码一种编码氨基酸，但编码氨基酸只有 20 种，有义密码子有 61 个，所以一种氨基酸可能有不止一个密码子。实际上只有蛋氨酸和色氨酸有单一密码子，其余 18 种氨基酸各有 2~6 个密码子（表 4-2）。编码同一种氨基酸的不同密码子称为同义密码子（synonymous codon，简并密码子，degenerate codon）。同义密码子具有简并性（degeneracy），又称密码简并，即不同密码子可以编码同一种氨基酸，并且只编码一种氨基酸。密码子的特异性主要是由第一、二碱基决定的：大多数同义密码子的第一、二碱基一样，第三碱基不同，称为第三碱基简并性（third-base degeneracy）。例如 GAU 和 GAC 是同义密码子，都编码天冬氨酸，其第一、二碱基都是 GA，第三碱基分别是 U 和 C。简并性可最大程度降低突变效应，如同义突变（第二章，53 页）。

密码子偏好性（密码子偏爱性，密码子偏倚，codon bias）是指编码同一种氨基酸的几个同义密码子在一个基因组中的使用率不同，使用率高的称为偏爱密码子（preferred codon），使用率低的称为稀有密码子（rare codon）。密码子偏好性与同工 tRNA 丰度一致：高丰度 tRNA（common tRNA）识别偏爱密码子，翻译效率高；低丰度 tRNA（稀有 tRNA，rare tRNA）识别稀有密码子，翻译效率低。密码子偏好性广泛存在于各种生物体内，包括细菌、植物和动物等。一个同义密码子在不同生物的基因组中翻译效率可能不同，在一种生物的基因组中可能是偏爱密码子，而在另一种生物的基因组中却可能是稀有密码子。

（4）通用性（universality）：地球生物基本采用同一套遗传密码，说明它们拥有共同的进化祖先。线粒体和某些细菌、某些单细胞真核生物染色体 DNA 的个别密码子例外，但主要涉及终止密码子，①山羊支原体用 UGA 编码色氨酸。②有纤毛原生生物四膜虫和草履虫用 UAA/UAG 编码谷氨酰胺。③假丝酵母用 CUG（亮氨酸密码子）编码丝氨酸。④UGA 编码硒代半胱氨酸。⑤线粒体 DNA 遗传密码的例外较多。

（5）抗突变性（mutation-resistant）：密码子不是随机分配给氨基酸的，而是执行了某种优化分配原则，该原则赋予其三个碱基抗突变性，可以尽最大可能降低有害突变特别是错义突变发生率。①密码子第三碱基的置换有 75% 是沉默突变。②第一碱基突变通常引起氨基酸取代，但这种取代多发生在具有相似化学性质的氨基酸之间，这在第二碱基为 U 的密码子尤为突出，它们编码的都是疏水性氨基酸，如缬氨酸密码子 GUU 转换为 AUU 而被异亮氨酸取代，转换为 CUU 则被亮氨酸取代，这些取代对蛋白质结构或功能的影响常常很小。

4. 阅读框 [架] 是指 mRNA 及对应 DNA 碱基序列的 3 种解读方式，即可解读出 3 种密码子序列，末端不一定含起始密码子或终止密码子（图 4-2）。其中从起始密码子开始到终止密码子结束的阅读框称为开放阅读框（可读框，open reading frame，ORF；另有定义开放阅读框不包括终止密码子）。ORF 中编码产物或其功能尚未鉴定的称为功能未定读框（unassigned reading frame，URF），位于 5' 非翻译区内参与翻译调控的一种小 ORF 称为上游开放阅读框（upstream ORF，uORF）。mRNA 的一个编码区就是一个开放阅读框。各种生物 mRNA 编码区所编码肽链的平均长度是 350aa，人类是 440aa。

```
mRNA      5'–AUGCAUGCAUGGGAUAUAGGCCUUAGUUGAC–3'

阅读框1    5'–AUG·CAU·GCA·UGG·GAU·AUA·GGC·CUU·AGU·UGA·C–3'

阅读框2    5'–A·UGC·AUG·CAU·GGG·AUA·UAG·GCC·UUA·GUU·GAC–3'

阅读框3    5'–AU·GCA·UGC·AUG·GGA·UAU·AGG·CCU·UAG·UUG·AC–3'
```

图 4-2 阅读框

mRNA 翻译过程中有时会发生核糖体移码（ribosome frameshifting，翻译移码，translation frameshift），即核糖体复合物将一个四核苷酸序列读成密码子（+1 移码，如大肠杆菌 RF-2 的翻译合成，第五章，177 页），或者将一个碱基重读（−1 移码），接下来虽然继续按照三联体阅读，但阅读框已经改变。核糖体移码极少见，主要发生在某些病毒 RNA（特别是逆转录病毒 RNA）翻译过程中，是在翻译水平调控基因表达的一种机制。

● 大肠杆菌 DNA 聚合酶 Ⅲ 的 τ 亚基 mRNA 的密码子 Lys430、Glu431、Pro432，正常阅

读时合成 τ 亚基（Met1~Ile643），如果读至密码子 Ser431 时后退一个碱基（-1 移码），则读为 Glu431、终止密码子 432，合成 γ 亚基（Met1~Glu431）（第二章，35 页）。

二、tRNA

F. Crick 于 1955 年提出可能存在一种小的核酸分子连接物（adaptor，linker），其结构的一个特定部位可以结合一种氨基酸，另一个特定部位可以识别一种 mRNA 分子中编码该氨基酸的碱基序列。这种连接物即为 M. Hoagland 和 P. Zamecnik 于 1958 年发现的 tRNA。细胞质蛋白质合成体系至少需要 32 种 tRNA，线粒体蛋白质合成体系只需 22 种 tRNA。

1. tRNA 是氨基酸转运工具　每一种氨基酸都有自己的 tRNA，它通过 3'CCA 序列的腺苷酸 3'- 羟基结合、转运氨基酸并在核糖体上将其连接到肽链的 C 端。

2. tRNA 是译码器　每一种 tRNA 都含有一个反密码子（anti-codon），它是 tRNA 反密码子环（YY-N34-N35-N36-R*N，Y 为嘧啶碱基，R* 为修饰嘌呤碱基）上的一个三核苷酸序列（N34-N35-N36），可识别 mRNA 编码区的密码子，并与之结合（图 4-3）。因此，mRNA 通过碱基配对选择氨酰 tRNA，并允许其将携带的氨基酸连接到肽链上。

3. tRNA 译码存在摆动性　反密码子与密码子是反向结合的，即 tRNA 反密码子的第一、第二、第三碱基分别与 mRNA 密码子的第三、第二、第一碱基结合。如果这种结合严格按照碱基配对原则，即 1 种反密码子只识别 1 个密码子，那么识别 61 个密码子就需要 61 种反密码子，从而需要 61 种 tRNA。

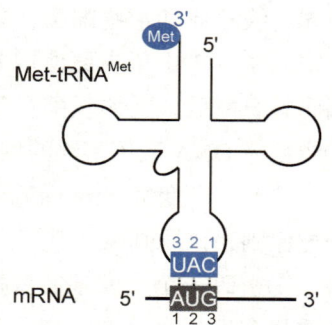

图 4-3　tRNA 译码

实际上，各种细胞所含 tRNA 的种类的确多于编码氨基酸的种类，因此一种编码氨基酸可能有几种 tRNA，它们称为同工 tRNA（isoaccepting tRNA，因为被同一种氨酰 tRNA 合成酶催化负载，又称关联 tRNA，cognate tRNA）。然而，绝大多数细胞所含的 tRNA 种类少于密码子个数。大多数细胞有 40~50 种 tRNA，因此一种反密码子可能识别几个不同的密码子（当然它们一定是同义密码子）。这就意味着，有些反密码子与密码子的结合并不严格按照碱基配对原则配对，这种现象称为摆动性（wobble）。

研究发现，mRNA 密码子的第三碱基（又称 3' 碱基）和 tRNA 反密码子的第一碱基（又称 5' 碱基）为摆动位置（wobble position），该位置存在非 Watson-Crick 碱基配对。1966 年，F. Crick 总结对摆动位置的研究，提出了摆动假说（wobble hypothesis，摆动法则，wobble rule）。

（1）mRNA 密码子第一、第二碱基与反密码子第三、第二碱基只能形成 Watson-Crick 碱基对，对密码子的特异性起决定性作用。因此，两个同义密码子的第一、第二碱基即使有一个不同，也将由不同的 tRNA 识别。

（2）tRNA 反密码子第一碱基被称为摆动碱基（wobble base），决定其可识别密码子的个数：①第一碱基为 A 或 C 的反密码子专一性最强，只能识别一个密码子。②第一碱基为 U 或 G 的反密码子专一性较弱，可以识别第三碱基为 A、G 或 U、A 的两个同义密码子。③第一碱基为次黄嘌呤的反密码子专一性最弱，可以识别第三碱基为 A、C、U 的三个同义密码子。因此，一种 tRNA 最多可识别三个同义密码子（表 4-3）。

因此，摆动位置可以形成五种非 Watson-Crick 碱基配对（摆动配对）：G-U、U-G、I-A、I-C、I-U，其中特别值得注意的是 G-U 和 U-G，它们与 Watson-Crick 碱基配对 G-C、C-G 几乎同样稳定。例如，苯丙氨酸的密码子 UUU、UUC 都被 tRNA[Phe] 的反密码子 GAA 识别。实际上，如果两个密码子的第一、二碱基分别一样，第三碱基是 U 或 C，那么它们一定编码同一种氨基酸，并且由同一种 tRNA 识别，该 tRNA 反密码子的第一碱基一定是 G。

表 4-3　摆动配对

反密码子第一碱基	A	C*	G	U**	I
密码子第三碱基	U	G	C，U	A，G	A，C，U

*线粒体 tRNA 反密码子第一碱基 C 可以与第三碱基为 A、G 的两种同义密码子配对；**线粒体 tRNA 反密码子第一碱基 U 可以与第三碱基为 A、C、G、U 的四种同义密码子配对

（3）如果一种氨基酸有几种同义密码子，第一或第二碱基不同的同义密码子由不同 tRNA 识别。

（4）识别全部 61 种密码子至少需要 32 种 tRNA 的 31 种反密码子（识别 AUG 需要两种 tRNA，其中 1 种 tRNA 识别起始 AUG）。

线粒体 DNA 遗传密码有差异，其密码子识别需要 22 种 tRNA。

摆动性意义：一方面使一种 tRNA 可以识别几个同义密码子，降低有害突变的发生率；另一方面可以平衡蛋白质合成的准确度和速度。

虽然 32 种 tRNA 可以支持翻译，但细胞内却有更多的 tRNA，大肠杆菌基因组中有 86 个 tRNA 基因拷贝，编码 47 种 tRNA。

● 16S rRNA 的三个保守碱基 G530、A1492、A1493 监控密码子第一、第二碱基是否与反密码子第三、第二碱基形成 Watson-Crick 碱基配对：它们会与形成 Watson-Crick 碱基配对的碱基形成氢键。

三、核糖体

20 世纪 50 年代，P. Zamecnik 和 E. Keller 通过同位素实验证明蛋白质是在核糖体上合成的。V. Ramakrishnan、T. Steitz 和 A. Yonath 因阐明核糖体结构和功能而获得 2009 年诺贝尔化学奖。

核糖体是复杂的超分子机器。核糖体及其两个亚基的构象已经解析（图 4-4）。关键位点包括 tRNA 结合位点、肽酰转移酶中心、mRNA 结合位点，这些位点的化学构成都是 rRNA，基本没有肽链，肽链多点缀于核糖体表面，所以 rRNA 是核酶，是核糖体结构和功能的关键成分。

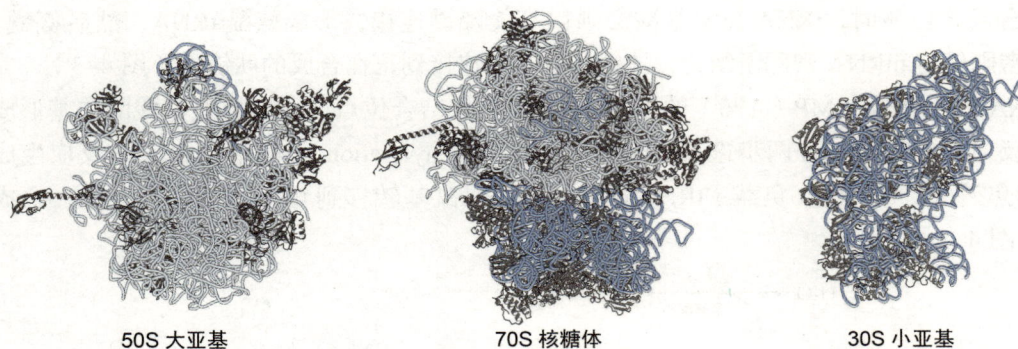

50S 大亚基　　　　70S 核糖体　　　　30S 小亚基

图 4-4　原核生物核糖体结构

1. tRNA 结合位点　有三个：①氨酰位（aminoacyl site）：简称 A 位，又称受位（acceptor site），是氨酰 tRNA 结合位点，跨在小亚基和大亚基上。②肽酰位（peptidyl site）：简称 P 位，

又称给位（donor site），是**肽酰 tRNA** 结合位点，跨在小亚基和大亚基上。③**出口位**（exit site）：简称 **E 位**，是**脱酰 tRNA** 结合位点，主要位于大亚基上，但与小亚基也有接触（图 4-7）。三个位点的小亚基部分可以结合 tRNA 的反密码子环，大亚基部分可以结合 CCA。

2. 肽酰转移酶中心　又称肽基转移酶（peptidyl transferase center）中心，位于原核生物和真核生物核糖体大亚基的 A 位和 P 位之间，可催化 P 位肽酰 -tRNA 与 A 位氨酰 tRNA 氨基缩合形成肽键。A 位和 P 位之间有一个肽链通道（exit channel）入口，该通道直径 1~2nm，长约 10nm，可容纳约 50aa 肽段，主要由 rRNA 形成，出口位于 50S 表面，用于释放新生肽。

3. mRNA 结合位点　位于 30S 小亚基上，两个连续的密码子位于 A 位、P 位。

不同真核生物核糖体亚基大小差异较大。线粒体、叶绿体核糖体比细菌核糖体还小且简单。虽然如此，其核糖体结构、功能和蛋白质合成所涉及的许多基本成分及合成机制都非常保守，例如真核生物与原核生物 rRNA 中，18S rRNA 与 16S rRNA、28S rRNA 与 23S rRNA、5S rRNA 与 5S rRNA、5.8S rRNA 与 23S rRNA 5' 端同源，提示它们在所有物种的**共同祖先**（last universal common ancestor，LUCA）时代就已存在。

第二节　氨基酸负载

蛋白质合成过程包括氨基酸负载、前体蛋白合成和翻译后修饰。原核生物与真核生物的蛋白质合成过程在以下几个方面基本一致：①合成蛋白质的直接原料是**氨酰 tRNA**（aminoacyl-tRNA），即 tRNA 的氨基酸酯，又称负载 tRNA（charged tRNA）。氨基酸与 tRNA 的结合由氨酰 tRNA 合成酶催化，这一过程称为**负载**（charged），属于**氨酰化反应**（aminoacylation），由 M. Hoagland、P. Zamecnik、E. Keller 等于 1956~1958 年揭示。②翻译从 mRNA 编码区 5' 端的起始密码子开始，沿 5' → 3' 方向，到终止密码子结束。③前体蛋白合成从 N 端开始，在 C 端延伸，整个过程分为起始、延伸和终止三个阶段。此外，蛋白质合成高度保真，错误率仅为 10^{-5}~10^{-4}（密码子 - 反密码子错配率约 5×10^{-4}，类似核糖体移码的发生率约 10^{-5}），几乎在任何时候都不会影响正常代谢。

氨基酸负载过程消耗 ATP，使氨基酸与 tRNA 以高能酯键连接，所以氨酰 tRNA 是氨基酸的活化形式，氨基酸负载又称**氨基酸活化**。每活化一分子氨基酸消耗两个高能磷酸键。

一、氨基酸负载机制

在合成蛋白质时，tRNA 与氨基酸必须以高能酯键连接，形成氨酰 tRNA，然后氨酰 tRNA 通过反密码子与 mRNA 密码子结合，才能将氨基酸连接到正在合成的肽链上（图 4-3）。

tRNA 的 3' 末端 AMP（A76）的 3'- 羟基是氨基酸结合位点，可以与氨基酸的羧基形成高能酯键。反应在细胞质中分两步进行。①腺苷酸化（adenylylation）：氨基酸与 ATP 反应生成氨酰 AMP 和焦磷酸。② tRNA 负载（tRNA charging）：氨酰基转移到 tRNA 的 3'- 羟基上，合成氨酰 tRNA（图 4-5）。

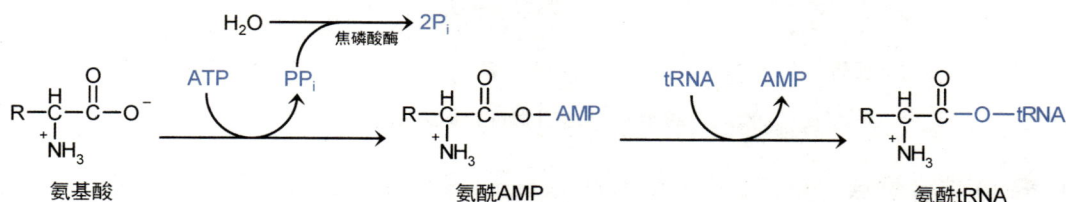

图 4-5　氨基酸负载

空载 tRNA 和负载 tRNA 分别以 tRNA^{AA} 和 AA-tRNA^{AA} 表示，如 tRNA^{Gly}（甘氨酸 tRNA）和 Gly-tRNA^{Gly}（甘氨酰 tRNA）。tRNA 多以负载形式存在，在生长旺盛的细胞中负载率达 65%~90%，但氨基酸缺乏导致负载率下降。

二、氨酰 tRNA 合成酶

tRNA 与氨基酸并不能相互识别，它们的正确结合是由氨酰 tRNA 合成酶（aminoacyl-tRNA synthetase，需要 Mg^{2+}）催化进行的。绝大多数生物基因组编码 20 种细胞质氨酰 tRNA 合成酶和 20 种线粒体氨酰 tRNA 合成酶，每一种氨酰 tRNA 合成酶都催化一种编码氨基酸与其 tRNA（包括同工 tRNA）的 3'- 羟基连接。氨酰 tRNA 合成酶对氨基酸、ATP 有绝对专一性，只催化一种氨基酸活化，只用 ATP 供能；对 tRNA 有绝对或相对专一性，只催化一种 tRNA 或几种同工 tRNA 负载（识别 D 臂等部位的特异结构）。

1. **氨酰 tRNA 合成酶编辑功能**　tRNA 必须正确负载。当氨酰 tRNA 参与蛋白质合成时，核糖体只是协助氨酰 tRNA 的反密码子与 mRNA 的密码子结合，不能识别氨酰 tRNA 负载的氨基酸是否正确。如果氨酰 tRNA 错载（mischarging，实际发生率 10^{-5}~10^{-3}），即与其他氨基酸结合，就会发生错编（miscoding），即将错载的氨基酸连接到肽链上，最终影响产物结构、性质甚至功能。实际上氨酰 tRNA 合成酶有编辑（校对）功能，可以水解错误结合的氨酰 AMP（转移前编校）和氨酰 tRNA（转移后编校），从而将错载率降至 10^{-7}~10^{-5}。

不同氨酰 tRNA 合成酶编辑机制不同，但大都采用双中心双过滤（two successive filter）机制，活性中心筛除比正常底物大的，编辑中心筛除比正常底物小的。例如异亮氨酰 tRNA 合成酶：①活性中心（酰化中心）可筛除大的亮氨酸，催化异亮氨酸和缬氨酸活化生成异亮氨酰 AMP 和缬氨酰 AMP，但效率相差 200 倍。②编辑中心（水解中心、校对中心）可水解小的缬氨酰 AMP，最终在肽链异亮氨酸位置错误掺入缬氨酸的发生率只有 1/3000。

此外，大多数氨酰 tRNA 合成酶还可水解氨酰 tRNA，最适底物是错载氨酰 tRNA，因而相当于第三次过滤，进一步增加了合成的保真性。

2. **第二遗传密码**　虽然蛋白质合成过程被称为翻译，但是某种意义上难度最大的翻译环节是氨酰 tRNA 合成酶催化的 tRNA 与氨基酸的连接，它识别 tRNA 和识别氨基酸一样重要。tRNA 的识别特征有时被称为第二遗传密码（second genetic code）。不同氨酰 tRNA 合成酶识别 tRNA 机制不同，尚未发现共性。有的以识别反密码子为基础，例如 Thr-tRNA 合成酶通过与反密码子第二碱基 G 形成氢键识别之。tRNA^{Ala} 的主要识别部位是其氨基酸臂的一个 G^3=U^{70} 碱基对。一个化学合成的几乎只含 7bp 氨基酸臂（不含 N14~N65）的丙氨酸 tRNA 碎片，只要其含 G=U 碱基对，就可被丙氨酰 tRNA 合成酶催化氨基酰化。

3. **氨酰 tRNA 合成酶分类**　所有生物氨酰 tRNA 合成酶可分为Ⅰ类、Ⅱ类两个家族（表 4-4），它们的一级结构、三级结构及催化反应机制明显不同。尚无证据支持两类 tRNA 来自同一祖先。

表 4-4　氨酰 tRNA 合成酶分类

家族	活性中心	氨基酸底物
Ⅰ类	位于或靠近 N 端	单体：Arg, Cys, Gln, Glu, Ile, Leu, Met, Val；同二聚体：Trp, Tyr
Ⅱ类	位于或靠近 C 端	同二聚体：Asn, Asp, His, Lys, Pro, Ser, Thr；同四聚体：Ala；$\alpha_2\beta_2$ 四聚体：Gly、Phe

（1）它们的结构及与 tRNA 结合的方式不同：①Ⅰ类氨酰 tRNA 合成酶多为单体，与 tRNA 氨基酸臂的小沟侧结合，结合后 tRNA 的 CCA 呈发夹构象。②Ⅱ类氨酰 tRNA 合成酶多为二聚体，与 tRNA 氨基酸臂的大沟侧结合，结合后 tRNA 的 CCA 呈螺旋构象。此外它们与 ATP 的结合构象也不同（图 4-6）。

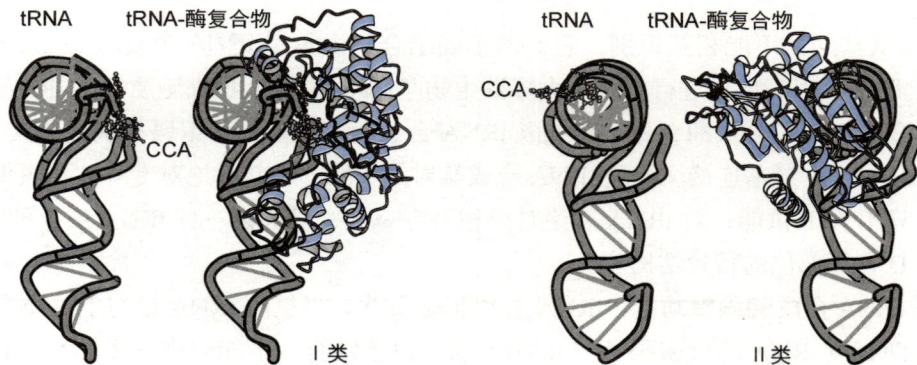

图 4-6　Ⅰ类、Ⅱ类氨酰 tRNA 合成酶

（2）它们催化的反应机制不尽相同：①Ⅰ类氨酰 tRNA 合成酶催化氨基酸活化成氨酰 AMP 后，先转至 A76 的 2'- 羟基上，再通过转酯反应从 2'- 羟基转至 3'- 羟基上。②Ⅱ类氨酰 tRNA 合成酶催化氨基酸活化成氨酰 AMP 后，直接转至 A76 的 3'- 羟基上（Phe-tRNA 例外）。

三、起始蛋氨酰 tRNA

H. Dintzis 于 1961 年报道蛋白质合成始于 N 端。虽然蛋氨酸只有一个密码子，但原核生物和真核生物都有两种负载蛋氨酸的 tRNA。原核生物的两种蛋氨酰 tRNA 记作 fMet-tRNA$_f$（或 fMet-tRNA$_f^{Met}$）和 Met-tRNA$_m^{Met}$，真核生物的两种蛋氨酰 tRNA 记作 Met-tRNA$_i$（或 Met-tRNA$_i^{Met}$）和 Met-tRNA^{Met}。fMet-tRNA$_f$ 参与翻译起始。Met-tRNA$_m^{Met}$ 参与翻译延伸。Met-tRNA$_f$ 既可参与翻译起始，也可参与延伸。两种 tRNA 都由同一种蛋氨酰 tRNA 合成酶（MetRS）催化负载。原核生物的起始蛋氨酰 tRNA（Met-tRNA$_f$）被 N^{10}- 甲酰四氢叶酸甲酰化，生成 N- 甲酰蛋氨酰 tRNA（fMet-tRNA$_f$），反应由甲酰基转移酶（transformylase）催化：

$$N^{10}\text{-甲酰四氢叶酸} + 蛋氨酰tRNA \rightarrow N\text{-甲酰}蛋氨酰tRNA + 四氢叶酸$$

甲酰化是非必需事件，但可以提高翻译启动速度。真核生物细胞质中的蛋氨酰 tRNA 未甲酰化，但是其线粒体和叶绿体内的蛋氨酰 tRNA 被甲酰化，提示这些细胞器可能是寄生于真核细胞中的细菌演化体。

第三节　原核生物蛋白质的生物合成

原核生物和真核生物的蛋白质合成过程在细节上有差异，参与合成的因子及其命名 / 缩写也不同。本节以大肠杆菌 K-12 株为例介绍原核生物蛋白质合成过程。

一、翻译起始

翻译起始阶段是核糖体在翻译起始因子（IF，表 4-5）的协助下与 mRNA、fMet-tRNA$_f$ 形成翻译起始复合物的过程（图 4-7）。在复合物中，fMet-tRNA$_f$ 的反密码子 CAU 与 mRNA 的起始密码子正确配对（配对效率 AUG：GUG：UUG=4：2：1）。

表 4-5　大肠杆菌 K-12 株翻译起始因子

常用名称缩写	结构	功能
IF-1（IF1）	单体	结合于小亚基 A 位点旁，防止氨酰 tRNA 提前进位；稳定 IF-2、IF-3 与小亚基的结合
IF-2（IF2）	单体	抑制 fMet-tRNA$_f$ 自发水解；结合于 A 位点 IF-1，促使 fMet-tRNA$_f$ 结合于小亚基 P 位；有 GTPase 活性，在 70S 核糖体组装完毕后水解 GTP
IF-3（IF3）	单体	在翻译终止阶段结合于游离小亚基 E 位点，促进 70S 核糖体解离；协助小亚基结合于 mRNA 核糖体结合位点；封堵 E 位，使 fMet-tRNA$_f$ 与小亚基 P 位及起始密码子结合

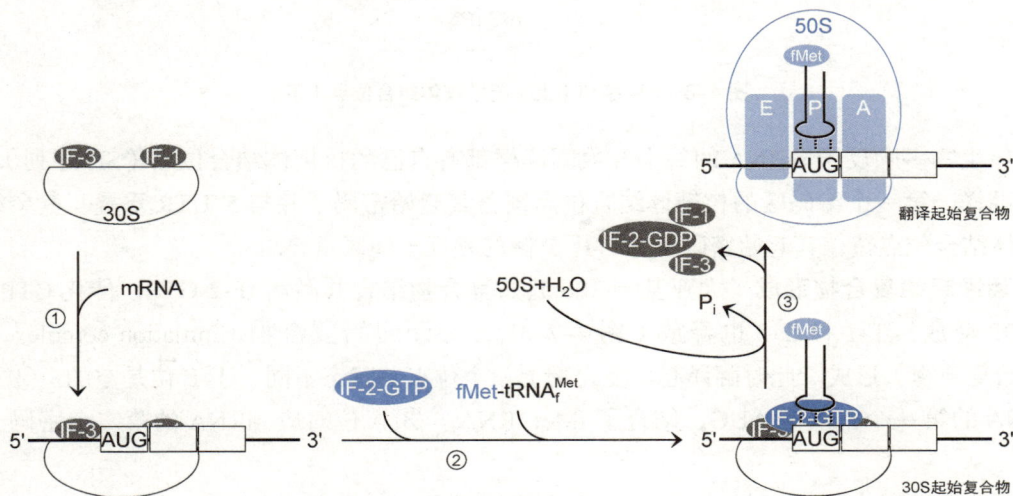

图 4-7　大肠杆菌翻译起始

1. 30S 起始复合物形成　IF-3、IF-1 依次结合于游离 30S 小亚基，分别结合于 E 位点、A 位点旁，之后 IF-2-GTP 先结合于 IF-1，再转至 P 位点。IF-2-GTP 介导 fMet-tRNA$_f$ 结合于 P 位点。mRNA 通过核糖体结合位点结合于 30S 小亚基的 mRNA 结合位点，其 5′ AUG 定位于 P 位点，与 fMet-tRNA$_f$ 的反密码子 CAU 互补结合，其中密码子 UG 碱基与反密码子 CA 碱基的配对是必需的。此外，① fMet-tRNA$_f$、mRNA 的结合顺序并不唯一，可能与 mRNA 的种类和 SD 序列有关。②也有研究表明 IF-2-GTP 先与 fMet-tRNA$_f$ 结合形成三元复合物，再与 30S 小亚基结合。

mRNA 开放阅读框既有 5′ 端 AUG 又有内部 AUG，部分 mRNA 的 5′ UTR 也有 AUG。只有 5′ 端 AUG 才是起始密码子，它位于核糖体结合位点内。

核糖体结合位点（RBS）是指核糖体复合物赖以组装并启动肽链合成的一段 mRNA 序列。大肠杆菌 mRNA 的核糖体结合位点 30~35nt，覆盖起始密码子及其上游（5′ UTR 或顺反子间区内）8~13nt 处的一段富含嘌呤核苷酸的保守序列，该序列长度 4~9nt，共有序列是 AGGAGGU，用发现者 J. Shine 和 L. Dalgarno 的名字命名为 SD 序列。该序列与 16S rRNA 靠近 3′ 端的一段富含嘧啶序列 ACCUCCU 互补而形成碱基配对（3~9bp，因 SD 序列而异），使 5′ 端 AUG 在 30S 上正确定位（图 4-8）。

E. coli trpA	AGCAC GAG GGG AAAUCUG AUG GAACGCUAC
E. coli araB	UUUGGAU GGAG UGAAACG AUG GCGAUUGCA
E. coli thrA	GGUAAC CAGGU AACAACC AUG CGAGUGUUG
E. coli lacI	CAAUUCAG GGUG GU GAAU GUG AAACCAGUA
φX174 phage A protein	AAUCUU GGAGG CUUUUUU AUG GUUCGUUCU
Qβ phage replicase	UAAC UAAGGA UGAAAUGC AUG UCUAAGACA
R17 phage A protein	UCCU AGGAGGU UUGACCU AUG CGAGCUUUU
λ phage *cro*	AUGUAC UAAGGAGGU UGUA AUG GAACAACGC
共有序列	AGGAGGU　　　AUG

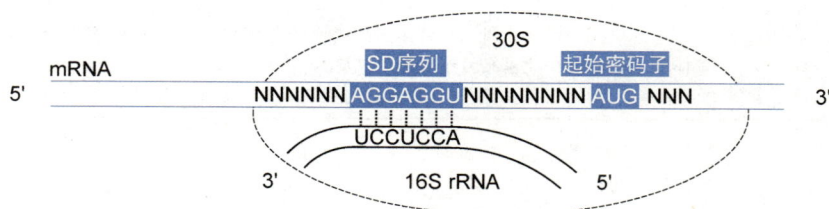

图 4-8　SD 序列（上）与核糖体结合位点（下）

原核生物多顺反子 mRNA 的每个开放阅读框都有自己的核糖体结合位点（SD 序列），可单独启动翻译。第一个编码区的核糖体结合位点覆盖其起始密码子并与 5' UTR 重叠。其余编码区的核糖体结合位点覆盖其起始密码子并与其 5' 侧的顺反子间区重叠。

2. 翻译起始复合物形成　大亚基与 30S 起始复合物结合并激活 IF-2-GTP，催化 GTP 水解，IF-2-GDP 释放，IF-1 和 IF-3 也释放（图 4-7③），翻译起始复合物（initiation complex，又称 70S 起始复合物）形成。此时翻译起始复合物上三个位点的状态不同：①E 位是空的。②P 位对应 mRNA 的第一个密码子 AUG，结合了 fMet-tRNA$_f$。③A 位对应 mRNA 的第二个密码子，是空的。

●抗生素：①大肠杆菌素（colicin）：又称大肠菌素，由某些细菌合成，可切除大肠杆菌 16S rRNA 3' 端约 50nt（该序列的功能有结合 IF-3、mRNA、tRNA），从而抑制翻译起始。②春日霉素（kasugamycin）：使 fMet-tRNA$_f$ 从 30S 起始复合物上脱落，从而抑制翻译起始。

二、翻译延伸

翻译延伸阶段是 mRNA 编码区指导核糖体用氨基酸合成肽链的过程。翻译延伸是一个循环过程，该循环包括进位、成肽、移位三个步骤（图 4-9）。每循环一次连接一个氨基酸（每秒可连接 15~20 个氨基酸）。肽链合成的方向是 N 端→C 端，所以起始 *N*- 甲酰蛋氨酸位于 N 端。肽链延伸消耗 GTP，并且需要 [翻译] 延伸因子（延长因子，EF）EF-Tu、EF-Ts 和 EF-G 参与（表 4-6），延伸错误率 10^{-5}~10^{-3}。

表 4-6　大肠杆菌 K-12 株翻译延伸因子

常用名称缩写	结构	功能
EF-Tu（EF1A）	单体	协助氨酰 tRNA 进入核糖体 A 位
EF-Ts（EF1B）	EF-Ts$_2$EF-Tu$_2$	促使 EF-Tu 释放 GDP，结合 GTP
EF-G（EF2）	单体	GTPase，促使核糖体移位

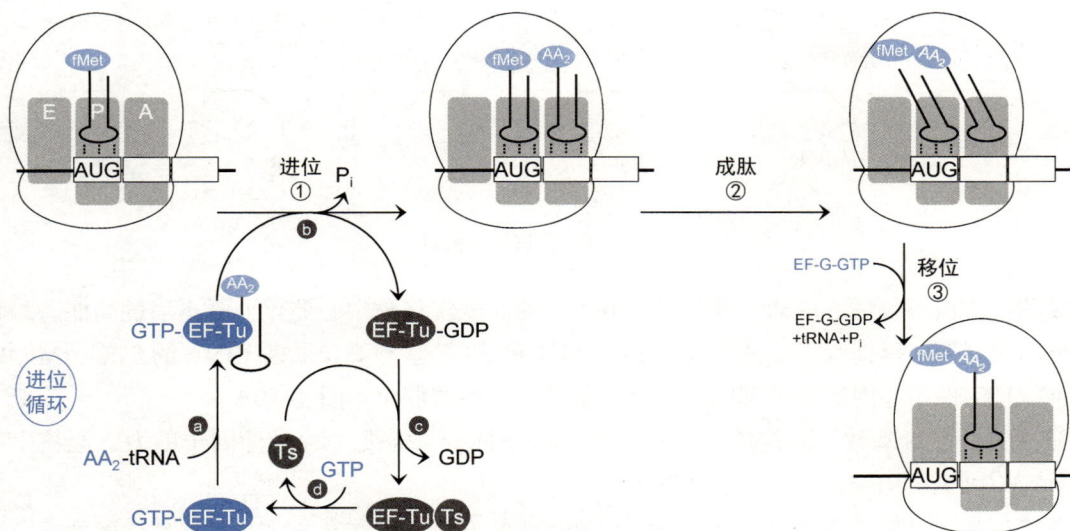

图 4-9　大肠杆菌翻译延伸

1. 进位　即氨酰 tRNA 进入 A 位。何种氨酰 tRNA 进位由 A 位对应 mRNA 的第二个密码子决定，并且需要翻译延伸因子 EF-Tu 和 EF-Ts 协助，通过进位循环实现（图 4-9 ①）。

　　进位循环　①EF-Tu-GTP 与氨酰 tRNA 结合（fMet-tRNA$_f$ 除外），形成氨酰 tRNA-EF-Tu-GTP 三元复合物。②三元复合物进入 A 位，tRNA 反密码子与 mRNA 密码子结合。③如果进位正确，则核糖体小亚基变构，使 EF-Tu-GTP 与大亚基 rRNA 的 SR 环结合，SR 环激活 EF-Tu-GTP。EF-Tu-GTP 水解其 GTP，转化为 EF-Tu-GDP，变构释放，同时氨酰 tRNA 调姿（accommodation），与 P 位氨酰 tRNA（或肽酰 tRNA）形成最佳布局，便于成肽。④EF-Ts 作为鸟苷酸交换因子（GEF）使 EF-Tu-GDP 释放 GDP，结合 GTP，形成新的 EF-Tu-GTP 复合物，参与下一次进位循环（图 4-9abcd）。

　　● **SR 环（sarcin-ricin loop，SRL）**　核糖体大亚基 23S/28S rRNA 一段保守序列形成的发夹结构，大肠杆菌为 C2646-G2674，大鼠为 A4308-U4339，参与延伸因子介导进位环节，是八叠球菌素和蓖麻毒素的作用靶点。八叠球菌素（α sarcin）可断开其一个磷酸酯键，蓖麻毒素（ricin）和志贺毒素（AB$_5$ 六聚体）可使其 A4324 脱腺嘌呤，均致使进位循环受阻，移位缺失。

　　EF-Tu 是一种 G 蛋白，与 IF-2 同源，是大肠杆菌分子数最多的蛋白质，一个大肠杆菌中约有 70000 个 EF-Tu（约占总蛋白 5%），与氨酰 tRNA 分子数一致，提示其形成三元复合物。而 EF-Ts 约有 10000 个，与核糖体数（15000~20000 个）相近。EF-Tu 是进位质量控制因子，EF-Tu-GTP 只在进位正确时才会被激活。EF-Tu-GTP 水解其 GTP 是为了 EF-Tu-GDP 脱离核糖体，以便于接下来移位。EF-Tu-GTP 水解和 EF-Tu-GDP 释放都很慢，为错误进位的氨酰 tRNA 争取到退出时间，使进位错误率不到 10^{-5}。

　　● **抗生素**：黄色霉素（克罗霉素）抑制 EF-Tu-GDP 释放，从而抑制原核生物蛋白质合成；粉霉素抑制 EF-Tu-GTP 与氨酰 tRNA 结合，从而抑制原核生物蛋白质合成。

　　2. 成肽　①A 位氨酰 tRNA 的氨基酰 α- 氨基亲核攻击 P 位 fMet-tRNA$_f$ 甲酰蛋氨酰（及之后的肽酰基）α- 羧基碳，取代 tRNA$_f$ 的 3'- 羟基氧，形成肽键（图 4-10），并留驻 P 位，fMet-tRNA$_f$ 氨基酸臂则被挤至 E 位。②此时两个 tRNA 均处于杂合结合状态（hybrid binding state），即其肽酰 tRNA、氨酰 tRNA 反密码子臂依然分别结合于 30S 小亚基的 A 位、P 位，而氨基酸臂已分别从 50S 大亚基的 A 位、P 位转入 P 位、E 位（图 4-9 ②）。

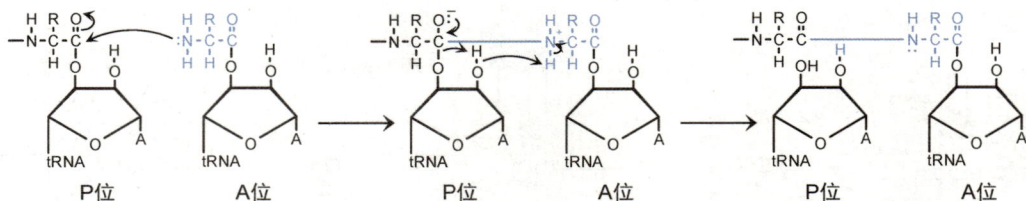

图 4-10　成肽反应机制

成肽反应由核糖体 50S 大亚基中 23S rRNA 的肽酰转移酶中心催化，既不消耗高能磷酸化合物，也不需要翻译延伸因子。23S rRNA 的 A2451 的 2'- 羟基和 P 位肽酰 tRNA 的 3' 端 AMP 的 2'-羟基可能是活性中心内的必需基团，催化机制是广义酸碱催化（图 4-10）。

脯氨酸是亚氨基酸，其构象及亲核性都不利于成键，需要一种延伸因子助力，原核生物为 EFP，真核生物为 eIF-5A。

●抗生素：司帕霉素通过与肽酰 tRNA 结合抑制原核生物和真核生物肽酰转移酶活性，从而抑制蛋白质合成。

3. 移位　这里是指核糖体移位（ribosomal translocation），即核糖体向 mRNA 下游移动一个密码子（脱酰 tRNA 及肽酰 tRNA 与 mRNA 之间没有相对移动）。移位后：①脱酰 tRNA 反密码子臂离开 P 位，脱酰 tRNA 从 E 位释放。②肽酰 tRNA 反密码子臂由 A 位移至 P 位。③ A 位成为空位，并对应 mRNA 的下一个密码子。④核糖体恢复 A 位为空位时的构象，等待下一个氨酰 tRNA-EF-Tu-GTP 三元复合物进位，开始新一轮延伸循环（图 4-9 ③）。

移位需要翻译延伸因子 EF-G（移位酶）与一分子 GTP 形成的 EF-G-GTP 复合物。EF-G-GTP 在成肽后结合于 A 位，致使核糖体移位。移位导致 EF-G-GTP 变构激活，水解其 GTP，转化为低亲和力的 EF-G-GDP，从 A 位释放。一个细胞内约有 20000 个 EF-G，与核糖体数（15000~20000 个）相近。

●抗生素：夫西地酸通过抑制 EF-G-GDP 释放，阻止下一循环的进位，从而抑制原核生物和真核生物的蛋白质合成。

综上所述，蛋白质合成的延伸阶段是一个延伸循环过程（elongation cycle），每轮循环都会在新生肽 C 端连接一个氨基酸残基。新生肽通过该循环不断延伸，并穿过核糖体大亚基上的一个肽链通道甩出核糖体。

蛋白质合成是一个高度耗能过程。每活化一分子氨基酸要消耗两个高能磷酸键（来自 ATP），每一次延伸循环又消耗两个高能磷酸键（来自 GTP）。因此，在多肽链上每连接一个氨基酸要消耗四个高能磷酸键，合 4 个 ATP 当量（ATP equivalent）。考虑到错载编辑，ATP 实际消耗量更多。

4. 核糖体编辑功能　EF-Tu 的 GTPase 活性决定进位的速度和特异性，从而决定延伸的速度和特异性。EF-Tu-GTP、EF-Tu-GDP 与核糖体的结合只有几毫秒的时间，这就是校对密码子 - 反密码子配对正确性（进位正确性）的时间，进位错误的氨酰 tRNA 会在该时间段内退出 A 位。GTPase 活性低时进位正确率高，但延伸速度慢。

三、翻译终止

当核糖体通过移位读到终止密码子 UAA、UAG 或 UGA 时，释放因子协助终止翻译。

1. 释放因子　大肠杆菌有 RF-1、RF-2、RF-3 和 RRF 四种释放因子（RF，终止因子，表 4-7）。

常用名称缩写	功能
RF-1（RF1）	识别终止密码子 UAG、UAA
RF-2（RF2）	识别终止密码子 UGA、UAA
RF-3（RF3）	与 IF-2 同源，依赖核糖体的 GTPase，促 RF-1、RF-2 释放
RRF（RF4）	作用于 50S 大亚基，促使核糖体复合物解离

2. 终止过程　释放因子促使核糖体复合物解体（图 4–11）。

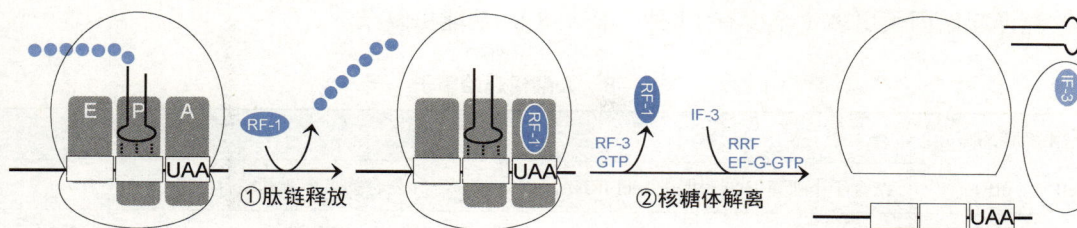

图 4–11　大肠杆菌翻译终止

（1）肽链释放：释放因子 RF-1 和 RF-2 构象很像 tRNA，一端有一个**肽反密码子**（peptide anticodon），另一端有一个含高度保守序列 Gly-Gly-^{m}Gln 的环。RF-1 或 RF-2 进入核糖体 A 位时，肽反密码子与终止密码子结合，保守环进入 50S 大亚基肽酰转移酶中心，其 ^{m}Gln（N- 甲基谷氨酰胺）以氢键结合 1 分子水，用于水解肽酰 tRNA，释放前体蛋白。

（2）释放因子释放：RF-1、RF-2 是 RF-3 的鸟苷酸交换因子，可以募集 RF-3-GDP 结合于核糖体 A 位，促使其释放 GDP，结合 GTP。RF-3-GTP 引发核糖体变构，RF-1 或 RF-2 释放。之后 RF-3-GTP 水解，RF-3-GDP 释放。

（3）70S 核糖体复合物解离：**核糖体循环因子**（又称核糖体释放因子，RRF）结合于 50S 大亚基 A 位，募集 EF-G-GTP。EF-G-GTP 结合于 A 位，发挥移位作用，水解 GTP，致使 50S 大亚基 -EF-G-RRF 脱离 30S 小亚基 -tRNA-mRNA。IF-3 结合于 30S 小亚基 E 位，致使其释放脱酰 tRNA 和 mRNA。

蛋白质合成错误掺入率约 10^{-4}，因为绝大多数翻译产物结构和功能正常，足以承担代谢使命，而合成错误的蛋白质也会被降解，不会传至子细胞，所以对代谢几乎没有影响。

四、核糖体循环

细胞可以通过以下两种机制提高翻译效率。

1. 形成多核糖体　在绝大多数情况下，一个 mRNA 分子上会结合 10~100 个核糖体，相邻核糖体间隔 20nm（80nt），形成**多 [聚] 核糖体**（polysome）结构。例如，一个色氨酸操纵子 mRNA 可同时结合约 30 个核糖体，同时进行蛋白质合成，提高合成效率。多核糖体结合还对 mRNA 起保护作用。

2. 形成核糖体循环　一个核糖体在完成一轮翻译之后解离成亚基，可以在 mRNA 的 5′ 端重新形成翻译起始复合物，启动新一轮翻译，形成**核糖体循环**（ribosome cycle）。

第四节　真核生物蛋白质的生物合成

真核生物蛋白质的合成与原核生物不尽相同，需要 300 多种蛋白质和 RNA 共同完成，合成速度较慢，合成过程更复杂。

一、翻译起始

真核生物与原核生物的翻译起始基本机制一致，但细节差异较大：①起始 Met-tRNA$_i$ 不需要甲酰化。② mRNA 没有 SD 序列，起始密码子位于 Kozak 序列内，由 5' 帽子结构协助核糖体识别。③翻译起始因子更多（至少有 13 种，表 4–8），功能更复杂。

表 4–8　人翻译起始因子

常用名称缩写	功能
eIF-1（eIF1）	结合于小亚基 E 位；促进 Met-tRNA$_i$-eIF-2-GTP 三元复合物与小亚基结合
eIF-1A（eIF1A）	结合于 A 位，阻止 tRNAs 提前募集于 A 位。促使核糖体解聚；稳定 Met-tRNA$_i$ 与小亚基结合
eIF-2（eIF2）	αβγ 异三聚体，GTPase，与 GTP-Met-tRNA$_i$ 形成三元复合物，结合于小亚基 P 位
eIF-2B（eIF2B）	αβγδε 异五聚体，GEF，促使 eIF-2 释放 GDP，结合 GTP
eIF-3（eIF3）	异十三聚体，最先与小亚基结合（eIF-3g 结合 18S rRNA），促使 Met-tRNA$_i$、mRNA 与小亚基结合，抑制大亚基提前结合
eIF-4F（eIF4F）	由 eIF-4E、eIF-4G、eIF-4A 组成
eIF-4A（eIF4A）	RNA 解旋酶，结合 eIF-4E 从而解 mRNA 5' UTR 二级结构，使其与小亚基结合
eIF-4B（eIF4B）	在 eIF-4F 之后结合于 mRNA 帽子附近，激活 eIF-4A 的 RNA 解旋酶活性
eIF-4E（eIF4E）	直接结合 mRNA 5' 帽子
eIF-4G（eIF4G）	转接蛋白，介导帽子识别、5' UTR 解链、小亚基结合。与 5' 端 eIF-4E、3' 端 PABP-1 结合
eIF-5（eIF5）	GAP，激活 eIF-2-GTP 的 GTPase 活性，促使 40S 小亚基释放起始因子，结合 60S 大亚基
eIF-5B（eIF5B）	GTPase（与 IF-2 同源），促使小亚基在结合大亚基前释放其他翻译因子
eIF-6（eIF6）	与 60S 大亚基结合，阻止其与 40S 小亚基形成翻译起始复合物

1. 起始扫描模型　由 Kozak 提出，认为真核生物核糖体通过扫描 mRNA 寻找含起始密码子的核糖体结合位点（30~40nt）（图 4–12 ③④）。

扫描机制：核糖体与 mRNA 的 5' 帽子结构结合，向 3' 端移动，通过 Met-tRNA$_i$ 识别起始密码子，启动翻译。对真核生物 699 种 mRNA 的研究发现，有 5%~10% 的 mRNA 并不是以其 5' 端第一个 AUG 作为起始密码子的。它们的起始密码子位于称为 Kozak 序列的保守序列中，其共有序列是 R^{-3}NNA^{+1}UGG^{+4}。

2. 翻译起始因子　真核生物翻译起始需要更多的翻译起始因子，其功能包括：①参与识别 mRNA 的 5' 帽子结构。②参与翻译起始复合物形成。③某些翻译起始因子是翻译调控点。

3. 起始过程　小亚基结合有翻译起始因子 eIF-1、eIF-1A、eIF-3。大亚基结合有 eIF-6（图 4–12）。

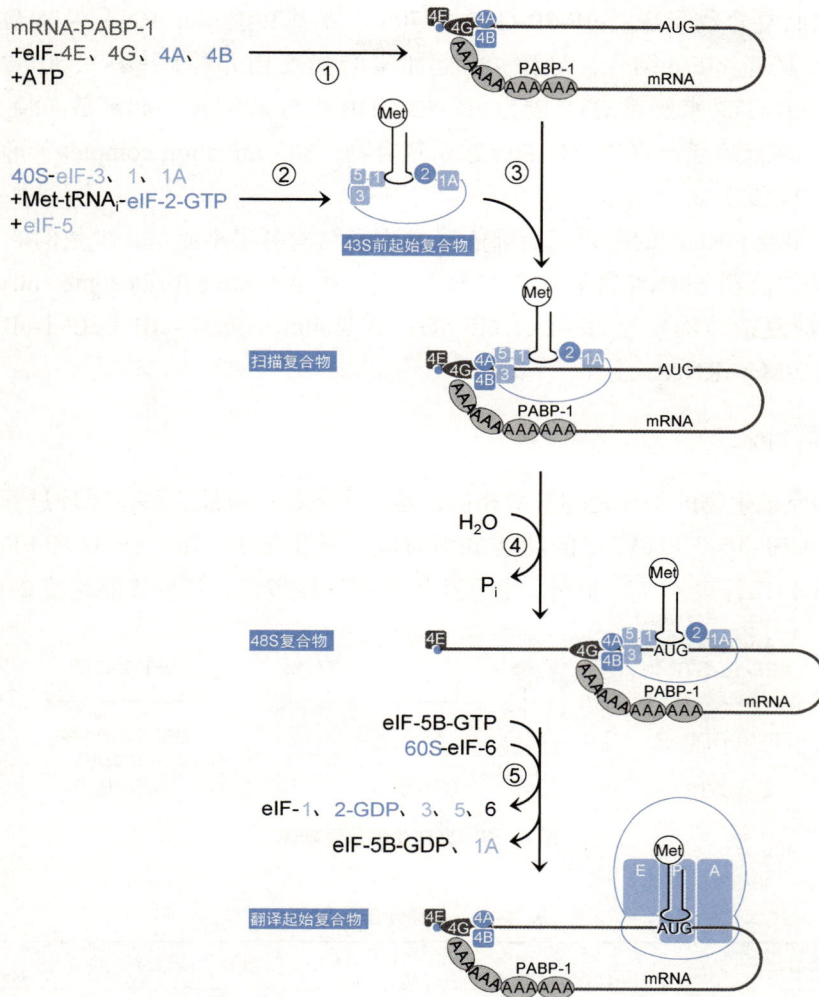

图 4-12　真核生物翻译起始

（1）mRNA 活化：mRNA 通过 5' 帽子募集 eIF-4E，之后依次募集 eIF-4G、eIF-4A、eIF-4B。eIF-4B 激活 eIF-4A 的 RNA 解旋酶活性。eIF-4A 松弛 mRNA 5' 端的各种二级结构，有利于接下来 mRNA 与小亚基结合。之后，mRNA 5' 端通过 eIF-4G 与 poly(A) 尾及其结合的 poly(A) 结合蛋白 1（PABP-1）结合，使 mRNA 成环（图 4-12 ①）。PABP-1 不但参与 mRNA 成环，还通过与 poly(A) 结合保护 mRNA。

（2）43S 前起始复合物形成：40S 小亚基依次募集 eIF-3、eIF-1（结合于 E 位）、eIF-1A（结合于 A 位）、eIF-2-GTP-Met-tRNA$_i$（结合于 P 位）、eIF-5，形成 43S 前起始复合物（43S preinitiation complex，PIC）（图 4-12 ②）。

（3）扫描复合物形成：43S 前起始复合物的 eIF-3 与活化 mRNA 的 eIF-4G 结合（消耗 ATP），从而使 43S 前起始复合物结合活化 mRNA，形成扫描复合物（图 4-12 ③）。

（4）48S 复合物形成：扫描复合物中 eIF-4B 激活 eIF-4A 的 RNA 解旋酶活性，通过消耗 ATP 松弛 mRNA 5' 端 15nt 内的二级结构，向 3' 方向移动扫描至起始密码子 AUG。小亚基 P 位 Met-tRNA$_i$ 的反密码子与 mRNA 起始密码子 AUG 结合，导致 eIF-5 激活 eIF-2-GTP。eIF-2-GTP 水解其 GTP 成为 eIF-2-GDP，致使扫描复合物变构成 48S[起始] 复合物（48S complex），终止扫描（图 4-12 ④）。

（5）翻译起始复合物形成：eIF-5B-GTP 与 40S 小亚基 P 位 Met-tRNA$_i$ 及 A 位 eIF-1A 结合，进而介导 60S 大亚基 -eIF-6 结合，导致 48S 起始复合物变构并释放 eIF-1、eIF-2-GDP、eIF-3、eIF-5，导致 eIF-5B-GTP 水解其 GTP 成为 eIF-5B-GDP 并与 eIF-1A 一起释放（使大亚基的结合过程不可逆），**翻译起始复合物**（又称 80S 起始复合物，80S initiation complex）形成，核糖体覆盖约 28nt（图 4-12⑤）。

真核生物大多数 mRNA 的翻译起始都依赖 5' 帽子结构募集小亚基，少数例外，不依赖 5' 帽子结构和 eIF-4E，这类 mRNA 含有**内部核糖体进入位点**（internal ribosome entry site，IRES），① IRES 通过形成复杂结构募集 eIF-4A、eIF-4G；②与 40S 小亚基 -eIF-3-eIF-1-eIF-1A 结合，进而结合 eIF-2-GTP-Met-tRNA$_i$。

二、翻译延伸

真核生物和原核生物的翻译延伸阶段相似，是一个进位、成肽、移位循环过程，所需翻译延伸因子 eEF-1α、eEF-1βγδ 和 eEF-2 的功能分别对应原核生物 EF-Tu、EF-Ts 和 EF-G，只是命名和缩写不同（图 4-13、表 4-9）。此外，真核生物合成速度较慢，每秒仅能连接 2~6 个氨基酸。

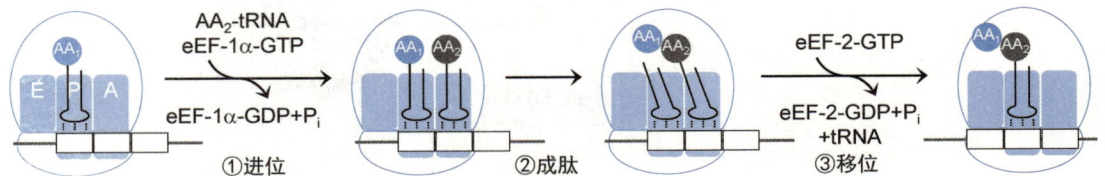

图 4-13   真核生物翻译延伸

表 4-9   人翻译延伸因子

常用名称缩写	功能
eEF-1α（eEF1A）	GTPase，与氨酰 tRNA、GTP 形成三元复合物，并协助氨酰 tRNA 进入核糖体 A 位
eEF-1βγδ（eEF1B）	鸟苷酸交换因子，促使 eEF-1α 释放 GDP，结合 GTP
eEF-2（eEF2）	GTPase，催化移位

三、翻译终止

真核生物和原核生物的翻译终止阶段基本一致，但释放因子不同。真核生物只有两种释放因子 eRF-1 和 eRF-3。eRF-1 构象类似 tRNA，可以识别全部三种终止密码子。① eRF-3-GTP 协助 eRF-1 与核糖体结合，之后 GTP 水解，eRF-3-GDP 释放，eRF-1 通过其 Gly-Gly-Gln 序列促使新生肽和 E 位 tRNA 释放。②一种称为 ABCE1（或 Rli1）的 ATPase 结合于核糖体，致使其解离并释放 mRNA、tRNA（消耗 ATP）。③ eIF-3、1、1A 结合于 40S 小亚基，参与下一轮翻译（表 4-10）。

表 4-10   人翻译终止释放因子

常用名称缩写	功能
eRF-1（eRF1）	识别终止密码子 UAA、UAG、UGA
eRF-3（eRF3）	依赖核糖体的 GTPase，激活 eRF-1

四、核糖体循环

核糖体循环确保翻译高效，一个 mRNA 分子可以指导合成 10^5 条肽链。真核生物 mRNA 可以形成多核糖体（结合 10~100 个核糖体），相邻核糖体间隔不到 35nt，这种结构使核糖体循环效率更高（图 4-14）。

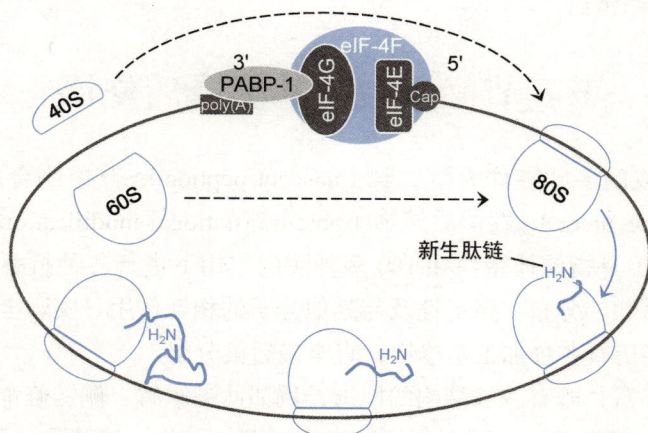

图 4-14　真核生物核糖体循环

真核生物 mRNA 形成环状结构，这样使编码区两端的起始密码子和终止密码子离得很近，核糖体在终止密码子位点解离之后很容易回到起始密码子位点，启动新一轮翻译。考虑到某些 mRNA 以无 poly(A) 尾结构存在于细胞质中，仅在翻译前加尾，形成环状结构可能是翻译所必需的。

五、硒蛋白合成

硒是硒代半胱氨酸（Sec，U）的组成元素，主要构成某些酶的必需基团，直接参与催化氧化还原反应。人体内至少已发现 25 种硒蛋白，如硫氧还蛋白还原酶、谷胱甘肽过氧化物酶、甲状腺素脱碘酶、硒蛋白 P。

合成硒蛋白需要 H_2Se、ATP、Ser、$tRNA^{Sec}$ 和一组酶（图 4-15）。

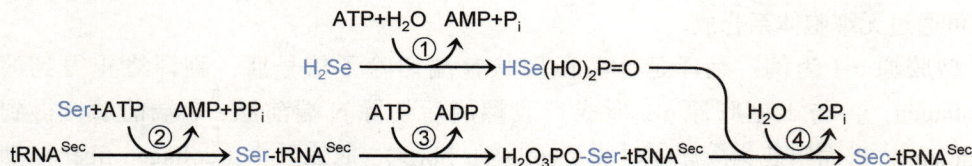

图 4-15　硒代半胱氨酸 $tRNA^{Sec}$ 合成

1. 硒代磷酸合成　由硒代磷酸合成酶（SPS2）催化 H_2Se 与 ATP 反应生成（图 4-15 ①）。

2. 丝氨酰 $tRNA^{Sec}$ 合成　由丝氨酰 tRNA 合成酶（SerRS）催化 Ser 与 $tRNA^{Sec}$ 生成，消耗 ATP（图 4-15 ②）。

3. 丝氨酰 $tRNA^{Sec}$ 磷酸化　丝氨酰 $tRNA^{Sec}$ 激酶（PSTK）催化丝氨酰 $tRNA^{Sec}$ 磷酸化，生成 O- 磷酸丝氨酰 $tRNA^{Sec}$，消耗 ATP（图 4-15 ③）。

4. 硒代半胱氨酰 $tRNA^{Sec}$ 合成　由硒代半胱氨酸合成酶催化 O- 磷酸丝氨酰 $tRNA^{Sec}$ 与硒代

磷酸生成硒代半胱氨酰 tRNA^{Sec}（图 4-15 ④）。

5. 硒代半胱氨酸插入　tRNA^{Sec} 识别的密码子为终止密码子 UGA。硒蛋白 mRNA 的一个 UGA（框内终止密码子）下游存在一种硒代半胱氨酸插入序列（selenocysteine insertion sequence，SECIS），可以形成发夹结构，被硒代半胱氨酸插入序列结合蛋白（SECIS binding protein，SBP）识别，在核糖体读到 UGA 时会由一种硒代半胱氨酸特异性延伸因子（eEFSec）协助硒代半胱氨酰 tRNA^{Sec} 进位，合成硒蛋白。

第五节　蛋白质的翻译后修饰

正在合成和刚合成的多肽链称为新生肽（nascent peptide），其中刚合成且尚无活性的新生肽称为蛋白质前体（precursor）。翻译后修饰（post-translational modification，翻译后加工，post-translational processing）是指前体蛋白在 100 多种酶的作用下进行各种折叠、加工与修饰，从而改变其结构、性质、活性、分布、稳定性及与其他分子的相互作用。实际上，所有蛋白质在合成过程中和合成后一直经历着各种加工与修饰，直至最后被分解。

翻译后修饰内容丰富，既有一级结构的修饰，例如肽键水解、侧链修饰，又有空间结构的修饰，例如蛋白质折叠、亚基组装；既有不可逆修饰，例如羟化、糖基化、酰化，又有可逆修饰，例如磷酸化和去磷酸化。各项修饰进行的时机和场所不尽相同，在蛋白质多肽链的合成过程中、合成完成后、定向运输或分泌过程中、到达功能场所后、参与细胞代谢时、最终被分解时，都可能进行。

一、肽键水解和肽段切除

某些蛋白质前体由内质网核糖体合成并由 N 端的一个肽段引导转入内质网腔，之后被切除，该肽段称信号肽（signal peptide），含有信号肽的蛋白质前体称为前体蛋白（preprotein，前蛋白质）。某些蛋白质前体需要从 N 端、C 端或内部切除一个或多个肽段，才能成为功能蛋白，这些肽段称前肽（propeptide），含有前肽的蛋白质前体称为蛋白质原（proprotein），例如多肽原（propolypeptide）、激素原（prohormone）、酶原（zymogen）。同时含信号肽和前肽的蛋白质前体称为前蛋白质原（preproprotein），例如前多肽原（prepropolypeptide）、前激素原（preprohormone）。因为信号肽在翻译延伸阶段即被切除，所以细胞内不存在前体蛋白和前蛋白质原，但可通过无细胞体系合成。

以 I 型胶原 α-1 为例：翻译延伸阶段即从 N 端切除了信号肽，翻译终止得到的是前胶原（procollagen，），与 I 型胶原 α-2 形成三股螺旋后切除 N 端前肽、C 端前肽，得到原胶原（tropocollagen），进而组装为胶原原纤维（collagen fibril）、胶原纤维（collagen fiber）。期间还有羟化、糖基化、氧化等各种修饰。抗坏血酸缺乏影响羟化，导致坏血病。铜缺乏影响氧化、交联，导致卷发，生长迟缓（Menkes 综合征）。I 型胶原 α-1 基因突变导致成骨不全（脆骨症）、埃勒斯 - 当洛综合征（皮肤弹性过度综合征）。

有些蛋白质前体可能需要切除起始氨基酸，如原核生物翻译起始因子 1 和 3。有些蛋白质前体水解得到多种活性片段。例如，①胰高血糖素原（pro-glucagon）水解得到肠高血糖素、胰高血糖素、胃泌酸调节素、类胰高血糖素肽 1、类胰高血糖素肽 2。②前阿黑皮素原水解得到 γ 促黑素、α 促黑素、促肾上腺皮质激素、γ 促脂解素、β 促脂解素、β 促黑素、甲硫脑啡肽、脑啡肽 β。

多聚蛋白（polyprotein）加工得到一组功能蛋白。人 *UBC* 基因编码一个九聚泛素，水解得到 9 分子泛素。人 *UBA52* 基因编码一个多聚蛋白，水解得到一分子泛素和一分子核糖体大亚基蛋白 L40。

二、氨基酸修饰

蛋白质是用 20 种编码氨基酸合成的，然而目前在各种蛋白质中还发现有上百种非编码氨基酸，它们是编码氨基酸残基翻译后修饰的产物，对蛋白质功能发挥至关重要。目前已报道的氨基酸修饰有 500 多种，常见的有磷酸化、乙酰化、腺苷酸化、尿苷酸化、甲基化、酰胺化、羧化、豆蔻酰化、棕榈酰化、法尼基化、羟化、硫酸化、ADP 核糖基化等。修饰的意义是改变蛋白质溶解度、稳定性、活性、区室定位、与其他蛋白质的作用等。

1. **羟化**（hydroxylation） 例如前胶原的脯氨酸羟化生成羟脯氨酸：（前胶原）-L- 脯氨酸 + α-酮戊二酸 + O_2 →（前胶原）- 反 -4-(R)- 羟 -L- 脯氨酸 + 琥珀酸 + CO_2。

2. **甲基化**（methylation） ①R 基甲基化，包括 N- 甲基化（Lys、Arg、His、Gln），O- 甲基化（Glu、Asp），多甲基化（Lys 可以甲基化为一甲基赖氨酸、二甲基赖氨酸、三甲基赖氨酸；Arg 可以甲基化为一甲基精氨酸、二甲基精氨酸）。组蛋白 Lys 甲基化是基因表达调控的一个环节，影响到染色质重塑、基因转录、基因印记（第六章，155 页）。②N 端甲基化，抗蛋白酶水解，延长寿命。③C 端 Cys 羧基甲基化，例如小 G 蛋白 HRas 的 Cys186 羧基甲基化。④甲基化均以 S- 腺苷蛋氨酸为甲基供体，由甲基转移酶（如组蛋白甲基转移酶 HMT）催化。

3. **羧化**（carboxylation） 例如凝血酶原谷氨酸 γ- 羧化：（凝血酶原）- 谷氨酸 + CO_2 + O_2 + 维生素 K →（凝血酶原）-γ- 羧基谷氨酸 + 2,3- 环氧维生素 K，反应由依赖维生素 K 的 γ- 羧化酶催化。

某些蛋白质特定谷氨酸羧化，如凝血因子Ⅱ（凝血酶原）N 端有 10 个谷氨酸残基被羧化成 γ-谷氨酸残基，从而可以结合凝血因子Ⅳ（Ca^{2+}），启动凝血途径。凝血因子Ⅶ、Ⅸ、Ⅹ均有谷氨酸残基被羧化。

4. **磷酸化**（phosphorylation） 是最常见的调节修饰，几乎发生于所有调节过程。真核蛋白有 30%~50% 是磷蛋白。磷酸化主要发生在特定丝氨酸、苏氨酸或酪氨酸残基的 R 基羟基上，比例为 1800：200：1。一个蛋白质分子可以有一个、数个甚至几十个磷酸化位点。磷酸化产生以下效应：①提供营养：乳汁酪蛋白用以结合钙，为乳儿提供钙、磷、氨基酸。②酶和调节蛋白活性调节：例如糖原合酶 a 磷酸化抑制，胰岛素受体磷酸化激活。③磷酸基成为蛋白质的识别标志和 **停泊位点**（docking site），如胰岛素受体底物（第七章，211 页）。④磷酸化改变蛋白质寿命，例如 p27 蛋白磷酸化后被泛素 - 蛋白酶体系统降解。

以下因素使磷酸化成为蛋白质的最主要修饰方式。

（1）磷酸化修饰反应自由能最大，在 ATP 提供的 50kJ/mol 中，仅一半传递给底物蛋白，另一半以热能形式散失，使磷酸化反应不可逆。

（2）磷酸基团赋予底物蛋白两个负电荷，可以破坏其分子结构中原有的静电作用，形成新的静电作用，可以改变活性中心与底物的亲和力，从而改变催化活性。

（3）磷酸基团可以形成三个甚至更多的氢键，其四面体结构使这些氢键高度定向，可以与供氢体特异性结合。

（4）磷酸化和去磷酸化的持续时间，短至不到一秒，长至一小时，可根据代谢需要而调节。

（5）磷酸化通常具有放大作用，一分子蛋白激酶可以在很短的时间内磷酸化几百分子底物蛋白。若底物蛋白也是酶，则可通过级联反应催化更多底物磷酸化。

（6）ATP 是能荷因素，以 ATP 作为磷酸基供体，意味着在代谢调节与能量状态之间建立联系。

5. 乙酰化（acetylation）　人类蛋白质组中有 3600 个乙酰化位点（称为乙酰化蛋白质组，acetylome）。乙酰化发生在肽链 N 端的氨基上或肽链侧链上。乙酰化是蛋白质 N 端最常见的化学修饰，真核生物约 80% 可溶性蛋白质（包括酶）的 N 端都发生乙酰化，例如，新合成的腺苷脱氨酶切除 N 端的蛋氨酸之后，新的 N 端丙氨酸进一步乙酰化。许多线粒体蛋白的乙酰化甚至都不需要酶催化就能发生。

蛋白质的乙酰化产生以下效应。

（1）组蛋白 Lys 乙酰化参与染色质重塑，且是基因表达调控机制之一（第六章，155 页）。

（2）是酶化学修饰调节机制之一。各重要代谢途径（如糖酵解、糖原合成、糖异生、三羧酸循环、脂肪酸 β 氧化、尿素合成）中几乎所有酶都含乙酰化位点。

（3）其他效应，包括调节细胞代谢、信号转导、骨架组装等。

（4）前体蛋白 N 端蛋氨酸常被乙酰化，切除蛋氨酸之后的 N 端 Ala、Val、Ser、Thr、Cys 也会被乙酰化。乙酰化可能使蛋白质抗水解，从而延长寿命。研究发现酵母蛋白发生上述乙酰化后会被泛素化降解。

蛋白质组的乙酰化效应堪比磷酸化。哺乳动物有 2000 多种蛋白质受到乙酰化调节。乙酰基转移酶、去乙酰化酶本身受磷酸化 / 去磷酸化调节。

6. 酰化（acylation）　又称脂化（lipidation），产物称脂化蛋白。酰化在真核生物膜蛋白中普遍存在，主要有四类。

（1）棕榈酰化：发生于胞质面膜蛋白半胱氨酸残基的巯基上、丝氨酸或苏氨酸残基的羟基上，例如人的 KRas-Cys180、Lys182、Lys184、Lys185、Cys186，视紫红质 -Cys322、Cys323。

（2）S- 法尼基化：发生于胞质面膜蛋白 C 端半胱氨酸残基的巯基上，例如核纤层蛋白 A/C 前体的 C 端 Cys661、HRas/KRas 蛋白 C 端 Cys186 的巯基发生法尼基化，从而锚定于膜表面。抑制 Ras 法尼基化可抑制其致癌性。

（3）豆蔻酰化：发生于跨膜蛋白胞质面 N 端甘氨酸的氨基上，例如 G 蛋白、蛋白激酶 A、蛋白激酶 Src 豆蔻酰化。

（4）糖基磷脂酰肌醇化：发生于细胞膜（顶端膜）外面膜蛋白 C 端氨基酸残基（Gly、Ser、Cys 等）的羧基上，是与糖基磷脂酰肌醇锚（GPI-anchor）中乙醇胺的氨基形成酰胺键的反应。产物称为糖基磷脂酰肌醇锚定蛋白，其功能有：①赋予膜蛋白泳动性。②介导信号转导。③指导极化上皮细胞糖蛋白向顶端膜、基侧膜运输。

三、蛋白质糖基化

生物体内多数蛋白质都是结合蛋白质，其中糖蛋白约占哺乳动物总蛋白的 50%。许多分泌蛋白和膜蛋白都是糖蛋白，例如免疫球蛋白和某些激素（卵泡刺激素、黄体生成素、促甲状腺激素）。许多乳汁蛋白和大多数溶酶体蛋白也都是糖蛋白。糖蛋白含糖 1%~70% 甚至更多，所含的糖基数 1~30，故各糖基大小不一，但都是在翻译后修饰阶段加接的，加接过程称为糖基化（glycosylation）。

1. 糖基功能　①分子识别：直接参与配体 - 受体识别、底物 - 酶结合等，例如细胞因子与细胞因子受体的识别。②分选标志与定向运输：在内质网、高尔基体的糖基化指导目的蛋白分选，运至功能场所或分泌。例如溶酶体酶，特别是酸性水解酶类，都以 6- 磷酸甘露糖基为分选标志。

③结构稳定：寡糖有助于抗蛋白酶水解，延长寿命。④改变蛋白质的空间结构和理化性质：包括构象、极性、水溶性、黏度、电荷等。⑤定向嵌膜：避免膜蛋白在运输和发挥功能时翻转（flip-flop）。

2. 糖基化机制　哺乳动物 1% 蛋白基因编码产物是蛋白质糖基化酶系。糖基化包括单糖基化和寡糖基化。糖基化发生在肽链合成延伸阶段或合成终止后，有的 *N-* 连接于 Asn（*N-* 聚糖，*N-* 连接寡糖，*N*-linked oligosaccharide），有的 *O-* 连接于 Ser、Thr（*O-* 聚糖，*O-* 连接寡糖，*O*-linked oligosaccharide）。

（1）*N-* 糖基化：许多 *N-* 聚糖是通过 *N-* 糖苷键与称为序列段（sequon）的 Asn-Xaa-Ser/Thr（Xaa 为除 Pro 外的其他氨基酸）中 Asn 的酰胺基连接。这类寡糖大而复杂，多数是通过 *N-* 乙酰氨基葡萄糖（GlcNAc）直接与 Asn 连接。*N-* 糖基化始于内质网腔，完成于高尔基体。*N-* 糖基化时翻译、转运还在进行，又称共翻译糖基化（cotranslational glycosylation）。

（2）*O-* 糖基化：*O-* 聚糖是通过 *O-* 糖苷键与特定 Ser/Thr 的羟基连接（连接位点无序列保守性）。这类寡糖小而简单，通常只含 2~4 个糖基。①分泌型糖蛋白 *O-* 糖基化：在高尔基体内进行，通常是把 *N-* 乙酰半乳糖胺（GalNAc，又称 *N-* 乙酰氨基半乳糖）连接到 Ser/Thr 的羟基上。②细胞内糖蛋白 *O-* 糖基化：在细胞质中进行，是把 GlcNAc 连接到 Ser 的羟基上。

●**糖基化缺陷与 I 细胞病**　I 细胞病（黏脂贮积症 II 型）是一种溶酶体贮积症，患者溶酶体内缺乏分解黏多糖的酶，致使其黏多糖和糖脂形成包含物（inclusion，故称 I 细胞病，I-cell disease）。I 细胞病酶缺乏的原因是溶酶体酶糖基化障碍，在高尔基体内不能加糖标志并运至溶酶体，而是分泌出细胞，进入血液，甚至经肾脏排泄。溶酶体酶的糖标志是 *N-* 聚糖中特定甘露糖的 6- 磷酸化（由特定 lectin 识别），该磷酸化由 *N-* 乙酰氨基葡萄糖磷酸转移酶和 *N-* 乙酰氨基葡糖苷酶催化完成。I 细胞病患者 *N-* 乙酰氨基葡萄糖磷酸转移酶缺乏。

四、蛋白质泛素化

泛素化（ubiquitination）是指用泛素共价标记靶蛋白，即泛素通过 C 端 Gly 羧基与靶蛋白 Lys 的 ε- 氨基形成异肽键（isopeptide bond，由氨基酸侧链的羧基或氨基形成的酰胺键），分为单泛素化和多聚泛素化。其中单泛素化（monoubiquitination）调节靶蛋白功能、活性或定向运输，多聚泛素化（polyubiquitination）介导靶蛋白被 26S 蛋白酶体（proteosome）识别并降解（第六章，179 页）。

泛素（Ub）在真核生物中普遍存在，是一类高度保守的调节蛋白（人和酵母泛素的一级结构只有 3 个氨基酸残基不同，即人 Ser19、Asp24、Ser28 对酵母 Pro19、Glu24、Ala28），含 76aa，其中 7 个 Lys 和 C 端 Gly 是最重要的保守残基。

泛素发现于 1975 年，其功能由 A. Ciechanover、A. Hershko 和 I. Rose（2004 年诺贝尔化学奖获得者）于 20 世纪 80 年代阐明：泛素通过泛素化系统介导蛋白质降解。进一步研究表明，泛素化系统催化靶蛋白多聚泛素化或单泛素化。多聚泛素化介导蛋白质降解。单泛素化产生其他调节效应，包括抗原提呈和免疫反应、细胞周期和细胞凋亡、信号转导和基因表达、DNA 修复、染色质重塑、蛋白激酶激活和疾病发生等。

泛素化系统是由泛素活化酶 E1（人类基因组编码两种，以下同）、泛素结合酶 E2（~40 种）、E3 泛素连接酶（>600 种）构成的一种多酶体系，所催化的靶蛋白泛素化过程至少包括三个步骤（图 4-16）。

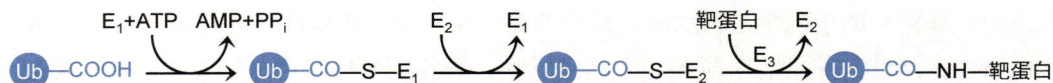

图 4-16　泛素化反应机制

1. 泛素活化　泛素活化酶 E1（ubiquitin-activating enzyme）活性中心的半胱氨酸巯基与泛素 C 端的甘氨酸羧基形成硫酯键，消耗 ATP。

2. 泛素转移　泛素从泛素活化酶 E1 活性中心转移到泛素结合酶 E2（ubiquitin-conjugating enzyme）活性中心的半胱氨酸巯基上。

3. 泛素结合　E3 泛素连接酶（ubiquitin ligase）催化泛素 C 端甘氨酸羧基与靶蛋白赖氨酸 ε-氨基形成异肽键。E3 泛素连接酶既识别泛素结合酶 E2，又识别靶蛋白的识别序列。

E3 泛素连接酶催化反应具有延伸能力，即结合于靶蛋白，重复催化泛素 Lys48 的 ε-氨基与下一个泛素 C 端 Gly 羧基结合，形成多聚泛素（至少含 4 个泛素），成为降解标签。

E3 泛素连接酶分为含 RING 结构域类（RING E3）和含 HECT 结构域类（HECT E3）。RING E3 催化泛素直接从 E2 转移到靶蛋白，参与调节细胞周期、细胞凋亡、细胞分泌、定向运输，如 TRAF2、MDM2、SCF、APC/C。HECT E3 活性中心含半胱氨酸巯基，从 E2 获得泛素，再转移到靶蛋白，如 E6-AP。

此外，靶蛋白 N 端氨基酸残基种类影响其泛素化，例如蛋氨酸、丝氨酸抑制泛素化，天冬氨酸、精氨酸促进泛素化（参考表 6-11）。

五、蛋白质 SUMO 化

SUMO 化（sumoylation）是指用一个或多个类泛素共价标记靶蛋白，从而影响其稳定性、功能、定向运输。类泛素（ubiquitin-like protein，UBL）又称小泛素相关修饰物（SUMO），属于泛素家族。人体内已发现 SUMO-1~ SUMO-5 五种类泛素。

SUMO 化机制与泛素化完全一致：由相应的 E1、E2、E3 催化进行，最终使类泛素通过 C 端 Gly 以异肽键与靶蛋白 Lys 结合。但修饰效应不尽相同：靶蛋白是细胞核蛋白，修饰效应是调节细胞核蛋白运输、染色质重塑、DNA 复制和修复、信号转导、RNA 合成、有丝分裂，但不调节靶蛋白降解。

六、蛋白质辅基化

如丙酮酸羧化酶的 Lys1144-ε-NH$_2$ 连接生物素，脂肪酸合成酶的 Ser2156-OH 连接 4'-磷酸泛酰巯基乙胺，谷丙转氨酶 1 的 Lys314-ε-NH$_2$ 连接磷酸吡哆醛。

七、蛋白质折叠和亚基组装

蛋白质折叠（protein folding）是指有不确定构象的前体蛋白（未折叠蛋白，unfolded protein）通过有序折叠形成有天然构象（native conformation）的功能蛋白的过程。蛋白质的一级结构是其空间结构的基础。蛋白质折叠以单键旋转为基础，以非共价键和二硫键形成为保障。蛋白质多肽链能够自发折叠，形成稳定的天然构象。不过，大多数蛋白质多肽链（细菌 85%）在体内的折叠是在各种辅助蛋白的协助下进行的。已经阐明的辅助蛋白有折叠酶类和分子伴侣等，它们对所有细胞内蛋白质的正确折叠都十分重要，其作用包括避免形成错误折叠或形成无意义聚集物。折叠过程消耗 ATP。有些蛋白质先修饰后折叠才能形成活性构象（active conformation）。

1. 折叠酶类　共价键异构是某些蛋白质折叠的关键步骤，需要相应折叠酶类的催化，目前研究较多的是蛋白质二硫键异构酶和肽基脯氨酰顺反异构酶。

（1）**蛋白质二硫键异构酶**（protein disulfide isomerase，PDI）：二硫键是蛋白质构象的稳定因素。真核蛋白的二硫键主要形成于粗面内质网中。内质网腔是一个氧化环境，对二硫键形成和蛋白质折叠非常重要。蛋白质二硫键主要由巯基氧化酶（辅助因子 FAD）催化形成，专一性差，易出错，需由 PDI 纠错。PDI 组成蛋白质二硫键异构酶家族，成员位于内质网膜和细胞膜上，其活性中心催化基团是 4 个巯基，催化的是巯基与二硫键的可逆转化反应，在蛋白质的折叠过程中，通过两个效应协助含二硫键蛋白质正确折叠：①二硫键形成，即催化底物蛋白 Cys 的巯基形成二硫键。②二硫键纠错，即断开错误的二硫键，形成正确的二硫键。

（2）**肽基脯氨酰顺反异构酶**（peptidyl-prolyl *cis-trans* isomerase，PPIase）：在前体蛋白中脯氨酸亚氨基形成的肽键均为反式构型，在折叠时约有 6% 异构为顺式构型，许多位于 β 转角中。异构由 PPIase 催化，可将异构速度提高 10^4 倍以上。PPIase 组成亲环素型 PPIase 家族，广泛存在于各种组织细胞的细胞质、内质网、线粒体、细胞核等处。

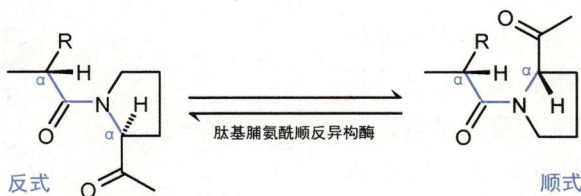

● **PPIase A**　又称**亲环素 A**（cyclophilin A），除了参与机体蛋白质折叠之外，还参与病毒蛋白折叠，因而已成为研发抗病毒药物的新靶点。

2. 分子伴侣　是广泛存在于原核生物和真核细胞内的一类保守蛋白质，分布于细胞的各个区室。其作用为促进多肽链从非天然构象向天然构象的**折叠**（folding）及**多亚基蛋白**（multimer）的组装，或介导蛋白质的定向运输、降解。它们在作用完毕后与作用对象分离，不会成为它们的组分。哺乳动物超过 50% 未折叠蛋白的折叠依赖分子伴侣。它们可以通过以下作用提高折叠和组装效率：①协助未折叠蛋白正确折叠以形成天然构象。②协助**错误折叠**（misfolding）的蛋白质**去折叠**（unfolding，解折叠，伸展）及**重新折叠**（refolding）。③协助多亚基蛋白正确组装以形成天然构象。④协助组装错误的多亚基蛋白解离以重新组装。

大多数分子伴侣的作用依赖其 ATPase 活性，可结合 ADP 和 ATP。分子伴侣-ADP 复合物与未折叠蛋白有高亲和力，且结合后释放 ADP，结合 ATP。分子伴侣-ATP 复合物则释放蛋白质已经完成折叠的部分，如此结合、释放，形成循环，直到未折叠蛋白完成折叠并释放。

已经发现有许多分子伴侣家族参与蛋白质折叠，例如 Hsp60、70、90 等各类**热休克蛋白**（Hsp，热激蛋白）家族。不同分子伴侣作用机制各不相同，可分为 I 类分子伴侣和 II 类分子伴侣，分别以 Hsp70、60 家族为主（表 4-11）。

（1）**I 类分子伴侣**：例如大肠杆菌的 DnaK 和人的 Hsp70（水平随温度而增加，故以 Hsp 命名，位于细胞质、线粒体基质、内质网和细胞核内），作用对象是能自发折叠的未折叠蛋白，功能是结合于未折叠蛋白疏水段，防止其错误聚集、错误折叠或跨膜转位前折叠，或防止蛋白质热变性，有的促进多亚基蛋白亚基组装。I 类分子伴侣与肽链的结合形成循环，且消耗 ATP、有**辅助分子伴侣**（co-chaperonin，共分子伴侣）参与，如 Hsp40、核苷酸交换因子（NEF，大肠杆菌为 GrpE，人为 BAG）。

表 4–11　大肠杆菌 K-12 株与人同源分子伴侣对比

分类	大肠杆菌 K-12 株分子伴侣			人分子伴侣			
	名称缩写	结构	所属家族	名称缩写	结构	亚细胞定位	所属家族
I 类	DnaK		Hsp70	Hsp70	异寡聚体	细胞质	Hsp70
	DnaJ	同二聚体	DnaJ	Hsp40	同二聚体	细胞质	DnaJ
	GrpE	同二聚体	GrpE	GRPEL1		线粒体	GrpE
	HtpG	同二聚体	Hsp90	Hsp86	同二聚体	细胞质	Hsp90
II 类	GroEL	同十四聚体	Hsp60	Hsp60	同十四聚体	线粒体	Hsp60
	GroES	同七聚体	GroES	Hsp10	同七聚体	线粒体	GroES
				TCP-1α	异寡聚体	细胞质	TCP-1

人 Hsp70-Hsp40 作用机制：Hsp70 结合未折叠蛋白，可防止其聚集，并使聚集体解聚，Hsp70 一旦解离，未折叠蛋白会迅速折叠，如未及时折叠，Hsp70 会重新结合，这一过程可重复。另外，Hsp70 也可将未折叠蛋白引至 II 类分子伴侣。① Hsp70 先结合 ATP，呈低亲和力开放构象，结合未折叠蛋白。② Hsp40 结合 Hsp70-ATP，激活其 ATPase 活性。③ Hsp70-ATP 水解其 ATP 成为高亲和力闭合构象的 Hsp70-ADP，抓住未折叠蛋白。④ NEF 促使 Hsp70-ADP 释放 ADP，结合 ATP（图 4-17）。

大肠杆菌 DnaK（因参与 DNA 合成而被鉴定，故以 Dna 命名）是一类 ATP 结合蛋白，其 N 端结构域（NTD）为 ATPase 活性

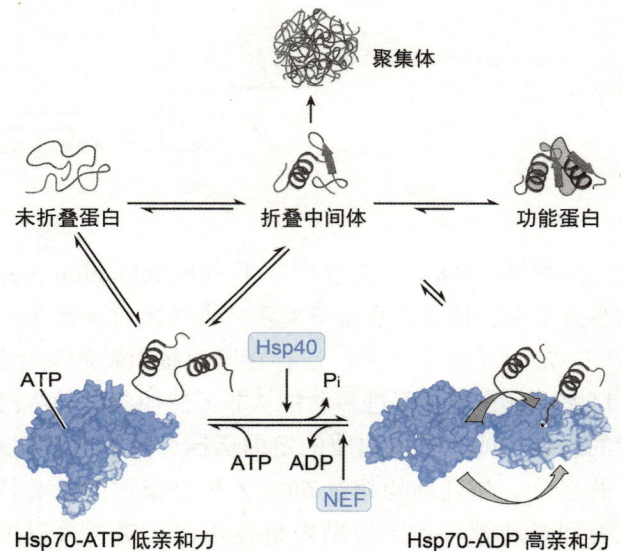

图 4–17　人 Hsp70 介导折叠机制

中心，C 端结构域（CTD）含疏水口袋，可以与未折叠蛋白疏水肽段结合。DnaK 有两种构象：① 结合 ATP 形成 O 构象（开放构象），可以与未折叠蛋白的疏水肽段松散、可逆结合。② ATP 水解成 ADP 时形成 C 构象（闭合构象），与疏水肽段牢固结合，有利于蛋白质折叠。DnaK 的促进蛋白质折叠作用依赖两种辅助分子伴侣 DnaJ、GrpE。DnaJ 是 DnaK 的 ATPase 激活蛋白，可将其活性增加 100~1000 倍。GrpE 促使 DnaK 释放 ADP，结合 ATP。

大肠杆菌 DnaK 作用机制：① DnaJ 与未折叠蛋白结合，协助 DnaK-ATP 与疏水肽段松散结合。② DnaJ 激活 DnaK-ATP 水解其 ATP，转换为 C 构象 DnaK-ADP，与疏水肽段结合牢固，促进蛋白质折叠。③ GrpE 促使 DnaK-ADP 释放 ADP，结合 ATP，恢复 O 构象的 DnaK-ATP，与部分折叠的肽段解离。DnaJ、DnaK、GrpE 重复上述过程，直至完成折叠（图 4-18）。

（2）II 类分子伴侣：又称伴侣蛋白（chaperonin），是一类结构复杂的桶状复合体，其内腔可以募集未折叠蛋白，并协助其折叠。例如大肠杆菌伴侣蛋白 GroEL-GroES 系统（GroEL-GroES system）、人 T 复合物蛋白 1（T-complex protein 1，TCP1），作用对象是不能自发折叠的未折叠

蛋白，功能是创造微环境，促进其正确折叠。

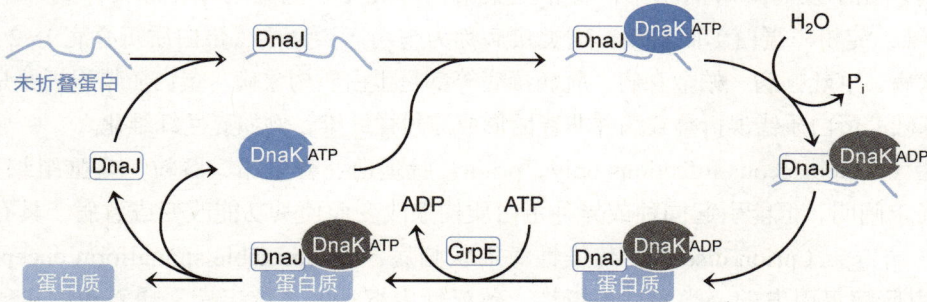

图 4-18 大肠杆菌 DnaK 介导折叠机制

大肠杆菌 GroEL 属于 Hsp60 家族，由两个桶状同七聚体背向叠成，每个桶内为折叠环境，折叠一个蛋白质约需 10 秒（ATP 水解时间）。同七聚体有两种构象：①结合 ADP 形成 T 构象（紧张构象）。②结合 ATP 形成 R 构象（松弛构象）。辅助分子伴侣 GroES 也为七聚体（图 4-19）。

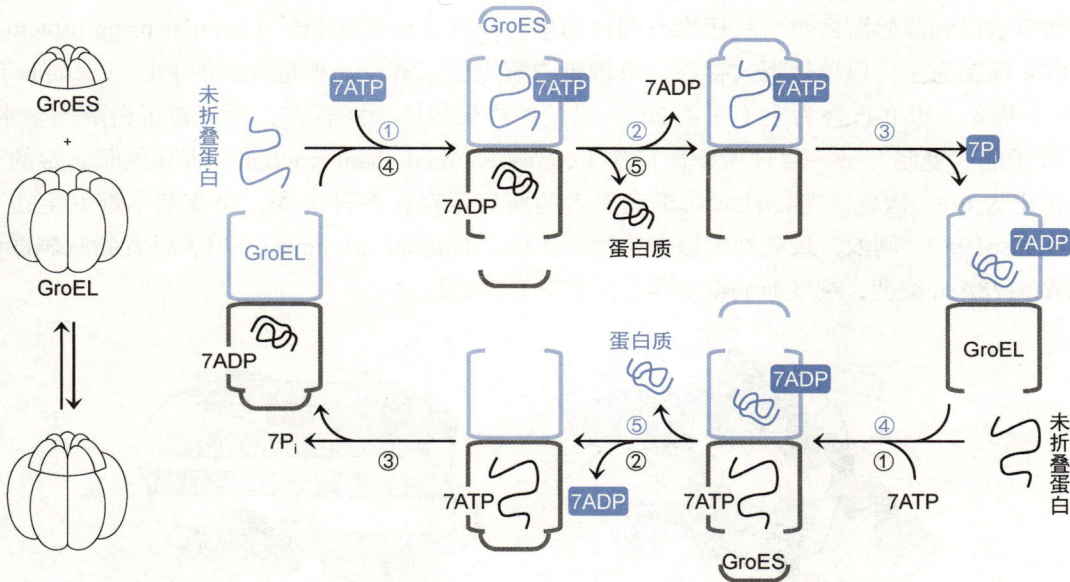

图 4-19 Ⅱ类分子伴侣介导折叠机制

大肠杆菌 GroEL-GroES 系统作用机制：①未折叠蛋白进入 GroEL 桶内，与内壁结合。② GroEL 结合 ATP，GroES 盖住 GroEL 桶口。③ GroEL-ATP 促使未折叠蛋白折叠，GroEL-ATP 水解其 ATP，转换为 GroEL-ADP。④ GroES 离开桶口。⑤已经完成折叠的蛋白质释放，ADP 释放（图 4-19）。如果折叠未完成，则蛋白质不会释放，GroES 再结合。大肠杆菌有 10%~15% 未折叠蛋白的折叠需要 GroEL/GroES 协助，热休克时则多达 30%（图 4-19）。

真核 Hsp60 系统作用机制类似，但桶盖为 Hsp60 结构的一部分，且水解 ATP 耗时长，所以未折叠蛋白有更多的折叠时间。

3. 亚基组装 在粗面内质网上合成的许多分泌蛋白和膜蛋白都是多亚基蛋白，其亚基组装在内质网中按一定顺序进行，结合蛋白质的亚基组装还涉及辅基结合。例如，血红蛋白合成时其 α、β 珠蛋白先组装成二聚体，再与血红素结合成 α、β 亚基二聚体，称为 原聚体（protomer），最后两个原聚体形成血红蛋白 HbA（$\alpha_2\beta_2$）。

4. 蛋白质构象病 即使有分子伴侣等的协助，仍会有超过 1/4 的蛋白质前体发生错误折叠，它们会被降解。如不及时降解而积累，会相互聚集，形成无定型聚集体、寡聚体或纤维样聚集体（淀粉样纤维，淀粉样蛋白）而致病。这类疾病称为蛋白质构象病（蛋白质折叠病）。2 型糖尿病、阿尔茨海默病、亨廷顿病、帕金森病、朊病毒病等都是蛋白质构象病。蛋白质错误折叠是许多遗传病的分子基础。蛋白质错误折叠致病并非皆因形成淀粉样纤维，例如囊性纤维化。

朊病毒（proteinaceous infectious only，prion，朊蛋白、普里昂、朊粒）是脑组织正常成分，生理功能尚未阐明，但能引起同种或异种蛋白质构象改变而使其功能改变或致病，具有致病性和感染性。朊病毒病（prion disease，传染性海绵状脑病，transmissible spongiform encephalopathy，TSE），是由朊病毒引发的一类慢性退行性、致死性中枢神经系统疾病。哺乳动物几种罕见的退行性脑病均与朊病毒相关，人类朊病毒病有库鲁病、克雅氏病、致死性家族性失眠症、具有神经精神特征的海绵状脑病等。

朊病毒由 S. Prusiner（1997 年诺贝尔生理学或医学奖获得者）于 1982 年发现并阐明，因为是只有蛋白质而没有核酸的"病原体"，所以并不是传统意义上的病毒，微生物学称之为亚病毒。例如哺乳动物脑组织细胞膜上的一种疏水性糖蛋白就是朊病毒。人朊病毒前体蛋白切除信号肽和前肽得到成熟朊病毒。朊病毒有两种构象：一种是正常的 PrP^C（cellular prion protein）构象，以 α 螺旋为主，以单体形式存在，可被蛋白酶完全水解；一种是致病的 PrP^{Sc}（scrapie prion protein）构象，以 β 折叠为主（图 4-20），以淀粉样聚集体形式存在，不能被蛋白酶完全水解。PrP^{Sc} 分子能"复制"——通过构象链反应（conformational chain reaction）将其他朊病毒的 PrP^C 构象转化为 PrP^{Sc} 构象。遗传性朊病毒病患者的朊病毒存在各种突变，突变基本都发生在下游（Pro80~Asp195）。例如，致死性家族性失眠症（fatal familial insomnia，FFI）患者的朊病毒蛋白存在 Asp178Asn 突变，突变朊病毒更容易形成 PrP^{Sc} 构象。

PrP^C PrP^{Sc}

图 4-20 朊病毒构象

第六节 真核生物蛋白质的定向运输

真核生物蛋白质的定向运输（targeting，定向转运，靶向运输）又称蛋白质分选（protein sorting），是指新合成的蛋白质从合成场所运输至功能场所的过程。蛋白质定向运输过程比合成过程还要复杂，如拟南芥编码产物参与蛋白质合成和运输的基因分别占全部基因的 2% 和 6%。

真核生物合成的蛋白质可分为三类，其中两类涉及定向运输：①内质网核糖体合成的分泌蛋白、内质网蛋白、高尔基体蛋白、溶酶体蛋白、整合蛋白通过共翻译转运机制（粗面内质网途径、分泌途径）运至功能场所。这部分蛋白质占总蛋白的 30%。②游离核糖体合成的细胞核蛋白、线粒体蛋白、质体蛋白、过氧化物酶体蛋白通过翻译后转运机制（细胞质途径）运至功能场所。③游离核糖体合成的细胞质蛋白和线粒体、质体（植物细胞有色体、白色体和叶绿体）核糖体合成的蛋白质，不涉及定向运输。

例如，酵母有 6000 多种蛋白质（包括 5000 种可溶性蛋白质、1000 种膜蛋白），其中有 1/2 为细胞质蛋白，1/4 为细胞核蛋白，1/4 为线粒体、内质网、高尔基体蛋白。

经历定向运输的蛋白质都含有信号肽，Blobel（和 Sabatini）因于 1971 年提出用于阐明内质网蛋白质运输和定位的信号学说而获得 1999 年诺贝尔生理学或医学奖。信号肽（signal peptide）又称信号序列（signal sequence），最初是指正在合成的分泌蛋白 N 端的一个肽段，作用是引导 80S 核糖体复合物锚定于内质网，之后被信号肽酶切除。目前多指新生肽、前体蛋白或功能蛋白一级结构中的一个或几个肽段，可位于新生肽 N 端和内部、前体蛋白 C 端和内部、功能蛋白内部。其功能是参与其在细胞内任何细胞区室间的转运或决定其最终区室定位，故又称靶向序列、靶向信号、分选信号。位于 N 端和 C 端的信号肽发挥作用后会被信号肽酶切除。有些信号肽还有专名，如转运肽、线粒体蛋白的前序列、膜蛋白的停止转移锚定序列和信号锚定序列、细胞核蛋白核定位信号和核输出信号。

● 前导肽（leader peptide） 又称前导序列（leader sequence）。①同信号肽、信号序列。②原核生物操纵子前导序列编码产物，参与基因表达调控。

● 前肽（propeptide） 酶原、激素原等分泌蛋白原激活时被切除的序列，含两个至几百个氨基酸残基，既有位于 N 端的（如胃蛋白酶原），又有位于内部的（如胰岛素 C 肽），某些酶原（如胰蛋白酶原）的前肽又称激活肽（activation peptide）。部分中文文献也称前肽为前导肽。

蛋白质的定向运输可分为两个阶段：①蛋白质向相关区室运输，通常在蛋白质合成过程中或合成结束时进行。不同的蛋白质在这一阶段分别进入内质网、线粒体或细胞核等。②运输到内质网的蛋白质进一步进入分泌途径。高尔基体蛋白、溶酶体蛋白和细胞膜蛋白都以运输囊泡形式通过分泌途径运输。

一、分泌蛋白等转入内质网腔

转入内质网腔的蛋白质是在游离核糖体上启动合成的，即先合成信号肽并由其引导核糖体锚定于内质网膜胞质面，再继续合成新生肽，且新生肽直接进入内质网腔，因而合成与运输同时进行，该过程称为共翻译转运（共翻译运输，cotranslational translocation），例如胰腺细胞分泌的酶、浆细胞分泌的抗体、小肠杯状细胞分泌的黏蛋白、内分泌腺分泌的多肽类激素、各组织细胞分泌的细胞外基质成分。游离核糖体锚定于内质网和新生肽进入内质网腔由 5 种成分决定。

1. 信号肽（signal peptide） 控制共翻译转运的信号肽长 13~36aa，位于（或靠近）新生肽 N 端，有以下特征：①有的信号肽有 1~2 个带正电荷的碱性氨基酸残基，多位于疏水序列前，即靠近 N 端。②中间有 6~15 个疏水性氨基酸残基。③C 端的一段短序列含较多极性氨基酸残基，切割位点（cleavage site）肽键由小分子量氨基酸（特别是丙氨酸、甘氨酸）形成。分泌蛋白信号肽的功能是引导新生肽转入内质网，之后被切除，所以成熟的分泌蛋白没有信号肽（图 4-21）。

人血清白蛋白原　　　Met *Lys* Trp Val Thr Phe Ile Ser Leu Leu Phe Leu Phe Ser Ser Ala Tyr Ser·Arg

人胃蛋白酶原　　　　Met *Lys* Trp Leu Leu Leu Leu Gly Leu Val Ala Leu Ser Glu Cys·Ile

人流感病毒 A 蛋白　　Met *Lys* Ala *Lys* Leu Leu Val Leu Leu Tyr Ala Phe Val Ala Gly·Asp

图 4-21　分泌蛋白信号肽

●鸡卵清蛋白信号肽特殊，其前体蛋白 386aa，信号肽是 His22~Asp48，不在 N 端，最后也未被切除。卵清蛋白的另一个特点是其 L-Ser165、237、321 会缓慢变构为 D-Ser，并赋予其热稳定性。

2. 信号识别颗粒（signal recognition particle，SRP）是一种棒状核糖核蛋白，是控制共翻译转运的信号肽受体，功能是与新合成的信号肽及核糖体 60S 大亚基结合，引导它们向内质网转移。此外，SRP 结合核糖体复合物时抑制氨酰 tRNA 进位，因而抑制翻译延伸。①人信号识别颗粒由六种蛋白质（SRP54、SRP19、SRP68、SRP72、SRP14、SRP9）和一种 7SL RNA 构成。其中 7SL RNA 属于胞质小 RNA，长度为 300nt；SRP54 是一种 GTPase，含两个结构域：G 结构域结合 GTP，M 结构域结合 7SL RNA（需 SRP19 协助）和信号肽（图 4–22）。②原核生物信号识别颗粒由一种蛋白质和一种 4.5S RNA（平均长度为 100nt）构成。

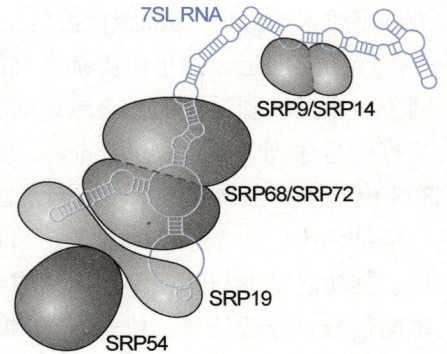

图 4–22　信号肽识别颗粒

3. 停靠蛋白（docking protein）　又称信号识别颗粒受体（SRP receptor），是一种内质网膜整合蛋白、一种 αβ 二聚体，其 SR-α 亚基有 GTPase 活性，与 SRP54 同属于 GTP 结合蛋白 SRP 家族。停靠蛋白的功能是在结合 GTP 时募集信号识别颗粒 - 新生肽 - 核糖体 -mRNA 复合物，引导它们向转运体转移。一旦核糖体与易位子结合，SRP 和停靠蛋白水解各自的 GTP，SRP 脱离停靠蛋白，去寻找下一个核糖体的信号肽。

4. 核糖体结合蛋白 1（ribosome-binding protein 1）　又称核糖体受体蛋白（ribosome receptor protein），是位于内质网膜上的一种Ⅲ型单次跨膜蛋白，可结合核糖体复合物，从而介导其结合于内质网膜上。

5. 易位子（translocon）　又称蛋白质转运蛋白（protein transport protein Sec61）、易位蛋白质，是一种内质网膜整合蛋白、异三聚体，记作 SEC61$_{αβγ}$，功能有二：①核糖体受体。②新生肽通道。在与核糖体结合时开放，介导信号肽进入内质网腔。

6. 共翻译转运机制　①游离核糖体复合物合成信号肽。②核糖体复合物通过未折叠信号肽募集 SRP，之后 SRP 结合 GTP，中止肽链合成，此时新生肽长约 70aa（肽链过长不利于运输）。③核糖体复合物 -SRP-GTP 向内质网移动，被内质网膜停靠蛋白 -GTP 和核糖体结合蛋白 1 募集，进而与易位子结合。④易位子新生肽通道开启，信号肽引导新生肽穿入，同时 SRP-GTP 和停靠蛋白 -GTP 水解各自的 GTP，SRP-GDP 和停靠蛋白 -GDP 释放。⑤延伸重启，新生肽同时转入内质网腔（消耗 ATP），信号肽被内质网中与易位子结合的信号肽酶（signal peptidase，又称前导肽酶）切除。人信号肽酶是一种跨膜五聚体。⑥新生肽继续合成。⑦翻译终止，核糖体解聚，易位子关闭，新生肽（未折叠蛋白）在内质网中折叠、修饰。⑧核糖体循环（图 4–23）。

蛋白质在内质网中修饰后进行分选（sort），由位于内质网膜上的分选受体通过识别前肽等特异信号募集，形成复合物，聚集于内质网膜局部区域，由结合于胞质面的包被蛋白（coat protein，COP）介导，以出芽（bud off）方式形成运输囊泡（运输小泡，transport vesicle）。运输囊泡带有膜整合蛋白 v-SNARE，可与靶膜整合蛋白 t-SNARE 结合，使分泌囊泡与靶膜融合（fusion），完成定向运输。

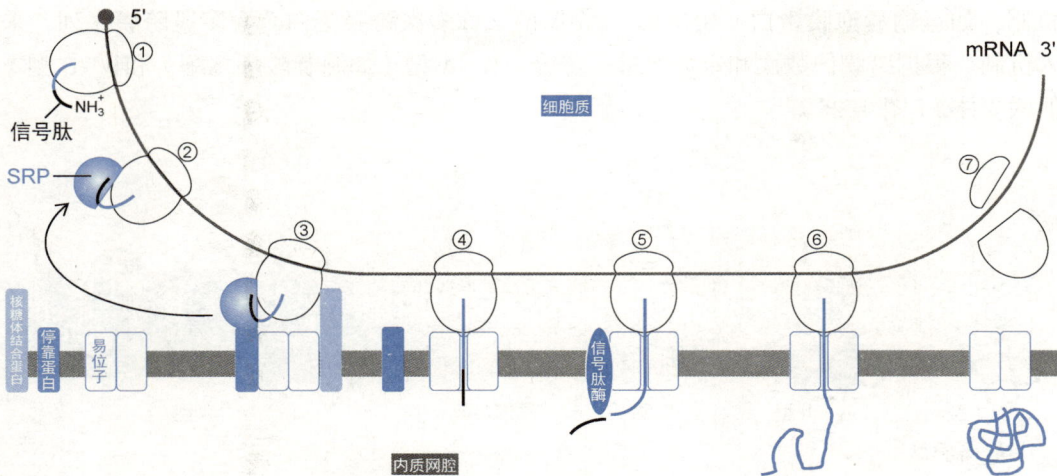

图 4-23 共翻译转运机制

向高尔基体运输的囊泡融入顺面（顺面高尔基网），进一步修饰（例如 *O*- 糖基化、*N*- 寡糖加工），最后在高尔基体反面（反面高尔基网）分选，以出芽方式形成运输囊泡，除溶酶体酶外，其他蛋白质分选机制尚未阐明。运输分泌蛋白的囊泡称为分泌囊泡（secretory vesicle，分泌颗粒，secretory granule），运至细胞膜，胞吐分泌（图 4-24）。

高尔基体和内质网内还存在逆向运输，即从高尔基体运至内质网，从内质网运至细胞质。被转运的是未折叠或错误折叠的糖蛋白或糖肽及寡糖，其中部分将由蛋白酶体降解。

二、膜蛋白插入内质网膜

在内质网上合成的跨膜蛋白插入内质网膜过程依赖其一级结构中的一类称为拓扑序列的跨膜序列。它决定着跨膜蛋白的跨膜次数及跨膜取向。跨膜蛋白可分 5 类：Ⅰ 型、Ⅱ 型、Ⅲ型、尾锚定型、Ⅳ 型。前 4 类为单次

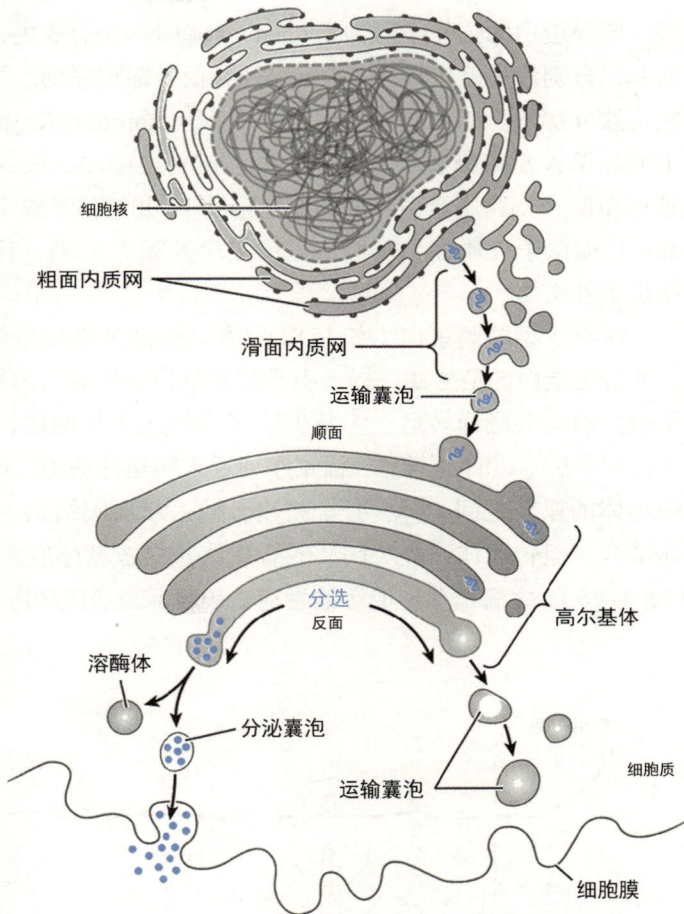

图 4-24 蛋白质分选

跨膜蛋白。Ⅳ型为多次跨膜蛋白。①Ⅰ 型 N 端指向外质面，C 端指向胞质面，N 端有信号肽且最后被切除，采共翻译插入机制，如低密度脂蛋白受体。②Ⅱ型指向与Ⅰ型相反，N 端无信号肽，采共翻译插入机制，如转铁蛋白受体。③Ⅲ型近 N 端有跨膜序列，取向同Ⅰ型，但无信号肽，采共翻译插入机制，如细胞色素 P450。④尾锚定蛋白 C 端有跨膜序列，取向同Ⅱ型，采翻译后

插入机制，如运输囊泡膜蛋白 v-SNARE。⑤Ⅳ型又称多次跨膜蛋白，含多段跨膜序列，采共翻译插入机制。根据跨膜偶数次和奇数次进一步分为Ⅳ-A型（如腺苷酸环化酶）和Ⅳ-B型（如 G 蛋白偶联受体）（图 4-25）。

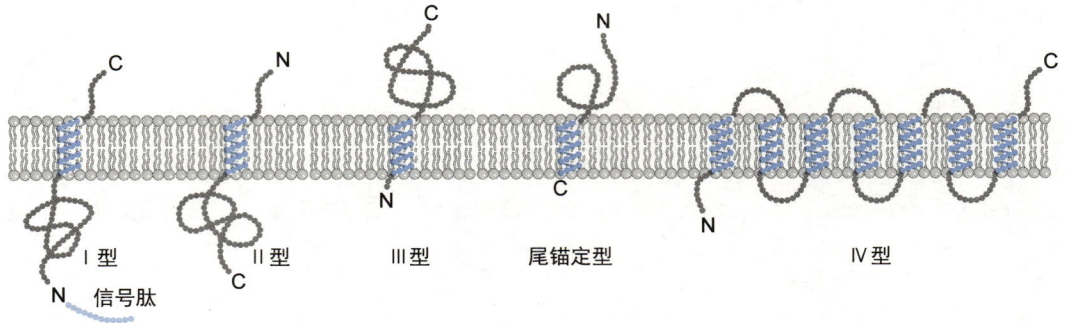

图 4-25　跨膜蛋白拓扑分类

跨膜蛋白的拓扑序列（topogenic sequence）有 3 类，其中一类即信号肽，另外两类富含疏水残基，分别称为停止转移-锚定序列和信号锚定序列，均为内部序列，所以不会被切除，而是形成跨膜 α 螺旋。①停止转移 – 锚定序列（stop transfer anchor sequence，STA）：长约 22aa，见于Ⅰ型和ⅣA型跨膜蛋白。②信号锚定序列（signal-anchor sequence，SA）：长 20~25aa，见于Ⅱ型、Ⅲ型和ⅣB型跨膜蛋白（N 端无信号肽）。Ⅱ型信号锚定序列的 N 端有正电荷残基故保留在胞质面，C 端位于外质面。Ⅲ型信号锚定序列靠近 N 端，且 C 端有正电荷残基故保留在胞质面，N 端位于外质面。

所有Ⅰ型跨膜蛋白（如 LDL 受体）都含 N 端信号肽和一段停止转移-锚定序列。N 端信号肽和分泌蛋白的信号肽一样，引导跨膜蛋白新生肽向内质网移动，通过信号识别颗粒与停靠蛋白结合，启动共翻译转运：①新生肽 N 端进入内质网腔，信号肽被切除。②新生肽继续合成并进入内质网腔。③停止转移-锚定序列进入转运体通道，跨膜转运终止。④停止转移-锚定序列从转运体的亚基之间（"侧门"）挤出，插入双层膜结构。⑤新生肽继续合成，核糖体仍然与转运体结合，但转运体已经关闭。⑥合成终止，核糖体脱离转运体，跨膜蛋白 C 端位于内质网表面（图 4-26）。之后出芽形成运输囊泡，最终运至功能场所。

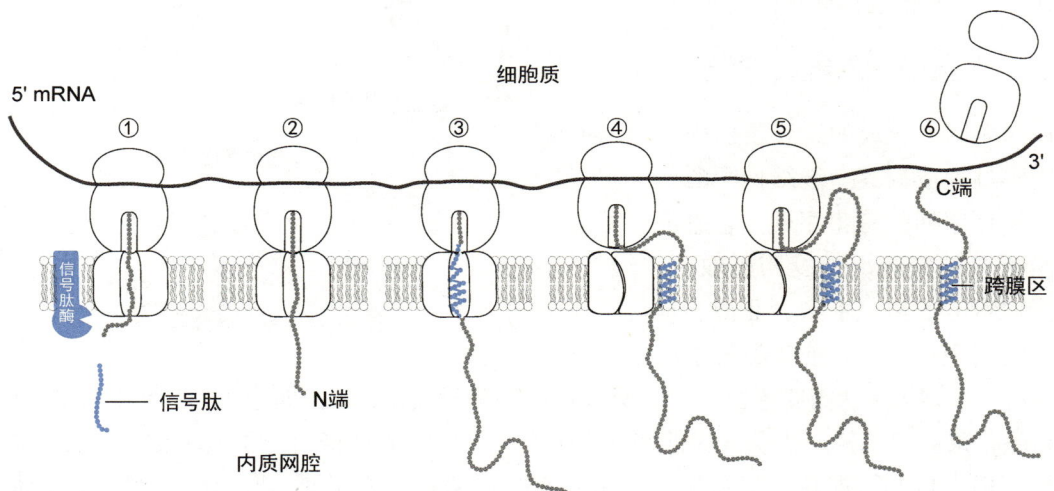

图 4-26　Ⅰ型单次跨膜蛋白共翻译插入机制

三、线粒体蛋白转入线粒体

人心肌线粒体蛋白质组有615种蛋白质，仅13种由mtDNA编码，其余均由细胞核基因编码，由细胞质游离核糖体合成，合成后转入线粒体内，称为**翻译后转运**（post-translational transport）。

1. 线粒体蛋白信号肽　又称转运肽、前序列，位于N端，长20~55aa，并无序列保守性，但有以下特征：①富含疏水性氨基酸残基、碱性氨基酸残基（特别是精氨酸）和羟基氨基酸残基（丝氨酸、苏氨酸），几乎不含酸性氨基酸残基。②有**两亲性 α 螺旋**（两亲螺旋）构象，即疏水性氨基酸残基和碱性氨基酸残基分别位于α螺旋的两个侧面。

●**转运肽**（transit peptide）　由染色体基因编码的细胞器（如线粒体、叶绿体等）蛋白的信号肽，位于N端、C端或两端。其中线粒体前体蛋白N端的信号肽又称**前序列**（presequence）。

2. 线粒体蛋白转运机制　①新合成的线粒体前体蛋白与分子伴侣如Hsp70结合，呈伸展状态（否则不能转运）。②前体蛋白与线粒体外膜上的内运受体结合。③内运受体（如Tom20/22）将前体蛋白向线粒体内外膜接触点（contact point）转移。④前体蛋白由转运肽引导，穿过外膜**TOM复合物**（TOM complex，translocase of the outer membrane，线粒体外膜转位酶）如Tom40和内膜**TIM复合物**（TIM complex，translocase of the inner membrane，线粒体内膜转位酶）如Tim23/17。⑤结合在内膜Tim44上的分子伴侣Hsp70（mtHSP70）与前体蛋白结合，通过水解ATP提供能量促使其内运。内运动力还来自跨线粒体内膜的质子动力。⑥前体蛋白的转运肽被**线粒体加工肽酶**（mitochondrial processing peptidase，MPP，αβ二聚体）切除。⑦线粒体蛋白折叠（多数需要线粒体分子伴侣mtHSP60-HSP10系统协助）（图4-27）。

线粒体蛋白以线粒体基质蛋白为主，此外还有内膜蛋白、外膜蛋白、膜间隙蛋白。后三类蛋白质均含相应的分选信号，由相关转运系统通过各自的转运机制完成转运。有的线粒体蛋白不含转运肽（如细胞色素c），有的转运肽不在末端。它们另有转运机制。

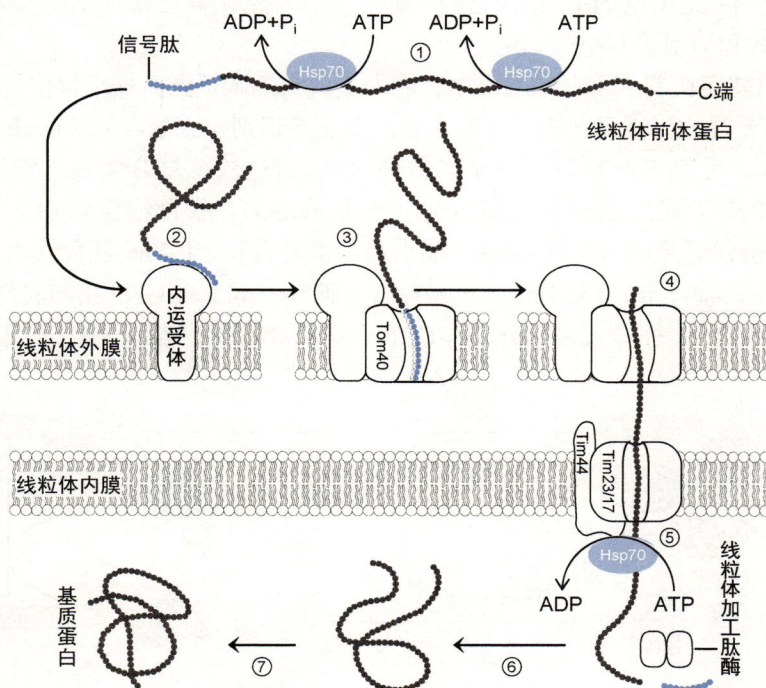

图4-27　线粒体蛋白转运机制

四、细胞核蛋白转入细胞核

真核生物每分钟都有上百万个大分子通过核孔复合体进出细胞核：①RNA 从细胞核转至细胞质。②新生核糖体蛋白从细胞质转至细胞核。③在细胞核内组装的核糖体亚基从细胞核转至细胞质。④在细胞质中合成并向细胞核转运或回到细胞质的还有其他细胞核蛋白，如 DNA 聚合酶、RNA 聚合酶、组蛋白和非组蛋白（特别是转录因子）等。此外，真核生物细胞分裂时发生核膜破裂和重建（remodeling），细胞核蛋白也发生弥散和再聚。因此，①细胞核蛋白的信号肽既有介导入细胞核的核定位信号（nuclear localization signal，NLS，核定位序列），又有介导细胞核蛋白出核的核输出信号（nuclear export signal，NES）。②细胞核蛋白的信号肽不被切除。

核定位信号可以位于一级结构的不同区段，且差别极大。许多 NLS 长 4~8aa，其中有几个连续的碱性氨基酸残基（Arg，Lys）（表 4-12）。

表 4-12　细胞核蛋白核定位信号和核输出信号

细胞核蛋白	核定位信号位置（序列）	核输出信号位置（序列）
E3 泛素连接酶 MDM2（人）	R179~K185（RQRKRHK）； K466~K473（KKLKKRNK）	S190~I202（SLSFDESLALCVI）
MDM4 蛋白（人）	K442~R445（KRPR）	
T 抗原（SV40）	P125~V132（PPKKKRKV）	
p53	K305~K321（KRALPNNTSSSPQPKKK）	E339~L350（EMFRELNEALEL）

1. 细胞核蛋白转运蛋白　种类繁多，其中包括：①输入蛋白（importin）：又称 [核] 输入因子、核转运蛋白、核转运因子，一类 αβ 二聚体，是细胞核蛋白的可溶性受体，不同输入蛋白通过其 α 亚基识别不同细胞核蛋白的核定位信号，从而介导其入核。②输出蛋白（exportin）：是细胞核蛋白的一类可溶性受体，不同输出蛋白识别不同细胞核蛋白的核输出信号，从而介导其出核。输入蛋白和输出蛋白统称核转运蛋白（karyopherin）。③Ran：一种小分子 GTPase（表 7-3，191 页），功能是控制细胞核蛋白 - 输入蛋白 / 输出蛋白与核孔复合体的结合及入核 / 出核。Ran 活性受细胞核 GEF 和细胞质 GAP 调节。

2. 细胞核蛋白转运机制　①在细胞质中，输入蛋白与细胞核蛋白核定位信号结合，形成细胞核蛋白 - 输入蛋白复合物。②复合物通过输入蛋白 β 亚基识别核孔复合体（nuclear pore complex，NPC，孔径约 9nm，允许 50kDa 以下分子扩散通过），通过核孔复合体进入细胞核。③复合物被 1 分子 Ran-GTP 夺去输入蛋白 β 亚基，被 1 分子 Ran-GTP 联合输出蛋白 2 夺去 α 亚基（图中未示），细胞核蛋白完成转入。④α-Ran- 输出蛋白 2 复合物、β-Ran 复合物出核，其 Ran 水解 GTP 而与 α、β 亚基解离，α、β 亚基进入下一轮输入循环。⑤Ran-GDP 由核转运因子 2（nuclear transport factor 2，NTF2）介导入核，由 Ran-GEF 介导释放 GDP，结合 GTP（图 4-28）。

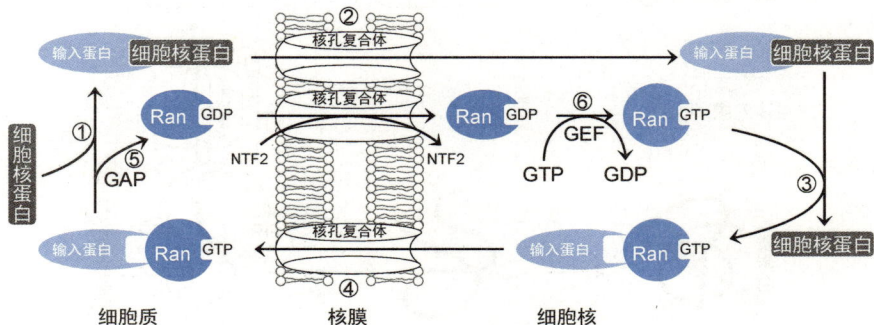

图 4-28　细胞核蛋白转运机制

第七节　蛋白质合成的抑制剂

蛋白质合成是许多天然抗生素和毒素的主要靶点。蛋白质合成的几乎每一步都能被一种或几种抗生素专一抑制，因此抗生素已成为研究蛋白质合成的重要工具。以下为抑制蛋白质合成的部分抗生素和毒素。

1. **抗生素**（antibiotic）　是一类生物（特别是细菌、酵母、霉菌）代谢物，对某些生物（特别是病原生物或有害生物）的毒性极大，既可从生物材料提取，又可通过化学工艺制备。有临床价值的抗生素的共同特点是直接抑制病原体蛋白质合成且副作用较小。

（1）氨基糖苷类抗菌药（XJ01G）：主要抑制革兰阴性菌的蛋白质合成：①链霉素（XJ-01GA）：一种三糖，低浓度下引起原核生物核糖体读码错误，高浓度下抑制翻译起始。②新霉素（XA07A，XD06）、庆大霉素（XJ01GB，XS01）：与原核生物核糖体小亚基结合，干扰 tRNA 与16S rRNA 的相互作用。③阿米卡星（XJ01GB）：半合成类抗生素，与原核生物核糖体小亚基结合导致核糖体移码。

（2）四环素类抗菌药（XJ01A）：在翻译延伸阶段与原核生物核糖体小亚基 A 位结合，从而抑制氨酰 tRNA 进位，例如四环素（XD06）、多西环素（XJ01A）、金霉素（XD06，XS01A）。

（3）大环内酯类抗菌药（XJ01FA）：作用于葡萄球菌、链球菌等革兰阳性菌的核糖体大亚基，在翻译延伸阶段抑制核糖体移位，从而抑制蛋白质合成，是治疗葡萄球菌肺炎最有效的药物，例如红霉素（XD10，XS01A）、阿奇霉素（XJ01FA）和克拉霉素（XJ01FA）。

（4）林可[酰]胺类抗菌药（XJ01FF）：作用于敏感菌核糖体 23S rRNA，抑制其肽酰转移酶活性，使肽酰 tRNA 提前释放，从而在翻译延伸阶段抑制细菌的蛋白质合成，例如林可霉素（XJ01FF，XS01A，XS02）和克林霉素（XD10，XJ01FF）。

（5）氯霉素类抗菌药（XJ01B）：属于广谱抗生素，与原核生物核糖体大亚基 23S rRNA 结合，抑制其肽酰转移酶活性，从而在翻译延伸阶段抑制细菌的蛋白质合成，对真核生物线粒体和叶绿体的肽酰转移酶也有抑制作用。

（6）氨基核苷类：例如嘌呤霉素（黑白链霉菌代谢物），其结构与酪氨酰 tRNA 的 3' 端相似，可进入核糖体 A 位，获得由肽酰转移酶催化从 P 位肽酰 tRNA 转移的肽链，生成肽酰嘌呤霉素，然后脱离核糖体，使新生肽合成提前终止（premature termination）。嘌呤霉素对原核生物和真核生物的蛋白质合成都有干扰作用，所以不适合作为抗菌药物。

值得注意的是，由于蛋白质合成中几乎每一步都可以被抗生素特异性抑制，因此抗生素已成为蛋白质生物合成研究中的宝贵工具。

2. **干扰素**（interferon）　抑制真核生物蛋白质合成，机制之一是在感染某些病毒后诱导合成蛋白激酶 PKR，催化翻译起始因子 eIF-2α 磷酸化失活（第七章，215 页）。

3. **白喉毒素**（diphtheria toxin）　是一种 ADP 核糖转移酶类外毒素。可催化修饰翻译延伸因子 eEF-2，使其 ADP 核糖基化失活，致使核糖体不能移位，因而抑制真核生物蛋白质合成，杀死细胞。白喉毒素前体由感染了一种溶原性噬菌体的白喉杆菌合成，被细胞膜内肽酶 furin 裂解激活，激活产物由 A 链和 B 链组成，两条链仍通过 1 个二硫键结合在一起。B 链含受体结合域，可与膜受体结合。A 链含活性中心，可催化 NAD^+ 的 ADP 核糖基与翻译延伸因子 eEF-2 的一个组氨酸修饰物——白喉酰胺（diphthamide）结合，使 eEF-2 失活。白喉毒素剧毒，一分子即可催化修饰一个细胞内的全部 eEF-2，从而杀死该细胞。

● 由于计划免疫的成功，白喉杆菌致病已近乎绝迹，目前仅在计划免疫未得到普及的国家每年还有几千病例出现。

4. 蓖麻毒素（ricin toxin） 蓖麻子成分，属于Ⅱ型核糖体失活蛋白，由 A 链和 B 链通过一个二硫键连接而成。B 链有凝集素活性，能与细胞膜特异糖基结合，介导蓖麻毒素内吞，释放 A 链。A 链有 RNA N- 糖苷酶活性中心，可催化人 28S rRNA 的 SR 环 A4324 脱腺嘌呤，导致进位循环受阻。蓖麻毒素剧毒，一分子即可杀死一个细胞，500μg 可致人死亡。

5. 病毒（virus） ①某些病毒（如脑心肌炎病毒）mRNA 翻译效率远高于宿主。②某些病毒（如呼肠孤病毒、水疱性口炎病毒）复制极快，其大量 mRNA 占用蛋白质合成资源，特别是翻译因子。③某些病毒抑制宿主蛋白质合成，机制是抑制 mRNA 与 40S 结合。

原核基因表达调控

基因表达（gene expression）是 DNA 转录过程和转录产物翻译过程，即由基因指导功能 RNA 合成和 mRNA 指导蛋白质合成的过程，体现了 DNA 和蛋白质、基因型和表型、遗传和代谢的关系。

基因表达调控（gene expression regulation）是指细胞、组织或机体在基因表达水平上对营养状况和环境因素的变化作出反应，即调节特定蛋白质（或 RNA）的合成和降解速度，从而调节其在细胞内的水平。基因表达调控决定细胞的结构和功能，决定细胞分化和形态发生，是生命活动的需要，且赋予生物多样性和适应性。基因表达过程高度耗能，因此基因表达调控又是能量节约的体现。

原核生物是单细胞生物，通过调节其各种代谢适应营养状况和环境因素的变化，并使其生长繁殖达到最优化。原核生物的基因表达与环境因素关系密切，其相关基因形成的操纵子结构有利于对环境变化迅速作出反应。

第一节　基因表达的方式

不论是原核生物还是真核生物，其基因组中处于表达状态的基因都只是少数，包括高表达基因（如翻译延伸因子基因 EF-Tu）和低表达基因（如 DNA 修复酶类基因）。不同基因可能有不同的表达方式。

一、组成性表达

有些基因在一个生物体的绝大多数细胞中持续表达，产物在整个生命过程中都是必需的，因而表达产物保持一定水平。其表达效率完全由启动子和 RNA 聚合酶决定，没有其他因子参与，因此表达水平没有组织特异性，这种表达方式称为**组成性表达**（组成型表达，constitutive expression），这类基因称为**管家基因**（housekeeping gene，组成型基因，constitutive gene）。管家基因是细胞基本组分编码基因和细胞基本代谢相关基因，哺乳动物可能有 10000 多种。例如 rRNA 基因、3- 磷酸甘油醛脱氢酶基因、β 肌动蛋白基因、微管蛋白基因、核糖体蛋白基因。

管家基因的表达虽然属于组成性表达，但是不同管家基因表达产物水平不同。启动子序列差异影响 RNA 聚合酶的识别、结合、启动效率，可能是影响管家基因表达水平的唯一因素。

由启动子和 RNA 聚合酶决定的转录水平称为**基础转录水平**（basal level）。

二、调节性表达

有些基因的转录效率还受其他调控元件和调节因子调控，并受反映营养状况或环境因素变化的分子信号（molecular signal）影响，例如某些基因在不同营养条件下的表达水平相差 1000 多倍，这种表达方式称为调节性表达（regulated expression，适应性表达），这类基因称为奢侈基因（luxury gene，非管家基因，nonhousekeeping gene）。根据对环境信号反应结果的不同，调节性表达进一步分为诱导性表达和抑制性表达。

1. **诱导性表达** 有些基因的基础转录水平很低，受环境信号刺激时启动表达或表达增强，这类基因称为可诱导基因（inducible gene），这种表达方式称为诱导性表达（inducible expression），诱导其表达的环境信号称为诱导物（inducer）。例如别乳糖作为诱导物诱导大肠杆菌乳糖操纵子的表达，DNA 损伤诱导表达 SOS 调节子。

● 某些可诱导基因发生突变导致组成性表达，这种突变称为组成性突变（constitutive mutation），组成性突变多为操纵基因或调节基因发生的失活突变。

2. **抑制性表达** 有些基因的基础转录水平很高，受环境信号刺激时终止表达或表达减弱，这类基因称为可抑制基因（可阻遏基因，repressible gene），这种表达方式称为抑制性表达（阻遏型表达，repressible expression），抑制其表达的环境信号称为辅阻遏物（corepressor）。例如色氨酸作为辅阻遏物抑制大肠杆菌色氨酸操纵子的表达。

由管家基因、可诱导基因、可抑制基因编码的酶分别称为组成酶、诱导酶、阻遏酶。

三、协同表达

为确保细胞或机体的代谢能有条不紊地进行，在一定机制控制下，功能相关的一组基因常拥有共同的激素反应元件，因而由同一种或一组信号通过同一种或一组转录因子调控，致使其表达协调一致，这种表达方式称为协同表达（coordinate expression，共表达，coexpression）。例如，肝细胞合成分泌的纤维蛋白原（凝血因子 I）是一种由 Aα、Bβ、γ 亚基各两个形成的六聚体糖蛋白，其三种亚基的编码基因 *FGA*、*FGB*、*FGG* 在同一条染色体上，它们的表达属于协同表达。

原核生物操纵子和调节子的表达都属于协同表达。例如，大肠杆菌的 52 个核糖体蛋白基因构成的 20 多个转录单位的表达必须协调一致，属于协同表达。

第二节 原核基因表达的特点

每个原核细胞都是独立的生命体，其一切代谢活动都是为了适应环境，更好地生存、生长和繁殖。原核基因表达有以下特点。

1. **基因表达具有条件特异性** 条件特异性是指许多可诱导基因和可抑制基因的表达水平受营养状况和环境因素影响。例如，①在乳糖充足而葡萄糖缺乏时大肠杆菌乳糖操纵子高表达。②在 SOS 反应后期大肠杆菌 DNA 聚合酶 IV 和 V 的基因启动表达。

2. **基因表达多以操纵子为转录单位** 操纵子（operon）由一个启动子、一个操纵基因及其所控制的一组（多数 2~6 个）功能相关的结构基因等组成，有些操纵子还有激活蛋白结合位点。操纵子是基因的一种转录单位，转录产物为多顺反子 mRNA。例如大肠杆菌有 4000 多个基因，分别由 2000 多个启动子启动转录，约 75% 基因形成操纵子。①很多操纵子的编码产物是多亚基蛋白的不同亚基，共翻译便于组装。②有些操纵子编码产物参与的代谢相关联，需要协同表达。

③有些表达产物在同一条件或类似条件下起作用。操纵子广泛存在于原核生物，个别见于低等真核生物，高等真核生物未见。

3. 基因转录的特异性由 σ 因子决定 大肠杆菌表达哪些基因由 σ 因子决定。已鉴定的大肠杆菌 σ 因子有 σ^{70}、σ^{32}（数字表示其分子量大小，例如 σ^{70} 的分子量为 70kDa）等七种。不同 σ 因子与核心酶结合，协助其识别不同的启动子，从而启动不同基因的转录，其中 σ^{70} 协助识别大多数基因（管家基因）的启动子。环境因素可诱导表达另外六种 σ 因子，启动特定基因的转录，这些基因的启动子有相应的共有序列，这些共有序列不同于 σ^{70} 识别启动子的共有序列。例如高热应激（heat stress）时大肠杆菌合成 σ^{32}，协助识别热休克基因启动子，合成热休克蛋白（如辅助分子伴侣 GrpE）。

各种 σ 因子活性取决于以下几种因素：①σ 因子的合成或降解速度。②翻译后修饰控制 σ 因子活化和去活化。③一组抗 σ 因子（anti-sigma factor）结合和抑制特定的 σ 因子。

σ^{32}-mRNA 在热休克时翻译加快，且 σ^{32} 降解减慢。其控制的热休克基因绝大多数编码分子伴侣和蛋白酶，受细胞内未折叠蛋白诱导。一旦未折叠蛋白被分子伴侣介导完成折叠，或被蛋白酶降解，σ^{32} 就会被蛋白酶降解而回落到正常水平。热休克基因表达随之回落。

4. 转录与翻译偶联 原核生物没有细胞核，染色体 DNA 位于细胞质中；此外，原核生物蛋白基因的初级转录产物即为成熟 mRNA，其编码区是连续的。mRNA 合成和翻译都是 $5' \rightarrow 3'$ 方向，因而原核生物 mRNA 合成与蛋白质合成可以同步进行：mRNA 5' 端一经合成即可募集核糖体，RNA 聚合酶通过 RPB1-CTD 与核糖体结合，形成转录翻译复合物，称为表达体（expressome）（图 5-1），在 RNA 前体转录远未完成之前即启动翻译。一旦表达体离开 5' 端，另一个核糖体即开始组装，从而形成多核糖体结构（图 5-2）。

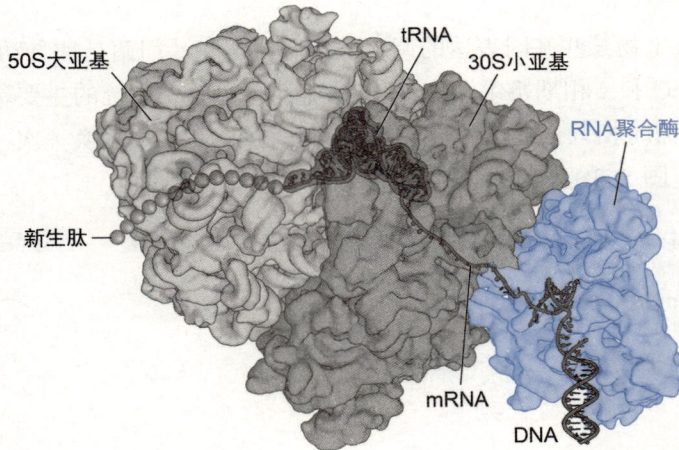

图 5-1 原核生物表达体结构示意图

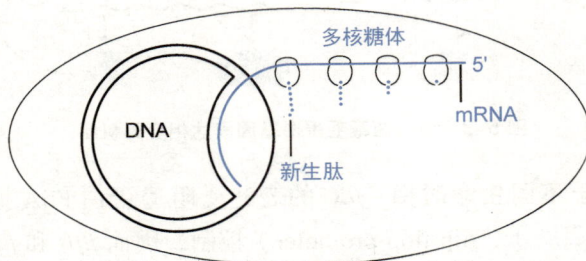

图 5-2 原核生物转录和翻译偶联

第三节 原核基因表达调控的特点

原核生物的基因表达调控有以下特点。

1. 基因表达在多环节上受到调控 基因表达是一个多步骤过程，每一个环节都可能受到调控。到目前为止的研究集中在以下环节：基因激活、转录（起始、延伸、终止）和转录后加工、RNA 转运和降解、翻译和翻译后修饰、蛋白质定向运输、蛋白质降解，其中转录（特别是转录起始）是基因表达调控最重要的环节。

2. 转录因子都是 DNA 结合蛋白 原核基因转录调控是通过转录因子与调控元件的相互作用实现的。转录因子都是 DNA 结合蛋白，通过直接与调控元件结合调控转录。

3. 转录因子的调控效应包括负调控和正调控 除 σ 因子外，原核基因转录还需要另外两类转录因子：起负调控作用的阻遏蛋白和起正调控作用的激活蛋白。负调控和正调控在原核生物中普遍存在。

4. 存在协同调控机制 协同调控（协同调节，coordinated regulation），是指一组功能相关基因的表达受同一因素调控。例如大肠杆菌 SOS 调节子（145 页）。

5. 存在转录衰减机制 某些氨基酸或核苷酸操纵子中含有衰减子序列。

6. 存在应急反应调控机制 原核生物遇到诸如氨基酸缺乏等紧急情况时会作出应急反应，即停止几乎所有合成代谢。

第四节 DNA 调控

DNA 重排是原核生物某些基因表达的调节机制。鼠伤寒沙门菌是哺乳动物的一种肠道细菌，其 1 相期鞭毛蛋白 FliC 和 2 相期鞭毛蛋白 FljB 是哺乳动物免疫系统的主要靶点。沙门菌的免疫逃逸机制是在每个生命时相只合成 1 种鞭毛蛋白，大约每 1000 代变换一次，这一机制称为相变异（phase variation）（图 5-3）。

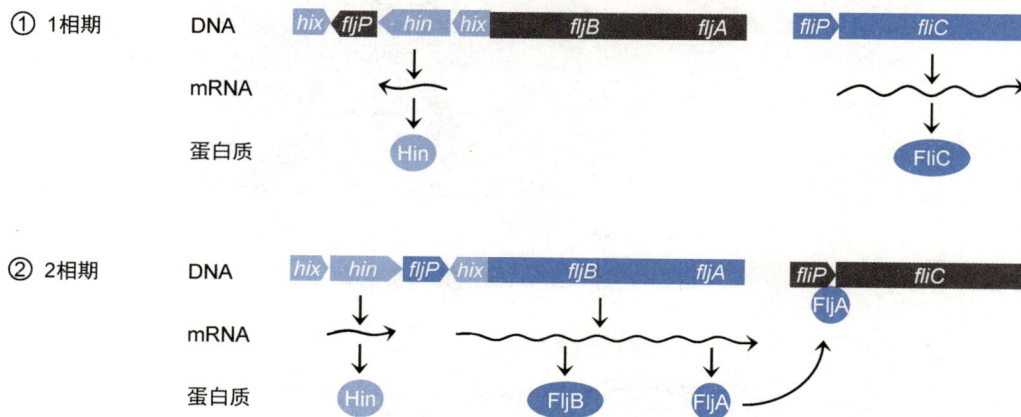

图 5-3 沙门菌鞭毛蛋白基因表达相变异机制

1. FljB 和 FliC 合成于不同生命时相 *fliC* 的表达受阻遏蛋白 FljA 抑制。*fljA* 和 *fljB* 受同一个启动子 *fljP*（称为翻滚启动子，flip-flop promoter）控制，因而 *fljB* 和 *fljA* 会同时表达，即 FljB 和 FljA 会同时合成。合成的 FljA 结合于启动子 *fliP*，抑制 *fliC* 表达，因而 *fljB* 和 *fliC* 不会同时表达，即 FljB 和 FliC 不会同时合成。

2. DNA 周期性倒位控制合成 FljB 和 FliC   相变异的分子基础是一个含启动子 *fljP* 和 *hin* 基因（编码丝氨酸重组酶 Hin）的倒位片段，该片段长约 1000bp，两端各有一段 14bp 反向重复序列 *hix*，是重组位点。倒位片段大约每 1000 代通过位点特异性重组发生一次倒位，由 Hin 重组酶催化。

（1）1 相期：*fljP* 背向 *fljB*，*fljB* 和 *fljA* 均不转录，*fliC* 基因未受转录抑制，表达合成鞭毛蛋白 FliC。

（2）2 相期：*fljP* 指向 *fljB*，启动 *fljB* 和 *fljA* 转录，进而翻译合成鞭毛蛋白 FljB 和阻遏蛋白 FljA，FljA 抑制 *fliC* 基因转录，因而抑制鞭毛蛋白 FliC 合成。

通过周期性倒位控制基因表达的机制是一种绝对的全或无调节（on/off switch）。某些细菌和噬菌体也存在类似调节机制，真核细胞也存在类似重组系统。通过重排改变基因或启动子取向的调节机制在病原体很常见，它们借此改变宿主范围，或通过改变表面蛋白实现免疫逃逸。

第五节   转录调控

基于以下两个因素，转录起始是基因表达调控最重要的环节：①节约能量和原料，避免浪费。②调控对象较少，通常只有一个靶基因，比转录产物的翻译容易调控。

转录水平的调控是对 RNA 合成时机、合成水平的调控。操纵子是原核基因的基本转录单位之一，经过系统研究而被阐明的乳糖操纵子等已成为研究原核基因表达调控的经典模型。

一、调控要素

转录调控（转录调节，transcriptional regulation）主要是控制转录启动效率，本质是控制 RNA 聚合酶与启动子的识别和结合效率。RNA 聚合酶、调控元件和调节因子是调控转录起始的基本要素。

（一）调控元件

调控元件（regulatory element）又称调控区（regulatory region）、调控序列（regulatory sequence）、顺式作用元件（*cis*-acting element），是 RNA 聚合酶或转录因子的结合位点，因而是影响基因表达的 DNA 序列。广义调控元件还包括反式作用元件（*trans*-acting element），即调控基因（regulatory gene），其产物称为调节因子（regulatory factor）、反式作用因子（*trans*-acting factor），包括转录因子（属于蛋白质）和调控 RNA（属于非编码 RNA），以转录因子为主。调控原核基因转录的调控元件包括启动子、终止子、操纵基因和激活蛋白结合位点（图 5-4）。

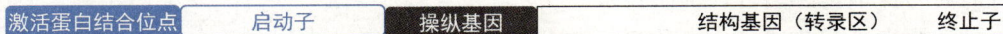

激活蛋白结合位点	启动子	操纵基因	结构基因（转录区）	终止子

图 5-4 原核基因的调控元件

1. 启动子（promoter） 决定基因的基础转录水平。大肠杆菌基因的启动子长 40~60bp，包含 –35 区和 –10 区两段保守序列，分别是 RNA 聚合酶的识别位点和结合位点。

启动子序列影响其与 RNA 聚合酶的结合，从而影响其所控制基因的基础转录水平。实际上，大肠杆菌仅有少数基因启动子 –35 区和 –10 区的核苷酸序列与共有序列完全相同，多数启动子存在碱基差异，并且差异程度影响到转录启动效率：差异碱基少的启动子启动效率高，快至1~2秒转录一次，属于强启动子（strong promoter）；差异碱基多的启动子启动效率低，慢至10分钟甚至一个细胞周期转录一次，属于弱启动子（weak promoter）。此外，–35区与–10区的距离也影响到转录启动效率。研究表明，所有启动子两区间隔15~20bp，其中90%为16~18bp，两区间隔17bp时启动效率最高（图3-3，78页）。实际上，强启动子基因与弱启动子基因的基础转录水平可相差1000多倍。如果突变增加启动子序列与共有序列差别，通常会降低转录启动效率，相反，如果突变减小启动子序列与共有序列差别，通常会增强转录启动效率。

各种管家基因的组成性表达在转录环节上均呈基础转录水平，其启动子序列差别与表达产物水平差别呈正相关。

2. **操纵基因**（operator） 绝大多数与启动子相邻、重叠或包含，是阻遏蛋白的结合位点，常含短反向重复序列。阻遏蛋白结合于操纵基因可使RNA聚合酶不能与启动子结合，或结合后不能启动转录。

3. **激活蛋白结合位点**（activator site） 绝大多数位于弱启动子上游，是激活蛋白的结合位点，常含短反向重复序列。这类启动子本身与聚合酶亲和力极弱，甚至根本不结合，所以没有激活蛋白时转录极弱甚至不转录。激活蛋白结合于该位点时可增强RNA聚合酶的转录启动活性。

（二）调节因子

原核基因**调节因子**（regulatory factor）又称**转录因子**（transcription factor），是最早阐明的一类反式作用因子，与调控元件有很强的亲和力，是与其他DNA序列亲和力的10^4~10^6倍。转录因子通过与调控元件结合调控基因表达，是决定基因表达特异性的主要因素。

1. **分类** 原核生物转录因子都是DNA结合蛋白，通过识别和结合调控元件影响RNA聚合酶的结合、闭合复合物向开放复合物的转变或启动子清除，从而调控转录。它们分为三类。

（1）**特异因子**（specificity factor）：即σ因子，又称**转录起始因子**（transcription initiation factor），决定RNA聚合酶与一种或一组启动子识别和特异性结合，启动基础水平的转录。

（2）**阻遏蛋白**（repressor）：又称阻遏物、负调节因子（negative regulator），与操纵基因结合，抑制RNA聚合酶结合启动子或启动子清除，因而抑制奢侈基因转录，属于**负调控**（negative control，下调，down regulation，减量调节）。

阻遏蛋白效应受某种分子信号（molecular signal）调节，该分子信号被称为**效应物**（effector），效应物通常是一种小分子，它们与阻遏蛋白（或激活蛋白）结合后致使其变构失活或激活，据此可将阻遏蛋白分类：①阻遏蛋白本身有活性，可与操纵基因结合，抑制转录，与效应物结合后不再结合操纵基因，转录抑制解除。②阻遏蛋白本身无活性，不能结合操纵基因，与效应物结合后可与操纵基因结合，抑制转录。

（3）**激活蛋白**（activator）：又称激活物、正调节因子（positive regulator），与激活蛋白结合位点结合，促使RNA聚合酶结合启动子或启动转录，因而促进奢侈基因转录，属于**正调控**（positive control，上调，up regulation，增量调节）。

原核生物某些启动子与RNA聚合酶亲和力很弱，甚至两者不能结合，因而如无其他协助因素几乎不被转录。这类启动子侧翼存在激活蛋白结合位点，一旦有激活蛋白结合即可启动或促进转录启动。与此类位点结合的激活蛋白可分两类：①激活蛋白本身有活性，可与激活蛋白结合位点结合，激活转录，与效应物结合后不再结合激活蛋白结合位点，转录激活解除。②激活蛋白本身无活性，不能结合激活蛋白结合位点，与效应物结合后可与激活蛋白结合位点结合，激活转录。

　　大肠杆菌基因组中有 300 多个调控基因，其编码的转录因子有的能调控大量基因的表达（转录因子 CRP、FNR、IHF、Fis、ArcA、NarL 和 Lrp 调控半数基因的表达）；有 60 多种转录因子只调控 1~2 个基因的表达；有的转录因子既是一个基因的激活蛋白，又是另一个基因的阻遏蛋白；有的转录因子对同一个基因的调控具有两重性，如调控阿拉伯糖操纵子的 ArcC，有阿拉伯糖时起激活作用，无阿拉伯糖时起抑制作用。

　　原核生物（及真核生物）DNA 结合蛋白的特点：①形成二聚体，包括同二聚体和异二聚体，乳糖操纵子阻遏蛋白例外，为同四聚体。②高度特异，即与特异位点亲和力强，与其他序列亲和力弱。③通过小的结合基序直接结合，此外还含有转录激活结构域，可能还有二聚化结构域、配体结合域。④维持 DNA- 蛋白质结合的作用力是氢键、离子键（离子作用）、范德华力。

　　2. 调控模式　转录因子是变构蛋白，其调控效应受诱导物和辅阻遏物等分子信号（molecular signal，又称效应物，effector）的影响。分子信号与转录因子结合，改变其构象，影响其与调控元件的结合，从而调控基因表达。调控模式有以下四种（图 5-5）。

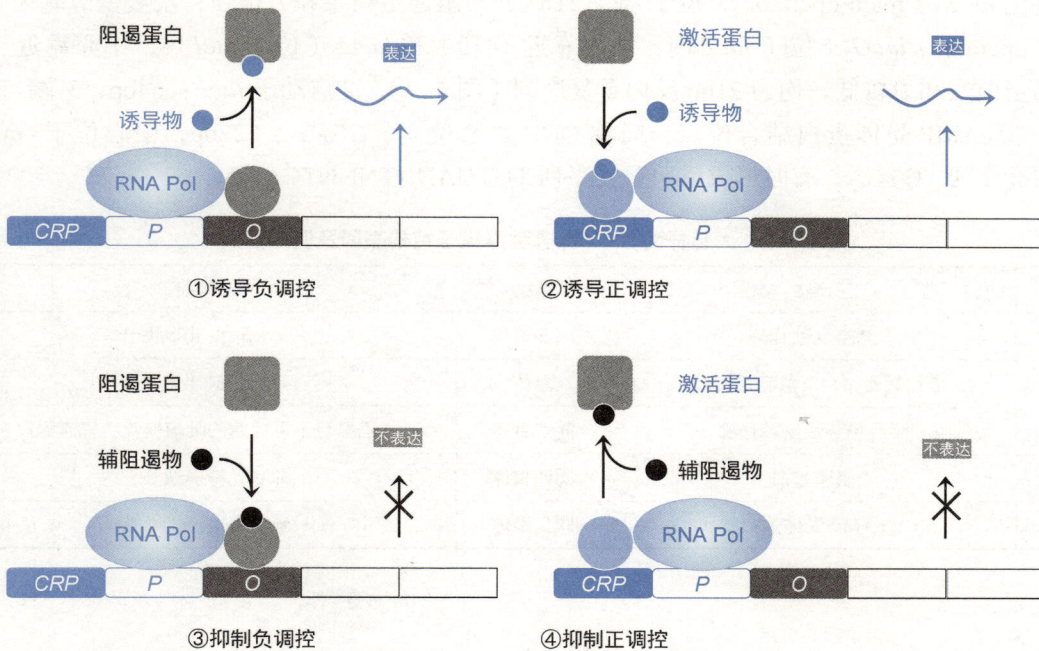

图 5-5　原核生物的转录启动调控模式

　　（1）诱导负调控：在可诱导基因的表达过程中，诱导物钝化阻遏蛋白，诱导基因表达，例如别乳糖诱导乳糖操纵子表达。

　　（2）诱导正调控：在可诱导基因的表达过程中，诱导物活化激活蛋白，诱导基因表达，例如阿拉伯糖诱导阿拉伯糖操纵子表达。

　　（3）抑制负调控：在可抑制基因的表达过程中，辅阻遏物活化阻遏蛋白，抑制基因表达，例如色氨酸抑制色氨酸操纵子表达。

　　（4）抑制正调控：在可抑制基因的表达过程中，辅阻遏物钝化激活蛋白，抑制基因表达。

二、乳糖操纵子

葡萄糖是大肠杆菌的主要能源。当可以得到葡萄糖和其他糖时，大肠杆菌会先利用葡萄糖而不会合成催化其他糖甚至氨基酸分解代谢的酶，这种现象称为**葡萄糖效应**（glucose effect）。这种机制称为**分解代谢物阻遏**（catabolite repression），即某种代谢物的积累会抑制导致该代谢物积累的酶的基因表达。当葡萄糖耗尽后，大肠杆菌会停止生长，经过短暂适应，转而利用其他糖。

针对这种现象，F. Jacob 和 J. Monod（1965 年诺贝尔生理学或医学奖获得者）最先在分子水平研究基因表达调控，于 1960 年提出操纵基因（operator）和操纵子（operon）概念及操纵子模型，该模型被视为阐述原核基因转录调控机制的经典模型。现已阐明，乳糖操纵子的表达受诱导调控和激活调控双重调控，调控幅度高达 5000 倍。

1. 乳糖操纵子的结构   大肠杆菌**乳糖操纵子**（lac operon）包含三个结构基因 lacZ、lacY 和 lacA，分别编码参与乳糖分解代谢的三种酶（表 5–1）。结构基因上游还有操纵基因 lacO、启动子 lacP 和 cAMP 受体蛋白结合位点 CRP 等调控元件（图 5–6 ①）：①操纵基因 lacO：包括**主要操纵基因** $lacO_1$（main operator），位于 –5~+21 区，与阻遏蛋白亲和力很强；**次要操纵基因**（secondary operator）$lacO_2$（位于 lacZ 内，中心靠近 +410）和 $lacO_3$（位于 lacI 内，中心靠近 –90），与阻遏蛋白亲和力较低。均为 21bp 反向重复序列（图 5–7）。②启动子 lacP：64bp，3' 端与 lacO 重叠。③ cAMP 受体蛋白结合位点：简称 **CRP 结合位点**、CRP，约 22bp，中心位于 –60～–61 区，共有序列 TGTGA，有时形成反向重复序列 TGTGANNTNNNTCANA。

表 5–1   大肠杆菌 K-12 株乳糖操纵子结构基因及调控基因

基因	产物	结构	功能
lacZ	β- 半乳糖苷酶	同四聚体	水解 β- 半乳糖苷
lacY	乳糖转运蛋白（乳糖透性酶）	单体	摄取 β- 半乳糖苷
lacA	半乳糖苷乙酰转移酶	同二聚体	乙酰化不可代谢的吡喃糖苷，排泄解毒
lacI	阻遏蛋白	同四聚体	抑制乳糖操纵子表达
cap	cAMP 受体蛋白	同二聚体	激活表达一组操纵子

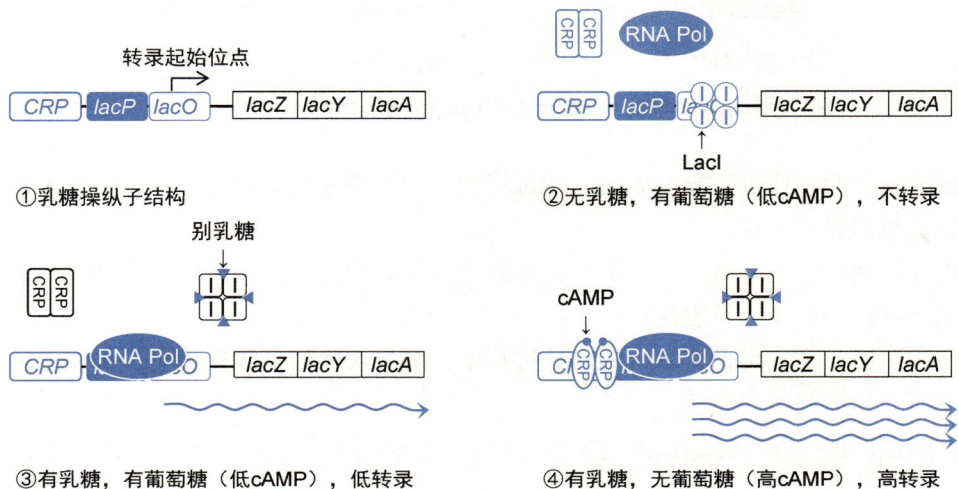

图 5–6   乳糖操纵子调控机制

2.乳糖操纵子的转录诱导　　乳糖操纵子上游存在调控基因 *lacI*。*lacI* 组成性表达 LacI 阻遏蛋白，但受弱启动子控制，转录效率很低，转录产物无 5' UTR，翻译效率也很低，每个细胞内有 10~20 个 LacI 同四聚体（由两个同二聚体形成）。LacI 单体三级结构可分为三部分：① DNA 结合域：由 N 端序列（含螺旋 - 转角 - 螺旋基序）构成，与核心部分仅通过一段铰链序列结合，可直接嵌入 *lacO* 大沟。②核心：含二聚化结构域和诱导物（别乳糖）结合位点。③四聚化结构域：由 C 端序列构成，是一段 α 螺旋。LacI 同四聚体介导乳糖效应。

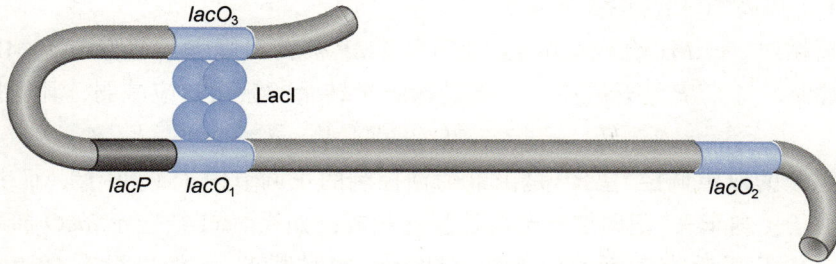

图 5-7　*lacO$_1$*-LacI-*lacO$_3$* 结构示意图

（1）没有乳糖时，LacI 同四聚体会同时与 *lacO$_1$*、*lacO$_2$* 或 *lacO$_1$*、*lacO$_3$* 结合（图 5-7），亲和力是与其他序列结合的 10^6~10^7 倍（平衡常数 $1×10^{13}$~$2×10^{13}$，表 5-2），所以结合具有高度特异性。LacI 的结合致使中间序列（intervening DNA）弯曲成环，抑制 RNA 聚合酶与启动子结合，从而抑制转录，导致转录效率极低，仅为基础转录水平的 1/1000（图 5-6 ②），只有 5~10 个 β-半乳糖苷酶分子。

表 5-2　大肠杆菌 K-12 株乳糖操纵子阻遏蛋白 - 操纵基因结合特异性

DNA	阻遏蛋白	阻遏蛋白 + 诱导物
操纵基因结合平衡常数	$2×10^{13}$	$2×10^{10}$
其他 DNA 结合平衡常数	$2×10^6$	$2×10^6$
特异性	10^7	10^4
操纵基因结合状态	96%	3%
操纵效应	抑制	诱导

（2）有乳糖时，乳糖由仅有的几分子转运蛋白转入细胞，由仅有的几分子 β- 半乳糖苷酶催化水解，同时生成少量副产物别乳糖（半乳糖 β-1,6- 葡萄糖）。别乳糖作为诱导物与 LacI 结合使其变构，与 *lacO* 的亲和力降至原来的 $1/10^3$（平衡常数 $2×10^{10}$），因而乳糖操纵子去抑制（derepression），转录效率可回升至基础转录水平（图 5-6 ③）。培养基中加入乳糖 1~2 分钟后即有 *lac* mRNA 开始积累，5~6 分钟内达到峰值，10 分钟内酶蛋白达到峰值，可合成 5000 多个 β-半乳糖苷酶分子。

3.乳糖操纵子的转录激活　　野生型 *lacP* 为弱启动子（图 3-3，78 页），RNA 聚合酶与之识别、结合的效率很低，所以即使解除 LacI 的转录抑制，乳糖操纵子的转录也仅达到基础转录水平，还需要 cAMP 受体蛋白（CRP，又称分解代谢物基因激活蛋白，CAP）的激活调控。

CRP 是同二聚体，每个亚基含以下结构：① N 端结构域：又称 cAMP 结合域，可结合一分子 cAMP。② C 端结构域：又称 DNA 结合域，所含的一个 HTH 基序可与 CRP 结合位点（*CRP*）结合，使其保守序列 TGTGA 扭结（kink）而弯曲。③三个转录激活区（activating region，AR1、

AR2 和 AR3）：分别作用于 RNA 聚合酶 α 亚基的 C 端结构域、N 端结构域和 σ 因子。

葡萄糖对 CRP 的效应由 cAMP 介导。CRP 必须与 cAMP 结合形成 CRP-cAMP 复合物，才能强力结合于 *CRP*，激活转录。因此，CRP 的激活效应受 cAMP 水平控制，而 cAMP 水平与葡萄糖水平呈负相关。

（1）没有葡萄糖时，cAMP 增加，CRP-cAMP 复合物增加，与 *CRP* 结合的效率高，结合时募集 RNA 聚合酶，即通过作用于 RNA 聚合酶 α 亚基促进其与启动子的结合，可以将转录效率在基础转录水平上提高 50 倍（图 5-6 ④）。

（2）有葡萄糖时，cAMP 合成被抑制，已有 cAMP 被转出细胞，细胞内 cAMP 减少，CRP-cAMP 复合物减少，与 *CRP* 结合减少，对乳糖操纵子转录的激活效应减弱，乳糖操纵子转录效率低下。

4. 乳糖操纵子的双重调控 CRP 是由葡萄糖控制的正调节因子（油门），而 LacI 是由乳糖控制的负调节因子（刹车），正调控与负调控相辅相成：如果 LacI 结合于 *lacO* 抑制转录，CRP-cAMP 结合于 *CRP* 几乎没有激活效应（油门和刹车同时踩下）；如果没有 CRP-cAMP 结合于 *CRP*，LacI 脱离 *lacO* 的诱导效应也极其有限（油门和刹车均未踩下）。因此使乳糖操纵子表达最大化的条件是 LacI 不结合 *lacO*（存在乳糖）且 CRP-cAMP 结合于 *CRP*（缺乏葡萄糖）。此种条件将使 β- 半乳糖苷酶分子从不到 10 个增加到几千个。这种调控机制称为信号整合（signal integration），在原核生物和真核生物广泛存在。

乳糖操纵子的双重调控机制有利于大肠杆菌的生存。葡萄糖可以直接通过糖酵解代谢产能，因而被大肠杆菌优先利用。其他糖需要通过额外的酶促反应转化才能进入糖酵解，所以需要合成额外酶。显然，在葡萄糖供应有保障时通过基因表达合成乳糖等代谢所需的额外酶是一种浪费行为。因此，乳糖操纵子调控机制有利于大肠杆菌优先利用最易代谢的葡萄糖。

三、色氨酸操纵子

大肠杆菌可以合成蛋白质合成所需的全部氨基酸。氨基酸合成酶系基因通常形成操纵子，且在外源氨基酸不能满足需要时表达，如果外源氨基酸可以满足需要，则表达被抑制。例如色氨酸操纵子（*trp* operon）：大肠杆菌色氨酸合成途径中用分支酸合成色氨酸阶段由 5 种亚基组成的 3 种酶的 5 种活性中心催化（表 5-3）。5 种亚基的结构基因构成色氨酸操纵子，其表达受转录抑制和转录衰减双重负调控，调控幅度高达 700 倍。

表 5-3 大肠杆菌 K-12 株色氨酸操纵子

结构基因	产物	结构
trpE	邻氨基苯甲酸合酶	$TrpE_2TrpD_2$（$\alpha_2\beta_2$）
trpD	邻氨基苯甲酸磷酸核糖转移酶	$TrpE_2TrpD_2$（$\alpha_2\beta_2$）
trpC	磷酸核糖邻氨基苯甲酸异构酶（双功能酶）	TrpC
trpC	吲哚甘油磷酸合酶（双功能酶）	TrpC
trpA，*trpB*	色氨酸合成酶	$TrpA_2TrpB_2$（$\alpha_2\beta_2$）

稳定条件下，大肠杆菌色氨酸操纵子每分钟转录 15 次，每个 mRNA 降解前被翻译 10 次，因此每分钟细胞内生成 150 套合成酶系。

1. 色氨酸操纵子的结构 ①色氨酸操纵子包含 5 个结构基因（约 7000bp），分别为 *trpE*、

trpD、*trpC*、*trpB* 和 *trpA*。②结构基因上游还有操纵基因（*trpO*，21bp，−23~−3）、启动子（*trpP*，60bp）和 5' UTR（又称前导序列，*trpL*，162bp）（图 5−8 ①），且操纵基因与启动子重叠。

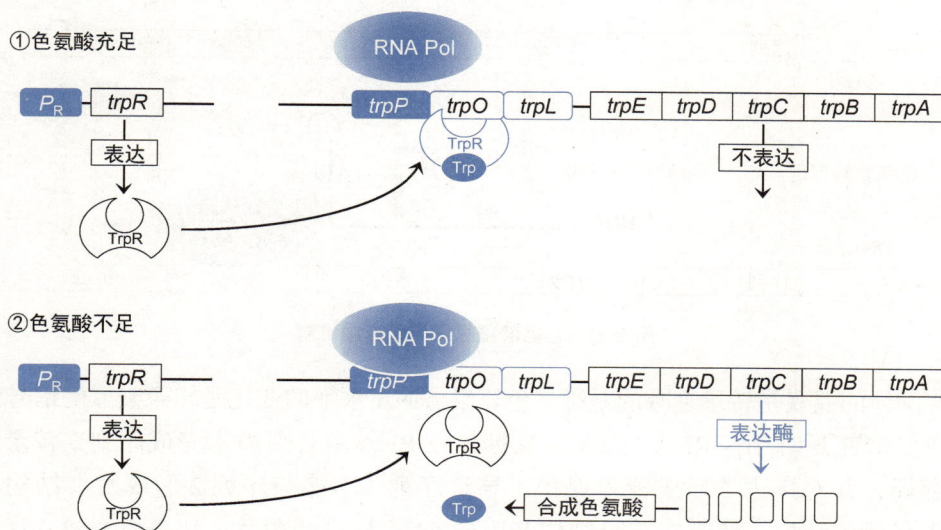

图 5−8　色氨酸操纵子转录抑制机制

2. 色氨酸操纵子的转录抑制　色氨酸操纵子上游存在调控基因 *trpR*，编码阻遏蛋白 TrpR（形成同二聚体）。

（1）色氨酸充足时，色氨酸（W）作为辅阻遏物与阻遏蛋白 TrpR 同二聚体结合（每个亚基结合一分子色氨酸），使其变构为活性 TrpR-Trp，与操纵基因 *trpO* 的保守序列 ACTAGT 结合，抑制 RNA 聚合酶与 *trpP* 结合，从而抑制转录。已经转录的 mRNA 也很快降解，最终降低色氨酸的合成速度（约为色氨酸缺乏时的 1/70，图 5−8 ①）。色氨酸操纵子 mRNA 半衰期很短，只有 3 分钟，因而对色氨酸水平变化的反应非常迅速。

（2）色氨酸不足时，游离的 TrpR 阻遏蛋白不能与操纵基因 *trpO* 结合，RNA 聚合酶可有效地转录结构基因，维持较高的色氨酸合成速度（图 5−8 ②）。

3. 色氨酸操纵子的转录衰减　转录抑制不是色氨酸操纵子唯一的调控机制。不同色氨酸水平下，转录速度可相差 700 倍。即使解除阻遏，启动转录，转录速度仍然会在延伸阶段受到色氨酸微调（fine-tuning），该机制称为转录衰减（转录弱化，transcription attenuation），表现为转录正常启动，但在转录结构基因前中止。衰减的前提是细菌转录与翻译偶联，衰减效率受控于色氨酸浓度。

转录衰减机制是控制一个前导肽的合成。色氨酸操纵子 *trpL* 含 4 段特殊序列，分别编号为序列 1、2、3、4。①序列 2 和序列 3、序列 3 和序列 4 存在互补序列，可在转录产物中结合形成 2-3、3-4 发夹结构，但不会同时结合。②序列 3 和序列 4 在转录产物中形成的发夹结构富含 G-C，之后是一段 U 序列（U_7），所以是一个有条件的内在终止子结构，称为衰减子（弱化子，attenuator）（图 5−9 ①），可使转录终止于 *trpL*。③序列 1 编码一个称为前导肽（leader peptide）的十四肽，其中第 10、11 号氨基酸残基是两个色氨酸（W，调节氨基酸）。该前导肽并无任何功能，但其翻译速度将决定是形成 2-3 发夹结构（进而继续转录）还是形成 3-4 发夹结构（进而终止转录）。前已述及，细菌转录和翻译紧密偶联，即序列 1 一经转录合成即可募集核糖体翻译合成前导肽，且与 RNA 聚合酶形成表达体。

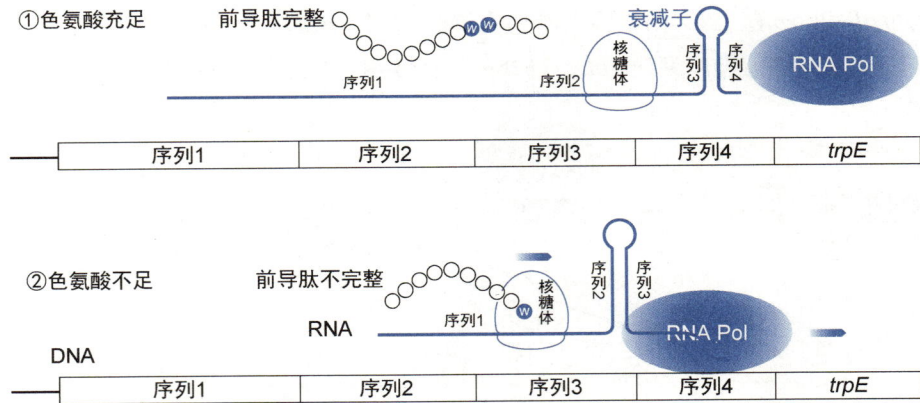

图 5-9　色氨酸操纵子转录衰减机制

转录与翻译的偶联是转录衰减的基础，色氨酰 tRNA 水平的变化是转录衰减的信号。

（1）色氨酸充足时 Trp-tRNA^{Trp} 充足，核糖体在 RNA 聚合酶尚未完成序列 3 转录之前完成序列 1 的翻译，并对序列 2 形成覆盖保护，导致序列 3 不能与序列 2 形成发夹结构，而是与序列 4 形成衰减子结构，使尚在转录结构基因的 RNA 聚合酶脱落，**转录提前终止**（premature transcription termination，图 5-9 ①）。转录衰减效率与色氨酸浓度呈正相关，可高达 90%，即合成的 mRNA 有 90% 为 130~140nt 的 5' UTR 片段，仅 10% 为全长 mRNA，因此转录效率仅为色氨酸缺乏时的 1/10。

（2）色氨酸不足时 Trp-tRNA^{Trp} 不足，合成前导肽的核糖体抛锚（stall）于序列 1 的 10、11 号色氨酸密码子位点，不能对序列 2 形成覆盖保护，导致序列 3 与先合成的序列 2 形成 2-3 发夹结构，而不是与后合成的序列 4 形成衰减子结构，因而不会终止转录。下游的结构基因 trpE 等可以被 RNA 聚合酶有效转录（图 5-9 ②），最终合成全长 mRNA。

4. 色氨酸操纵子的双重负调控　其转录抑制和转录衰减相辅相成：①转录抑制作用于转录起始环节，转录衰减作用于转录延伸环节。②转录抑制的信号是色氨酸水平的变化，转录衰减的信号是色氨酰 tRNA 水平的变化。③转录抑制有效、经济，转录衰减细微、迅速。

转录衰减广泛存在，仅在氨基酸操纵子中就已鉴定了六种，有的甚至是相关氨基酸操纵子（如组氨酸）的唯一调控机制（表 5-4）。

表 5-4　大肠杆菌 K-12 株氨基酸类操纵子前导肽

操纵子	前导肽长度（aa）	所含调节氨基酸数	操纵子	前导肽长度（aa）	所含调节氨基酸数
色氨酸操纵子	14	2	苏氨酸操纵子	21	8
苯丙氨酸操纵子	15	7	亮氨酸操纵子	28	4
组氨酸操纵子	16	7	支链氨基酸操纵子	32	15

四、调节子

调节子（regulon）是一组共用同一种调节因子的操纵子和非操纵子基因的统称，所调控的基因可达几百种，它们在基因组中可以是散在的，其表达产物共同承担某项生命活动，其表达受到**协同调控**。例如，大肠杆菌 CRP 协同调控多个操纵子的表达，它们组成调节子，其编码产物为催化其他糖（次级糖，如乳糖、阿拉伯糖）甚至甘油代谢的酶。原核生物其他调节子包括热休克调节子、SOS 调节子等。

调节子在原核生物和真核生物广泛存在，且为真核生物基因表达的主要调节机制。

五、SOS 反应诱导

紫外线等引起的细菌 DNA 严重损伤会诱导近 60 种散在的可诱导基因（统称 SOS 基因，包括 *lexA* 和 *recA*）组成的 SOS 调节子（SOS regulon）的表达。SOS 调节子编码产物中有许多参与 DNA 修复。SOS 调节子的操纵基因称为 SOS 盒，阻遏蛋白为 LexA，此外还需要重组酶 RecA（图 5-10 ①）。

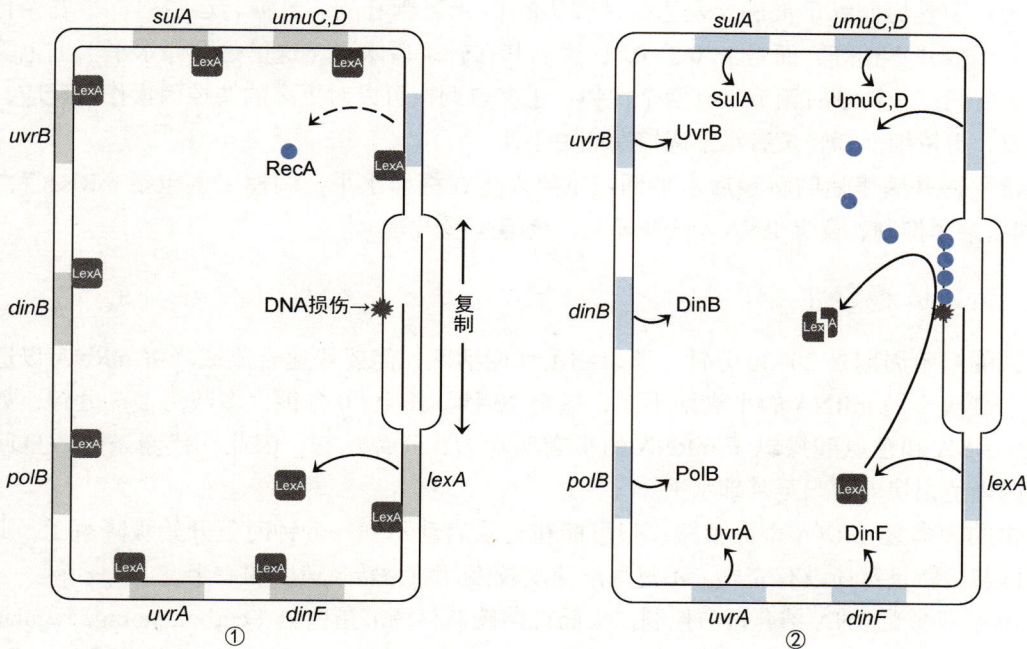

图 5-10　SOS 调节子调控示意图

1. SOS 盒与阻遏蛋白 LexA　① SOS 盒是一个与启动子重叠的 16bp 回文序列（CTGTATATATATACAG），缺省状态下与阻遏蛋白 LexA 结合，使 SOS 调节子表达被抑制。② LexA 抑制全部 SOS 基因（包括 *recA* 和 *lexA* 基因）转录。诱导 SOS 反应需要去除 LexA，类似诱导乳糖操纵子表达需要去除 LacI。LacI 的去除是靠其与别乳糖结合而变构抑制，相比之下 LexA 的去除是靠 LexA 自降解（self-cleavage，自溶，autolysis，Ala84-Gly85）灭活。LexA 自降解需要由重组酶 RecA 激活。

2. 重组酶 RecA　其编码基因 *recA* 也是 SOS 基因，因而也受 LexA 抑制，但属于不完全抑制，即存在基础表达，使得细胞内在最低水平时也有 1200 多个 RecA 单体，可以满足同源重组及重组修复的需要。RecA 在 SOS 修复系统中作为 LexA 的激活剂，被称为辅蛋白酶（coprotease）。DNA 损伤通过 RecA 诱导 SOS 基因表达。

3. SOS 反应调控机制　包括以下三个环节。

（1）SOS 调节子激活：DNA 损伤严重导致损伤股复制受阻，但解链正常，结果形成较长的单链 DNA 缺口。单链 DNA 募集并激活 RecA，DNA-RecA 募集并激活 LexA，致使其自降解。SOS 调节子抑制解除，转录增加（图 5-10 ②），其中 RecA 可由此增加 50~100 倍。

（2）DNA 聚合酶 V 激活：① SOS 调节子包括 *umuDC* 操纵子，其产物形成 UmuD$_2$C 三聚体。

② UmuD$_2$C 被结合于单链 DNA 模板的 RecA 募集。UmuD 被 RecA 激活，自降解为 UmuD'（切除 N 端 24aa），UmuD'$_2$C 即为有活性的 DNA 聚合酶 V。③ DNA 聚合酶 V 催化跨损伤合成。

（3）SOS 调节子再抑制：SOS 调节子的表达包括大量合成 RecA 和 LexA，其中 RecA 水平升高约 50 倍，确保促使新合成的 LexA 自降解。一旦 SOS 修复完成，不再有单链 DNA 募集 RecA，LexA 不再被激活而自降解，得以积累，结合于 SOS 盒，使 SOS 调节子回归抑制状态。

第六节　翻译调控

大肠杆菌乳糖操纵子被诱导表达时，表达的 β- 半乳糖苷酶、乳糖转运蛋白、半乳糖苷乙酰转移酶分子数并不相等，而是 1 : 0.5 : 0.2，说明其在转录后水平（这里是翻译水平）上也受到调控。转录后调控（转录后调节）有两个优势：①多点调控可以对更多的调控因素作出反应，且调控更有效、更精细。②转录后水平调控反应更迅速。

原核生物基因表达的转录后水平调控主要发生在翻译水平，调控因素包括 mRNA 稳定性、SD 序列、翻译抑制、反义 RNA、核糖开关、核糖体移码等。

一、mRNA 稳定性

细菌的繁殖周期是 20~30 分钟，所以细菌代谢活跃，需要快速合成或降解 mRNA 以适应环境变化。细菌不同 mRNA 的半衰期不同，短至 20 秒，长至 90 分钟，多数为 2~3 分钟，如乳糖操纵子 mRNA 和色氨酸操纵子 mRNA 的半衰期均为 3 分钟左右。因此，代谢条件一旦回归常态，基因表达很快即回归至基础水平。

细菌的大多数 mRNA 寿命很短，很可能在转录启动不到一分钟时就开始被降解了，此时 3' 端的翻译甚至转录都还没有完成。不过降解速度较慢，约为转录速度的一半。

mRNA 寿命受 RNA 结合蛋白控制。大肠杆菌碳储存调节蛋白 A（carbon storage regulator A，CsrA）通过与糖原合酶、糖原分支酶、1- 磷酸葡萄糖腺苷酸转移酶的 mRNA 结合，促进其降解，从而抑制糖原合成。

二、5' 非翻译区

mRNA 的翻译效率受控于 5' UTR 结构。

（一）SD 序列

SD 序列与共有序列的差异、SD 序列与起始密码子的距离均影响翻译效率（图 4-8，108 页）。

（二）核糖开关

细菌某些 mRNA（及部分 ncRNA）中有一种保守序列，它主要位于 5' UTR 内，可与特定小分子结合而改变 mRNA 二级结构，从而影响转录终止、翻译效率以及 mRNA 寿命，这种序列称为**核糖开关**（riboswitch）。

1. 核糖开关结构　核糖开关由适体和表达平台构成。

（1）**适体**（aptamer）：又称适配体，是一种体外合成的、可以与小分子配体高亲和力特异性结合的寡核苷酸序列，或天然 RNA 中的同类序列（属于 RNA 结构域），可形成特定构象，并因结合配体而变构，小分子配体可以是代谢物。一个核糖开关只含一个适体结构域，一个适体只结合一个配体。

（2）表达平台（expression platform）：因适体变构而变构，从而终止转录或抑制翻译。

2.核糖开关效应　①提前终止转录。②封闭核糖体结合位点（RBS）。③影响 pre-mRNA 剪接。④核糖开关型核酶催化降解 mRNA（图 5-11）。

例如，大肠杆菌 *glmS* 基因编码 6- 磷酸氨基葡萄糖（GlcN6P）合成酶，该酶催化 6- 磷酸果糖和谷氨酰胺合成 GlcN6P。*glmS* mRNA 的 5' UTR 是一种核糖开关，且有核酶活性，可以催化自降解。GlcN6P 积累时会与其适体结合，将其激活，催化自降解，终止翻译。GlcN6P 的反馈效应很像翻译抑制因子的翻译抑制效应。

（三）其他结构

乳糖操纵子阻遏蛋白 mRNA 的 5' UTR 结构不利于形成翻译起始复合物，所以翻译效率极低，每个细胞内仅有 10~20 个同四聚体分子。

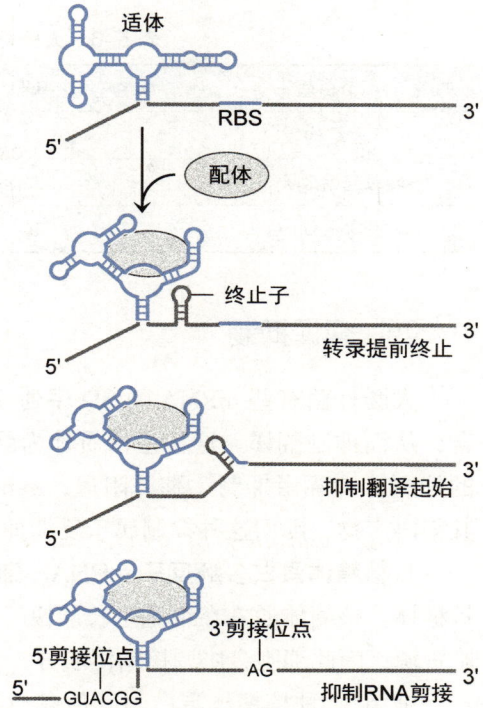

图 5-11　核糖开关调控示意图

RNA 噬菌体多顺反子 mRNA 各个开放阅读框的翻译是按一定顺序进行的，机制是其 mRNA 形成复杂的二级结构。只有一个开放阅读框的核糖体结合位点是暴露的，可以形成翻译起始复合物，其他开放阅读框的核糖体结合位点被封闭于二级结构中，不能形成翻译起始复合物。第一个被翻译的开放阅读框被翻译时破坏二级结构，暴露出其他开放阅读框的核糖体结合位点，才得以启动其翻译。

三、密码子偏好性

同义密码子由同工 tRNA 译码。偏爱密码子由高丰度 tRNA 译码；稀有密码子由低丰度 tRNA 译码。偏爱密码子使用率高的开放阅读框主要由高丰度 tRNA 译码，翻译效率高；稀有密码子使用率高的开放阅读框主要由低丰度 tRNA 译码，翻译效率低（表 5-5）。

表 5-5　大肠杆菌稀有密码子

氨基酸	稀有密码子	氨基酸	稀有密码子
Arg	AGA，AGG，CGA，CGG	Leu	CUA，CUG
Pro	CCC，CCU	Ile	AUA
Cys	UGU，UGC	Ser	UCA，UCG，UCC，UCU
Gly	GGA，GGG	Thr	ACG，ACA

例如，大肠杆菌引物酶 DnaG、转录起始因子 σ^{70}、核糖体蛋白 S21 由同一个操纵子编码，单细胞内分子数却差别显著，分别是 50、700、40000。这种差别是翻译效率不同的结果。引物酶 mRNA 稀有密码子使用率高，所以翻译效率低（表 5-6）。

表 5-6　大肠杆菌部分蛋白质 Ile 密码子使用率（%）

蛋白质	AUU	AUC	AUA
25 种结构蛋白	37	62	1
转录起始因子 σ^{70}	26	74	0
引物酶 DnaG	36	32	32

四、翻译抑制

大肠杆菌有些 mRNA 的 SD 序列一侧可以特异性结合某种蛋白质，这种结合抑制小亚基结合，从而抑制翻译。这种蛋白质称为**翻译抑制因子**（translational repressor），这种在翻译水平上的抑制称为**翻译抑制**（翻译阻遏，translational repression）。这些 mRNA 的翻译抑制因子通常是其编码产物，因而这种抑制属于反馈抑制。

1. 核糖体蛋白多顺反子 mRNA　细菌需要增加蛋白质合成时会增加核糖体数目，而不是激活核糖体。核糖体通常在细胞生长加快时增加，可达细胞干重的 45%，合成核糖体时会大量消耗细胞资源，因此细胞会协调核糖体成分（核糖体蛋白和 rRNA）合成。该调节主要发生在翻译水平。

细菌 52 种核糖体蛋白与其他参与复制、转录、翻译的部分蛋白质（引物酶、RNA 聚合酶、翻译延伸因子）由 20 多个操纵子编码。每个操纵子含 2~11 个结构基因，可转录合成一种多顺反子 mRNA，翻译合成一组蛋白质，其中有一种核糖体蛋白是其翻译抑制因子，可与多顺反子 mRNA 结合，从而反馈抑制其所有阅读框的翻译（图 5-12）。

核糖体蛋白翻译抑制机制：①作为翻译抑制因子的核糖体蛋白在核糖体结构中都是直接与 rRNA 结合的，并且与 rRNA 的亲和力强于多顺反子 mRNA，所以其优先与 rRNA 结合。只有当翻译抑制因子比 rRNA 多时，过多部分才会与多顺反子 mRNA 结合，抑制翻译，从而使核糖体蛋白合成与 rRNA 合成保持同步。② mRNA 上的翻译抑制因子结合位点靠近甚至覆盖一个（通常是第一个）开放阅读框的 SD 序列甚至起始密码子，并且抑制该 mRNA 所有编码区的翻译。

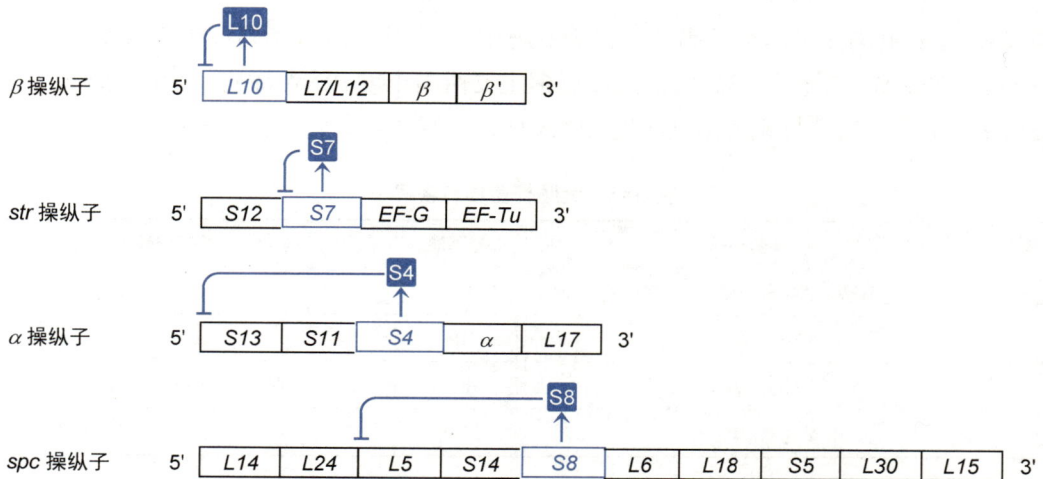

图 5-12　翻译抑制示意图

2. 转录起始因子 σ^{32}-mRNA　大肠杆菌转录起始因子 σ^{32} 的基因是 *rpoH*。在 30℃ 下，其表达在翻译水平受到抑制，低水平翻译，每个细胞仅有 50 个 σ^{32} 分子，温度升高至 42℃ 时去抑制，翻译水平可提高数倍。

转录起始因子 σ^{32} 翻译抑制机制：30℃下 σ^{32}-mRNA 的 –19~+247 区形成复杂的二级结构，掩盖了核糖体结合位点，导致翻译抑制；42℃时 σ^{32}-mRNA 变构，暴露出核糖体结合位点，去抑制。

五、反义 RNA

原核生物反义 RNA（antisense RNA，asRNA）又称调控小 RNA（sRNA），长度 50~200nt，是细菌应答环境压力（氧化压力、渗透压、温度等）而合成的一类小分子单链 RNA，与细胞内相关功能 RNA 序列互补。反义 RNA 在原核细胞中广泛存在（真核细胞中同样存在），染色体、质粒、噬菌体、转座子等 DNA 都含反义 RNA 编码序列。研究表明，反义 RNA 参与基因表达调控，作用机制包括通过形成 dsRNA 抑制复制、转录和翻译，促进 mRNA 降解：①在复制水平，反义 RNA 可以与 RNA 引物结合，抑制复制。②在转录水平，反义 RNA 可以与 RNA 结合，影响转录。③在翻译水平，反义 RNA 与 mRNA 的 SD 序列或编码区结合，影响翻译；或结合之后使 mRNA 被 RNase Ⅲ 降解。RNase Ⅲ 是一类核酸内切酶，催化水解 dsRNA，生成带有 2nt 3' 黏性末端的 dsRNA 片段。④真核细胞反义 RNA 还可抑制 mRNA 的转录后加工及转运。

1. 反义 RNA 抑制铁蛋白翻译合成　大肠杆菌铁蛋白（BFR）的作用是氧化和储存过剩的 Fe^{2+}，故应仅在细胞内 Fe^{2+} 水平高时才需要。大肠杆菌铁蛋白基因的转录不受 Fe^{2+} 水平影响，但翻译受 Fe^{2+} 水平调控。大肠杆菌有一种称为铁吸收调节蛋白（Fur）的翻译抑制因子，其靶基因是 *anti-bfr* 和一组参与铁吸收的膜蛋白基因。*anti-bfr* 基因的转录产物 Anti-bfr-RNA 是一种反义 RNA，可以结合铁蛋白 mRNA，抑制其翻译。高 Fe^{2+} 时，Fur 被激活，一方面抑制 *anti-bfr* 基因转录合成 Anti-bfr-RNA，解除对铁蛋白 mRNA 的翻译抑制，加快合成铁蛋白，以使 Fe^{2+} 水平回落；另一方面抑制参与铁吸收的膜蛋白基因的表达，减缓铁的吸收。

2. 反义 RNA 调控转录起始因子 σ^{38} 翻译合成　大肠杆菌 σ^{38} 基因 *rpoS* 转录产物 *rpoS*-mRNA 5' UTR 有一个抑制性茎环结构，该结构掩盖了核糖体结合位点（RBS），因而抑制翻译起始复合物形成，从而抑制 σ^{38} 翻译合成。此外，*rpoS* 转录受一种 DNA 结合蛋白 H-NS 抑制。①低温刺激 *dsrA* 基因转录合成 DsrA，是一种 85nt 的反义 RNA，含有 3 个茎环结构，茎环结构 1 的环序列可与 *rpoS*-mRNA 5' UTR 互补结合，抑制其形成抑制性茎环结构，从而激活翻译；茎环结构 2 可解除 H-NS 的转录抑制，从而激活转录（图 5-13 ①）。②过氧化氢等活性氧激活激活蛋白 OxyR，OxyR 激活一组基因转录，其中包括 *oxyS*。*oxyS* 转录产物 OxyS 是一种 109nt 的反义 RNA，含有 3 个茎环结构，茎环结构 3 的环序列可与 *rpoS*-mRNA 的 RBS 互补结合，从而抑制翻译（图 5-13 ②）。③两种反义 RNA 的作用均依赖一种称为 RNA 结合蛋白 Hfq 的 RNA 伴侣（图 5-13）。

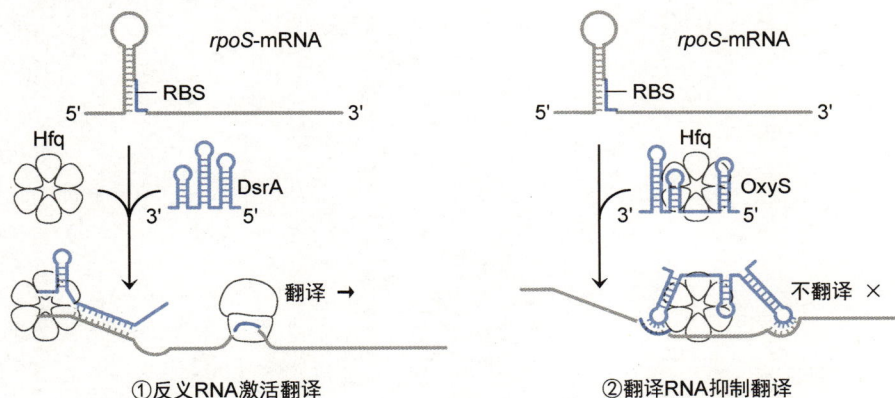

①反义RNA激活翻译　　　　②翻译RNA抑制翻译

图 5-13　反义 RNA 调控 *rpoS*-mRNA 翻译

核糖开关属于顺式调控（图 5–11），反义 RNA 属于反式调控（图 5–13）。

六、核糖体移码

大肠杆菌释放因子 RF-2 的基因 *prfB* 的 26 号密码子是终止密码子 UGA。该终止密码子仅被 RF-2 识别、结合并终止翻译。RF-2 低水平时该 UGA 不被识别，核糖体会向下游移动一个碱基 C，读 UGAC 为 GAC，允许 Asp-tRNA^{Asp} 进入核糖体 A 位，翻译按新的阅读框继续进行，合成 RF-2。显然，这是一种特别的翻译抑制。

真核基因表达调控是分子生物学最活跃的研究领域之一。研究真核基因表达调控可以阐明真核生物生长发育机制，并付诸应用，尤其有助于推动真核基因工程的发展。

真核生物基因组庞大，基因的结构和功能更为复杂，其基因表达调控的显著特征是在特定时间或特定条件下激活特定组织细胞中的特定基因，即具有时间特异性、条件特异性和空间特异性，从而实现预定的有序分化发育过程。真核基因表达调控涉及染色质水平、转录水平、转录后加工水平、转录产物转运水平、翻译水平和翻译后修饰水平、mRNA 降解水平等环节，其中转录水平依然是主要调控环节。

第一节　基因表达的特点

与原核生物相比，真核生物的基因表达有以下特点。

1. 基因表达特异性不同于原核生物　不但具有条件特异性，而且具有时间特异性、空间特异性。

（1）**基因表达的条件特异性**：例如在受到病原体感染时，人体相关细胞因子合成量改变，甚至合成特异性抗体；在长期禁食时，人体糖异生途径关键酶基因表达上调。

（2）**基因表达的时间特异性**：是指同一基因在生命的不同生长发育阶段的表达水平不同。例如甲胎蛋白基因在胎儿肝细胞表达，合成大量甲胎蛋白，但自出生至成年后该基因便归于沉默。多细胞生物基因表达的时间特异性与细胞分化、个体发育阶段一致，所以又称**基因表达的阶段特异性**。

（3）**基因表达的空间特异性**：是指在生命的同一生长发育阶段，多细胞生物的同一基因在不同组织器官的表达水平不同。空间特异性是在分化细胞形成的组织器官中体现的，所以又称**基因表达的细胞特异性**、**基因表达的组织特异性**。

仅在特定组织细胞表达的基因称为**组织特异性基因**（tissue-specific gene），其表达方式称为**组织特异性表达**（tissue-specific expression）。例如胰岛素基因只在胰岛 β 细胞中表达。胰岛 β 细胞中胰岛素 mRNA 占总 mRNA 的 20%，胰岛素原占总蛋白的 50%。

在多细胞生物从受精卵到组织、器官形成的各个发育阶段，一些基因在特定组织细胞中的表达严格按照一定的时间顺序启动或终止。例如，人类基因组中存在两个珠蛋白基因簇，α 珠蛋白基因簇编码 ζ、α 亚基，β 珠蛋白基因簇编码 ε、γ（Gγ、Aγ）、δ、β 亚基。它们的表达具有时间特异性和空间特异性（图 6-1）。胚胎期先合成 $\zeta_2\varepsilon_2$，第一孕期末转为 HbF（$\alpha_2\gamma_2$），第三孕期开始合成 β，产后 6 周时基本都是 HbA（$\alpha_2\beta_2$）。

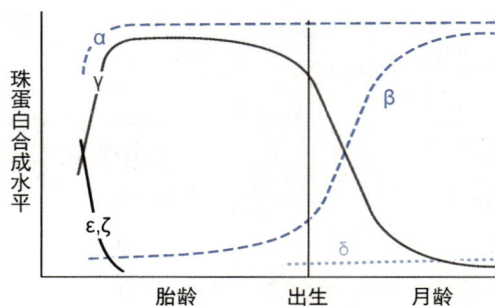

图 6-1 人珠蛋白基因表达的时间特异性

2. 以基因为转录单位 转录产物为单顺反子 mRNA。

3. 转录后加工更复杂 绝大多数真核生物的绝大多数基因（特别是蛋白基因）都是断裂基因，其 pre-mRNA 只是初级转录产物，必须经过加工才能成为成熟 mRNA。加工量巨大，加工方式复杂多样。因此，其转录后加工是基因表达必不可少的环节。

4. 转录和翻译存在时空隔离 真核生物的细胞核和细胞质是被核膜分隔的两个不同区室，染色体 DNA 在细胞核内，因此其转录在细胞核内进行。转录合成的 pre-mRNA 经过加工后成为成熟 mRNA，转运到细胞质，才能指导蛋白质合成（图 6-2）。因此，真核生物可以通过控制 mRNA 转运调控基因表达。事实上，只有少数 mRNA 最终能够到达细胞质，指导蛋白质合成。

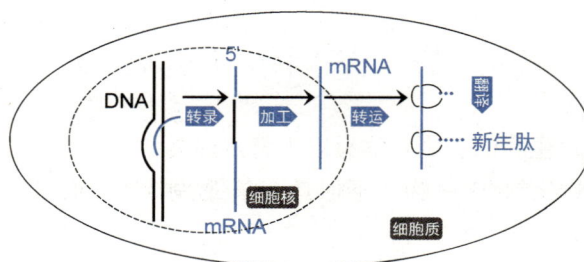

图 6-2 真核生物转录和翻译存在时空隔离

5. 翻译和翻译后修饰更复杂 影响真核生物翻译的除了有更多的蛋白因子外，还有各种小的非编码 RNA；翻译后修饰内容丰富，涉及各种修饰因子，修饰场所遍布细胞内各个区室甚至细胞外。

第二节 基因表达调控的特点

真核生物比原核生物更复杂，这不仅缘于其所含基因更多，更因为其基因表达调控更加复杂。真核生物与原核生物基因表达调控有一些共同特点，例如都有转录和转录后水平调控，都以转录水平调控最为重要，转录调控都依赖调控元件与转录因子的相互作用。然而，原核生物的基因表达调控只是为了在一个特定的环境中为细胞的有效增殖创造条件，或在细胞受到损伤时尽快得到修复。因此，原核基因表达调控属于适应性调控。真核生物的基因表达调控涉及在特定时间和特定细胞内激活特定的基因，从而实现既定的、有序的、不可逆转的分化和发育过程，并使生物的组织和器官在一定的条件下维持正常功能。因此，真核基因表达调控还存在程序性调控。

与原核生物相比，真核生物的基因表达调控有以下特点。

1. 调控环节更多　有些环节是原核生物没有的，例如染色质重塑、DNA 扩增、mRNA 转录后加工（特别是 mRNA 选择性剪接和编辑）、蛋白质定向运输。

2. 涉及染色质重塑　真核生物 DNA 与蛋白质形成染色质结构，这种结构妨碍基因表达。基因表达过程中在转录区发生 DNA 与蛋白质的解离，以暴露特定 DNA 序列。

3. 转录调控以正调控为主　真核生物大多数启动子被染色质结构掩盖，且 RNA 聚合酶对启动子的亲和力极低，难以启动转录，基础转录水平基本为零（off），因此真核生物转录虽然也有负调控，但以正调控为主，几乎每一个基因都要被一组激活蛋白激活才能转录。

4. 调控元件复杂多样并且可远离转录区　一个蛋白基因平均含 5~6 个调控元件，很多蛋白基因甚至有十几个调控元件，这些调控元件分布于转录起始位点上下游 10^6bp 范围内。

5. 转录因子种类更多，调控机制更复杂　①真核生物转录因子种类比原核生物多，占全部蛋白质的 5%~10%，并且不都是 DNA 结合蛋白，也不都直接作用于 RNA 聚合酶。②真核调控 RNA 是调节真核基因转录的一类崭新而同样重要的调节因子，且其调节成本要低于转录因子。③转录起始复合物可以由十几种甚至几十种转录因子与 RNA 聚合酶形成，结构更复杂。④**联合调控**（组合调控，combinatorial control）：所有基因的转录都不能由一种转录因子单独调控，必须由一组转录因子共同作用。

6. 既有瞬时调控，又有发育调控　**瞬时调控**（可逆调控，适应性调控）是指真核生物在内、外环境因素的刺激下作出的反应，是通过改变代谢物浓度或激素水平，引起细胞内某些酶或其他特异蛋白质水平的改变来进行的，相当于原核细胞对环境变化作出的反应。**发育调控**（不可逆调控，程序性调控）是指体细胞的生长和分化按照一定程序进行，使机体的生长和发育顺利进行。细胞的类型不同，所处的发育阶段不同，所表达基因的种类和表达水平也就不同。因此，发育调控决定了真核细胞生长和分化的全过程，是真核基因表达调控的精髓。

第三节　染色质调控

真核生物 DNA 与蛋白质形成染色质结构，这种结构控制着 RNA 聚合酶与 DNA 的接触、识别、结合，这些作用受组蛋白修饰、DNA 甲基化等控制。染色质水平调控的本质是改变染色质结构，这种调控稳定而长效。

一、染色质重塑

转录以改变染色质结构为前提。染色质转录区处于"开放"状态才能被转录。**染色质重塑**（chromatin remodeling）即将失活染色质改造为活性染色质，涉及核小体疏松、易位、移动、交换、修饰，意在展开调控元件、标记转录区，为募集转录因子和 RNA 聚合酶等组装转录复合物提供平台，是基因表达的第一环节。

1. 活性基因与 DNA 酶超敏感位点　在细胞周期间期，真核生物 DNA 与蛋白质形成染色质，染色质从组成到结构都是不均一的，其中组蛋白（特别是 H1）含量高、结构致密、包装比大（8000~10000）的形成**异染色质区**，约占全部染色质的 10%；组蛋白含量低、结构疏松、包装比小（1000~2000）的形成**常染色质区**，约占全部染色质的 90%。常染色质中约 10% 处于转录状态，为**活性染色质**（active chromatin），所含基因称为**活性基因**；其余 90% 处于非转录状态，为**失活染色质**（inactive chromatin）。活性染色质至少在三个方面不同于失活染色质：组蛋白组成、核小体定位、核小体化学修饰。其中组蛋白组成特点是活性染色质几乎不含组蛋白 H1。此外有较多**组蛋白变体**（histone variant）取代普通组蛋白，如以 H2AZ-H2B 取代 H2A-H2B。这些差异均与转录有关。

活性染色质对 DNA 酶（如 DNase I，一种非特异性内切酶，可随机降解单链 DNA 或双链 DNA，后者形成切口）更敏感（10 倍于其他区），易被其降解，降解位点称为**超敏感位点**（hypersensitive site）。超敏感位点实际上是一段核小体稀少甚至缺失因而易被降解的 DNA 序列，长 100~300bp，是 RNA 聚合酶或转录因子的结合位点。研究发现：①每个活性基因序列中都有一个或几个超敏感位点，且大部分位于转录起始位点上下游 1kb 范围内。②超敏感位点具有细胞特异性或阶段特异性。例如，20 小时鸡胚红细胞前体细胞珠蛋白基因区对 DNase I 不敏感，35 小时开始合成血红蛋白时珠蛋白基因区极易被 DNase I 消化。其他组织如脑组织细胞同一基因区直到发育成鸡都抗消化。说明基因表达前所在染色质区的结构要松弛。③复制起点处也存在超敏感位点。

2. 重塑复合物与染色质重塑　染色质重塑由依赖 ATP 的重塑复合物催化进行。**重塑复合物**（remodeling complex）在真核生物中广泛存在，含 2~17 个亚基，其核心亚基是 ATPase。不同重塑复合物作用机制不同，通常根据其核心亚基分为 SWI/SNF（激活转录）、ISWI（基因沉默）、CHD（激活转录 / 抑制转录）、INO80/SWRI（激活转录，核小体亚基交换）等家族。各种染色质重塑复合物功能具有基因特异性或染色体片段特异性。

例如，所有真核细胞重塑复合物 SWI/SNF 家族（又称 SMARCC 家族）功能都是参与染色质重塑，释放转录起始位点附近的核心组蛋白。①在**基因激活**（gene activation）时，SWI/SNF 结合于 CGCG 序列旁的核小体，催化其部分解离，暴露调控元件（增强子）（图 6-3 ①）。②调控元件募集转录因子（TF，激活因子）（图 6-3 ②）。③核心组蛋白释放（图 6-3 ③），转录因子募集其他转录因子，包括重塑复合物，进一步催化染色质重塑，直至启动转录（图 6-4）。④在转录终止时，募集核心组蛋白，组装核小体（图 6-3 ④），基因沉默。

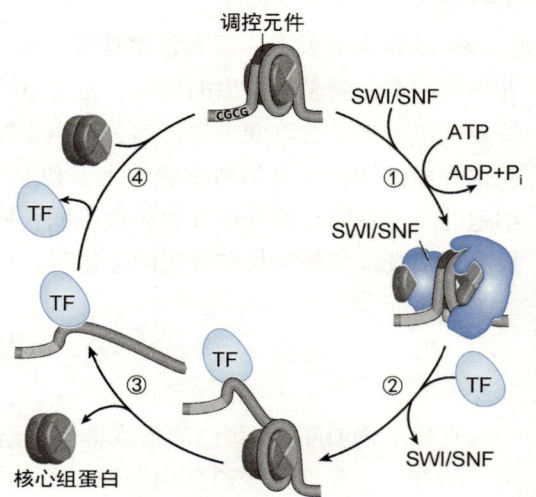

图 6-3　染色质重塑激活转录

●**基因沉默**（gene silencing）是指在不发生突变的前提下，通过异染色质形成、组蛋白修饰、DNA 甲基化、RNA 干扰等在转录或翻译水平显著抑制或终止基因表达的现象，见于除酵母外的真核生物。

许多调控元件并不被重塑复合物识别，这些调控元件通常先募集转录因子，再由转录因子募集含组蛋白乙酰化酶亚基的共激活因子，催化组蛋白尾乙酰化修饰，再由修饰组蛋白募集重塑复合物，催化染色质重塑，暴露启动子等结合位点，募集 RNA 聚合酶 II，组装转录起始复合物，启动转录（图 6-4）。某些转录因子与调控元件结合后可直接募集重塑复合物。

染色质重塑的分子基础是组蛋白修饰和 DNA 甲基化。

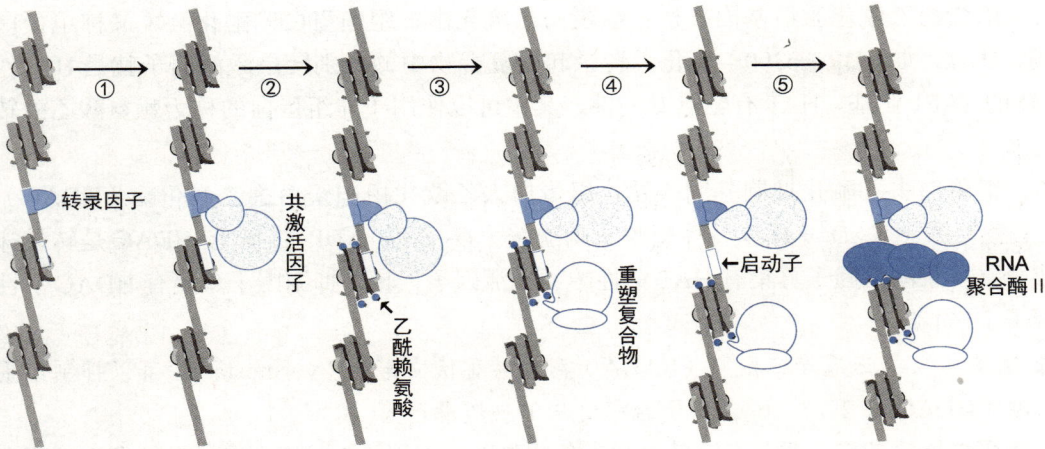

图 6-4 染色质重塑激活转录

二、组蛋白修饰

组蛋白是染色质的主要结构蛋白，是基因表达的抑制因子。因此，启动基因表达首先要疏松其启动子、增强子所在活性染色质，释放组蛋白，游离 DNA，以便于募集转录因子和 RNA 聚合酶。组蛋白正电荷和 DNA 负电荷的静电引力是形成染色质结构的主要作用力，因而通过修饰组蛋白减少其所带正电荷，改变构象，可以疏松染色质和释放组蛋白。组蛋白修饰影响到染色质重塑和基因转录，是真核基因表达调控的重要环节之一。组蛋白修饰位点、修饰方式及其组合称为组蛋白密码（histone code）。

1. 组蛋白修饰位点 ①被修饰氨基酸残基主要是 Lys（K）、Arg（R）、Ser（S）等，其中 Lys 最多。如组蛋白 H3 第四位赖氨酸残基三甲基化，记作 H3K4me3（表 6-1）。②被修饰氨基酸残基多位于启动子所在的核小体核心颗粒上，集中于核心组蛋白的 8 个 N 端和 H2A、H2B 的 4 个 C 端序列中。这些末端序列均属固有无序区域，暴露于核小体表面，故统称组蛋白尾。

2. 组蛋白修饰方式 包括乙酰化（ac）、甲基化（me）、磷酸化（p）、单泛素化（ub）、ADP 核糖基化、SUMO 化、O- 糖基化、瓜氨酸化（ci）、多巴胺化（dop）等，以乙酰化、甲基化为主（表 6-1）。其中乙酰化和甲基化是染色质活化过程中的特征性修饰，组蛋白乙酰化（特别是组蛋白 H3、H4）导致基因激活，去乙酰化导致基因沉默。根据甲基化位点不同，组蛋白甲基化有导致基因激活和沉默两种效应。

表 6-1 人核心组蛋白部分修饰位点、修饰方式和修饰效应

修饰位点	修饰效应	修饰位点	修饰效应
H3K9ac	基因激活	H3K4me1/2/3	基因激活
H3K14ac	基因激活	H3K9me3	基因沉默（结构异染色质）
H3K18ac	基因激活	H3R17me	基因激活
H3K27ac	基因激活	H3K27me	基因激活
H4K8ac	基因激活	H3K27me3	基因沉默
H4K16ac	基因激活	H2BS14p	DNA 修复
H2BK120ub	基因激活	H3S10p	基因激活

（1）组蛋白乙酰化激活基因表达：组蛋白乙酰化由一组**组蛋白乙酰化酶**（又称组蛋白乙酰转移酶，HAT，如 CBP、p300）催化。转录起始复合物中的个别转录激活因子就是 HAT，例如 TF Ⅱ D 的 TAF1 亚基。HAT 有靶点专一性，其中可以作用于非组蛋白的称为赖氨酸乙酰转移酶（KAT）。

（2）组蛋白去乙酰化抑制基因表达：组蛋白去乙酰化由**组蛋白去乙酰化酶**（HDAC）催化（N- 乙酰赖氨酰 + NAD^+ + H_2O → 赖氨酰 + 烟酰胺 + O- 乙酰 -ADP- 核糖）。HDAC 是转录抑制复合物成分。转录激活因子募集有 HAT 活性的共激活因子，转录抑制因子募集有 HDAC 活性的共抑制因子（164 页）。

● N- 羟基 -N'- 苯基辛二酰胺（SAHA）商标名称伏立诺他（vorinostat），可以抑制组蛋白去乙酰化酶（HDAC1、2、3、6），用于治疗皮肤 T 细胞淋巴瘤。

3. 组蛋白修饰效应 调节基因转录和染色质包装。①消除 Lys 正电荷，导致核心组蛋白与核心 DNA 的亲和力下降，有利于两者的解离。②通过修饰基团募集组装转录复合物或染色质重塑复合物。

DNA 甲基化同样促进组蛋白某些位点的甲基化：某些组蛋白去乙酰化酶复合物和组蛋白甲基化酶复合物含 DNA 结合域，识别并结合甲基化 CpG，结合后分别催化组蛋白某些位点去乙酰化和甲基化。

活性染色质与失活染色质的修饰区别见表 6-2。

表 6-2 活性染色质与失活染色质修饰特征

染色质修饰	活性染色质	失活染色质
组蛋白修饰程度	高	低
组蛋白其他修饰特征	H3/H4 尾被乙酰化	H3 特定赖氨酸如 K9 被甲基化
DNA 胞嘧啶甲基化水平	低	高

三、DNA 甲基化

DNA 甲基化（DNA methylation）主要是指脊椎动物 DNA 的 CpG 序列中胞嘧啶被甲基化为 5- 甲基胞嘧啶（5mC，又称第五碱基），该甲基化状态与 DNA 活性相关，失活 DNA 甲基化水平较高。DNA 甲基化是细胞分化时最常见的 DNA 复制后调控方式之一，在染色体结构维持、雌性 X 染色质失活、印记基因失活、转录调控和肿瘤发生发展等方面都起关键作用，还可能与衰老有关。

1. DNA 甲基化形式与分布 在染色质水平上，异染色质区如着丝粒附近 DNA 甲基化水平最高；在基因组水平上，转座子、假基因、小 RNA 基因 DNA 甲基化水平较高；在基因水平上，转录区两端富含甲基化位点，启动子甲基化位点密度与转录调控效应呈正相关。

人类基因组 DNA 甲基化率约为 1%，主要发生于胞嘧啶，形成 5- 甲基胞嘧啶（5mC）。少数甲基化发生于腺嘌呤、鸟嘌呤，分别形成 N^6- 甲基腺嘌呤（m^6A）、7- 甲基鸟嘌呤（m^7G）。

胞嘧啶甲基化主要发生于 CpG 序列（甲基化率 70%~80%），包括 CpG 岛中的 CpG 序列。人类基因组中约有 $2.8×10^7$ 个 CpG 序列，其中不到 10% 集中于 CpG 岛。**CpG 岛**（CpG island，CGI）是指基因组中长度 >500bp、GC 含量 >55%、CpG 观测值与理论值比值 >0.65（CpG 密度 4 倍于其他区域）的保守序列，多位于启动子 - 外显子 1 区，其甲基化水平远低于其他 CpG 序列。

人类基因组中 60%~70% 基因（包括所有管家基因）和 60% 以上启动子有 CGI。

DNA 甲基化具有组织特异性。例如 β 珠蛋白基因转录起始位点上游 1kb 至下游 100bp 范围的甲基化水平在血红蛋白合成细胞低于其他细胞。

2. DNA 甲基化效应　CpG 中 C 甲基化对染色质结构影响非常大，其中有些甲基化导致基因沉默，例如许多动物病毒 CpG 甲基化时不转录，雌性哺乳动物失活的 X 染色质（又称 X 小体、巴氏小体）CpG 高度甲基化，一些肿瘤细胞中存在抑癌基因如 *p16*、*p15* 转录失活即与启动子区 CpG 高甲基化有关。有些 5mC 去甲基化导致基因激活，例如小鼠肝细胞核糖体基因仅在去甲基化状态下表达，类固醇激素靶基因调控元件 5mC 去甲基化激活转录。一些激素激活基因、致癌物激活原癌基因，其机制可能就是使 DNA 去甲基化。因此，DNA 甲基化水平与基因转录效率呈负相关，即甲基化水平高的基因转录效率低，甲基化水平低的基因转录效率高。

甲基化影响 DNA 结合蛋白 -DNA 相互作用，因而影响转录因子 - 调控元件识别与结合。甲基化甚至将增强子改造为沉默子，抑制激活蛋白结合，促进阻遏蛋白结合。

不过，并非所有 DNA 甲基化都导致基因沉默，所有失活 DNA 都处于甲基化状态，或所有活性 DNA 都未甲基化。另外，DNA 甲基化对不同生物基因表达调控的重要性可能不同。脊椎动物特别是哺乳动物 DNA 甲基化水平较高，而无脊椎动物 DNA 甲基化水平很低。还有一些低等真核生物如酵母、果蝇和其他双翅目昆虫尚未发现 DNA 甲基化。说明 DNA 甲基化可能出现于某一进化时期，并随着进化而增加。

3. DNA 甲基化异常　甲基化异常可能导致基因表达异常，出生前导致胎死，出生后导致疾病（包括肿瘤）发生。人类由碱基置换导致的遗传病中，有 1/3 是 CpG 序列胞嘧啶甲基化的后果。肿瘤细胞普遍存在高甲基化 CpG 岛。CpG 序列胞嘧啶甲基化后会脱氨基成胸腺嘧啶，不易修复，引起 DNA 损伤。*p53* 基因第 273 号密码子 CGT（Arg）含 CpG 序列，可以通过该机制转换为 TGT（Cys）或 CAT（His），多见于脑瘤、乳腺癌、直肠癌。

●阿扎胞苷（XL01BC）和地西他宾（XL01BC）是胞苷类似物，可以抑制 DNA 甲基转移酶，用于治疗白血病。

四、基因重排

基因重排会影响到细胞过程的许多方面：DNA 合成、基因表达调控、细胞分化、免疫球蛋白多样性、受体多样性、原癌基因激活。

基因重排可以使一个基因更换调控元件，例如置于另一个增强子或强启动子的控制下，从而提高表达效率；也可以使表达的基因发生切换，由表达一种基因转为表达另一种基因，例如单倍体酵母的交配型转换；还可以形成新的基因，使产物呈现多样性，例如免疫球蛋白基因、T 细胞受体基因的重排与表达。

免疫球蛋白单体由两条重链（H）和两条轻链（L）组成。不同免疫球蛋白分子的差别主要在重链和轻链的 N 端，故将 N 端称为可变区（V 区）；C 端序列相似，称为恒定区（C 区）。轻链有两个家族：κ 家族和 λ 家族，其恒定区略有差别。免疫球蛋白的轻链、重链之间和两条重链之间有二硫键连接。

所有免疫球蛋白的重链和轻链基因都是由不同基因片段经重排形成。Toneqawa（1987 年诺贝尔生理学或医学奖获得者）的研究表明，在 B 细胞分化为浆细胞的过程中，通过基因重排，理论上利用有限的免疫球蛋白基因可编码超过 10^8 种免疫球蛋白。①重链基因由来自 14 号染色体的 *V*（variable）、*D*（diversity）、*J*（joining）和 *C*（constant）四个基因片段构成，其中 *V*、*D*、

J 通过特异性重组系统剪接形成 V_H 区序列，通过一个含增强子的内含子与 C 片段组成一个转录单位。剪接错误率高于位点特异性重组，变异系数 >2.5，进一步增加抗体多样性。② κ 型和 λ 型轻链基因分别由来自 2 号和 22 号染色体的 V、J 和 C 三个基因片段构成，其中 V、J 通过位点特异性重组形成 V_L 区序列，通过一个含增强子的内含子（约 1200bp）与 C 片段组成一个转录单位（图 6-5，表 6-3）。

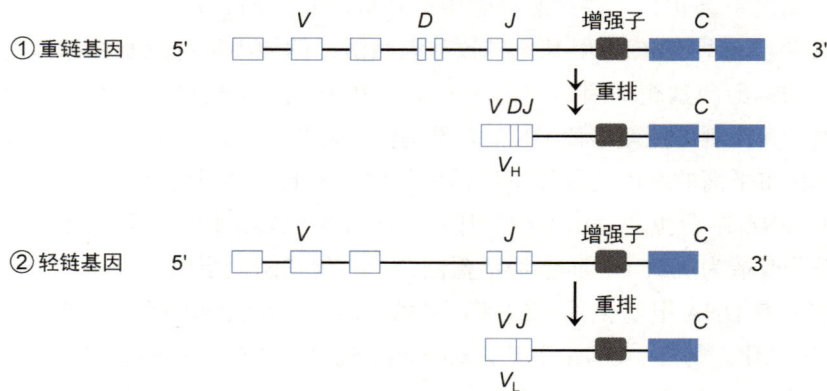

图 6-5   免疫球蛋白基因重排

表 6-3   人类基因组中免疫球蛋白 G 基因片段数量

成分	基因	染色体	基因片段数量			
			V 基因	D 基因	J 基因	C 基因
重链	IGH	14	38~46	23	6	9
轻链 κ	IGK	2	31~35	0	5	1
轻链 λ	IGL	22	29~32	0	4~5	4~5

免疫球蛋白基因重排称为 V(D)J 重组，由 V(D)J 重组激活蛋白 RAG1、RAG2 组成的 RAG 复合体催化，该复合体只存在于成熟淋巴细胞中。

五、基因扩增

基因扩增（gene amplification，DNA 扩增，DNA amplification），是指细胞内选择性复制某个或某些特定基因，从而增加其拷贝数的现象，是生物体为了完成细胞分化和个体发育，或适应营养状况和环境因素的变化，在短时间内大量表达特定基因产物，调节表达活性的一种有效方式。

1. 基因扩增产物以两种形式存在   ①在染色体扩增位点形成串联重复序列，在 G 带标本上显示为均匀无带纹的浅染区，称为均匀染色区（homogeneously staining region，HSR，均染区，图 6-6 ①）。②形成独立于染色体之外的共价闭合环状双微体（double minute，DM）结构（图 6-6 ②）。

2. 基因扩增在真核生物基因组中普遍存在   ①某些细胞在生长分化过程中需要大量相关蛋白，常通过基因扩增激活基因表达。例如，非洲爪蟾卵母细胞在成熟过程中大量扩增 rRNA 基因，拷贝数增加 4000 倍，由 500 个扩增到 200 万个，可用于形成 10^{12} 个核糖体，满足卵裂期和胚胎期大量合成蛋白质的需要。果蝇卵子形成时卵壳蛋白基因 s36、s38 等发生扩增。②某些肿瘤细胞在药物反应阶段发生基因扩增，赋予其抗药性。例如，甲氨蝶呤（XL01BA）抑制肿瘤细胞中二氢叶酸还原酶（dihydrofolate reductase，DHFR）的活性，使核苷酸合成减少，从而杀死肿瘤细胞。然而，肿瘤细胞在甲氨蝶呤培养基中培养一段时间后，其二氢叶酸还原酶基因（*DHFR*）扩增，拷贝数可增加 200~250 倍，从而抵抗更大剂量甲氨蝶呤的杀伤作用。③基因扩增是原癌基因激活机制之一。

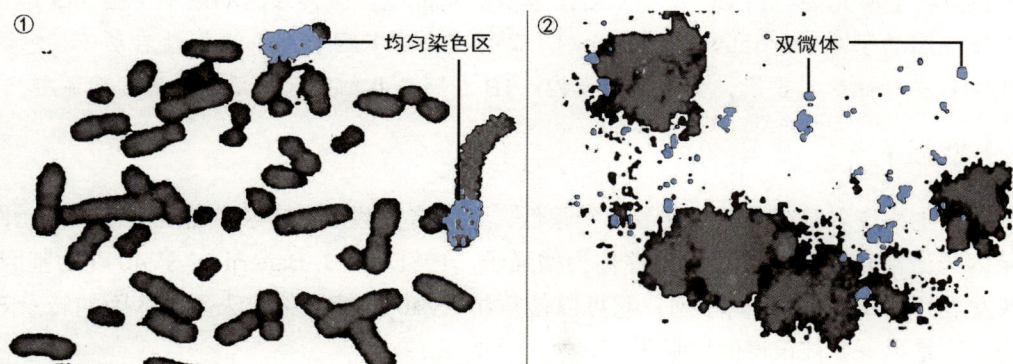

图 6-6　基因扩增产物存在形式

六、染色体丢失

一些低等真核生物在细胞分化过程中丢失染色体或染色体片段，以达到调控基因表达的目的。某些基因在这些片段丢失前并不表达，丢失后才表达。因此，这些片段的存在可能抑制相关基因的表达。高等生物也有染色质丢失。例如，①马蛔虫在卵裂至 32 个细胞的分裂球的过程中，31 个将分化为体细胞的细胞内全部发生染色质丢失。②晚幼红细胞在成熟过程中丢失整个细胞核。染色质丢失属于不可逆调控。

第四节　转录调控

有相同遗传信息的不同细胞所表达的基因不尽相同。管家基因是维持细胞基本代谢所必需的，而组织特异性基因则在一些分化细胞中表达，这是细胞分化和个体发育的基础。组织特异性基因转录调控即改变基础转录水平，实际上是对转录前起始复合物活性进行调节，这是通过 RNA 聚合酶与调控元件、转录因子、调控 RNA 相互作用实现的。真核生物细胞核内有三种 RNA 聚合酶，其中 RNA 聚合酶 II 催化转录所有蛋白基因和大多数调控 RNA 基因，是转录调控的核心。

一、调控元件

调控 RNA 聚合酶 II 启动转录及转录效率的调控元件包括 II 类启动子、终止子、增强子、沉默子、绝缘子等。启动子和终止子决定基础转录水平；增强子介导正调控作用，激活转录；沉默子介导负调控作用，抑制转录；绝缘子阻止调控效应扩散。

原核生物调控元件种类少，数量少，邻近转录起始位点甚至与之重叠。相比之下，真核生物调控元件种类多，数量多，散在分布，甚至远离转录起始位点。

（一）启动子

由 RNA 聚合酶 II 转录的基因的启动子属于 II 类启动子。II 类启动子含有两类启动子元件，即核心启动子和上游元件。核心启动子包括 TATA 盒、起始子和下游启动子元件等，功能是确定转录起始位点。上游元件包括 GC 盒和 CAAT 盒等，功能是控制转录启动效率（图 3-9）。

●选择性启动子（alternative promoter）　葡萄糖激酶基因有两个选择性启动子 - 外显子 1：1L 和 1B。1L 在肝细胞起作用，受胰岛素调控；1B 在胰岛 β 细胞起作用，受葡萄糖调控。

（二）增强子

高等真核生物许多基因的基础转录水平很低，绝大多数甚至不转录，需要其他调控元件募集相应转录因子激活转录，这类调控元件称为增强子。1981 年，J. Banerji 在 SV40 晚期基因（late gene）区发现一种 72bp 的重复序列，它可以使重组 SV40 携带的兔 β 珠蛋白基因的转录效率提高 200 倍，这是第一个被报道的增强子。

增强子（enhancer）又称增强子元件（enhancer element），是高等真核生物激活转录的一类调控元件（酵母同源序列称为上游激活序列，UAS），相当于原核生物激活蛋白结合位点，本身不是启动子，可以与启动子相邻、重叠或包含，通过募集增强子结合蛋白（又称转录激活因子）形成增强体（enhancesome），改变染色质构象，激活一种或一组基因的转录。增强子的功能是提高转录启动效率，但不能代替启动子。增强子结合蛋白与增强子的结合决定着基因表达的特异性。

1. 增强子特点　增强子有以下特点。

（1）增强效应十分明显：多数增强子能使转录效率提高几十倍至上千倍，例如人巨细胞病毒（human cytomegalovirus，HCMV）增强子可使珠蛋白基因的转录效率提高 600~1000 倍。

（2）增强效应与增强子所处的位置、距离和取向无关：增强子可以位于结构基因的上游、下游或内部（内含子内），多数距离转录起始位点 0.5~5kb，有的可达 10^2kb；用重组 DNA 技术改变其位置或使其倒位，仍然可以产生增强效应。酵母上游激活序列（UAS）例外，仅位于上游，离转录起始位点也较近。

（3）多含重复对称序列：增强子序列长 100~200bp，由一个或多个称为增强元（enhanson）的独立的核心序列组成。核心序列长 8~13bp，部分序列有回文特征，例如 M 型肌酸激酶基因增强子的 CAGCTA 序列。

（4）增强子的增强效应具有协同性：一个蛋白基因平均拥有 5~6 个增强子，它们通过募集不同的转录激活因子共同激活转录。它们的激活作用具有协同效应（synergy effect），即其共同作用的效应强于各自单独作用效应之和。

（5）增强子效应具有两重性：有的调控元件既可作为增强子与转录激活因子结合而激活转录，又可作为沉默子与转录抑制因子结合而抑制转录。

2. 增强子分类　可分为激素反应元件（募集的是激素 - 核受体复合物）和辅助因子元件（募集的是没有配体的核受体或转录因子）。

在受到不同信号调节时，有的增强子可以募集不同转录因子，调控同一基因的表达。这类增强子称为选择性增强子（alternative enhancer）。

3. 增强子作用机制　增强子通过募集一种或一组转录因子提高转录效率。

（1）增强子募集染色质重塑复合物，改变染色质构象，以暴露出转录区或调控元件，提高调控元件与转录因子的结合效率，促进转录复合物的形成。

（2）增强子协助转录激活因子促进转录前起始复合物形成，或变构激活转录前起始复合物。

例如，β 干扰素基因增强子序列位于 –110~–45 区，含 4 种增强子元件（enhancer element），在病毒感染时分别结合核因子 κB（NF-κB）、干扰素调节因子（IRF）、cAMP 依赖性转录因子 - 转录因子 c-Jun（ATF-2/c-Jun）异二聚体、高速泳动族蛋白 I（Y），形成 β 干扰素增强体结构，可进一步募集共激活因子，作用于前起始复合物，促进 β 干扰素基因转录，可使表达增加 100 倍以上。

（3）增强子将 DNA 固定在细胞核特定部位，有利于 DNA 拓扑异构酶催化 DNA 解旋、RNA 聚合酶转录。

（三）沉默子

真核基因中抑制转录的调控元件称为沉默子（silencer，沉默基因，silent gene，负增强子，negative enhancer），相当于原核生物操纵基因。与增强子相比，已鉴定的沉默子序列很少。沉默子与相应的转录抑制因子结合，使正调控失去作用。沉默子对基因簇的选择性转录起重要作用。沉默子和增强子协调作用可以决定基因表达的时空顺序。

目前研究认为增强子和沉默子均非绝对特异，或者说它们具有两重性，既可结合转录激活因子又可结合转录抑制因子，只是增强子以结合转录激活因子为主，沉默子以结合转录抑制因子为主。

（四）绝缘子

绝缘子（insulator，I，边界元件，boundary element）位于增强子（E）或沉默子与启动子（P）之间，其作用是阻止结合于该增强子或沉默子的转录因子影响位于绝缘子另一侧基因的表达。因此，在位于增强子和启动子之间时，绝缘子阻断增强子的激活效应；在位于沉默子和启动子之间时，绝缘子阻断沉默子的抑制效应；在位于异染色质和活性基因之间时，绝缘子阻断异染色质对活性基因的阻遏作用。绝缘子通过募集绝缘子结合蛋白（如锌指蛋白 CTCF）起作用（图 6-7）。

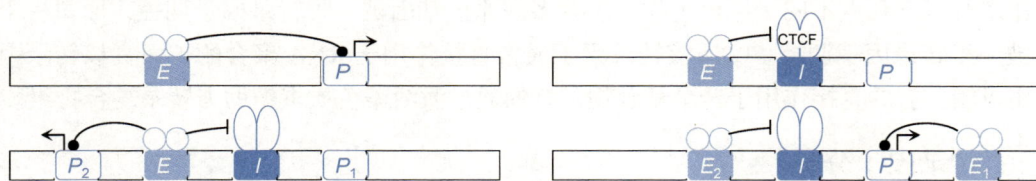

图 6-7　绝缘子作用示意图

（五）调控元件变异与疾病

可诱导基因和可抑制基因的表达通常有复杂的调控模式，其调控离不开相关调控元件。调控元件变异会引起基因表达异常，导致遗传病。已经发现三种形式的调控元件变异。

1. 调控元件突变　①人 *Shh* 基因的一个增强子元件 ZRS（ZPA regulatory sequence）位于其上游另一个基因 *LMBR1* 的内含子 5 中，其功能是激活 *Shh* 基因在肢体前端的表达，抑制在肢体后部的表达。已发现 ZRS 点突变导致 2 型肢体内侧多趾症（preaxial polydactyly 2，PPD2）。②β 珠蛋白基因顺式作用元件突变导致 β 珠蛋白基因转录减慢，β 珠蛋白合成减少，引起 β 地中海贫血。

2. 染色体结构异常　调控元件所在染色体区域的空间结构异常会引起相关基因表达异常，导致遗传病的发生。

人类 4 号染色体上（4q35）存在一种称为 D4Z4 的宏卫星重复序列，重复单位 3.3kb。正常人有 11~150 个 D4Z4 拷贝。拷贝数减少引起 1 型面肩肱肌营养不良（FSHD1，一种常染色体显性遗传的神经肌肉性疾病）。95% 的 FSHD1 患者的 D4Z4 拷贝数是 1~10 个，并且拷贝数越低，病情越严重，发病年龄也越早。

3. 转录区与调控元件分离　由转录区之外的染色体结构畸变引起的遗传病称为位置效应遗传病。染色体结构畸变（如缺失、易位、倒位）导致调控元件破坏或与结构基因分离，是这类遗传病发生的根本原因。

4. 染色体易位　某些 Burkitt 淋巴瘤和白血病患者发生染色体易位，导致原癌基因 *myc*（编码转录因子 Myc）易位至免疫球蛋白基因侧翼，被其增强子激活，表达失控，是导致肿瘤的重要因素。

●无巩膜（aniridia）　是由 *PAX6* 基因表达不足引起的常染色体显性遗传病。*PAX6* 基因编码转录因子 Pax-6，其靶基因产物参与眼睛发育。然而，在一些无巩膜患者基因组中检测不到 *PAX6* 基因转录区突变，却发现其 *PAX6* 基因下游存在染色体重排，重排位点全部位于组成型基因 *ELP4*（编码组蛋白乙酰转移酶的一个亚基，与 Rolandic 癫痫连锁）的最后三个内含子中，其中含 *PAX6* 基因增强子，重排导致这些增强子丢失或易位，引起 *PAX6* 基因表达不足，从而导致与 *PAX6* 编码区突变相同的临床表型。

二、转录因子

真核生物多数转录因子通过识别并结合调控元件等影响 RNA 聚合酶 Ⅱ 识别并结合启动子，即影响转录起始复合物的形成，从而调控转录。转录因子与调控元件的结合具有相对特异性：一种转录因子能与一种或多种调控元件结合；一种调控元件能与一种或多种转录因子结合。

无论是原核生物还是真核生物，转录因子与 DNA 结合都是调控基因表达的关键。但真核转录因子作用有以下几点不同于原核生物：①大多数原核基因被一种转录因子调控，而每一个真核基因都被一组转录因子调控。②原核转录因子通常直接作用于 RNA 聚合酶，而真核转录因子有多种作用机制：有的直接作用于转录复合物，有的通过激活染色质重塑助力转录复合物组装。

（一）转录因子分类

真核生物转录起始十分复杂，需要一组转录因子的协助。转录因子与 RNA 聚合酶 Ⅱ、调控元件甚至调控 RNA 形成转录起始复合物，启动转录。真核生物转录因子种类繁多（人类基因组编码的转录因子就有 2000 多种），可分为 6 类。

1. 通用转录因子（general transcription factor，GTF）　又称基础转录因子，相当于原核生物特异因子，是协助 RNA 聚合酶 Ⅱ 与启动子特异性结合并启动转录的转录因子，存在于各种细胞中，决定基础转录水平。在细胞外条件下，只要通用转录因子与 RNA 聚合酶 Ⅱ 在启动子处组装成基础转录复合物，就能启动 RNA 合成，合成水平称为基础转录水平。然而，因为细胞内 DNA 形成染色质结构，所以其基础转录复合物常常不能启动转录，甚至都不能组装——当启动子所在染色质还未展开时，还需要转录激活因子和共激活因子等。

2. 转录激活因子（transcriptional activator）　即增强子结合蛋白，在结合于增强子（或 UAS）的基础上，从以下几个方面激活转录：①依次募集通用转录因子（如 TF Ⅱ D）、（有时募集共激活因子）、RNA 聚合酶 Ⅱ，组装转录复合物。②募集组蛋白修饰酶类。③募集染色质重塑复合物。④募集其他修饰酶类，如果蝇 *HSP70* 转录时需要转录激活因子 HSF 募集蛋白激酶 P-TEFb，后者催化 RNA 聚合酶 Ⅱ RPB1-CTD 七肽单位中的 Ser2 磷酸化，助力启动子清除（图 6-8 ）。

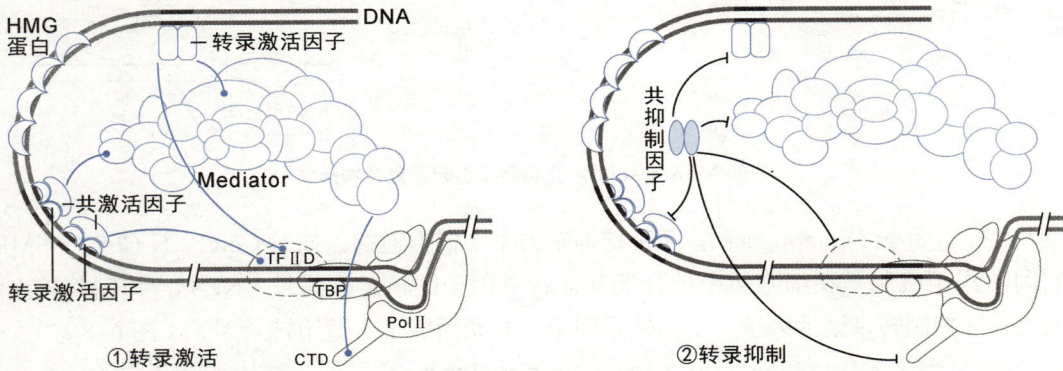

图 6-8　真核生物转录因子

信号分子受体包括细胞内受体和细胞表面受体（第七章，187 页）。细胞内受体多为转录激活因子，它们与调控元件（称为激素反应元件）的结合是信号转导的一个效应环节，例如糖皮质激素受体（第七章，201 页）。有些转录激活因子具有两重性，既激活一种靶基因转录，又抑制另一种靶基因转录；或通过改变构象而成为转录抑制因子，如视黄酸受体（RAR）为转录激活因子，与视黄酸结合时激活转录，不与视黄酸结合时抑制转录。许多转录激活因子对信号分子敏感，可应答细胞环境变化而起激活或去激活作用。

转录激活因子具有基因特异性、空间特异性、时间特异性、条件特异性。例如虽然各种细胞基因组都有免疫球蛋白基因的增强子，但只有 B 细胞内有转录激活因子可以与其特异性结合，结合后激活转录。

某些转录激活因子既可结合 DNA 又可结合 RNA，其功能受一种或一组 lncRNA 影响，例如 NF-κB 激活许多免疫反应基因和细胞因子基因，它既可结合一种 DNA 增强子，又可结合一种称为 *lethe* 的 lncRNA。结合 *lethe* 会抑制 NF-κB 靶基因转录。

3. 共调节因子（coregulator）　既有多亚基类又有单体类，均属于非 DNA 结合蛋白类转录因子（仅类固醇受体共激活因子例外，为 lncRNA，169 页），通过蛋白质相互作用与 DNA 结合蛋白类转录因子或 RNA 聚合酶 Ⅱ 结合，调控转录，分为共激活因子和共抑制因子。

（1）**共激活因子**（coactivator）：又称辅激活因子、辅激活物、辅激活蛋白，通过介导转录激活因子作用于 RNA 聚合酶 Ⅱ 激活转录。Mediator 由 R. Kornberg（2006 年诺贝尔化学奖获得者）于 1990 年报道，是真核生物一种主要的共激活因子，从真菌到人高度保守，参与几乎所有蛋白质基因的转录激活。人的 Mediator 由 31 条肽链组成，其中 4 条肽链形成的子结构（subcomplex）起激酶作用，与其余部分仅形成暂时结合，在转录启动前即先行离去。Mediator 与 RNA 聚合酶 Ⅱ RPB1-CTD 紧密结合，为几乎所有 Ⅱ 类启动子的转录调节所必需。Mediator 还激活通用转录因子 TF Ⅱ H，后者催化 RPB1-CTD 七肽单位中的 Ser5 磷酸化。不同转录激活因子作用于 Mediator 的一条或数条肽链，有各自的结合位点。共激活因子具有两重性，有的共激活因子含有抑制性亚基，也会抑制转录（图 6-9 ）。

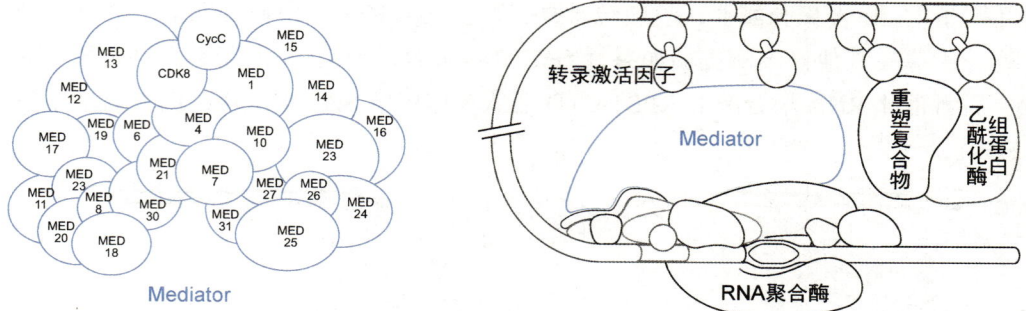

图 6-9　人 Mediator 介导转录前起始复合物形成

（2）**共抑制因子**（corepressor）：又称辅抑制因子、辅阻遏物，如 N-CoR1、N-CoR2（SMRT）。共抑制因子作用机制是在细胞质中结合于其他转录因子的核定位信号（NLS），抑制其转入细胞核；或竞争性抑制转录激活因子、结构转录因子、共激活因子、通用转录因子（图 6-8）。

4. **结构转录因子**（architectural transcription factor）　又可称为结构调节蛋白（architectural regulator），功能是促使中间序列（intervening DNA）弯曲成环（looping），从而使各种转录因子可直接相互结合，参与转录激活。染色质富含结构转录因子，与 DNA 结合的特异性也不高，典型如参与染色质重塑和转录激活的高速泳动族蛋白（high mobility group protein，HMG 蛋白，HMG protein，图 6-8）。也有学者将结构转录因子归入转录激活因子。

5. **重塑复合物**（remodeling complex）　包括催化组蛋白修饰的酶类和其他染色质重塑蛋白，功能是催化染色质重塑，激活转录（图 6-4）。如 p300 家族的 CBP、p300，p160 家族的 NCoA-1（SRC-1）。也有学者将重塑复合物归入共调节因子（图 6-9）。

6. **转录抑制因子**（transcriptional repressor）　又称转录阻遏物，相当于原核生物阻遏蛋白，在结合于沉默子或增强子的基础上作用于 RNA 聚合酶Ⅱ、Ⅱ类通用转录因子、转录激活因子、共抑制因子或核小体修饰酶类，抑制转录。作用机制：①沉默子与增强子或启动子存在重叠，或增强子又是沉默子，转录抑制因子的结合抑制转录激活因子或通用转录因子的结合。②沉默子与增强子邻近，同时结合转录抑制因子和转录激活因子时，转录抑制因子与转录激活因子结合，抑制其转录激活结构域。③转录抑制因子作用于共激活因子，抑制其激活作用。④转录抑制因子募集抑制性组蛋白修饰酶类。

真核基因转录抑制因子负调控很少见，主要见于酵母等低等真核生物，作用与原核生物阻遏蛋白一致，抑制启动子募集组装转录复合物或启动转录。

（二）转录因子结构

生物体内多数蛋白质相互作用、蛋白质 - 核酸相互作用、蛋白质 - 小分子相互作用具有特异性，这种特异性的结构基础主要是其所含的结构域或基序结构。大多数转录因子含特定的 DNA 结合域、转录激活结构域或蛋白质 - 蛋白质相互作用结构域（如二聚化结构域，表 6-4）。

1. DNA 结合域（DBD）　是突出于转录因子表面的一种较小的结构域，含 60~90aa。人类基因组编码的转录因子中有 1500 多种含 DNA 结合域。DNA 结合域中通常包含一个或多个更小、可识别、直接与 DNA 调控元件结合的特征性结构基序（structural motif），称为 DNA 结合基序（DNA-binding motif）。值得注意的是，在各种文献和专著中 DNA 结合域和 DNA 结合基序并未严格区分，例如以下讨论的螺旋 - 转角 - 螺旋、锌指、同源域、RNA 识别基序等 DNA 结合基序，也有学者称之为 DNA 结合域。

表 6-4 转录因子结构域

功能结构域	所含结构类型	举例
DNA 结合域	螺旋 - 转角 - 螺旋	LacI, CRP, TrpR, Cro, cI
	锌指	转录激活因子 Sp1, 类固醇受体
转录激活结构域	酸性结构域	转录激活因子 Gal4
	谷氨酰胺结构域	转录激活因子 Sp1
	脯氨酸结构域	转录激活因子 CTF（NF1）
二聚化结构域	亮氨酸拉链	转录激活因子 GCN4、AP-1、Myc
	螺旋 - 环 - 螺旋	转录激活因子 Myc

（1）**螺旋 - 转角 - 螺旋**：简称 **HTH 基序**（helix-turn-helix motif, HTH），广泛存在于原核生物 DNA 结构域中，部分真核生物 DNA 结构域也存在类似结构，是 DNA 结合域中第一类被阐明结构的 DNA 结合基序，约含 20aa，由各含 7~9aa 的两段 α 螺旋通过一个 β 转角连接而成，其中第二螺旋（位于 C 端）称为**识别螺旋**（recognition helix，R），凸出于分子表面，在结合 DNA 时会嵌入大沟内或结合点靠近大沟，通过特定氨基酸残基直接与大沟内特定碱基对结合（如精氨酸 R 基与鸟嘌呤形成氢键）。第一螺旋（位于 N 端）主要与 DNA 主链结合（图 6-10）。

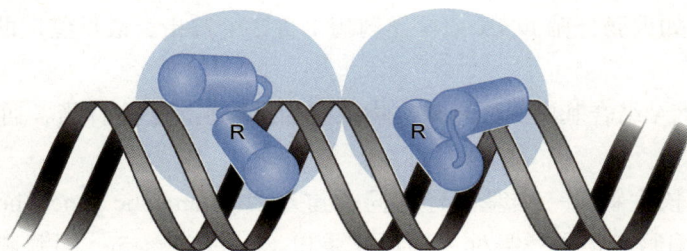

图 6-10 螺旋 - 转角 - 螺旋

HTH 基序最早发现于原核生物 DNA 结合蛋白中，例如 LacI 阻遏蛋白的 Leu6~Asn25、CRP 的 Arg170~Lys189、TrpR 的 Gln68~Ala91，迄今已在原核生物 100 多种 DNA 结合蛋白（如所有 σ 因子）和真核生物某些 DNA 结合蛋白中鉴定到 HTH 基序。

（2）**锌指**：是 DNA 结合域中第二类被阐明结构的基序，约含 30aa，因其中有 4 个氨基酸残基通过配位键螯合一个 Zn^{2+}，形成手形结构，故称**锌指**（zinc finger, Zf，图 6-11）。已报道锌指有 40 多种，最常见的有 C_2H_2 型（见于转录因子 Sp1 等）、C_2HC 型（见于转录因子 AF-10 等）、PHD 型（见于转录因子 AF-10 等）、RING 型（见于 E3 泛素连接酶 RING 等）和 C_4 型锌指（见于核受体等，第七章，187 页）（表 6-5）。

表 6-5 锌指

锌指类型	共有序列	基序类型	转录因子	锌指数
C_2H_2 型锌指	$C-X_{2-4}-C-X_3-F-X_5-L-X_2-H-X_3-H$	螺旋 - 折叠 - 折叠	人 Sp1	3
C_4 型锌指	$C-X_2-C-X_{13}-C-X_2-C$	螺旋 - 转角 - 螺旋	人类固醇受体	2

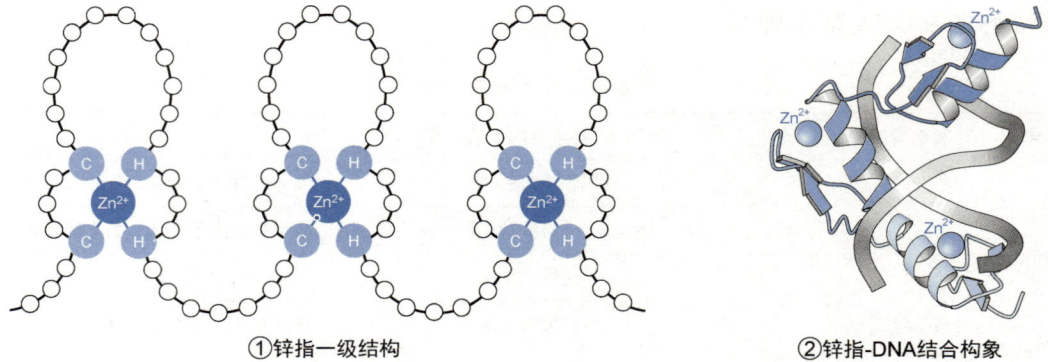

①锌指一级结构　　　　　　　　　　②锌指-DNA结合构象

图 6-11　C_2H_2 型锌指

不同 DNA 结合蛋白中锌指的一级结构不尽相同，因而其识别和结合 DNA 序列的机制也有差别，有些锌指的氨基酸残基参与识别 DNA 序列，有些并无直接关系。锌指是真核生物 DNA 结合蛋白中最常见的 DNA 结合基序。

单一锌指与 DNA 亲和力很低，然而许多 DNA 结合蛋白含多锌指，其与 DNA 的结合具有协同性，使亲和力极大增强。非洲爪蟾锌指蛋白 Xfin 和人转录因子 TF Ⅲ A 分别含有 37 个和 9 个 C_2H_2 型锌指。

含锌指的蛋白质称为锌指蛋白（zinc finger protein），其功能多样，不限于结合 DNA。人类基因组 3% 基因编码锌指蛋白，包括全部 48 种核受体和某些翻译抑制因子。此外，个别原核蛋白也是锌指蛋白，例如大肠杆菌 DNA 拓扑异构酶 1 含 3 个锌指。最早鉴定的原核锌指蛋白是农杆菌的转录因子 ros。

锌指还可以是 RNA 结合基序，如真核生物某些翻译抑制因子含锌指，通过结合 mRNA 抑制翻译。

（3）同源域：真核生物有一类基因称为同源盒基因（homeotic gene，hox gene，Hox 基因，同源异型基因），其编码产物是一类称为同源盒蛋白（homeoprotein，同源域蛋白，同源异型蛋白）的转录因子（常形成异二聚体，识别并结合不对称调控元件），功能是调节胚胎发育。同源盒基因开放阅读框中有一段保守序列称为同源盒（homeobox，同源框，同源异型盒），长约 180bp，编码同源盒蛋白中长约 60aa 的一个肽段，称为同源域（homeodomain）。同源域是 DNA 结合基序，其结构及识别 DNA 的模式与原核 HTH 非常相似：含三段 α 螺旋，其中螺旋 2 和螺旋 3 形成类似 HTH 结构，与 DNA 大沟结合（图 6-12）。

（4）RNA 识别基序：记作 RRM（RNA recognition motif），又称 RNA 结合域（RNA-binding domain，RBD），见于真核生物两类蛋白质：①某些激活因子，既可结合 DNA，又可结合 RNA。②RNA 结合蛋白，可结合 mRNA、rRNA 或小的 ncRNA。已阐明的一种 RRM 由一段含 80~100aa 的肽段形成的 4 段反向平行 β 折叠和两段 α 螺旋构成，记作 βαββαβ。

2. 转录激活 [结构] 域（TAD）是转录因子所含模块化结构之一，含 20~100aa，通过蛋白质相互作用与 RNA 聚合酶、通用转录因子或共激活因子结合，其作用是促进转录起始复合物形成，

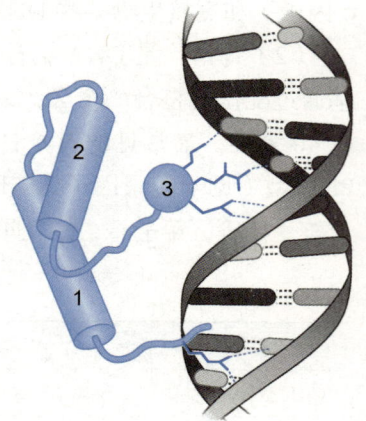

图 6-12　同源域

激活转录。转录激活结构域主要存在于真核生物转录激活因子和共激活因子中，其一级结构保守性差，仅有一定的组成特征，如富含某种或某类氨基酸，但序列特征和结构特征尚未阐明。这里介绍以下三种（图 6–13）。

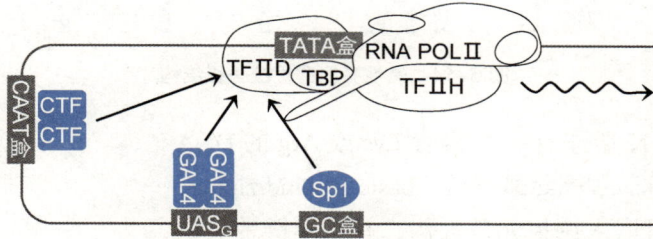

图 6–13　转录激活结构域

（1）酸性结构域：例如酵母转录激活因子 GAL4 的 N 端是含类锌指（Zn_2C_6）的 DNA 结合域，Asp149~Phe196 是转录激活结构域，该转录激活结构域富含酸性氨基酸残基（11/48），所以称为酸性结构域（acidic domain，AD），其作用是募集 TF Ⅱ D、共激活因子 mediator（机制是直接与其亚基 MED15、17 结合）等，以形成转录起始复合物。不同酸性结构域序列差异很大，因而酸性结构域的激活作用是由氨基酸残基的酸性而不是序列决定的。GAL4 先形成有卷曲螺旋（coiled-coil）结构的同二聚体，然后才与上游激活序列 UAS_G（回文序列 $CGGN_{11}CCG$）结合。

（2）谷氨酰胺结构域：人转录激活因子 Sp1（specificity protein 1）有两个转录激活结构域，它们富含谷氨酰胺，所以称为谷氨酰胺结构域（glutamine-rich domain，GD）。其他许多转录激活因子也有谷氨酰胺结构域。

（3）脯氨酸结构域：人核因子 1A（NF1-A）的 N 端（Met1~Pro195）有一个富含碱性氨基酸残基的 DNA 结合域，C 端有一个脯氨酸结构域（proline-rich domain，PD），其 22% 的氨基酸残基为脯氨酸。

3. 蛋白相互作用结构域　蛋白质 - 蛋白质相互作用包括转录因子与 RNA 聚合酶结合、不同转录因子结合、转录因子亚基组装等。多数转录因子化学本质为蛋白质，其发挥作用时不仅要结合 DNA、RNA，也要结合其他蛋白质，因此其所含结构域不但有介导 DNA 结合的 DNA 结合域，也有介导蛋白质相互作用的蛋白质 - 蛋白质相互作用结构域，简称蛋白相互作用结构域。无论原核生物还是真核生物，许多转录因子都先形成二聚体再通过 DNA 结合域与调控元件结合，而二聚体的形成常依赖蛋白相互作用结构域。目前已发现多种介导蛋白相互作用的结构基序（structural motif），以亮氨酸拉链（leucine zipper，LZ）和螺旋 - 环 - 螺旋（helix-loop-helix，HLH）最为典型。

（1）亮氨酸拉链：位于肽链 C 端，是一种两亲性 α 螺旋（amphipathic α helix），螺旋一侧有一系列疏水性氨基酸（图 28-15）形成疏水面（hydrophobic surface），是形成二聚体结构的结合面。两个单体通过亮氨酸拉链结合形成二聚体，二聚体中两段亮氨酸拉链疏水面平行相对，相互缠绕形成左手卷曲螺旋（coiled coil）。亮氨酸拉链一级结构的一个显著特征是含 4~5 个不连续的亮氨酸残基，相邻亮氨酸被 6 个其他残基隔开（图 6-14），恰好排列于疏水面。真核生物许多蛋白质都含有亮氨酸拉链，可形成同二聚体（如 $bHLHe40_2$）或异二聚体（如 Fos-Jun）。原核生物则极少。

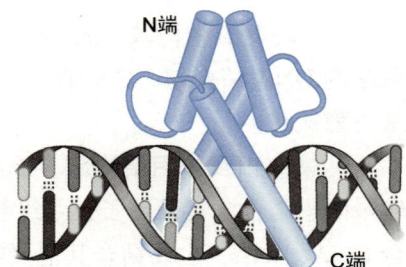

DNA 结合区	连接区	亮氨酸拉链

```
C/EBP    DKNSNEYRVRRERNNIAVRKSRDKAKQRNVETQQKVLELTSDNDRLRKRVEQLSRELDTLRG
Jun      SQERIKAERKRMRNRIAASKCRKRKLERIARLEEKVKTLKAQNSELASTANMLTEQVAQLKQ
Fos      EERRRIRRIRRERNKMAAAKCRNRRRELTDTLQAETDQLEDKKSALQTEIANLLKEKEKLEF
Myc      PELENNEKAPKVVILKKATAYILSVQAEEQKLISEEDLLRKRREQLKHKLEQLRNSCA
共有序列  - - - - - - - - - RR - R - - - - - - R - R - RR - - - - - - L - - - - - - - L - - - - - - L - - - - L - - - - - - L - - - - - L - - -
                       KK   K       K   KK
```

图 6-14　碱性亮氨酸拉链一级结构

某些亮氨酸拉链 N 端连有一段富含 Lys 或 Arg 的 DNA 结合区，这种拉链又称碱性亮氨酸拉链（basic leucine zipper, bZIP）。DNA 结合区可嵌入调控元件大沟，并与主链带负电荷的磷酸基结合（图 6-15）。

碱性亮氨酸拉链结构存在于多细胞真核生物的许多 DNA 结合蛋白中，如酵母转录激活因子 GCN4，人转录激活因子 AP-1（即 Fos-Jun）、Myc、增强子结合蛋白 C/EBP。

（2）螺旋 - 环 - 螺旋：位于肽链 C 端，由约 50aa 形成的两段短的两亲性 α 螺旋（C 端的二聚化螺旋和 N 端的识别螺旋）和一段长度不一（12~28aa）的环形成（不同于 HTH 基序）。两个单体通过螺旋 - 环 - 螺旋（HLH）C 端二聚化螺旋结合形成二聚体，包括同二聚体（如 Mnt_2）和异二聚体（如 Myc-Max）。二聚体中二聚化螺旋疏水面平行相对，相互缠绕形成卷曲螺旋，类似于亮氨酸拉链，但仅含少量甚至不含亮氨酸残基（图 6-16）。

螺旋 - 环 - 螺旋 N 端的 α 螺旋是识别螺旋，有的识别螺旋 N 端与一段碱性序列连接，合称碱性螺旋 - 环 - 螺旋（bHLH）。碱性序列是 DNA 结合区（类似于碱性亮氨酸拉链的 DNA 结合区）。如果二聚体的两个单体都含 DNA 结合区（如 Myf-3-Tcf-3），则可直接与靶基因启动子的 E 盒（enhancer box sequence，E-box，共有序列 CANNTG）结合（图 6-16）。如果二聚体中只有一个单体含 DNA 结合区，则不能直接结合 DNA（如 Tcf-3-Id-3）。

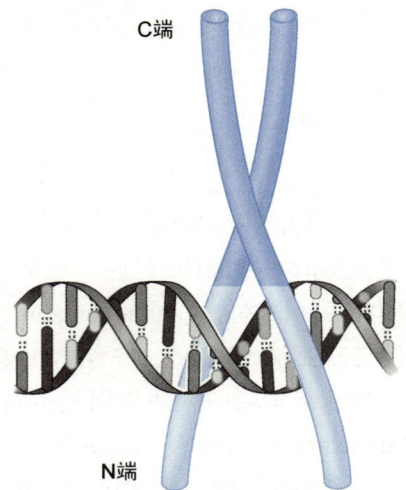

图 6-15　碱性亮氨酸拉链

图 6-16　碱性螺旋 - 环 - 螺旋

碱性螺旋 - 环 - 螺旋结构存在于多细胞真核生物的部分 DNA 结合蛋白中，如 Myc、Max、Mnt、SREBP，这类 DNA 结合蛋白在发育过程中参与基因表达调控。

（三）转录因子调节

转录因子通过水平调节、变构调节、化学修饰调节、蛋白质相互作用等方式调控基因表达（表 6-6）。

转录因子活性调节机制有二：①改变转录因子结构：解除转录抑制因子或抑制结构域对激活结构域的封闭抑制。例如，没有半乳糖时，结合于酵母 *GAL1* 上游 UAS_G 的 Gal4 的激活结构域被 Gal80 封闭。半乳糖通过激活蛋白 Gal3 使 Gal80 变构释放，解除其对 Gal4 的抑制。②改变转录因子定位：这类转录因子通常位于细胞质中（可能的机制是被转录抑制因子约束，锚定于细胞膜上，或核定位信号被封闭），在细胞受到细胞外信号刺激时转入细胞核（可能的机制是抑制蛋白被降解，锚定部位丢失，或变构暴露出核定位信号），调控基因表达。例如 NF-κB 信号通路（第七章，219 页）。

表 6-6　真核生物转录因子活性调节方式

调节方式	转录因子
水平调节	转录因子 E2F，同源盒蛋白
变构调节	糖皮质激素受体（GR）（第七章，201 页），NF-κB（第七章，219 页）
化学修饰调节	信号转导和转录激活因子（STAT），cAMP 反应元件结合蛋白（第七章，205 页）
蛋白质相互作用	转录因子 Myc-Max
裂解激活	固醇调控元件结合蛋白（SREBP）

三、调控 RNA

越来越多的研究表明，ncRNA 广泛参与基因表达调控及其他代谢调节，这类 RNA 称为调控 RNA，包括长链非编码 RNA、微 RNA 等，已成为基因表达调控研究的热点。这里简介长链非编码 RNA，微 RNA 见 RNA 干扰（174 页）。

长链非编码 RNA（long noncoding RNA，lncRNA）是一类长度大于 200nt、不编码蛋白质的功能 RNA。基于目前确认的基因组几乎全序列的双链都会被转录，lncRNA 可能是种类最多的 RNA。它们可以与 DNA、RNA、染色质、蛋白质特异性结合（图 6-17），从而介导染色质重塑、核小体定位、组蛋白修饰、DNA 甲基化，调控基因转录等。

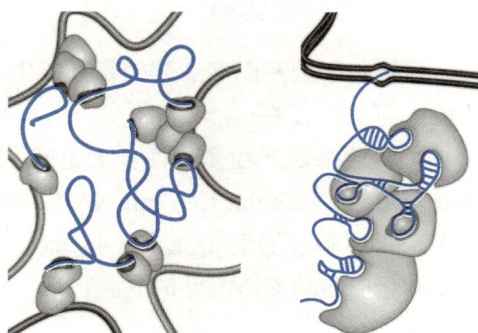

图 6-17　lncRNA 介导染色质重塑和基因转录

lncRNA 主要作用机制：①结合转录激活因子的DNA 结合域或其结合的增强子，从而竞争性抑制转录激活因子，例如一种称为 *lethe* 的 lncRNA 可结合于转录激活因子 NF-κB 的 DNA 结合域，抑制其激活效应，从而抑制免疫反应及细胞因子合成；一种称为 GAS5 的 lncRNA 可竞争性结合于皮质激素和性激素受体的 DNA 结合域，抑制其激活靶基因转录；GAS5 还结合并抑制一种称为 miR-21 的 miRNA，miR-21 可结合并抑制某些抑癌基因的转录激活因子，因而 GAS5 具有抗肿瘤效应。许多肿瘤 GAS5 合成被抑制，导致肿瘤细胞 miRNA 增加，肿瘤生长加快。②像共抑制因子一样结合其他转录因子及 RNA 聚合酶，从而竞争性抑制共激活因子。③像共激活因子一样激活转录。*SRA1* 基因是目前发现唯一的一种特殊双功能基因，其转录产物 mRNA 编码 SRA1 蛋白，其 mRNA 本身又是一种 lncRNA，命名为 SRA1 RNA。SRA1 RNA 是唯一的一种起共激活因子作用的调控 RNA，可介导类固醇受体激活其靶基因。

lncRNA 调节转录还有其他方式：HSF1（heat shock factor protein 1）是一种应激诱导型转录激活因子，在热休克反应（热激反应）时起关键作用。HSF1 在非应激细胞以单体形式与分子伴侣 Hsp90 结合，在热休克反应时与 Hsp90 解离，形成三聚体，与靶基因增强子结合，激活转录，靶基因产物包括一类称为热休克蛋白的分子伴侣，功能是抵抗热休克损伤。一种称为 HSR1（heat shock RNA 1）的 lncRNA 促进 HSF1 三聚化并与靶基因增强子结合。HSR1 本身无活性，起作用时需与 eEF-1α 形成复合物。

哺乳动物（包括人）富含一种称为 7SK 的 lncRNA，可直接与 RNA 聚合酶 II 的转录延伸因子 pTEF b 结合，抑制转录延伸。ncRNA B2 在热休克时直接与 RNA 聚合酶 II 结合，抑制转录。与 ncRNA B2 结合的 RNA 聚合酶 II 可以组装 PIC，且很稳定，但仅可转录 HSF1 靶基因，不能转录其他基因，机制有待阐明。

第五节 转录后加工调控

真核基因含外显子和内含子，复杂转录单位存在选择性剪接，转录后加工产物还要转运到细胞质中，因而转录后加工也是其表达调控的一个重要环节。

一、加帽和加尾

mRNA 转录合成时要在 5' 端加帽。不同 5' 帽子结构的甲基化水平不同（0、1、2 型）。mRNA 转录合成之后还要在 3' 端加 poly(A) 尾。加帽和加尾均影响转运效率、翻译效率和 mRNA 寿命，从而影响基因表达效率（第三章，87~88 页）。

二、选择性剪接

剪接水平的基因表达调控是真核生物所特有的。选择性剪接产生多种效应。选择性剪接受到调控，与发育有关。

1. 导致基因产物多样性 ①免疫球蛋白 M 重链 μ 基因初级转录产物选择性多聚腺苷酸化得到 μ_m-mRNA（2700nt）、μ_s-mRNA（2400nt），翻译产物分别是 B 细胞膜结合型 μ_m 蛋白（473aa，单次跨膜）和分泌型 μ_s 蛋白（452aa），两种蛋白的 Ser1-Thr432 序列相同，只是 C 端序列不同。②钙调蛋白激酶 CaMK II δ 外显子 14、15、16 为选择性外显子，其剪接具有组织特异性（表 6-7）。

表 6-7　CaMKIIδ pre-mRNA 的选择性剪接

产物	外显子 14（含 NLS）	外显子 15	外显子 16	产物亚细胞定位	产物功能
δA	−	+	+	神经细胞膜	调节离子通道活性
δB	+	−	−	细胞核	调控基因表达
δC	−	−	−	细胞质	磷酸化一组细胞质蛋白

2. 使同一基因编码功能相反的产物 几乎所有调节细胞凋亡的基因都至少表达两种产物，分别是促凋亡蛋白和抗凋亡蛋白，两者的比例决定细胞的存亡。

3. 控制细胞内 mRNA 水平 选择性保留 mRNA 中的调控元件，控制其寿命，从而控制其细胞内水平。例如控制含提前终止密码子（premature stop codon，PTC）mRNA 的比例，这种 mRNA 寿命短。

真核生物脉孢菌（neurospora）NMT1 基因（编码硫胺素合成蛋白）mRNA 的 5' UTR 存在一种核糖开关，其作用是控制选择性剪接。NMT1 基因有两个外显子（外显子 2 含 ORF）和一个内含子，该内含子是一个选择性内含子，有两个 5' 剪接位点，两个 5' 剪接位点之间有一个 uORF。① TPP 不足时，适体与第二个 5' 剪接位点结合而对其形成保护，第一个 5' 剪接位点发生剪接，形成 5' UTR 短的 mRNA，不含 uORF，可以翻译。②TPP 充足时，TPP 与适体结合，解除其对第二个 5' 剪接位点的保护，第二个 5' 剪接位点发生剪接，形成 5' UTR 长的 mRNA，含 uORF，不能翻译（图 6-18）。

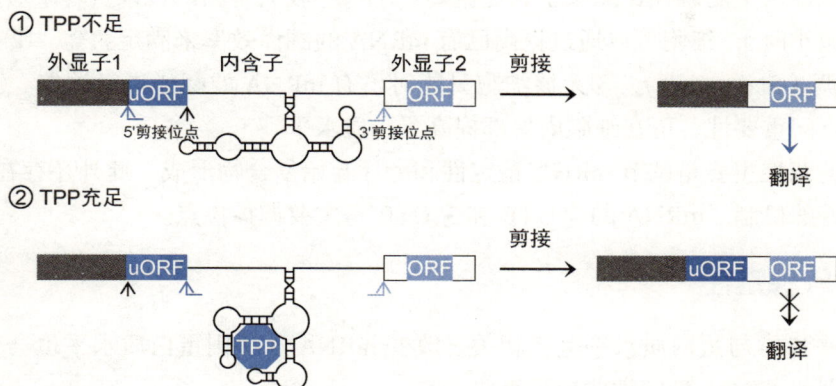

图 6-18　脉孢菌 NMT1-mRNA 核糖开关

三、转运

真核生物转录产物必需通过核孔转运到细胞质中，因此 RNA 转运也是一个基因表达的调控环节。控制转运就是控制出核 RNA 的质量和数量。实际上，只有 5%~20% 的 mRNA 转运到细胞质中，留在细胞核内的 mRNA 有 50% 在一小时内被降解。

mRNA 与一组蛋白质组装成信使核糖核蛋白（mRNP），再由一种异二聚体 mRNA 输出蛋白（TAP/Nxt-1）协助通过核孔复合体出核进入细胞质。该过程有 RNA 解旋酶 DDX19A、DDX19B 和小 G 蛋白 Ran（表 7-3，191 页）参与，且分别消耗 ATP 和 GTP。mRNA 的出核过程是一个主动转运过程，只有加工正确的 mRNA 才能出核，加工错误的 mRNA 和切割下来的内含子必须在核内及时降解。

此外，RNA 编辑（第三章，88 页）和转录后基因沉默（176 页）等转录后加工事件也都影响基因表达。

四、转录后加工异常与疾病

阿尔茨海默病（Alzheimer disease，AD）与 Tau 蛋白 pre-mRNA 的选择性剪接异常有关。

Tau 蛋白（τ蛋白，微管相关蛋白 Tau，microtubule-associated protein tau，MAPT，神经纤维缠结蛋白）是一种微管相关蛋白，主要存在于轴突中，功能是启动微管组装和稳定微管系统。在成人脑中，*MAPT* 基因外显子 2、3、10 通过选择性剪接生成 8 种 mRNA，指导合成 8 种 Tau 蛋白同源体。根据外显子 10 选择性剪接导致 4 段重复序列（Tau/MAP 1、2、3、4）保留数的不同，8 种同源体可分为 Tau3R 和 Tau4R 两类。Tau3R 型又称 I 型，包括 Fetal-tau、Tau-A、Tau-B、Tau-C，只保留 3 段重复序列，缺失 Tau/MAP 2，从胎儿期持续表达。Tau4R 型又称 II 型，包括 Tau-D、Tau-E、Tau-F、Tau-G，均保留 4 段重复序列，在成年后开始表达。在生理状态下，Tau3R∶Tau4R ≈ 1。外显子 10 选择性异常剪接造成 Tau3R/Tau4R 比例失调，从而导致阿尔茨海默病等 Tau 蛋白病的发生。

第六节   翻译调控

真核生物翻译水平的调控比原核生物更重要：①一些较大基因的转录及转录后加工所需的时间太长（可达数小时），细胞可以通过提高已有 mRNA 的翻译效率来满足急需。②有些基因的翻译调控属于微调（fine-tuning）。③无核细胞只能对已有 mRNA 的翻译进行调控。④翻译调控在发育阶段具有空间重要性，可在细胞内局部提高蛋白质水平。

翻译水平的调控主要是调节 mRNA 稳定性和翻译起始复合物形成，此外还存在 RNA 干扰和核糖体移码等特殊机制。mRNA 的 5' UTR 和 3' UTR 是主要调控位点。

一、mRNA 稳定性

mRNA 水平通常与蛋白质水平呈正相关。改变 mRNA 水平则蛋白质水平也会变化，从而影响细胞代谢，因此 mRNA 稳定性调控很重要。

真核生物 mRNA 的寿命比原核生物的长，脊椎动物 mRNA 的半衰期平均约为 3 小时，而细菌 mRNA 只有 1.5 分钟。不过，不同 mRNA 的寿命差异显著，短的只有数秒，长的可达数个细胞周期。例如，控制细胞分裂的 FOS mRNA 的半衰期为 10~30 分钟，红系祖细胞血红蛋白、鸡输卵管细胞卵清蛋白 mRNA 的半衰期超过 24 小时。

mRNA 稳定性与其降解效率呈负相关。mRNA 降解效率与其结构、RNA 结合蛋白的保护有关，体现在以下几个方面。

1. **mRNA 末端结构**   5' 帽子结构的种类，UTR 的长度、结构及所含的特定序列，poly(A) 尾的长度，均影响 mRNA 稳定性。①删除 c-*myc* mRNA 的 5' UTR 后其半衰期延长 3~5 倍。②组蛋白 mRNA 的 3' UTR 含抗 3' → 5' 外切酶的发夹结构。③某些半衰期短的 mRNA（如 CSF mRNA）的 3' UTR 含 AUUUA 序列，将其引入其他 mRNA（如 β 珠蛋白 mRNA）的 3' UTR 也会导致其降解加快。④珠蛋白 mRNA 的 3' UTR 含 CCUCC 重复序列，其发生突变将导致 mRNA 降解加快。

2. **RNA 结合蛋白**   真核生物 mRNA 从合成之后到降解之前一直都与 RNA 结合蛋白（RBP）形成信使核糖核蛋白（mRNP）。人类基因组至少编码 2000 多种 RBP，不同 RBP 的结合效应不同：①保护 mRNA，提高其稳定性。例如，催乳素（prolactin）可使酪蛋白 mRNA 的半衰期从 1 小时延长至 40 小时。家蚕丝心蛋白 mRNA 和蛋白质结合成 mRNP，半衰期可达 4 天。②促 mRNA 降解。某些效应分子如激素通过调控 RNA 激活蛋白合成，间接调控 mRNA 稳定性。

某些 mRNP 运至细胞质后并未立即指导蛋白质合成，而是与 RNA 脱帽酶、解旋酶、外切酶、miRNA 等形成 P 小体（P body），P 小体属于液滴性无膜细胞器，主要功能是储存或降解 RNA，因而参与翻译调控。

3. **mRNA 稳定性调节**   包括结合蛋白调节、加尾脱尾调节和 RNA 干扰（176 页）。

（1）结合蛋白调节：铁稳态对真核生物非常重要。铁是必需微量元素，所以体内有铁储存以防铁缺乏，游离铁会激活一组自由基反应，破坏蛋白质、脂质、核酸，引起肝损伤、心力衰竭、糖尿病等，所以铁须以安全形式储存。维持铁稳态的蛋白质包括血浆中负责运输铁的转铁蛋白（TF）、细胞膜负责摄取铁的转铁蛋白受体（TfR）和细胞内负责储存铁的铁蛋白（ferritin，主要在肝和肾，是一个囊泡形二十四聚体，可容纳 2400 个氧化铁 - 氢氧化铁复合物形式的铁离子）。

肝和肾的转铁蛋白受体和铁蛋白的合成受铁水平的调控。缺铁时，转铁蛋白受体合成激活，铁蛋白合成抑制。调控发生在翻译水平。

转铁蛋白受体翻译调控机制：TfR-mRNA 3' UTR 有 5 个称为**铁反应元件**（IRE）的发夹结构。①缺铁时，IRE 募集一种**铁调节蛋白**（iron regulatory protein，IRP，又称铁反应元件结合蛋白，IRE-BP），使 TfR-mRNA 抵抗 RNase 降解，寿命延长，翻译增加。②高铁时，Fe^{2+} 可以在 IRP 分子结构中形成不稳定的 [4Fe-4S] 型铁硫中心，抑制 IRP 与 IRE 结合，不再保护 TfR-mRNA，导致 TfR-mRNA 降解加快，寿命缩短，翻译减少。铁蛋白翻译调控机制见 174 页。

IRP 即细胞质顺乌头酸酶，其活性中心的铁硫中心很不稳定，铁的结合（4Fe-4S）和解离（3Fe-4S）导致其变构，因此 IRP 是铁传感器。

（2）加尾脱尾调节：非洲爪蟾胚胎发育期间 mRNA 在细胞质中通过加尾（腺苷酸化）和脱尾（脱腺苷酸化）控制 mRNA 寿命，从而控制早期胚胎发育：即一些 mRNA 通过加尾增加翻译，通过脱尾减少翻译。加尾依赖 3' 端一段富含 AU 的顺式作用元件。脱尾依赖 3' 端两种顺式作用元件：EDEN 元件（胚胎期脱腺苷酸化元件）和 ARE 元件（富含 AU，通常含 AUUUA 串联重复序列），由 poly(A) 尾特异性 RNA 酶（PARN）催化脱尾。

二、翻译起始复合物形成

翻译起始复合物的形成是翻译起始阶段的核心事件。形成效率决定翻译启动效率。调节点是 mRNA 的识别和 Met-tRNA$_i$ 与小亚基的结合。

1. 5' 非翻译区　① 5' UTR 长度影响翻译起始效率：当 5' UTR 的长度不到 12nt 时，有 50% 的小亚基扫描失误而不能组装；当 5' UTR 的长度是 17~80nt 时，体外翻译启动效率与其长度成正比。② 5' UTR 二级结构也影响翻译起始效率：二级结构太复杂影响小亚基扫描，因而不利于核糖体形成。

2. 上游开放阅读框　有些 mRNA 的 5' UTR 内存在**上游开放阅读框**（uORF，其起始密码子称为 **5'AUG**）。uORF 很小，翻译产物为无活性短肽（<10aa）。因此，上游开放阅读框通常对翻译起始起负调控作用，使翻译维持在较低水平。上游开放阅读框多存在于原癌基因中，它们的缺失可导致原癌基因激活。

3. Kozak 序列　共有序列是 $R^{-3}NNA^{+1}UGG^{+4}$。-3 位 R 和 $+4$ 位 G 对核糖体与 mRNA 识别和结合的影响最大，翻译效率可改变 10 倍。$-3{\sim}-1$ 序列（RNN）在脊椎动物多为 ACC 和 GCC，在无脊椎动物多为 AAA 和 ACA。

4. 核糖体蛋白　在细胞周期 G_1 期，核糖体蛋白 S6 被核糖体蛋白 S6 激酶（S6K，p70S6K，一种丝氨酸/苏氨酸激酶）催化磷酸化激活，促进蛋白质合成，促使细胞从 G_1 期进入 S 期。

S6K 是信号通路重要的蛋白激酶，可以通过以下信号通路激活：Src → PTK2 → PI3K → $PI(3,4)P_2/PI(3,4,5)P_3$ → S6K。

5. 翻译起始因子　翻译调控主要发生在翻译起始阶段。翻译调控的典型机制是翻译起始因子或翻译起始因子调节蛋白磷酸化。

（1）eIF-4E 磷酸化促进翻译起始：eIF-4E 在翻译起始阶段的早期直接与 mRNA 5' 帽子结构结合，松解 mRNA 二级结构，促进翻译起始复合物形成，是翻译起始的关键步骤。eIF-4E 的活性受磷酸化调节，可以被蛋白激酶 C（第七章，207 页）催化磷酸化。磷酸化 eIF-4E 与 5' 帽子结构的亲和力增强 3 倍，促进 eIF-4F 组装，启动翻译。胰岛素及其他部分促有丝分裂生长因子通过信号转导促进 eIF-4E 磷酸化激活，使蛋白质合成加快。MAPK、PI3K、mTOR、RAS、S6K 信号通路在一定条件下都通过该环节促进蛋白质合成。

（2）eIF-2α 磷酸化抑制翻译起始：起始因子 eIF-2 在翻译起始阶段起关键作用。它先与 GTP、Met-tRNA$_i$ 形成三元复合物，进一步与核糖体小亚基形成 43S 前起始复合物，最终形成翻译起始复合物（第四章，114 页）。

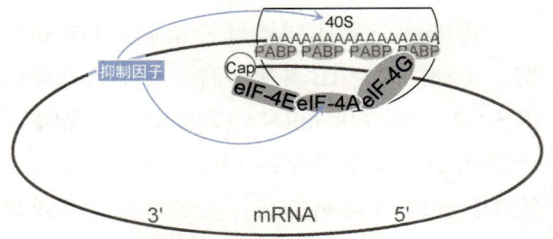

图 6-19　翻译抑制因子抑制机制示意图

6. 翻译抑制因子　有的翻译抑制因子可直接结合 mRNA，其中许多特异性结合于 3' UTR 特异位点，进而作用于同样结合于 mRNA 的其他翻译起始因子或 40S 亚基，抑制翻译起始（图 6-19）。

（1）翻译产物反馈抑制：poly(A) 结合蛋白可以与其 mRNA 5' UTR 的一段 oligo(A) 序列结合，抑制翻译。

（2）翻译抑制因子变构调节：例如 Fe^{2+} 激活铁蛋白翻译合成。铁蛋白功能是储存 Fe^{2+}，并稳定细胞内游离 Fe^{2+} 水平，因而细胞内铁蛋白水平应与 Fe^{2+} 水平呈正相关。铁蛋白翻译调控机制：铁蛋白 mRNA 的 5' UTR 有 1 个铁反应元件（IRE）。缺铁时，IRE 可以募集铁调节蛋白（IRP），抑制 eIF-4A 催化 IRE 解链，从而抑制翻译起始复合物形成。高铁时，IRP 分子结构中形成不稳定的 [4Fe-4S] 型铁硫中心，不能结合 IRE，铁蛋白 mRNA 翻译合成铁蛋白，储存铁，使游离铁水平回落（图 6-20）。

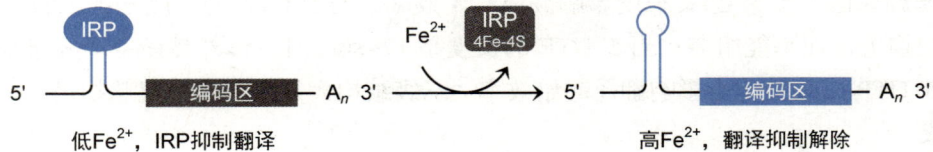

图 6-20　铁蛋白翻译抑制机制

血红素合成酶系关键酶 5- 氨基乙酰丙酸合 [成] 酶 2 的 mRNA 的 5' UTR 也有 IRE，因而也有该翻译调控机制，缺铁时 IRP 抑制翻译，高铁时 Fe^{2+} 激活翻译。

（3）翻译抑制因子化学修饰调节：**eIF-4E 结合蛋白**（eIF-4E binding protein）是真核生物的一组翻译起始抑制因子，在细胞生长缓慢时可以与 eIF-4E 的 eIF-4G 结合位点结合，从而竞争性抑制 eIF-4G 与 eIF-4E 结合组装 eIF-4F 复合物，抑制翻译起始。某些生长因子和激素等信号可以刺激细胞恢复生长或生长加快，如胰岛素激活胰岛素途径，进而激活 PI3K-Akt 途径、mTOR 途径，从而激活丝氨酸 / 苏氨酸激酶 mTOR，mTOR 催化 eIF-4E 结合蛋白 1（4E-BP1）磷酸化，使其不能与 eIF-4E 结合，即不能抑制翻译。这可能是胰岛素在转录后水平显著增加肝、脂肪、肌细胞蛋白质合成的机制。

● **RNA 调节子（RNA regulon）**　是指由同一种 RNA 结合蛋白（RBP）控制翻译或降解的一组 mRNA，例如由铁调节蛋白控制的铁蛋白 mRNA 和转铁蛋白受体 mRNA。

三、RNA 干扰

1993 年，V. Ambros、R. Lee 和 I. Ruvkun 等用定位克隆的方法从线虫基因组中克隆出 *lin-4* 基因，通过定点突变发现 *lin-4* 编码一种 61nt RNA，它被切割后得到一种 22nt 的小分子 RNA，能以不完全互补的方式与其靶基因 *lin-14* mRNA 的 3' UTR 结合，抑制其翻译，最终导致 lin-14 蛋白质合成减少。这就是 *lin-4* 控制线虫幼虫由 L1 期向 L2 期转化的机制。这种由一类小分子

RNA 介导基因沉默的机制称为 RNA 干扰（RNAi，RNA 沉默，RNA silencing）。

RNA 干扰现象在高等真核生物（包括线虫、果蝇、植物、哺乳动物）中普遍存在，是一种在进化上十分保守的防御机制。A. Fire 和 C. Mello 因为阐明 RNA 干扰而获得 2006 年诺贝尔生理学或医学奖。

（一）小分子 RNA 种类

与 RNA 干扰相关的小分子 RNA 至少有 miRNA、piRNA、siRNA 三类（表 6-8）。

表 6-8　miRNA、piRNA、siRNA 一览

小分子 RNA	miRNA/stRNA	piRNA	siRNA
活性形式长度（nt）	20~23	24~31	20~23
编码基因	细胞基因	细胞基因	病毒基因、转座子
组织特异性	体细胞	生殖细胞	体细胞
合成条件	生长发育	配子形成	病毒感染
RISC 组成蛋白	Ago 亚家族	Piwi 亚家族	Ago 亚家族

1. miRNA　即 microRNA、微 [小]RNA，是由基因组编码的一类小分子 RNA，功能是与 Ago 家族 Ago 亚家族蛋白（人 hAgo）等结合形成 RNA 诱导沉默复合体（RNA-induced silencing complex，RISC），介导基因沉默，沉默机制通常是通过 miRNA 与靶 mRNA 的 3' UTR 结合，抑制其翻译或促进其降解。

几乎所有真核生物都有 miRNA。人类基因组编码的 miRNA 已有几千种被鉴定，这些 miRNA 中有一半来自蛋白基因内含子的转录后加工，其余来自长链非编码 RNA（lncRNA）的转录后加工，有的甚至由假基因编码，可见假基因功能未必都完全缺失。一种 miRNA 可结合几百种 mRNA（类似调节子，协调翻译），一种 mRNA 可被几十甚至上百种 miRNA 结合。部分 miRNA 只结合一种 mRNA。

例如 miR-206，它一方面下调一种雌激素受体同源体表达，另一方面下调几种共激活因子表达，这几种共激活因子是与雌激素受体共同作用的，因此 miR-206 可在几个环节上抑制雌激素受体通路，从而削弱雌激素效应。

因为许多 miRNA 参与发育调控，即只在发育过程中短暂出现，它们有时又称小时序 RNA（small temporal RNA，stRNA）：主要影响翻译，也有的作用于启动子而影响转录起始。

miRNA 有以下特点：①普遍存在于各种真核生物。②有一定的保守性。③其基因表达具有时间特异性和空间特异性。

2. piRNA　piRNA（piwi-interacting RNA）是存在于生殖细胞中的一类小分子 RNA，功能是与 Ago 家族 Piwi 亚家族蛋白（人 PiwiL、Hiwi）等结合形成 RISC，抑制逆转录转座，稳定基因组信息，维持染色质结构。piRNA 生成机制尚未阐明。

3. siRNA　siRNA（small interfering RNA，小干扰 RNA，干扰小 RNA）是病毒感染时产生的一类小分子 RNA，功能是与 Ago 蛋白等结合形成 RISC，抑制病毒复制。有的转座子也可以产生 siRNA，功能是沉默转座子。

（二）小分子 RNA 生成机制

miRNA 的生成机制是先转录合成 pri-miRNA，自发形成发夹结构，双链部分通常不完全互补，然后经过加工生成一段或几段 miRNA（图 6-21）。

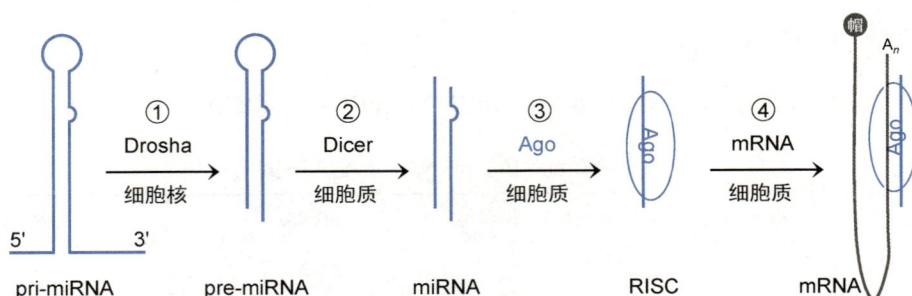

图 6-21　miRNA 生成和 RNA 干扰机制

1. 加工成 pre-miRNA　在细胞核内，大多数 miRNA 基因（miDNA）由 RNA 聚合酶Ⅱ（其余由 RNA 聚合酶Ⅲ）催化转录，产物称为 pri-miRNA（通常 500~1500nt），且大多数加帽加尾。pri-miRNA 形成茎环结构，由 RNA 加工复合体（microprocessor，由一分子核酸内切酶 Drosha 和两分子 RNA 结合蛋白 DGCR8 构成的三聚体）切割成 65~80nt 的 pre-miRNA 发夹，成熟 miRNA 位于茎的末端。

有的 pri-miRNA 还需要编辑，由 dsRNA 特异的腺苷脱氨酶（DRADA）催化腺嘌呤脱氨基为次黄嘌呤，这种编辑可以改变其靶特异性。

有的 miRNA 基因属于蛋白基因内含子（基因内基因），在转录后加工时剪下的内含子套索通过脱支（debranching）和折叠（folding）即可成为 pre-miRNA，又称 mirtron。

2. 加工成 miRNA　pre-miRNA 由输出蛋白 exportin-5 和 Ran 运至细胞质，由核酸内切酶 Dicer（一种 RNase Ⅲ，依赖 TRBP、PACT）从茎末端切下 20~23bp（长度取决于 Dicer）的 dsRNA 片段，即为 miRNA，其两端为长出 2nt 的 3' 黏性末端。

有的 miRNA 还有其他修饰：① 3' 黏性末端 2'-O- 甲基化以提高其稳定性。② 3' 端通过尿苷酸化或腺苷酸化加接降解信号 oligo(U) 或稳定信号 oligo(A)。

3. 形成活性 RISC　双链 miRNA 募集核酸内切酶 Argonaute（Ago）等，形成 RNA 诱导沉默复合体（RISC）。Ago 将 miRNA 解链，降解其过客链（passenger strand，miRNA*），保留其引导链（guide strand，成熟 miRNA，mature miRNA），成为活性 RISC。

（三）RNA 干扰机制

RISC 主要通过三种机制导致转录后基因沉默（post-transcriptional gene silencing，PTGS），又称 miRNA 介导基因沉默（microRNA-mediated gene silencing）：①促进 mRNA 降解：RISC 寻到 mRNA 分子（或病毒、转座子 RNA），通过 miRNA 扫描到互补序列并与之特异性结合，由 Ago 降解 mRNA。②抑制 mRNA 翻译：机制是抑制 eIF4F 与 5' 帽子结合，或抑制翻译起始复合物形成。③ mRNA 去稳定：机制是促进 CCR4-NOT 核酸酶复合物降解 poly(A) 尾。三种机制在动植物都存在，但植物 miRNA 以促进 mRNA 降解为主，动物 miRNA 以抑制 mRNA 翻译为主。实际上沉默机制取决于 miRNA 与 mRNA 的互补程度，完全互补主要促进降解，有 1~2 个错配主要抑制翻译。研究表明，RISC 只降解靶 mRNA 与引导链 10、11 位核苷酸对应的磷酸二酯键，且要求 9~11 位核苷酸严格配对。

　　动物 miRNA 靶序列通常位于靶 mRNA 3' UTR 的富含 AU 区，少数位于 ORF 内。植物 miRNA 靶序列多位于 ORF 内。一种靶 mRNA 通常有多处靶序列，在不同条件下被不同 miRNA 识别。miRNA 的一个 6~7nt 序列（第 2~7 或 2~8 位核苷酸）对其扫描 mRNA 靶序列非常重要，必需完全互补配对，称为种子序列（seed sequence）。

　　个别 miRNA 激活 mRNA 翻译，如 P 小体（P body）中的某些 miRNA 不是促进 mRNA 降解，而是促进其翻译，机制尚未阐明。

（四）RNA 干扰意义

　　miRNA 介导的 RNA 干扰是一种基因表达调控方式，有以下意义：①调控基因表达，调节生长发育，包括细胞增殖、分化、凋亡和应激反应等。人类基因组编码的 90%mRNA 的翻译受 miRNA 调控。②调控转座子转座，维持基因组稳定性。③抵抗外源基因侵入，保护生物体免受病毒或其他病原体损害。④可能在异染色质形成过程中起关键作用，有待阐明。

（五）RNA 干扰特点

　　RNA 干扰有高效、特异、保守、可以传播等特点。

　　1. 效率极高　少量 miRNA/siRNA 就可以引发大量 mRNA 的反应。

　　2. 特异性高　miRNA/siRNA 与靶 mRNA 错配一个碱基就可以极大降低 RNA 干扰效应。在哺乳动物中，只有长约 21bp 并且 3' 端对称突出两个胸腺嘧啶核苷酸的 miRNA/siRNA 的 RNA 干扰作用才是特异的，并且效应较强。

　　3. 目标保守　RNA 干扰可能是一种古老的机体抗病毒方式，因为保守基因容易产生 RNA 干扰效应。

　　4. 可以传播　RNAi 效应可以在细胞间传播，而且还可以通过依赖于 RNA 的 RNA 聚合酶扩增，放大其抑制效应，这对抗病毒感染特别有意义。传播主要发生于植物界，动物界目前仅见于线虫。

　　5. 依赖 ATP　RNA 干扰是一个 ATP 依赖过程，因为 Dicer 和 RISC 的作用过程都消耗 ATP。

四、核糖体移码

　　HIV-1 *gag-pol* 基因的 ORF 含滑动序列（slippery sequence）UUUUUAGG-GAA，翻译时，被译码为 UUU-UUA-GGG-AA（Phe436-Leu437-Gly438），最终合成 507aa 的 Gag。但部分核糖体在 Leu-tRNA 连接入新生肽之后发生 –1 移码（–1 frameshift，–1 阅读框），即移位后又后退一个碱基，将滑动序列译码为 UU-UUU-AGG-GAA（Phe436-Leu437-Arg438），最后合成 1441aa 的 Gag-Pol（水平约为 Gag 的 5%）。

　　面包酵母 *TY* 基因的 ORF 含滑动序列 CUUAGGC，翻译时，被译码为 CUU-AGG-C（Leu435-Arg436），最终合成 440aa 的 TYA。但部分核糖体在 Leu-tRNA 连接入新生肽之后发生 +1 移码（+1 frameshift，+1 阅读框），即移位后再前进一个碱基，将滑动序列译码为 C-UUA-GGC（Leu435-Gly436），最后合成 1755aa 的 TYA-TYB（水平为 TYA 的 5%~20%）。

　　翻译调节机制的多样性赋予调节灵活性，既可抑制个别 mRNA 翻译，又可调节细胞总体蛋白质合成。

第七节　翻译后调控

蛋白质前体合成后通常要经过修饰才能成为天然蛋白质并运输到功能场所。蛋白质构象决定其功能，而蛋白质的天然构象是在翻译后修饰过程中形成的。通过修饰控制其功能，通过定向运输控制其亚细胞定位，这些都是基因表达调控的重要内容，见第四章（116~130 页），这里介绍蛋白质降解。

蛋白质稳态（proteostasis）是指细胞内蛋白质组（proteome）中特定蛋白质的合成、折叠与去折叠、修饰与降解等过程达到的一种平衡状态。

一、蛋白质降解

蛋白质的活性取决于蛋白质的结构和水平，蛋白质的水平由合成与降解的平衡决定。蛋白质降解速度直接决定其寿命。不同组织蛋白寿命不同（表 6-9）。

表 6-9　哺乳动物组织蛋白半衰期（天）

组织	肝	肾	心	脑	肌
半衰期	0.9	1.7	4.1	4.6	10.7

细胞内蛋白质降解完全不同于消化道食物蛋白质水解，整个过程受到严格控制，其意义是清除翻译后修饰异常的蛋白质、代谢过程中受到损伤的蛋白质，应激时（如饥饿）维持氨基酸代谢库，加工活性肽（如激素、抗原），下调蛋白质水平（如细胞周期蛋白）。

蛋白质寿命与其序列有关，直接决定其降解的序列称为降解决定子（degron），例如细胞周期蛋白的降解盒（destruction box）和 PEST 序列（Pro-Glu-Ser-Thr）。最小的降解决定子就是一个特定的氨基酸残基。例如酵母细胞质蛋白的 N 端降解决定子（N-terminal degron，N 端规则，N-terminal rule，表 6-10）。

表 6-10　酵母蛋白质 N 端残基与半衰期关系

N 端残基	半衰期	N 端残基	半衰期
Ala、Gly、Met、Ser、Thr、Val	>20 小时	Pro	~7 分钟
Gln、Ile	~30 分钟	Asp、Leu、Lys、Phe	~3 分钟
Glu、Tyr	~10 分钟	Arg	~2 分钟

哺乳动物有以下三条蛋白降解途径已被阐明，三条途径降解的蛋白质均需先多聚泛素化，之后由哪条途径降解，取决于泛素标记被哪条途径的泛素化传感器（sensor）识别。

（一）溶酶体途径

溶酶体途径（lysosomal pathway，不依赖 ATP 的溶酶体降解途径）可降解细胞外蛋白质、膜蛋白（如细胞表面受体、膜通道）和半衰期长的细胞内蛋白质，即在泛素化后由溶酶体内的组织蛋白酶降解。肝细胞每小时降解的蛋白质量占其蛋白质总量的 4.5%，主要通过溶酶体降解。例如，血浆糖蛋白降解时先脱去寡糖基非还原端的唾液酸，成为去唾液酸糖蛋白，然后被肝细胞通过去唾液酸糖蛋白受体（识别末端半乳糖基和 N- 乙酰氨基半乳糖基）介导内吞，再由溶酶体降解。

（二）自噬途径

自噬途径（autophagy pathway）是先以双层膜结构包裹细胞内需要清除的细胞器或蛋白质（需泛素化）等成分，形成自噬体，再由溶酶体降解。

（三）泛素 - 蛋白酶体途径

泛素 – 蛋白酶体途径（ubiquitin-proteasome pathway，依赖 ATP 的泛素 - 蛋白酶体降解途径）主要降解以下蛋白质：①半衰期短的关键酶、调节蛋白（例如癌蛋白、肿瘤抑制蛋白、细胞表面受体、细胞周期蛋白、转录因子）；②细胞质中变性、损伤（结构异常或错误折叠）的蛋白质；③免疫反应抗原蛋白；④应激反应蛋白。泛素 - 蛋白酶体途径降解蛋白质过程包括泛素化系统催化靶蛋白多聚泛素化和蛋白酶体降解泛素化靶蛋白两个阶段。

1. 靶蛋白多聚泛素化 可溶性靶蛋白需多聚泛素化（至少含 4 个泛素）才能被蛋白酶体降解。靶蛋白多聚泛素化（polyubiquitination）有两种方式：①靶蛋白泛素多聚泛素化：例如将靶蛋白泛素的 Lys48 泛素化，形成多聚泛素链。②靶蛋白多聚泛素化：即将靶蛋白的多个赖氨酸泛素化。靶蛋白的 N 端降解决定子由 E3 泛素连接酶识别。跨膜靶蛋白只需单泛素化即可被蛋白酶体降解。

2. 蛋白酶体降解泛素化靶蛋白 靶蛋白一旦多聚泛素化，即由 26S 蛋白酶体识别、募集，降解为 2~25aa 的寡肽，逸出蛋白酶体后被细胞质肽酶水解成氨基酸，而泛素则被释放并再利用。26S 蛋白酶体（proteosome）在真核生物体内广泛存在，位于细胞核和细胞质中，功能是以依赖 ATP 的方式降解多聚泛素化蛋白质。26S 蛋白酶体由一个桶状 20S 核心颗粒（core particle，又称催化颗粒，catalytic particle）和两个盖状 19S 调节颗粒（regulatory particle，又称 PA700）构成。

（1）20S 核心颗粒：分子量 2×10^6，是由两个 α 亚基异七聚体环和两个 β 亚基异七聚体环叠成的桶状结构（α 亚基和 β 亚基均由 7 种基因编码），其中 β5、β6、β7 亚基分别具有类糜蛋白酶、类半胱天冬酶、类胰蛋白酶活性，活性中心位于桶内侧壁上，由一个苏氨酸羟基在中性或略偏碱性的条件下分别亲核攻击疏水性氨基酸（Phe、Tyr、Leu）、酸性氨基酸（Glu）、碱性氨基酸（Arg）羧基形成的肽键（图 6-22）。降解具有延伸能力，即一旦结合持续降解。

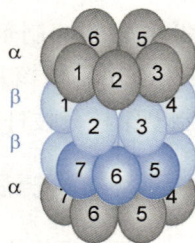

图 6-22 20S 核心颗粒

（2）19S 调节颗粒：分子量 7×10^5，由一个基座（base）和一个盖子（lid）构成。基座由 6 个 ATPase 亚基（RPT1~6）和 3 个其他亚基（RPN1、2、10）构成，其中 RPN1 是泛素受体。盖子由 9 个亚基构成（RPN3、5~9、11、12，SEM1），其中 RPN11 催化靶蛋白去泛素化（deubiquitinating）。19S 调节颗粒至少有三个功能：①含泛素受体，只与靶蛋白多聚泛素链特异性结合。②含异肽酶，催化水解泛素 - 靶蛋白脱泛素，供再利用。③ ATPase 亚基催化靶蛋白去折叠，进入核心颗粒桶。

此外，20S 蛋白酶体核心还可以与另外两分子 11S 调节颗粒（又称 PA28）形成蛋白酶体，功能是以不依赖 ATP 的方式降解未泛素化（non-ubiquitinated）短肽。

3. 生理意义 泛素 - 蛋白酶体途径是细胞内一系列生命进程的重要调节方式，它可以严格控制功能蛋白的水平、质量，参与调节以下生理过程：基因转录、细胞周期、器官形成、昼夜节律、炎症反应、肿瘤抑制、胆固醇代谢、抗原提呈。

（1）严格控制功能蛋白水平：例如细胞周期蛋白在完成使命之后会被磷酸化，导致称为降解盒的降解决定子暴露，被 SCF/APC 介导的泛素 - 蛋白酶体系统标记、降解。

（2）清除修饰错误的蛋白质：错误且不可逆的修饰包括折叠错误或部分去折叠、半胱氨酸或组氨酸氧化、谷氨酰胺或天冬酰胺脱氨基、辅基丢失或损伤等，这些错误导致蛋白质疏水序列暴露，被泛素 - 蛋白酶体系统标记、降解。

（3）参与免疫反应：抗原提呈细胞应用泛素 - 蛋白酶体系统将病毒蛋白标记、降解，产生的抗原肽运输到内质网，与内质网膜上的主要组织相容性抗原 I 结合成复合物，运输到细胞膜，激活细胞毒性 T 细胞，杀死病毒感染细胞。

（4）炎症反应调节：转录因子 NF-κB 靶基因产物参与炎症反应，但正常状态下 NF-κB 被 I-κB 抑制。炎症反应时炎症信号激活 NF-κB 途径，促使蛋白酶体通过降解 I-κB 激活 NF-κB，NF-κB 激活一组靶基因转录，翻译产物参与炎症反应（第七章，219 页）。

（5）缺氧反应：HIF-1 是缺氧反应的转录激活因子。常氧状态（normoxia）下 HIF-1 的 Pro402、Pro564 被脯氨酰羟化酶 2 催化 4– 羟化，之后经泛素 - 蛋白酶体途径降解，细胞水平极低。缺氧时 HIF-1 不被羟化，进而抗泛素 - 蛋白酶体途径降解，在细胞内积累，与 40 多种靶基因（其中包括促红细胞生成素、葡萄糖转运蛋白、糖酵解酶系、血管内皮生长因子、缺氧诱导脂滴相关蛋白等基因）的缺氧反应元件（hypoxia response element，HRE）[AG]CGTG 结合，募集组蛋白乙酰化酶 CBP 和 p300 等共激活因子，激活靶基因表达。

●维持蛋白质合成与降解的动态平衡对生命活动至关重要。阐明泛素 - 蛋白酶体途径对研究基因表达调控、疾病发病机制和研发新药具有重要意义。A. Ciechanover、A. Hershko、I. Rose 因阐明泛素 - 蛋白酶体途径而获得 2004 年诺贝尔化学奖。

泛素 - 蛋白酶体系统为药物设计提供了一种新策略：①硼替佐米（XL01XE）是第一种 26S 蛋白酶体抑制剂类药物（糜蛋白酶样活性可逆抑制剂），用于治疗多发性骨髓瘤（multiple myeloma）和套细胞淋巴瘤（mantle cell lymphoma）。②雷公藤红素（celastrol）是一种天然的蛋白酶体抑制剂，能通过抑制蛋白酶体活性诱导肿瘤细胞凋亡。③氧杂噻唑 -2- 酮类化合物 HT1171 是结核 [分枝] 杆菌蛋白酶体的自杀性抑制剂，既不会抑制人蛋白酶体，又可杀死非复制型结核分枝杆菌，且不需要长期治疗，避免引起耐药性。

二、翻译后调控异常与疾病

翻译后修饰异常会导致蛋白质构象异常，构象异常蛋白质不但没有活性，而且不能完全降解，造成大量降解片段积累，引发某些退行性疾病（例如阿尔茨海默病、帕金森病、糖尿病），特征是在肝脏、大脑等形成不溶性斑块，导致疾病发生。

1. 修饰异常与疾病　阿尔茨海默病脑细胞 Tau 蛋白修饰异常（O- 糖基化不足，磷酸化过度，双螺旋丝型 Tau 蛋白被糖化）而从微管上解离，并在皮质神经元细胞质中聚集，形成神经纤维缠结（NFT）。修饰异常导致的 Tau 蛋白聚集与阿尔茨海默病密切相关。

2. 定向运输异常与疾病　一些疾病与蛋白质定向运输异常有关。①酪氨酸酶活性中心外点突变导致蛋白质折叠错误，酪氨酸酶滞留于内质网而不能输出，导致 II 型泛发性白化病。② *CFTR* 基因编码的囊性纤维化跨膜转导调节因子（CFTR，又称 ABCC7）是一种称为依赖 cAMP 的氯离子通道的上皮细胞 12 次跨膜蛋白。一种常见突变体（占 70%~72%）存在 Phe508 缺失，导致错误折叠，不能插入细胞膜而被降解，引起全身性分泌腺病（囊性纤维化）。

●鲁玛卡托 / 依伐卡托（lumacaftor）是一种治疗 F508ΔCFTR 型囊性纤维化用药，机制是促进 CFTR 正确折叠，被称为校正剂（corrector）或药物伴侣（pharmacological chaperone），是第一种用于纠正蛋白质折叠的药物伴侣。

3. 降解异常与疾病　某些疾病与泛素 - 蛋白酶体途径异常相关。①泛素连接酶 E3A 缺陷导致 Angelman 综合征（天使综合征），过表达（超表达，overexpression）导致自闭症。VCB 复合体（一种 E3 泛素连接酶）的 VHL 亚基缺陷导致 VHL 综合征。②某些脑瘤细胞表达 *BIRC6* 基因，产物 Birc6 是一种抗凋亡蛋白（第八章，236 页），其 C 端有泛素结合酶 E2 活性，介导泛素 - 蛋白酶体系统降解促凋亡蛋白，从而抗肿瘤细胞凋亡。③*PARK2* 基因编码 Parkin 蛋白是一种 E3 泛素连接酶，介导泛素 - 蛋白酶体系统降解底物蛋白。*PARK2* 基因突变导致常染色体隐性早发性帕金森病。④人乳头瘤病毒（HPV）的致癌机制是其编码产物激活一种 E3 泛素连接酶，该酶催化 p53 蛋白和 DNA 修复系统多聚泛素化降解。超过 90% 宫颈癌患者存在该 E3 泛素连接酶被激活。

阿尔茨海默病的标志是脑组织形成老年斑和神经纤维缠结。老年斑（神经斑）主要成分是 β 淀粉样蛋白（Aβ），来自嵌膜的淀粉样前体蛋白（amyloid precursor protein，APP，Leu18~Asn770）。APP 全长 770aa，其 N 端的信号肽 Met1~Ala17 已在插入内质网膜时被切掉，Leu18~Lys699 暴露于细胞膜外表，Gly700~Leu723 为跨膜区，Lys724~Asn770 暴露于细胞膜内表面。正常情况下 APP 被 α 分泌酶裂解（Lys687~Leu688）释放可溶性 APPα（Leu18~Lys687），不产生 Aβ。阿尔茨海默病患者的 APP 被 β 分泌酶（裂解 Met671~Asp672）和 γ 分泌酶裂解（裂解 Val711~Ile712 或 Ala713~Thr714），产生 Aβ，包括 Aβ40（Asp672-Val711）和 Aβ42（Asp672-Ala713）。两者 C 端各有来自 APP 跨膜区（Gly700~Leu723）的一段疏水序列（Gly700~Val711、Gly700~Ala713），因此在细胞外大量沉积，形成淀粉样斑块（amyloid plaque），导致神经元死亡。

第七章

信号转导

在多细胞生物中，各种细胞的代谢需要相互协调，以适应环境变化，保证机体生命活动的正常进行。这种协调依赖于细胞之间的相互联系，即细胞之间通过内环境进行的信息传递，这种信息传递过程称为细胞通讯（cell communication）。

细胞通讯启动细胞内一系列化学反应，导致一组成分的活性、水平或亚细胞定位改变，从而引起细胞反应（cell response），包括改变代谢物浓度和代谢速度，最终导致细胞的生长、分裂、分化、衰老、死亡速度改变，这一过程称为信号转导（signal transduction）。信号转导过程发生的一系列化学反应构成信号 [转导] 途径（signaling pathway），又称信号 [转导] 通路。执行信号转导的成分称为信号转导分子（signal transducer）。细胞内各种信号通路相互联系和协调，交织成复杂有序的信号 [转导] 网络（signaling network）。

微环境通过细胞通讯和信号转导控制细胞代谢，协调细胞行为。这是组织稳态、个体发育、组织修复、免疫反应等的基础。环境因素和遗传因素可能造成信号分子和信号转导分子出现异常（包括结构异常和水平异常），致使细胞通讯和信号转导出现异常，导致肿瘤、糖尿病、自身免疫性疾病等的发生。研究细胞通讯和信号转导有助于研究发病机制，寻找新的诊断标志 [物] 和药物靶点。

第一节　概　述

在多细胞生物体内，一些特定的信号细胞（signaling cell）合成和分泌信号分子，作用于特定的靶细胞（target cell），激活靶细胞中的信号转导，完成细胞代谢调节和基因表达调控。这一过程复杂而有序。

一、细胞通讯概述

细胞通讯方式有缝隙连接、细胞识别、化学信号等，以化学信号为主。

1. 缝隙连接（gap junction）　又称间隙连接，是由位于相邻细胞紧密部位（仅 2~4nm 间隙）两侧细胞膜上的两个连接子蛋白（connexin）六聚体对接而成、称为连接子（connexon）的细胞间通道。该通道的直径为 1~2nm，允许相邻细胞直接交换无机离子和 1kDa 以下的小分子代谢物，实现代谢偶联或电偶联。连接子蛋白是一个家族，具有组织特异性。连接子蛋白 26 突变致耳聋，连接子蛋白 32 突变致腓骨肌萎缩症。

2. 细胞 [表面] 识别（cell [surface] recognition）　又称表面分子接触（juxtacrine signaling），细胞通过细胞表面配体 - 受体结合传递信号，在细胞黏附、增殖和移动的过程中起重要作用。

3. **化学信号（chemical signal）**　信号细胞分泌信号分子，经过近距离扩散或远距离运输到达靶细胞，调节其代谢行为。

4. **细胞外囊泡（extracellular vesicle）**　细胞之间通过一类囊泡进行通讯，这类细胞外囊泡大小不一（直径 30~2000nm），可根据产生机制不同分为微泡和外泌体。①微泡（microvesicle），由分泌细胞膜出芽形成。②外泌体（exosome），由分泌细胞多泡体（multivesicular body，MVB，晚期内吞体）膜内吞形成，通过多泡体膜与细胞膜的融合分泌到细胞外。目前外泌体多广义化，即包括微泡，因而与细胞外囊泡同义。不同分泌细胞或同种分泌细胞在不同条件下分泌的外泌体内容物不同，可以是 DNA、RNA（mRNA、ncRNA）、蛋白质（细胞质蛋白、细胞核蛋白、膜通道、细胞表面受体）、脂质（脂筏）、抗原、小分子活性物质等。这些外泌体最终与靶细胞膜融合。

二、信号转导概述

激活靶细胞信号转导的细胞外信号来自信号细胞（特别是分泌细胞）或外环境，其中有一些是物理信号，包括光、热和机械刺激等，但大多数是化学信号。

（一）信号转导的分子效应

信号转导的效应分子是酶、转录因子、泵、通道、转运蛋白、细胞表面受体。信号转导的分子效应是：①产生第二信使，变构调节酶或其他信号转导蛋白的活性。②激活受体酶。③核受体改变基因表达水平。④改变配体门控通道开关状态，从而改变膜电位。

（二）信号转导的基本机制

信号转导由信号转导分子完成。信号转导分子（signal transducer）的化学本质是信号转导蛋白（signaling protein）或小分子活性物质，转导信号过程是改变其分子数目、空间结构或亚细胞定位的过程。

1. **通过水平调节改变分子数目**　①小分子第二信使是一些酶或信号转导蛋白的变构剂，其水平改变之后，产生的变构效应也会改变，调节快速。②信号转导蛋白的水平通过控制合成和降解的速度进行调节。环境信号可以通过调控基因表达改变信号转导蛋白的水平，调节迟缓。

2. **通过结构调节改变空间结构**　信号转导蛋白因受变构调节或化学修饰调节而改变构象，甚至引起聚合或解聚，从而改变活性，甚至改变功能，调节快速。变构调节通常是变构剂与信号转导蛋白结合或解离的过程。化学修饰调节多数是磷酸化和去磷酸化过程（此外还有乙酰化和去乙酰化、泛素化和去泛素化等）。

3. **通过定向运输改变亚细胞定位**　例如，糖皮质激素受体与糖皮质激素结合后从细胞质转入细胞核；第二信使 IP_3 与内质网钙通道结合导致其开启，Ca^{2+} 从内质网腔逸出，进入细胞质；蛋白激酶 RAF 的 Ser-259 磷酸化时脱离细胞膜进入细胞质，Ser-338 和 Ser-339 磷酸化时进入线粒体，Ser-621 磷酸化时进入细胞核。

（三）信号转导的终止方式

信号转导是通过对信号通路快速、有效的激活和终止来完成的，已经阐明的信号转导终止方式有：①细胞外信号消除或受体与信号分子解离。②细胞表面受体因内吞而数量减少（下调）。③抑制性受体作用于信号转导分子。④ GTP 水解。⑤第二信使降解或清除。⑥信号转导分子失活或降解。⑦信号通路负反馈调节。⑧信号通路之间相互制约。

例如，①成纤维细胞长时间受大量表皮生长因子（EGF）刺激，会引起细胞膜表皮生长因子受体（EGFR）内吞而减少。②细胞因子信号转导抑制因子（SOCS）可以抑制蛋白激酶 JAK，从而抑制 JAK-STAT 途径。

（四）信号转导的基本特点

形成信号网络的各种信号通路具有机制和效应的复杂性和多样性，这是复杂的生命过程对多变的生存环境作出反应的结果。即便如此，它们仍有以下共同特点。

1. **特异性**　信号分子激活特定受体。特异性体现在受体效应特异和受体分布特异，如：①促甲状腺激素释放激素受体位于垂体前叶细胞。②肾上腺素能受体位于肝细胞和脂肪细胞，但肾上腺素只促进肝细胞糖原分解，因为生理状态下脂肪细胞没有糖原。③前列腺素增加血小板、甲状腺、黄体、胎骨、腺垂体、肺的 cAMP，但却降低肾小管、脂肪组织的 cAMP。④一种激素受体只影响靶细胞中不到 1% 基因的表达，有的甚至只影响几种基因表达。

2. **灵敏性**　信号分子与受体亲和力极高，解离常数 $K_d < 10^{-7}$mol/L，因而 μmol/L 甚至 nmol/L 的信号分子即可与受体结合并激活之。某些情况下信号分子与受体的结合存在协同性，因而信号分子浓度的微小变化即可引起受体活性明显改变，进一步提高了信号作用的灵敏度。

3. **放大效应**　是指某些信号通路中有酶级联反应（cascade），每个受体分子激活 1~n 个一级酶分子，每个一级酶分子激活 n 个二级酶分子，每个二级酶分子激活 n 个三级酶分子……在数毫秒时间内即可将初始信号进行指数级放大。

4. **模块性**　许多信号转导蛋白的结构具有模块性（modularity），即含有多个结构域，每个结构域可与不同转导蛋白、细胞骨架或细胞膜的特征性结构相互识别和特异性结合。这种模块性支持细胞内不同信号转导蛋白组装成各种功能或定位不同的多酶复合体，组装的结构基础之一是一种信号转导蛋白的一个结合域或结合部位与另一种信号转导蛋白的结合域或结合部位结合。支架蛋白可以在特定时间特定部位募集一组特定级联酶，为其搭建级联反应平台。许多蛋白质相互结合部位位于固有无序区域，可因与不同蛋白质结合而改变折叠，因而一种信号转导蛋白可以在不同信号通路中发挥不同作用。

5. **脱敏 / 适应**　受体系统的灵敏度受到调节。当一种信号持续存在时，受体系统会发生脱敏，即不再对信号作出反应。脱敏机制是受体激活的反馈回路灭活受体或令其离开细胞表面。当信号强度降至阈值以下时，受体系统又会复敏，例如暗适应。

6. **信号整合 / 汇聚**　是指信号网络同时应答多种信号并做出统一反应的能力，该反应可满足细胞或机体的综合需要。不同信号通路可在特定环节相互协调，称为串话（cross-talk，交叉对话），从而在细胞水平和机体水平维持稳态（homeostasis）。

7. **发散性**　被一种信号激活的一种受体可激活不止一条信号通路，每条信号通路最终产生不同的效应。

8. **效应局部化**　当信号转导蛋白定位于细胞内特定部位（如脂筏）时，最终效应只产生于该部位，对细胞内其他部位没有影响。例如信号分子降解酶与合成酶结合时，信号分子来不及扩散即被降解，因而信号转导效应是局部的、瞬时的。

第二节　信号转导的分子基础

人体通过各种调节机制在分子水平、细胞水平、整体水平维持稳态，调节的分子基础是约

2500 种基因编码的蛋白质和调控 RNA，包括受体、蛋白激酶、转录因子、转接蛋白等信号转导蛋白等。

一、信号分子

信号分子（signal molecule）是细胞外及细胞膜上的信号物质，信号通路的激活者。信号分子在细胞外液中的浓度极低，最高浓度在 10^{-15}~10^{-9}mol/L，相比之下，具有相似结构的其他类固醇、氨基酸、肽、蛋白质的浓度为 10^{-6}~10^{-3}mol/L。

（一）信号分类

信号分子种类繁多，包括激素、生长因子、细胞因子、神经递质、神经肽、细胞外基质成分等体液因子及营养物质、药物、毒素、病原体、抗原、味觉物质和气味物质等。信号分子可分为亲水性信号分子、疏水性信号分子、气体信号分子及细胞表面糖蛋白和寡糖等。

1. 亲水性信号分子 又称第一信使（primary messenger），包括氨基酸、氨基酸衍生物、活性肽、蛋白质和核苷酸等（广义第一信使包括神经冲动）。它们与靶细胞的表面受体结合，激活信号转导。亲水性信号分子半衰期短，只有数分钟。

蛋白质激素包括简单蛋白质类（如生长激素、胰岛素）和糖蛋白类（如卵泡刺激素、黄体生成素、促甲状腺激素、人绒毛膜促性腺激素）。糖蛋白类激素均为 αβ 异二聚体，且具有共同的 α 亚基。

2. 疏水性信号分子 有类固醇激素、甲状腺激素、维甲酸、骨化三醇（钙三醇）和脂肪酸衍生物等。它们不溶于水，在血液中由特异载体蛋白运输至靶组织，可以通过易化扩散穿过靶细胞膜进入细胞内，与细胞内受体结合，激活信号转导。疏水性信号分子半衰期长达数小时甚至数日。

3. 气体信号分子 包括一氧化氮、一氧化碳，可以通过自由扩散进入细胞内，激活鸟苷酸环化酶受体，激活信号转导。

（二）通讯方式

根据细胞通讯距离及信号作用对象的不同，动物体内的主要通讯方式有内分泌、旁分泌、自分泌和神经内分泌通讯（图 7-1）。

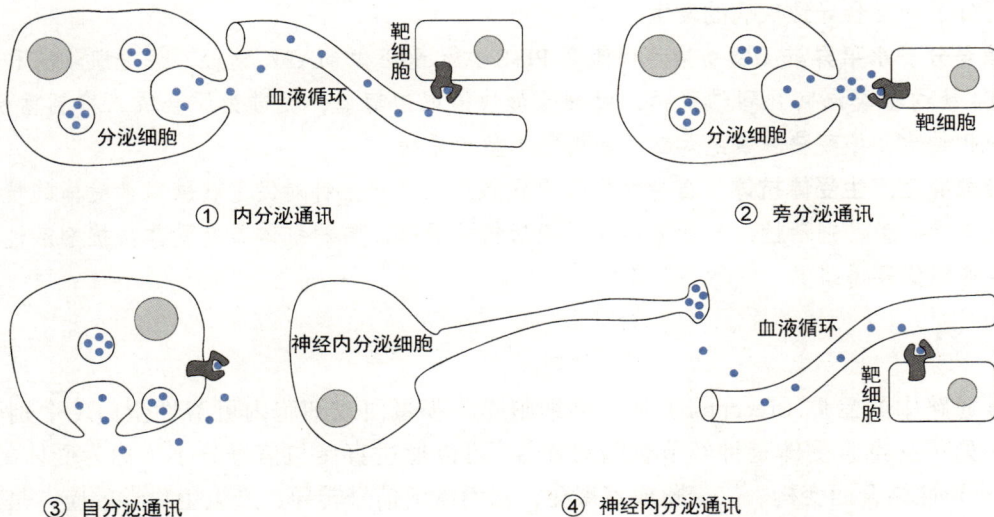

图 7-1 信号分子主要通讯方式

1. **内分泌**（endocrine） 又称远距分泌（telecrine），以内分泌方式通讯的信号分子，属于传统意义上的激素，由内分泌细胞、散在分泌细胞、其他组织细胞（如脑、心、肝、肾、肠、脂肪细胞）合成和分泌，通过血液和淋巴液进行运输，远距离作用于靶细胞。

2. **旁分泌**（paracrine） 在旁分泌通讯方式中，分泌细胞合成和分泌的信号分子不进入血液循环，而是通过局部扩散作用于邻近的靶细胞。例如，胰岛 δ 细胞分泌的生长抑素抑制 α 细胞分泌胰高血糖素，胰高血糖素促进 β 细胞分泌胰岛素，胰岛素抑制 α 细胞分泌胰高血糖素。多细胞生物的许多生长因子、细胞因子及局部激素（又称自体有效物质，autacoid，例如组胺、5- 羟色胺、缓激肽、类花生酸、血管紧张素、一氧化氮、内皮素等）以这种方式起作用。

3. **自分泌**（autocrine） 在自分泌通讯方式中，信号分子作用于分泌细胞自身及同类细胞，发挥兴奋、抑制或调控分泌作用。例如胰岛素可以抑制 β 细胞自身进一步分泌胰岛素。一些细胞因子也以这种方式起作用，例如单核细胞分泌的白细胞介素 1、T 细胞分泌的白细胞介素 2。肿瘤细胞普遍存在自分泌通讯，许多肿瘤细胞分泌过多的生长因子，促进肿瘤细胞增殖。

4. **神经内分泌**（neuroendocrine） 下丘脑某些神经元属于神经内分泌细胞（neuroendocrine cell），它们既能产生和传导神经冲动，又能合成和分泌激素。来自神经内分泌细胞的激素称为神经激素（neurohormone），有转运到垂体后叶储存和释放的垂体后叶激素（如抗利尿激素、催产素），有经垂体门脉系统转运到垂体前叶的下丘脑激素（例如促甲状腺激素）。

一种信号分子可以有几种通讯方式。例如，肾上腺素既可作为神经递质，以旁分泌通讯方式起作用；又可作为激素，以内分泌通讯方式起作用。

（三）信号效应影响因素

信号效应受浓度因素和反应因素影响。

1. **浓度因素** 信号分子合成分泌速度，分泌细胞与靶细胞距离，信号分子与特异血浆运输蛋白亲和力，信号分子激活或活化，信号分子血浆半衰期（富集、代谢、降解、排泄）。

2. **反应因素** 受体数量、活性、亲和力、饱和度、上调和下调、脱敏和复敏，靶细胞内其他信号转导分子的水平。

（四）信号异常

信号分子异常会导致疾病的发生。

1. **信号分子水平异常** 胰岛素可以激活 PI3K-Akt 途径和 MAPK 途径，促进肌细胞和脂肪细胞 GLUT4 从内吞囊泡回补到细胞膜，使细胞加快摄取葡萄糖，促进糖原合成，抑制糖原分解。破坏胰岛 β 细胞会导致胰岛素绝对缺乏而引起 1 型糖尿病。

2. **自身免疫产生受体抗体** 自身免疫性甲状腺病患者产生针对促甲状腺激素受体的抗体，有的抗体具有受体激动剂活性，与受体结合后激活信号通路，有的抗体具有受体拮抗剂活性，与受体结合后抑制信号通路。

二、受体

信号通路中的受体（receptor）是一类细胞膜跨膜蛋白或细胞内可溶性蛋白（个别受体是糖脂，例如霍乱毒素受体是神经节苷脂 GM1），可以通过直接与信号分子（称为受体的配体，ligand）特异性结合而变构、二聚化或寡聚化，从而激活信号转导，产生生物学效应，是药物或毒素最重要的靶点。

（一）受体分类

受体可根据亚细胞定位分为细胞内受体和细胞表面受体两大类。

1. 细胞内受体 位于细胞质中或细胞核内，它们几乎都是转录因子，称为**核受体**（nuclear receptor）。核受体与信号分子（主要是疏水性信号分子）结合之后作用于染色体 DNA 中称为激素反应元件的调控元件，调控基因表达。

2. 细胞表面受体 又称 [细胞] 膜受体，位于细胞膜上，与细胞外的信号分子（主要是亲水性信号分子）结合之后改变构象及活性，进而激活信号转导，引起细胞代谢和行为的改变。细胞表面受体包括：①离子通道受体：分布于神经、肌肉等可兴奋细胞。② G 蛋白偶联受体：分布于各种组织细胞。③单次跨膜受体：分布于各种组织细胞。

单次跨膜受体包括酶联受体和非酶联受体。**酶联受体**（enzyme-linked receptor，催化型受体，catalytic receptor）可根据转导机制进一步分类。

（1）受体是酶：信号分子是酶的变构剂。这类受体可以是，①细胞膜蛋白激酶偶联受体（plasma membrane kinase-linked receptor）：例如表皮生长因子受体是酪氨酸激酶（酪氨酸激酶受体），转化生长因子 β 受体是丝氨酸 / 苏氨酸激酶（丝氨酸 / 苏氨酸激酶受体）。②细胞膜蛋白磷酸酶偶联受体：例如接触蛋白（contactin）的受体是酪氨酸磷酸酶（受体型蛋白酪氨酸磷酸酶）。③细胞膜鸟苷酸环化酶受体：例如位于肾和血管平滑肌细胞膜上的心钠素受体是鸟苷酸环化酶（鸟苷酸环化酶受体）。

（2）受体是酶的变构剂：信号分子是受体的变构剂。例如 γ 干扰素受体是酪氨酸激酶 JAK 的激活剂，属于细胞质蛋白激酶偶联受体（cytosolic kinase-linked receptor）之酪氨酸激酶偶联受体。

非酶联受体本身既不具有酶活性，也不直接与其他酶相偶联，例如参与启动细胞凋亡的死亡受体。

（二）受体结构

各种蛋白质类受体含 400~1300aa。不同受体的结构区别明显，同类受体的结构非常相似（图 7-2）。

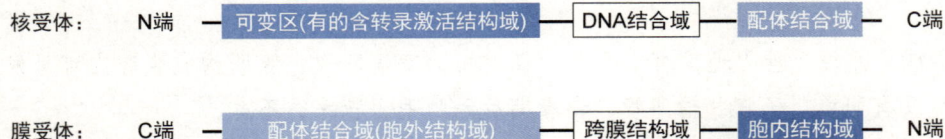

核受体： N端 —— 可变区(有的含转录激活结构域) —— DNA结合域 —— 配体结合域 —— C端

膜受体： C端 —— 配体结合域(胞外结构域) —— 跨膜结构域 —— 胞内结构域 —— N端

图 7-2 受体一级结构示意图

1. 核受体 至少含三种结构域。①**配体结合域**（LBD）：又称配体结合区，靠近一级结构的 C 端，是信号分子（配体、激素或代谢物）结合位点，具有结合特异性。此外，配体结合区还可能含热休克蛋白结合域、二聚化结构域、核定位信号和依赖配体的转录激活结构域 2，后者可募集共激活因子。有的配体结合区在未与配体结合时起转录抑制作用。② **DNA 结合域**（DBD）：位于一级结构的中部，序列高度保守，含两个 C_4 锌指，具有效应特异性。DBD 通过铰链区与 LBD 连接。③**可变区**：位于一级结构的 N 端，大多数核受体的可变区含转录激活结构域 1，可募集共激活因子。

2. 细胞表面受体 多为寡聚体，由相同或不同的亚基组成，每个亚基至少含三种结构域。①胞外 [结构] 域（ECD）：又称配体结合区，与配体相互作用，具有结合特异性。②胞内 [结构] 域（ICD）：在细胞内激活信号转导，具有效应特异性。③跨膜结构域（TMD）：又称跨膜区，将受体固定在细胞膜上。

此外，许多受体（如酪氨酸激酶受体、核受体）还含有二聚化结构域，属于蛋白相互作用结构域，因而与配体结合后发生二聚化而被激活，称为配体诱导二聚化。

细胞外液中存在一些细胞表面受体的碎片，它们含胞外结构域，但不含跨膜区和胞内结构域，因而可以与配体结合，但不能激活信号通路，称为可溶性受体或分泌型受体。

受体与配体的结合具有特异性高、亲和力强、可逆结合、可以饱和等特点。

（三）受体调节

受体调节（receptor regulation）是指靶细胞受体的数量及与配体的亲和力受生理因素或药理因素的影响而改变，是机体维持内环境稳定的一种重要机制，其中受体的水平调节分为上调和下调。

1. 受体上调（up regulation） 即向上调节，又称增量调节，是指配体长期过少或反复使用拮抗剂等，导致受体增加。

2. 受体下调（down regulation） 即向下调节，又称减量调节，是指配体长期过多或反复使用激动剂等，导致受体减少。

（四）受体异常

受体异常又称受体病，是指因受体的结构或水平发生变化，导致信号分子不能激活信号转导而引起的疾病。

1. 遗传性受体病 例如，①某些肿瘤存在不同类型的 *EGFR* 基因突变，有的突变导致配体非依赖型受体的组成性激活（196 页）。②雄激素不敏感综合征（AIS），又称睾丸女性化综合征。已知胎儿睾丸合成两类重要活性物质：雄激素（睾酮和双氢睾酮，是男性外生殖器发育所必需的）和抗苗勒管激素（AMH，在雄性胚胎中抑制子宫和输卵管形成）。AIS 患者染色体核型为 46XY，雄激素水平正常，但雄激素受体基因（*AR*）存在缺陷，编码的受体对雄激素无反应。

AIS 特征是外貌及性心理发育女性化，拥有短的盲端阴道，腹股沟或腹腔内可见发育不全的睾丸，但是没有卵巢、子宫和输卵管，青春期后无阴毛、腋毛，不育。

2. 自身免疫性受体病 例如重症肌无力。神经肌肉接头是通过突触前膜释放乙酰胆碱，作用于神经肌肉接头后膜的乙酰胆碱受体（nAChR，又称烟碱型乙酰胆碱受体）来完成兴奋传递的。80% 的重症肌无力患者检出乙酰胆碱受体抗体。这种抗体与 nAChR 结合后，会阻断 nAChR 与乙酰胆碱的结合，或使受体因内吞或补体结合而被清除。

3. 受体水平异常 例如，*EGFR* 基因的过表达在恶性肿瘤的发展中起重要作用（196 页）。

（五）受体激动剂和拮抗剂

受体激动剂和拮抗剂是激素及其衍生物或类似物，可以与激素竞争受体，其中受体激动剂（agonist）有信号分子活性，即与受体结合后激活信号转导，受体拮抗剂（antagonist）又称阻滞剂，与受体结合后阻断激素或受体激动剂的效应，即抑制信号转导。特异性高、亲和力强的受体激动剂和拮抗剂在临床上可用于治疗相关疾病，如肾上腺素 [与 β 肾上腺素能受体（简称 β 受体）结合后的解离常数 K_d=5μmol/L，以下同] 的受体激动剂异丙肾上腺素（0.4μmol/L）、受体拮抗剂（即 β 受体阻滞剂）心得舒（0.0034μmol/L）和心得安（0.0046μmol/L）。全反式维甲酸激活白血病维甲酸受体，致白血病细胞分化，可用于治疗急性早幼粒细胞白血病。

三、分子开关

人类基因组编码近 200 种鸟苷酸结合蛋白（guanine nucleotide-binding protein），简称 G 蛋白（G protein）。G 蛋白有两个特点：①它是一类变构酶，以 GTP 为激活剂、GDP 为抑制剂。②它是一类 GTP 酶（GTPase），能把 GTP 水解成 GDP 和磷酸，即把激活剂转变成抑制剂，因而可自我去激活。G 蛋白可分为三聚体 G 蛋白、小 G 蛋白和其他 G 蛋白（如翻译起始因子 IF2，翻译延伸因子 EF-Tu、EF-G）三类，其中三聚体 G 蛋白、小 G 蛋白属于控制信号转导的一类分子开关（molecular switch），由 A. G. Gilman 和 M. Rodbell（1994 年诺贝尔生理学或医学奖获得者）最早研究发现。

（一）三聚体 G 蛋白

三聚体 G 蛋白（trimeric G protein）又称异三聚体 G 蛋白（heterotrimeric G protein）、大 G 蛋白。

1. 三聚体 G 蛋白结构 由 G_α、G_β 和 G_γ 三个亚基构成，其中 G_β 和 G_γ 结合牢固形成 $G_{\beta\gamma}$ 二聚体，G_α 与 $G_{\beta\gamma}$ 结合松散，G_α（N 端 Cys、Gly 棕榈酰化或豆蔻酰化）和 G_γ（C 末端 Cys 聚异戊二烯基化）被脂化（lipidation），锚定于细胞膜胞质面。G_α 有多个功能位点（表 7-1）。

表 7-1 三聚体 G 蛋白和小 G 蛋白功能位点对比

G_α	Ras 蛋白
C 端的 G 蛋白偶联受体结合位点	鸟苷酸交换因子结合位点
N 端的 $G_{\beta\gamma}$ 二聚体结合位点 / 下游效应蛋白结合位点	GDP 解离抑制因子结合位点
GTP/GDP 结合位点	GTP/GDP 结合位点
GTPase 活性中心	GTPase 活性中心
RGS 结合位点	GTP 酶激活蛋白结合位点
	下游效应蛋白结合位点

2. 三聚体 G 蛋白循环 基础状态下 G_α-GDP 与 $G_{\beta\gamma}$ 结合成无活性 $G_{\alpha\beta\gamma}$-GDP。信号分子可与 G 蛋白偶联受体结合，致使其变构激活，作用于 $G_{\alpha\beta\gamma}$-GDP，使 G_α 释放 GDP，结合 GTP；继而 G_α-GTP 与 $G_{\beta\gamma}$ 解离，完全激活，表现出变构剂活性：G_α-GTP 与下游效应蛋白结合，致使其变构激活。同时 G_α-GTP 被下游效应蛋白反馈激活，表现出 GTPase 活性，水解其 GTP，释放磷酸。G_α-GDP 与下游效应蛋白解离，重新与 $G_{\beta\gamma}$ 结合成无活性 $G_{\alpha\beta\gamma}$-GDP，这就是三聚体 G 蛋白循环（图 7-3）。值得注意的是，G_α-GTP 被激活后其 GTPase 活性不高，需几秒至几分钟的时间才能水解其 GTP，转变成 G_α-GDP。但 G_α-GTP 可被 RGS（一种 GTPase 激活蛋白，GAP）激活 10^5 倍，而 RGS 可被其他因子激活。

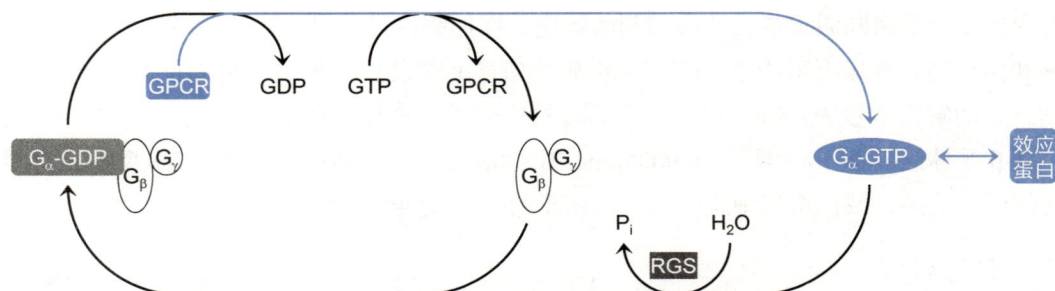

图 7–3　G 蛋白偶联受体与三聚体 G 蛋白循环

某些三聚体 G 蛋白通过 $G_{\beta\gamma}$ 转导信号。例如，迷走神经释放乙酰胆碱激活心肌细胞膜乙酰胆碱受体（属于 M 胆碱受体），受体激活抑制型三聚体 G 蛋白（G_i），G_i 的 $G_{\beta\gamma}$ 开启心肌细胞膜钾通道，K^+ 外逸，细胞膜超极化，心率减慢。

3. 三聚体 G 蛋白分类　三聚体 G 蛋白可根据 G_{α} 亚基的不同进行分类。不同三聚体 G 蛋白介导不同 G 蛋白偶联受体的转导信号，引起不同的细胞反应（表 7–2）。人类基因组至少编码 21 种 G_{α}、5 种 G_{β} 和 11 种 G_{γ}。

表 7–2　人体部分三聚体 G 蛋白

G 蛋白	G_{α} 名称缩写	上游 G 蛋白偶联受体	下游效应蛋白，效应	第二信使，水平变化
G_s	$G_{s\alpha}$（α_s）	β 肾上腺素能受体 胰高血糖素受体 5- 羟色胺受体 前列腺素 E_1 受体 前列腺素 E_2 受体 EP2 组胺受体等	腺苷酸环化酶，↑	cAMP，↑
G_{olf}	$G_{olf\alpha}$（α_{olf}）	气味物质受体	腺苷酸环化酶，↑	cAMP，↑
G_i	$G_{i\alpha}$（α_i）	α_2 肾上腺素能受体 生长抑素受体 前列腺素 E_2 受体 EP3 阿片受体 5-HT 受体等	腺苷酸环化酶，↓	cAMP，↓
G_q	$G_{q\alpha}$（α_q）	α_1 肾上腺素能受体 血管紧张素 II 受体 M 胆碱受体 铃蟾肽受体 5-HT 受体等	磷脂酶 C_{β}，↑	IP_3，DAG，Ca^{2+} ↑
G_t	$G_{t\alpha}$（α_t），T_{α}	视杆细胞光受体 / 视紫红质	cGMP 磷酸二酯酶，↑	cGMP，↓

（二）小 G 蛋白

小 G 蛋白（small G-protein）又称小 GTPase（small GTPase）、单体 G 蛋白（monomeric G protein），以 Ras 蛋白为代表。

1. Ras 蛋白结构　Ras 蛋白是一类小 G 蛋白，通过 C 端 Cys186 与法尼基共价结合，其他氨基酸残基（如 HRas 的 Cys181、Cys184）与棕榈酰基共价结合，锚定于细胞膜胞质面。Ras 蛋白有多个功能位点（表 7–1）。

2. Ras 蛋白循环　与三聚体 G 蛋白相比，小 G 蛋白的 GTPase 活性很低，且不直接与受体结合。在小 G 蛋白循环中，受体通过三种蛋白因子调节小 G 蛋白活性（图 7-4）。

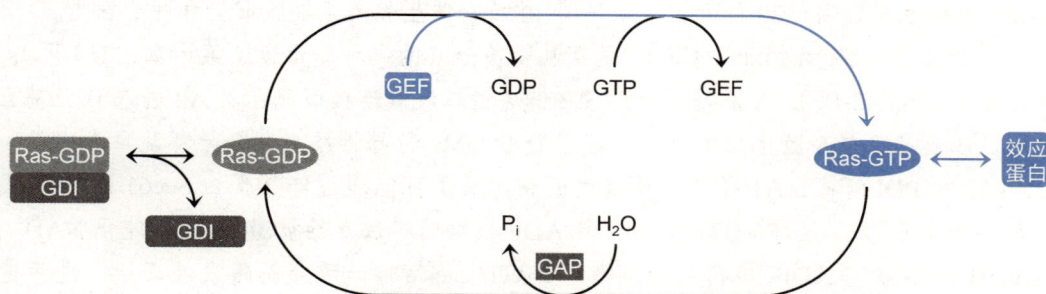

图 7-4　小 G 蛋白循环

（1）**鸟苷酸交换因子**（guanine nucleotide exchange factor，GEF）：促使小 G 蛋白释放 GDP，结合 GTP，向下游效应蛋白转导信号，是正调节因子，其作用相当于 G 蛋白偶联受体对 $G_{\alpha\beta\gamma}$-GDP 的激活作用。

（2）**GTP 酶激活蛋白**（GTPase activating protein，GAP）：增强小 G 蛋白的 GTPase 活性（可达 10^5 倍），促使其水解 GTP 而失活，是负调节因子，其作用相当于 RGS 对 G_{α}-GTP 的激活作用。

（3）**GDP 解离抑制因子**（guanine nucleotide dissociation inhibitor，GDI）：抑制小 G 蛋白释放 GDP，使其维持在无活性状态，是负调节因子，其作用相当于 $G_{\beta\gamma}$ 对 G_{α}-GDP 的抑制作用。

3. 小 G 蛋白分类　人体内已发现 150 多种小 G 蛋白，包括最早发现的 Ras 蛋白。它们共同组成 **Ras 超家族**，又称小 GTPase 超家族（small GTPase superfamily）。Ras 超家族包括以下 7 个家族（表 7-3）。

表 7-3　Ras 超家族

家族	亚细胞定位	功能
Ras 家族	细胞膜	通过丝氨酸/苏氨酸激酶调节细胞生长和分化
Rho 家族	细胞膜	通过丝氨酸/苏氨酸激酶调节细胞骨架运动
Arf 家族	细胞质，高尔基体	调节囊泡运输途径，激活磷脂酶 D，激活霍乱毒素 A 亚基的 ADP 核糖转移酶活性
Rab 家族	高尔基体，内质网	调节细胞内吞及囊泡形成、运输和分泌
Ran 家族	细胞核，细胞质	调控 RNA 和蛋白质的跨核孔转运
Rheb 家族	细胞膜	调节神经可塑性
RGK 家族	细胞膜	参与信号转导（结合 GTP，但无 GTPase 活性）

（三）G 蛋白异常

G 蛋白在许多信号通路中起关键作用，因而 G 蛋白异常是许多疾病的分子基础。

1. 假性甲状旁腺功能减退症（pseudohypoparathyroidism，PHP）　患者血清中甲状旁腺激素水平并不低，但存在甲状旁腺激素抵抗，机制是其靶细胞 G_s 亚基为缺陷型，不能被甲状旁腺激素受体激活，因而对甲状旁腺激素无应答。

2. 1 型生长激素型垂体腺瘤（pituitary adenoma，growth hormone-secreting，1，PAGH1）有 40% 患者 $G_{s\alpha}$ 亚基为 GTPase 缺陷型，表现为 GTPase 活性低下，致使腺苷酸环化酶组成性激活，cAMP 基础水平过高（20 倍于正常水平），导致垂体生长激素细胞增生和肿瘤发生。

3. 霍乱毒素（cholera toxin，CT）是霍乱弧菌分泌的一种外毒素（第十章，265 页），一种异六聚体蛋白（A1A2-B$_5$），A 亚基由 A1、A2 链通过二硫键连接而成，其 A2 插入 B 亚基五聚体环中央孔。B 亚基可与小肠上皮细胞膜神经节苷脂 GM1 特异性结合，介导霍乱毒素内吞。在内质网，A1A2 被 PDI 解离，A1 释放，逆转运回细胞质（可能通过停靠蛋白 Sec61），折叠成活性构象，与一种小 G 蛋白 ARF6-GTP 结合，其 ADP 核糖转移酶活性被激活。A1 催化 NAD$^+$ 将 $G_{s\alpha}$ 亚基 Arg201 的 ε- 氨基 ADP- 核糖基化，抑制其 GTPase 活性，致使其组成性激活，进而持续激活腺苷酸环化酶，细胞质 cAMP 持续性高水平，持续激活蛋白激酶 A。蛋白激酶 A 一方面磷酸化开放氯离子通道 CFTR，氯化钠和水大量进入肠腔（每日失水可达体重的 50%）；另一方面磷酸化抑制细胞膜 Na$^+$-H$^+$ 交换体，Na$^+$ 吸收被抑制，结果导致脱水及电解质丢失，如不迅速补充水盐会致命。

4. 百日咳毒素（pertussis toxin，PT）是百日咳杆菌分泌的一种外毒素，一种异六聚体蛋白（AB$_5$），其 B$_5$ 是由 S2、S3、S5 各一个和两个 S4 亚基形成的五聚体，与细胞膜特异性结合，并把 A 亚基送入细胞。A 亚基又称 S1 蛋白，有 ADP 核糖转移酶活性，可以催化 NAD$^+$ 的 ADP 核糖基与 $G_{i\alpha}$ 亚基的一个半胱氨酸巯基共价结合，使 $G_{i\alpha}$ 亚基与 GTP 的亲和力下降，致使其组成性失活，不能抑制腺苷酸环化酶活性，腺苷酸环化酶持续激活，促使呼吸道上皮细胞 cAMP 长时间保持高水平，大量水盐及黏液进入呼吸道，引起严重咳嗽。

其他如视觉转导蛋白（transducin）亚基 T_α 失活突变后不能激活视杆细胞 PDE，导致夜盲。某些高血压患者一种 G 蛋白 β 亚基存在突变，该突变还可能与肥胖、动脉粥样硬化有关。

5. 小 G 蛋白异常　据统计约 25% 肿瘤有 Ras 突变，某些类型肿瘤 Ras 突变率更高。突变多数发生于其 GTP 结合位点附近，导致 GTPase 活性缺失，Ras-GTP 组成性激活，细胞分裂失控。抑癌基因 *NF1* 编码一种 GAP，功能是激活 Ras 的 GTPase 活性。Ras 的 GTPase 活性很弱，依赖 NF1 激活，因而 NF1 突变失活致使激活的 Ras-GTP 过度刺激细胞分裂。

四、第二信使

第一信使与细胞表面受体结合，引起细胞内一些小分子物质水平的改变，这些小分子物质是下游信号转导蛋白的变构剂，可变构激活或抑制信号转导蛋白的信号转导活性。它们称为第二信使（second messenger，表 7-4）。第二信使的水平是通过控制其合成与分解或门控通道的开放与关闭来改变的。

表 7-4　部分第二信使及其效应分子

第二信使	cAMP	cGMP	IP$_3$	DAG	Ca^{2+}
升高因素	AC	GC	PLC	PLC	IP3R
降低因素	PDE	PDE	IP$_3$ 5- 磷酸酶	甘油二酯激酶	钙泵
效应蛋白	蛋白激酶 A	蛋白激酶 G	IP$_3$ 门控钙通道	蛋白激酶 C	蛋白激酶 C，钙调蛋白激酶

此外，神经酰胺及其衍生物作为第二信使调节细胞周期、细胞分化、细胞迁移、细胞衰老、细胞凋亡。

Sutherland（1971 年诺贝尔生理学或医学奖获得者）最早发现第二信使 cAMP 并提出 第二信使学说：①有些激素等细胞外化学物质作为第一信使并不进入细胞内，而是与细胞表面受体结合，形成激素 - 受体复合物。②激素 - 受体复合物激活细胞膜腺苷酸环化酶，催化 ATP 合成第二信使 cAMP。③ cAMP 使细胞内蛋白激酶及其他功能蛋白逐级激活，产生一定的生理效应。④ cAMP 的降解使信号转导终止。

cAMP（及 cGMP）由磷酸二酯酶催化降解。人类基因组编码十几种磷酸二酯酶，其活性受 cAMP/cGMP、激素、钙等调节。

第二信使介导的信号转导有以下特点：①第二信使具有放大效应，即其变化分子数远多于激活受体的信号分子数。②第二信使是游离小分子，多数扩散迅速，转导高效。③第二信使是不同信号通路交叉对话的重要环节。

五、蛋白激酶和蛋白磷酸酶

信号转导的主要分子机制是对信号转导蛋白进行化学修饰。各种化学修饰中发生率最高、涉及面最广的是磷酸化和去磷酸化（一定条件下人体内 50% 蛋白质被磷酸化）。磷酸化和去磷酸化分别由蛋白激酶和蛋白磷酸酶催化。蛋白激酶和蛋白磷酸酶是控制信号转导的关键酶。E. Fischer 和 E. Krebs 因阐明该机制而获得 1992 年诺贝尔生理学或医学奖。

人体内已有 600 多种蛋白激酶和 200 多种蛋白磷酸酶被鉴定。每一种蛋白激酶（或蛋白磷酸酶）都可能催化一种或一组靶蛋白磷酸化（或去磷酸化）。另一方面，许多靶蛋白含不止一个磷酸化位点，可被不止一种蛋白激酶（或蛋白磷酸酶）催化磷酸化（或去磷酸化）。因此，不同信号通路可能相互关联，产生协调、协同或制约效应。

（一）蛋白激酶

蛋白激酶可以催化蛋白磷酸化反应，即将 ATP 的 γ- 磷酸基转移到底物蛋白特定的氨基酸残基上（表 7-5），这种残基多位于肽链的固有无序区域。蛋白激酶在代谢调节（特别是信号转导）中起关键作用，约 30% 的人体蛋白质都是其底物。目前已阐明的蛋白激酶可分为 9 个家族（family）、134 个亚家族（subfamily），以酪氨酸 [蛋白] 激酶和丝氨酸 / 苏氨酸 [蛋白] 激酶为主（原核生物多见组氨酸激酶和天冬氨酸激酶）。

1. 酪氨酸激酶（PTK）　可以催化底物蛋白特定酪氨酸的羟基磷酸化，从而调节酶活性或形成停泊位点，最终促进正常细胞或肿瘤细胞的增殖。酪氨酸磷酸化极少发生，哺乳动物细胞内磷酸酪氨酸（pTyr）仅占全部磷酸化氨基酸残基的不到 0.05%。酪氨酸激酶可分为两类。

（1）受体酪氨酸激酶（RTK）：又称酪氨酸激酶受体，位于细胞膜上，由 N 端胞外结构域（配体结合域）- 单次跨膜区 -C 端胞内结构域（酪氨酸激酶活性中心）构成。它们既是受体又是酶，以配体为激活剂。人体受体酪氨酸激酶已鉴定 58 种，主要功能是控制细胞生长和分化，例如表皮生长因子受体、胰岛素受体。

生长因子激活的酪氨酸激酶类受体的结构特征是游离单体，无活性，单体与生长因子结合后形成有活性的二聚体。胰岛素受体例外，其本身为无活性的同二聚体，只需与一分子胰岛素结合即被激活。

受体酪氨酸激酶被信号分子激活后通常先催化自身磷酸化激活，再催化其靶蛋白磷酸化激活。

（2）非受体酪氨酸激酶（nRTK）：位于细胞内，直接或间接与受体结合并被其激活，转导信号，例如 JAK 亚家族、SRC 亚家族、TEC 亚家族。

原癌基因 *SRC* 产物 Src 是一种 nRTK，被多种细胞表面受体募集激活，如免疫反应受体、整联蛋白、其他黏附受体、酪氨酸激酶受体、G 蛋白偶联受体、细胞因子受体。激活的 Src 调节各种代谢，包括基因转录、免疫反应、细胞黏附、细胞周期、细胞凋亡、细胞迁移、细胞转化等。c-Src 在几种肿瘤（如结肠癌）中活性增加。

2. **丝氨酸 / 苏氨酸激酶**　可以催化底物蛋白特定丝氨酸或苏氨酸的羟基磷酸化，从而调节酶活性。丝氨酸 / 苏氨酸激酶可分为两类。

（1）**受体丝氨酸 / 苏氨酸激酶**（receptor serine/threonine kinase，RSTK）：又称**丝氨酸 / 苏氨酸激酶受体**，位于细胞膜上，例如转化生长因子 β 受体。

（2）**蛋白 [质] 丝氨酸 / 苏氨酸激酶**（protein serine/threonine kinase）：位于细胞内，例如 PKA、MAPK、CDK1~CDK7。

3. **双特异性蛋白激酶**　例如蛋白激酶 MEK，既有酪氨酸激酶活性，又有丝氨酸 / 苏氨酸激酶活性。

许多蛋白激酶都有多种靶蛋白，虽然功能不一，但磷酸化残基所在序列高度保守，这是由裂缝状活性中心构象决定的。对比同一种靶蛋白的保守序列可归纳出其共有序列（表 7-5）。

表 7-5　部分蛋白激酶底物磷酸化位点和共有序列

蛋白激酶	磷酸化位点共有序列	蛋白激酶	磷酸化位点共有序列
丝氨酸 / 苏氨酸激酶		PKB	R-x-S/T-x-K
PKA	R-R/K-x-S/T-Φ	CaMK Ⅰ	Φ-x-R-x-x-S/T-x-x-x-Φ
CDK	S/T-P-x-K/R	CaMK Ⅱ	Φ-x-R/K-x-x-S/T-x-x
ERK2	P-x-S/T-P	MLCK	K-K-R-x-x-S-x-Φ-Φ
ERK	P-x-S/T-P-P	GPK	K-R-K-Q-I-S-V-R
CK1	pS/pT-x-x-S/T-Φ	Chk1	R-x-x-S/T
CK1	pS/pT-x-x-S/T-Φ	Chk2	L-x-R-x-x-S/T
CK2	x-S/T-x-x-E/D-x	PKCμ/PKD	L/I-x-R-x-x-S/T
GSK3	S/T-x-x-x-pS/pT	GPK	K-R-K-Q-I-S-V-R
CaMK2	R-x-x-S/T	酪氨酸激酶	
PKB（Akt）	R-x-x-R-x-[S/T]-x-Ψ	ABL	I/V/L-Y-x-x-P/F
ATM, ATR	S/T-Q	EGFR	E-E-E-Y-F
PKA	R-R/K-x-S/T-φ	Src	E-E-I-Y-E/G-x-F
PKG	R-R/K-x-S/T	IRK	Y-M-M-M
PKC	R/K-R/K-x-S/T-Φ-R/K-R/K	EGFRK	-E-E-E-E-Y-F-E-L-V

Ψ：代表 V、I、L、M；Φ：蛋白 V、I、L、F、W、Y、M；x：代表任一氨基酸；pS、pT 代表磷酸化 S、T。

另一方面，多种蛋白激酶可以催化同一种底物蛋白磷酸化，而且磷酸化位点不同，则产生的效应可能不同，有些位点磷酸化甚至具有顺序性。例如肝细胞糖原合酶 Ser8、Ser657、Ser641/645/649 依次被蛋白激酶 A、酪蛋白激酶 2、糖原合酶激酶 3 催化磷酸化。细胞周期蛋白激酶 2 的 Tyr15 被酪氨酸激酶 WEE 催化磷酸化激活，Thr160 被丝氨酸 / 苏氨酸激酶催化磷酸化抑制。

　　某些 pTyr 结合蛋白的 pTyr 结合位点可以与自身 pTyr 结合。例如，①蛋白酪氨酸激酶 Src 因 Tyr530 残基被蛋白酪氨酸激酶 CSK 催化磷酸化而失活，因为 pTyr530 会与 Src 自身 SH2 结构域结合，导致 Src 扭曲成无活性构象（自我抑制），因而不能与底物蛋白结合，一旦 pTyr530 被受体型蛋白酪氨酸磷酸酶 η（PTPRJ）催化去磷酸化，则 Src 复活（图 7-5 ①）。②磷酸化的糖原合酶激酶 3（GSK3A）自身 Ser21 被 PKB 催化磷酸化为 pSer21 时，pSer21 可与 pSer 结合域结合，抑制其与底物 pSer 结合；一旦 pSer21 被蛋白磷酸酶 PP 催化去磷酸化，Ser21 不再与 pSer 结合域结合，GSK3A 可以通过 pSer 结合域与底物 pSer 结合（图 7-5 ②）。

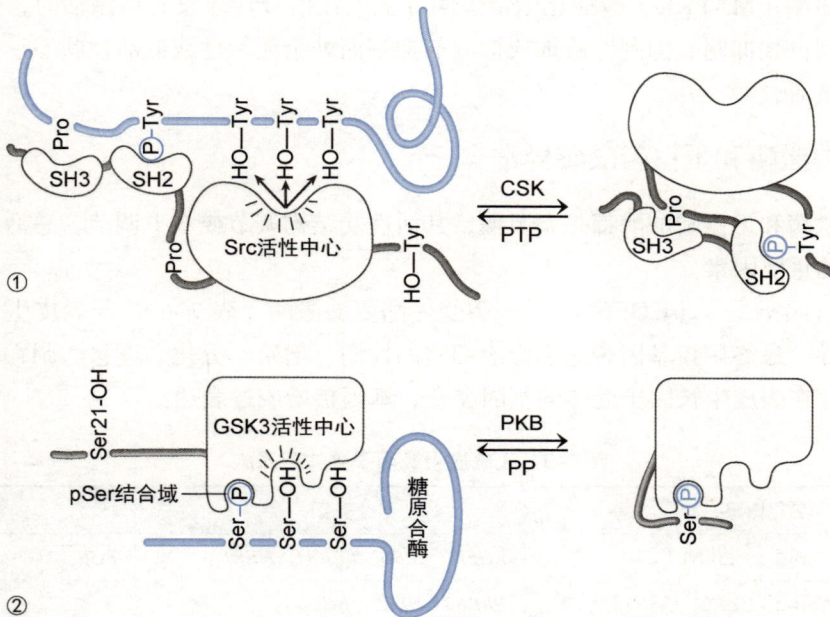

图 7-5　蛋白酪氨酸激酶 Src（①）和 GSK3（②）化学修饰调节机制

　　在细胞膜表面起作用的信号转导蛋白大都含有一个或多个磷蛋白结合域或磷脂结合域，含有多个结构域的信号转导蛋白可以同时与多种其他信号转导蛋白结合，被称为多价蛋白，部分见图 7-7。许多信号转导超分子复合物中有含膜结合域成分，因而许多信号转导过程在细胞膜上进行，考虑信号转导过程必需发生碰撞结合，在二维的细胞膜表面进行显然比在三维的细胞质空间高效得多。

（二）蛋白磷酸酶

　　蛋白磷酸酶可以催化蛋白去磷酸化反应，即将磷酸化底物蛋白脱磷酸，从而产生与蛋白激酶相反的效应。蛋白磷酸酶主要有蛋白酪氨酸磷酸酶（PTP）和蛋白丝氨酸/苏氨酸磷酸酶（PP）两类。有些蛋白磷酸酶是双特异性磷酸酶（DUSP），例如 CDC25A、B、C（第八章，228 页），既有酪氨酸磷酸酶活性，又有丝氨酸/苏氨酸磷酸酶活性。人类基因组有 190 多种蛋白磷酸酶基因。

　　蛋白酪氨酸磷酸酶分为四类：受体型（RPTP，位于细胞膜上）、非受体型（nrPTP，位于细胞质中、细胞膜或内质网膜上）、双特异型（dsPTP）、低分子量型。PTP 在酪氨酸激酶受体等介导的信号通路中起重要作用，如果其活性被抑制，则相关信号通路组成性激活或抑制缺失，这种情况常见于肿瘤细胞中。

人类基因组有 37 种 PTP 基因，其产物中约有一半为 RPTP，它们的活性可能受尚未鉴定的细胞外信号控制。其余为 nrPTP，含 SH2 结构域。

人类基因组编码的蛋白丝氨酸 / 苏氨酸磷酸酶如 PP1、PP2A、PP2A-B55、PP2B 拮抗蛋白丝氨酸 / 苏氨酸激酶效应，其中 PP1 有 200 多种靶蛋白，PP2A-B55 参与细胞周期调控（第八章，230 页）。

蛋白激酶和蛋白磷酸酶中既有组成酶又有调节酶。调节酶活性受到调节，包括变构调节和化学修饰调节。例如，蛋白激酶 A 由 cAMP 变构激活，丝裂原活化蛋白激酶（MAPK）由丝裂原活化蛋白激酶激酶（MAPKK）磷酸化激活。实际上，在信号转导没有被激活时，蛋白激酶或蛋白磷酸酶因受到自我抑制、抑制性修饰或抑制剂抑制而处于无活性或低活性状态。信号转导致使其解除抑制而激活。

（三）蛋白激酶和蛋白磷酸酶异常

许多蛋白激酶和蛋白磷酸酶都是调节酶，其活性受结构调节或水平调节。总活性异常是某些肿瘤发生发展的重要因素。

1. 表皮生长因子受体（EGFR） 是一类受体酪氨酸激酶（表 7-6），与表皮生长因子结合后可激活信号转导，最终调控基因表达，影响细胞的代谢、增殖、分化、迁移、凋亡。研究表明在许多实体瘤中存在表皮生长因子受体的基因突变、基因扩增或过表达。

表 7-6　人表皮生长因子受体亚家族

名称缩写	基因	配体
EGFR（c-ErbB-1，erbB-1，ErbB1）	*EGFR*（*ERBB*，*ERBB1*，*HER1*）	EGF，TGF-α，HB-EGF
erbB-2（Neu，c-ErbB-2，HER2，ErbB2）	*ERBB2*（*HER2*，*NEU*）	
erbB-3（c-ErbB-3，HER3，ErbB3）	*ERBB3*（*HER3*）	NRG1，NRG2
erbB-4（c-ErbB-4，HER4，ErbB4）	*ERBB4*（*HER4*）	NRG1，NRG2，HB-EGF

（1）过表达将引起下游信号转导增强：*EGFR* 基因的过表达在恶性肿瘤的发展中起重要作用，乳腺癌、卵巢癌、结肠癌、胶质细胞瘤、肾癌、肺癌、前列腺癌、胰腺癌等肿瘤细胞中均存在 *EGFR* 基因的过表达。

（2）*EGFR* 缺陷导致 EGFR 组成性激活：许多肿瘤中存在 *EGFR* 基因突变，现已发现多种突变型 *EGFR* 基因，其中部分突变型表达产物活性不依赖表皮生长因子，即表现组成活性。

2. Bruton 酪氨酸激酶（BTK） 是第一种被发现与人类遗传病相关的酪氨酸激酶，在 B 细胞内表达，在 B 细胞信号转导中起重要作用。*BTK* 基因位于 Xq22.1，其发生的各种点突变导致 B 细胞的分化成熟发生障碍，是常见的原发性免疫缺陷病之一，其特征是血液循环中缺乏 B 细胞和 γ 球蛋白，称为 X 连锁的无 γ 球蛋白血症（X-linked agammaglobulinemia，XLA），属于 X 连锁隐性遗传病，多见于男性。

3. 丝裂原活化蛋白激酶（MAPK） 简称 MAP 激酶，又称细胞外信号调节蛋白激酶（ERK），是 Sturgill 等于 1986 年发现的一类丝氨酸 / 苏氨酸激酶。人体内至少有 14 种 MAPK，它们位于细胞质中，被激活后进入细胞核，磷酸化激活或抑制转录因子活性。目前研究发现在许多肿瘤（如口腔癌、黑色素瘤、乳腺癌等）中都有 MAPK 的过度激活。

4. 非受体型蛋白酪氨酸磷酸酶 6（PTPN6） 该酶由 *PTPN6* 基因编码，包含 2 个 SH2 结构域和 1 个催化结构域（含活性中心），主要表达于造血细胞，是调节细胞内信号转导蛋白磷酸化水平的关键酶。*PTPN6* 被认为是淋巴瘤、白血病和其他肿瘤的抑癌基因。*PTPN6* 启动子的甲基化或 *PTPN6* 基因的突变等导致 PTPN6 水平降低或功能缺失，被认为是某些淋巴瘤、白血病和其他肿瘤细胞的典型特征。

（四）蛋白激酶类药物靶点

某些蛋白激酶活性与某些肿瘤发生发展相关，成为这些肿瘤化疗药物的靶点。

1. 蛋白激酶抑制剂（XL01XE） 多为小分子化合物，较早用于肿瘤的靶向治疗。

（1）伊马替尼：是一种 ATP 类似物，靶点为 BCR-ABL 酪氨酸激酶，属于竞争性抑制剂，可以直接结合于 ABL 活性中心的 ATP 结合位点，抑制其活性，从而杀死存在 *BCR-ABL1* 融合基因的慢性粒细胞白血病（CGL，又称慢性髓系白血病、慢性髓性白血病，CML）细胞且几乎不影响正常细胞增殖（早期患者有效率接近 100%）；也可抑制与其他肿瘤相关的另外几种蛋白激酶，例如胃肠道肿瘤。伊马替尼于 2001 年成为第一种作用于肿瘤细胞信号转导蛋白的靶向药物，可用于治疗：①有慢性髓性白血病诊断并有费城染色体阳性检验证据的患者。伊马替尼目前是慢性髓性白血病的一线治疗标准药物，不过许多患者在治疗多年后会复发，同时还产生耐药性，原因是其 *BCR-ABL1* 发生突变，表达的 BCR-ABL 不再被伊马替尼抑制。②有急性淋巴细胞白血病诊断并有费城染色体阳性检验证据的患儿。③难治的或复发的费城染色体阳性的急性淋巴细胞白血病成年患者。④胃肠间质瘤患者。

（2）达沙替尼：为多靶点抑制剂，靶点包括 BCR-ABL、Src、GFR、细胞色素 P450 3A4 等，可用于治疗对伊马替尼耐药或不耐受的慢性髓性白血病等。

（3）舒尼替尼：为多靶点抑制剂，靶点包括 VEGFR1/2、PDGF-Rα/β、SCFR（Kit）、Ret、CSF-1R、FLT3 等，可用于治疗：①不能手术的晚期肾细胞癌（RCC）。②甲磺酸伊马替尼治疗失败或不耐受的胃肠道间质瘤（GIST）。③不可切除的、成人转移性高分化进展期胰腺神经内分泌瘤（pNET）。

（4）索拉非尼：为多靶点抑制剂，靶点包括 VEGFR1/2/3、RAF、PDGFR-β、FLT3、SCFR（Kit）等，可用于治疗：①晚期肾 [细胞] 癌。②不能手术或远处转移的肝细胞癌。③放射性碘治疗无效的局部复发或转移性、分化型甲状腺癌。

（5）阿法替尼：靶点为 EGFR、HER2、HER4，用于治疗 EGFR 突变型转移性非小细胞肺癌（NSCLC）的一线药物。

（6）吉非替尼：靶点为 EGFR，用于晚期非小细胞肺癌。

（7）厄洛替尼：靶点为 EGFR，属于第二代酪氨酸蛋白激酶抑制剂药物，用于晚期非小细胞肺癌二线治疗。

厄洛替尼和吉非替尼可逆性结合于 EGFR 活性中心 ATP 结合位点，抑制酪氨酸的自身磷酸化，阻止下游的信号转导，可显著延长患者的无进展生存期。

（8）泽布替尼：靶点为 BTK，属于第二代 BTK 抑制剂药物，用于治疗成人某些套细胞淋巴瘤（MCL）、慢性淋巴细胞白血病（CLL）、小淋巴细胞淋巴瘤（SLL）、华氏巨球蛋白血症（WM）。

2. 单克隆抗体（XL01XC） 比蛋白酶抑制剂类药物具有更高的专一性。

（1）曲妥珠单抗：靶点为 HER2，可用于治疗：①HER2 阳性的转移性乳腺癌。②HER2 阳性的早期乳腺癌患者的辅助和新辅助治疗。③HER2 阳性的转移性胃癌。曲妥珠单抗与 HER2 胞外结构域结合，促使其内化，从而杀死肿瘤细胞，且对 HER2 水平低的正常细胞无杀伤性。

（2）伊尼妥单抗：靶点为 HER2，可用于治疗 HER2 阳性转移性乳腺癌。

（3）帕妥珠单抗：靶点为 HER2，可用于治疗：① HER2 阳性局部晚期、炎性或早期乳腺癌患者的辅助治疗。②具有高复发风险 HER2 阳性早期乳腺癌患者的辅助治疗。

（4）西妥昔单抗：靶点为 EGFR，可用于治疗：① *ras* 野生型的转移性结直肠癌。②头颈部鳞状细胞癌。西妥昔单抗与 EGFR 竞争性结合，抑制其二聚化，从而抑制其信号转导。

（5）尼妥珠单抗：靶点为 EGFR，可用于治疗 Ⅲ / Ⅳ 期鼻咽癌。

（6）贝伐珠单抗：靶点为血液 VEGFA，可用于治疗晚期转移性结直肠癌或晚期非鳞非小细胞肺癌及恶性胶质瘤、肾细胞癌、乳腺癌、宫颈癌、卵巢癌等。作用机制为抑制肿瘤血管生成。

六、转接蛋白

转接蛋白（adaptor protein）又称连接物、衔接体蛋白质，是指参与信号转导中间环节的一类信号转导蛋白。它们带有一组蛋白质结合域，可通过蛋白质相互作用与信号通路上下游信号转导蛋白组装信号转导复合物，介导信号转导。

● 支架蛋白（scaffold protein）被定义为带有一组特异性蛋白质结合域，可作为支架或平台募集一组特定蛋白质组装成具有特定结构和功能的超分子复合物的一类蛋白质的统称。转接蛋白和支架蛋白有区别、有交集，在教材、专著和文献中并未严格区分，如 A 激酶锚定蛋白（AKAP，蛋白激酶 A 锚定蛋白）既有称转接蛋白又有称支架蛋白。

（一）转接蛋白结构

许多转接蛋白能成为结构平台，是因为其结构具有模块性，即分子中含两个及两个以上的保守结构域，作用是介导与其他分子结合。例如 IRS1 含一个 PH 结构域、一个 pTyr 结合域。此外还有 9 个 YXXM 基序，其中 5 个基序的酪氨酸（Y）会被胰岛素受体磷酸化。

目前已有 40 多种这样的结构域被阐明，以下是几种典型的结构域。

1. SH2 结构域（Src homology 2 domain）含 80~116aa（图 7-6），能识别并结合于信号转导蛋白的 pTyr，这种 pTyr 必须属于某种基序。SH2 结构域最初发现于与原癌基因 c-*src* 家族产物同源的酪氨酸激酶受体中，因其与 SH1 催化结构域不同而被命名为 SH2 结构域。人类基因组编码的 111 种蛋白质含 SH2 结构域，分别识别不同基序中的 pTyr 并与之结合，其中许多都参与信号转导。例如，MAPK 途径的转接蛋白 GRB2 通过其 SH2 结构域与表皮生长因子受体的 pTyr 结合。pTyr 嵌入 SH2 的一个很深的小腔内，其磷酸基四个氧原子与 SH2 中的氢原子形成氢键，更重要的是两个负电荷与两个 Arg 胍基形成离子键。

| SH2结构域 | SH3结构域 | PH结构域 |

图 7-6　部分结构域

不同 SH2 构象存在细微差异，决定了 SH2 蛋白质与 pTyr 蛋白质的结合具有特异性。典型 SH2 与 pTyr 及其下游 3 个氨基酸残基结合，依次编号为 0、+1、+2、+3。Src、Fyn、Hck、Nck 等蛋白质的 SH2 可以与 +1 和 +2 为带负电荷氨基酸残基的 pTyr 蛋白质结合，PLCγ1、SHP2 等蛋白质的 SH2 有一个疏水裂缝，可以与 +1 和 +5 为脂肪族氨基酸残基的 pTyr 蛋白质结合。这些差别决定了 SH2 结构域分类及其结合特异性。

2. SH3 结构域（Src homology 3 domain） 含 50~77aa，以反向平行的 β 折叠为主（图 7-6），识别信号转导蛋白（及细胞骨架）含以下共有序列的脯氨酸结构域并与之结合：X-P-P-X-P，其中 X 为脂肪族氨基酸残基。

3. PH 结构域（pleckstrin homology domain） 含 100~146aa，形成 7 段 β 折叠（1~7），折叠 1~4 和折叠 5~7 构成的两个反向 β 片层形成夹心结构（图 7-6）。PH 结构域主要识别细胞膜内层脂所含肌醇磷脂的 3- 磷酸基并与之结合，从而介导信号转导蛋白结合于细胞表面。PH 结构域广泛存在于信号转导蛋白和细胞骨架中。

4. PTB 结构域（phosphotyrosine binding domain） 是与 pTyr 蛋白结合的另一类结构域，其关键序列和构象不同于 SH2 结构域。人类基因组编码的至少 24 种蛋白质含 PTB 结构域，如转接蛋白胰岛素受体底物（IRS）。能与 SH2 结构域、PTB 结构域结合的 pTyr 都由酪氨酸激酶（PTK）催化磷酸化形成，由蛋白酪氨酸磷酸酶（PTP）催化去磷酸化清除。

实际上，这些结构域不仅存在于转接蛋白，也存在于其他信号转导蛋白（图 7-7）。

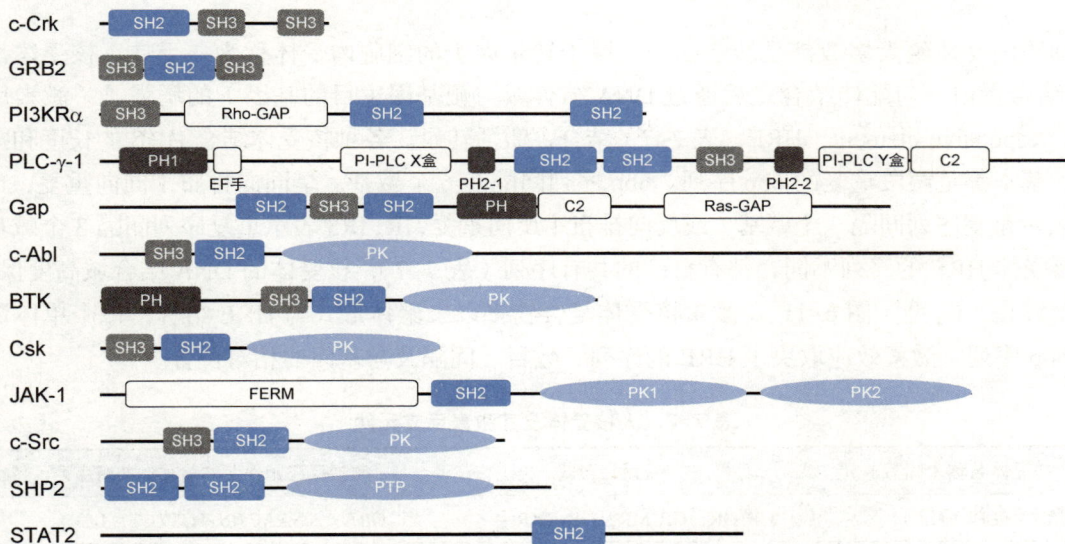

图 7-7 人部分蛋白质中的结构域示意图

并非所有转接蛋白都含结构域，例如属于人 14-3-3 蛋白家族的 7 种转接蛋白不含结构域。这类转接蛋白（及含结构域的转接蛋白、其他信号转导蛋白）都含固有无序区域（IDR），这种 IDR 易变构，因而可以与不止一种蛋白质特异性结合。例如蛋白激酶底物结合位点和催化位点的结构都高度保守，但通过进化获得了额外序列，典型长度 20~30aa，其中部分序列呈无序结构，可以发生不同折叠，以适应各种多酶信号通路。大多数蛋白激酶所含的激活环就是一种 IDR，功能是抑制激酶活性。一旦其一个或几个残基被磷酸化，则解除抑制。PKA、PKB、PKC 的 C 端均为 IDR，其所含特定残基的磷酸化状态决定酶蛋白是否被激活或去激活。在 MAPK 中，N 端 IDR 作用类似多酶复合物中的锚定位点。

（二）转接蛋白异常

转接蛋白结构异常或水平异常与细胞的恶性增殖密切相关。

1. crk 蛋白　又表示为 c-Crk、p38，是原癌基因 *CRK* 产物，分子结构中含有一个 SH2 结构域和两个 SH3 结构域，可以通过 SH2-pTyr 相互作用募集信号转导蛋白。癌基因 *crk* 最早发现于禽肉瘤病毒 CT10，其产物能明显提高酪氨酸激酶活性，故命名为 *crk*（CT10 regulator of kinase，CT10 激酶调节物）。*CRK* 基因在胚胎和成人的多数组织中无表达或低表达，但在大多数恶性肿瘤（特别是肺癌、结肠癌）细胞中表达增加。crk 蛋白作为转接蛋白广泛参与肿瘤细胞的信号转导，刺激其迁移、生长等。

2. GRB2 蛋白　是 *GRB2* 基因（生长因子受体结合蛋白 2）产物，分子结构中含有一个 SH2 结构域和两个 SH3 结构域，通过 SH2-pTyr 相互作用与生长因子受体（如 HER2 蛋白）及一些癌蛋白（如 BCR-ABL 融合蛋白）pTyr-Xaa-Asn-Xaa 中的 pTyr 结合。研究表明，GRB2 主要在 MAPK 途径中起作用，参与细胞的生长调节和分化调控。GRB2 与肿瘤关系密切，慢性粒细胞性白血病患者癌细胞的增殖总是伴随着 GRB2 合成的增加。另外，在不同的乳腺癌细胞中也有 GRB2 过度合成，抑制 GRB2 可抑制 *HER2* 基因高表达的乳腺癌细胞的生长和转化。

第三节　细胞内受体介导的信号通路

细胞内受体绝大多数都是转录因子，属于转录因子的细胞内受体称为核受体。核受体都是 DNA 结合蛋白，与配体结合之后通过 DNA 结合域与靶基因（目的基因）的增强子（激素反应元件，responsive element，HRE，表 7-7）结合，激活转录。各种核受体结合 HRE 的长度和排布相似，基本都是两段重复的 6bp 序列。6bp 序列间隔 0~6 个碱基，呈同向排布（同向重复，DR，DR3 表示重复序列间隔 3 个碱基）或反向排布（反向重复，IR，IR3 表示重复序列间隔 3 个碱基）。不同核受体 HRE 的序列不同，都有自己的共有序列（表 7-7），核受体的 DNA 结合域高度保守，含两个锌指（C_4 型，图 6-11）。激素核受体复合物多以二聚体形式与 HRE 结合，每个单体识别一段 6bp 序列。激素效应取决于 HRE 的序列、数目、间隔及与基因的相对位置。

表 7-7　人核受体及其激素反应元件

核受体名称（缩写）	活性形式	激素反应元件名称缩写：共有序列，特征
糖皮质激素受体（GR）	GR-GR，GR-MR，GR-RXR	GRE：AGAACAN₃TGTTCT，IR3
盐皮质激素受体（MR）	MR-MR，MR-GR	MRE：AGAACAN₃TGTTCT，IR3
雌激素受体 1/2（ER）	ER1-ER1，ER1-ER2，ER2-ER2	ERE：AGGTCAN₃TGACCT，IR3
雄激素受体	AR-AR	ARE：AGAACAN₃TGTTCT，IR3
维生素 D 受体（VDR）	RXR-VDR	VDRE：AGGTCAN₃AGGTCA，DR3
甲状腺激素受体 α/β（TR）	RXR-TR，TR-TR	TRE：AGGTCAN₄AGGTCA，DR4
维甲酸受体 α/β/γ（RAR）	RXR-RAR	RARE：AGGTCAN₅AGGTCA，DR5
维甲酸 X 受体 α/β/γ（RXR）	RXR-RAR，RXR-VDR	RARE：AGGTCANAGGTCA，DR1

1. 核受体分类　人类蛋白质组中有 50 多种核受体，包括激素核受体和孤儿核受体。它们组成核受体家族，可根据聚合形式和 HRE 的性质分类：①与 IR 结合的同二聚体（GR、MR、ER、

AR、PR，游离状态下主要存在于细胞质；配体为皮质激素和性激素）。②与 DR 结合的异二聚体（TR、RAR、VDR、PPARα/β/γ、FXR、LXR、PXR、SXR、CAR，它们与 RXR 形成异二聚体；配体为激素或代谢物，表 7-8）或同二聚体。③与 DR 结合的孤儿受体同二聚体或单体（GCNF、TR4、LRH-1、SF-1、TLX）。

表 7-8 代谢物配体类核受体

受体		伴侣	配体	效应
过氧化物酶体增殖物激活受体	PPARα	RXR（DR1）	脂肪酸	过氧化物酶体增殖
	PPARβ/δ	RXR（DR1）	脂肪酸，降脂药	脂肪组织能量代谢
	PPARγ	RXRA	脂肪酸，降脂药	脂质和糖代谢
法尼醇 X 受体	FXR	RXR（DR4）	法尼醇，胆汁酸	胆汁酸代谢
肝 X 受体	LXR	RXR（DR4）	羟固醇	胆固醇代谢
外来化合物 X 受体	CAR	RXR（DR5）	雄烷，苯巴比妥，外来化合物	生物转化
	PXR	RXR（DR3）	孕烷，外来化合物	

2. 糖皮质激素受体转导机制 糖皮质激素（glucocorticoid，GC）是由肾上腺皮质束状带合成分泌的类固醇激素，参与许多生理过程的调节，包括基因表达、能量代谢、水盐代谢、生长发育、炎症反应、免疫反应和应激反应等。这些效应是通过糖皮质激素与糖皮质激素受体的结合来实现的。人类基因组中约 1% 基因的调控元件含糖皮质激素反应元件（glucocorticoid responsive element，GRE）。

人糖皮质激素受体（glucocorticoid receptor，GR）一级结构依次形成可变区（转录激活结构域，TAD）、DNA 结合域（DBD）、铰链区、配体结合区（LBD）。糖皮质激素受体含多种修饰位点，这些位点的修饰状态影响其亚细胞定位、活性和稳定性。

在没有糖皮质激素进入细胞时，糖皮质激素受体单体因与热休克蛋白 Hsp90、亲免素 FKBP5 等形成复合物而滞留于细胞质中，不能进入细胞核激活靶基因转录。一旦有糖皮质激素通过继发性主动转运进入细胞质，就会与糖皮质激素受体的 LBD 结合，使其变构释放 FKBP5 等，形成同二聚体（或与 RXR 形成异二聚体），并与另一种亲免素 FKBP4 结合，由动力蛋白（dynein）介导通过主动转运进入细胞核，通过以下机制调控基因表达。

（1）作为转录激活因子：通过 DNA 结合域与染色体 DNA 靶基因的糖皮质激素反应元件（GRE）结合，募集染色质重塑复合物、组蛋白乙酰化酶和其他共激活因子，启动或激活靶基因的转录（图 7-8），例如可以启动葡萄糖 -6- 磷酸酶和磷酸烯醇式丙酮酸羧激酶（促进糖异生）、膜联蛋白 I（annexin I，抑制磷脂酶 A_2 活性，抗炎）等基因的转录。

（2）作为共调节因子：①作为共激活因子与转录因子 STAT5A、STAT5B 同二聚体或异二聚体结合，参与生长激素激活的 JAK-STAT 途径。②作为共抑制因子与转录因子 NF-κB 或 AP-1 等结合，抑制它们对各自靶基因表达的增强效应，从而抑制这些靶基因的表达，例如可以抑制肿瘤坏死因子（TNFα）和白细胞介素 2（IL-2）等基因的转录。③可能通过调节脂解 / 抗脂解基因表达抑制脂肪合成。

（3）作为翻译抑制因子：糖皮质激素受体与靶基因 mRNA 5' 非翻译区结合，促进其降解，从而抑制翻译。

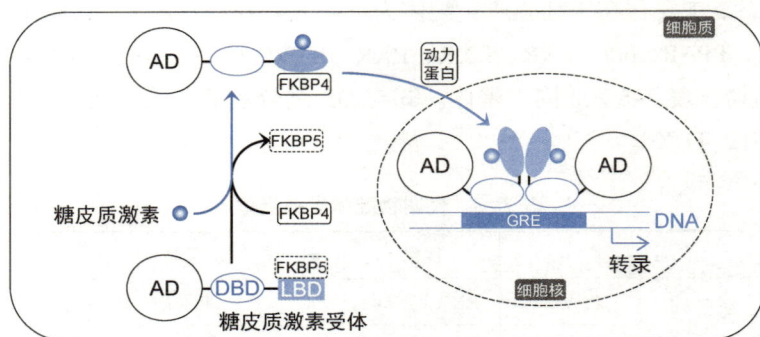

图 7-8 糖皮质激素信号通路

3. 核受体通路特点 ①显效迟缓，都需要 30 分钟至数小时的延迟期（lag period），因而以该途径为靶点的药物不可能在数分钟内显效。②效应持久，药物清除后药物效应（或毒性作用）仍可持续数小时至数日，取决于蛋白质半衰期。

4. 核受体拮抗剂 ①他莫昔芬（XL02B）：是一种前药，属于内分泌治疗用药（XL02），可用于乳腺癌的术后内分泌治疗，其代谢物 4- 羟基他莫昔芬是一种雌激素受体拮抗剂，与雌激素受体结合后抑制其募集共激活因子，因而可有效抑制基因表达，从而抑制雌激素依赖性乳腺癌细胞增殖。他莫昔芬作为雌激素受体调节剂用于药物预防，可将女性乳腺癌风险降低 50%。②雷洛昔芬（XG03X）：是一种选择性雌激素受体调节剂（SERM，是骨细胞受体激动剂、子宫和乳腺细胞受体拮抗剂），用于治疗浸润性乳腺癌和防治绝经女性骨质疏松。③米非司酮（XG03X）：是一种孕激素受体拮抗剂，可用于避孕，作用机制是与孕激素受体结合，抑制受精卵着床。

第四节　配体门控离子通道介导的信号通路

细胞外信号刺激感觉细胞、神经元、肌纤维兴奋的过程依赖于一类离子通道介导的无机离子（Na^+、K^+、Ca^{2+}、Cl^-）的跨膜转运，这类离子通道的转运具有高效性、特异性和门控性。高效性是指在开启状态下每个通道可以允许 $10^6 \sim 10^7$ 个离子通过。特异性是指这类离子通道在开放时（直径 5~8nm）大多数只允许一种特定无机离子通过。门控性是指这类离子通道的开关状态受配体（如神经递质）或膜电位控制，故称门控 [离子] 通道（gated ion channel）。根据门控机制的不同，这些门控通道可分为配体门控离子通道（ligand-gated ion channel，由配体控制）、电压门控通道（voltage-gated channel，由膜电位变化控制）和机械敏感性离子通道（mechanosensitive ion channel，由机械压力变化控制）等。

1. 配体门控离子通道 又称离子通道受体（ionotropic receptor），分布于化学突触后膜，其天然配体为突触递质，包括乙酰胆碱、5- 羟色胺、γ- 氨基丁酸、谷氨酸、甘氨酸等。配体门控离子通道的效应是改变相关离子通过易化扩散跨膜转运速度，从而改变膜电位。离子通道受体反应快速，反应时间 <1ms。

2. 烟碱 [型乙酰胆碱] 受体 简称 N 胆碱受体（nicotinic acetylcholine receptor，nAChR），是由四种亚基构成的五聚体，未成熟肌细胞是 $\alpha_2\beta\gamma\delta$，成熟肌细胞是 $\alpha_2\beta\epsilon\delta$，乙酰胆碱的结合位点位于两个 α 亚基的 N 端（图 7-9）。各亚基都含有四段 α 螺旋（M1~M4）跨膜区，其中 M2 为两亲性 α 螺旋，围成通道内表面，且中部有一个亮氨酸残基，其疏水 R 基伸出表面，将通道封闭。

烟碱型乙酰胆碱受体属于阳离子（Na^+、K^+、Ca^{2+}）通道，位于神经突触和神经肌肉接头的突触后膜上，在突触传递中起关键作用。

突触前神经元突触终扣轴浆细胞骨架上有 $3×10^5$ 个突触囊泡（突触小泡），每个囊泡内有 $1×10^4$ 个乙酰胆碱分子。突触前神经元轴突传导的动作电位致使突触前膜电压门控钙通道开放，钙离子内流，引起 300 多个突触囊泡脱离细胞骨架，前移至突触前膜并与之融合，胞吐释放乙酰胆碱至突触间隙。部分乙酰胆碱扩散至突触后膜，与烟碱型乙酰胆碱受体结合导致

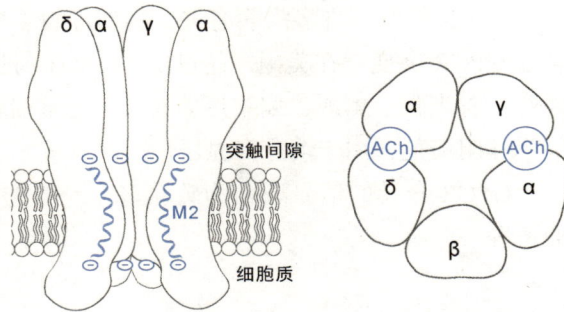

图 7-9 烟碱型乙酰胆碱受体

其变构，M2 旋转，亮氨酸残基疏水 R 基转入通道内壁，中间开启一条直径 0.5~0.7nm 的离子通道，钠离子内流，电压门控钠通道打开，钠离子内流增加，电压门控钾通道打开，钾离子外流。内流多于外流，致使突触后膜去极化，产生终板电位，引起肌细胞兴奋，肌肉收缩；神经元突触后膜去极化产生动作电位。

离子通道具有组织特异性。例如，脑细胞和神经肌肉接头的烟碱型乙酰胆碱受体亚基存在差异。尼古丁可以激活脑细胞烟碱型乙酰胆碱受体，箭毒可以抑制神经肌肉接头烟碱型乙酰胆碱受体。

●肌细胞烟碱型乙酰胆碱受体基因突变会导致其亚基异常，发生先天性肌无力。例如，α 亚基的乙酰胆碱结合位点异常可以使受体与配体的亲和力增强，导致离子通道持续开放，发生肌无力。此外，骨骼肌乙酰胆碱受体抗体也可以引起重症肌无力。

3. 门控通道毒素 某些神经毒素作用于门控通道：眼镜蛇毒素、银环蛇毒素、筒箭毒碱抑制乙酰胆碱受体通道，树眼镜蛇毒素阻断电压门控钾通道，河豚毒素和石房蛤毒素阻断电压门控钠通道。河豚毒素与钠通道亲和力极强（$K_i ≈ 1nM$），成人致死剂量约 10ng。

第五节 G 蛋白偶联受体介导的信号通路

G 蛋白偶联受体通路有三种基本信号转导蛋白：G 蛋白偶联受体、G 蛋白和位于细胞膜上的效应酶（或离子通道）。细胞外信号如激素、生长因子、神经递质是其第一信使，它们与 G 蛋白偶联受体结合，致使其变构激活，G 蛋白偶联受体与 G 蛋白结合并激活之，G 蛋白变构激活效应酶。效应酶改变细胞质特定小分子（如 cAMP）或无机离子（如钙）浓度，它们作为第二信使激活一种或几种下游转导蛋白，多数是蛋白激酶。

G 蛋白偶联受体（GPCR）通过激活三聚体 G 蛋白转导信号，故得名。GPCR 是七次跨膜蛋白（因此又称七次跨膜受体），其 N 端在细胞外，含配体结合区；跨膜区为七段 α 螺旋，螺旋 5 和螺旋 6 之间的连接环位于细胞内，变构激活 G 蛋白；C 端在细胞内，所含的几个丝氨酸 / 苏氨酸是磷酸化 / 去磷酸化修饰位点。除 B 型 GABA 受体等个别 GPCR 活性形式为同二聚体或异二聚体外，其余 GPCR 均为单体。视紫红质是第一种阐明构象的 GPCR。

GPCR 在真核生物中普遍存在。人类基因组编码的 1000 多种 GPCR 组成一个膜受体超家族，其中约 350 种是激素、生长因子等内源性配体的受体，约 500 种是嗅觉和味觉受体，其余 150 多种的功能和天然配体尚未鉴定（故属于孤儿受体）。GPCR 是人类基因组编码最大的蛋白质超家族，美国科学家 R. Lefkowitz 和 B. Kobilka 因 "GPCR 研究" 获得 2012 年诺贝尔化学奖。

GPCR 异常与许多疾病有关，例如过敏、抑郁、失明、糖尿病、各种心血管疾病，20% 肿瘤存在 GPCR 突变。在美国，超过 1/3 的临床药物都以 GPCR 为靶点，例如 β 受体与高血压、心律失常、青光眼、焦虑、偏头疼等有关，是 β 受体阻滞剂类药物的靶点。阿替洛尔（XC07AB）是 β_1 受体阻滞剂，用于治疗高血压。

GPCR 介导的信号通路为数众多，经典的有 PKA 途径、IP_3-DAG 途径、MAPK 途径及离子通道等。

一、PKA 途径

PKA 途径（PKA 通路）以改变靶细胞中 cAMP 水平和蛋白激酶 A 活性为主要特征，是激素调节细胞代谢和调控基因表达的重要途径。

通过 PKA 途径转导的信号有激素和生长因子等，如肾上腺素、去甲肾上腺素、促甲状腺激素、卵泡刺激素、黄体生成素、促肾上腺皮质激素、促肾上腺皮质激素释放激素、多巴胺、胰高血糖素、组胺、促黑素、甲状旁腺激素、前列腺素 E_1/E_2、5- 羟色胺、生长抑素、加压素、降钙素、人绒毛膜促性腺激素、促脂素、味觉物质、气味物质、腺苷等。

1. 核心成分　简介如下。

（1）三聚体 G 蛋白（$G_{\alpha\beta\gamma}$）：包括激活型三聚体 G 蛋白（G_s）和抑制型三聚体 G 蛋白（G_i）。

（2）腺苷酸环化酶（AC）：人类基因组编码的 10 种腺苷酸环化酶同工酶已被鉴定，其中 AC1~AC9 是十二次跨膜蛋白（AC10 是周边蛋白），其胞内结构域含活性中心，被 G_s 激活之后可催化合成 cAMP。

（3）环磷酸腺苷（cAMP）：又称环腺苷酸，是第一种被发现的第二信使，由腺苷酸环化酶催化合成、磷酸二酯酶催化分解。细胞内 cAMP 基础水平通常维持在 10^{-6}mol/L 以下。

（4）蛋白激酶 A（PKA）：是一类丝氨酸 / 苏氨酸激酶，其磷酸化位点均位于共有序列 R-R/K-X-S/T-Φ 中（表 7–5）。蛋白激酶 A 为四聚体结构（R_2C_2），含两个催化亚基（C）和两个调节亚基（R），两个调节亚基通过 N 端序列结合形成 R_2 二聚体，并用以结合 A 激酶锚定蛋白（AKAP）。调节亚基有一段固有无序区域，属于自抑制结构域，内含一段假底物序列，如 I 型蛋白激酶 A 调节亚基的假底物序列 R-R-G-A-I 与磷酸化位点共有序列一致（只是丝氨酸被丙氨酸取代），因而可直接结合于活性中心，从而竞争性抑制底物蛋白的结合，即抑制催化亚基的催化作用。调节亚基还有两个 cAMP 结合位点，可以与 cAMP 结合而变构，致使自抑制结构域退出活性中心，且 R_2C_2 解离成调节亚基二聚体（R_2）和两个有催化活性的游离催化亚基（2C）。因此 cAMP 是蛋白激酶 A 的变构激活剂，通过解除调节亚基对催化亚基的抑制作用而激活催化亚基。

2. 转导机制　以胰高血糖素为例，①胰高血糖素与胰高血糖素受体结合形成激素 - 受体复合物。②激素 - 受体复合物募集三聚体 G 蛋白，并将其激活为 G_α-GTP，每一个激素 - 受体复合物可激活上百个三聚体 G 蛋白，故有放大效应。③G_α-GTP 变构激活腺苷酸环化酶。④腺苷酸环化酶催化 ATP 合成第二信使 cAMP，使细胞内 cAMP 水平在几秒内升高数倍（约 10^{-6}mol/L）。⑤cAMP 激活蛋白激酶 A（图 7–10）。

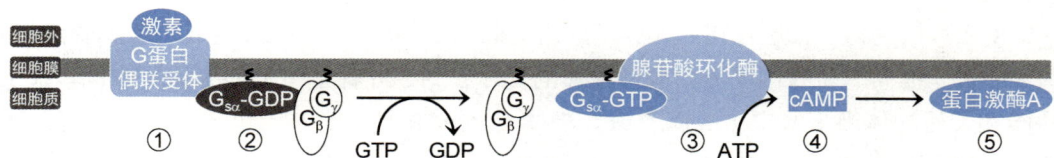

图 7–10　cAMP 与蛋白激酶 A 介导的信号转导

3. 转导效应 蛋白激酶 A 的靶蛋白包括各种代谢酶、离子通道、肌原纤维、转录因子等。蛋白激酶 A 催化靶蛋白特定丝氨酸/苏氨酸磷酸化，引起细胞反应，最终产生两种效应。

（1）短期效应：又称核外效应，发生在细胞质中，是作用于已有酶类或其他效应蛋白，所以显效快，整个过程只需要几秒至几分钟。例如，激活肝糖原磷酸化酶激酶，促进肝糖原分解，补充血糖；增强心肌收缩，增加心率；促进胃酸分泌、脂肪动员、氯离子通道开放，抑制血小板聚集。

（2）长期效应：又称核内效应，发生在细胞核内，蛋白激酶 A 磷酸化修饰转录因子，调控基因表达，从而影响细胞增殖或细胞分化。整个转导过程需要几小时到几天，慢而持久。例如，在内分泌细胞内 cAMP 诱导合成生长抑素（促生长素抑制素），抑制各种激素释放；在肝细胞内 cAMP 诱导合成糖异生酶类。

PKA 途径的靶基因都含增强子 cAMP 反应元件（CRE，共有序列 TGACGTCA，CG 是甲基化修饰位点），与 CRE 结合的一类转录因子统称 cAMP 反应元件结合蛋白（CREB）。以 CREB-1 为例，①蛋白激酶 A 进入细胞核之后，催化 CREB-1 的 Ser133 磷酸化。②CREB-1 形成二聚体，结合于 CRE。③CREB-1 通过 Ser133 募集共激活因子 CBP（CREB 结合蛋白）或 p300（第六章，156 页），激活靶基因转录（图 7-11）。c-Fos 蛋白、脑源性神经营养因子、酪氨酸羟化酶以及许多神经肽（如生长激素抑素、脑啡肽、血管生长因子、促肾上腺皮质激素释放激素）基因等都是 CREB-1 的靶基因。

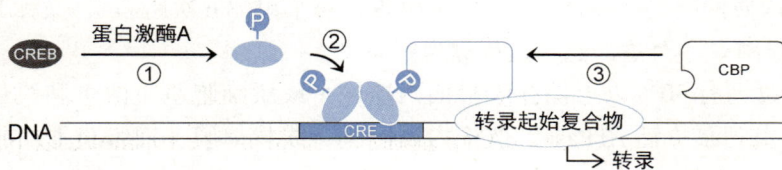

图 7-11 cAMP 与蛋白激酶 A 介导的基因表达

CBP 或 p300 还参与 MAPK 途径、核受体途径、JAK-STAT 途径、NF-κB 途径。

4. 放大效应 在 PKA 途径中，第一信使传递的信号被放大。放大发生在受体、腺苷酸环化酶及化学修饰环节。①一分子激素受体复合物可激活上百分子 G 蛋白。此外，去甲肾上腺素与受体结合只能持续数毫秒，但激活形成的 Gs-GTP 可存在几十秒，放大 4 个数量级。②一分子 G 蛋白激活一分子腺苷酸环化酶，进而合成多分子 cAMP。③一分子 PKA 催化多分子靶蛋白磷酸化，如糖原磷酸化酶 b 激酶磷酸化激活。④一分子糖原磷酸化酶 b 激酶催化多分子糖原磷酸化酶磷酸化激活。

5. 特异性 蛋白激酶 A 在不同的组织细胞中磷酸化不同的靶蛋白，因而产生不同的转导效应。①在肝细胞：激活糖原磷酸化酶激酶，促进肝糖原分解，补充血糖，维持血糖稳定。②在脂肪细胞：激活激素敏感性脂肪酶，促进脂肪动员。③在心肌细胞：磷酸化细胞膜电压门控钙通道，增加 Ca^{2+} 内向通量（influx），增强心肌收缩。④在胃黏膜壁细胞：促进微管泡运输，补充顶端膜 H^+,K^+-ATPase，促进胃酸分泌。⑤在海马锥体细胞：抑制 Ca^{2+} 激活的钾通道，使细胞膜去极化，延长放电时间。

6. 信号转导终止 有激素清除、受体脱敏和下调、G 蛋白自我去激活、cAMP 水解致 PKA 去激活、磷酸蛋白去磷酸化等多种机制。

● 沙丁胺醇（XR03A）是一种 β 受体激动剂，用于治疗哮喘，作用机制是通过 β 受体途径激活支气管和细支气管平滑肌腺苷酸环化酶，增加 cAMP，使平滑肌松弛，支气管和细支气管扩张。

二、IP_3-DAG 途径

IP_3-DAG 途径由细胞外信号启动细胞内第二信使 1,2- 甘油二酯（DAG）、1,4,5- 三磷酸肌醇（IP_3）和 Ca^{2+} 水平的增加，继而由第二信使激活 PKC 途径和钙调蛋白途径等。例如，催产素通过该途径促使 Ca^{2+} 进入子宫平滑肌细胞，激活蛋白激酶 C 和钙调蛋白，刺激子宫平滑肌收缩。

通过 IP_3、Ca^{2+} 激活信号转导的信号有激素、神经递质、生长因子等，如乙酰胆碱、加压素、肾上腺素、血管生成素、血管紧张素 II、ATP、胃泌素释放肽、谷氨酸、促性腺激素释放激素、组胺、催产素、血小板源性生长因子、5- 羟色胺、胆囊收缩素、胃泌素、P 物质、促甲状腺激素释放激素、白细胞趋化因子等。

1. 第二信使 IP_3/DAG/Ca^{2+} 磷脂酰肌醇（PI）是细胞膜内层脂成分，其所含肌醇的羟基可被磷酸化，例如经过两次磷酸化生成磷脂酰肌醇 -4,5- 二磷酸［$PI(4,5)P_2$］。$PI(4,5)P_2$ 是许多细胞质蛋白的停泊位点，参与骨架形成、囊泡融合及内吞作用等。

以乙酰胆碱为例，IP_3-DAG 途径基本过程（图 7-12）：①乙酰胆碱与其 GPCR（M 胆碱受体）结合。②GPCR 激活三聚体 G 蛋白 G_q（或 G_o）。③G_q 激活 PIP_2 特异性磷脂酶 C_β（PLC_β）。④PLC_β 催化 $PI(4,5)P_2$ 水解，生成第二信使 1,2- 甘油二酯（DAG）和 1,4,5- 三磷酸肌醇（IP_3）。DAG 保留于细胞膜（会被代谢而终止转导，机制是水解或重新合成磷脂）。⑤IP_3 进入细胞质，作为配体作用于内质网膜同四聚体 **IP_3 受体**（IP3R，每个单体 6 次跨膜），又称 IP_3 门控钙通道，使通道开放，内质网 Ca^{2+} 外逸，这一过程称为**钙动员**。

细胞内的游离钙有 90% 以上储存于滑面内质网（或肌细胞肌浆网）和线粒体内。细胞质中的游离钙通常由钙泵（钙 ATPase，位于内质网膜、线粒体膜、细胞膜上；肌浆网钙泵称为 SERCA，占膜蛋白 80%）、钠钙交换体（位于细胞膜、线粒体膜上）清除，所以游离钙的基础水平极低，仅为 $0.01\sim0.2\mu mol/L$，为细胞外水平（$500\sim1500\mu mol/L$）的 $1/10^5\sim1/10^4$。信号分子或其他信号刺激可以使 Ca^{2+} 通过相应的钙通道从细胞外、内质网、线粒体进入细胞质，使水平升至 $1\sim2\mu mol/L$，激活胞吐、肌肉收缩、细胞骨架重排等细胞反应。

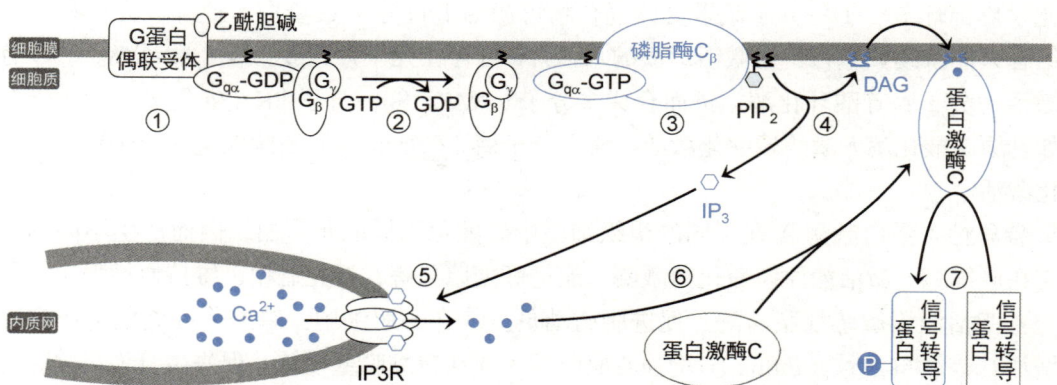

图 7-12 IP_3-DAG 途径

● **哮喘** 特征是支气管痉挛反复发作，导致支气管阻塞。组胺（通过 H_1 受体）和乙酰胆碱（通过 M 胆碱受体）升钙，刺激支气管收缩。肾上腺素（通过 β 受体）升 cAMP，从而降钙，抑制支气管收缩，因此可用肾上腺素及 β 受体激动剂（如沙丁胺醇）、磷酸二酯酶抑制剂（如茶碱和氨茶碱）治疗哮喘。

2. PKC 途径 又称 PKC 通路。该途径以 Ca^{2+} 水平升高和蛋白激酶 C 激活为主要特征，是激素调节细胞代谢和调控基因表达的重要途径。**蛋白激酶 C**（PKC）是一类丝氨酸 / 苏氨酸激酶。游离于细胞质中的蛋白激酶 C 没有活性，与 Ca^{2+} 结合之后向细胞膜转运，与细胞膜甘油二酯结合后使 PKC 假底物结构域离开活性中心而被激活，磷酯酰丝氨酸参与激活（图 7–12）。蛋白激酶 C 具有分布、底物、效应、激活剂特异性。

（1）分布特异性：人类基因组编码的 12 种蛋白激酶 C 已被鉴定，它们的分布具有组织特异性。

（2）底物特异性：与蛋白激酶 A 一致，包括细胞骨架蛋白、酶、即刻早期基因的转录因子等，例如可以磷酸化 EGFR、RAF、MAPK、IκB，eIF–4E。

（3）效应特异性：即在不同的细胞内产生不同的效应。①短期效应：蛋白激酶 C 可以通过催化一些酶的磷酸化改变其活性，从而产生短期效应，例如磷酸化 Na^+-H^+ 交换体，促进 Na^+-H^+ 交换，使细胞内 pH 值升高；磷酸化心肌细胞钙泵，促进排钙，增加 Ca^{2+} **外向通量**（efflux），导致心肌舒张。②长期效应：蛋白激酶 C 可以通过间接磷酸化激活转录因子（如 Elk-1），或抑制转录因子抑制蛋白（如 IκB），从而调控不同基因的表达，产生长期效应，例如促进细胞的增殖和分化。

3. 钙调蛋白途径 **钙调蛋白**（CaM，K_d=0.1~1μmol/L）是一种细胞质酸性蛋白，由 N 端结构域和 C 端结构域通过铰链区连接构成。N 端结构域和 C 端结构域各含两个称为 **EF 手**（EF-hand）的 HLH 基序，每个 EF 手都可以螯合一个 Ca^{2+}。钙调蛋白与 Ca^{2+} 的结合产生协同效应，所以对游离钙的变化非常敏感。在游离钙水平高于 0.5μmol/L 时，Ca^{2+} 与钙调蛋白结合致使其变构激活。钙调蛋白与 Ca^{2+} 的结合与解离产生三种效应：①调节钙调蛋白的亚细胞定位。②调节钙调蛋白与靶蛋白的结合与解离平衡。③激活以钙调蛋白为调节亚基的变构酶。因此，钙调蛋白是一种分子开关，在细胞代谢（特别是信号转导）中介导各种 Ca^{2+} 效应（图 7–13）。

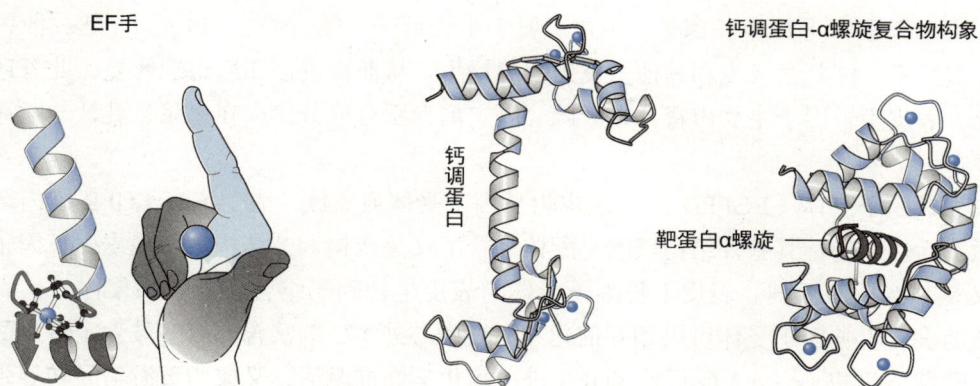

图 7–13 钙调蛋白构象

（1）激活肌球蛋白轻链激酶（myosin light chain kinase，MLCK）：MLCK 是一类**钙调蛋白激酶**（CaM kinase，CaMK），属于丝氨酸 / 苏氨酸激酶，可以催化肌球蛋白轻链磷酸化，引起平滑肌肌动蛋白肌球蛋白相互作用，即肌肉收缩。

（2）与 PKA 途径交叉对话：在某些组织激活 1 型双特异性磷酸二酯酶（Cam-PDE 1A、B、C，可水解 cAMP 和 cGMP），水解 cAMP；在另一些组织则激活腺苷酸环化酶（脑细胞 AC1、3、8），合成 cAMP，从而与 PKA 途径交叉对话，整合调节。

（3）激活血管**内皮型一氧化氮合酶**（eNOS）：eNOS 以 NADPH、FAD、FMN、血红素、四氢生物蝶呤为辅助因子，催化精氨酸氧化产生一氧化氮（NO，半衰期 2~30 秒），扩散至邻近平滑肌细胞，诱导平滑肌松弛（机制见 cGMP-PKG 途径，217 页），引起血管扩张。

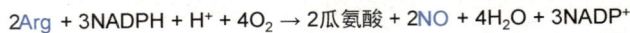

$$2Arg + 3NADPH + H^+ + 4O_2 \rightarrow 2\text{瓜氨酸} + 2NO + 4H_2O + 3NADP^+$$

（4）激活细胞膜钙泵：加快泵出 Ca^{2+}，使细胞质游离钙回落到基础水平。

（5）间接激活转录因子：①激活钙调蛋白激酶，钙调蛋白激酶则催化转录因子磷酸化激活。②激活钙调磷酸酶（属于丝氨酸 / 苏氨酸磷酸酶），钙调磷酸酶催化转录因子去磷酸化激活。

例如，T 细胞的一类称为**活化 T 细胞核因子**（nuclear factor of activated T cell，NFAT）的转录因子以无活性磷酸化状态存在于细胞质中，受体激活使细胞质游离钙升高，由 Ca^{2+}/CaM 激活钙调磷酸酶（calcineurin），催化 NFAT 脱磷酸，暴露出核定位信号（NLS）。NFAT 进入细胞核，激活基因表达。

（6）激活肌糖原磷酸化酶激酶：肌糖原磷酸化酶激酶 $(\alpha\beta\gamma\delta)_4$ 的调节亚基 δ 就是钙调蛋白。

4. 其他效应　在横纹肌，Ca^{2+} 与肌浆网上的**兰尼碱受体**（RYR，一种钙通道）结合，诱导 Ca^{2+} 外逸，与细肌丝上的肌钙蛋白（troponin）结合引起肌肉收缩。

第六节　单次跨膜受体介导的信号通路

单次跨膜受体包括酶联受体和非酶联受体。酶联受体主要是细胞因子和生长因子受体，其转导效应主要是调控基因表达，从而调节细胞增殖和分化。非酶联受体本身既不具有酶活性，也不直接与其他酶相偶联，例如参与诱导细胞凋亡的死亡受体。

一、MAPK 途径

表皮生长因子（上皮生长因子，EGF）属于生长因子（第九章，259 页），是一种热稳定的肽类促分裂激素，能刺激表皮和其他上皮组织等增生，从而促进创伤后组织修复，此外还可抑制胃酸分泌。表皮生长因子主要由肾、唾液腺、脑、前列腺合成分泌，在血浆、乳汁、唾液、尿液中广泛存在。

表皮生长因子受体（EGFR）属于表皮生长因子受体亚家族（表 7-6）。EGFR 胞内结构域是酪氨酸激酶活性中心，其胞外结构域既是配体结合区又是变构调节结构域，表皮生长因子既是信号分子又是其变构激活剂。表皮生长因子受体与表皮生长因子结合后形成二聚体，从而变构激活。激活的表皮生长因子受体可以相互催化（活性中心外）C 端富含酪氨酸域六个特定的酪氨酸磷酸化。磷酸酪氨酸（pTyr）既促使 EGFR 进一步化学修饰激活，又成为下游信号转导蛋白的停泊位点。

表皮生长因子（EGF）、成纤维细胞生长因子（FGF）、血小板源性生长因子（PDGF）、血管内皮生长因子（VEGF）、神经生长因子（NGF）、胰岛素样生长因子 1 等许多生长因子及脂联素、胰岛素等的受体均属于酪氨酸激酶受体（RTK）。目前已鉴定 58 种 RTK，它们有共同的结构特征：N 端胞外结构域（配体结合区）、跨膜区（单次跨膜 α 螺旋）、C 端胞内结构域（含酪氨酸激酶活性中心）。绝大多数 RTK 为单一肽链结构，与配体结合后二聚化激活，相互催化特定酪氨酸磷酸化，称为**自 [身] 磷酸化**（autophosphorylation）。

酪氨酸激酶受体信号转导机制：①募集细胞质中的下游蛋白：它们可能是酶（底物在细胞膜上），也可能是转接蛋白。②变构激活其募集的下游蛋白（例如酶）。③化学修饰下游蛋白：例如胰岛素受体底物1、2（IRS-1、2）各有20多个酪氨酸残基被胰岛素受体磷酸化。

酪氨酸激酶受体介导的信号通路有 MAPK 途径（MAPK 通路）、PI3K-Akt 途径和 IP_3-DAG 途径等。MAPK 途径广泛存在于从酵母到哺乳动物的细胞内。

（一）转导机制

MAPK 途径包括以下两个阶段。

1. EGF-Ras 转导　即 EGF → EGFR → GRB2 → Sos → Ras（图 7-14）。

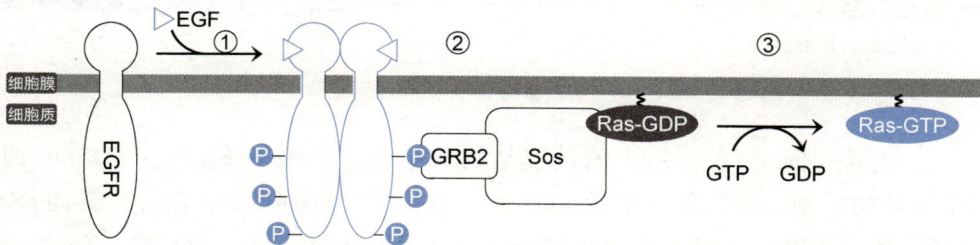

图 7-14　EGF-Ras 转导

（1）两分子 EGF 各与一分子 EGFR 单体结合，二聚化形成 $(EGFR-EGF)_2$，激活 EGFR 胞内结构域的酪氨酸激酶活性，自身磷酸化二聚体 C 端的 6×2 个酪氨酸残基，形成 pTyr 停泊位点，可以募集含 SH2 结合域的转导蛋白。

（2）表皮生长因子受体募集细胞质转接蛋白 GRB2（含一个 SH2、两个 SH3 结构域），机制是通过 pTyr 停泊位点与 GRB2 的 SH2 结构域结合。GRB2 募集细胞质 Sos 蛋白，机制是通过 SH3 结构域与 Sos 蛋白的脯氨酸结构域结合，激活 Sos 蛋白。

（3）Sos 蛋白属于鸟苷酸交换因子（GEF），募集细胞膜胞质面的 Ras 蛋白，促使其释放 GDP，结合 GTP，从而将其激活。

2. Ras-MAPK 转导　称为 MAPK 级联反应（MAPK cascade），是三种蛋白激酶 RAF、MEK 和 MAPK 的级联激活，即 Ras → RAF → MEK → MAPK（图 7-15）。

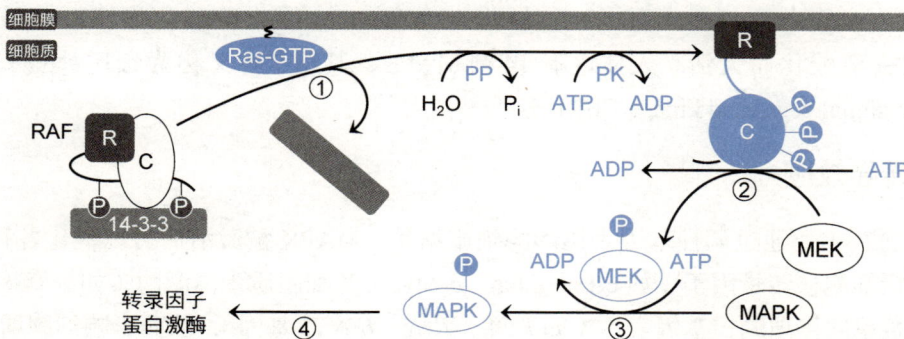

图 7-15　Ras-MAPK 转导

（1）Ras 蛋白激活蛋白激酶 RAF：Ras-GTP 募集细胞质蛋白激酶 RAF，将其变构激活，并使其进一步被蛋白磷酸酶（PP）催化去磷酸化、蛋白激酶（PK）催化磷酸化激活。之后 Ras-GTP

将 GTP 水解，与 RAF 分离（图 7–15 ①）。

Ras 蛋白在不同组织募集不同信号转导蛋白，例如 RAF、PI3K、RalGDS、Rin1。

蛋白激酶 RAF 是一种丝氨酸 / 苏氨酸激酶，属于 **MAP 激酶激酶激酶**（MAP3K，MAPKKK），是细胞癌基因 *RAF1* 产物，含调节结构域（R，N 端可结合 Ras 蛋白，C 端可结合膜脂）、铰链区（含 Ser259）、催化结构域（C，含 Ser621）。RAF 通常位于细胞质中，并受以下调节而处于抑制状态：①调节结构域与催化结构域结合，自我抑制。② Ser259 和 Ser621 处于磷酸化状态，成为转接蛋白 14-3-3（磷酸丝氨酸结合蛋白）的停泊位点，被其结合抑制（图 7–16）。

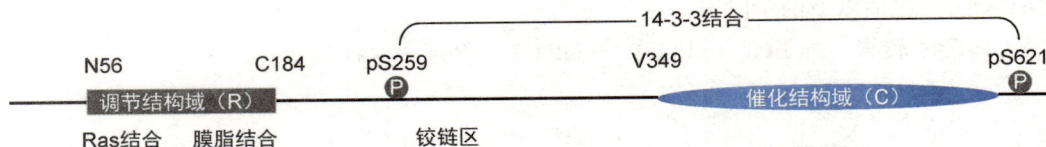

图 7–16　蛋白激酶 RAF 结构域示意图

RAF 激活机制：Ras-GTP 与 RAF 的调节结构域结合，产生以下效应：①解除调节结构域对催化结构域的抑制，使其部分激活。②使 RAF 变构释放 14-3-3 蛋白，暴露的 pSer259 和 pSer621 被特定蛋白磷酸酶（PP）催化去磷酸化。③ RAF 的 Ser338、Tyr341、Thr491、Ser494 被酪氨酸激酶 Src、丝氨酸 / 苏氨酸激酶 PAK1 等蛋白激酶催化磷酸化，从而完全激活（图 7–15 ①）。

RAF 在不同组织催化一组信号转导蛋白磷酸化，例如 MEK、AC、BAD、MYPT、TnTc 等。

（2）RAF 激活蛋白激酶 MEK：RAF 催化蛋白激酶 MEK 的 Ser218、Ser222 磷酸化，从而激活 MEK（图 7–15 ②）。

蛋白激酶 MEK 是一类双特异性蛋白激酶，属于 **MAP 激酶激酶**（MAP2K，MAPKK），在人体内至少已发现 7 种 MEK，它们组成丝氨酸 / 苏氨酸蛋白激酶家族的 MAPKK 亚家族，可以催化多种信号转导蛋白（如 MAPK）的丝氨酸或苏氨酸与酪氨酸磷酸化。

（3）MEK 激活蛋白激酶 MAPK：MEK 催化 MAPK 的 Thr185、Tyr187 磷酸化，从而激活 MAPK（图 7–15 ③）。

丝裂原活化蛋白激酶（mitogen-activated protein kinase，**MAPK**）简称 MAP 激酶，是一类丝氨酸 / 苏氨酸激酶。它们都是调节酶，一级结构中含有一个保守序列 Thr185-Xaa186-Tyr187，是调节位点。MAPK 因 Thr185 和 Tyr187 被蛋白激酶 MEK 催化磷酸化而激活，被双特异性磷酸酶催化去磷酸化而失活。人体内有 14 种 MAPK，其中 7 种又称为**细胞外信号调节激酶**（extracellular signal-regulated kinase，**ERK**）。

（二）转导效应

MAPK 途径主要通过调控基因表达影响细胞增殖。MAPK 被激活后可以催化各种底物蛋白磷酸化，包括细胞核转录因子（如 c-Fos、Jun、c-Myc）和细胞质蛋白激酶（如 p90S6K、Mnk），它们可以直接或间接地调控基因表达（如 *FOS*、*JUN*、*IFNB1* 基因），从而影响细胞增殖、分化、迁移、凋亡（图 7–15 ④）。

MAPK 是多条信号通路的整合点，一些细胞因子受体、T 细胞受体、GPCR 介导的信号通路也作用于 MAPK。

生长因子（如血小板源性生长因子）等细胞外信号通过激活信号通路修饰转录因子，激活一系列靶基因的转录。这一过程很快，通常在几分钟至几十分钟内即可以激活几十种靶基因，如 *FOS*、*JUN*、*MYC* 等，这些靶基因称为**即刻早期基因**（即早基因，immediately early gene）。即刻早期基因转录有两个特点：①不受蛋白质合成抑制剂的抑制，在许多情况下，还会因为蛋白质合成抑制剂抑制了不稳定蛋白质的合成而使转录产物的半衰期延长。②持续时间短，通常不到半小时，之后沉默。因此，这类基因产物主要是转录因子，用于调控其他基因表达，介导细胞对细胞外信号作出反应。

（三）转导异常

MAPK 途径异常激活是细胞增殖过度及某些肿瘤发生的重要原因。

1. 受体变异 ① HER2 蛋白并无配体，正常条件下与其他表皮生长因子受体形成异二聚体。30% 浸润性乳腺癌患者存在 *HER2* 基因过表达，可达正常水平的 100 倍。过表达产物 HER2 蛋白形成同二聚体，具有组成活性，激活 MAPK 途径，促进肿瘤细胞生长。HER2 是曲妥珠单抗靶点（197 页）。②非小细胞肺癌（NSCLC）、乳腺癌等存在 *EGFR* 基因扩增。其 EGFR 是厄洛替尼和吉非替尼靶点（197 页）。③一些结肠癌存在 *EGFR* 突变，其 EGFR 是西妥昔单抗靶点（198 页）。

2. Ras 变异 在人类许多肿瘤细胞中有发现，突变导致 Ras 蛋白与 GTP 的亲和力增强，或 GTPase 活性缺失，造成 Ras 组成性激活，持续激活 MAPK 途径，MAPK 持续磷酸化多种转录因子，导致原癌基因表达过度，细胞增殖过度。

MAPK 途径过度激活是肾上腺素诱导心肌细胞增生的重要原因。肾上腺素与心肌 β 受体结合刺激糖原分解，增强肌肉收缩，但长时间作用会诱导心肌细胞增生，在个别情况下导致心力衰竭。肾上腺素诱导心肌细胞增生机制：①由 GPCR-β 抑制蛋白复合物激活的 MAPK 途径过度激活。②β 受体激活的 G_s 通过未知途径激活细胞外一种特异的金属蛋白酶，它裂解表皮生长因子跨膜前体，释放可溶性表皮生长因子，以自分泌通讯方式与同类细胞膜上的 EGFR 结合并激活之，导致 MAPK 途径过度激活。

3. RAF 变异 蛋白激酶 RAF 是细胞癌基因 *RAF1* 产物，其两个同源基因 *ARAF*、*BRAF* 均为细胞癌基因，编码产物分别为 A-Raf、B-raf，在 MAPK 途径中通过催化 MAP2K 磷酸化激活参与转导有丝分裂信号，在细胞生长、分裂和分化过程中起重要作用。结肠癌、肺癌、家族性非霍奇金淋巴瘤、肉瘤、黑色素瘤、浆液性卵巢癌、毛细胞型星形细胞瘤等的发生与 *BRAF* 基因突变有关。例如，约 60% 的黑色素瘤存在 *BRAF* 基因突变，其中 Val600Glu 最常见（称为 BRAF-V600 突变），突变导致 B-raf 组成性激活。针对该突变的蛋白酶抑制剂类药物维莫非尼（XL01XE）已用于治疗 BRAF-V600 突变阳性黑色素瘤等。

二、PI3K-Akt 途径

MAPK 途径也是胰岛素受体激活的信号通路。与表皮生长因子受体直接募集转接蛋白 GRB2 不同的是，胰岛素受体先募集胰岛素受体底物 1（IRS1）并催化其 8 个特定酪氨酸残基磷酸化，再由其 pTyr896 募集 GRB2。此外，IRS1 还可募集磷脂酰肌醇 -3- 激酶，从而激活 PI3K–Akt 途径（PI3K-Akt 通路）。磷脂酰肌醇 -3- 激酶和蛋白激酶 B 是该途径的两种核心成分。

1. 磷脂酰肌醇 -3- 激酶（PI3K） 又称 PI3K 蛋白。人类基因组编码的 PI3K 均由一个催化亚基和一个调节亚基构成。调节亚基通过 SH2 结构域与酪氨酸激酶受体（或 IRS-1、Ras）结合而激活催化亚基。催化亚基可以催化细胞膜肌醇磷脂中肌醇的 3- 羟基磷酸化，生成相应的 PI(3)P、PI(3,4)P_2、PI(3,5)P_2、PI(3,4,5)P_3 等（表 7-9），其所含磷酸基，特别是由 PI3K 催化形成的 3- 磷酸基可募集含 SH3 或 PH 结构域的信号转导蛋白，从而在细胞膜二维平面形成信号转导蛋白超分子复合物。

表 7-9　磷脂酰肌醇 -3- 激酶的底物和产物

底物	PI	PI(4)P	PI(5)P	PI(4,5)P_2
产物	PI(3)P	PI(3,4)P_2	PI(3,5)P_2	PI(3,4,5)P_3

2. 蛋白激酶 B（PKB）　又称 Akt，是一类含 PH 结构域的丝氨酸 / 苏氨酸激酶，在细胞未受信号刺激时，游离于细胞质中，此时其活性中心被 PH 结构域掩盖，所以没有活性。人类基因组编码的三种蛋白激酶 B 可催化 100 多种底物蛋白磷酸化（表 7-10）。

表 7-10　人丝氨酸 / 苏氨酸激酶 RAC 亚家族

PKB	PKBα（Akt1）	PKBβ（Akt2）	PKBγ（Akt3）
功能	介导生长因子促增殖、抗凋亡	介导胰岛素效应	影响脑发育

3. 转导机制　①胰岛素受体催化 IRS1 的特定酪氨酸残基磷酸化，pTyr 募集并激活 PI3K，PI3K 催化 PI(4,5)P_2 的 3- 羟基磷酸化，生成 PI(3,4,5)P_3。② PI(3,4,5)P_3 的 3- 磷酸基募集 3- 磷酸磷脂酰肌醇依赖性蛋白激酶 B，解除其 PH 结构域的抑制，致使其变构激活。③ PI(3,4,5)P_3 的 3- 磷酸基募集 3- 磷酸磷脂酰肌醇依赖性蛋白激酶 1（PDK1，属于丝氨酸 / 苏氨酸激酶），PDK1 和 mTOR（一种丝氨酸 / 苏氨酸激酶）分别催化蛋白激酶 B 的 Thr308 和 Ser473 磷酸化，将其完全激活（图 7-17）。

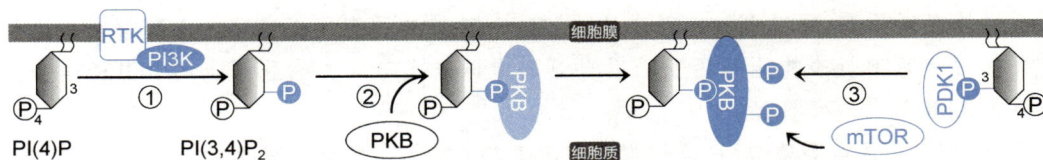

图 7-17　PI3K-Akt 途径

4. 转导效应　完全激活的蛋白激酶 B 与 PI(3,4,5)P_3 的 3- 磷酸基解离，进入细胞质或细胞核，催化下游信号转导蛋白磷酸化，最终效应因组织而异，与细胞的代谢、生长、凋亡、癌变等密切相关。

（1）在转录水平调控基因表达：例如调控磷酸烯醇式丙酮酸羧激酶、脂肪酸合成酶、胰岛素样生长因子结合蛋白 1（insulin-like growth factor binding protein 1，IGFBP1）等基因表达。

（2）在翻译水平调控基因表达：①磷酸化翻译抑制因子 eIF-4E 结合蛋白 1（4E-BP1），解除其对翻译起始因子 eIF-4E 的抑制。②磷酸化激活核糖体蛋白 S6 激酶（S6K），促进蛋白质合成（第六章，173 页）。

（3）磷酸化激活 eNOS：促进 NO 合成。

（4）降低血糖水平：①在肝细胞和骨骼肌细胞内，蛋白激酶 B 分别催化肝糖原合酶激酶（GSK3A）的 Ser21 或骨骼肌糖原合酶激酶（GSK3B）的 Ser9 磷酸化，导致其失活。GSK3A 和 GSK3B 的功能之一是 GSK3A 抑制肝糖原合酶 GYS2，从而抑制肝糖原合成；GSK3B 抑制肌糖原合酶 GYS1，从而抑制肌糖原合成。因此，在糖原代谢中，胰岛素促进糖原合成，从而降血糖。②在肌细胞和脂肪细胞内，蛋白激酶 B 通过小 G 蛋白 RAC1 和 Rab 使葡萄糖转运蛋白 4

（glucose transporter，GLUT4）囊泡回补细胞膜，促进血糖摄取。

（5）促进细胞增殖和抑制细胞凋亡：①在转录水平，蛋白激酶B磷酸化抑制转录因子FOXO1，使其离开细胞核，并与14-3-3蛋白结合，滞留于细胞质中，不再激活促凋亡基因（如死亡配体基因 *FASL*、促凋亡蛋白基因 *BIM*）表达，从而抑制细胞凋亡；磷酸化激活转录因子NF-κB、CREB，从而激活抗凋亡基因（如凋亡抑制蛋白基因、抗凋亡蛋白 *BCL2* 基因）表达，抑制细胞凋亡。②在翻译后修饰水平，蛋白激酶B在某些细胞内直接或诱导磷酸化抑制促凋亡蛋白（如 Bad 蛋白，第八章，236 页）、Caspase-9（半胱天冬酶 9，第八章，235 页）活性。

●胰岛素也会进入细胞、细胞核，在其他细胞核蛋白的协助下，通过与启动子结合调控基因表达。

5. 转导异常　① *PIK3CA* 是细胞癌基因。突变体在某些结肠癌、乳腺癌、卵巢癌、肝癌细胞表达过度，导致 $PI(3,4,5)P_3$ 过多，蛋白激酶B过度激活。② *PTEN* 是抑癌基因（第九章，257 页），编码产物 PTEN 催化 $PI(3,4,5)P_3$ 脱 3-磷酸，故拮抗 PI3K-Akt 途径。人类有多种肿瘤细胞存在 *PTEN* 基因缺失，导致 $PI(3,4,5)P_3$ 过多，蛋白激酶B过度激活，肿瘤细胞增殖失控。③过度激活的蛋白激酶B可以激活下游 E2F 家族（一类转录因子，第八章，228 页）和 Bcl-2 家族（一类抗凋亡蛋白，第八章，236 页）等的蛋白因子，促进肿瘤细胞增殖，抑制肿瘤细胞凋亡。

三、JAK-STAT 途径

细胞因子（cytokine）是指由哺乳动物细胞合成分泌、有自分泌和旁分泌活性的一类小分子量蛋白质，功能是通过激活细胞表面受体调控细胞增殖和分化，调节免疫反应、炎症反应、血细胞生成。由淋巴细胞、单核细胞合成的细胞因子又称淋巴因子、单核因子。其他细胞因子还有趋化因子、生长因子、集落刺激因子、转化生长因子、干扰素、肿瘤坏死因子等。

细胞因子介导的信号通路有 JAK-STAT 途径、MAPK 途径、IP_3-DAG 途径和 PI3K-Akt 途径等，以 JAK-STAT 途径最为典型。有 50 多种细胞因子及部分激素，例如生长激素、催乳素、瘦素通过 JAK-STAT 途径调节细胞的增殖、分化、凋亡。

1. 核心成分　JAK-STAT 途径的核心成分包括细胞因子受体、蛋白激酶 JAK、转录因子STAT 等。

（1）**细胞因子受体**（cytokine receptor）：①胞外结构域含配体结合区。②胞内结构域通过非共价键募集酪氨酸激酶 JAK，其某些酪氨酸残基会被磷酸化，之后可募集含 SH2 结构域的信号转导蛋白，如 STAT、SHC、GRB2、PLC$_\gamma$、PI3K。细胞因子受体未与细胞因子结合时以单体形式存在，与细胞因子结合时形成受体二聚体。

γ 干扰素受体（IFN-γ-R）是由 IFN-γ-R1 和 IFN-γ-R2 构成的异二聚体。以人 IFN-γ-R 为例：① IFN-γ-R1 胞外结构域可直接与 γ 干扰素（IFN-γ）结合。胞内结构域含 JAK1 结合基序（已与JAK1 结合）、STAT1 结合基序（所含 Tyr440 磷酸化时可募集 STAT1）。② IFN-γ-R2 胞外结构域不直接与 IFN-γ 结合。胞内结构域含 JAK2 结合基序（已与 JAK2 结合）。③未与 IFN-γ 结合时，IFN-γ-R 的存在形式为 JAK1-IFN-γ-R1-IFN-γ-R2-JAK2 异四聚体（图 7-18）。

（2）**蛋白激酶 JAK**（janus kinase）：人类基因组编码三种蛋白激酶 JAK，均属于酪氨酸激酶，一级结构依次含以下结构：①一个 FERM 结构域。②一个 SH2 结构域，即受体结合域，介导JAK 与细胞因子受体（如生长激素、催乳素、红细胞生成素受体）的胞内结构域结合。③ 1~6个自身磷酸化酪氨酸位点。④两个活性中心，既可以催化自身磷酸化，又可以催化细胞因子受体及其他信号转导蛋白磷酸化。

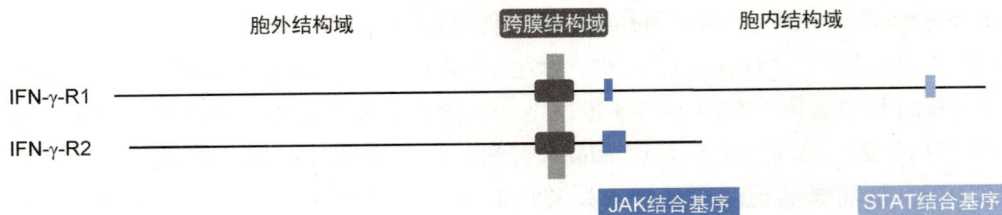

图 7-18   人 IFN-γ 受体一级结构示意图

●**真性红细胞增多症**（polycythemia vera，PV） 红细胞增多症是指血液中红细胞异常增多，在多数情况下由慢性缺氧导致。然而，真性红细胞增多症并无明显的外部原因，而是由基因突变导致。有报道 164 名病患者中有 21 名的 JAK2 存在 Val617Phe 突变。突变型 JAK2 具有组成活性，即不需由红细胞生成素受体激活。

（3）**信号转导和转录激活因子**（signal transducer and activator of transcription，STAT）：又称信号转导及转录激活蛋白，是一类转录因子，①一级结构中间序列构成 DNA 结合域（DBD），含核定位信号（NLS）。②DNA 结合域下游有受体结合域，是一个 SH2 结构域，可以与特定的 pTyr 结合，例如与 IFN-γ-R1 胞内结构域的 pTyr440 或 STAT1 的 pTyr700 结合。③SH2 结构域下游有一个特定酪氨酸残基，例如 STAT1 的 Tyr700，可以被 JAK（或酪氨酸激酶受体及其他酪氨酸激酶）磷酸化。④STAT 通常以无活性同二聚体结构存在于细胞质中，被磷酸化激活后形成同二聚体或异二聚体，进入细胞核，激活转录。

2. 转导机制   细胞因子受体调节机制很像 RTK，只是 JAK 不是受体的催化结构域，而是细胞质蛋白酪氨酸激酶，与受体非共价结合（图 7-19）。

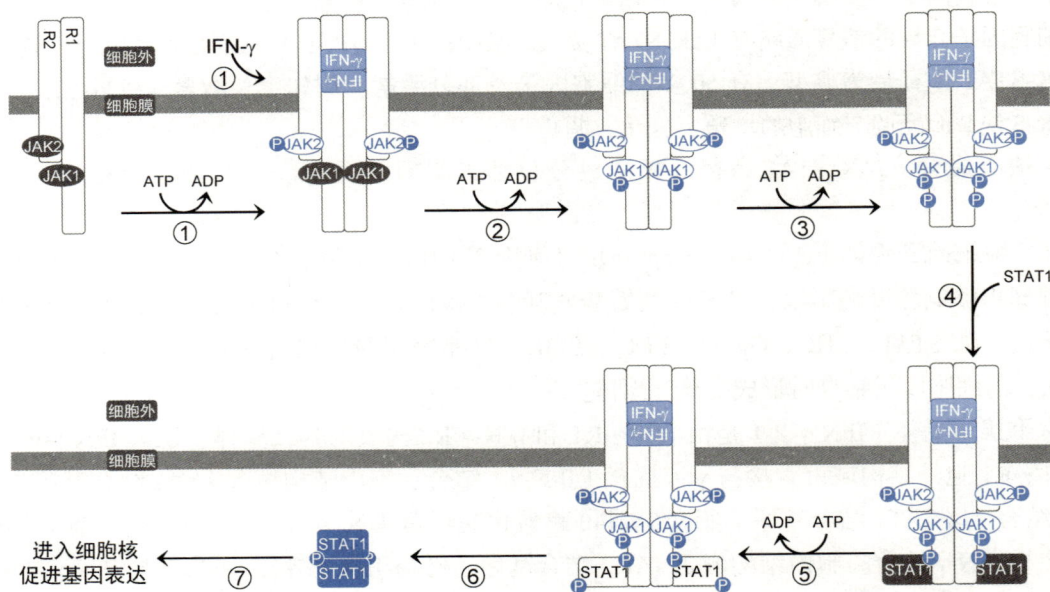

图 7-19   γ-干扰素激活的 JAK-STAT 途径

（1）JAK2 激活：IFN-γ 单体形成反向二聚体，与 IFN-γ-R1 结合形成异十聚体，导致两个 JAK2 变构激活。JAK2 通过自身磷酸化进一步化学修饰激活。

（2）JAK1 激活：JAK2 催化 JAK1 磷酸化激活。

（3）IFN-γ-R1 胞内结构域磷酸化：JAK1 催化 IFN-γ-R1 胞内结构域的 Tyr440 磷酸化，形成 pTyr440。

（4）STAT1 结合：pTyr440 募集一对含 SH2 结构域的转录因子 STAT1。

（5）STAT1 的 Tyr700 磷酸化：由 JAK1（或 JAK2、TYK2）催化。

（6）STAT1 形成二聚体：一对磷酸化 STAT1 释放，通过各自的 SH2 结构域与对方的 pTyr700 结合，形成 STAT1 同二聚体，暴露出核定位信号（NLS）。

（7）转录调控：STAT1 二聚体进入细胞核，作用于 GAS 家族靶基因增强子（共有序列是反向重复序列 TTTCCNGGAAA），调控基因表达。

JAK-STAT 途径反应迅速。IFN-γ 通过该途径激活靶基因，其表达产物是转录因子。从 IFN-γ 作用到转录因子合成仅经历 15~30 分钟。

3. 转导效应　　JAK-STAT 途径参与调节细胞的增殖、分化、凋亡以及免疫反应等许多重要的生物学过程。IFN-γ 通过 JAK-STAT 途径激活蛋白激酶 PKR 等 60 多种基因的表达（但抑制 *MYC* 基因表达），从而产生以下效应：抗病毒，抑制转化细胞增殖，激活巨噬细胞，促进 Th0 细胞分化为 Th1 细胞，抑制 Th2 细胞增殖；促进细胞毒性 T 细胞（cytotoxic T cell，CTL，T_C cell，$CD8^+$ T 细胞）成熟及杀伤活性，促进 B 细胞分化、产生免疫球蛋白类别转换，激活中性粒细胞、NK 细胞（自然杀伤细胞）、血管内皮细胞等。

4. 转导异常　　许多实体瘤和血液肿瘤存在 *STAT* 基因突变，表现为 JAK-STAT 途径持续激活原癌基因，促进细胞增殖、血管生成和肿瘤转移。

5. 干扰素（IFN）　　是最早发现的细胞因子，是指脊椎动物某些细胞受多种因素（如促细胞分裂素、病毒核酸、细菌内毒素）诱导产生的一类抗病毒糖蛋白，可抑制病毒复制（因而得名）、细胞分裂（包括肿瘤细胞增殖），调节免疫功能等。干扰素抗病毒机制：当宿主细胞被病毒感染时，干扰素一方面诱导合成一种蛋白激酶 PKR，PKR 催化 eIF-2α 磷酸化失活，从而抑制病毒蛋白合成（第六章，174 页）；另一方面诱导表达 2-5A 合酶，该酶由双链 RNA（dsRNA）激活后催化合成 pppA2'p5'A2'p5'A（2-5A），2-5A 激活核酸内切酶 L，降解病毒 mRNA，从而进一步抑制病毒蛋白合成。干扰素分为 I 型干扰素（抗病毒干扰素）、II 型干扰素（免疫干扰素）和干扰素样细胞因子。人体 I 型干扰素有 IFN-α（12 种，由巨噬细胞分泌，以下同）、β（1 种，成纤维细胞）、ε（1 种，肿瘤细胞）、κ（1 种，角质形成细胞、单核细胞、静息树突状细胞）、ω（1 种，白细胞），II 型干扰素有 IFN-γ（1 种，活化 T 细胞）。

干扰素有很强的抗病毒活性，因而有很高的医用价值，但在生物体内含量很低，难以大量制备。目前已可用基因工程技术生产干扰素，以满足基础研究与临床治疗的需要。

四、TGF-β 途径

转化生长因子（TGF）是指能使正常表型细胞变成转化态的 TGF-α 和 TGF-β 两个细胞因子家族：① TGF-α 在一级结构和空间结构上都和表皮生长因子相似，并且与表皮生长因子受体结合。与表皮生长因子不同的是 TGF-α 在胎儿和成人组织中广泛表达。② TGF-β 的结构与 TGF-α 并不同源。人类基因组编码 TGF-β1、TGF-β2 和 TGF-β3 三种 TGF-β，属于 TGF-β 家族。三种 TGF-β 单体均含四个链内二硫键，其活性形式是由两个 TGF-β 单体通过一个链间二硫键（Cys77）连接形成的同二聚体或异二聚体。TGF-β 的功能是抑制多种细胞（包括大多数上皮细胞、免疫细胞）增殖（表 7–11）。

表 7-11　人 TGF-β

种类	活性形式	受体	功能
TGF-β1（TGF-β-1）	TGF-β1/1, TGF-β1/2	TGFR Ⅰ、Ⅱ、Ⅲ	调节细胞增殖、分化
TGF-β2（TGF-β-2）	TGF-β2/2, TGF-β1/2, TGF-β2/3	-	抑制依赖 IL-2 的 T 细胞生长
TGF-β3（TGF-β-3）	TGF-β3/3	TGFR Ⅱ	参与胚胎发生、细胞分化

1. 核心成分　TGF-β 途径（TGF-β signaling pathway）的核心成分包括 TGF-β 受体、Smad 蛋白等。

（1）TGF-β 受体（TGFR）：是胞外结构域含二硫键的一类糖蛋白，有 TGFR Ⅰ、Ⅱ、Ⅲ 三种（表 7-12）。TGFR Ⅰ、Ⅱ 都是跨膜二聚体，其胞内结构域有丝氨酸/苏氨酸激酶活性。TGFR Ⅱ 是 TGF-β 的直接受体，但即使不与 TGF-β 结合也能催化自身磷酸化，所以是组成性激酶。TGF-β 可以通过与 TGFR Ⅲ 结合定位于细胞外表面。

表 7-12　人 TGF-β 受体

名称缩写	结构	催化结构域	配体结合区	功能
TGFR Ⅰ	同二聚体	+	-	磷酸化激活 R-Smad
TGFR Ⅱ	同二聚体	+	+	磷酸化激活 TGFR Ⅰ
TGFR Ⅲ	单体	-	+	为 TGFR Ⅱ 募集 TGF-β

（2）Smad 蛋白：即 Sma 和 Mad 相关蛋白，与线虫 Sma 蛋白、果蝇 Mad 蛋白同源。人体中已鉴定到 8 种 Smad 蛋白，分为三类（表 7-13）。

表 7-13　人 Smad 家族

分类，名称缩写	Smad	功能
细胞表面受体激活型 Smad，R-Smad	Smad1、Smad2、Smad3、Smad5、Smad9	转录因子
协同型 Smad，co-Smad	Smad4	转录激活因子
抑制型 Smad，I-Smad	Smad6、Smad7	抗 co-Smad

2. 转导机制　① TGF-β 二聚体直接（或通过 TGFR Ⅲ）与 TGFR Ⅱ 二聚体结合，形成 TGF-β_2-TGFR Ⅱ$_2$ 四聚体。② TGF-β_2-TGFR Ⅱ$_2$ 与 TGFR Ⅰ 二聚体结合形成 (TGF-β-TGFR Ⅱ-TGFR Ⅰ)$_2$ 六聚体，并将 TGFR Ⅰ 胞内结构域的特定苏氨酸、丝氨酸残基磷酸化，使其活性中心暴露而激活。③ TGFR Ⅰ 催化 R-Smad（receptor-regulated Smad）磷酸化，使其核定位信号（NLS）暴露。④两分子 R-Smad 与一分子 co-Smad（common partner Smad）、两分子 β 家族输入蛋白 7 结合，形成 Smad 复合物。⑤ Smad 复合物进入细胞核，与不同的转录因子共同作用，调控多种靶基因的表达（图 7-20）。

3. 转导效应　TGF-β 与其他生长因子共同调节细胞增殖、细胞分化、胚胎发育、造血调控、免疫调节等。例如，TGF-β 在转录水平诱导内皮细胞 *p15* 基因表达、下调 *myc* 基因表达，从而抑制细胞增殖（机制同 p16，第八章，227 页）。

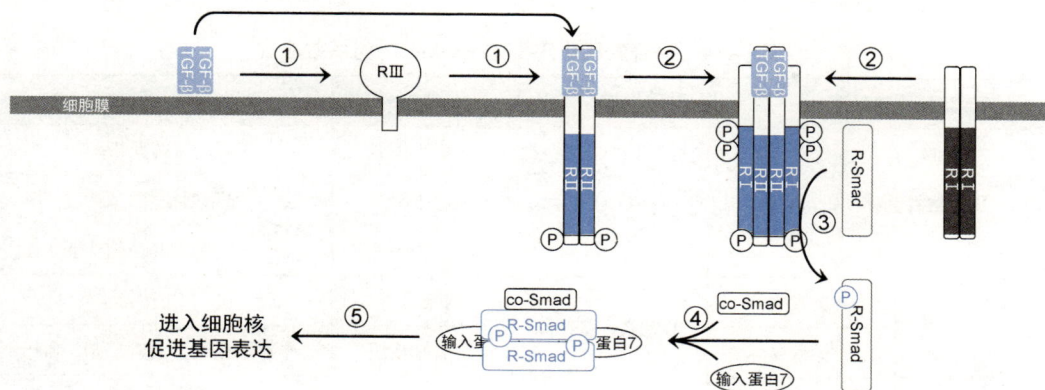

图 7-20　TGF-β 途径

4.转导异常　TGF-β 途径可以诱导细胞合成周期蛋白依赖性激酶抑制因子 p15（一种肿瘤抑制蛋白）和 p27 等，抑制周期蛋白依赖性激酶 4（CDK4），使细胞停滞于 G_1 期（第八章，227页）。因而在肿瘤发生的早期阶段，TGF-β 抑制肿瘤细胞增殖或诱导肿瘤细胞凋亡；但是，TGF-β 在肿瘤发展期不再起抑制作用，在晚期则刺激肿瘤细胞增殖。这一过程与 I-Smad 及两种癌蛋白 SnoN 和 Ski 的负反馈调节有关：① TGF-β 诱导 I-Smad（特别是 Smad7）表达，I-Smad 抑制 TGFR Ⅰ 磷酸化 R-Smad，从而抑制 TGF-β 途径。② TGF-β 起初是诱导 SnoN 和 Ski 蛋白迅速降解，后来则诱导其强烈表达，SnoN 和 Ski 蛋白可以与 Smad 复合物结合，使其虽然与靶基因的调控元件结合，但是不再激活转录，从而抑制 TGF-β 途径。

细胞外基质蛋白基因和纤溶酶原激活物抑制剂（PAI-1）基因是 TGF-β 靶基因。PAI-1 可抑制纤溶酶催化的细胞外基质蛋白降解。因此，*TGFBR* 或 *SMAD* 基因发生功能缺失性突变均促进细胞增殖，还可能促进肿瘤浸润（invasiveness）和转移（metastasis）。

人体许多肿瘤细胞存在 *TGFBR* 或 *SMAD* 基因功能缺失性突变，因而其增殖不再受 TGF-β 抑制：① *TGFBR1* 或 *TGFBR2* 基因：为抑癌基因，其功能缺失性突变见于视网膜母细胞瘤、恶性淋巴瘤、肠癌、胃癌、肝癌。② *TGFBR3* 基因：为抑癌基因，其功能缺失性突变见于肺癌、乳腺癌、卵巢癌、胰腺癌、前列腺癌。③ *SMAD4* 基因：为抑癌基因，其功能缺失性突变见于胰腺癌（55%）、结肠癌（40%），受 TGF-β 刺激时不能合成 p15 和其他细胞周期抑制蛋白，细胞增殖失控，从而导致肿瘤发生。

五、cGMP-PKG 途径

cGMP-PKG 途径（cGMP-PKG signaling pathway）又称 PKG 通路，通过增加 cGMP 水平激活蛋白激酶 G，产生信号转导效应，例如血管平滑肌舒缩。cGMP 作为一种环核苷酸类第二信使，与 cAMP 一样具有不同的组织效应（表 7-14）。

cGMP 由细胞膜鸟苷酸环化酶受体或可溶性鸟苷酸环化酶受体催化合成。

1.细胞膜鸟苷酸环化酶受体　是一组单次跨膜受体，包括心钠素受体 1、2 和肠毒素受体。

血量增加时刺激心房分泌心钠素（ANF），经血液循环到肾，与集合管细胞膜心钠素受体二聚体结合并激活之，合成 cGMP，促进肾小管排钠排水，使血量回落至正常水平。血管平滑肌也有心钠素受体，与心钠素结合后引起血管扩张、血流加快、血压下降。

肠毒素受体位于小肠上皮，可被鸟苷肽激活，调节氯分泌。大肠杆菌内毒素激活该受体，导致氯分泌失控，水吸收不足，引起腹泻。

表 7-14 鸟苷酸环化酶受体 -cGMP 的组织效应

鸟苷酸环化酶受体		信号	分布	效应
可溶性受体		NO, CO	心脏平滑肌	平滑肌松弛
			血管平滑肌	平滑肌松弛，血管扩张
			脑	脑发育，脑功能
细胞膜受体	①心钠素受体 1	心钠素，脑钠肽	肾集合管	排钠排水
	②心钠素受体 2		血管平滑肌	平滑肌松弛，血管扩张，血压下降
	③肠毒素受体	C 型利尿钠肽	软骨	软骨内骨化
		鸟苷肽，肠毒素	小肠上皮	促进氯分泌，减少水吸收

2. 可溶性鸟苷酸环化酶受体　是一种血红素蛋白，是 NO 受体，与 NO 结合后激活，催化合成 cGMP，cGMP 主要功能是激活蛋白激酶 G（PKG）。在心肌，①蛋白激酶 G 催化肌浆网受磷蛋白磷酸化失活，解除对钙泵 SERCA-2a 的抑制，激活钙泵，钙泵将细胞质钙泵入肌浆网。②蛋白激酶 G 催化 IRAG（IP_3 受体相关 PKG-I 底物）磷酸化，抑制肌浆网 IP_3 受体释放钙，从而降低细胞质游离钙，松弛心肌（图 7-21）。

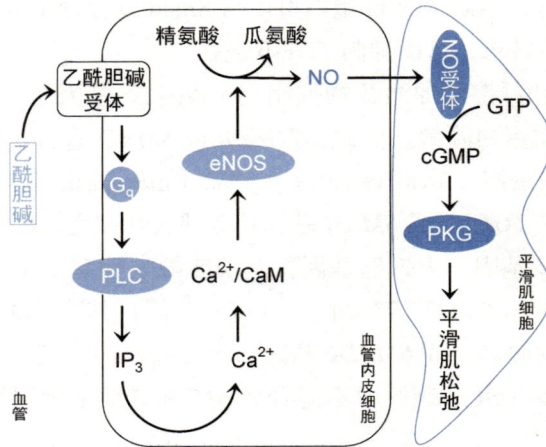

图 7-21　NO 诱导平滑肌松弛

PKG 含催化结构域和调节结构域，调节结构域的一部分是称为激活环（activation loop）的假底物序列，结合于催化结构域活性中心，竞争性抑制其与底物保守序列结合。cGMP 与 PKG 结合致使其变构，激活环离开活性中心，活性中心可与底物保守序列结合。

Furchgott、Ignarro 和 Murad 因发现 NO 的信号分子作用并阐明其作用机制而获得 1998 年诺贝尔生理学或医学奖。

NO 是一种神经递质、血管扩张剂。硝酸甘油（XC01D，用于心脏疾病）、硝酸异山梨酯（XC01D，用于心脏疾病）和硝普钠（XC02D，作用于小动脉平滑肌）是一组硝基血管扩张剂（nitrovasodilator），在体内分解生成 NO，用于治疗心绞痛（冠状动脉堵塞导致缺氧而引起）、高血压（硝普钠）。NO 半衰期极短，只有 3~4 秒，故作用于约 1mm 半径范围，即很快被氧或超氧阴离子氧化成亚硝酸或硝酸而被清除。

降压药利奥西呱（XC02K）是治疗肺动脉高压（PAH）药物，机制是激活可溶性鸟苷酸环化酶（sGC）。

第七节 依赖泛素化的信号通路

这类信号通路的特点是调节信号转导蛋白的泛素化降解速度，从而改变其寿命。

一、NF-κB 途径

NF-κB 途径又称 NF-κB 信号通路，激活该途径的信号既有细胞因子（如肿瘤坏死因子 α、白细胞介素）、生长因子（如 EGF、PDGF、NGF）、自由基（活性氧）等信号分子作用，又有辐射等物理信号刺激，还有细菌、病毒等病原体感染。这些信号激活 NF-κB 信号通路，调控基因表达。

（一）核心成分

NF-κB 信号通路的核心成分包括核因子 κB、NF-κB 抑制蛋白、IκB 激酶等。

1. 核因子 κB（NF-κB） 是哺乳动物几乎所有细胞都表达的一组重要的多效转录因子，以 p50-p65 最多。不同 NF-κB 二聚体调控不同靶基因的表达，有的是转录激活因子（如 p50-p65），有的是转录抑制因子（如 p50-p50）。其靶基因调控元件的共有序列是 GGRNNYYCC。NF-κB 还可以与 RNA 结合，影响蛋白质翻译合成和翻译后修饰。

2. NF-κB 抑制蛋白（IκB） 人体有五种 IκB，与 NF-κB 二聚体结合（主要作用于 p65）而将其滞留于细胞质中，或在细胞核内抑制其与靶基因调控元件结合，从而抑制其转录因子活性。

3. IκB 激酶（IKK） 人体有三种 IKK，可以催化 IκB 磷酸化，解除其对 NF-κB 的抑制。IKK 由催化亚基 IKK-α、IKK-β 和调节亚基 IKK-γ 等构成，其中催化亚基属于丝氨酸/苏氨酸蛋白激酶；调节亚基含锌指、亮氨酸拉链、卷曲螺旋等结构，两个单体的 Cys54 形成二硫键，从而形成同二聚体结构。

（二）转导机制

以人肿瘤坏死因子 α（TNFα）为例，除肝细胞外的许多细胞，特别是活化的巨噬细胞、单核细胞、某些 T 细胞、NK 细胞，都可以合成 TNFα。TNFα 激活 NF-κB 信号通路，使淋巴细胞内转录因子复合物解离，释放转录因子 NF-κB，进入细胞核，调控基因表达。TNFα 是一种 II 型单次跨膜蛋白三聚体。

1. TRAF2 泛素连接酶复合物组装 细胞外 TNFα 与肿瘤坏死因子受体（TNFR1）结合，使其形成三聚体结构。TNFR1 通过死亡结构域（DD）募集 TNFR1 相关死亡结构域蛋白（TRADD）。TRADD 通过死亡结构域募集肿瘤坏死因子受体相关因子 2（TRAF2）同三聚体（或 TRAF1、2、3 异三聚体）和受体相互作用蛋白[激酶]1（RIPK1），完成组装（图 7-22 ①）。

（1）TNFR1 相关死亡结构域蛋白（TRADD）：是一种转接蛋白，可以与 TNFR1 结合形成 TNFR1-TRADD 二聚体，并进一步募集 TRAF1、TRAF2、RIPK1 或 FADD 等。TRADD 表达于各种组织，位于细胞质中和细胞核内。

（2）肿瘤坏死因子受体相关因子 2（TRAF2）：是一种 RING E3 泛素连接酶（第四章，120 页），含有一个 MATH/TRAF 结构域，赖以与受体结合；含有一段卷曲螺旋，赖以形成同三聚体，或与 TRAF1、TRAF3 形成异三聚体；含有一个 RING 锌指，为 E3 泛素连接酶活性所必需。

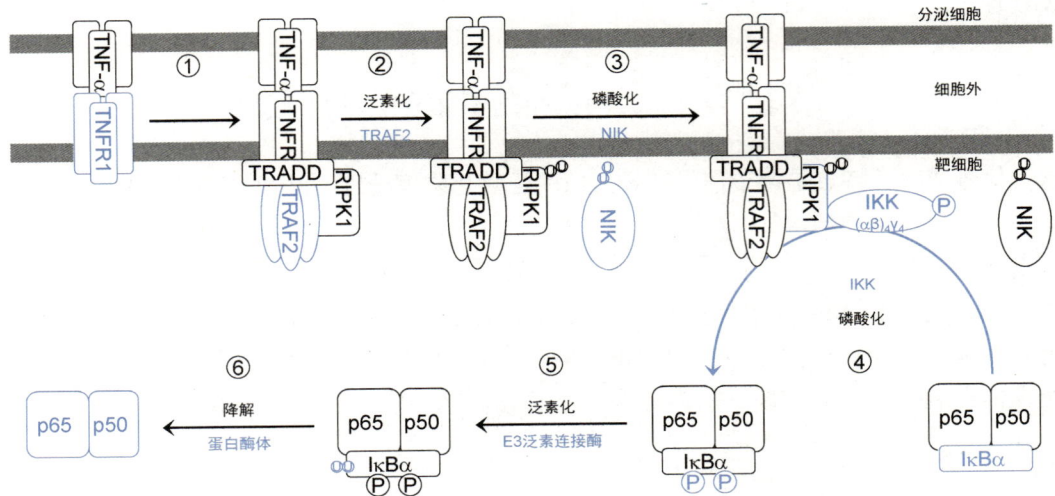

图 7-22 NF-κB 信号通路

2. RIP1、NIK 多聚泛素化 TRAF2 催化受体相互作用蛋白激酶 1（RIPK1）、NF-κB 诱导激酶（NIK）多聚泛素化激活（图 7-22 ②）。

（1）受体相互作用蛋白激酶 1（RIPK1）：含有一个死亡结构域（DD），赖以与其他含死亡结构域的蛋白质结合。RIPK1 蛋白是一种丝氨酸 / 苏氨酸激酶，但在本途径中起转接蛋白作用，用以募集 IκB 激酶，只是需要被 TRAF2 等催化多聚泛素化。

（2）NF-κB 诱导激酶（NIK）：又称 MAP3K14，是一种丝氨酸 / 苏氨酸激酶，属于 MAP3K 亚家族，可磷酸化激活 IκB 激酶，但需被 TRAF2 等催化多聚泛素化激活。

3. IκB 激酶激活 RIPK1 蛋白通过与 IKK-γ 结合募集 IκB 激酶（IKK），NIK 催化 IKK-α 的 Ser176 和 IKK-β 的 Ser177、81 磷酸化，从而激活 IKK。IKK 激活后可以与 RIPK1 蛋白解离，甚至进入细胞核（图 7-22 ③）。

4. IκBα 磷酸化 IKK 催化 NF-κB-IκB 三聚体中 IκBα 的 Ser32、36 磷酸化（图 7-22 ④）。

5. IκBα 多聚泛素化 磷酸化 IκBα 募集 D3 泛素结合酶（UBE2D3）、SCF（β-TrCP）泛素连接酶等，并被其催化多聚泛素化（图 7-22 ⑤）。

6. 多聚泛素化 IκBα 降解 多聚泛素化 IκBα 由蛋白酶体降解，释放 NF-κB（p50-p65）。NF-κB 进入细胞核，与靶基因增强子结合（如 p50 与位于免疫反应或急性期反应基因增强子结合），激活基因表达（图 7-22 ⑥），需共激活因子（如 CBP）参与。

NF-κB 的靶基因有 150 多种，其编码产物中有细胞因子、黏附因子、趋化因子、凋亡抑制蛋白（如 cIAP1、cIAP2，第八章，238 页）、Bcl-2 家族抗凋亡蛋白 A1 和 Bcl-X_L、应激反应蛋白、急性期蛋白、免疫受体、E3 泛素连接酶（如 MDM2）等。

（三）转导效应

NF-κB 是与各种生命现象（如细胞增殖、细胞分化、细胞凋亡、免疫反应、炎症反应、肿瘤发生）有关的许多信号通路的终点。NF-κB 通过直接应答病原体感染或间接应答损伤细胞释放的信号分子的刺激等提高机体防御能力，对提高机体免疫力至关重要。正因为如此，其作用异常与肿瘤发生、病毒感染、感染性休克、炎症性疾病、自身免疫性疾病等有密切关系。

EGF、PDGF、NGF 等均能通过蛋白激酶 B 激活 NF-κB 信号通路，抑制细胞凋亡。

●抗炎药可的松（XS01B）用于治疗各种炎症性疾病和免疫性疾病，部分机制就是作用于 NF-κB 信号通路：①促进 IκB 基因转录，合成更多的 IκB，抑制 NF-κB。②糖皮质激素受体复合物与 NF-κB 竞争共激活因子。③糖皮质激素受体复合物还直接与 p65 结合，抑制其激活。

（四）转导异常

NF-κB 的异常活化与肿瘤有密切关系，NF-κB 基因扩增和突变使得 NF-κB 信号通路持续激活，从而增加许多细胞周期相关蛋白的表达，抑制肿瘤细胞凋亡，促进肿瘤血管生成。携带突变 NF-κB 基因的病毒可以诱发淋巴瘤和白血病。此外，一些病毒也可以使 NF-κB 信号通路过度激活。

二、Wnt 途径

Wnt 途径又称 Wnt 信号通路（Wnt signaling pathway），激活 Wnt 信号通路的信号称为 Wnt 蛋白。人类基因组编码 19 种 Wnt 蛋白，组成 Wnt 家族，其一级结构中都有 1~5 个 Asn 被糖基化，除 Wnt8a/b、Wnt10a/b 之外都有 1 个丝氨酸被棕榈酰化，后者对其与受体的结合至关重要。

（一）转导机制

Wnt 蛋白激活 Wnt 信号通路，使转录因子复合物解离，释放转录因子 β 连环蛋白。β 连环蛋白进入细胞核，激活基因表达。

1. β 连环蛋白降解机制 β 连环蛋白（β 连环素，β-catenin）在 Wnt 信号通路中的功能是作为共激活因子协助 TCF/LEF 家族转录因子（TCF-3、4、7，LEF-1）激活 Wnt 靶基因。当细胞外基质中没有 Wnt 蛋白时，①β 连环蛋白与 Axin-APC-CK1-GSK3 复合物结合。②β 连环蛋白 N 端的 Ser22/28/32/36、Thr40 被蛋白激酶 GSK3 催化磷酸化，Ser44 被酪蛋白激酶 1（CK1）催化磷酸化。③磷酸化 β 连环蛋白被 SCF（β-TrCP）泛素连接酶催化多聚泛素化，最终被蛋白酶体降解（图 7-23）。

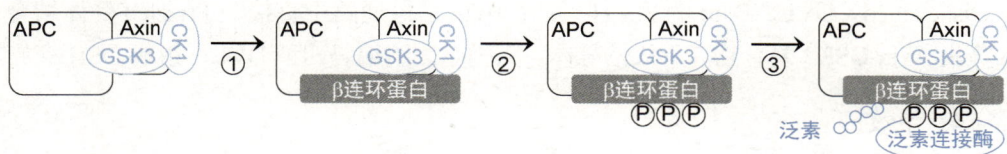

图 7-23 β 连环蛋白降解机制

β 连环蛋白降解过程涉及以下核心成分。

（1）腺瘤性息肉病蛋白（APC 蛋白）：是一种肿瘤抑制蛋白，在 Wnt 信号通路中参与构成 Axin-APC-CK1-GSK3 复合物。

（2）轴蛋白（Axin）：是一类支架蛋白、Wnt 信号通路抑制蛋白，在 Wnt 信号通路中与蛋白激酶 GSK3 形成复合物并进一步构成 Axin-APC-CK1-GSK3 复合物。

（3）酪蛋白激酶 1（CK1）：是一种丝氨酸 / 苏氨酸激酶，在 Wnt 信号通路中催化 β 连环蛋白磷酸化。

（4）糖原合酶激酶 3（GSK3）：是一类丝氨酸 / 苏氨酸激酶，包括 GSK3B（又称 GSK-3β）和 GSK3A（又称 GSK-3α），在 Wnt 信号通路中参与构成 Axin-APC-CK1-GSK3 复合物，催化 β

连环蛋白、APC 蛋白磷酸化。

2. β 连环蛋白积累机制 当细胞外基质中出现 Wnt 蛋白时，① Wnt 蛋白与受体 Frizzled（FZD，Fz，卷曲蛋白）结合形成 Wnt- 受体复合物。②复合物募集 LDL 受体相关蛋白 6（LRP6）。③ FZD 募集 Dishevelled（DVL，散乱蛋白）。④ DVL 促使 LRP6 募集 Axin-GSK3 复合物，形成信号体（signalsome），导致 Axin-APC-CK1-GSK3 复合物解离。β 连环蛋白不再被 Axin-GSK3 复合物磷酸化，因而不再被泛素化降解，可以进入细胞核，与转录因子（如 TCF-4）结合，上调靶基因（又称 Wnt 反应基因，例如 *JUN*、*MYC*、*CCND1*、*PPARG*、*MMP-7*）表达（图 7-24），促进细胞从 G_1 期进入 S 期（第八章，226 页）。

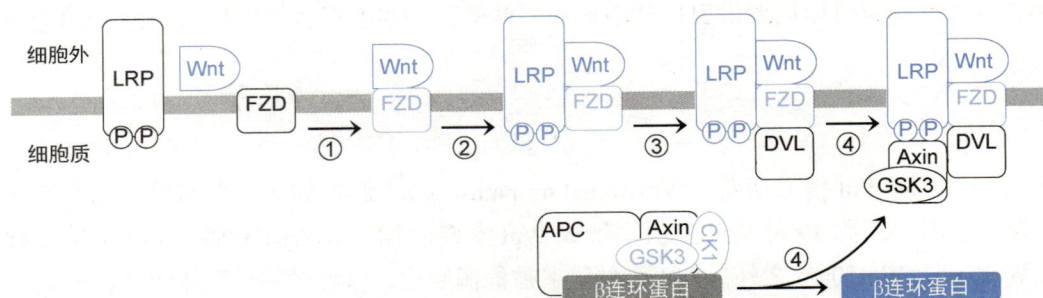

图 7-24　β 连环蛋白积累机制

β 连环蛋白积累过程涉及以下核心成分。

（1）Frizzled 受体（FZD，Fz，卷曲蛋白）：是 Wnt 蛋白的受体，有七次跨膜结构，其 N 端的 FZ 结构域是 Wnt 蛋白结合域，C 端的 PDZ 结构域是 Dishevelled 结合域。人类基因组编码 10 种 Frizzled 受体，属于 G 蛋白偶联受体 Fz/Smo 家族。

（2）LRP（LDL receptor-related protein，LDL 受体相关蛋白）：人类基因组编码 11 种 LRP，其中 LRP5 和 LRP6 作为 Wnt 蛋白的辅助受体（coreceptor）参与 Wnt 信号通路。LRP5 和 LRP6 均为单次跨膜单体形成的同二聚体，其胞内结构域所含的 4~5 个 PPPSP 基序被蛋白激酶 GSK3、CK1 催化磷酸化后可以募集 Axin-1，LRP6 的胞外结构域含 Wnt 蛋白结合域。

（3）Dishevelled（DVL，Dsh，散乱蛋白）：在 Wnt 信号通路中直接与 Frizzled 受体结合，并促使 LRP6 募集 Axin-GSK3 复合物，形成信号体。人类基因组编码四种 DVL，组成 DSH 家族。

（二）转导效应

Wnt 信号通路控制各种生物的发育过程，包括原肠胚形成、大脑发育、器官形成。

（三）转导异常

Wnt 信号通路可以激活一些在机体发育和肿瘤发生发展过程中起重要作用的基因的表达，例如在乳腺癌等肿瘤细胞中异常激活，促进细胞增殖、浸润、转移，抑制细胞凋亡。Wnt 信号通路涉及两种抑癌基因 *APC*、*AXIN1* 和一种癌基因 *CTNNB1*。

1. 抑癌基因 *APC* 人 *APC* 基因（结肠腺瘤性息肉病基因）最初发现于结肠腺瘤性息肉，并因此得名。该基因全长 138735bp，含 16 个外显子，其 mRNA 长 10740nt，编码的 APC 蛋白分布于细胞质、细胞骨架和细胞膜。

（1）APC 蛋白结构：APC 蛋白 N 端的 Ala 被乙酰化，此外有 15 个 Ser 和 2 个 Thr 可被 GSK3B 等催化磷酸化修饰，磷酸化程度影响 APC 蛋白活性。

（2）APC蛋白功能：APC蛋白是一种多功能肿瘤抑制蛋白，是Wnt信号通路的负调节因子，促进β连环蛋白降解（第九章，250页），避免其异常积累。APC蛋白还参与其他过程，包括细胞黏附、细胞迁移、细胞增殖、细胞凋亡、细胞分化。

（3）*APC*基因突变：*APC*基因功能缺失性突变导致Wnt信号通路过度激活，β连环蛋白积累、靶基因表达和细胞增殖均过度，导致息肉，例如家族性腺瘤性息肉病（FAP），通常发展为恶性肿瘤，如结肠癌。85%的结肠癌中可以检出*APC*突变。此外，其突变还见于遗传性硬纤维瘤病（HDD）、髓母细胞瘤（MDB）、错配修复肿瘤综合征（MMRCS）、胃癌（GASC）、肝癌（HCC）等（第九章，254页）。

2. 抑癌基因*AXIN1*　人*AXIN1*基因全长65234bp，含11个外显子，其mRNA长3675nt，编码的Axin1蛋白分布于细胞质、细胞核、细胞膜。人类基因组编码Axin-1和Axin-2两种Axin蛋白。

（1）Axin-1蛋白结构：有6个Ser和1个Thr可被CK1、GSK3B等催化磷酸化修饰，且被CK1催化磷酸化后与GSK3的亲和力增强。C端有两个Lys可被SUMO化，从而抑制泛素化降解。此外，Axin-1蛋白还可以被ADP核糖基化，之后被RNF146泛素连接酶催化多聚泛素化，被蛋白酶体降解。

（2）Axin-1蛋白功能：是一类支架蛋白、Wnt信号通路的负调节因子。

（3）*AXIN1*基因突变：见于肝细胞癌。

3. 癌基因*CTNNB1*　人*CTNNB1*基因位全长65260bp，含16个外显子，其mRNA长3256nt，编码的β连环蛋白分布于细胞质、细胞核。人类基因组编码的9种蛋白质组成β连环蛋白家族。

（1）β连环蛋白结构：N端的Ala被乙酰化，此外有9个Ser、3个Thr和6个酪氨酸可被GSK3B、CDK5、CSK、PTK6等催化磷酸化修饰，磷酸化状态影响β连环蛋白活性和稳定性。

（2）β连环蛋白功能：①β连环蛋白为Wnt靶基因转录因子的共激活因子。②β连环蛋白为上皮细胞黏着连接（锚定连接）结构成分，稳定上皮细胞间或上皮细胞与细胞外基质的结合，维护上皮组织完整性。对神经嵴的正常发育至关重要。

（3）*CTNNB1*基因突变：见于结肠癌、卵巢癌、前列腺癌、肝母细胞瘤、肝细胞癌、髓母细胞瘤、间皮瘤等。

第八章
细胞周期和程序性细胞死亡

细胞是生物体的基本单位。人体每天有大量的细胞生长、增殖、衰老、死亡，这些事件既相反相成、对立统一，更有机结合、密不可分，在整体水平上受到调控，调控正常才能保持细胞数量的动态平衡和组织器官的正常功能。调控一旦出现异常，就会影响细胞组织器官的结构和代谢，严重时引发疾病。

第一节　细胞周期

细胞周期（cell cycle）是指连续分裂的细胞从上一次有丝分裂结束开始，经过物质准备，到本次有丝分裂结束为止，所经历的整个过程，包括 G_1 期、S 期、G_2 期、M 期四个阶段。在细胞周期中发生三个核心事件：DNA 复制（遗传物质精确复制）、姐妹染色单体分离（形成两个子细胞核）、胞质分裂（形成两个子细胞）。细胞增殖的调控就是指细胞周期四阶段尤其是核心事件的调控。

一、细胞周期概述

细胞周期是一个连续而协调的过程，细胞依次经过 G_1 期→S 期→G_2 期→M 期四个阶段而实现增殖（图 8-1）。

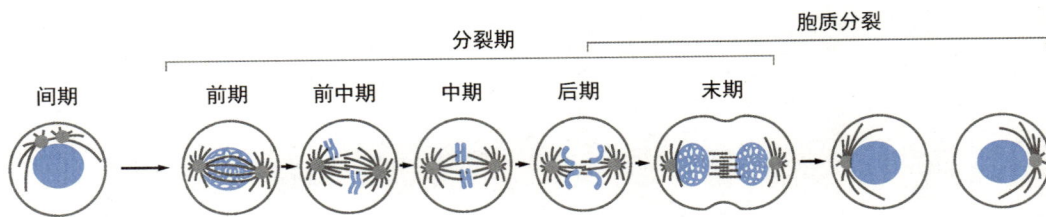

图 8-1　细胞有丝分裂

1. G_1 期　又称 DNA 合成前期，是真核细胞分裂间期中，介于上一次有丝分裂之胞质分裂结束至本次有丝分裂之 DNA 合成开始前的一个阶段。细胞进入这一阶段标志着进入增殖状态。细胞在 G_1 中期开始合成 RNA、蛋白质及其他成分，体积增大，直至 G_1/S 转换期，为进入 S 期合成染色体 DNA 做准备。

G_0 期为 G_1 期细胞暂时脱离细胞周期处于相对静止状态的阶段。在一定条件下细胞可回归 G_1 期并启动细胞周期。

2. S 期　即 DNA 合成期，是真核细胞分裂间期中合成染色体 DNA 的阶段。在这一阶段主要进行染色体 DNA 合成、组蛋白合成、染色质重塑，同时仍有 RNA 及其他蛋白质的合成。

3. G₂ 期　又称 DNA 合成后期，是真核细胞分裂间期中，介于 DNA 合成结束后至有丝分裂期开始前的一个阶段。在这一阶段染色体 DNA 是四倍体，细胞继续合成与有丝分裂期有关的 RNA 和蛋白质及大量 ATP 等，直至细胞体积加倍，为进入有丝分裂期做准备。

4. M 期　即有丝分裂期。在这一阶段细胞先后进行有丝分裂（核分裂）和胞质分裂（细胞分裂），最终形成两个子细胞。M 期又分为五个阶段：①前期：染色质解纠缠，凝集成姊妹染色单体，分裂极确定，纺锤体开始在细胞核外形成。②前中期：核膜破裂，纺锤体形成，染色单体与纺锤体结合，移向赤道板。③中期：染色单体排列于赤道板，动粒微管在所有染色单体与纺锤体极之间形成连接。④后期：姐妹染色单体分离形成子染色体，分别移向纺锤体两极。⑤末期：两组子染色体分别到达纺锤体两极，纺锤体消失，子染色体去凝集，核膜重建、子核形成。胞质分裂启动，最终形成两个子细胞。

此外，在研究细胞周期调控时，常把 M 期分为 M 早期（early，包括前期、前中期、中期）和 M 晚期（late，包括后期、末期）。

细胞完成一个细胞周期所需的时间称为**细胞周期时间**。体外培养的动物细胞和快速增殖的人体细胞的细胞周期时间约为 24 小时（有的甚至只有 12 小时），其中 G₁ 期约 9（6~12）小时，S 期约 10（6~10）小时，G₂ 期约 4（3~4）小时，M 期最短，约 1 小时。同类细胞的细胞周期时间相同或相近。不同类细胞或同类细胞在不同环境下（如不同温度）的细胞周期时间差别显著，短至 8 分钟（如果蝇胚胎发育早期），长至数年（如高等动物某些组织细胞）。各种细胞的细胞周期时间中 G₁ 期差别较大，其他各期特别是 M 期差别较小。

● **核内复制**（endoreduplication）　细胞周期只有 S 期的现象，结果形成**多倍体**；**多核体**（polykaryon）：细胞周期因胞质分裂缺失而形成的多核细胞。

多细胞生物（特别是高等生物）在胚胎发育过程中细胞发生分化，形成各类组织细胞。人体有超过 200 种分化细胞。这些细胞在功能上分工明确，增殖行为也各有特点，可分为三类：①**增殖细胞**：又称分裂细胞、周期中细胞。这类细胞持续分裂，如上皮组织的基底细胞。②**静止期细胞**：又称静息细胞、G₀ 期细胞，是暂时从 G₁ 期退出细胞周期、停止分裂的细胞，一旦受到增殖信号刺激，可以回归细胞周期，重启增殖，如结缔组织中的成纤维细胞。静止期短至数小时，长至数日甚至细胞一生。③**终末分化细胞**：又称特化细胞，是已经不可逆地退出细胞周期，完全失去分裂能力，但生理功能正常的细胞。如脂肪细胞、神经细胞、横纹肌细胞、粒细胞。某些静止期细胞静止期很长，不易与终末分化细胞区分。

二、细胞周期调控

随着分子生物学技术的发展和应用，细胞周期调控研究不断取得突破，特别是揭示了细胞周期调控机制和细胞周期调节蛋白在细胞周期调控中的作用，L. Hartwell、T. Hunt 和 P. Nurse 因此获得 2001 年诺贝尔生理学或医学奖。

细胞周期调控（cell cycle regulation）是真核细胞内使细胞周期各阶段能有条不紊地依次进行的一组调控机制，体现为一组细胞周期检查点。以[细胞]周期蛋白依赖性激酶（CDK）为核心的细胞周期调控系统严格监控这些检查点，确保 DNA 复制和染色体分离高度准确。其中染色体分离的错误率仅为 10^{-5}~10^{-4}。

细胞周期检查点（cell-cycle checkpoint，又称检测点、关卡）是真核细胞周期中存在的一种反馈调节机制，决定细胞周期能否进入下一时相。细胞周期在进入下一时相之前需完成两类事件：①有序完成本时相事件，纠正本时相可能发生的错误。②做好进入下一时相必需的所有准备。从分子水平看，检查点是一组调节细胞周期的信号通路，其效应是保证基因组的稳定性。如果检查点功能缺失，会有损伤基因组的事件发生，如染色体重排或断裂、非整倍体形成、基因丢失，导致基因组不稳定、细胞癌变。

以下介绍 G_1 期检查点（决定细胞是否进入 S 期）、M 期检查点（决定是否启动姐妹染色单体分离）、DNA 损伤检查点（确认可能发生的 DNA 损伤已经完成修复）。

（一）G_1 期检查点

G_1 期检查点又称 G_1/S 检查点，在哺乳动物又称限制点，存在于细胞周期 G_1 晚期，是唯一受细胞外生长信号控制的检查点。如果细胞受到生长信号刺激，细胞周期就会启动，从 G_1 期进入 S 期，或从 G_0 期回归 G_1 期并进入 S 期，启动 DNA 复制。G_1 期检查点是最重要的检查点，决定着细胞能否启动 DNA 复制和细胞分裂。只要通过 G_1 期检查点，细胞周期就能继续进行，即依次进行 DNA 复制、有丝分裂、胞质分裂，且不再需要细胞外信号刺激。

通过 G_1 期检查点的标志性事件是激活 cyclin D1 基因（*CCND1*），最终启动 E2F-cyclin E-CDK2 正反馈环。

1. 生长信号启动 CDK4、CDK6 激活　在 G_0/G_1 期，生长因子等生长信号通过 MAPK 途径激活 MAPK。MAPK 催化已有转录因子 c-Jun、c-Fos 磷酸化并形成二聚体转录激活因子 AP-1。AP-1 先后激活一组即刻早期基因（*FOS*、*JUN* 等）和一组 G_0/G_1 期蛋白基因，特别是 c-*MYC*，其表达产物为转录激活因子 c-Myc。c-Myc（有几千种靶基因）在 G_1 期激活一组延迟反应基因，表达产物有 cyclin D、CDK4、cyclin E、Cdc25A 等。cyclin D 竞争性解除 p16 对 CDK4、CDK6 的抑制，形成 cyclin D-CDK4、cyclin D-CDK6 复合物，从而变构激活 CDK4、CDK6（图 8-2）。

生长因子 —MAPK途径● MAPK ——● c-Jun、c-Fos ——●AP-1 ——● c-Myc ⌒ CDK4 / cyclin D ⌐ cyclin D-CDK4

图 8-2　生长因子启动 CDK4 激活

（1）CDK4、CDK6 与周期蛋白依赖性激酶：CDK4 属于周期蛋白依赖性激酶（CDK）。CDK 是一类丝氨酸/苏氨酸激酶，通过催化几百种细胞周期调节蛋白磷酸化激活或抑制，调节细胞周期启动、DNA 复制、细胞有丝分裂，同时还调节影响细胞周期调节蛋白的其他蛋白质的活性，从而调节细胞增殖。人类基因组至少编码 21 种 CDK，其中 CDK1、CDK2、CDK4、CDK6、CDK7 在细胞周期调控的作用研究得比较清楚。

CDK 酶蛋白水平在整个细胞周期中很稳定，且远高于 cyclin，但其活性依赖 cyclin 的调节。各种 CDK 在细胞周期特定阶段被激活，启动细胞周期特定事件。CDK 既协调细胞周期事件有序进行，又确保一个事件完成之后才能启动下一个事件（图 8-3）。

CDK4 和 CDK6 在细胞周期激活前被 CDK 抑制因子 p16 等抑制。在生长信号激活细胞周期时，CDK4 首先被 cyclin D 变构激活，活性在 G_1 早期缓慢增加，直至通过 G_1 期检查点，在 G_1 期末骤降。

●靛玉红是中药青黛成分，是蛋白激酶抑制剂，可以抑制 CDK2、CDK5、GSK3β、CK2、c-Src，用于治疗某些白血病。Roscovatine 是一种腺嘌呤取代物，可以特异性抑制 CDK1、CDK2、CDK5，目前正在研究其治疗肿瘤的可能性。

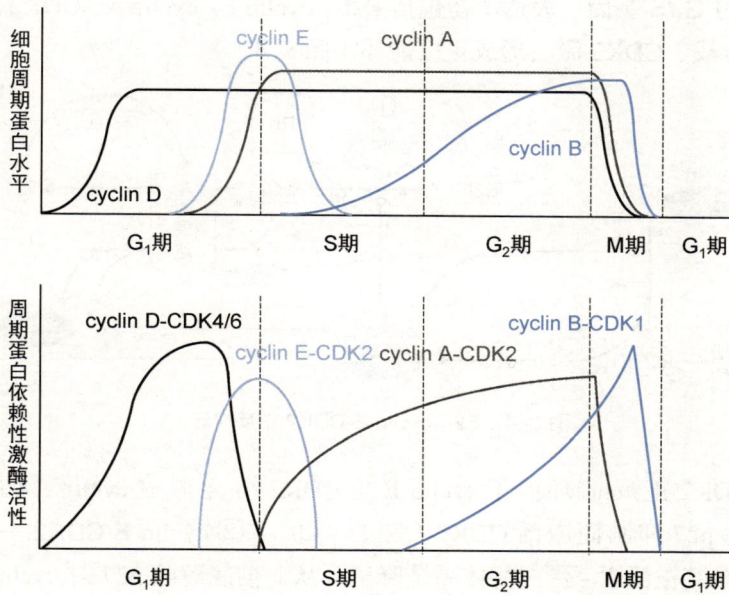

图 8-3　细胞周期蛋白水平（上）与周期蛋白依赖性激酶活性（下）的周期性

（2）p16 与周期蛋白依赖性激酶抑制因子：p16 属于周期蛋白依赖性激酶抑制因子（简称 CDK 抑制因子）。CDK 抑制因子是一类抑制性细胞周期调节蛋白，主要在细胞周期 G_1 期、G_0 期抑制 CDK 活性，从而阻止细胞从 G_1 期进入 S 期或调节细胞从 G_0 期进入 G_1 期。CDK 抑制因子根据其结构和作用特点分为两个家族。① Ink4 家族：以 p16 为代表。它们主要竞争性抑制游离 CDK4、CDK6，效应是阻止细胞从 G_1 期进入 S 期。② Cip/Kip 家族：包括 p21、p27 和 p57，以 p21 为代表。它们可以抑制各种 cyclin-CDK 复合物。其中 p21（和 p57）主要抑制 cyclin E-CDK2、cyclin A-CDK2 复合物，从而阻止细胞通过 G_1 期检查点。此外，p21（和 p27）对 cyclin D-CDK4 的调节具有两重性，低水平时激活，高水平时抑制。

（3）cyclin D 与细胞周期蛋白：cyclin D 属于细胞周期蛋白（cyclin）。cyclin 得名于其水平呈周期性波动，是最重要的细胞周期调节蛋白。cyclin 水平与细胞周期同步，导致 cyclin-CDK 复合物的水平和活性与细胞周期同步。人类基因组至少编码 15 类 cyclin，其中参与细胞周期调控的依次主要有 cyclin D、cyclin E、cyclin A、cyclin B，其中影响通过 G_1 期检查点的是 cyclin D 和 cyclin E。

cyclin D　又称 G_1-cyclin，包括 cyclin D1、cyclin D2、cyclin D3，由细胞外信号通过信号转导刺激合成（故称生长信号传感器），在 G_1 期先后与 CDK4、CDK6 结合，形成 cyclin D-CDK4、cyclin D-CDK6 复合物，介导细胞周期通过 G_1 期检查点进入 S 期。进入 M 期后被 SCF 泛素 - 蛋白酶体系统降解。

2. cyclin D-CDK4 启动 E2F 复活　在 G_1 中期，cyclin D-CDK4 催化 Rb-E2F 复合物中 Rb 的 Ser567 磷酸化，解除其对转录激活因子 E2F 的抑制。

Rb 蛋白是细胞核蛋白，一种共抑制因子，是控制 G_1 期检查点的关键因子，主要作用是与转录激活因子 E2F 结合，抑制其靶基因转录。Rb 蛋白活性与其磷酸化程度呈负相关，因而受化学修饰调节：①在 G_1 期细胞未受生长信号刺激时，Rb 处于低磷酸化状态，活性高，与 E2F 的转录激活结构域结合并抑制 E2F 活性，导致 E2F 靶基因不能表达。②在 G_1 中期，Rb 被 cyclin D-CDK4 等催化高磷酸化失活。E2F 复活（图 8-4 ①）。

3. E2F 激活一组 G₁/S 基因　表达产物包括 E2F、cyclin E、cyclin A、CDK2、DNA 复制酶系，且 E2F 与 cyclin E 合成、CDK2 激活形成正反馈环（图 8-4）。

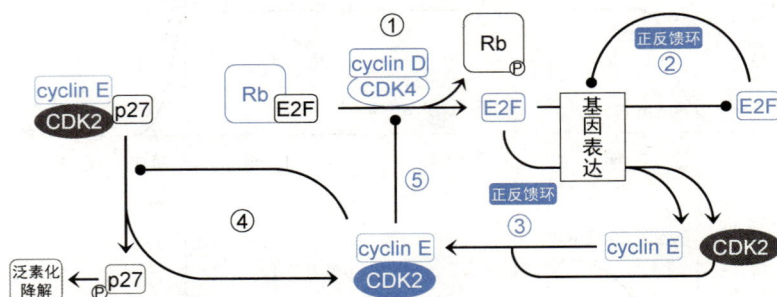

图 8-4　E2F-cyclin E-CDK2 正反馈环

E2F-cyclin E-CDK2 正反馈环：① cyclin E 与 CDK2 结合形成 cyclin E-CDK2 复合物，在 G₁ 晚期竞争性解除 p27 抑制而激活 CDK2（图 8-4 ③）。② cyclin E-CDK2 一方面催化 p27 的 Thr187 磷酸化，介导其被泛素 - 蛋白酶体系统降解，从而彻底解除 p27 对 cyclin E-CDK2 的抑制（图 8-4 ④）；另一方面接替 cyclin D-CDK4，继续催化 Rb 磷酸化，以维持 E2F 活性状态，且形成 E2F-cyclin E-CDK2 正反馈环（图 8-4 ⑤）。cyclin E-CDK2 的激活效应可持续至 S 早期。③在 S 期，积累的 cyclin A 接替 cyclin E 激活 CDK2，cyclin A-CDK2 催化 cyclin E 磷酸化，磷酸化 cyclin E 被泛素 - 蛋白酶体系统降解。cyclin A-CDK2 在 S 期和 G₂ 期维持最高活性。

cyclin E　又称 G₁/S-cyclin，在 G₁ 期检查点起关键作用。cyclin E 在 G₁ 期检查点前合成增加，与 CDK2 结合形成 cyclin E-CDK2 复合物，启动细胞周期通过 G₁ 期检查点进入 S 期。cyclin E 在 S 期被 CDK2 磷酸化，之后与 CDK2 解离，被 SCF 泛素 - 蛋白酶体系统降解（第六章，180 页）。

cyclin A　又称 S-cyclin，在 G₁ 晚期继 cyclin E 之后合成，在 S 期积累，接替 cyclin E 与 CDK2 结合，形成 cyclin A-CDK2 复合物，启动 DNA 复制，在 G₂ 期积累的 cyclin A 与 CDK1 结合，形成 cyclin A-CDK1 复合物。其水平一直维持到 M 期，并参与部分 M 期早期事件激活。进入 M 期时被 APC/C 泛素 - 蛋白酶体系统降解，至 M 中期完全清除。

CDK2　在 G₁ 晚期参与激活细胞周期，通过 G₁ 期检查点，进入 S 期；启动并促进 DNA 合成。CDK2 活性依次由以下因素调节：①变构调节：cyclin A 激活 CDK2，但活性极低，且被 p21 蛋白抑制。②磷酸化抑制：CDK2 的 Tyr15 和 Thr14 被 Wee1 激酶等磷酸化。③磷酸化激活：CDK2 的 Thr160 被 CDK7 磷酸化。④去磷酸化激活：pTyr15 和 pThr14 被双特异性磷酸酶 Cdc25A 去磷酸化，完全激活（活性升高 300~10000 倍）。

CDK7　在细胞周期不同时相先后催化 CDK4、CDK6、CDK2、CDK1 磷酸化激活；在基因表达时催化 RNA 聚合酶 Ⅱ RPB1-CTD 七肽单位中的 Ser5 磷酸化，启动 RNA 合成（第三章，85 页）。

cyclin D-CDK4 和 cyclin D-CDK6 的激活为进入 S 期做好充分准备，启动 E2F-cyclin E-CDK2 正反馈环则导致 E2F、cyclin E-CDK2 水平骤增，后者催化 Rb、p53、Myc、CDK7、BRCA2 等几百种靶蛋白磷酸化，驱使细胞周期通过 G₁ 期检查点，进入 S 期，启动 DNA 复制。

（二）M 期检查点

M 期可根据中期姐妹染色单体在赤道板上聚散的时间点分为前后两个阶段：①姐妹染色单体排列于赤道板上：涉及纺锤体组装、染色质凝集、核膜破裂。这些事件的化学基础是 M 期蛋白磷酸化。②姐妹染色单体均分至子细胞核：涉及纺锤体消失、染色质解聚、核膜重建、胞质分裂。这些事件的化学基础是 M 期蛋白去磷酸化。只有姐妹染色单体全部排列至赤道板上，才能启动姐妹染色单体分离，这一控制环节被称为 **M 期检查点**（又称纺锤体检查点、M/G_1 转换点、中 / 后期转换点）。

1. M 期检查点相关因子 以下几组蛋白质协同控制 M 期检查点，其中泛素连接酶 APC/C 起关键作用（图 8-5）。

① 纺锤体组装完成前

动粒 —— ● Mad2 ——| APC/C ——| 分离酶抑制蛋白 ——| 分离酶 ——| 黏连蛋白 ——| 姐妹染色单体分离

② 纺锤体组装完成时

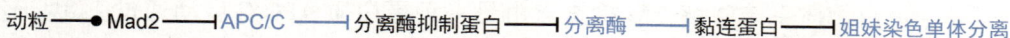

动粒 —— ● Mad2 ——| APC/C ——| 分离酶抑制蛋白 ——| 分离酶 ——| 黏连蛋白 ——| 姐妹染色单体分离

图 8-5 M 期检查点调控机制

（1）**黏连蛋白**：又称粘连蛋白（cohesin，图 8-6），功能是阻止姐妹染色单体分离。黏连蛋白为环状 SMC1-SMC3-SCC1-SCC3 四聚体，在 S 期 DNA 合成启动前即套在染色体上，一直维持到 M 期姐妹染色单体排列至纺锤体赤道板上时，黏连蛋白 SCC1 亚基被裂解导致开环，姐妹染色单体束缚解除，被纺锤丝牵向两极。

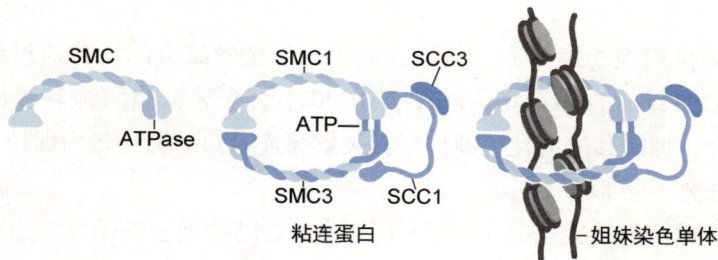

图 8-6 黏连蛋白

（2）分离酶和分离酶抑制蛋白：①**分离酶**（separase，分离蛋白，separin）：功能是催化黏连蛋白 SCC1 裂解，致使姐妹染色单体得以分离，但在姐妹染色单体排列至纺锤体赤道板上前被分离酶抑制蛋白变构抑制，且被 CDK1 磷酸化抑制。②**分离酶抑制蛋白**（securin）：功能是抑制分离酶，从而抑制姐妹染色单体分离。

（3）APC/C-CDC20 泛素 - 蛋白酶体系统：**APC/C** 是一种泛素连接酶 E3，功能是介导分离酶抑制蛋白、cyclin A 和 cyclin B 等泛素化降解。APC/C 在 M 期检查点起关键作用。

CDC20 即细胞分裂周期蛋白 20（cell division cycle protein 20 homolog），是 APC/C 泛素连接酶的一种转接蛋白，决定 APC/C 的底物专一性，仅在 M 期检查点起作用。CDC20 在 G_1/S 转换时开始合成，在离开 G_2 期前加快合成，在 M 期合成量达到峰值且被磷酸化激活，在 M 期检查点被泛素化降解。CDC20 合成后与 APC/C 形成二元复合物，但在纺锤体形成前被结合在纺锤体动粒上的纺锤体检查点蛋白 Mad2 募集并抑制。CDC20 是一种癌蛋白，在各种肿瘤有高表达，有望成为治疗靶点。

CDH1 即 CDC20 样蛋白 1（CDC20-like protein 1），是 APC/C 泛素连接酶的另一种转接蛋白，决定 APC/C 的底物专一性。CDH1 在 M 晚期接替 CDC20，在 M 后期至 G_1 期维持 APC/C

激活，在 G_1/S 转换时被 CDK 磷酸化失活，且被泛素化降解。

（4）纺锤体检查点蛋白 Mad2 和动粒：①纺锤体检查点蛋白 Mad2：在与动粒结合的状态下可以募集 APC/C-CDC20，形成无活性 APC/C-CDC20-Mad2 三聚体。②动粒：位于着丝粒两侧的蛋白复合体，纺锤丝结合点，但在未与纺锤丝结合时会募集 Mad2。

（5）CDK1、cyclin B 和 PP2A-B55：① CDK1：是促使细胞从 G_2 期进入 M 期、启动 M 早期事件所必需的唯一 CDK，通过催化 M 期蛋白（如 Cdc25C、Wee1、Orc1、Mcm2/4、NPC、CDK7、核纤层蛋白，以及纺锤体组装、染色质凝集、核膜降解等涉及的蛋白质）磷酸化，启动 M 早期所有事件。② cyclin B：又称 G_2/M-cyclin（M-cyclin），包括 cyclin B1、B2、B3，在大多数细胞 S 期开始合成，在 G_2 期和 M 前期合成加快，并与 CDK1 结合形成 cyclin B-CDK1，但无活性，在 G_2 期末才被激活，促使细胞周期通过 G_2/M 检查点进入 M 期。在 M 中期后开始被 APC/C 泛素 - 蛋白酶体系统降解。M 检查点由另一种蛋白质 APC/C 启动通过。③ PP2A-B55：是一种三聚体蛋白丝氨酸 / 苏氨酸磷酸酶，在 M 早期事件完成后催化 M 期蛋白去磷酸化，启动 M 晚期所有事件。

2. M 期检查点调控机制　细胞通过 M 期检查点始于激活 APC/C-CDC20 泛素 - 蛋白酶体系统，终于裂解黏连蛋白，启动姐妹染色单体分离。

（1）M 早期（纺锤体组装完成前）：cyclin B-CDK1 等 M 期蛋白激酶催化 M 期蛋白磷酸化，从而启动下列事件：纺锤体组装、染色质凝集、核膜降解，姐妹染色单体结合于纺锤体，被其牵引至赤道板。

在姐妹染色单体排列至纺锤体赤道板前，尚未与纺锤丝结合的动粒通过纺锤体检查点蛋白 Mad2 与 APC/C-CDC20 结合，结合型 APC/C-CDC20 不会介导分离酶抑制蛋白降解。分离酶抑制蛋白与分离酶结合，抑制其酶活性，即抑制其裂解黏连蛋白。黏连蛋白保持套住姐妹染色单体状态，防止其过早分离（图 8-5 ①）。

（2）M 晚期（纺锤体组装完成时）：姐妹染色单体均已排列至纺锤体赤道板，所有动粒都与纺锤体形成正确结合，动粒不再支持纺锤体检查点蛋白 Mad2 结合 APC/C-CDC20，APC/C-CDC20 游离、复活。①游离型 APC/C-CDC20 介导分离酶抑制蛋白泛素化并被蛋白酶体降解，解除其对分离酶的抑制。分离酶催化黏连蛋白裂解，启动 M 后期事件，即姐妹染色单体分离，被纺锤丝牵向两极（图 8-5 ②）。② APC/C-CDC20 介导降解 cyclin B，致使 CDK1 失活。蛋白丝氨酸 / 苏氨酸磷酸酶 PP2A-B55 催化 M 期蛋白去磷酸化，从而启动下列事件：纺锤体解体、染色体解聚、核膜重建、胞质分裂。

（三）DNA 损伤检查点

DNA 损伤检查点（DNA damage checkpoint）是指在细胞周期中，当 DNA 受到损伤时，细胞对 DNA 损伤迅速作出反应的检查点。该检查点对 DNA 损伤作出的反应是启动一系列生化事件：①延迟细胞周期（delay），启动 DNA 修复。②阻滞细胞周期（arrest），诱导细胞凋亡或衰老。

DNA 损伤检查点由 ATM 亚家族蛋白激酶控制，是目前研究得最清楚的检查点。当 ATM 亚家族蛋白激酶（传感器）监测到 DNA 损伤时，可以激活蛋白激酶 Chk1、Chk2（转换器），进而通过激活 Cdc25 途径和 p53 途径抑制 CDK 激活，使细胞周期停滞于 G_1 期而不会进入 S 期，为 DNA 修复酶类（效应器）启动 DNA 修复争取时间（图 8-7）。

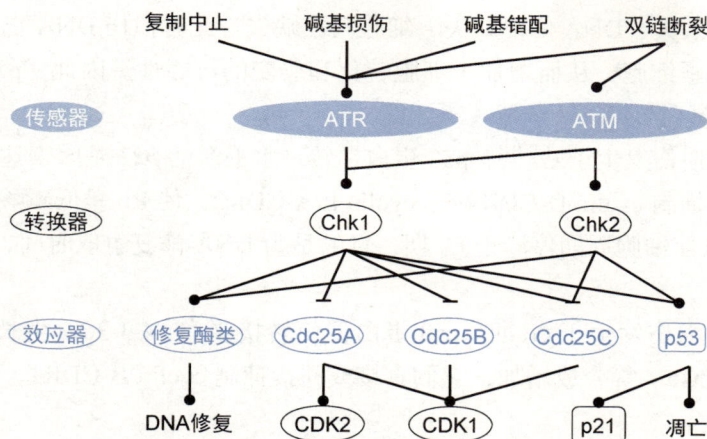

图 8-7　DNA 损伤检查点系统

1. DNA 损伤引发级联反应　依次激活蛋白激酶 ATM/ATR 和 Chk1/2。

（1）DNA 损伤激活蛋白激酶 ATM/ATR：ATM 和 ATR 是一组丝氨酸 / 苏氨酸激酶，它们被损伤 DNA 激活，因而称为 DNA 损伤传感器（sensor）。① ATM：本为无活性二聚体，被双链断裂修复蛋白复合物 MRN 募集于损伤 DNA 双链断裂部位，引起自身磷酸化，解离为活性单体，可以催化 Chk1、Chk2、p53、BRCA1 等磷酸化激活，并募集 DNA 修复蛋白，启动同源重组修复。② ATR：可被复制蛋白 A（RPA）等募集于损伤 DNA 单链部位并激活，可以催化复制蛋白 A2、Chk1、p53、组蛋白 H2AX、BRCA1、Mcm2 解旋酶等磷酸化激活，从而抑制 DNA 复制，启动 DNA 修复或诱导细胞凋亡。

（2）ATM/ATR 激活 Chk1/2：Chk1 和 Chk2 是一组丝氨酸 / 苏氨酸激酶，它们被 DNA 损伤传感器激活，因而称为 DNA 损伤转换器（transducer）。① Chk1：被 ATR 或 ATM 催化磷酸化激活。② Chk2：被 ATM 催化磷酸化激活，之后形成同二聚体，自身磷酸化而完全激活。

Chk1 和 Chk2 既可催化双特异性磷酸酶 Cdc25 磷酸化抑制，启动 Cdc25 途径，又可催化 p53 蛋白磷酸化激活，启动 p53 途径。Cdc25、p53 蛋白等称为效应器（effector，图 8-7）。

2. Cdc25 途径　Chk1 激酶催化 Cdc25A/B/C、Chk2 激酶催化 Cdc25C 磷酸化抑制，且致使其被泛素 - 蛋白酶体系统降解，不再有 Cdc25 催化 CDK2 和 CDK1 去磷酸化激活，导致细胞周期停滞，为 DNA 修复争取时间。该途径不涉及基因表达，因而反应迅速，但效应短暂，只能维持数小时。

（1）如果 DNA 损伤发生在 G_1 期，Cdc25A 被 Chk1 激酶磷酸化抑制，既不能催化 CDK2 去磷酸化激活，又被 APC/C-CDH1 介导降解，致使细胞周期停滞于 G_1 期，为 DNA 修复争取时间。

（2）如果 DNA 损伤发生在 G_2 期，或发生在 G_1 期、S 期的 DNA 损伤在进入 G_2 期时尚未修复，G_2 期合成的 Cdc25C 被 Chk2 或 Chk1 催化磷酸化抑制，不能催化 CDK1 去磷酸化激活，致使细胞周期停滞于 G_2 期，为 DNA 修复争取时间。

3. p53 途径　如果 DNA 损伤严重，就会级联激活 ATM、Chk1 和 Chk2，它们均可催化 p53 磷酸化激活。p53 增加 p21 蛋白合成。p21 蛋白结合并抑制 CDK4、6、2、1，从而完全抑制细胞周期。该途径涉及基因表达，因而反应滞后于 Cdc25 途径，但效应持久。

p53 蛋白在 DNA 损伤检查点起关键作用。DNA 损伤发生时，p53 蛋白被 ATM、Chk1、Chk2 等催化磷酸化激活，其一方面使细胞周期停滞，另一方面启动 DNA 修复，待 DNA 修复之后，使细胞继续分裂。显然，p53 蛋白可以确保遗传信息的忠实性和稳定性。p53 蛋白缺失会导致 DNA 损伤检查点缺失、DNA 修复缺失、细胞凋亡缺失。此时损伤 DNA 也能完成复制，但会将 DNA 损伤传递给子细胞，从而增加子细胞转化和癌变的可能性。因此，p53 称为"基因组卫士""一号肿瘤抑制蛋白"。

（1）如果 DNA 损伤发生于 G_1 期，p53 蛋白在转录水平激活 *p21* 基因表达，大量合成 p21 蛋白。p21 蛋白结合并抑制 cyclin D-CDK4/6、cyclin E/A-CDK2，使 Rb 呈低磷酸化状态，结合并抑制转录因子 E2F，致使细胞周期停滞于 G_1 期，目的是为 DNA 修复争取时间，避免将 DNA 损伤传递给子细胞。

（2）如果 DNA 损伤发生于 G_2 期，p53 蛋白促使转接蛋白 14-3-3σ、生长停滞与 DNA 损伤诱导蛋白 45（GADD45）等合成增加，它们直接或间接抑制 cyclin B-CDK1，使细胞周期停滞于 G_2 期。

（3）p53 蛋白启动与修复有关基因的表达，从而启动 DNA 修复。例如刺激合成 p48（组蛋白结合蛋白 RBBP4）、p53R2（核苷酸还原酶亚基 M2B）、GADD45、sestrin-1（p53 调节蛋白 PA26）等 DNA 修复蛋白，修复 DNA。

4. DNA 损伤检查点缺失与肿瘤　DNA 损伤检查点缺失是指 DNA 修复缺失，导致基因组稳定性缺失，DNA 损伤积累，致癌突变积累，突变率增加，细胞癌变率上升，肿瘤发生率上升。

DNA 损伤检查点的调控蛋白 ATM、CDK 抑制因子、共抑制因子 Rb 等都是肿瘤抑制蛋白，其编码基因都是抑癌基因（第九章，253 页），其功能缺失性突变导致 DNA 损伤检查点缺失。

第二节　程序性细胞死亡

生理性细胞增殖和细胞死亡发生于正常生命过程的每时每刻，是维持生命过程及细胞、组织、器官、机体稳态的保障。

细胞死亡（cell death）是指细胞生命活动的不可逆终止。细胞死亡可分为意外细胞死亡和调节性细胞死亡。意外细胞死亡（accidental cell death，ACD）属于不受控制的非生理性死亡，即传统意义上的坏死（necrosis），现在发现部分坏死属于受控制的细胞程序性坏死。调节性细胞死亡（regulated cell death，RCD）多称程序性细胞死亡（细胞程序性死亡、细胞编程性死亡）。

程序性细胞死亡（programmed cell death，PCD）一词最早由 R. Lockshin 等于 1964 年应用，起初指个体发育过程中发生的某些种类的细胞由特定基因调控，不会伤及机体的死亡过程。随着对细胞死亡的广泛和深入研究，其含义不断拓展，意义愈加丰富。现在，程序性细胞死亡是指在受到生理或病理刺激时，各种动物清除其所有多余正常细胞和多数异常细胞的基本过程，效应是维持机体的正常生命过程，因而可视为一种自主性的细胞清除过程。程序性细胞死亡的特征是死亡过程严格受到遗传调控，因而与基因表达调控密切相关，有时间特异性、空间特异性和条件特异性。

程序性细胞死亡包括正常细胞死亡（发生于胚胎发生、发育和组织更新过程）和病变细胞死亡（病变细胞形成于细胞生长和增殖过程，包括自发性异常、外源因素致损伤、终末分化细胞衰老，且这些异常均不能纠正），可根据细胞死亡过程的形态特征分为非溶解性程序性细胞死亡和溶解性程序性细胞死亡。非溶解性程序性细胞死亡即细胞凋亡（apoptosis），是最广泛且最早阐明的程序性细胞死亡，死亡过程不发生细胞膜破裂，细胞内成分不会透出细胞进入细胞间隙。细胞凋亡可分为失巢凋亡（anoikis）、有丝分裂间期凋亡、有丝分裂障碍（包括 M 期凋亡和 M 期后凋亡）。

溶解性程序性细胞死亡是继细胞凋亡之后陆续报道的十几种程序性细胞死亡方式，其中最典型的是细胞程序性坏死（necroptosis，包括焦桐酚坏死、pyronecrosis 等）和细胞焦亡（pyroptosis），此外还有自噬性死亡（autophagic death）、铁死亡（ferroptosis）、类凋亡（paraptosis）、免疫原性细胞死亡（immunogenic cell death）、胀亡（oncosis）、吞噬细胞死亡（phagocyte death）、红细胞衰亡（eryptosis）、铜死亡（cuproptosis）、巨泡式死亡（methuosis）、PARP-1 依赖性细胞死亡（parthanatos）、溶酶体依赖性细胞死亡（lysosome-dependent cell death）、并入死亡（细胞侵入性死亡，entosis）、网状细胞死亡（netotic cell death）、线粒体通透性转换驱动坏死（mitochondrial permeability transition-driven necrosis）、细胞同类相食（cannibalism）等。

一、细胞凋亡

1972 年，J. Kerr 等三位科学家在论文"Apoptosis：A basic biological phenomenon with wideranging implications in tissue kinetics"中明确定义了"apoptosis（细胞凋亡）"的概念，并在之后近半个世纪内一直被视为程序性细胞死亡的形态学概念：细胞凋亡是各种动物细胞的一种（主要）死亡方式，凋亡过程具有共同的形态特征，凋亡机制（当时）虽未阐明但可推测并已部分揭示是由一组基因产物严格调控的，并且受各种环境刺激（生理和病理）调节（启动或抑制）。细胞凋亡和有丝分裂在生命过程中起貌似相反实为互补的作用，对许多组织的形成和维持必不可少且最重要。

细胞内包括细胞膜和线粒体、内质网、高尔基体、溶酶体、细胞核、中心体、中心粒等均参与诱导细胞凋亡。

细胞凋亡生化步骤：①诱导或激活。②促凋亡蛋白激活。③半胱天冬酶级联反应裂解靶蛋白。④细胞器降解。⑤细胞碎片化形成凋亡小体。⑥凋亡细胞残体及凋亡小体被巨噬细胞吞噬或被邻近细胞吞食。

刺激细胞凋亡的因素：①化学因素：包括体内细胞因子（如 TNF、神经酰胺）和体外因子（如蓖麻毒素、维甲酸）。②物理因素：辐射，低温，高温。

（一）细胞凋亡特征

细胞凋亡可分为凋亡诱导因子诱导、凋亡执行、凋亡小体清除三个阶段。细胞凋亡的形态变化出现在凋亡执行阶段。

1. 细胞膜变化　起初细胞间接触消失，细胞膜表面的微绒毛、突起和皱褶等特化结构消失，并与扩张的内质网融合，导致细胞膜皱缩、凹陷、起泡、出芽，形成芽状突起，但仍然保持完整性，即通透性不变（图 8-8）。

2. 胞质区变化　细胞质因脱水而浓缩。内质网扩张，与细胞膜融合。核糖体脱离内质网。线粒体增大、嵴增多、空泡化。其他细胞器密集但结构完好。

3. 细胞核变化　细胞核固缩，核仁裂解，染色质凝缩、片段化，并凝聚在核膜边缘呈月牙形或不规则团块，致细胞核不规则；进而核纤层消失，核膜破裂并包裹染色质块，形成核碎片（图 8-9）。

4. 凋亡小体形成　细胞膜进一步皱缩内陷，包裹细胞质，内含核碎片、线粒体等细胞器，在细胞表面形成大量泡状或芽状突起，并离开细胞表面，成为一组大小不等但结构完整的球形囊泡，称为凋亡小体（apoptotic body）。

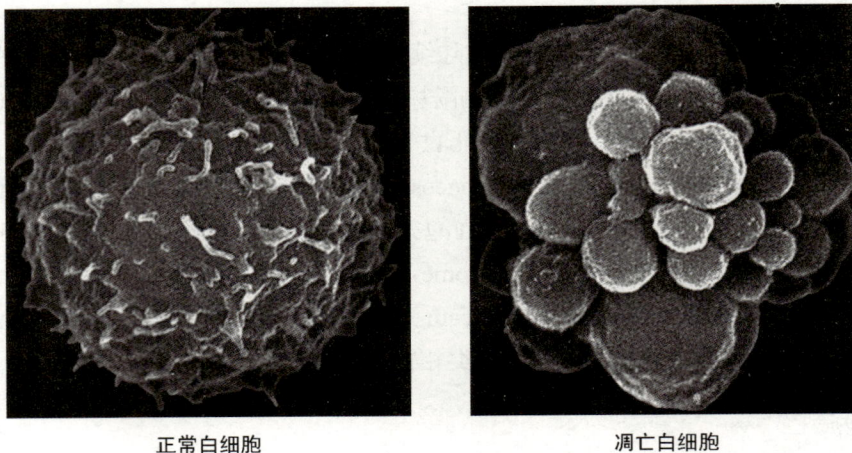

正常白细胞　　　　　　　　　凋亡白细胞

图 8-8　扫描电镜下的白细胞形态

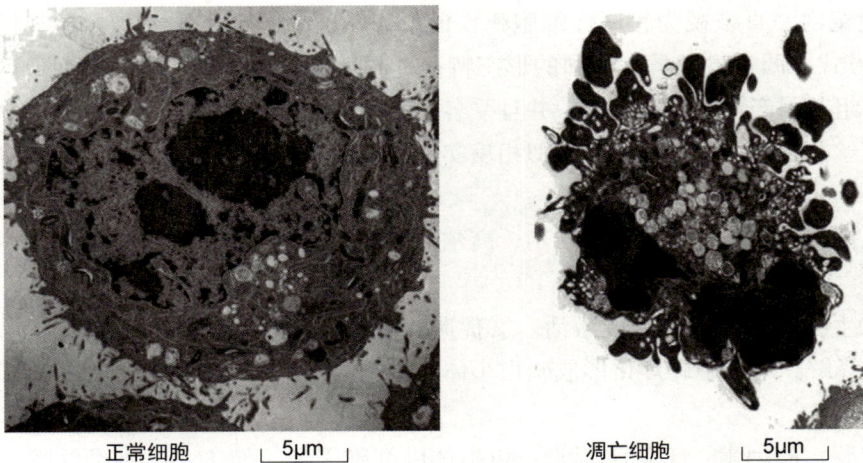

正常细胞　　　5μm　　　　　凋亡细胞　　　5μm

图 8-9　透射电镜下的细胞形态

凋亡小体和凋亡细胞残体表面有凋亡特异信号（磷酯酰丝氨酸、溶血磷脂）和细胞外基质黏附分子（玻连蛋白、血小板反应蛋白、血小板内皮细胞黏附分子 1），在清除阶段被邻近细胞或吞噬细胞（主要是中性粒细胞和巨噬细胞）通过磷酯酰丝氨酸受体膜联蛋白 V 等识别、结合、吞噬（吞食），由溶酶体降解。

一个细胞凋亡过程需要 30 分钟到几小时，期间没有溶酶体破裂，细胞膜和凋亡小体均保持完整，细胞内成分没有失控性外逸，故不会引起炎症反应、免疫反应和组织破坏（图 8-10）。

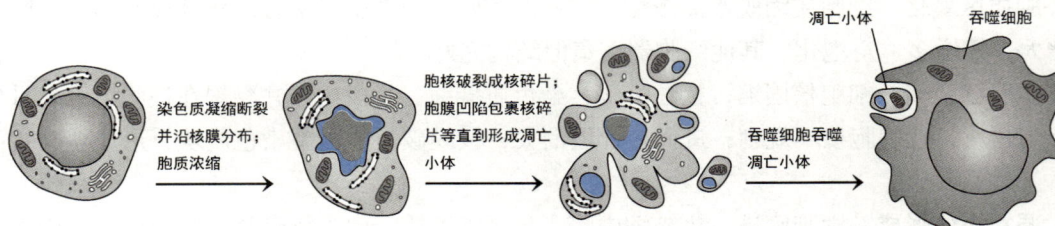

图 8-10　凋亡过程

（二）细胞凋亡机制

细胞凋亡受控于一组基因产物，其调控方式和调控过程称为凋亡途径，可分为依赖和不依赖半胱天冬酶的凋亡途径。依赖半胱天冬酶凋亡途径的共同点是激活一种或一组半胱天冬酶，从而启动凋亡。不依赖半胱天冬酶的凋亡途径涉及线粒体释放凋亡诱导因子（AIF）和核酸内切酶 G（Endo G），转至细胞核，诱导和催化染色体 DNA 片段化。

1. **半胱天冬酶（caspase）**　一组蛋白酶，又称胱天蛋白酶，是支持生物体通过调节细胞死亡和炎症反应维持稳态的关键因子，作用是放大凋亡启动信号和炎症启动信号。caspase 的命名是基于其两个特征：①以半胱氨酸巯基为催化基团。②催化水解保守氨基酸序列（4~5aa）C 端天冬氨酸羧基形成的肽键。caspase 见于从线虫到人等各种动物体内。线虫只有 1 种 caspase（ced-3），而人体内有 12 种 caspase（Caspase-1~10、Caspase-12、Caspase-14）。所有 caspase 均以无活性酶原形式合成，在诱导细胞凋亡或炎症反应时才被激活。

caspase 根据功能分为凋亡 caspase 和炎症 caspase（表 8–1）。**凋亡 caspase** 是介导细胞凋亡的关键酶，进一步分为启动 caspase（initiator）和效应 caspase（effector）。**启动 caspase** 功能为激活效应 caspase，启动 caspase 级联反应，放大凋亡信号；此外还激活其他促凋亡蛋白，如 Bid（致线粒体损伤，激活线粒体途径）。**效应 caspase**（又称执行 caspase，executioner）功能为催化裂解一组特定细胞蛋白，例如核纤层（为稳定核膜及染色质结构所必需）和细胞骨架（为稳定细胞完整性所必需），裂解核纤层和细胞骨架会破坏细胞核、细胞完整性，导致细胞凋亡。

表 8–1　人半胱天冬酶

功能分类	启动 caspase	效应 caspase	炎症 caspase
成员	2、8、9、10	3、6、7	1、4、5
N 端前肽	长，含 CARD 或 DED 结构域	短，不含结构域	长，含 CARD 结构域
酶原结构	单体	二聚体	单体
酶原激活	二聚化激活	裂解激活	二聚化激活
功能	激活效应 caspase、促凋亡蛋白	诱导细胞凋亡	激活成孔蛋白，启动炎症反应

凋亡信号诱导或促凋亡蛋白激活导致哺乳动物 caspase 激活。目前多根据 caspase 激活因素将依赖 caspase 级联反应的凋亡途径分为内源性凋亡途径和外源性凋亡途径，其导致的细胞死亡分别属于**内源性细胞凋亡**和**外源性细胞凋亡**。

（1）**内源性凋亡途径**：营养缺乏、DNA 损伤等诱导一组基因表达，产物为线粒体促凋亡蛋白 Bid、Bax、Noxa、Puma 等，介导线粒体（线粒体途径）释放促凋亡因子，级联激活启动 Caspase-9、效应 caspase（如 Caspase-3、Caspase-7），致使细胞内效应 caspase 活性剧增，启动细胞死亡。

（2）**外源性凋亡途径**：细胞外凋亡信号（死亡信号，死亡配体）与细胞表面受体结合（死亡受体途径），级联激活启动 Caspase-8、效应 caspase（如 Caspase-3、Caspase-7），启动细胞死亡。

2. **线粒体途径**　属于内源性凋亡途径。线粒体在脊椎动物细胞凋亡调控中起核心作用。**线粒体外膜透化**（MOMP，是指在线粒体外膜上形成孔道）是线粒体 [凋亡] 途径的关键环节，主要受 Bcl-2 家族凋亡蛋白控制（图 8–11）。

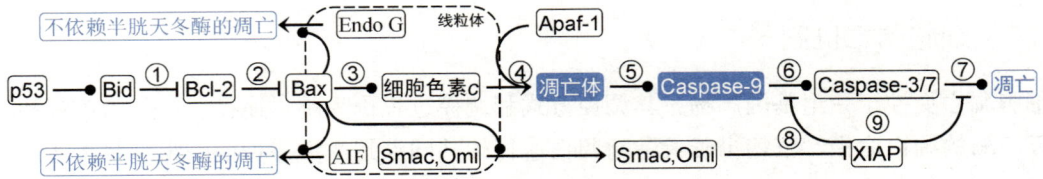

图 8-11　线粒体途径

（1）Bcl-2 家族蛋白与线粒体外膜透化：Bcl-2 家族蛋白在线粒体途径中起核心作用，其主要功能是破坏或维持线粒体外膜完整性和低通透性，从而诱导或抑制线粒体膜间隙蛋白细胞色素 c 等释放，即促凋亡或抗凋亡。可根据功能分为三类：①促凋亡蛋白：例如 Bak、Bax，可在线粒体外膜上形成孔道，为脊椎动物诱导线粒体损伤及内源性凋亡所必需。正常情况下它们被抗凋亡蛋白抑制，不会在线粒体外膜上形成孔道。②抗凋亡蛋白：例如 Bcl-2、Bcl-X_L，正常情况下抑制促凋亡蛋白（Bak、Bax）。③ BH3 蛋白：例如 Bim、Bid、Bad，可激活促凋亡蛋白（Bid 激活 Bax）或抑制抗凋亡蛋白（Bid 抑制 Bcl-2，Bim 抑制 Bcl-2 或 Bcl-X_L）。

细胞受到凋亡信号刺激时，BH3 蛋白直接激活促凋亡蛋白，如 Bid 直接激活 Bax；或通过抑制抗凋亡蛋白间接激活促凋亡蛋白，如 Bid、Bim 通过抑制 Bcl-2、Bcl-X_L 间接激活 Bak、Bax。促凋亡蛋白在线粒体外膜上形成孔道，线粒体蛋白细胞色素 c 及 Smac、Omi 等得以释放至细胞质，激活启动 Caspase-9（图 8-11 ①～③）。

（2）细胞色素 c 与凋亡体：细胞色素 c 与细胞质凋亡蛋白酶激活因子 1（Apaf-1）结合形成细胞色素 c-Apaf-1 原体，进而形成轮盘状七聚体凋亡体（apoptosome，消耗 ATP 或 dATP），其中两个 Apaf-1 可各结合一个启动 Caspase-9 前体（又称 Apaf-3），致使其变构激活（不依赖裂解）。凋亡体通过 Caspase-9 级联激活效应 Caspase-3 或 Caspase-7，进而裂解细胞蛋白，最终致细胞死亡（图 8-11 ④～⑦）。

（3）凋亡抑制蛋白 XIAP：caspase 级联反应效应显著，因此正常情况下必须严格控制。凋亡抑制蛋白（IAP）家族 XIAP 为细胞质蛋白，是 caspase 的经典抑制剂。XIAP 的 N 端有三个 BIR 结构域，其中 BIR3 可结合抑制启动 Caspase-9，BIR2 可结合抑制效应 Caspase-3 和 Caspase-7（图 8-11 ⑨）。

（4）线粒体蛋白 Smac 和 Omi：又称 DIABLO 和 HtrA2，线粒体透化时随细胞色素 c 释放至细胞质，与 XIAP 结合，抑制其与 caspase 结合，致使 caspase 复活，启动细胞死亡（图 8-11 ⑧）。

线粒体途径激活因素：营养缺乏、DNA 损伤（基因毒性应激）、活性氧、细胞缺氧、内质网应激、原癌基因激活等。

3. 死亡受体途径　属于外源性凋亡途径。由死亡信号激活死亡受体，募集转接蛋白、启动 caspase 等组装死亡诱导信号复合物，级联激活启动 Caspase-8 或 Caspase-10，效应 Caspase-3、Caspase-6 或 Caspase-7，进而裂解细胞蛋白，启动细胞死亡（图 8-12）。

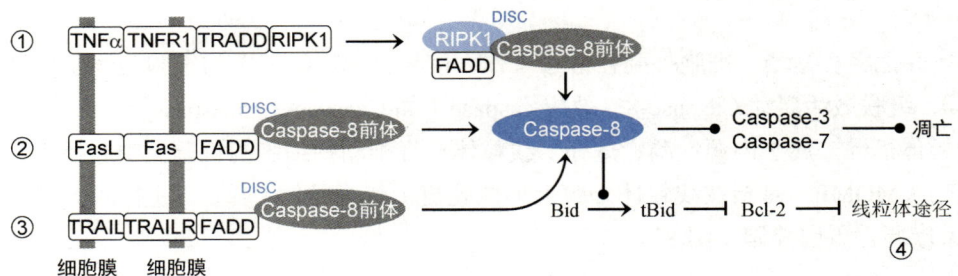

图 8-12　死亡受体途径

（1）**死亡信号**：又称**死亡配体**，包括 TNFα（肿瘤坏死因子α）、FasL（Fas 配体，由活化 NK 细胞和活化 Tc 细胞合成）和 TRAIL（肿瘤坏死因子相关凋亡诱导配体，由活化 T 细胞等合成）等。它们均为由靶细胞激活的巨噬细胞及其他免疫细胞合成的三聚体，有膜结合型（细胞膜表面）和分泌型（细胞外组织液）两种形式，均可与靶细胞死亡受体结合。

（2）**死亡受体**：包括 TNFR1、Fas 和 TRAILR 等，为肿瘤坏死因子受体（TNF 受体，TNFR）超家族成员，属于细胞表面受体。死亡受体均含胞外配体结合域、单次跨膜域、胞内死亡结构域（DD，故称死亡受体）。死亡受体与死亡配体结合后三聚化激活，可通过 DD 募集转接蛋白。

（3）**死亡诱导信号复合物**：TNFR1 依次募集转接蛋白 TRADD（肿瘤坏死因子受体相关死亡结构域蛋白），介导 RIPK1（受体相互作用蛋白[激酶]1，在此起转接蛋白作用）募集 FADD（Fas 相关死亡结构域蛋白）、启动 Caspase-8 前体，形成**死亡诱导信号复合物**（DISC，RIPK1-FADD-Caspase-8 前体，图 8-12 ①，图 8-13 ②）。Fas 和 TRAILR 依次募集 FADD、启动 Caspase-8 等，形成 DISC（图 8-12 ②③）。

（4）**凋亡 caspase**：DISC（对比线粒体途径凋亡体）中的启动 Caspase-8 或 Caspase-10 前体形成二聚体，自我酶解激活，并级联激活效应 Caspase-3 或 Caspase-7。

（5）**效应蛋白**：效应 caspase 催化裂解细胞膜骨架肌动蛋白和血影蛋白，致细胞膜收缩、起泡；裂解核纤层蛋白，致核膜完整性丧失；裂解聚 ADP 核糖聚合酶 1（PARP1），抑制聚 ADP 核糖合成；裂解灭活 CAD 抑制剂（ICAD），致使 caspase 激活的 DNA 酶（CAD）催化染色体 DNA 片段化，最终致细胞死亡。

杀死感染细胞、肿瘤细胞或移植细胞为机体自我维稳效应之一。机制是激活凋亡或细胞程序性坏死。

死亡受体途径为外源性凋亡途径，但其 Caspase-8 还激活内源性凋亡途径，即催化 BH3 蛋白之 Bid 裂解为 tBid，tBid 抑制 Bcl-2，致使 Bax 或 Bak 形成孔道，激活线粒体途径（图 8-12 ④，图 8-11 ①）。外源性凋亡途径和内源性凋亡途径协同作用，可极大提高机体自我维稳的能力和效率。

死亡信号激活外源性凋亡途径的同时还可激活细胞程序性坏死途径（238 页）。

4. 颗粒酶途径　又称**穿孔素途径**，是指细胞毒性 T 细胞和 NK 细胞受到病毒感染细胞、肿瘤细胞、移植细胞等刺激活化后分泌一种富含穿孔素、颗粒酶、FasL、颗粒溶素等细胞毒物质的特殊溶酶体，称为**细胞毒颗粒**（cytolytic granule，可受控性分泌）。其中穿孔素在靶细胞膜上形成孔道，介导所含颗粒酶进入靶细胞，通过依赖和不依赖 caspase 两类机制诱导靶细胞死亡。

（1）**穿孔素**（perforin）：一类穿孔蛋白，在颗粒酶介导的凋亡途径中起关键作用，效应为杀死靶细胞，作用机制是在结合钙时插入细胞膜，寡聚化形成孔道，介导细胞毒性颗粒酶进入靶细胞。

（2）**颗粒酶**（granzyme）：一类蛋白酶，人体内共有 5 种，其中颗粒酶 M 和颗粒酶 B 激活依赖 caspase 的细胞凋亡。①颗粒酶 M：优先水解蛋氨酸、亮氨酸羧基形成的肽键，催化存活蛋白（survivin，又称凋亡抑制蛋白 BIRC5）酶解灭活，使其抑制的效应 Caspase-3、Caspase-7 复活。②颗粒酶 B：优先水解天冬氨酸羧基形成的肽键，激活启动 Caspase-9、Caspase-10 和效应 Caspase-3、Caspase-7。

此外，颗粒酶 A（优先水解纤连蛋白、4 型胶原、核仁蛋白中碱性氨基酸羧基形成的肽键）和颗粒酶 B 还介导细胞焦亡（239 页）。

（三）细胞凋亡意义

细胞凋亡具有重要的生理和病理意义：①确保机体生长发育正常，清除多余或失去功能价值的细胞。例如胚胎发育过程中组织器官的形成、胚胎尾的消失，哺乳期后乳腺组织的吸收。②维持组织稳态，清除病变细胞或衰老细胞。例如肠上皮细胞的更新、皮肤表皮细胞的角化脱落、月经周期中子宫壁细胞的脱落。③发挥积极防御功能，参与机体的防御反应。例如突变细胞、肿瘤细胞、病毒感染细胞、分泌自身抗体浆细胞的凋亡。

二、细胞程序性坏死

细胞程序性坏死（necroptosis）又称细胞坏死性凋亡，属于溶解性程序性细胞死亡，是感染细胞由死亡信号激活的一种死亡方式。细胞程序性坏死在机制上与细胞凋亡相似，在形态上与坏死相似。

（一）细胞程序性坏死特征

细胞程序性坏死由细胞外信号激活，坏死过程形成坏死小体，致使细胞膜透化，引起细胞肿胀、细胞膜破裂、细胞死亡。细胞死亡前后有细胞内成分逸出，会引起免疫反应和炎症反应。炎症反应是为了清除坏死细胞和损伤组织，以启动组织修复，但也可能加重组织损伤，甚至引起炎症性疾病。人类主要慢性炎症性疾病即由细胞程序性坏死性炎症引起，其中包括类风湿性关节炎、炎症性肠病、神经退行性疾病（如肌萎缩侧索硬化、阿尔茨海默病、进行性动脉粥样硬化）。

（二）细胞程序性坏死机制

典型的细胞程序性坏死受控于死亡信号。感染细胞、肿瘤细胞、移植细胞等会募集巨噬细胞和其他免疫细胞并激活这些细胞。它们会合成一组细胞因子，如 TNFα、FasL，作为死亡信号与感染细胞或损伤细胞结合，诱导其凋亡或程序性坏死。

1. 经典 NF-κB 途径与细胞代谢　TNFα 三聚体变构激活 TNFR1。TNFR1 募集转接蛋白 TRADD，形成细胞膜 TNFR 信号转导复合物，又称复合物 I。复合物 I 募集 RIPK1 和 E3 泛素连接酶 TRAF2、cIAP1（或 cIAP2）。这些成分将决定细胞存活、凋亡或坏死（图 8-13）。

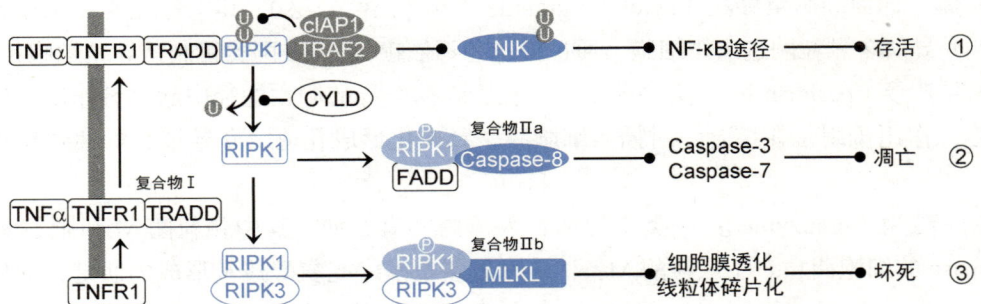

图 8-13　TNFR1 介导的程序性细胞死亡

E3 泛素连接酶 TRAF2 或 cIAP1 催化 RIPK1 和 NIK 多聚泛素化。NIK 激活经典 NF-κB 途径，维持细胞存活（图 7-22，图 8-13 ①）。

2. 死亡诱导信号复合物与细胞凋亡　凋亡诱导时，RIPK1（蛋白激酶活性）被去泛素化酶

CYLD 催化去泛素化激活，脱离复合物 I，通过二聚化自我磷酸化激活，募集 FADD、Caspase-8（或 Caspase-10）形成死亡诱导信号复合物（又称复合物 IIa、ripoptosome）而激活 Caspase-8。Caspase-8 级联激活效应 Caspase-3、Caspase-7，启动依赖 RIPK1 的细胞凋亡（图 8-13 ②）。

3. 坏死小体与细胞程序性坏死　当缺少 FADD 或 Caspase-8、致使凋亡缺失时，RIPK1 募集 RIPK3 形成坏死诱导复合物（RIPK1-RIPK3），RIPK1 被 RIPK3 催化或自我磷酸化激活，进而募集细胞质蛋白 MLKL 形成坏死小体（RIPK1-RIPK3-MLKL，又称复合物 IIb）。坏死小体 RIPK3 专一性催化 MLKL 磷酸化（图 8-13 ③）。

● RIPK3 是启动细胞程序性坏死的关键因子，因此细胞程序性坏死又可定义为细胞通过 RIPK3 对死亡配体 TNFα 等诱导死亡作出的反应。

4. MLKL 与细胞程序性坏死　MLKL 在 TNF 诱导细胞程序性坏死的过程中起关键作用。磷酸化 MLKL 与高磷酸化肌醇（如六磷酸肌醇）结合变构，在细胞膜上形成同三聚体，透化细胞膜，引起钙内流，细胞和细胞器肿胀、破裂，K^+、Mg^{2+} 外流，热休克蛋白、IL-1α 等细胞质成分逸出细胞，进入细胞间隙，其中某些细胞质蛋白激活免疫细胞，进而引起组织炎症和损伤，启动细胞程序性坏死（图 8-13 ③）。

坏死小体还募集和催化线粒体膜蛋白磷酸酶 PGAM5 磷酸化激活，PGAM5 催化控制线粒体分裂的线粒体膜蛋白 DRP1 去磷酸化激活，致使线粒体碎片化，促进细胞程序性坏死。

（三）细胞程序性坏死意义

细胞程序性坏死是脊椎动物对感染或其他应激作出的反应之一，是杀死病毒感染细胞、阻断病毒传播的重要机制。一方面，细胞感染病原体后如果需要以"自杀"方式消灭病原体，由于某种原因不能正常启动凋亡时，程序性坏死可以作为凋亡的"替补"方式被细胞启动；另一方面，被感染的细胞发生坏死后，释放病原体相关信号或细胞内损伤相关信号，能够强烈激活免疫反应。

三、细胞焦亡

细胞焦亡（pyroptosis）由 B. Cookson 和 M. Brennan 于 2001 年提出，定义为由 Caspase-1 启动的炎症性程序性细胞死亡（pro-inflammatory programmed cell death）。现在多指由炎症 caspase 作为启动者、成孔蛋白作为执行者介导的一种炎症性程序性细胞死亡方式，特征是由成孔蛋白形成细胞膜孔道，细胞内外相关成分发生内流或外逸，平衡被打破，渗透压改变，细胞发生肿胀直至破裂，最终引起死亡，常伴有大量炎症因子如 IL-1β、IL-18 逸出细胞，引起局部炎症反应。细胞焦亡是机体一种重要的天然免疫反应，在抗感染时发挥重要作用。

（一）细胞焦亡特征

细胞焦亡特征是以炎症 caspase 为启动者，以成孔蛋白为效应者，在细胞膜上形成内径 10~15nm 的孔道，组织液成分内流，引起细胞肿胀，直至破裂。此外，焦亡常伴有焦亡细胞内炎症因子（白细胞介素 IL-1β、IL-18）等成分大量逸出，募集炎症细胞，引起局部炎症反应。

（二）细胞焦亡机制

细胞焦亡由焦亡信号激活焦亡途径启动。焦亡途径效应者为 5 种成孔蛋白，其中成孔蛋白 D（GSDMD）最早阐明，效应最广泛，因此目前主要根据激活 GSDMD 的炎症 caspase 的不同，将焦亡途径分为经典焦亡途径和非经典焦亡途径。经典焦亡途径由 Caspase-1 裂解激活 GSDMD，非经典焦亡途径由 Caspase-4 或 Caspase-5 裂解激活 GSDMD。此外 Caspase-3、Caspase-8 也可以诱导焦亡。

1. 经典焦亡途径 由 Caspase-1 裂解激活 GSDMD，故又称 Caspase-1 介导的焦亡途径。在该途径中，焦亡信号激活其受体，受体募集转接蛋白 ASC，ASC 募集 Caspase-1 前体，促使 Caspase-1 自我酶解激活（图 8-14 ①）。

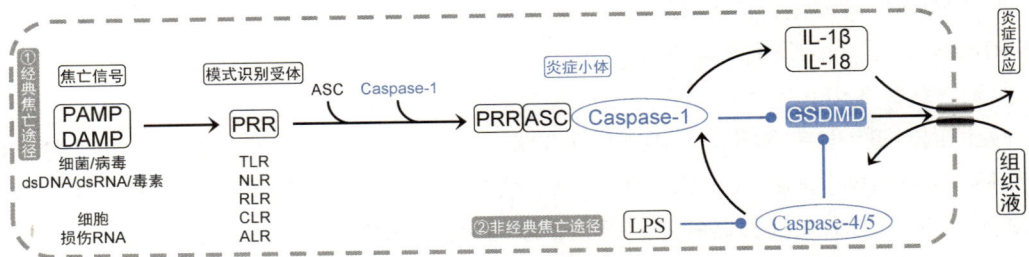

图 8-14　细胞焦亡机制

（1）**焦亡信号**：包括来自细胞外的病原 [体] 相关信号（如细菌、病毒、dsDNA、dsRNA）或细胞内损伤相关信号（如凋亡细胞、损伤细胞、衰老细胞、损伤 DNA），这些信号均存在某种保守性分子结构，分别被称为病原 [体] 相关分子模式（pathogen-associated molecular patterns，PAMP，如革兰阳性菌的胞壁肽聚糖和革兰阴性菌的脂多糖）和损伤相关分子模式（damage associated molecular patterns，DAMP，如 DNA 损伤），统称分子模式。分子模式并非焦亡信号特有，也存在于其他免疫信号、炎症信号等。它们通过与相应模式识别受体结合而激活相关信号通路，诱导细胞焦亡、免疫反应、炎症反应。

（2）**焦亡信号受体**：又称**传感器**（sensor），属于模式识别受体，通过识别焦亡信号分子模式并与之结合而被激活。

模式识别受体（pattern recognition receptors，PRR）是一类受体的统称。其基本结构包括配体结合域、中间结构域、效应域。PRR 通过配体结合域与配体的分子模式结合，通过效应域募集转接蛋白，启动信号通路。

每一种 PRR 均识别自己的一组配体。这些配体可以是细胞、细菌、病毒、颗粒物、大分子，其表面存在同一种分子模式，是 PRR 识别和结合的位点。

PRR 是脊椎动物免疫系统的重要组成部分，分布于细胞膜、细胞质、内体膜、溶酶体膜，作用是诱导非特异性免疫反应（先天免疫反应）和特异性免疫反应，发挥抗感染、抗肿瘤及其他免疫保护作用。这些 PRR 大多数可根据结构域同源性归入以下五类：Toll 样受体（TLR）、DOD 样受体（NLR）、RIG-I 样受体（RLR）、C 型凝集素受体（CLR）、AIM2 样受体（ALR）。

诱导细胞焦亡的各种 PRR 识别特定的分子模式，故被不同焦亡信号激活。部分 PRR 激活时发生裂解，如 NLRP1 活性部分位于一级结构 C 端，由 PAMP 激活时被蛋白酶体切去 N 端，多聚化形成活性结构。

（3）**转接蛋白 ASC**：遍布细胞质、内质网、线粒体、细胞核，含 Pyrin 结构域和 CARD 结构域。Pyrin 结构域介导结合含 Pyrin 结构域蛋白，如模式识别受体 NLRP3、PYDC1、PYDC2、AIM2；CARD 结构域介导结合 Caspase-1、NLRC4。

（4）**炎症小体**：即 PRR-ASC-Caspase-1 复合物，是经典焦亡途径的特征结构。不同 PRR 形成不同**炎症小体**（inflammasome），如 NLRP1 炎症小体、NLRP2 炎症小体。部分 PRR 不需要

ASC 介导，直接与 Caspase-1 前体结合，形成不依赖 ASC 的炎症小体（PRR-Caspase-1 复合物），又称 小炎症小体，如 CARD8、NOD2。个别 PRR 既可由 ASC 介导与 Caspase-1 前体结合，又可直接与 Caspase-1 前体结合，如 NLRC4。

Caspase-1 又称白细胞介素 1β 转化酶（IL-1BC），为炎症 caspase，在炎症小体中形成二聚体，自我酶解激活，通过裂解激活其他蛋白质参与各种过程。①通过裂解激活 GSDMD 前体启动细胞焦亡。②通过裂解激活白细胞介素（IL-1β、IL-18）等炎症因子启动炎症反应。③在细菌感染时，Caspase-1 裂解激活 Caspase-7，促进细胞膜修复。④在 DNA 病毒感染时，Caspase-1 裂解灭活环磷酸鸟苷 - 腺苷（环鸟腺苷酸）合成酶（cGAS），抑制 2',3'-cGAMP 合成，控制抗病毒免疫。

（5）成孔蛋白：人类基因组编码 5 种 成孔蛋白（gasdermin，GSDM，表 8-2），即成孔蛋白 A~E（GSDMA~GSDME），5 种成孔蛋白前体结构一致，即 N 端为活性部分（GSDM-NT），被 C 端结构域（GSDM-CT）自我抑制。它们被相关蛋白酶催化裂解激活为成孔蛋白，通过肌醇磷脂结合于细胞膜，寡聚化形成孔道（孔径 10~15nm），启动细胞焦亡。GSDMD 和 GSDME 还介导炎症因子 IL-1β、IL-18 释放，引起局部炎症反应。GSDMD 还可释放进入细胞外基质，杀死革兰阴性菌和阳性菌，且不伤及邻近组织细胞。

表 8-2　人类成孔蛋白一览

成孔蛋白	激活酶	激活 IL-1β 和 IL-18
Gasdermin-A	化脓性链球菌蛋白酶 SPE B	–
Gasdermin-B	颗粒酶 A	–
Gasdermin-C	尚未阐明	–
Gasdermin-E	颗粒酶 B，Caspase-3	+
Gasdermin-D	Caspase-1、4、5、8	+

2. 非经典焦亡途径　由 Caspase-4、5 裂解激活 GSDMD，故又称 Caspase-4、5 介导的焦亡途径（图 8-14 ②）。

（1）通常是革兰阴性细菌 LPS 在细胞质直接募集 Caspase-4 或 5，致使其自我酶解激活，形成寡聚体（又称 非经典炎症小体），裂解激活 GSDMD，启动焦亡。

（2）Caspase-4 或 5 被非经典激活剂（如 UVB、霍乱毒素）或革兰阳性菌细胞壁主要成分脂肽聚糖酸（LTA）激活后可激活 Caspase-1，从而促进 Caspase-1 裂解激活 IL-1β 和 IL-18。因此，在非经典焦亡途径中，IL-1β 和 IL-18 也会被裂解激活。

（3）Caspase-4 和 5 还催化 cGAS 裂解失活，从而调节抗病毒非特异性免疫反应。

（三）细胞焦亡意义

经过 20 多年的深入研究，细胞焦亡机制已被逐步揭示。细胞焦亡导致的炎症是机体应对感染和组织损伤的生理反应，是机体清除病原体及诱导组织修复的过程。可控的炎症反应在清除异物后或者组织损伤被修复后会慢慢消退。然而，如果危险信号不能被有效清除，就会造成持续性炎症反应或组织损伤，引起严重的炎症性疾病。

细胞焦亡作为一种非特异性免疫反应机制，对感染具有防御能力。研究表明，动脉粥样硬化危险因素可激活内皮细胞和巨噬细胞中的 NLRP3 炎症小体。此外，在动脉粥样硬化斑块中观察到 NLRP3 炎症小体介导的细胞焦亡，并与斑块破裂和血管炎症呈正相关，表明 NLRP3 炎症小体及其相关细胞焦亡在动脉粥样硬化的进展中起重要作用。随着研究的深入，细胞焦亡与肿瘤的关系逐渐被人们所认识，并为临床治疗提供了一些启示。例如乳腺癌细胞 GSDMB 的表达水平与肿瘤进展相关，GSDMB 表达过多表明 HER2 靶向治疗疗效不佳，GSDMB 可能是一种新的肿瘤预后标志物。细胞焦亡作为一种炎症性程序性细胞死亡方式，越来越多的研究结果表明其在肿瘤发生发展中起重要作用。深入研究细胞焦亡的信号途径、调控机制和病理意义，将有助于开发新的肿瘤治疗方案，造福患者。

第九章

肿瘤分子生物学

根据 WHO 报告，在全球范围内，2020 年肿瘤发病率由高到低依次为乳腺癌（226 万）、肺癌（221 万）、结肠和直肠癌（193 万）、前列腺癌（141 万）、皮肤癌（非黑色素瘤，120 万）、胃癌（109 万）。肿瘤死亡患者由高到低依次为肺癌（180 万）、结肠直肠癌（91.6 万）、肝癌（83 万）、胃癌（76.9 万）、乳腺癌（68.5 万）。最常见的恶性肿瘤因国家而异。宫颈癌在 23 个国家中最为常见。

肿瘤分子生物学旨在从分子水平阐明肿瘤发生，特别是癌细胞增殖失控、浸润转移的分子机制和遗传基础，寻找杀死癌细胞的有效途径。

第一节　概　述

多细胞生物的生长、发育、衰老、死亡是由其组织细胞的增殖、分化、凋亡等组成的一个复杂系统决定的，该系统的平衡受到精确而严格的调控。

肿瘤（tumor）又称赘生物（neoplasm），是指组织中出现的，由细胞单克隆性增生形成的异常新生物，可发生于任何器官。不同器官肿瘤有不同的临床特征，可分为良性肿瘤和恶性肿瘤。良性肿瘤（benign tumor）细胞分化较成熟，生长缓慢，局限于局部，常覆有包膜或与周围组织界限清楚，不发生浸润和转移，一般对机体的影响较小，主要表现为局部压迫或阻塞症状。恶性肿瘤（malignant tumor）细胞分化不成熟，生长较迅速，浸润破坏器官的结构和功能并可发生转移，对机体影响较为严重。除可引起局部压迫或阻塞等症状外，还可因浸润和转移而导致相应的临床症状，有时会出现贫血、发热、体重下降、夜汗、感染、恶病质等全身症状。癌（carcinoma，cancer）是指发生于上皮组织的恶性肿瘤，具有向周围组织浸润并因此发生转移的能力，如鳞状细胞癌、腺癌、囊腺癌、尿路上皮癌、基底细胞癌等。

研究表明：①肿瘤是遗传病，但不同于通常意义上的其他遗传病。②肿瘤发生是多步过程，大多数肿瘤至少携带 5~6 个基因突变。③肿瘤细胞的进一步突变赋予某些肿瘤细胞选择优势，或转移能力。④与肿瘤发生相关的许多基因产物的功能是参与信号转导。信号转导异常是肿瘤发生发展过程中的核心事件。⑤肿瘤发生是各种因素共同作用的结果，其中遗传因素占 5%，环境因素占 95%（其中肿瘤病毒占 15%）。

恶性肿瘤细胞有以下主要特征：①增殖迅速。②存在不同程度增殖失控。③发生较多基因突变。④体外培养接触抑制缺失。⑤入侵局部组织，向其他组织器官扩散或转移。⑥自分泌生长信号，对生长抑制信号不敏感。⑦刺激局部血管生成。⑧逃避凋亡。

肿瘤发生的分子基础是 DNA 损伤导致基因突变、基因表达异常，进而导致生长和增殖失控。这些 DNA 损伤所涉及的基因预计有 2000 多种，迄今已有 400 多种得到鉴定，可根据其正常功能分为原癌基因、抑癌基因、DNA 合成和修复基因、凋亡调控基因、免疫逃逸基因。

导致 DNA 损伤的环境因素包括电离辐射、化学致癌物、肿瘤病毒。

电离辐射可致 DNA 损伤（碱基交联或脱碱基，主链交联或断裂），部分逃避修复的损伤致突变甚至致癌。电离辐射还会通过促进 ROS 生成致突变和致癌。

化学致癌物有的直接作用于 DNA（如二氯甲基乙二胺，β- 丙醇酸内酯），有的间接作用于 DNA，后者又称前致癌物。致癌物多为亲电试剂，容易攻击 DNA 亲核基团。前致癌物经过酶促转化后可作用于 DNA，转化主要由内质网细胞色素 P450 酶系催化（表 9-1）。

表 9-1   部分化学致癌物

分类	化合物	分类	化合物
芳香烃	苯并芘，二甲基苯并蒽	各种药物	烷化剂（如环磷酰胺），己烯雌酚
芳香胺	2- 乙酰氨基芴，N- 甲基 -4- 氨基偶氮苯	天然化合物	黄曲霉毒素 B_1，放线菌素 D
亚硝胺	二甲基亚硝胺，二乙基亚硝胺		

肿瘤病毒（致癌病毒）既有 DNA 病毒又有 RNA 病毒，其遗传物质常整合入宿主染色体 DNA（RNA 病毒需先逆转录成前病毒），之后诱导各种效应，如信号转导异常、细胞周期失控、凋亡抑制。DNA 肿瘤病毒常抑制抑癌基因 *P53*、*RB1* 表达。RNA 肿瘤病毒常携带癌基因或激活原癌基因（表 9-2）。

导致肿瘤发生的**致癌突变**（oncogenic mutation）绝大多数发生于体细胞（因此区别于遗传病），称为**体细胞突变**（somatic mutation），这些突变没有机会通过有性生殖传递；极少数发生于生殖细胞，称为**生殖细胞突变**（germline mutation）或遗传性突变（inherited mutation），这些突变具有遗传性，增加了后代发生肿瘤的风险。体细胞突变与生殖细胞突变共同作用导致细胞癌变、肿瘤发生（carcinogenesis）。

第二节   原癌基因

原癌基因是正常的细胞基因，产物促进细胞增殖。原癌基因既是致癌突变的对象，又是肿瘤病毒的猎物。原癌基因发生功能获得性突变之后转化为癌基因。癌基因产物过量，或产物活性过高，因而促生长活性过强，会导致细胞发生恶性转化或诱发肿瘤。

一、癌基因发现

癌基因起初是在对肿瘤病毒的研究中发现的。

1. 携带癌基因的肿瘤病毒   1911 年，P. Rous（1966 年诺贝尔生理学或医学奖获得者）发现将鸡肉瘤匀浆无细胞滤液注射至健康鸡体内，会诱发肉瘤。1960 年，Bernhard 应用电镜技术观察到了该无细胞滤液中的致癌因素是一种（逆转录）病毒，并将其命名为 Rous 肉瘤病毒（RSV）。

1969 年，R. Huebner 和 J. Todaro 提出病毒癌基因致癌的假说。1975 年，M. Bishop 和 H. Varmus（1989 年诺贝尔生理学或医学奖获得者）从 Rous 肉瘤病毒 RNA 中鉴定出 *src* 基因（编码 Src 激酶），并且发现诱发肉瘤的正是该基因，于是将其命名为癌基因。

2. 细胞基因组中的原癌基因   1976 年，M. Bishop 和 H. Varmus 发现，鸡和其他脊椎动物正常细胞基因组含有的一种基因与 RSV 的 *src* 基因同源，于是把这种正常的细胞基因命名为原癌基因或细胞癌基因。

3.肿瘤病毒癌基因的来源 肿瘤病毒是能在敏感宿主体内诱发肿瘤或使培养细胞转化的动物病毒，与约 15% 的肿瘤有关，可分为三类，其中有两类携带癌基因（表 9-2 ）。

表 9-2 部分肿瘤病毒或肿瘤相关病毒

病毒	病毒	肿瘤
RNA 病毒	人 T 细胞白血病病毒 I（HTLV- I ）	成人 T 细胞白血病
	艾滋病病毒（HIV ）	Kaposi 肉瘤
	丙型肝炎病毒（HCV ）	肝细胞癌
DNA 病毒	人乳头瘤病毒（HPV ）	宫颈癌
	Ⅷ型人类疱疹病毒（HHV-8 ）	Kaposi 肉瘤
	乙型肝炎病毒（HBV ）	肝细胞癌
	EB 病毒（EBV，HHV-4 ）	Burkitt 淋巴瘤，鼻咽癌，B 细胞淋巴瘤

（1）**转导逆转录病毒**（transducing retrovirus ）：又称**急性转化病毒**，是致癌 RNA 病毒的一类，其基因组中含有癌基因。其癌基因来自原癌基因：当逆转录病毒感染宿主细胞并复制时，子代病毒获得了细胞基因组的原癌基因，并通过转录后加工改造为显性癌基因，例如 Rous 肉瘤病毒。这类病毒诱发肿瘤潜伏期短。

（2）**慢作用逆转录病毒**（slow-acting retrovirus ）：是致癌 RNA 病毒的一类，占致癌 RNA 病毒的大多数，其基因组中没有癌基因。这类病毒诱发肿瘤潜伏期长。慢作用逆转录病毒致癌机制：这类病毒感染细胞后，首先合成前病毒 DNA，然后整合到宿主的染色体 DNA 中。如果整合位点恰好位于原癌基因侧翼，前病毒 DNA 的长末端重复序列（LTR ）含有的强启动子和增强子就能激活该原癌基因。

例如，在禽白血病病毒（ALV ）诱发的鸡淋巴瘤细胞中，禽白血病前病毒 DNA 的整合位点就在 *c-myc* 侧翼，因而其长末端重复序列含有的强启动子和增强子可以提高 *c-myc* 的表达水平，使这些细胞过量合成 c-Myc 蛋白。

（3）**DNA 肿瘤病毒**（oncogenic DNA virus ）：例如 HBV、SV40、腺病毒、多瘤病毒、乳头瘤病毒、疱疹病毒、痘病毒。与其他 DNA 病毒不同的是，当 DNA 肿瘤病毒感染宿主细胞时，病毒 DNA 整合到宿主染色体 DNA 中，其所含的一个或多个基因可以永久转化宿主细胞。因此，DNA 肿瘤病毒含有癌基因，而且所含的癌基因是病毒基因组的组成部分，是病毒复制所必需的，例如人乳头瘤病毒（HPV ）的 *E5*、*E6*、*E7* 基因。

● HPV 的 *E5*、*E6*、*E7* 基因编码的三种蛋白有诱导各种培养细胞分裂及转化的能力：① E5 蛋白通过持续激活 EGFR 促进转化细胞增殖。② E6 蛋白抑制 p53 蛋白。③ E7 蛋白抑制 Rb 蛋白。④即使调节蛋白没有突变，E6 蛋白和 E7 蛋白共同作用也足以诱导转化。

二、癌基因定义

原癌基因（proto-oncogene ）：存在于细胞基因组中的一类正常基因，其表达产物可刺激细胞增殖，一旦激活引起过表达则会诱导或促进体内肿瘤的发生，或导致培养细胞发生恶性转化。原癌基因也称**细胞癌基因**（cellular oncogene，c-oncogene ）。

原癌基因特点：①广泛存在于各种生物基因组中，从酵母到人的基因组中都有。②产物高度保守。例如，人 KRAS 基因和小鼠 Kras 基因产物均含 189aa，其一级结构中只有 2 个氨基酸残基不同；而人 HRAS 基因和大鼠 Hras 基因产物的一级结构完全相同。③其功能是通过产物来体现的。④一定条件下被激活为癌基因，导致细胞增殖过度，肿瘤发生。

病毒癌基因（viral oncogene，v-oncogene）：简称 v 癌基因，存在于某些肿瘤病毒基因组中，表达产物可诱发肿瘤。包括转导逆转录病毒癌基因和 DNA 肿瘤病毒癌基因，其中转导逆转录病毒的癌基因来自原癌基因。

转导逆转录病毒癌基因特点：①来自宿主细胞的原癌基因。②是激活状态的原癌基因。③无内含子，调控元件缺失。④表达产物并非病毒复制所必需。⑤易突变。⑥转化能力强，诱发肿瘤时间短。

癌基因（oncogene）：病毒癌基因和激活的原癌基因的统称，是导致肿瘤发生的重要遗传基础。其表达产物多为促生长蛋白，以显性方式促进细胞生长或分裂，可诱导或促进体内肿瘤发生，或使培养细胞发生恶性转化。

很多时候癌基因为原癌基因、病毒癌基因、癌基因的统称。

三、原癌基因及其产物命名

由于历史原因，原癌基因（和抑癌基因）的命名和名称缩写至今并无统一规则，大多数癌基因及其产物有不止一个名称或名称缩写。

1. 癌基因命名　癌基因名称缩写与其他基因一致，多以斜体表示，但其命名没有统一规则。本教材主要参考 UniProt 推荐命名及符号。

（1）以最初发现于何种肿瘤为基础，结合所在细胞或逆转录病毒的名称，用小写斜体字母表示，例如 ras（rat sarcoma）；但现在用大写斜体字母或大小写混用的也很多，例如人 BRCA1（breast cancer 1）、鼠 Src（Rous sarcoma virus）。

（2）致癌 RNA 病毒癌基因加前缀"v"，例如 v-src；相应的细胞癌基因加前缀"c"，例如 c-src。

（3）因物种不同而有一定区分，例如细胞癌基因 c-src，人和鸡的表示为 SRC，鼠的表示为 Src，斑马鱼的表示为 src。

（4）DNA 肿瘤病毒的基因为病毒复制所必需，故沿用原名，不以癌基因命名，例如腺病毒的早期基因 E1A 和 E1B、多瘤病毒（例如 SV40）的大 T 抗原基因和中 T 抗原基因等。

（5）许多癌基因和癌基因产物有不止一个名称或名称缩写。

2. 癌基因产物命名　大多数癌基因产物是癌蛋白（oncoprotein），其命名及表示也无统一规则。

（1）用其表观分子量大小表示。例如，c-ras 产物的表观分子量是 21kDa，表示为 $p21^{ras}$ 或 p21。

（2）用相应癌基因名称缩写正体表示，但首字母大写。例如，myc 产物表示为 Myc，ras 产物 p21 也可以表示为 Ras。

四、原癌基因产物功能和分类

不同原癌基因产物的亚细胞定位和功能不同，可据此分类。

（一）根据亚细胞定位分类

原癌基因产物可分为膜结合蛋白（如 EGFR、Neu）、可溶性蛋白（如 c-Mos、c-Sis）、细胞核蛋白（如 c-Myc、c-Jun）等。不过这种分类有局限性，有的癌蛋白可同时存在于细胞核、细胞质、细胞膜，例如 B-raf；有的癌蛋白起作用时穿梭于细胞质和细胞核之间，例如 KBF2。

（二）根据功能分类

原癌基因产物多为信号转导蛋白，因此可分为生长因子类、生长因子受体类、细胞质信号转导蛋白类、转录因子类和其他（凋亡蛋白、DNA 修复相关蛋白、细胞周期调节蛋白），其共同特征是均可诱导一系列与细胞生长分化有关的基因表达，从而改变细胞表型。

1. 生长因子类 许多肿瘤细胞的增殖不依赖外源增殖信号，因为可以自己产生增殖信号——生长因子。生长因子通过信号转导激活基因表达，进而促进细胞增殖。有的生长因子类原癌基因激活后产物结构正常，但发挥自分泌作用。个别生长因子类原癌基因激活后产物结构异常，如 *PDGFB* 基因。

2. 生长因子受体类 这类原癌基因产物多为酪氨酸激酶受体，配体结合导致其二聚化激活，进而激活信号通路，促进细胞增殖。已经阐明的酪氨酸激酶受体中有一半多在一些肿瘤中存在结构异常或过表达。例如，① *HER2*（*NEU*）基因发生一个点突变，编码突变 HER2（Neu）癌蛋白，其跨膜区中的一个 Val 被 Gln 置换，因而组成性二聚化，可参与诱发某些肿瘤。②许多乳腺癌患者存在正常 *HER2* 基因过表达，因而即使只有极少量表皮生长因子等相关激素也促进乳腺癌细胞增殖，而正常细胞 HER2（Neu）蛋白在表皮生长因子极少时是不被激活的。

● **某些病毒蛋白可以激活部分生长因子受体** ①脾病灶形成病毒包膜蛋白 gp55：脾病灶形成病毒（SFFV）是一种逆转录病毒，可以诱发成年小鼠红白血病。SFFV 致癌的分子基础是其包膜蛋白 gp55。正常红系祖细胞的生长、增殖、分化依赖红细胞生成素（EPO）与红细胞生成素受体（EPO-R）结合并激活之。gp55 可以与 EPO-R 结合并将其组成性激活，导致红系祖细胞增殖失控，并进一步发生突变，因而在感染数周之后即可形成恶性红系祖细胞克隆。②人乳头瘤病毒蛋白 E5：人乳头瘤病毒（HPV）是一类 DNA 病毒，HPV16 等可以诱发宫颈癌和尖锐湿疣（又称生殖器疣）。HPV 基因组编码一种细胞膜、内质网膜、高尔基体膜多次跨膜蛋白 E5，细胞膜 E5 可与 EGFR 稳定结合，抑制其内化，从而增强 EGF 激活效应，最终导致细胞转化。

目前已有 HPV 衣壳蛋白 L1 疫苗研发成功，可以降低某些 HPV 亚型的致宫颈癌风险。

3. 信号转导蛋白类 许多原癌基因产物为信号转导蛋白，例如 Ras 蛋白、Src 激酶。这些原癌基因激活后表达产物结构异常且组成性激活。

4. 转录因子类 这类原癌基因激活（及抑癌基因失活）最终影响靶基因表达。

直接调控基因表达的是转录因子，因此不难理解许多原癌基因产物就是转录因子。典型如 *JUN*、*FOS* 基因。c-Jun 蛋白和 c-Fos 蛋白有时形成异二聚体转录因子 AP-1，可激活或抑制靶基因表达。其中一些被激活表达的靶基因产物促进细胞生长，而一些被抑制表达的靶基因产物则抑制细胞生长。在肿瘤细胞中，*JUN*、*FOS* 基因常过表达且表达失控。

5. 其他 包括细胞周期调节蛋白（如 cyclin D1）、凋亡蛋白（如 Bcl-2）、E3 泛素连接酶（如 CBL）等。

（三）根据所属基因家族分类

以下基因家族的某些基因是原癌基因。

1. PDGF/VEGF 生长因子家族 例如 *PDGFB* 基因，产物为血小板源性生长因子 β 亚基。

2. G 蛋白偶联受体 1 家族 例如 *MAS1* 基因，产物为 GPCR。

3. 酪氨酸激酶家族 ①SRC 亚家族：*SRC*。②ABL 亚家族：*ABL1*。③fes/fps 亚家族：*fes*。④胰岛素受体亚家族：*TRK*。⑤EGF 受体亚家族：*ERBB2*。⑥CSF-1/PDGF 受体亚家族：*KIT*。⑦其他：*RET*。

4. Ras 家族 包括 *HRAS*、*KRAS*，产物为小 G 蛋白。

5. 核受体家族 *ERBA2*，产物为转录激活因子或转录抑制因子。

6. bZIP 家族 ①Jun 亚家族：*JUN*。②Fos 亚家族：*FOS*。③Maf 亚家族：*MAF*。产物均为转录激活因子或转录抑制因子。

7. SKI 家族 例如 *SKI*，产物为转录激活因子或转录抑制因子。

8. 其他 例如 *MYC*、*MYB*、*REL*、*BCL3*，产物均为转录激活因子或转录抑制因子。

五、原癌基因激活

原癌基因产物有正常生理功能，其在正常细胞中的表达受到严格调控。细胞受到物理、化学、生物等因素刺激时，原癌基因会被激活为癌基因。与原癌基因相比，癌基因可能出现以下异常：①产物结构异常：活性过高、活性调节异常、组成性激活、稳定性异常、亚细胞定位异常、相互作用异常。②表达失控：表观遗传学改变、启动子激活造成过表达，或在错误时刻表达于错误组织。③形成融合基因。④发生基因扩增。原癌基因的这种激活属于**功能获得性突变**（gain-of-function mutation），且属于显性突变，即一对等位基因中只要有一个发生突变，便足以在肿瘤发生中起作用。

●**过表达** 又称超表达（overexpression），是指由于基因过度激活造成其表达产物量超过正常生理水平的现象。

原癌基因激活的分子基础是基因突变。研究发现，肿瘤细胞突变发生率远高于正常细胞。白血病基因组所含突变较少，肺癌基因组所含突变位点很多，可超过 100000 处，多数肿瘤所含突变位点为 1000~10000 处。

点突变、插入缺失、重排、扩增、去甲基化等都会导致原癌基因激活，其中以点突变最常见。常见原癌基因的激活机制和相关肿瘤见表 9-3。

表 9-3 常见原癌基因激活机制和相关肿瘤

原癌基因	产物	激活机制	相关肿瘤
PDGFB	PDGFB	易位	隆突性皮肤纤维肉瘤
EGFR	EGFR	扩增	肺癌
ERBB2	Neu	扩增	胃癌，胶质瘤，卵巢癌，肺癌
HRAS	HRas	点突变	膀胱癌等
ABL1	ABL（c-Abl）	易位	慢性粒细胞白血病，急性粒细胞白血病
MYC	c-Myc	易位	Burkitt 淋巴瘤

（一）点突变

点突变可以造成癌基因产物一级结构异常，进而空间结构异常，导致：①活性增强。②活性失控，多为组成性激活。③降解障碍，寿命延长，导致水平过高或失控。

以点突变方式激活的原癌基因中以 *ras* 基因最为典型。1982 年，E. Reddy 等发现人膀胱癌细胞 *HRAS* 存在 G35T（Gly12Val）点突变，是第一个被鉴定与肿瘤相关的癌基因点突变。*ras* 有三个突变热点：Gly12、Gly13、Gln61（251 页）。

（二）病毒启动子或增强子插入

逆转录病毒前病毒 DNA 两端存在长末端重复序列（LTR），含强启动子、增强子。整合时，如果整合位点恰好位于原癌基因上游，则前病毒 DNA 的启动子、增强子可提高原癌基因转录效率，从而增加原癌基因表达，称为插入激活。慢作用逆转录病毒的作用机制即为插入激活。

1. 小鼠肉瘤病毒　感染鼠成纤维细胞后整合在鼠原癌基因 *Mos* 附近，其 LTR 将 *Mos* 激活，导致成纤维细胞转化为肉瘤细胞。

2. 禽白血病病毒　感染禽类后整合至低活性原癌基因附近，其 LTR 所含强启动子激活原癌基因，致使细胞增殖失控，诱发肿瘤。①激活原癌基因 *MYC* 或 *MYB*，诱发黏液性囊性淋巴瘤。②激活原癌基因 *EGFR*，诱发红白血病。③激活原癌基因 *HRAS*，诱发肾细胞瘤。

3. 小鼠白血病病毒　感染小鼠，①激活原癌基因 *Lck* 或 *Pim1*，诱发 T 细胞淋巴瘤。②激活原癌基因 *Kras*、*Csf1r* 或 *Mecom*，诱发髓性细胞白血病。

鸟类和鼠类的慢作用逆转录病毒比转导逆转录病毒更为常见。因此，导致原癌基因插入激活可能是逆转录病毒诱导肿瘤发生的主要机制。

（三）重排

人类肿瘤中已发现几百种基因重排（或染色体易位），见于急性髓系白血病、慢性粒细胞白血病、慢性淋巴细胞白血病、Burkitt 淋巴瘤、套细胞淋巴瘤、甲状腺乳头状癌、甲状旁腺腺瘤、血管瘤样纤维组织细胞瘤、恶性黏液性脂肪肉瘤、隆突性皮肤纤维肉瘤等，且常涉及酪氨酸激酶和转录因子类原癌基因。原癌基因可以通过基因重排激活，激活效应有两种。

1. 激活原癌基因　易位导致原癌基因与强启动子或增强子相会并被其激活，高效表达，甚至组成性表达，因而产物水平高。因为原癌基因编码区结构不变，所以产物结构正常。例如 Burkitt 淋巴瘤染色体易位 t（8;14）（q24;q32）导致原癌基因 *MYC* 激活（253 页）。

2. 形成融合基因　重排可以使原癌基因与其他基因形成融合基因，产物组成性激活，例如慢性粒细胞白血病费城染色体中的 *BCR-ABL1* 融合基因，其表达的融合蛋白 BCR-ABL 中 ABL 酪氨酸激酶活性组成性激活（252 页）。

（四）基因扩增

在肿瘤细胞中，基因扩增是一种常见的遗传变异，它可以使基因或染色体片段的拷贝数增加几十倍至上千倍，形成均匀染色区。原癌基因扩增之后转录效率过高，癌蛋白合成过多，引起细胞代谢紊乱，并可能在细胞癌变过程中起重要作用。

例如，神经母细胞瘤（neuroblastoma）有 200 多个 *MYCN* 拷贝，小细胞肺癌 *MYC*、*MYCN* 或 *LM* 的拷贝数也超过 50 个。在与基因扩增有关的肿瘤中，有些只有一种癌基因发生扩增，例如一些乳腺癌仅发生 *RPS6KB1* 基因扩增；有些则发生多种癌基因扩增，例如神经母细胞瘤中同时发生 *MYCN* 和 *DDX1* 基因扩增，一些乳腺癌同时发生 *CCND1*、*FGF4* 和 *FGF3* 基因扩增。

原癌基因扩增发生率远高于肿瘤发生率，但大多数扩增都会被修复，或相应细胞受检查点控制退出细胞周期，因此原癌基因发生扩增的肿瘤细胞还存在 DNA 修复缺陷。

（五）缺失

某些原癌基因产物含有调节结构域或自抑制结构域。缺失突变导致调节或自我抑制缺失，基因产物组成性激活。

例如，① Rous 肉瘤病毒 v-*src* 产物 Src 激酶自抑制结构域缺失，Src 激酶不再被磷酸化抑制（图 9-1，图 7-5 ①），即组成性激活。② *ERBB2* 产物 Neu 细胞外配体结合区缺失，活性不依赖 EGF 结合，即组成性激活 MAPK 途径。*ERBB2* 突变体多与乳腺癌、胃癌、上皮性卵巢癌有关。③ *MYC* 基因 3' UTR 不稳定序列缺失，mRNA 寿命延长。④某些原癌基因 5'AUG 或 uORF 缺失，导致翻译抑制缺失（第六章，173 页）。

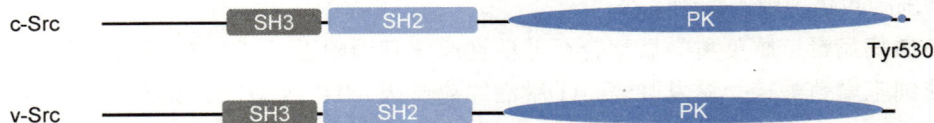

图 9-1　Src 激酶一级结构示意图

（六）去甲基化

通常甲基化导致基因沉默，去甲基化导致基因激活（第六章，156 页）。肿瘤细胞 DNA 甲基化特征是基因组和癌基因 DNA 低甲基化，抑癌基因 DNA 高甲基化。例如，①肝癌、肠腺癌细胞中 *MYC* 基因呈低甲基化状态，并且甲基化水平越低，肿瘤恶性程度和转移能力越高，临床分期越晚。②结肠癌和肺癌细胞中存在 *KRAS* 和 *HRAS* 基因低甲基化。因此，恶性肿瘤的发生与原癌基因的甲基化水平呈负相关。

●地西他滨即抗肿瘤药物（XL01）5- 氮杂脱氧胞苷，属于嘧啶类似物（XL01BC）类抗代谢药物（XL01B），靶点为 DNA 甲基转移酶（DNMT）。掺入 DNA 后可抑制 DNMT，导致 DNA 低甲基化，细胞周期停滞于 S 期。可用于治疗某些急性髓性白血病。

（七）其他

以 *MYC* 基因激活为例，除了重排、扩增、逆转录病毒插入和 3' UTR 缺失之外，*MYC* 还有其他激活机制：①转录因子激活：β 连环蛋白是 *MYC* 基因的共激活因子，但在正常细胞中被 APC 蛋白结合抑制，并被泛素 - 蛋白酶体系统降解。结肠癌 *APC* 基因突变导致 APC 蛋白缺失，于是 β 连环蛋白与转录因子 TCF-4 结合激活 *MYC* 基因表达（第七章，223 页）。②转录因子突变：结肠癌、肝癌及其他肿瘤中存在突变激活的 β 连环蛋白，激活 *MYC* 基因表达（第七章，223 页）。③ Ras 蛋白可能在翻译后修饰环节稳定 Myc 蛋白。

原癌基因的激活机制复杂多样。不同原癌基因有不同的激活机制。一种原癌基因在不同条件下可能有不同的激活机制，例如 *RAS* 基因的激活机制主要是点突变，*MYC* 基因的激活机制既有基因扩增又有基因重排。在某些条件下可能以某种激活机制为主。

六、部分原癌基因

原癌基因的种类很多，与肿瘤发生发展关系密切的有 *HER2*、*ras*、*ABL1*、*myc* 等。

（一）*HER2* 基因

HER2 基因又称 *ERBB2*、*NEU*，属于酪氨酸激酶家族、EGF 受体亚家族（表 7-6，196 页），全长 40523bp，mRNA 长 4315nt。

1. HER2 蛋白结构　HER2 蛋白前体一级结构 1255aa，切除 N 端 22aa 的信号肽得到 1233aa 的功能 HER2 蛋白（又称 Neu）。HER2 蛋白虽然属于 EGF 受体亚家族，但在体内并无相关配体，而是通过与 EGFR、ErbB3、ErbB4 的配体 - 受体复合物结合而被激活。

2. HER2 蛋白功能　HER2 蛋白有酪氨酸激酶活性，通过 Ras-MAPK 途径和 PI3K-Akt 途径等促进细胞增殖、抑制细胞凋亡。

3. *HER2* 基因突变　在 25%~30% 女性浸润性乳腺癌中发生 *HER2* 基因扩增或表达过度，表达产物形成同二聚体，具有高组成活性，为正常 HER2 活性的 100 倍，且表达水平与治疗后复发率及预后不良显著相关。HER2 是单克隆抗体药物曲妥珠单抗靶点（197 页）。

（二）*ras* 基因

ras 基因包括 *HRAS*（1982 年鉴定，是第一个在肿瘤内被鉴定的非病毒癌基因）、*KRAS*（1983 年鉴定）和 *NRAS*（1983 年鉴定），属于 Ras 家族。它们分别编码 HRas、KRas 和 NRas 蛋白。

1. Ras 蛋白结构　Ras 蛋白的翻译后修饰对其活性、亚细胞定位和寿命非常重要：①一部分 Ras 蛋白的 N 端 Met1 保留且被乙酰化；其余 Met1 被切除且 Thr2 被乙酰化。②Cys118 巯基亚硝基化促进鸟苷酸交换。③Ras 特定 Cys 的巯基可被棕榈酰化。棕榈酰化与去棕榈酰化循环调节其在细胞膜与高尔基体之间的分配。④Lys104 被乙酰化会抑制 Ras 蛋白与鸟苷酸交换因子（GEF）结合。

2. Ras 蛋白功能　*ras* 基因主要表达于 G_1 期检查点之前，产物 Ras 蛋白属于信号转导分子开关，通过激活蛋白激酶 RAF 转导生长信号，维持细胞骨架完整性，激活基因表达和细胞增殖、分化、黏附、迁移、凋亡（第七章，209 页）。

一些生长因子（如 EGF、PDGF）可通过其酪氨酸激酶受体（RTK）激活 Ras 蛋白。另一些生长因子（如 IL-2、IL-3）的受体没有酪氨酸激酶活性，但受体可激活非受体酪氨酸激酶（nRTK），nRTK 激活 Ras 蛋白。

3. *ras* 基因突变　有 20%~30% 肿瘤可以检出 *HRAS*、*KRAS* 或 *NRAS* 突变，主要是 *KRAS* 突变。不同肿瘤的 *ras* 突变检出率不同，胰腺癌超过 90%，肺癌和结肠癌为 30%~50%，泌尿系肿瘤为 10%。*ras* 突变主要是点突变，突变热点有三个，即 Gly12、Gly13、Gln61，见于各种肿瘤。突变体促浸润、促转移、抗凋亡。

Gly12 位于 Ras 蛋白的 GTPase 调节结构域内，GAP 通过 Gly12 与 Ras 蛋白结合并激活其 GTPase 活性，把 GTP 水解成 GDP，抑制信号转导（第七章，211 页）。因此，Gly12 点突变（如 Gly12Val）会导致 Ras 蛋白不能被 GAP 激活，GTPase 活性极低，导致 Ras 长时间与 GTP 结合，组成性激活，最终导致细胞增殖失控。

Gln61 位于 Ras 蛋白的 GTPase 活性中心内，直接参与水解 GTP。Gln61 点突变导致 GTPase 活性中心失活，几乎不能水解 GTP。结果 Ras 永久性结合 GTP，组成性激活。

（三）ABL1 基因

ABL1 **基因**属于酪氨酸激酶家族，全长 274474bp，含 11 个外显子，其 mRNA 长 5881nt；编码产物 ABL1 蛋白又称 ABL 蛋白、ABL 激酶、ABL 酪氨酸激酶。

1. ABL 激酶结构　ABL 激酶一级结构 1130aa，其构象中含 SH3 和 SH2 结构域、蛋白激酶活性中心（PK）、帽区、核定位信号（NLS1、2、3）、DNA 结合区、核输出信号（NES）（图 9-2）。

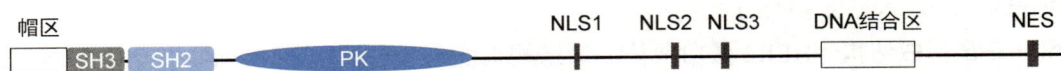

图 9-2　ABL 蛋白一级结构示意图

2. ABL 激酶功能　ABL 激酶主要作用是促进肌动蛋白分支形成和细胞突起延伸，从而控制细胞骨架和细胞形态。ABL 激酶在与细胞生长、存活有关的事件中起关键作用，如细胞骨架重塑（以对细胞外刺激作出反应）、细胞运动、细胞黏附、受体内吞、DNA 损伤反应、细胞凋亡。

3. *ABL1* 基因突变　主要是重排。

某些慢性粒细胞白血病（CML，阳性率 90%~95%）、急性淋巴细胞白血病（ALL，成人阳性率 25%~30%，少儿阳性率 2%~10%）和急性髓系白血病（AML，又称急性粒细胞白血病）患者骨髓造血细胞的 22 号染色体称为**费城染色体**（Ph^+ 染色体），它带有一个 *BCR-ABL1* 融合基因，是通过 t（9;22）（q34;q11）易位形成的。易位导致 *ABL1* 基因（9q34.1）与 *BCR* 基因（22q11）重组，形成 *BCR-ABL1* 融合基因，表达 BCR-ABL 融合蛋白。

BCR-ABL 融合蛋白形成四聚体，几乎全部位于细胞质中，致癌机制：① *BCR-ABL1* 融合基因表达失控，过表达。② BCR-ABL 融合蛋白水平和活性高于 ABL 激酶且组成性激活，可以催化多种信号转导蛋白磷酸化激活，其中一些并非 ABL 激酶的生理底物。例如，BCR-ABL 可以激活 Ras-MAPK 途径、JAK-STAT 途径和 PI3K-Akt 途径，它们在生理状态下是被酪氨酸激酶受体激活的。③ BCR-ABL 融合蛋白中的 BCR 部分还可以募集信号转导蛋白，因而更有利于激活信号转导蛋白。

BCR-ABL 融合蛋白是蛋白激酶抑制剂药物伊马替尼靶点（197 页）。

（四）myc 基因

1978 年，D. Sheiness 和 J. Bishop 在一种诱发鸟类骨髓细胞瘤的禽骨髓细胞瘤病毒（avian myelocytomatosis virus）中发现了 v-*myc* 基因（编码 v-Myc 蛋白），随后于 1979 年在鸡的基因组中发现了同源 c-*myc* 基因（编码 c-Myc 蛋白）。

人 *myc* **基因**有三种，均为即刻早期基因，只在增殖细胞中表达，主要表达于 G_0/G_1 转换期和 G_1 早期（表 9-4）。

表 9-4　人 *myc* 基因

基因	*MYC*（*BHLHE39*）	*MYCN*（*BHLHE37*）	*MYCL*（*BHLHE38*）
产物	c-Myc（bHLHe39）	N-myc（bHLHe37）	L-Myc（bHLHe38）

1. Myc 蛋白结构　三种 Myc 蛋白大小和序列不尽相同，但有一些共同的结构特征。例如 c-Myc 蛋白是磷酸化糖蛋白，从 N 端起依次含转录激活结构域（TAD）、核定位信号（NLS）、碱

性螺旋 - 环 - 螺旋基序（bHLH）、亮氨酸拉链区（LZ）。

Myc 蛋白可发生磷酸化、乙酰化、甲基化、SUMO 化、泛素化等翻译后修饰调节，例如被 PI3K-Akt 途径激活的 GSK3A 催化其 Thr58 磷酸化激活。

2. Myc 蛋白功能　　三种 Myc 蛋白均为转录因子，位于细胞核内。与其他 bHLH 蛋白（如 Max、Mad、Mnt）形成异二聚体后，与调控元件结合，调节靶基因转录。Myc 蛋白控制着几千种基因的表达，产物不只是蛋白质，还有 miRNA、lncRNA，因此影响到细胞几乎所有的功能。

（1）转录激活因子：Myc 蛋白是转录激活因子，可以与转录因子 Max 结合成 Myc-Max 二聚体，与靶基因启动子的 E 盒结合，通过上调靶基因表达，促进细胞周期及细胞代谢、分化、凋亡，抑制细胞黏附。由 Myc-Max 调控的靶基因数占基因总数的 15%，例如细胞周期蛋白。

（2）转录抑制因子：Myc 蛋白是转录抑制因子，可以取代组蛋白乙酰化酶 CBP（或 p300）与转录因子 Miz-1 结合，下调 Miz-1 靶基因表达。

●**重编程因子**　又称 OKSM 因子，是 OCT4、KLF4、SOX2、c-Myc 组合的统称。将其基因转入体细胞，可将体细胞转化为诱导多能干细胞（iPS）。

3. *myc* 基因表达　　*myc* 转录受各种细胞外信号调控，被酪氨酸激酶受体途径、Notch 途径、Wnt 途径、TCR 途径上调，被 TGF-β 途径下调。这些途径异常激活会导致 *myc* 基因及其靶基因转录异常。

4. *myc* 基因突变　　是各种肿瘤中最常见的突变癌基因之一，主要激活机制有易位、扩增、错配和启动子激活。

● Burkitt 淋巴瘤中多存在涉及 *MYC* 基因的染色体易位，特别是 t（8;14）（q24;q32）易位。8 号染色体的 *MYC* 基因易位到 14 号染色体的免疫球蛋白重链基因（*IGH*）侧翼，该基因在合成免疫球蛋白的白细胞中处于表达状态，所以 *MYC* 基因易位后受 *IGH* 基因增强子控制，大量合成 c-Myc 蛋白，可以导致白细胞癌变，发展为淋巴瘤。

第三节　抑癌基因

许多肿瘤细胞中存在染色体缺失，因此推测缺失的染色体 DNA 中可能包含抑制细胞增殖的基因，它们在缺失之前是起作用的。如今，通过对遗传性肿瘤的研究已经证实了抑癌基因的存在。

抑癌基因（tumor suppressor gene）又称肿瘤抑制基因、抗癌基因（antioncogene），是存在于细胞基因组中的一类正常基因，其编码产物抑制细胞增殖，因而正常情况下对肿瘤发生起抑制作用。抑癌基因发生功能缺失性突变后生长抑制活性降低，甚至完全缺失，可导致细胞增殖过度，甚至失控，直至肿瘤发生。

抑癌基因突变携带者具有肿瘤易感性，但不足以导致肿瘤发生。一个抑癌基因 *BRCA1* 野生型纯合子女性在 50 岁之前患卵巢癌、乳腺癌的可能性均为 2%，而一个 *BRCA1* 杂合子女性在 50 岁之前患卵巢癌、乳腺癌的可能性分别高达 15%~40%、60%。

一、抑癌基因产物功能和分类

多数抑癌基因产物为蛋白质，称为肿瘤抑制蛋白、抑癌蛋白。其生理功能主要是维持基因组稳定性、抑制细胞生长和分裂、诱导细胞分化或凋亡（表 9–5）。

表 9-5　抑癌基因主要产物功能

产物	产物功能
周期蛋白依赖性激酶抑制因子 p16、ARF、p15、p21 蛋白，Rb 蛋白	细胞周期调节蛋白
TGF-β 受体，神经纤维瘤蛋白，APC 蛋白，Axin-1 蛋白，β 连环蛋白	抗增殖信号受体或信号转导蛋白
p53 蛋白	检查点调控蛋白
PTEN 蛋白	促凋亡蛋白
BRCA1、BRCA2 蛋白	DNA 双链断裂修复，同源重组修复
转录因子 Smad4	转录激活因子

　　DNA 修复蛋白并不是直接抑制细胞增殖，而是监控细胞增殖。如果 DNA 的缺口、断裂等许多损伤得不到修复，就会造成许多突变积累，累及在调节细胞增殖时起关键作用的一组基因，包括原癌基因和抑癌基因。

二、抑癌基因失活

　　抑癌基因受物理、化学、生物等因素刺激时会发生突变，结果不再表达，或表达产物无活性，称为功能缺失性突变（loss-of-function mutation）。

　　抑癌基因失活机制与原癌基因激活机制的化学本质相同（表 9-6），这里以抑癌基因 *APC*（腺瘤性息肉病基因）为例介绍。

表 9-6　抑癌基因失活机制

抑癌基因	错义突变	移码突变	无义突变	沉默突变	剪接位点突变	其他
p53	74	9	8	4	2	3
APC	4	51	32	9	4	0
ATM	28	56	14	0	0	2
BRCA1	30	54	11	0	5	0

（一）缺失

APC 编码区缺失 Val312~Gln412，突变产物 2742aa。

（二）点突变

APC 的外显子 16 是点突变的集中区。目前已经发现了 46 种 *APC* 点突变。

　　1. 生殖细胞突变　多数家族性腺瘤性息肉病（FAP）患者生殖细胞存在 *APC* 突变，其中 95% 是无义突变和移码突变。Lys1061 和 Glu1309 是生殖细胞 *APC* 突变热点，占报道病例的 1/3。其余 2/3 基本集中于 Met200~Lys1600。

　　2. 体细胞突变　*APC* 超过 60% 的体细胞突变集中于 Glu1286~Glu1513（占编码区不到 10%），其中有两个突变热点 Glu1309、Arg1450。这些突变导致 Axin 蛋白结合点和 β 连环蛋白结合点丢失（第七章，223 页）。

（三）高甲基化

有些结肠癌细胞只有一个 *APC* 等位基因突变，但其启动子 CpG 岛发生高甲基化（hypermethylation），而相邻正常肠上皮细胞 *APC* 等位基因则正常，所以其二次突变可能就是启动子的高甲基化。进一步研究发现，包括食道癌、胰腺癌、胃癌、肝癌等 *APC* 启动子也发生高甲基化，这些肿瘤不合成 APC 蛋白。不过，有报道正常胃黏膜细胞 *APC* 启动子也发生高甲基化。因此，高甲基化也许是结肠癌早期 *APC* 基因失活的机制，但也许只是一个正常的调节机制。

启动子 CpG 岛的高甲基化在抑癌基因很常见，例如 *APC*、*BRCA1*、*CDH-1*、*MGMT*、*MLH*、*NF1*、*p15*、*p16*、*PTEN*、*RB1*、*STK11*、*TIMP3*、*VHL*。这种高甲基化常为导致许多肿瘤中某些抑癌基因失活的唯一分子基础。此外，高甲基化也会发生在抑癌基因的其他调控元件内。

（四）癌基因产物抑制

癌基因激活效应在表型上可以类似于抑癌基因缺失效应。例如，人乳头瘤病毒蛋白 E7 可以结合并抑制 Rb 蛋白。cyclin D1 过量合成与 p16 蛋白缺失一致，导致 Rb 蛋白高磷酸化失活。

三、部分抑癌基因

目前已经鉴定的抑癌基因和候选抑癌基因有上百种。

（一）*RB1* 基因

RB1 基因是第一种被鉴定和克隆的抑癌基因，全长 178240bp，含 27 个外显子，其 mRNA 长 4772nt。

1. Rb 蛋白结构　Rb 蛋白一级结构形成三个结构域：①N 端结构域：含富含丙氨酸序列、富含脯氨酸序列。②口袋结构域：可以结合转录因子 E2F 等。③C 端结构域：既含核定位信号，又可以结合 DNA 和 cyclin-CDK 等。

2. Rb 蛋白功能　基本功能是抑制细胞增殖，是控制细胞周期 G_1 期检查点的关键因子。

Rb 蛋白是细胞核蛋白，一种共抑制因子，其活性受化学修饰调节，与磷酸化程度呈负相关：①在细胞周期 M 晚期和 G_1 早期，Rb 处于低磷酸化状态，活性高，变构抑制转录激活因子 E2F，导致 E2F 靶基因——一组 G_1 期检查点蛋白基因不能表达。没有 G_1 期检查点蛋白，细胞周期不能通过 G_1 期检查点，细胞不能增殖（图 9-3 ①）。②在 G_1 期检查点，生长信号激活 MAPK 途径，进而激活 cyclin D-CDK4/6 等，催化 Rb 高磷酸化失活。E2F 复活，激活基因表达，合成 G_1 期检查点蛋白，使细胞周期通过 G_1 期检查点，细胞增殖（图 9-3 ②）。

图 9-3　Rb 与 E2F 激活

3. *RB1* 基因突变　导致 Rb 蛋白失活，G_1 期检查点缺失，细胞增殖失控。*RB1* 基因发生功能缺失性突变，或在表观遗传学水平上因 DNA 甲基化、染色质修饰而沉默。其中功能缺失性突变见于视网膜母细胞瘤、膀胱癌、骨肉瘤、小细胞肺癌、乳腺癌、前列腺癌等。

● 腺病毒基因 *E1A* 编码蛋白 E1A 与 Rb 结合，抑制其转录抑制因子活性，促进细胞增殖。

（二）*p53* 基因

人 *p53* 基因又称 *TP53*、*P53*，是一种显性抑癌基因，全长 19149bp，含 11 个外显子，其 mRNA 长 2591nt。

1. p53 蛋白结构 *p53* 基因产物称为 p53 蛋白、细胞肿瘤抗原 p53。

● p53 蛋白 是指 *p53* 基因通过选择性转录和选择性剪接表达的 9 种同源体：p53α/β/γ、δ40-p53α/β/γ、δ133-p53α/β/γ，通常多指 p53α。

p53 蛋白一级结构依次含转录激活结构域、脯氨酸结构域、DNA 结合域、核定位信号、四聚化结构域（转录抑制结构域，含核输出信号）。

2. p53 蛋白功能 p53 蛋白是 DNA 损伤效应器，基本功能是抑制 DNA 损伤细胞和染色体畸变细胞的增殖，维持基因组稳定性。p53 蛋白是一种 DNA 结合蛋白、转录激活因子，其靶基因产物控制 DNA 修复及细胞的增殖、分化、衰老、凋亡。p53 蛋白的直接靶基因已鉴定 130 多种，间接靶基因可达几千种。靶基因产物不只是蛋白质，还有 miRNA、lncRNA。

（1）抑制细胞分裂：当 G_1 期细胞受到各种应激信号刺激时，p53 蛋白被磷酸化激活，作为一种转录激活因子，激活一组基因，特别是 *p21* 基因表达，大量合成 p21 蛋白。p21 蛋白是一种 CDK 抑制因子，可以抑制 CDK 活性，从而抑制细胞周期，使细胞停滞于 G_1 期。

（2）促进 DNA 修复：如果 DNA 损伤严重，蛋白激酶 ATM、Chk1、Chk2 均可催化 p53 磷酸化激活，促进合成 p21 蛋白。p21 蛋白结合并抑制 CDK，完全抑制细胞周期，为 DNA 修复争取时间。p53 因此被称为"基因组卫士"（第八章，231 页）。

（3）诱导细胞凋亡：当 DNA 损伤严重以至于不能修复，特别是细胞已通过 G_1 期检查点进入 S 期时，p53 蛋白会通过以下机制诱导细胞凋亡，从而清除损伤细胞，维持组织器官的正常功能：①在转录水平，p53 蛋白一方面激活一组促凋亡基因表达（如 *BAX*），抑制一组抗凋亡基因表达（如 *BCL2*），从而诱导细胞凋亡，抑制肿瘤发生；另一方面激活一组基因间长链非编码 RNA（lincRNA）基因转录，介导转录抑制，从而抑制细胞分裂，诱导细胞凋亡。②在非转录水平，直接与线粒体外膜抗凋亡蛋白 Bcl-2、Bcl-X_L 结合，抑制其抗凋亡活性；直接激活促凋亡蛋白 Bax，从而激活线粒体途径，诱导细胞凋亡。

（4）诱导细胞分化：①某些 *p53* 基因突变胚胎存在神经管不闭合等缺陷。② p53 蛋白可以诱导某些体外培养细胞分化。

p53 蛋白效应多样，且与细胞类型、应激类型和应激强度等有关。

3. *p53* 基因突变 p53 蛋白处于肿瘤发生的中心地位，是促细胞凋亡、抗肿瘤发生的关键因子。正常细胞周期在 DNA 受到损伤时会停滞于 G_1 期，*p53* 突变体 G_1 期检查点缺失。*p53* 缺失则凋亡缺失，因此不难理解 *p53* 是肿瘤细胞中突变率最高的基因。

p53 基因是目前已知在各种肿瘤中突变率（50%~90%）最高的抑癌基因，见于皮肤 [鳞状细胞] 癌（>90%）、结肠癌（70%）、肺癌（60%）、乳腺癌（30%~50%）、前列腺癌、头颈部肿瘤、肝癌、胃癌、食道癌、星形细胞瘤、红白血病等。*p53* 基因既有体细胞突变，又有生殖细胞突变（当然很少），例如 Li-Fraumeni 综合征生殖细胞存在 *p53* 基因突变。

p53 基因突变类型有点突变、插入缺失、重排、甲基化等，以点突变为主。例如，非小细胞肺癌 *p53* 基因 Arg273 存在 G → T 颠换，发生率高达 59.3%。突变导致 DNA 损伤检查点缺失，基因组不稳定，损伤积累，且在未修复时也能进行细胞分裂。

●**显性负突变** 是指一对等位基因中只要有一个发生功能缺失性突变即导致表型缺失。有显性负突变特征的抑癌基因基因产物多形成寡聚体或与其他蛋白质结合起作用。*p53* 基因突变属于显性负突变，这是因为 p53 的活性形式是同四聚体，所以只要有一个 *p53* 等位基因发生突变，就会导致细胞内几乎所有 p53 四聚体均为含突变亚基的异四聚体，即 p53 蛋白基本上不再有活性。

（三）*PTEN* 基因

PTEN 基因全长 106908bp，含 9 个外显子，其 mRNA 长 5572nt。

1. PTEN 蛋白结构 PTEN 蛋白（磷酸酶和张力蛋白同源蛋白）含以下结构：①一个磷酸酶张力蛋白型结构域，含活性中心。②一个 C2 张力蛋白型结构域，介导 PTEN 蛋白以不依赖 Ca^{2+} 的方式与膜磷脂结合，这对其抑癌作用非常重要。③一个 PDZ 结构域结合序列，与生长调节有关，其缺失导致抑癌活性减弱。PTEN 蛋白细胞内分布受控于泛素化状态：去泛素化 PTEN 蛋白分布于细胞质中，单泛素化 PTEN 蛋白分布于细胞核内。

2. PTEN 蛋白功能 PTEN 蛋白是一种特殊的双特异性磷酸酶，既有蛋白丝氨酸 / 苏氨酸磷酸酶活性和蛋白酪氨酸磷酸酶活性，又有磷脂酰肌醇 -3,4,5- 三磷酸 -3- 磷酸酶活性，可以催化各种 3- 磷酸磷脂酰肌醇水解脱 3- 磷酸。其中 PIP_3 是表皮生长因子等生长因子的信号转导分子，是蛋白激酶 B、PDK1 等信号转导蛋白的锚定位点，因而 PTEN 蛋白通过催化 PIP_3 水解抑制蛋白激酶 B 激活，拮抗 PI3K-Akt 途径（第七章，211 页），从而抑制细胞增殖和细胞存活。

PTEN 蛋白还催化黏着斑激酶（focal adhesion kinase，FADK）的 pTyr 去磷酸化失活，从而抑制细胞迁移、整合蛋白介导的细胞伸展和黏着斑形成，因而与肿瘤转移密切相关。

3. *PTEN* 基因突变 见于头颈部鳞癌、子宫内膜癌、胶质瘤、前列腺癌等。

（四）*p16* 基因

p16 基因又称 *CDKN2A*，全长 26740bp，含 3 个外显子，转录合成时发生选择性启动和选择性剪接，最终指导合成一组同源体，主要是同源体 p16 和 ARF，p16-mRNA 长 1267nt。

1. 产物结构 同源体 p16 蛋白又称 CDK4I，一级结构 156aa；同源体 ARF 蛋白又称 p14 蛋白，一级结构 132aa。

除了大脑和骨骼肌外，各组织细胞都有 *p16* 表达，产物分布于细胞质中和细胞核内。

2. 产物功能 p16 蛋白和 ARF 蛋白都在 G_1 期起作用。① p16 蛋白是 CDK 抑制因子，作为一种负调节因子在 G_1 早期抑制 CDK 活性，抑制其催化 Rb 高磷酸化失活，因而支持 Rb 抑制 E2F，从而抑制细胞周期通过 G_1 期检查点，抑制细胞增殖（图 9-4 ①）。② ARF 蛋白保护 p53 蛋白，支持其抑制细胞分裂，诱导细胞凋亡。保护机制是变构抑制泛素连接酶 MDM2 等，使其不能催化 p53 蛋白泛素化降解（图 9-4 ②）。

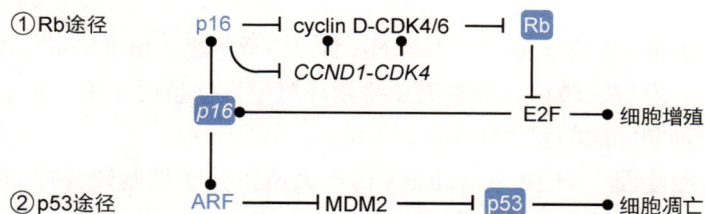

图 9-4 Rb 途径和 p53 途径

3. *p16*基因突变　*p16*基因突变是功能缺失性突变，并且多为纯合性缺失，突变导致cyclin D-CDK4、cyclin D-CDK6复活，催化Rb蛋白磷酸化失活，G_1期检查点缺失。

*p16*基因突变在肿瘤细胞系中可达80%以上，在实体瘤中可达70%。*p16*基因突变常见于2型皮肤恶性黑色素瘤、家族性非典型多痣黑色素瘤-胰腺癌综合征、Li-Fraumeni综合征、黑色素瘤-星形细胞瘤综合征、胰腺癌、肺癌、胃癌、乳腺癌、血液系统肿瘤等。

在某些肿瘤（如肺癌）中，*p16*编码序列正常，但启动子高甲基化，导致*p16*基因不表达。

第四节　非编码RNA与原癌基因、抑癌基因

近年来的研究已经明确，非编码RNA（ncRNA）也是决定肿瘤发生和发展的关键因子。其中miRNA和lncRNA在肿瘤发生发展中的作用研究较多。

一、miRNA与原癌基因、抑癌基因

miRNA在肿瘤发生中的作用最初是通过分析13q14.3区带阐明的。已知大多数慢性淋巴细胞白血病（CLL）存在该区带缺失，而CLL是最常见的白血病。进一步研究表明是两种miRNA（miR-15-a、miR-16-1）缺失导致CLL。这两种miRNA的作用均为抑制细胞增殖。一旦它们缺失，B细胞增殖就会加快。let-7 miRNA是参与肿瘤发生的另一类miRNA，可以下调Ras蛋白合成，因此let-7 miRNA缺失造成Ras蛋白组成性过量，导致肿瘤发生。

大量研究表明许多肿瘤细胞中存在miRNA表达失控，且许多失控与肿瘤发生有因果关系。其中表达过量的miRNA称为致癌miRNA（oncogenic miRNA，oncomiR），如miR-17-92（与肺癌、乳腺癌、胰腺癌、结肠癌等有关）、miR-21、miR-155。表达不足的miRNA称为抑癌miRNA（tumor suppressor miRNA），如let-7（与卵巢癌、肺癌有关）、miR34（与各种肿瘤有关）、miR-15-a和miR-16-1（与慢性淋巴细胞白血病有关）。

1. 抑癌miRNA抑制癌基因表达　miR-15-a、miR-16-1的作用是抑制细胞增殖（可能通过抑制*BCL2*），其缺失导致细胞增殖。

2. 致癌miRNA抑制抑癌基因表达　miR-155在大B细胞淋巴瘤中水平过高。miR-21在几乎所有肿瘤中水平过高，例如胶质母细胞瘤、乳腺癌、肺癌、胰腺癌、结肠癌，且其靶基因是几种抑癌基因，例如*PTEN*基因。

miRNA导致肿瘤发生的机制尚未阐明。因为每一种miRNA都可以调控多种靶基因，它们可能以多种方式影响肿瘤发生，因而在肿瘤发生中所起的作用可能更大。

miRNA已可作为肿瘤诊断、预后、分型标志，并有望用于治疗，即用寡核苷酸促进抑癌miRNA表达，或用反义寡核苷酸抑制致癌miRNA活性。

二、lncRNA与原癌基因、抑癌基因

1991年M. Bartolomei发现了第一个lncRNA-H19。近年来，lncRNA已被证明参与多种信号通路，在肿瘤的发生、发展、转移以及肿瘤免疫微环境中发挥重要作用，影响肿瘤发生的各个方面，具有促进肿瘤或抑制肿瘤的双重作用。

1. lncRNA与原癌基因　VL30等lncRNA可作为诱饵分子抑制转录抑制因子PSF与原癌基因启动子结合，从而促进原癌基因表达。某些lncRNA通过充当增强子RNA（eRNA）来促进原癌基因表达，例如lncRNA-PCGEM1可上调原癌基因*SNAI1*的表达，促进上皮-间质转化，致使

胃癌发生转移。

2. lncRNA 与抑癌基因　p53 可以被一种名为 DINO 的 lncRNA 分子稳定。DINO 是 p53 依赖的 DNA 损伤反应系统的重要组成部分。p53 可以使 DINO 表达增加，而 DINO 水平增加又反过来结合并稳定 p53 蛋白，从而形成一个正反馈环路，在细胞核内放大损伤信号。当 DINO 表达水平人为增加时，即使基因组并没有任何改变，细胞也会做出 DNA 损伤反应。相反，当 DINO 表达被抑制时，细胞对来自 p53 途径的反应将被削弱。

lncRNA 的异常表达与恶性肿瘤细胞的生长、分裂、侵袭、转移等密切相关，正在成为癌症治疗的新靶点，并可能作为癌症预测及预后的生物标志物指导临床应用。

第五节　生长因子

生长因子（growth factor）是一类由各种组织细胞合成分泌的有丝分裂原，主要是蛋白质或多肽类信号分子，可以促进细胞增殖和分化，以内分泌、旁分泌或自分泌方式起作用。许多原癌基因和抑癌基因产物即为生长因子，或为生长因子信号通路的转导蛋白，调控细胞增殖和分化。

● S. Cohen 和 R. Levi-Montalcini 因发现神经生长因子（NGF，1948 年）和表皮生长因子（上皮生长因子，EGF，1962 年）而获得 1986 年诺贝尔生理学或医学奖。

一、生长因子分类

目前已鉴定的肽类生长因子有几十种（表 9–7）。它们来自各种组织细胞，靶细胞也不同。有的生长因子靶细胞比较单一，如红细胞生成素（EPO）作用于髓系祖细胞，血管内皮生长因子（VEGF）作用于血管内皮细胞；有的生长因子靶细胞广泛多样，如成纤维细胞生长因子（FGF）作用于间充质干细胞、内分泌细胞、神经系统细胞。

表 9–7　人类部分生长因子

名称（缩写）	分泌细胞	主要功能
白细胞介素 1（IL-1）	单核细胞、内皮细胞、成纤维细胞等	刺激 T 细胞生成 IL-2
白细胞介素 2（IL-2）	某些 CD4$^+$ T 细胞	刺激 T 细胞汇集于感染部位，NK 细胞、B 细胞、巨噬细胞增殖
表皮生长因子（EGF）	颌下腺、巨噬细胞、血小板等	促进表皮、上皮细胞、培养成纤维细胞生长
成纤维细胞生长因子（FGF）	各种细胞	促进多种细胞增殖
肝细胞生长因子（HGF）	间质细胞	促进肝实质细胞生长
红细胞生成素（EPO）	肾细胞、肝细胞	刺激幼稚红细胞生成、分化，血红蛋白合成，红细胞成熟
巨噬细胞集落刺激因子（G-CSF）	巨噬细胞、中性粒细胞、内皮细胞、成纤维细胞、活化 T 细胞核 B 细胞	促进骨髓造血前体细胞增殖分化为单核细胞、巨噬细胞，并可激活成熟单核细胞、巨噬细胞
内皮素（ET）	血管内皮细胞	促进内皮细胞或血管平滑肌细胞生长
神经生长因子（NGF）	颌下腺	促进神经细胞增殖、神经突生长
血管内皮生长因子（VEGF）	广泛，垂体瘤	促进血管生成、内皮细胞增殖、细胞迁移，抑制细胞凋亡，增加血管通透性

续表

名称（缩写）	分泌细胞	主要功能
血小板源性生长因子（PDGF）	血小板	促进间充质干细胞和胶质细胞生长
胰岛素（INS）	胰岛 β 细胞	合成代谢
胰岛素样生长因子 1（IGF1）	心包等	促成骨细胞葡萄糖摄取、糖原合成
转化生长因子 α（TGF-α）	角质形成细胞、肿瘤细胞	表皮生长因子效应
转化生长因子 β（TGF-β）	骨细胞、软骨细胞等许多细胞	促进或抑制某些细胞的增殖、分化

二、生长因子功能

生长因子及其受体与细胞生长、细胞分裂、细胞分化、免疫反应、创伤愈合、肿瘤发生等多种生理、病理过程有关。大多数生长因子的活性是促进细胞生长，少数生长因子的活性是抑制细胞生长（称为抑素），个别生长因子的活性具有两重性。

例如，神经生长因子（NGF）促进神经细胞生长，但却抑制成纤维细胞的 DNA 合成；TGF-β 促进成纤维细胞生长，但却抑制其他多数细胞的生长；HGF 促进正常肝细胞生长，却抑制肝癌细胞增殖。

三、生长因子作用机制

生长因子以内分泌、旁分泌、自分泌方式作用于靶细胞，特别是旁分泌和自分泌。通过结合细胞表面受体激活特定信号通路，调控基因表达。生长因子受体是一类单次跨膜蛋白，多数有蛋白激酶活性（第七章，193 页）。目前发现细胞核内也存在表皮生长因子受体等生长因子受体样蛋白。

1. 酪氨酸激酶受体 占大多数，如表皮生长因子受体、胰岛素受体、血小板源性生长因子受体，可催化受体自身磷酸化激活，并进一步催化其他信号转导蛋白磷酸化。

血小板源性生长因子受体被激活后，催化磷脂酶 C$_γ$ 磷酸化激活，进而激活 IP$_3$-DAG 途径（第七章，206 页），只需一小时甚至几分钟即可激活即刻早期基因（其中有原癌基因，如 c-*FOS*、c-*MYC*），基因产物促进细胞有丝分裂。

2. 丝氨酸/苏氨酸激酶受体 如转化生长因子 β 受体。

如果生长因子、生长因子受体或其激活信号通路中的其他信号转导蛋白出现异常，会导致细胞分化异常或个体发育异常，甚至导致肿瘤发生。因此，生长因子与肿瘤发生的关系越来越受到重视。

四、生长因子与肿瘤

生长因子调节细胞增殖、细胞分化，维持组织和细胞生长的有序性。如果这种调控发生异常，细胞的增殖与分化就会失控，甚至导致肿瘤发生。生长因子潜在的致癌作用与肿瘤的发生发展相关。

许多肿瘤细胞及其周围组织细胞合成分泌血管生成因子，促进血管生成。某些肿瘤诱导周围正常细胞合成分泌生长因子，促进血管生成。例如许多肿瘤细胞都可以合成分泌血管生成素（ANG）、碱性成纤维细胞生长因子（bFGF）、转化生长因子 α（TGF-α）、胎盘生长因子（PGF）

或血管内皮生长因子（VEGF）。它们都可以促进血管生成，既通过提供营养促进肿瘤生长，又使其因生长而积累突变，还使其更易转移。

人类基因组编码5种血管内皮生长因子（VEGF-A~E）和3种VEGF受体（VEGFR-1~3）。VEGF是促进血管生成的主要生长因子，其表达受缺氧诱导（氧分压低于7mmHg）。VEGF受体分布在内皮细胞和淋巴细胞膜上，可以通过信号转导激活NF-κB途径，促进血管内皮细胞增殖、细胞迁移、血管生成。贝伐珠单抗的作用机制即抑制肿瘤血管生成（198页）。

缺氧促进肿瘤血管生成，机制是缺氧导致缺氧诱导因子1α（HIF-1-α）表达增加，从细胞质进入细胞核。HIF-1-α是一种转录激活因子，可激活 *VEGF* 等40多种靶基因。这些基因产物中有许多都与肿瘤生长有关，其中包括葡萄糖无氧酵解酶系，例如LDH。因此，HIF-1-α使肿瘤细胞可以更多地通过无氧酵解获得ATP，以适应缺氧。HIF-1-α活性受氧传感器控制。氧传感器由脯氨酸羟化酶等组成。脯氨酸羟化酶在氧分压降低时无活性，在氧分压正常时有活性，催化HIF-1-α羟化，介导其泛素化降解。

目前已知与恶性肿瘤发生发展有关的生长因子有PDGF、EGF、TGF-β、FGF、IGF-1等。

第十章
疾病分子生物学

疾病（disease）是指机体在一定条件下与致病因素相互作用而发生的一个损伤与抗损伤斗争的规律性过程，机体有代谢、功能和形态的一系列改变，与环境之间的协调发生障碍，临床出现一定的症状与体征。简言之，疾病是致病因素导致机体代谢紊乱而发生的异常生命活动过程。

第一节 概 述

从病原学和发病机制上看，致病因素包括先天因素和后天因素。由先天因素导致的疾病称为先天性疾病，由后天因素导致的疾病称为获得性疾病。由病原体感染导致的疾病称为感染性疾病，遗传物质改变导致的疾病称为遗传性疾病。

一、遗传性疾病的分子生物学

遗传性疾病简称遗传病。经典的遗传病是指由亲代生殖细胞中基因突变或染色体变异导致子代发生的相关疾病。现代的遗传病是指由遗传物质改变（基因突变或染色体变异）所引起的疾病，具有家族性、终身性、不传染、垂直传播、发生率稳定等特点。

遗传病包括基因病、染色体病和线粒体遗传病。基因病（genopathy）是由 DNA 异常导致的疾病，分为单基因遗传病和多基因遗传病。由后天因素造成 DNA 损伤导致的基因病称为获得性基因病。能导致基因病或与基因病发生相关的基因称为致病基因。染色体病（chromosomal disorder）是由染色体数目或结构异常而引起的疾病，分为常染色体病和性染色体病。线粒体遗传病（mitochondrial genetic disorder）是由线粒体 DNA 或编码线粒体蛋白的核基因突变导致的疾病，例如 Leber 遗传性视神经病（LHON）、亚急性坏死性脑脊髓病、线粒体脑肌病、肌阵挛性癫痫伴破碎红纤维综合征。

（一）单基因遗传病

单基因[遗传]病（monogenic disease，孟德尔遗传病）是指由一对等位基因突变导致的遗传病，其遗传规律符合孟德尔遗传规律，其性状称为单基因性状、离散性状，属于质量性状。单基因遗传病可分为以下几类。

1. 常染色体显性遗传病 致病基因位于常染色体上，杂合子即可发病，例如家族性高胆固醇血症（2p24.1）、前多指（12q13.3）、并指 3（6q22.31）、软骨发育不全（4p16.3）、亨廷顿病（4p16.3）。

2. 常染色体隐性遗传病 致病基因位于常染色体上，纯合子才会发病，例如镰状细胞贫血

（11p15.4）、苯丙酮尿症（12q23.2）、白化病（11q14.3）、血友病 C（4q35）、囊性纤维化（7q31.2）。

3. X 连锁显性遗传病　致病基因位于 X 染色体上，纯合子（X⁻X⁻）、杂合子（X⁺X⁻）或半合子（X⁻Y）均可发病，例如抗维生素 D 佝偻病（Xp22.11）、Ⅰ 型高氨血症（Xp11.4）、X 连锁无 γ 球蛋白血症（Xq22.1）。

4. X 连锁隐性遗传病　又称性连锁遗传病，致病基因位于 X 染色体上，纯合子或半合子发病，杂合子不发病，例如血友病 A（Xq28）、血友病 B（Xq27.1）、Duchenne 型肌营养不良（Xp21.2-p21.1）、葡萄糖 -6- 磷酸脱氢酶缺乏症（Xq28）、红绿色盲和部分蓝锥全色盲（Xq28）、自毁容貌症（Xq26.2-q26.3）。

5. Y 连锁遗传病　致病基因位于 Y 染色体上，有致病基因即发病，这类疾病呈全男性遗传，例如外耳道多毛症、视网膜色素变性。因为 Y 染色体基因很少，只有约 230 个，所以 Y 连锁遗传病极少见。

单基因遗传病发病率低，是目前已经阐明的主要遗传病，有 4000~6500 多种，3 亿患者。单基因遗传病的分子基础主要是某些蛋白基因发生突变，导致代谢紊乱（表 10-1）。

表 10-1　单基因遗传病所涉及异常蛋白质的功能分类

蛋白质功能	比例（%）	蛋白质功能	比例（%）
受体及蛋白质相互作用（包括信号转导蛋白）	27	结构蛋白	4
酶	22	酶活性调节蛋白	3
DNA/RNA 结合蛋白（包括转录因子）	15	转录因子	2
信号转导蛋白	10	其他功能蛋白	5
膜转运体，电子载体	9	未知功能蛋白	3

（二）多基因遗传病

多基因 [遗传] 病（polygenic disease）是指由多对等位基因突变导致的遗传病，其性状称为多基因性状、数量性状。绝大多数多基因遗传病是由遗传因素和环境因素共同作用导致的，称为多因子病（multifactorial disease），其性状称为多因子性状、复杂性状、连续性状，其遗传规律不符合孟德尔遗传规律。

●术语多基因性状、数量性状、多因子性状、复杂性状在文献中多通用。

多基因遗传病包括肿瘤、心血管疾病、肥胖、糖尿病、阿尔茨海默病、免疫性疾病、精神疾病和其他代谢性疾病（表 10-2），是常见遗传病。

表 10-2　部分多基因疾病的发病率和遗传率

疾病	发病率（%）	遗传率（%）	疾病	发病率（%）	遗传率（%）
哮喘	4.0	80	原发性高血压	4~8	62
精神分裂症	1.0	60~80	脊柱裂	0.30	60
唇裂或腭裂	0.17	76	癫痫	0.36	55
先天性幽门狭窄	0.30	75	消化性溃疡	4.0	37
青少年糖尿病	0.20	75	成年糖尿病	2~3	35
冠心病	2.50	65	先天性心脏病	0.50	35

（三）染色体病

染色体病（chromosomal disorder）包括常染色体和性染色体病，是指由染色体数目或结构异常导致的疾病，通常不存在家系传递。人体细胞有 23 对染色体。如果在生殖细胞形成或受精卵早期发育过程中出现错误，就会形成染色体数目或结构异常的个体，表现为各种先天发育异常。常染色体病临床表现主要为生长发育迟缓和先天性智力障碍，多伴有五官、骨骼、皮纹等方面的畸形和异常，如唐氏综合征（Down syndrome）有 3 条 21 号染色体，所以又称 21 三体综合征（trisomy 21 syndrome）。性染色体病临床表现多为性别特征发育异常，可有生育障碍和其他异常，如特纳综合征（先天性卵巢发育不全）。孕妇妊娠头 3 个月的自然流产中有 50% 是由染色体病导致的。新生儿的染色体病发病率约为 0.7%（其中非整倍体占 0.25%，染色体重排占 0.1%）。染色体结构异常往往涉及多基因，因而多表现出复杂的临床综合征。

二、感染性疾病的分子生物学

感染性疾病（infectious disease）是指由病原微生物（病毒、细菌、真菌、衣原体、支原体、立克次体等）、寄生虫和朊病毒等病原体通过一定的传播途径进入人体所引发的疾病，包括非传染性感染性疾病（如破伤风）和传染性感染性疾病（如病毒性肝炎），后者又称传染病（communicable disease），一定条件下能在人群中流行。

病原体能否致病取决于机体的免疫力和病原体的毒力。病原体的致病能力称为致病性（pathogenicity），致病能力的强弱称为毒力（virulence）。毒力是侵袭力和毒力因子的综合效应。侵袭力（invasiveness）是指病原体突破宿主的防御系统，在宿主体内生存、增殖和扩散的能力。毒力因子（virulence factor）是指病原体表达或分泌的与致病相关的物质，是病原体致病的物质基础。

（一）病毒致病的分子机制

病毒感染性疾病占全部感染性疾病的 3/4。病毒的毒力主要取决于病毒能否进入机体并接触到易感细胞、感染细胞后能否伤及细胞。

1. 病毒复制周期　病毒没有任何代谢系统，其全部生命活动就是感染易感细胞，依靠细胞的代谢系统进行复制。全过程可分为吸附、穿入、脱壳、合成、包装释放五个步骤。

（1）吸附（adsorption）：病毒与细胞表面的病毒受体非共价特异性结合。病毒受体是宿主细胞的膜成分，多为膜蛋白，也有膜脂，其分布具有种属特异性和组织特异性，因而病毒感染具有宿主特异性（表 10-3）。

（2）穿入（penetration）：又称侵入，病毒与细胞表面病毒受体结合后，核衣壳（如腮腺炎病毒）或整个病毒颗粒（如狂犬病毒）进入细胞，个别病毒穿入时仅核酸进入细胞（如脊髓灰质炎病毒）。

（3）脱壳（uncoating）：核衣壳或病毒颗粒释放病毒核酸，其余部分被溶酶体降解。

（4）合成（replication）：不同病毒通过各自机制复制病毒基因组，合成病毒蛋白。

（5）包装释放（assembly & release）：病毒基因组与病毒蛋白等组装成核衣壳，包膜病毒还要包被包膜（envelope），裂解释放或出芽释放。

●奥司他韦（XJ05AR）是一种抗甲 / 乙型流感药物，作用机制是抑制神经氨酸酶，从而抑制病毒释放。

表 10-3　部分病毒受体

病毒	病毒受体	易感细胞
脊髓灰质炎病毒	免疫球蛋白超家族	脊髓运动神经细胞
鼻病毒	黏附分子 ICAM-1（CD54）	淋巴细胞，上皮细胞等
狂犬病毒	乙酰胆碱受体	横纹肌细胞
EB 病毒	Ⅱ型补体受体（CD21）	B 细胞，树突状细胞
甲 / 乙型流感病毒，副黏液病毒	含唾液酸的糖蛋白 / 糖脂	红细胞，上皮细胞
丙型流感病毒	含 9-O- 乙酰唾液酸的糖蛋白或糖脂	上皮细胞
麻疹病毒	补体受体（CD46）	白细胞，上皮细胞
艾滋病病毒	CD4 受体，趋化因子受体 5	T 细胞，巨噬细胞
乙型肝炎病毒	牛磺胆酸钠共转运多肽	肝细胞

2. 病毒感染对宿主细胞的影响　病毒感染宿主细胞后会损伤细胞，从而影响其正常功能。

（1）直接损伤：包括干扰细胞大分子合成，破坏细胞膜及细胞器功能，影响细胞凋亡等。

（2）间接损伤：即病毒抗原刺激宿主免疫反应，对机体造成间接损伤，包括 T 细胞和 B 细胞介导病理损伤，诱发自身免疫反应等。

（二）细菌致病的分子机制

致病菌的毒力因子包括毒素和毒力岛及其他毒力因子。致病菌**毒素**（toxin）是指致病菌代谢产生的对另一种生物有毒性的代谢物，包括外毒素和内毒素。

1. 外毒素（exotoxin）　是指由致病菌在代谢过程中合成分泌的毒素，通过与靶细胞受体结合进入细胞而起作用，是主要的毒力因子。外毒素直接或间接作用于宿主细胞的膜结构及信号转导、基因表达等过程，导致宿主细胞受损或功能缺失。

（1）干扰细胞表面受体信号转导：例如大肠杆菌耐热肠毒素 STA2 激活小肠上皮细胞膜鸟苷酸环化酶受体。

（2）致细胞膜损伤甚至细胞裂解：例如肺炎链球菌溶血素在细胞膜上形成内径 30nm 的孔道，导致细胞裂解；产气荚膜梭菌的 α 毒素（属于溶血素）有磷脂酶 C 活性，是气性坏疽的外毒素。

（3）进入细胞起作用：例如霍乱毒素和百日咳毒素（第七章，192 页）、白喉毒素（第四章，131 页）、痢疾杆菌志贺毒素（第四章，109 页）。

2. 内毒素（endotoxin）　是指由致病菌在菌体裂解时释放的毒素，主要是革兰阴性菌细胞壁脂多糖或脂多糖与外膜蛋白的复合物，主要通过激活单核巨噬细胞系统释放细胞因子起作用。

3. 毒力岛（pathogenicity island）　是指病原微生物基因组特有的一类序列，10~200kb，GC 含量不同于其他序列，可在不同细菌基因组间传递（水平传递）。例如炭疽杆菌有两个质粒，其中一个有毒力岛，含炭疽毒素（anthrax toxin）基因。

第二节　血友病 A

血友病（hemophilia）是一类出血 [性疾] 病，分子基础是凝血因子基因异常导致其结构异常或水平低下，因而出血时止血能力低下、出血时间延长。表现为关节、肌肉、内脏经常自发性出血，或轻度外伤、小手术后出血不止，且有以下特征：①阳性家族史。②生来就有，幼年发病，伴随一生。③常表现为软组织或深部肌肉内血肿。④负重关节反复出血甚为突出，最终可致关节肿胀、僵硬、畸形，可伴骨质疏松、关节骨化及相应肌肉萎缩（血友病关节）。血友病的男性发病率 1/10000~2/10000。血友病根据分子基础分为血友病 A、血友病 B 和血友病 C，三者发病率之比为 16∶3∶1（表 10-4）。

表 10-4　血友病分类

血友病类型	分子基础	染色体定位	遗传特征
血友病 A（血友病甲）	凝血因子Ⅷ（F Ⅷ）缺乏或异常	Xq28	X 连锁隐性遗传
血友病 B（血友病乙）	凝血因子Ⅸ（F Ⅸ）缺乏	Xq27.1	X 连锁隐性遗传
血友病 C（血友病丙）	凝血因子Ⅺ（F Ⅺ）缺乏	4q35	常染色体隐性遗传

1. 一般性问题　血友病 A 是由凝血因子Ⅷ（F Ⅷ）结构异常或水平低下所致的一种 X 染色体连锁的隐性遗传性出血性疾病。血友病 A 发病率最高且多见于男性（新生男婴血友病 A 发病率 5/10000~10/10000）。血友病出血程度与血友病类型及相关因子缺乏程度有关。血友病 A 出血较重，并根据血浆中凝血因子Ⅷ活性低下程度分为重型、中型和轻型三种。①重型：约占血友病患者的 50%，其凝血因子Ⅷ活性不到正常人的 1%，出生后有自发性肌肉和关节出血，发病频繁。②中型：凝血因子Ⅷ活性为正常人的 2%~5%，发病年龄较早，出血倾向较明显。③轻型：凝血因子Ⅷ活性为正常人的 6%~30%，发病年龄较晚，无自主性出血，出血发病较少。

2. 凝血因子Ⅷ基因　凝血因子Ⅷ基因（*F8*）长 186936bp，约占 X 染色体的 0.1%，是人类基因组中目前克隆的最大基因（转录一次需要数小时）。凝血因子Ⅷ基因含 26 个外显子。

3. 凝血因子Ⅷ功能　凝血因子Ⅷ（coagulation factor Ⅷ，F Ⅷ）又称抗血友病因子（AHF），是参与内源性凝血的一种辅助因子。在内源性凝血途径中，凝血因子Ⅷa 与 Ca^{2+}、磷脂酰丝氨酸（位于活化血小板表面）作为凝血因子Ⅸ a（F Ⅸ a，血浆凝血活酶，一种丝氨酸蛋白酶）的辅助因子，将凝血因子 X（F X）激活为凝血因子 X a（F X a，促凝血酶原激酶，一种丝氨酸蛋白酶）。

4. 凝血因子Ⅷ翻译后修饰　凝血因子Ⅷ基因在肝、脾、淋巴结、肾等组织细胞表达，以肝细胞为主。其表达的 mRNA 长 9048nt，编码的凝血因子Ⅷ前体 2351aa（图 10-1）。

（1）分泌：在转入内质网腔时凝血因子Ⅷ前体 N 端 19aa 的信号肽被切除，之后进行 *N-* 糖基化修饰，转运到高尔基体进一步修饰，包括 *N-* 糖基加工、硫酸化、二硫键形成等，并由枯草杆菌蛋白酶家族的蛋白酶（尚未鉴定）水解 Arg1332-Ala1333 和 Arg1667-Glu1668 肽键，切除 Ala1333~Arg1667，得到由重链（H 链）和轻链（L 链）通过 Cu^+ 非共价结合的二聚体，分泌至血浆中，通过重链 C 端和轻链 N 端与血管性血友病因子（von Willebrand factor，vWF）形成复合物。

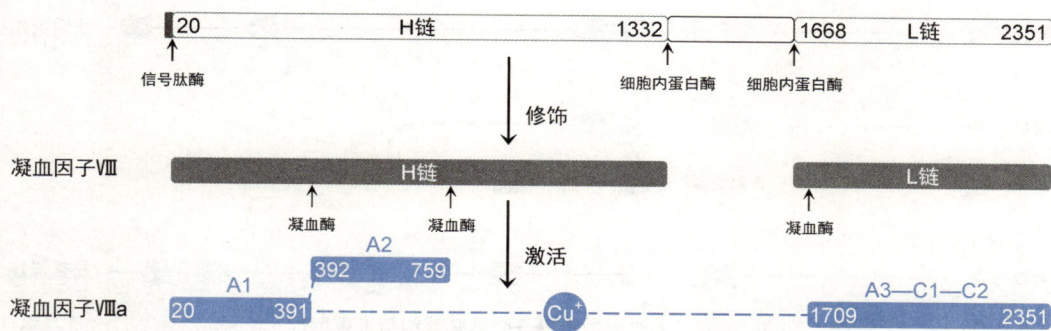

图 10-1 人 F Ⅷ翻译后修饰

（2）激活：在内源性凝血过程中，凝血因子Ⅷ被凝血酶（即凝血因子Ⅱa，F Ⅱa）水解重链 Arg391、Arg759 及轻链 Arg1708 羧基形成的肽键，切除重链 C 端的 Ser760~Arg1332 和轻链 N 端的 Glu1668~Arg1708（所结合的 vWF 也一同释放），激活为由重链 A1 段（Ala20~Arg391，含结构域 A1）、A2 段（Ser392~Arg759，含结构域 A2）和轻链 A3-C1-C2 段（Ser1709~Tyr2351，含结构域 A3-C1-C2）构成的三聚体凝血因子Ⅷa（A1 和 A3 通过 Cu^+ 结合，A1 段 C 端和 A2 段 N 端结合）。

凝血因子Ⅷa 与激活后聚集的血小板的膜磷脂（如 PS）结合，然后募集凝血因子Ⅸa 和 Ca^{2+}，在血小板表面组装 F Ⅸa/F Ⅷa/ 磷脂 /Ca^{2+} 复合物，称为内源性因子Ⅹ激活物，级联激活 F Ⅹ。

当血浆凝血因子Ⅷa 活性低下时，内源性因子Ⅹ激活物水平低下，凝血功能障碍，导致凝血缺陷性出血。

（3）灭活：凝血因子Ⅷa 被抗凝物质蛋白 C（一种丝氨酸蛋白酶，可降解凝血因子Ⅴa、Ⅷa）等水解重链 Arg355、Arg581 羧基形成的肽键，分别导致凝血因子Ⅹ、Ⅸa 不再结合。

5.凝血因子Ⅷ基因突变 如上所述，凝血因子Ⅷ基因序列长，外显子多，突变呈现高度异质性，在散发病例中新突变的发生率较高，即使血友病家系患者也有 30% 为新的自发突变病例，因而对其研究有一定难度。目前检出的凝血因子Ⅷ基因突变类型有点突变、插入缺失、移码、倒位、重复和 mRNA 异常剪接等，其中半数以上为缺失。这些突变导致凝血因子Ⅷ合成、分泌异常。

（1）倒位：有 20%~25% 的血友病 A 是由凝血因子Ⅷ基因的内含子 22 发生倒位所致（重型血友病 A 更是高达 45%~50%）。倒位几乎全都发生在精子的形成过程中，却很少发生在卵子的形成过程中。此外，患者的母亲均为倒位携带者，几乎无一例外。

倒位机制：凝血因子Ⅷ基因内含子 22 内有一个基因内基因 *A1*（功能未知），其两个同源基因 *A2*、*A3* 位于 X 染色体末端。*A1* 与 *A2* 或 *A3* 发生同源重组，会导致外显子 1~22 及内含子 22 部分倒位至 X 染色体长臂远端，与外显子 23~26 部分分离。其中 *A1* 与 *A3* 发生的重组称为远端重组（导致Ⅰ型倒位，图 10-2），约占倒位的 85%；*A1* 与 *A2* 发生的重组称为近端重组（导致Ⅱ型倒位），约占倒位的 15%。

（2）缺失：①大片段（>100bp）缺失是约 5% 血友病 A 的病因。大多数都导致重型血友病 A，但外显子 22、23、24 的缺失导致中型血友病 A。②小片段（<100bp）缺失引起移码突变，导致重型血友病 A。

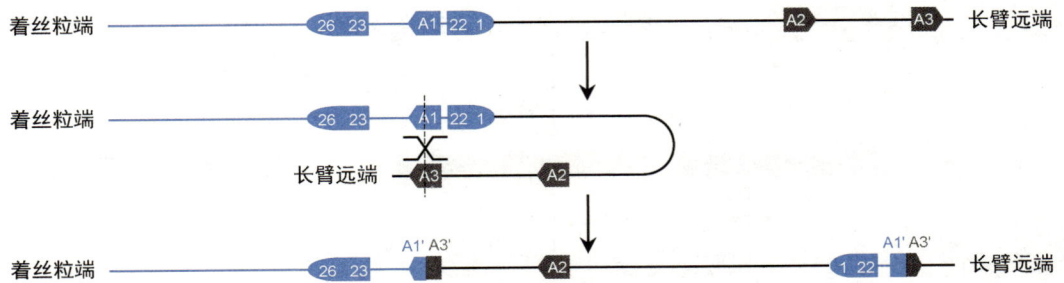

图 10-2　人凝血因子Ⅷ基因远端重组与Ⅰ型倒位

（3）点突变：已经报道的点突变中有 488 种是错义突变，例如凝血因子Ⅷ基因外显子 26 中存在 G6977T（Arg2326Leu）突变。绝大多数错义突变会引起凝血因子Ⅷ活性降低。

第三节　高血压

高血压是发达国家和发展中国家的一个主要公共卫生问题，其高发病率与冠心病、肾病、中风、周围血管疾病等密切相关，影响重要脏器（如心、肾、脑）的结构和功能，最终导致其功能衰竭，至今仍是心血管疾病致死的主要原因之一。全球有超过 11.3 亿（2015 年 WHO 数据）高血压患者。高血压从遗传学角度可分为原发性高血压（约占 95%）和单基因遗传性高血压（约占 5%）两大类。

一、原发性高血压

原发性高血压（essential hypertension）是指无法找到继发原因的高血压，以体循环动脉压升高为主要表现。有家族聚集倾向，父母一方有高血压者，子女高血压的患病率是无高血压者子女的 2~3 倍。

原发性高血压是遗传因素和环境因素相互作用的结果，其中遗传因素约占 40%，环境因素约占 60%。关于原发性高血压的遗传方式，目前认为可能存在主基因显性遗传和多基因混合遗传两种方式，不过相关基因和基因座尚未阐明，仅确定了部分候选基因。候选基因（candidate gene）是对主基因进行检测时作为候选者并具有已知生理功能的基因，它们赋予生物体表型，对数量性状有一定影响，且已有研究表明其与某种疾病有关。

1. E3 泛素连接酶 NEDD4L　功能多样，高血压相关功能是催化细胞膜各种钠通道泛素化内化，从而减少钠重吸收，进而水重吸收减少。其多个 SNP（rs4149601，rs2288774，rs292449）与高血压相关。

2. α 内收蛋白（ADD）　是一类异二聚体（αβ，αγ）细胞骨架蛋白。其中 αγ 型参与调节肾入球小动脉和小叶间动脉平滑肌舒缩，增加灌注压（灌流压）；高血压时调节肾小球毛细血管压、肾小球滤过率和肾小球裂隙素表达等。

有报道 α 内收蛋白一个 SNP（rs4961，Gly460Trp）与原发性高血压有关，相关个体高血压发病风险是正常人的 1.8 倍。

3. 血管紧张素Ⅱ（AGTⅡ）和 1 型血管紧张素Ⅱ受体（AGTR1）　血管紧张素Ⅱ功能是直接刺激血管平滑肌收缩，通过作用于交感神经系统增强心肌收缩力和增加心率，通过刺激肾上腺皮质球状带增加醛固酮合成分泌，增加肾小管水盐重吸收，从而升高血压。血管紧张素Ⅲ功能是刺激球状带醛固酮合成分泌。

●血浆血管紧张素 II 和 III 均为血管紧张素原激活产物。血管紧张素原是一种 α_2 球蛋白，由肝细胞合成分泌入血浆后由肾素（血管紧张肽原酶）催化裂解得到血管紧张素 I（十肽），由血管紧张素转换酶催化切除 C 端二肽成为血管紧张素 II（八肽），由氨肽酶裂解成血管紧张素 III（七肽）。血浆血管紧张素 II 含量 4 倍于血管紧张素 III，故起主要作用。血浆血管紧张素 II 和 III 均被溶酶体血管紧张素酶迅速灭活。

血管紧张素原基因（*AGT*）突变是原发性高血压的易感因素，500 多篇研究报道表明 Met235Thr 突变在某些人群与高水平血管紧张素、原发性高血压及其他心血管疾病相关，但并非所有人。位于 3' UTR 的 rs7079 与高血压相关。

血浆血管紧张素 II 的效应机制是激活血管平滑肌和肾上腺皮质等细胞的血管紧张素 II 受体（angiotensin receptor，AGTR，属于 GPCR）。

1 型血管紧张素 II 受体（AGTR1）分布于肝、肺、肾上腺等，功能是调节血压、肾 Na^+ 重吸收。机制是通过 GPCR 激活 G_q，进而激活 IP_3-DAG 途径，导致肾上腺皮质球状带细胞膜去极化，电压门控钙通道开放，Ca^{2+} 内流，刺激醛固酮合成分泌。有报道 *AGTR1* 基因 3' UTR 的 A1166C 多态性影响其 mRNA 的稳定性，与重度原发性高血压相关。

●氯沙坦是一种 1 型血管紧张素 II 受体的拮抗剂（XC09C），是第一种以 1 型血管紧张素 II 受体为靶点的降压药。同类药物还有坎地沙坦酯。

4. 血管紧张素转换酶（ACE）　功能是催化血管紧张素 I 转化为血管收缩活性更强的血管紧张素 II，还可以灭活有血管扩张活性的缓激肽（八肽），从而升高血压。因此血管紧张素转换酶是降压药靶点之一。

●卡托普利、依那普利、贝那普利、赖诺普利等均为血管紧张素转换酶抑制剂（XC09A），属于作用于肾素 - 血管紧张素系统的降压药（XC09）。

5. β_1 肾上腺素能受体（ADRB1）　通过蛋白激酶 A 途径激活 Ras，调节睡眠 / 唤醒行为。

● ADRB1 是选择性 β 受体阻滞剂（XC07AB）美托洛尔靶点，该药用于治疗心绞痛、心力衰竭、高血压。ADRB1 的 sr1801252（Ser49Gly）影响 β 受体阻滞剂药效。以 ADRB1 为靶点的还有比索洛尔（XC07AB）用于降血压，多沙唑嗪（XC02C）用于降血压、前列腺肥大患者排尿，阿替洛尔（XC07AB）用于高血压、心绞痛、急性心肌梗死。

6. G 蛋白偶联受体激酶 4（GRK4）　在高血压患者体内具有高活性。可能机制：近端小管合成的多巴胺通过激活多巴胺 D_1 受体抑制钠和氯的重吸收。原发性高血压患者此功能受损，rs2960306（Arg65Leu 等）和 rs1024323（Ala142Asp 等）型 GRK4 催化多巴胺 D_1 受体磷酸化脱敏，且 Arg65Leu、Ala142Val 患者对选择性 β 受体阻滞剂（XC07AB）阿替洛尔均不敏感。

7. 内皮型一氧化氮合酶（eNOS）　是一种细胞膜内侧的同二聚体周边蛋白，主要分布于冠状血管和心内膜，由钙调蛋白激活，催化精氨酸合成 NO。NO 是有效的血管扩张剂，通过激活蛋白激酶 G 途径致血管平滑肌松弛，有扩张血管、调节血流、抑制血管平滑肌细胞增殖、抑制血小板聚集和白细胞黏附等功能，参与多种疾病的病理过程。大数据分析表明 eNOS rs1799983（Glu298Asp/G894T）多态性个体与原发性高血压相关，妊娠高血压风险是正常人的两倍。

二、单基因遗传性高血压

单基因遗传性高血压目前研究得比较清楚，主要包括 Liddle 综合征等。

1. *SCNN1B* 和 *SCNN1G* 与 I 型 Liddle 综合征　*SCNN1B* 和 *SCNN1G* 分别编码上皮细胞钠

通道（epithelial Na$^+$ channel，ENaC）β 亚基和 γ 亚基。

　　SCNN1B 发生 Pro616Leu/Ser、Pro617Ser 等错义突变，*SCNN1G* 发生无义突变造成 Trp573~Leu649 缺失，均导致钠通道组成性激活，发生 1/2 型 Liddle 综合征。临床症状有早发高血压、低钾性碱中毒、低肾素、低醛固酮。

　　● Liddle 综合征的高血压和低血钾可用氨苯蝶啶（XC03D，保钾利尿药）改善。

　　2. CYP11B1、CYP11B2 与 1 型家族性醛固酮增多症　*CYP11B1*、*CYP11B2* 分别编码类固醇 11β- 羟化酶、醛固酮合酶。两种基因序列相似度达 95%。

　　CYP11B1 与 *CYP11B2* 发生不等交换，形成 *CYP11B1* 调控元件 -*CYP11B2* 转录区融合基因，在肾上腺皮质束状带表达醛固酮合酶（正常表达于球状带），且受促肾上腺皮质激素激活，导致醛固酮合成分泌增加，促使水盐重吸收增多而导致高血压，发生 1 型家族性醛固酮增多症。临床症状有高血压、高醛固酮、肾上腺类固醇（18- 氧皮质醇、18- 羟皮质醇）合成异常、低肾素、盐敏感性高血压。

　　3. HSD11B2 与盐皮质激素增多症　*HSD11B2* 编码的 11β- 羟类固醇脱氢酶 2 催化 11β- 羟类固醇脱氢生成 11- 氧 - 类固醇，因而可把高活性的皮质醇（氢化可的松）转化为低活性的皮质酮（可的松），从而控制细胞内皮质醇水平。皮质醇虽称糖皮质激素，但也能与特异性较差的盐皮质激素受体结合，而皮质酮与盐皮质激素受体结合很弱。因此 11β-HSD2 通过控制皮质醇水平限制其激活盐皮质激素受体。

　　HSD11B2 有 18 处突变与高血压关联，其中 17 处为失活突变，造成皮质醇大量积累，血浆水平是醛固酮的几百倍，因而激活盐皮质激素受体，导致盐皮质激素增多症——一种极其罕见的常染色体隐性遗传的低肾素型高血压，通常在出生一年内发病。临床症状有多尿、多饮、生长迟缓、高血钠、重度高血压、低肾素、低醛固酮、低钾碱中毒、肾钙沉着。

　　● 11β- 羟类固醇脱氢酶 2 可被 11α- 羟孕酮、甘草次酸及其衍生物生胃酮抑制，故长期应用甘草次酸会引起高血压。

　　4. NR3C2 与妊娠合并重度发作期早发性高血压　盐皮质激素受体可被盐皮质激素和糖皮质激素激活，募集于盐皮质激素反应元件，激活靶基因，产物效应是促进肾小管排钾保钠保水，升高血压。

　　盐皮质激素受体由 *NR3C2*（*MCR*）编码，其 Ser810Leu 突变致使其组成性激活，发生妊娠合并重度发作期早发性高血压。孕酮等不含 21- 羟基的类固醇激素本为天然盐皮质激素受体的拮抗剂，但却是其突变体的激动剂，因此妊娠期高水平孕酮导致高血压。临床症状是在 20 岁之前即可出现严重高血压，醛固酮分泌受到抑制。

　　此外，盐皮质激素受体基因的 Gly633Arg 等十几种缺失型错义突变导致常染色体显性Ⅰ A 型假性醛固酮减少症。特征是肾小管盐皮质激素受体对盐皮质激素无反应，导致水盐大量丢失。该病不需治疗，会随年龄增长而缓解，直至症状消失。

　　5. WNK4 与Ⅱ B 型假性醛固酮减少症　*WNK4* 编码的 WNK4 激酶催化钠 - 氯共转运体、钠通道磷酸化激活，催化钾 - 氯共转运体、钾通道磷酸化抑制。WNK4 效应受泛素化降解限制。

　　WNK4 发生 Glu562Lys、Asp564Ala、Gln565Glu 等错义突变，致使其抵抗泛素化降解，进而导致钠氯吸收过多，钾排泄障碍。临床症状有高血压、高钾血症、高氯血症、轻度高氯血症代谢性酸中毒。

　　6. PDE3A 与高血压伴短指（趾）　*PDE3A* 编码的磷酸二酯酶 PDE3A 催化水解 cAMP/cGMP。*PDE3A* 基因外显子 4 发生错义突变致使蛋白激酶 A 催化 PDE3A 磷酸化激活效应增加，导致高血压伴短指（趾）等。临床症状显示水盐正常，但高血压具有年龄依赖性，血压反射调节异常，如不治疗，多于 50 岁前死于中风。

第四节　脂血症

脂血症（lipemia，高脂血症，hyperlipoproteinaemia）是指由于脂蛋白代谢紊乱导致血浆脂蛋白过多。分为高胆固醇血症、高甘油三酯血症、混合型高脂血症、高 α 脂蛋白血症等。高脂血症与动脉粥样硬化密切相关，有一定的遗传基础，其相关基因的结构、功能和调控异常可能是重要原因，其中载脂蛋白及其受体的基因突变尤为重要。

1. *APOB* 与 apo B-100 缺陷症　*APOB* 基因全长 42645bp，含 29 个外显子。*APOB*-mRNA 长 14121nt，编码 apo B-100（4536aa，在肝细胞）和 apo B-48（2152aa，在小肠细胞）。*APOB* 突变导致脂蛋白代谢紊乱。

（1）1 型家族性低 β 脂蛋白血症：临床症状是低密度脂蛋白水平低，膳食脂肪吸收不良。临床表现可能从无症状到严重的胃肠道和神经功能障碍，类似于无 β 脂蛋白血症。分子基础是无义突变或错义突变：*APOB* 基因 4bp 缺失（5391~5394del4），导致无义突变（Ser1729Ter），翻译产物 B37 无活性。错义突变 Arg490Trp 导致脂蛋白分泌效率低下。

（2）2 型家族性高胆固醇血症：临床症状是血浆高 LDL，致使胆固醇过量沉积于组织，进而导致黄色斑、黄色瘤形成，动脉粥样硬化加速，早发冠心病风险增加。分子基础是错义突变：*APOB* 基因的 Arg3527Gln 和 Arg3558Cys 突变，致使 apo B-100 与 LDL 受体的亲和力下降，LDL 不能被组织细胞有效摄取，导致血浆 LDL 水平升高。

2. *APOC2* 与ⅠB 型高脂血症　*APOC2* 基因全长 7328bp，含 4 个外显子。*APOC2*-mRNA 长 738nt，编码 101aa 的前体蛋白，切除 22aa 的信号肽后，成为 79aa 的成熟 apo C-Ⅱ。

apo C-Ⅱ 的功能是激活脂蛋白脂酶，通过与 CM、VLDL、LDL、HDL 可逆结合，促进富含甘油三酯的脂蛋白的分泌、代谢。apo C-Ⅱ 的结构发生变异或绝对含量降低，都不能有效地激活脂蛋白脂酶。正常个体 apo C-Ⅱ 主要存在于 HDL，高血脂个体 apo C-Ⅱ 主要存在于 VLDL 和 LDL。

APOC2 外显子 3 发生 T2697C 转换，造成 Trp48Arg 错义突变，发生ⅠB 型高脂血症。临床症状是高甘油三酯血症、黄色瘤，患胰腺炎和早期动脉粥样硬化风险增加。

3. *APOE* 与Ⅲ型高脂血症　*APOE* 基因全长 3612bp，含 4 个外显子。*APOE*-mRNA 长 1223nt，编码 317aa 的前体蛋白，切除 18aa 的信号肽后，成为 299aa 的成熟 apo E。

apo E 参与形成各种血浆脂蛋白，功能是作为肝细胞 apo B/E 受体（LDL 受体）、apo E 受体的配体，介导 CM 残粒、VLDL 残粒被肝细胞结合、内吞、代谢。

目前已鉴定的 apo E 等位基因主要有 *ε2*、*ε3*、*ε4*，其产物的一级结构仅有 130 号和 176 号两个氨基酸残基不同（表 10–5）。

表 10–5　三种 apo E 异构体氨基酸残基差异

apo E	E2	E3	E4
130 号残基	Cys	Cys	Arg
176 号残基	Cys	Arg	Arg
基因频率	0.07	0.78	0.15

ε2（Arg136Cys，Arg136Ser，Arg163Cys，Lys164Gln）、ε3（Cys130Arg，Arg160Cys，Arg176Cys，228~317 缺失）、ε4（Glu31Lys，Arg163Cys）突变导致 apo E 功能异常，如与 LDL 受体亲和力下降甚至缺失，因而使中密度脂蛋白（IDL）清除减慢，不再向 HDL 转移，结果发生Ⅲ型高脂血症。绝大多数患者为 ε2 纯合子（91%），极少数为 ε3ε2 或 ε4ε2 杂合子。不过，毕竟只有 1%~5% 的 ε2 纯合子患Ⅲ型高脂血症，因此Ⅲ型高脂血症还与其他遗传因素及环境因素有关，如甲状腺功能减退症、系统性红斑狼疮、糖尿病酸中毒。Ⅲ型高脂血症临床症状有高 IDL 且富含胆固醇、黄色瘤、掌褶（甚至肌腱、肘）有黄色脂肪沉积。男性 30 岁前罕见，女性几乎只发病于更年期后。

ε4 个体还有患迟发型阿尔茨海默病风险，纯合子发病风险高 16 倍，患者平均发病年龄不到 70 岁，相比之下 ε3 纯合子平均发病年龄高于 90 岁。

4. LDLR 与 1 型家族性高胆固醇血症　*LDLR* 基因全长 44469bp，含 18 个外显子。*LDLR* 在各组织都有表达，相应的 mRNA 长 5292nt，编码 860aa 的前体蛋白，切除 21aa 的信号肽后，成为 839aa 的成熟 LDL 受体（LDLR）。

LDL 受体是单次跨膜蛋白，功能是介导 LDL、CM 残粒、VLDL 残粒被肝细胞结合、内吞、代谢。

LDLR 突变（5 种缺失突变，139 种错义突变）造成 LDL 受体缺陷，进而导致肝细胞膜 LDL 受体水平下降或缺乏，肝脏对血浆 LDL 的清除能力低下，发生 1 型家族性高胆固醇血症。这是一种常染色体半显性遗传病，纯合子极为罕见，发病率仅为 $1/10^6$，但症状较重，血浆胆固醇高达 15.6~20.8mmol/L（600~800mg/dL）；杂合子较为常见，发病率约为 $2/10^3$，但症状较轻，血浆胆固醇可达 7.8~10.4mmol/L（300~400mg/dL）。1 型家族性高胆固醇血症临床症状有血浆高 LDL，胆固醇沉积于皮肤（黄色斑）、肌腱（黄色瘤）、冠状动脉（动脉粥样硬化），冠心病风险高。

第五节　糖尿病

糖尿病（DM）是一组代谢性疾病，特征是未治疗状态下呈现持续性高血糖。其病因病理复杂多样，包括胰岛素分泌缺陷或作用缺陷，以及糖、脂肪和蛋白质代谢紊乱。糖尿病长期效应包括糖尿病视网膜病变、糖尿病肾病、糖尿病神经病变以及其他并发症。糖尿病患者患其他疾病的风险也会增加，包括心脑血管疾病、外周动脉疾病、肥胖、白内障、勃起障碍、非酒精性脂肪肝等，病原体感染风险也会增加，如肺结核。

糖尿病临床症状包括口渴、多尿、视力模糊和体重减轻，常发生生殖器酵母菌感染。最严重的临床表现是酮症酸中毒或非酮症高渗状态，会导致脱水、昏迷，如不能有效治疗甚至死亡。另外，2 型糖尿病由于高血糖发生迟缓，临床症状常不明显，甚至没有症状。因此，如果没有及时进行生化检测，足以引起病理改变和功能改变的高血糖可能在诊断前就已长期存在，从而导致诊断时已经出现并发症。据估计有 30%~80% 的糖尿病患者未能得到及时诊断。

糖尿病是常见病、多发病，且发病率一直在增加，中低收入国家尤其突出。根据世界卫生组织（WHO）估计，截至 2014 年全球有 4.22 亿人患糖尿病，成人年龄调整发病率 8.5%，如无改观，到 2045 年全球将至少有 6.29 亿人患糖尿病。

世界卫生组织公布 2019 年人类十大死亡原因（占全部死亡 55%），非传染病占 7 项，占全部死亡 44% 或十大原因死亡 80%，所有非传染病死亡占全部死亡 74%。糖尿病排第 9 位。

糖尿病发病机制复杂，多数是遗传因素和环境因素共同作用的结果，且尚未阐明。2019 年

WHO 建议调整糖尿病分类以便于临床诊断和治疗，包括以下 6 类：1 型糖尿病（T1DM）、2 型糖尿病（T2DM）、混合型糖尿病、其他型糖尿病、未分类糖尿病、妊娠期首次发现糖尿病，其中 T1DM 和 T2DM 最常见。

T1DM 和 T2DM 的鉴别在历史上均基于发病年龄、β 细胞功能缺失程度、胰岛素抵抗程度、糖尿病相关自身抗体的存在、治疗方案的胰岛素依赖性。然而，这些特征既没有任何一项可以明确鉴别 T1DM 和 T2DM，也没有覆盖其全部表型。例如发病年龄，有越来越多的 T1DM 发病于成年后，同时有越来越多的 T2DM 发病于青少年期。

一、1 型糖尿病

1 型糖尿病（type 1 diabetes，T1DM）特征是 β 细胞破坏（多由免疫介导）导致胰岛素绝对缺乏。多发病于儿童期和成年早期。

T1DM 患病率和发病率尚无全球数据，高收入国家儿童发病率每年增加 3%~4%，无性别差异。尽管 T1DM 多发于儿童期，但成人也可发病。84% 的 T1DM 患者为成人。T1DM 使高收入国家人口的预期寿命减少约 13 年。在不能及时得到胰岛素治疗的国家，预后要差得多。对欧洲人 T1DM 遗传风险的一项研究发现，42% 的 T1DM 发生在 30 岁以后，占 31 至 60 岁之间诊断的所有糖尿病患者的 4%。这些患者的临床特征包括低体重指数，在诊断后 12 个月内接受胰岛素治疗，糖尿病酮症酸中毒高风险。

现在普遍认为各种因素导致的各种类型糖尿病均存在胰腺 β 细胞功能障碍或破坏（胰腺 β 细胞在 30 岁后不再更新）。这些因素包括遗传易感性和基因异常、表观遗传过程、胰岛素抵抗、自身免疫、并发症、炎症和环境因素。区分 β 细胞功能障碍和 β 细胞减少对糖尿病治疗具有重要意义。了解 β 细胞状态可帮助确定糖尿病亚型，并指导治疗。

β 细胞的破坏速度在某些 T1DM 患者中较快，而在另一些患者中较慢。快速进展型 T1DM 常见于儿童，但也见于成人。某些患者，特别是儿童和青少年，可能发病时即表现酮症酸中毒。另一些患者可能只是中度高血糖，然而一旦发生感染或其他应激情况，可迅速转变为重度高血糖和 / 或酮症酸中毒。还有一些患者（特别是成人）其剩余 β 细胞的功能可能足以使机体在未来很多年都不会发生酮症酸中毒。典型 T1DM 临床症状是没有或几乎没有胰岛素分泌，表现为血液或尿液中测不到 C 肽或水平很低。

●检测血液或尿液 C 肽水平可鉴别 T1DM 和 T2DM，不过目前尚未成为常规检查指标。

研究表明 70%~90% 的 T1DM 患者（及部分 T2DM 患者）都存在免疫问题，包括存在抗以下 β 细胞成分的自身抗体：谷氨酸脱羧酶（GAD65）、蛋白酪氨酸磷酸酶 IA-2（胰岛抗原 2）、锌转运蛋白 8（ZnT8）、胰岛素。此外还有免疫反应调控相关基因。在有欧洲血统的人群中，大多数相关基因属于 HLA DQ8 和 DQ2。虽然某些人可能患有单基因型糖尿病，但非免疫异常患者的具体发病机制尚不清楚。分析胰岛自身抗体有益于研究 T1DM 的病因病机，但对临床治疗没有指导意义。

爆发性 T1DM 是一种成人急性 T1DM，主要发生于东亚，约占日本人急性 T1DM 的 20%、韩国的 7%，我国尚无相关统计，在欧洲血统中却很少见。主要临床特征包括急性发病，短期内（通常不到 1 周）高血糖，诊断时酮症酸中毒，几乎没有 C 肽分泌，大多数患者胰岛相关自身抗体阴性，血清胰酶增加，发病前经常出现流感样症状和胃肠道症状。巨噬细胞和 T 细胞浸润胰岛提示有胰岛病毒感染细胞免疫反应，β 细胞破坏迅速。

二、2 型糖尿病

2 型糖尿病（type 2 diabetes，T2DM）是最常见的糖尿病类型，有不同程度的 β 细胞功能障碍和胰岛素抵抗。通常与超重和肥胖相关。

T2DM 占全部糖尿病的 90%~95%，在中低收入国家糖尿病患者中占比最高，已成为普遍而严重的全球性健康问题，与文化、经济和社会的快速发展、人口老龄化、城市化过度、饮食变化（如加工食品、加糖饮料）、肥胖、运动量减少、不健康的生活方式和行为模式、产前营养不良或处于高血糖环境等有关。T2DM 多见于成人，但儿童和青少年发病率也在增加。

β 细胞功能异常为 T2DM 必要条件，许多患者存在胰岛素相对不足，在发病早期其胰岛素绝对水平随胰岛素抵抗发生而增加。多数 T2DM 患者超重或肥胖，导致胰岛素抵抗恶化，许多尚未达到肥胖程度的患者腹部脂肪较多。另外，亚洲人 β 细胞功能异常似乎比欧洲人更显著，包括中低收入国家如印度及生活在高收入国家的印度人。

多数 T2DM 患者应用胰岛素是为了降血糖以免并发症，但并非维持生命所必需。T2DM 常在发病数年后才诊断，高血糖尚未产生糖尿病临床症状，但这些患者有更高的大血管和微血管并发症风险。并发症问题在青少年时期 T2DM 尤为突出，越来越多地被认为是一种严重的糖尿病表型，且死亡率相关性、心血管疾病风险均高于 T1DM。

T2DM 风险因素包括年龄、不健康生活方式、早期妊娠期糖尿病（GDM）。T2DM 发病率在不同的种族和民族亚群之间也存在差异，尤其是在年轻人和中年人中，甚至存在一些高发族群，如印第安人、太平洋岛国人、中东人、南亚人。T2DM 遗传因素很复杂，至今未能阐明，仅发现了某些相关突变。

T2DM 很少发生酮症酸中毒，但可因其他疾病而发生，如感染。老年患者会发生高渗性昏迷。

三、混合型糖尿病

混合型糖尿病包括成人缓慢发展的免疫介导型糖尿病和易患酮症的 T2DM。

1. 成人缓慢发展的免疫介导型糖尿病　多见于成人，类似于成人中缓慢发展的 T1DM，但常更具有代谢综合征的特征，之前被称为成人隐匿性自身免疫性糖尿病，归入 T2DM，但他们有自身抗体，能与胰岛细胞非特异性细胞质抗原反应，包括抗谷氨酸脱羧酶（GAD65）、蛋白酪氨酸磷酸酶 IA-2（胰岛抗原 2）、胰岛素或锌转运蛋白 8（ZnT8）。这类患者确诊时不需接受胰岛素治疗，只需控制生活方式及口服其他药物治疗，但比 T2DM 更快地发展为需要胰岛素治疗。在某些地区这类糖尿病发病率高于速发型 T1DM。儿童及青少年也有此类患者，有 T2DM 症状及自身抗体，被称为青少年隐匿性自身免疫性糖尿病。

这类糖尿病没有统一诊断指标，常根据以下三个指标：GAD65 抗体阳性，确诊年龄 >35 岁，诊断后 6~12 个月不需要胰岛素治疗。在临床诊断的 T2DM 患者中，GAD65 抗体阳性率与地区、种族、年龄相关，在欧洲、北美洲、亚洲阳性率 5%~14%。自身抗体阳性患者中 90% 为 GAD65 抗体阳性，18%~24% 为 IA-2 或 ZnT8 抗体阳性。研究发现，在表观 T2DM 患者中，10 年随访期中有 41% 血清 GAD65 自身抗体转阴，而表观 T1DM 患者仍为阳性。

成人缓慢发展的免疫介导型糖尿病定义为一个新的分类，或定义为 T1DM 前的一个阶段，利弊尚未明确。目前确定两者的区别包括肥胖、代谢综合征、β 细胞功能异常程度、单一自身抗体（特别是 GAD65）、HMG 盒转录因子 4（*TCF4*）多态性。

●**代谢综合征**　存在以下特征中的至少三个：高血糖、低 HDL 胆固醇、高甘油三酯、大腰围（苹果体型）、高血压。易患心脏病、2 型糖尿病、中风。

2. 易患酮症的 T2DM　出现酮症和胰岛素缺乏，但后期胰岛素缺乏缓解，不依赖胰岛素治疗，为无免疫介导因素、易患酮症的 T2DM。最初发现于年轻的非裔美国人，后发现于撒哈拉以南非洲地区，迄今研究表明除欧洲人外其他种族均有患者，确诊症状为酮症及胰岛素严重缺乏，但后期缓解，且不需要胰岛素治疗。研究发现 90% 患者 10 年内还会出现酮症，其他后期症状很接近 T2DM，发病机制尚未阐明。治疗期间有短暂的胰岛素分泌缺陷，缓解期间，分泌能力显著恢复。尚未发现基因标记或自身免疫症状。

易患酮症的 T2DM 可通过发病的流行病学、临床、代谢特征及胰岛素分泌和作用异常史与 T1DM、T2DM 鉴别。β 细胞分泌缺陷可能因葡萄糖毒性所致，胰岛素治疗血糖正常后 β 细胞分泌功能改善显著且具持久性。

四、特殊类型糖尿病

特殊类型糖尿病包括由明确的单基因突变引起的糖尿病和由胰腺内外其他病因引起的糖尿病，占全部糖尿病患者的不到 5%。

1. 单基因糖尿病　这类糖尿病均有基因突变及临床症状，如永久性新生儿糖尿病（PNDM）存在 KCNJ11 突变，记作 KCNJ11 PNDM，若只有 PNDM 症状，未确定突变基因，则仅归类于 PNDM。

2. 胰腺外分泌疾病所致糖尿病　任何胰腺弥漫性损伤都可能导致糖尿病，如纤维钙化性胰腺病、胰腺炎、胰腺外伤或切除、胰腺感染、胰腺癌、胰腺囊性纤维化、血色病等。除了胰腺癌外，其余损伤需很广泛才会引起糖尿病。较轻的胰腺癌即可引起糖尿病，提示糖尿病的病因不是单纯的 β 细胞减少。胰腺囊性纤维化所致糖尿病既有外分泌异常，又有胰岛素分泌减少，两者关系尚未阐明。纤维钙化性胰腺病可伴发腹痛、胰腺钙化，尸检可见胰腺纤维化和外分泌导管钙结石。

胰腺疾病伴发糖尿病年发生率（2.59/10 万人）高于 T1DM（1.64/10 万人）。大多数胰腺疾病伴发糖尿病被临床医生归类为 T2DM（87.8%）和罕见的外分泌胰腺糖尿病（2.7%）。确诊后 5 年内使用胰岛素的患者比例，T2DM 为 4.1%，急性胰腺炎伴发糖尿病为 20.9%，慢性胰腺疾病伴发糖尿病为 45.8%。

3. 其他内分泌紊乱所致糖尿病　生长激素、皮质醇、胰高血糖素、肾上腺素等是胰岛素拮抗激素，某些疾病因伴发这些激素分泌过多而引起糖尿病，例如库欣综合征（皮质醇增多症）、肢端肥大症、嗜铬细胞瘤、胰高血糖素瘤、甲状腺机能亢进等，其高血糖可在相关疾病治疗后回归正常。生长抑素瘤伴发糖尿病，部分原因是抑制胰岛素分泌，肿瘤切除后血糖回归正常。

4. 药物或化学品诱发糖尿病　许多药物会影响胰岛素分泌或作用，如糖皮质激素、甲状腺激素、噻嗪类利尿药、α[肾上腺素能]受体激动剂、β[肾上腺素能]受体激动剂、苯妥英钠（XN03AB）、喷他脒、烟酸、灭鼠优、α 干扰素等。这些药物会使胰岛素抵抗型或 β 细胞功能中度异常糖尿病加重。某些药物如灭鼠优、喷他脒能彻底破坏 β 细胞。

5. 感染相关糖尿病　某些病毒会破坏 β 细胞，从而诱发 T1DM，但机制尚未阐明。例如某些先天性风疹患者伴发糖尿病。此外还有柯萨奇病毒 B 感染、巨细胞病毒感染、腺病毒感染等。

6. 非常见型免疫介导糖尿病　有几种与特定免疫性疾病相关的糖尿病，其病因病机不同于与免疫相关的 T1DM。

7. 有时伴有糖尿病的其他遗传综合征　一些遗传综合征患者为糖尿病高发群体，如与重度早发性肥胖相关的 Prader-Willi 综合征、Alstrom 综合征、Bardet-Biedl 综合征，涉及染色体异常的唐氏综合征、Klinefelter 综合征、Turner 综合征，涉及神经系统疾病的 Friedreich 共济失调、亨廷顿病、强直性肌营养不良，其他还有 Laurence-Moon-Biedel 综合征、卟啉病、Wolfram 综合征等。

五、未分类糖尿病

未分类糖尿病是一个过渡性分类，当某个病例因未确定病因或特征而不能归入其他类别时，暂时归入此类，之后可能归入其他类型。

六、妊娠期高血糖

妊娠期首次检出高血糖分为两类：①妊娠期诊断的糖尿病（diabetes mellitus in pregnancy）：诊断标准同非妊娠期糖尿病患者，即出现以下至少一项，空腹血糖 ≥ 7.0mmol/L（126mg/dL），口服 75g 葡萄糖 2h 后血糖 ≥ 11.1mmol/L（200mg/dL），或有糖尿病症状时血糖 ≥ 11.1mmol/L（200mg/dL）。②妊娠期糖尿病（gestational diabetes mellitus）：诊断标准不同于非妊娠期糖尿病患者，即出现以下任何一项或几项，空腹血糖 =5.1~6.9mmol/L（92~126mg/dL），或口服 75g 葡萄糖 1h 后血糖 ≥ 10.0mmol/L（180mg/dL），或口服 75g 葡萄糖 2h 后血糖 =8.5~11.0mmol/L（153~199mg/dL）。

第六节　乙型肝炎

病毒性肝炎是由各种肝炎病毒（表 10-6）感染引起的、以肝脏损害为主的一组全身性传染病，其中由乙型肝炎病毒引起的称为乙型病毒性肝炎（virus B hepatitis，乙型肝炎、乙肝）。乙型肝炎病毒（hepatitis B virus，HBV）是一种非共价闭合环状双链 DNA 病毒，属于嗜肝 DNA 病毒科、正嗜肝 DNA 病毒属。乙型肝炎的临床表现与其他肝炎相似，以疲乏、食欲减退、厌油、肝功能异常为主，部分出现黄疸，但乙型肝炎多呈慢性感染，主要经血液等胃肠外体液途径传播，少数病例可发展为肝硬化或肝细胞癌。我国是病毒性肝炎的高发区，有 1.3 亿乙型肝炎病毒表面抗原携带者（全球 3.7 亿）。乙肝疫苗的应用是预防和控制乙型肝炎的根本措施。

表 10-6　人类肝炎病毒命名及特点

病毒名称	名称缩写	基因组结构	包膜	传播途径
甲型肝炎病毒	HAV	ssRNA（+）	无	口腔，粪便
乙型肝炎病毒	HBV	DNA（非共价闭合环状双链）	有	血液，体液，性接触
丙型肝炎病毒	HCV	ssRNA（+）	有	血液，性接触
丁型肝炎病毒	HDV	ssRNA（−）	有	血液
戊型肝炎病毒	HEV	ssRNA（+）	无	口腔，粪便
庚型肝炎病毒	HGV	ssRNA（+）	有	血液，性接触
输血传播病毒	TTV	ssDNA	无	血液
Sen 病毒	SENV	ssDNA（环状）	无	输血

一、HBV 形态结构

HBV 感染者血浆中存在三种相关颗粒。

1. 大球形颗粒　直径 42nm，为完整的 HBV 颗粒，在血浆中含量最低，由 D. Dane 等于 1970 年通过电镜观察发现，故又称 Dane 颗粒。HBV 颗粒由包膜与核衣壳构成：①包膜厚 7nm，含乙型肝炎表面抗原（HBsAg，包括 S-HBsAg、M-HBsAg、L-HBsAg）、糖蛋白和膜脂。②核衣壳为二十面体，直径 27nm，含基因组 DNA、DNA 聚合酶（P）、蛋白激酶 C、HSP90、核心抗原（HBcAg）和少量前核心抗原（HBeAg，又称分泌型核心抗原）（图 10-3）。Dane 颗粒是病毒感染和复制的主体。

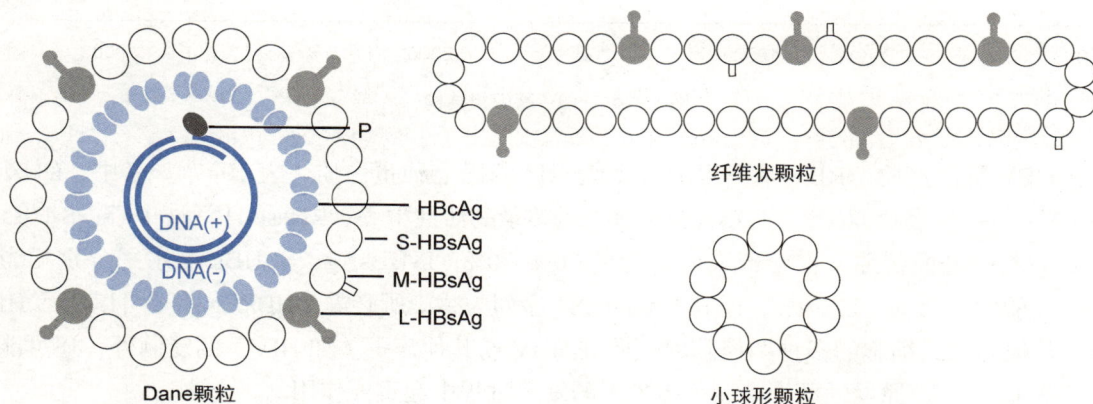

图 10-3　HBV 形态结构

Dane 颗粒可以抵抗有机溶剂、高温、酸碱、干燥等。

2. 小球形颗粒　直径 17~25nm，由乙型肝炎表面抗原（主要是 S-HBsAg）构成，在血浆中含量最高。

3. 纤维状颗粒　直径 17~20nm，长 100~200nm，由乙型肝炎表面抗原（S-HBsAg、M-HBsAg、L-HBsAg）构成。

二、HBV 基因组与基因产物

1. HBV 基因组　是由两股不等长 DNA 链构成的非共价闭合环状双链 DNA。长链为负链 DNA（−），长 3182~3248nt。短链为正链 DNA（＋），长度可变（5' 端确定，3' 端不定），约 1700nt。图 10-4（上）是 HBV 基因组 DNA 用限制性内切酶 *Eco*R Ⅰ 切割后的线性结构（常以 *Eco*R Ⅰ 限制性酶切位点作为起点对 HBV 基因组核苷酸序列进行编号），虚线部位是正链短缺形成的缺口，感染细胞后将填补并连接成共价闭合环状 DNA（cccDNA，第十一章，289 页）。HBV 有 A~H 共 8 种基因型（分类依据：基因组序列相似度小于 92%，或 S 区序列相似度小于 96%），其中一种 3182nt 的 HBV 基因组由 F. Galibert 于 1979 年完成测序。分布在我国的主要是 B 型（主要分布于长江以南）和 C 型（主要分布于长江以北）HBV，长链 3215nt。

HBV 基因组有四个编码区：C 区、P 区、S 区、X 区，编码区之间存在重叠，其中 S 区完全重叠于 P 区内，C 区和 X 区分别有 23% 和 53% 与 P 区重叠，X 区有 5% 与 C 区重叠（图 10-4）。

HBV 基因组有两段 11bp 同向重复序列 DR1、DR2（TTCACCTCTGC），分别位于 1842（对应负链 3' 端）、1590（对应正链 5' 端）碱基处。DR1 下游 85bp 处是加尾信号。DR1 是 pgRNA

转录起始位点，也是逆转录起始位点。

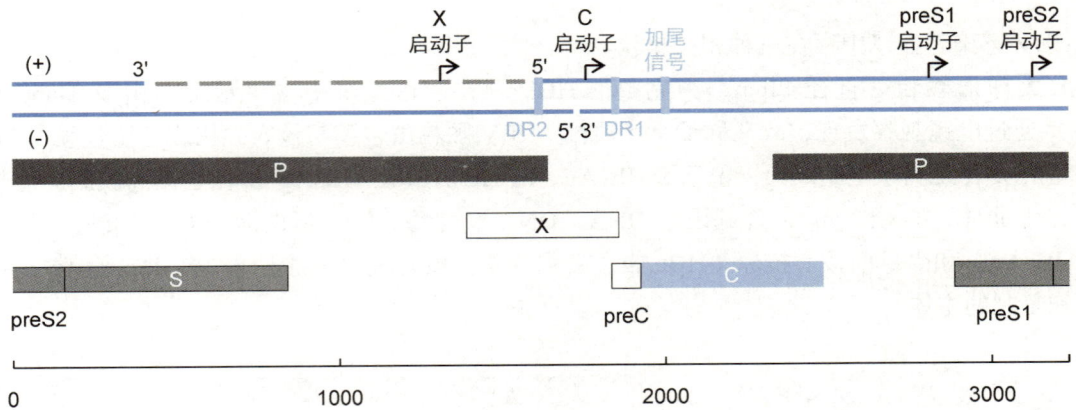

图 10-4　HBV 基因组结构

2. HBV 基因产物　HBV 基因组的四个编码区编码七种蛋白质（表 10-7）。其中，DNA 聚合酶（P）是一种多功能酶，含 DNA 聚合酶 / 逆转录酶活性中心、RNase H 活性中心；S-HBsAg 是主要的乙肝表面抗原，占全部表面抗原的 70%~90%；L-HBsAg、M-HBsAg 水平分别相当于 S-HBsAg 的 5%~15%、1%~2%，但其 N 端 preS1 序列为感染所必需；HBxAg 除了可以激活 HBV 本身、其他病毒或细胞的多种调控基因，促进 HBV 或其他病毒（如 HIV）的复制外，还可能在慢性肝病（CLD）、原发性肝细胞癌（HCC）的发生过程中起重要作用。

表 10-7　HBV 基因组与基因产物

编码区	产物			
	名称	名称缩写	大小（AA）	功能
C 区	乙型肝炎 e 抗原（前核心抗原）	HBeAg	212	衣壳蛋白
	乙型肝炎核心抗原	HBcAg	183	
P 区	乙肝病毒 DNA 聚合酶	P	843	DNA 聚合酶
S 区	小分子型乙肝表面抗原（S 蛋白）	S-HBsAg	226	包膜蛋白
	中分子型乙肝表面抗原（M 蛋白）	M-HBsAg	281	
	大分子型乙肝表面抗原（L 蛋白）	L-HBsAg	400	
X 区	乙型肝炎病毒 X 抗原	HBxAg	154	调节

一个完整的 HBV 含 300~400 个 S-HBsAg、40~80 个 M-HBsAg 和 L-HBsAg。不过，非复制期的 HBV 几乎只含 S-HBsAg，M-HBsAg 不到 1%，不含 L-HBsAg。复制期 HBV 的 S-HBsAg：M-HBsAg ≈ 10：1，L-HBsAg 不到 5%。

HBV 的结构基因由四个启动子控制转录（图 10-4，表 10-8），其中 C 启动子控制的转录起始位点具有不均一性，转录产物既可以是编码 HBeAg、HBcAg、DNA 聚合酶的 mRNA，又可以是前基因组 RNA（pgRNA）。另外，HBV 的结构基因共用一套转录终止信号，加尾信号是 TATAAA，有别于真核生物的加尾信号 AATAAA。

表 10–8　HBV 基因组转录产物与翻译产物

启动子	转录产物长度（nt）	转录产物相对量	翻译产物
C 启动子	3500	多	前核心抗原，核心抗原，DNA 聚合酶
preS1 启动子	2400	少	L 蛋白
preS2 启动子	2100	多	M 蛋白，S 蛋白
X 启动子	700	少	乙型肝炎病毒 X 抗原

HBV 基因组突变率高，是其他 DNA 病毒的 10 倍，大部分为同义突变。S 区突变体可引起 HBsAg 阴性肝炎。C 启动子突变体可引起 HBeAg 阴性、HBeAb 阳性肝炎。C 区突变体可引起 HBcAg 阴性肝炎。P 区突变可导致复制缺陷或复制水平低下。

三、HBV 感染检测

乙型肝炎的诊断主要有血清标志 [物] 检测和 HBV 基因检测。

1. 血清标志检测　临床上用免疫学方法（ELISA）检测 HBV 的血清标志，即 HBsAg、HBsAb、HBeAg、HBeAb、HBcAb，对评价 HBV 感染及慢性活动等具有重要意义：① HBsAg 及其抗体滴度升高提示有病毒感染但大多数已被清除，是早期诊断 HBV 感染的重要间接指标。② HBeAg 及其抗体检测是临床最实用的 HBV 感染指标。HBeAg 阳性表示病毒复制，持续阳性则提示患者易转变成慢性活动性肝炎，可能导致肝硬化，而其抗体滴度升高提示患者传染性降低。③ HBcAg 及其抗体检测是病毒感染的直接指标，其抗体 IgM 出现早，滴度升高提示病毒复制活跃，对急性乙型肝炎具有确诊价值，而滴度低下表示既往有过感染；不过 HBcAg 检测方法较复杂，临床上通常不做。

免疫学方法不足：不能直接反应病毒有无复制、复制程度、致病力及预后等信息。

2. HBV 基因检测　HBV-DNA 是乙型肝炎病毒复制和感染的直接标志，对其进行定量检测对判断病毒复制程度、致病力、抗病毒药物疗效等有重要意义。①临床上可针对其保守的 C 区的一段 270bp 特异序列利用 PCR 技术进行检测。②在母婴传播的监控中检测孕妇血液中 HBV-DNA 的数量，并进行免疫阻断，可降低 HBV 母婴传播的几率。

第七节　艾滋病

艾滋病是**获得性免疫缺陷综合征**的简称，是一种慢性传染病，主要经性接触、血液及母婴传播，有传播迅速、发病缓慢、死亡率高的特点。人类首例艾滋病患者于 1981 年在美国报道，1983 年由法国病毒学家 L. Montagnier（2008 年诺贝尔生理学或医学奖获得者）等确定艾滋病的病原体为艾滋病病毒。

艾滋病病毒又称**人类免疫缺陷病毒**（HIV），是一种单链 RNA 病毒，属于逆转录病毒科、慢病毒属、人类慢病毒组，包括 HIV-1 和 HIV-2 两型，两者的氨基酸序列有 40%~60% 同源。HIV-1 分布广泛。HIV-2 的毒力较弱，潜伏期更长，主要分布于西非和西欧国家。

与其他逆转录病毒不同的是，HIV 会杀死其宿主细胞而不是致癌，因而导致宿主免疫系统抑制（suppression）。主要感染和杀死 $CD4^+$ T 细胞（辅助性 T 细胞），导致机体细胞免疫功能低下甚至缺陷，引起获得性免疫缺陷综合征（AIDS），即艾滋病，极大地增加机会性感染和肿瘤发生的几率。

● 联合国艾滋病规划署（UNAIDS）发布的《2022 全球艾滋病防治进展报告：危急关头》显示：2021 年新发现 HIV 感染者 150 万人，艾滋病相关死亡 65 万。全球范围内，新发现 HIV 感染者、新发现儿童感染者、艾滋病相关死亡数量都在减少。

● 2023 年 4 月 11 日召开的第八届全国艾滋病学术大会报告，截至 2022 年底，我国报告存活艾滋病病毒感染者和艾滋病患者 122.3 万名；2022 年新报告病例数为 10.78 万，较 2021 年下降了 16.7%；传播途径中，以性传播为主，占比 97.6%。

一、HIV 形态结构

HIV 由包膜、基质和二十面体核衣壳构成，直径 100~120nm（图 10-5）。

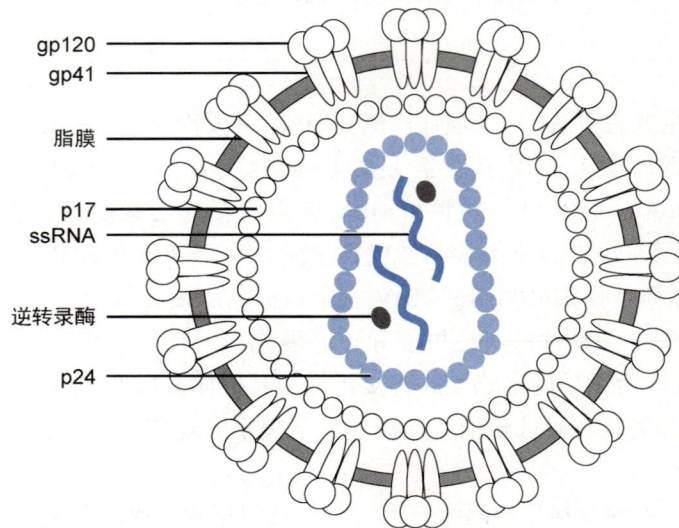

图 10-5　HIV 形态结构

1. 包膜　由外膜糖蛋白异二聚体原体 gp120-gp41 形成的同三聚体 (gp120-gp41)₃、多种宿主蛋白（如 MHA Ⅱ）与脂质双分子层构成，其中 gp41、MHA Ⅱ 与 HIV 感染宿主细胞密切相关。

2. 基质　位于包膜与核衣壳之间，成分是基质蛋白 p17。

3. 核衣壳　含两个 ssRNA（+）拷贝、衣壳蛋白 p24、与 RNA 结合的衣壳蛋白 p7 和 p6、逆转录酶 p66/p51、整合酶 p32、蛋白酶 p10、tRNA^{Lys}。

二、HIV 基因组与基因产物

HIV-1 基因组（9719nt）和 HIV-2 基因组（10279nt）结构一致，序列相似度为 40%~45%。

1. 9 个基因　① 3 个结构基因：组织特异性抗原基因 *gag*、逆转录酶基因 *pol*、包膜蛋白基因 *env*。② 2 个调控基因：病毒蛋白表达调节因子基因 *rev*、反式激活蛋白基因 *tat*，均为断裂基因。③ 4 个辅助基因（accessory gene）：病毒颗粒感染因子基因 *vif*、负调节因子基因 *nef*、病毒蛋白 R 基因 *vpr*、病毒蛋白 U 基因 *vpu*（HIV-1）或病毒蛋白 X 基因 *vpx*（HIV-2）。9 个基因序列存在重叠（图 10-6），其中 *gag*、*pol*、*env* 编码 9 种蛋白质（部分转录时发生选择性剪接），其余 6 个编码区各编码一种蛋白质（表 10-9）。

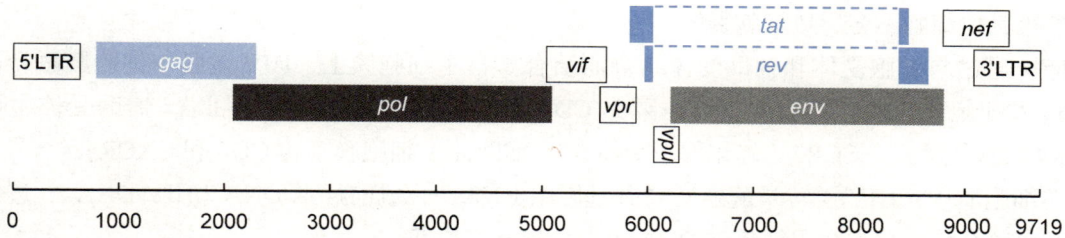

图 10-6 HIV-1 基因组结构

表 10-9 HIV-1 基因组与基因产物

基因分类	基因名称缩写	产物，名称缩写	功能
结构基因	gag	基质蛋白 p17，MA	基质蛋白
		衣壳蛋白 p24，CA	衣壳蛋白
		衣壳蛋白 p7	与 RNA 结合的衣壳蛋白
		衣壳蛋白 p6	与 RNA 结合的衣壳蛋白
	pol	蛋白酶 p10，PR	蛋白酶
		逆转录酶 p66*，p66RT	逆转录酶
		整合酶 p32，IN	整合酶
	env	表面蛋白 gp120，SU	与细胞受体（CD4）结合
		跨膜蛋白 gp41，TM	与辅助受体（CXCR4 或 CCR5）结合
调控基因	rev	病毒蛋白表达调节因子，Rev	与 RRE 转录产物结合，促进转录产物向细胞质转运
	tat	反式激活蛋白，Tat	与 TAR 转录产物结合，募集 P-TEFb，增强 RNA 聚合酶的延伸能力
辅助基因	vif	病毒颗粒感染因子，Vif	在其他细胞因子协助下促进 HIV 复制，影响 HIV 毒力
	vpr	病毒蛋白 R，Vpr	促使 HIV 在吞噬细胞中复制，影响 HIV 毒力
	Vpu**	病毒蛋白 U，Vpu	促使细胞释放 HIV-1，影响 HIV 毒力
	nef	负调节因子，Nef	抑制 HIV 复制，影响 HIV 毒力

　* 部分逆转录酶 /p66 裂解成为逆转录酶 /p51 和 RNase H/p15，形成 p66/p51 二聚体；**HIV-2 为 vpx，编码病毒蛋白 X，为 HIV-2 在淋巴细胞和巨噬细胞中复制所必需。

　　2. 5 个顺式作用元件　其中 U3、R、U5 构成长末端重复序列（LTR），位于两个末端，占整个基因组的 7%。① U3：3' UTR，含启动子、增强子。② R：末端重复序列，含加尾信号。③ U5：5' UTR。④ TAR：反式激活反应元件，长约 57nt，位于 5' UTR 内（+1~+57），其转录产物与 Tat 结合，增强 RNA 聚合酶的延伸能力，可将转录效率提高至少 1000 倍。⑤ RRE：Rev 反应元件，长约 350nt，位于 env 编码区内（+7709~+8063），其转录产物与 Rev 结合，有利于向细胞质转运。

三、HIV 感染与复制

　　艾滋病病毒主要感染辅助性 T 细胞（helper T cell，T_h 细胞，CD4+ T 细胞）、巨噬细胞、NK 细胞、细胞毒性 T 细胞（cytotoxic T cell，T_C cell，CD8+ T 细胞）、神经系统细胞（星形胶质细胞、神经元、胶质细胞、脑巨噬细胞）、树突状细胞。其中，感染 CD4+ T 细胞并复制时导致细胞裂解，感染其他细胞不会导致细胞裂解。

HIV 通过与细胞受体和辅助受体结合而结合于宿主细胞膜上，HIV 包膜与细胞膜融合，核衣壳进入细胞质。HIV 的细胞受体主要是 CD4（CD4 正常配体是 MHC Ⅱ），辅助受体主要是 CXCR4（融合素）或 CCR5（趋化因子受体 5）。辅助性 T 细胞膜富含 CD4 和 CXCR4。

在细胞质中，HIV 逆转录酶逆转录其基因组 RNA，合成前病毒 DNA（HIV-DNA），进入细胞核，由整合酶催化与宿主染色体 DNA 整合，进入潜伏期。

一定条件下前病毒 DNA 可被激活，利用宿主 RNA 聚合酶Ⅱ，由 5' LTR 内的单一启动子启动转录，合成 HIV-RNA 初级转录产物，通过选择性剪接生成 40 多种 mRNA，指导合成衣壳蛋白和膜蛋白，其中多聚蛋白 Gag 和 Gag-Pol 由 HIV 蛋白酶 p10 裂解得到成熟 HIV 蛋白。衣壳蛋白、基因组 mRNA 和膜蛋白经过组装、包装，出芽成为成熟 HIV 颗粒。

● HIV 蛋白酶（p10）是一种同二聚体天冬氨酸蛋白酶，功能是裂解激活病毒蛋白。茚地那韦等 20 多种用于治疗艾滋病的化合物为 HIV 蛋白酶抑制剂。

四、HIV 致病机制

和其他病原体感染一样，HIV 感染也会引起机体细胞免疫反应和体液免疫反应，特别是在急性感染期。然而，机体免疫力不足以清除所有 HIV，所以一经感染便终身携带病毒，并复制大量病毒颗粒，导致感染细胞死亡。

HIV 导致感染辅助性 T 细胞死亡的机制是其糖蛋白插入细胞膜及 HIV 颗粒出芽释放导致细胞膜通透性增加，离子和水的内流破坏离子平衡，导致渗透性溶细胞。

此外，HIV 还可通过以下途径导致免疫功能低下：① gp120 脱落，与正常细胞膜 CD4 结合，致使其被免疫系统误杀。② gp120 封闭 T 细胞 CD4，影响其免疫辅助功能。③ gp120 刺激机体产生 CD4 抗体，阻断 T 细胞功能。④带病毒包膜蛋白的细胞与其他细胞融合而失去功能。不过，这些尚不足以解释其感染造成的免疫系统进行性损伤直至崩溃的严重病症。

五、HIV 感染检测

HIV 感染临床上主要通过血清学检测，用蛋白质印迹法检测 p24 及 gp120 可以确诊 HIV 感染。HIV 核酸检测（HIV-RNA 定性或定量）作为一种补充，主要用于 HIV 阳性产妇新生儿和处于 HIV 抗体窗口期感染者的检测。通过培养病毒或检测病毒的抗原、抗体、核酸可以确诊 HIV 感染。

1. HIV 病毒分离　可从受检者血浆、单核细胞、脑脊液分离出 HIV。因操作复杂，主要用于科研。

2. HIV 抗体检测　是目前诊断 HIV 感染者和艾滋病患者的主要指标和标准检测项目，应用酶联免疫吸附测定技术检测血清、尿液、唾液、脑脊液 HIV 抗体可获得阳性结果，特别是查血清 p24、gp120 抗体，阳性率可达 99%。不过，血清病毒抗体阳性者仅 10%~15% 会发展为艾滋病患者，其余 85%~90% 只能确诊为 HIV 感染者，需通过蛋白质印迹法进一步检测，才能确诊是否为艾滋病患者。

3. HIV 抗原检测　以 p24 单克隆抗体用酶联免疫吸附测定技术检测血清 p24 抗原，采用流式细胞术检测血液或其他体液中 HIV 特异性抗原，对诊断有一定帮助。

4. HIV 基因检测　可以体外培养淋巴细胞，再用 RNA 印迹法、逆转录 PCR 检测 HIV-RNA，或用 PCR、基因芯片检测 HIV-DNA。检测时要同时做阳性对照和阴性对照，检测结果为阳性时需复测，仍为阳性方可确诊。

六、艾滋病防治

HIV 逆转录酶错配率极高，比其他逆转录酶还高 10 倍，且至少是人 DNA 聚合酶的 1000 倍，因而 HIV 突变率高，几乎每次复制都会发生一个或多个错配。因为没有修复系统，所以错配即突变，任何 HIV 的两个基因组 RNA 都可能有差异，因而其疫苗不易制备。

病毒的感染和传播需要其不断地侵入、复制，所以抑制 HIV 复制周期关键酶类是目前最有效的治疗措施。典型抗 HIV 药物目前主要有以下几类。

1. **逆转录酶抑制剂**　①核苷及核苷酸类（XJ05AF）：恩曲他滨、齐多夫定。②非核苷类（XJ05AG）：利匹韦林。

2. **HIV 蛋白酶抑制剂（XJ05AR）**　洛匹那韦 - 利托那韦。

3. **HIV 整合酶抑制剂（XJ05AR）**　艾考恩丙替片为复方类抗 HIV 感染药物，其成分之一艾维雷韦为 HIV 整合酶抑制剂。

4. **HIV 融合抑制剂（XJ05AR）**　艾博韦泰。

第十一章
核酸提取与鉴定

生命科学是实验科学，分子生物学技术可以支持我们阐明疾病的分子机制，大量制备药用蛋白，制备疫苗，诊断疾病，评估患病风险及个体对药物治疗的反应，基因治疗等。

核酸包括基因组 DNA、质粒、总 RNA 及 mRNA 等，是分子生物学的主要研究对象之一。核酸提取是分子生物学研究的基础，提取过程涉及裂解细胞、去除杂质、浓缩核酸。

核酸样品的浓度、纯度和核酸结构的完整度关系到核酸研究结果的科学性和准确性。核酸鉴定常用技术：①分光光度技术：可以对样品进行定量分析、纯度鉴定。②凝胶电泳技术：可以对样品进行纯度鉴定、定量分析、分子量测定，还可以从样品中分离特定长度的核酸片段，用于进一步分析。如果结合其他技术，凝胶电泳技术还可用于研究核酸多态性，或进行 DNA 测序。

第一节　核酸提取

核酸提取的原则是尽可能避免其断裂，保持其一级结构完整性。

核酸提取的主要步骤：①裂解细胞。②去除与核酸结合的蛋白质、多糖等生物大分子。③分离核酸。④去除其他杂质（有机溶剂、无机盐、不需要的其他核酸分子等）。不同核酸的存在形式和亚细胞定位不同，具体的提取方法也不尽相同。

一、质粒提取

质粒含复制起点，能够转化细菌，并利用细菌的代谢系统进行扩增和表达，在重组 DNA 技术中用于构建载体。质粒提取包括三个基本步骤。

（一）培养细菌和扩增质粒

在培养基中加入蛋白质合成的抑制剂（如氯霉素）可以抑制细菌的蛋白质合成，从而抑制细菌繁殖，而质粒会继续复制，拷贝数可达 3000 个，这一过程称为质粒扩增。因此，在细菌指数生长（又称对数生长）后期在培养基中加入氯霉素，既可控制细菌数量，又可继续进行数小时的质粒扩增，增加质粒拷贝数。如果要扩增的质粒携带氯霉素抗性基因（Cm^R），可改用奇霉素（壮观霉素）抑制细菌繁殖。

（二）收获和裂解细菌

细菌有细胞壁，可用不同方法裂解：①机械法：例如用超声波或玻璃珠。用机械法裂解细菌容易导致 DNA 断裂。②化学试剂法：例如用十二烷基硫酸钠（SDS）。许多细菌的细胞壁较厚，仅用化学试剂难以充分裂解。③溶菌酶 - 化学试剂联合法：先用溶菌酶消化，再用化学试剂处理，这是最常用的方法。

（三）提取质粒

提取质粒的关键是去除染色体 DNA，可利用质粒相对较小且呈共价闭合环状的特性：①质粒很小，仅为染色体 DNA 的 0.1%~2%。②在提取质粒过程中，绝大多数质粒呈共价闭合环状结构，而染色体 DNA 大量断裂并且呈线性结构。基于以上特性，可用碱裂解法、煮沸裂解法、氯化铯密度梯度离心法、聚乙二醇沉淀法等提取质粒。

1. 碱裂解法（alkaline lysis） 是快速提取质粒的一种方法，其优点是回收率高，适用于从 1~2mL 多数菌株（特别是溶菌酶难溶菌）的菌液中提取质粒，所得的质粒经过纯化之后可以满足多数应用。常规碱裂解提取系统如下。

（1）溶液 I：50mmol/L 葡萄糖 -25mmol/L Tris-HCl-10mmol/L EDTA，pH 8.0，使大肠杆菌悬浮。EDTA（乙二胺四乙酸）的作用是螯合 Mg^{2+}、Ca^{2+}，从而抑制 DNase（DNA 酶），防止质粒降解。

（2）溶液 II：200mmol/L NaOH-1%SDS，裂解细菌，并使蛋白质、染色体 DNA 和质粒变性。SDS 等离子表面活性剂裂解细菌效果较好。SDS 既能裂解细菌、解聚核蛋白，又能使蛋白质变性析出，包括使 DNase 变性失活。

（3）溶液 III：3mol/L 醋酸钾 -2mol/L 醋酸，使变性蛋白质与染色体 DNA 共沉淀，共价闭合环状质粒复性，仍然呈溶解状态。

从 1~2mL 菌液中离心收集细菌，用上述碱裂解系统处理，离心取上清，①转入 DNA 吸附柱吸附质粒，离心，加漂洗液淋洗除杂，加洗脱液洗脱吸附的质粒，离心收集质粒，这是目前实验室常用的质粒提取方法。②也可采用酚：氯仿（1:1）抽提脱蛋白，乙醇沉淀质粒，离心收集质粒，溶于含 RNase A（20μg/mL）的 TE 溶液（10mmol/L Tris-HCl-1mmol/L EDTA，pH 8.0），可在 4℃下短期保存、-20℃下长期保存。

2. 煮沸裂解法（boiling lysis） 所得的质粒可直接用于一般研究。

（1）从 1~2mL 培养基中离心收集细菌，以 STET 溶液（100mmol/L NaCl-10mmol/L Tris-HCl-1mmol/L EDTA-5%Triton X-100，pH 8.0）和溶菌酶（10mg/mL）裂解，然后在沸水浴中加热 40 秒，这样不仅可使细菌裂解更彻底，还可使蛋白质和染色体 DNA、质粒变性。

（2）常温下离心 15 分钟，收集上清液，加 2.5mol/L 醋酸钠缓冲液（pH 5.2）、异丙醇沉淀质粒。

（3）离心收集质粒沉淀，70% 乙醇（4℃）洗涤，用含 RNase A（20μg/mL）的 TE 溶液溶解保存。

煮沸裂解法不适于从 endA 阳性株（endA+，例如 HB101、JM100）提取质粒，因为 endA 表达核酸内切酶 I（endonuclease I，Endo I），类似于 DNase I，可以降解双链 DNA；加热时 Endo I 变性不彻底，存在 Mg^{2+} 时会降解质粒。

3. 氯化铯密度梯度离心法 有些研究对质粒纯度的要求较高，而质粒粗品通常含少量 RNA、染色体 DNA 和蛋白质，因而需要进一步纯化。氯化铯密度梯度离心法可以从质粒粗提液中纯化共价闭合环状质粒，适用于纯化易形成切口的较大质粒。氯化铯密度梯度离心法原理如下。

（1）将溴化乙锭 - 氯化铯溶液加入大肠杆菌裂解物，结构扁平的溴化乙锭分子会嵌入 DNA 相邻碱基对之间，导致 DNA 解旋。

（2）不同构型 DNA 结合的溴化乙锭量不同：开环 DNA 或线性 DNA 片段因存在游离末端而容易解旋，可以结合大量溴化乙锭；共价闭合环状质粒压缩程度高且没有游离末端，只能部分解旋，结合少量溴化乙锭。

（3）DNA 结合的溴化乙锭越少，其密度越高。因此，在饱和溴化乙锭溶液中，共价闭合环状质粒的密度比染色体 DNA 片段的密度高。经过氯化铯密度梯度离心（或电泳）之后，它们会浓缩成不同的条带并分离，从而达到分离纯化的目的。

4. 聚乙二醇沉淀法　可用于从质粒粗提液中纯化质粒。

基本操作：先用 5mol/L 氯化锂和 RNase 处理质粒粗提液，以去除 RNA，再用聚乙二醇 -MgCl₂ 沉淀质粒。聚乙二醇沉淀法经济快捷，但不能有效地将共价闭合环状质粒与开环质粒分开。

二、真核生物基因组 DNA 提取

真核生物基因组以染色体 DNA 为主，可以直接从组织或细胞中提取，但应注意：①染色体 DNA 分子与组蛋白、非组蛋白、RNA 形成核蛋白（染色质），可用蛋白酶水解或离子表面活性剂处理，使其解聚。②染色体 DNA 为线性分子，用普通匀浆法破碎组织细胞会导致其断裂，可用剪刀剪碎组织或在液氮冷冻下研碎组织。操作条件要温和，尤其要避免剧烈震荡。③ DNA 在提取及保存时要防止被 DNase 降解，为此应在提取液和保存液中加一定量的 EDTA。

1. 哺乳动物基因组 DNA 提取　哺乳动物基因组 DNA 可用于基因组文库构建（第十四章，350 页）或 DNA 印迹分析（第十二章，308 页），可从新鲜或冻存组织（或血细胞）、单层贴壁或悬浮细胞中提取，常用蛋白酶 K 法。

（1）细胞裂解液裂解：取细胞样品（或液氮冷冻后研成粉末的组织样品）加入 10 倍体积的哺乳动物细胞裂解液（lysis buffer，10mmol/L Tris-100mmol/L EDTA-0.5% SDS-20μg/mL RNase，pH 8.0）裂解，破坏细胞膜结构、解聚核蛋白，使蛋白质变性析出、DNase 失活，制备细胞裂解物（cell lysate）。

（2）蛋白酶 K 消化：在细胞裂解物中加入蛋白酶 K（20mg/mL）至终浓度 100μg/mL，50℃孵育 3 小时，降解核酸酶（DNase 和 RNase）。蛋白酶 K 属于丝氨酸蛋白酶，可以水解由脂肪族氨基酸、芳香族氨基酸的羧基形成的肽键，从而将蛋白质降解为小肽或氨基酸，使核酸酶失活。在 pH 4~12 时，即使与 SDS、EDTA、尿素共存，蛋白酶 K 也保持高活性，所以适用于在提取核酸时降解核酸酶。

（3）酚 - 氯仿 - 异戊醇抽提：采用 Tris 饱和苯酚（碱性）：氯仿：异戊醇（25：24：1）试剂直接抽提样品，离心，取上层清液得 DNA 粗品。

（4）粗品纯化：①如要制备 100~150kb DNA，常温下在上述 DNA 样品加入 0.2 倍体积的 10mol/L 醋酸铵（盐析效应）、2 倍体积的乙醇（可致 DNA 脱水），沉淀 DNA，离心收集，用 70% 乙醇洗涤两次，用 TE（pH 8.0）溶解，4℃下保存。②如要制备 150~200kb DNA，4℃下将上述 DNA 样品用透析液（50mmol/L Tris-10mmol/L EDTA，pH 8.0）透析 4 次，每次超过 6 小时。

2. 植物基因组 DNA 提取　植物基因组 DNA 可用于药用植物的遗传分析、基因克隆、中药品质 DNA 指纹分析、药用植物进化关系鉴定、道地药材研究、药用植物育种等。提取植物基因组 DNA 常用 CTAB 法。

● CTAB（cetyl trimethylammonium bromide）即十六烷基三甲基溴化铵，一种离子表面活性剂。

（1）研磨破碎：植物细胞有细胞壁结构，可在液氮中将其研碎，并最大限度避免基因组 DNA 被 DNase 降解。

（2）表面活性剂处理：用含 2% CTAB 和 1.4mol/L NaCl 的提取液溶解粉末，能使膜结构解体、核蛋白解聚、DNA 游离。

（3）有机溶剂萃取：上述提取液中加氯仿：异戊醇（24：1）混匀并离心，既可以使蛋白质变性，又可以从上层 DNA 提取液中去除变性蛋白质，使其进入下层氯仿：异戊醇相，还可以去除多糖（多糖会抑制 Taq DNA 聚合酶、限制性内切酶等）。

（4）DNA 沉淀：核酸溶解于浓度高于 0.7mol/L 的 NaCl 溶液，但在 NaCl 浓度低于 0.4mol/L 时析出，因此稀释上层 DNA 提取液可使 DNA 析出。

三、真核生物转录组 RNA 提取

真核生物基因组 DNA 含大量重复序列，直接从中获取靶基因序列工作量大。用 mRNA 制备 cDNA，从中获取靶基因序列多数时候更简便。不过，RNA 容易被 RNase 降解，而 RNase 无处不在，并且可抵抗长时间煮沸。因此，RNA 的提取条件要比 DNA 的苛刻，必须采取措施建立无 RNase 环境。

1. 总 RNA 提取 以下介绍几种真核细胞总 RNA 的提取方法。

（1）**异硫氰酸胍 – 酚 – 氯仿法**：所用提取系统中含有以下成分：①水饱和苯酚（pH<7），作用是使蛋白质变性并析出于水相与有机相的界面上，RNA 溶于上层水相中。②异硫氰酸胍、8-羟基喹啉和 β- 巯基乙醇等，可抑制 RNase 活性。目前实验室常用 Trizol 试剂盒即属于该系统。该方法简便、经济且高效，能批量处理组织细胞，RNA 的完整度和纯度也很理想。

（2）**异硫氰酸胍 – 氯化铯密度梯度离心法**：用异硫氰酸胍使蛋白质变性，抑制 RNase，再进行密度梯度离心，能够获得高纯度的总 RNA。该方法适用于从冷冻时间长、细胞核不易分离及富含 RNase 的组织细胞中提取 RNA，但一次提取量有限，操作过程复杂耗时，并且需要进行密度梯度离心，所以不适合一般实验室采用。

（3）**氯化锂 – 尿素法**：用 6mol/L 尿素使蛋白质变性，抑制 RNase，再用 3mol/L 氯化锂选择性沉淀 RNA。该方法快速简便，适用于从大量材料中提取少量 RNA，但有时会有 DNA 污染，并且会丢失部分小分子量 RNA。

（4）**热酚法**：将异硫氰酸胍、巯基乙醇和 SDS 等联合使用，可以快速裂解细胞，解聚核蛋白，游离 RNA，并有效抑制 RNase。再用热酚（65℃）、氯仿等有机溶剂萃取，离心去除蛋白质和 DNA，留在水相中的 RNA 可用乙醇或异丙醇沉淀纯化。该方法操作简单，成本较低，适用于从培养细胞和动物组织中提取 RNA。

2. mRNA 提取 mRNA 根据丰度分为高丰度 mRNA 和低丰度 mRNA。高丰度 mRNA 拷贝数 1000~10000，不到 100 种，占总量 50%。低丰度 mRNA（又称稀有 mRNA）拷贝数不到 10，上万种，占总量 50%。

研究基因表达或构建 cDNA 文库都需要提取有一定纯度和完整度的 mRNA。通常先提取总 RNA，再从中分离 mRNA。

真核生物 mRNA 绝大多数都有 poly(A) 尾，因而可用 oligo(dT)- 纤维素亲和层析分离。即让总 RNA 流经 oligo(dT)- 纤维素亲和层析柱，mRNA 在高离子强度下与 oligo(dT) 结合，其他 RNA 等成分则被洗掉。然后，降低洗脱液的离子强度，可以将 mRNA 洗下，浓缩得到高纯度 mRNA。

提取 mRNA 还可应用 PolyATtract mRNA 提取系统：将生物素标记 oligo(dT) 与总 RNA 孵育形成杂交体，用亲和素磁珠富集杂交体，通过磁架吸附，可分离 mRNA。

四、核酸高通量提取

为了快速、高效、高质量地从批量样本（例如血液、动植物组织、细胞、粪便、土壤等）中提取核酸，高通量提取方法应运而生。其中磁珠吸附法应用最多。

磁珠吸附法采用的磁珠是一种具有纳米级粒径的超顺磁性纳米颗粒。这种磁珠表面可偶联各种生化基团。用于核酸提取的硅基磁珠表面包裹一层硅羟基材料。硅羟基在离液盐（chaotropic salt，如盐酸胍、异硫氰酸胍）和磁场的作用下能与溶液中的核酸通过氢键结合，而在低盐环境下被洗脱，因而可用于从生物样品中快速分离核酸。改变磁场条件，磁珠可聚可散，省略了离心等操作流程，更容易实现核酸提取的自动化。

磁珠吸附法主要包括裂解、结合、洗涤和洗脱四个步骤，首先用细胞裂解液裂解细胞，释放核酸，然后加入磁珠结合液，使磁珠和核酸特异性结合，用洗涤液去除蛋白质等杂质，最后用洗脱液从磁珠上洗脱，得到核酸。

五、核酸纯度鉴定

核酸对 260nm 紫外线有强吸收，并且在一定条件下其吸光度与浓度成正比。因此，通过 A_{260} 比色分析可以测定核酸浓度。在标准条件下，1 个 OD_{260} 单位相当于 50μg/mL 的 dsDNA、33~35μg/mL 的 ssDNA、40μg/mL 的 ssRNA 或 20μg/mL 的 ss-oligo（单链寡核苷酸）。不过，换算结果的准确度受核酸纯度、溶液 pH 和离子强度的影响，在中性 pH 值和低离子强度下测定纯度较高的核酸时比较准确。

通过测定紫外吸光度可以初步分析核酸的纯度：蛋白质对 280nm 紫外线有强吸收，而肽、盐和其他小分子物质则对 230nm 紫外线有强吸收。因此，测定核酸样品在这几种波长下的吸光度，可以分析其纯度，符合以下指标的核酸纯度较高。

1. DNA 的 $A_{260}/A_{280} \approx 1.8$　如果 DNA 的 $A_{260}/A_{280} > 1.8$，说明可能含有 RNA，或部分 DNA 发生降解；如果 $A_{260}/A_{280} < 1.8$，说明可能含有蛋白质或苯酚等。

2. RNA 的 $A_{260}/A_{280} = 1.8~2.0$　如果 RNA 的 $A_{260}/A_{280} > 2.0$，说明可能有部分 RNA 发生降解；如果 $A_{260}/A_{280} < 1.8$，说明可能含有蛋白质或苯酚等。不过，Trizol 试剂提取的 RNA，$A_{260}/A_{280} = 1.6~1.8$。

3. 核酸的 $A_{260}/A_{230} > 2.0$　如果比值太小，说明可能含有蛋白质、肽、苯酚或异硫氰酸盐等。

该纯度分析法应尽量用洗脱缓冲液溶解核酸，因为 pH 和离子的存在会影响吸光值。例如，使用去离子水溶解会使 A_{260}/A_{280} 偏低。此外，用琼脂糖凝胶电泳分析核酸样品，可以鉴定其均一性。

第二节　核酸电泳

核酸因含磷酸基而带负电荷，可以进行电泳分析。电泳技术操作简单、快速、灵敏，常用于核酸提取、DNA 分型、DNA 测序、限制性酶切图谱分析、核酸与蛋白质相互作用研究等。

核酸电泳的常用支持物是琼脂糖凝胶和聚丙烯酰胺凝胶。琼脂糖凝胶电泳条件简易，操作简单，多用于鉴定较大（50~20000bp）的核酸片段，特别是分子量测定；聚丙烯酰胺凝胶电泳的分辨率很高，用于鉴定较小（5~1000bp）的核酸片段，特别是 DNA 测序。

一、琼脂糖凝胶电泳

琼脂糖是从红色海藻产物琼脂中提取的一种多糖，由 D- 半乳糖和 3,6- 脱水 -L- 半乳糖以 β-1,4- 糖苷键和 α-1,3- 糖苷键交替连接构成。核酸琼脂糖凝胶电泳条带整齐，分辨率高，重复性好，容易染色和回收核酸，并且琼脂糖本身不吸收紫外线，不影响核酸样品分析。

1. 琼脂糖凝胶电泳应用 可用于测定核酸含量、分子量、纯度等。

（1）测定 DNA 样品的含量和分子量：电泳结束之后，用溴化乙锭染色（或制备琼脂糖凝胶时加入溴化乙锭至终浓度为 $0.5\mu g/mL$，不过会使线性双链 DNA 迁移率降低 15%），在紫外灯下可以直接观察到橙色 DNA 条带，灵敏度可达 2ng/ 条带（如果用花青素 SYBR Gold 染色，灵敏度可达 20pg/ 条带）。用凝胶成像分析系统可以观察、拍照、分析结果。条带的荧光强度与 DNA 含量成正比，迁移率与分子量或碱基对数的对数值呈线性关系，因此只要与已知分子量和含量的分子量标准（又称分子量标志，50~10000bp）平行电泳，就可以测定样品 DNA 的分子量和含量。

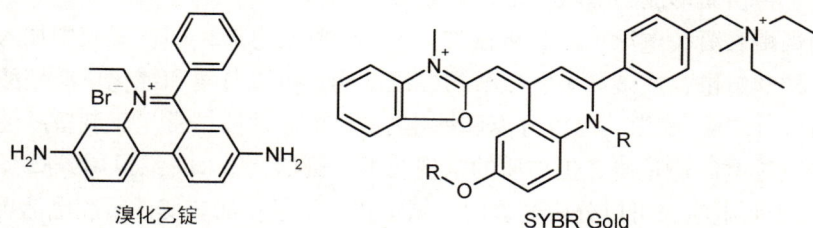

溴化乙锭　　　　　　　　SYBR Gold

（2）分析 DNA 样品的纯度：例如分析质粒样品中是否含染色体 DNA、RNA 或蛋白质等杂质。其中，蛋白质与 DNA 结合，会滞留于加样孔内形成荧光亮点；RNA 会在 DNA 条带前方形成云雾状亮带。

（3）分析 RNA 样品的纯度和完整度：可用 28S（4718nt）和 18S（约 1874nt）两种 rRNA 作为参照。经过变性凝胶电泳之后，未降解的高质量 rRNA 分出两条 rRNA 条带（有时在电泳指示剂溴酚蓝条带前隐约可见一条 5S 条带）；经过溴化乙锭染色之后，两条条带的荧光强度比值应为 28S：18S=2：1。如果 RNA 发生降解，两条条带会变模糊，或荧光强度比值下降，而 5S 条带的荧光强度则明显增加。如果电泳显示 RNA 大量降解，则说明在制备过程中存在 RNase 污染。

（4）测定 RNA 样品的分子量：RNA 为单链分子，容易形成各种二级结构，影响迁移率。为此，可用变性琼脂糖凝胶电泳进行分析。控制变性条件是分析 RNA 的关键。在具体操作时，应先在 RNA 样品中加入适量甲醛和甲酰胺，于 60~65℃加热 5~10 分钟，破坏其分子内的发夹等各种二级结构；同时，在琼脂糖凝胶中加入适量甲醛，使 RNA 在电泳过程中维持解链状态，即可分离不同长度的 RNA，测定其分子量。

2. 琼脂糖凝胶电泳影响因素 用琼脂糖凝胶电泳分析核酸应考虑以下因素。

（1）凝胶浓度：一般为 0.8%~2%。不同长度的 DNA 片段要用不同浓度的琼脂糖凝胶，长 DNA 片段要用低浓度琼脂糖凝胶。

（2）DNA 长度：DNA 片段越长，其泳动速度越慢。

（3）DNA 构型：琼脂糖凝胶电泳不仅可以分离不同长度的 DNA，还可以鉴别长度相同而构型不同的 DNA。例如，在提取质粒时，由于受各种因素的影响，得到的是三种构型的混合物：①共价闭合环状 DNA（covalently closed circular DNA，cccDNA）：质粒的两股 DNA 均成环，为共价闭合环状结构，称为 I 型。②开环 DNA（open circular DNA，ocDNA）：两股 DNA 仅一股成环，另一股开链，为开环结构，称为 II 型。③线性 DNA（linear DNA，lDNA）：两股 DNA 均开链，为线性结构，称为Ⅲ型。三种构型 DNA 琼脂糖凝胶电泳的迁移率有差别，一般为Ⅰ型（连环数之差为 1 的Ⅰ型也能彼此分离）＞Ⅲ型＞Ⅱ型。不过，受电流强度、离子强度、凝胶浓度的影响，有时也会呈现其他顺序。

二、聚丙烯酰胺凝胶电泳

聚丙烯酰胺凝胶是由丙烯酰胺（Acr）和 N,N'- 甲叉双丙烯酰胺（Bis）在 N,N,N',N'- 四甲基乙二胺（TEMED）和过硫酸铵（AP）的催化下聚合形成的。聚丙烯酰胺凝胶制备时总浓度通常控制在 4%~30%，可根据样品分子大小及电泳性质来确定。与琼脂糖凝胶电泳相比，聚丙烯酰胺凝胶电泳（PAGE）所用凝胶的浓度较高，孔径较小，可用于分离较小的 DNA 片段；聚丙烯酰胺凝胶电泳采用的浓缩胶和分离胶的浓度和 pH 值是一个不连续系统，因而存在浓缩、电泳和分子筛三种效应。聚丙烯酰胺凝胶电泳既有很高的分辨率，可以分离长度仅差一个核苷酸的核酸片段（或长度相差 10aa 的肽链），又有很高的灵敏度，可以显示 0.02（银染色法）~0.1µg（考马斯亮蓝 R-250 染色法）蛋白质形成的电泳条带，只是操作过程繁琐。

有两种聚丙烯酰胺凝胶电泳可以分析核酸：①变性凝胶电泳，即在凝胶中加入尿素、甲酰胺或甲醛，使双链核酸解链，或破坏单链核酸的二级结构，可以分离和纯化单链核酸片段，常用于 DNA 测序。②非变性凝胶电泳，可以分离和纯化小的 DNA 片段，常用于制备高纯度双链 DNA。

聚丙烯酰胺凝胶电泳还是研究蛋白质的常规技术。例如，SDS– 聚丙烯酰胺凝胶电泳（SDS-PAGE）属于变性凝胶电泳，可以分析靶蛋白、测定其分子量；而非变性凝胶电泳可以在保持活性的条件下分析鉴定蛋白质。聚丙烯酰胺凝胶电泳的蛋白质条带可以直接用考马斯亮蓝 R-250 或银染色法染色，也可以先转移到印迹膜上再对靶蛋白进行染色（第十二章，311 页），最后在凝胶成像系统上进行分析，包括含量测定和分子量测定。

三、毛细管电泳

毛细管电泳（capillary electrophoresis，CE）是以高压电场为驱动力，以毛细管为分离通道，根据样品组分迁移率差异进行分离的一类电泳技术。

毛细管电泳所用毛细管为石英材质，外涂聚二酰亚胺，内径 20~200µm，可注入缓冲液、琼脂糖、聚丙烯酰胺或甲基纤维素作为支持介质。电泳时，在外加电场的作用下向毛细管内注入微量（10~100nL）样品，两端加 10~30kV（＞500V/cm）的直流高压。样品在毛细管内的移动取决于电渗流速度（正极到负极）和电泳速度（负极到正极）的矢量和。由于电渗流速度大于电泳速度，所有粒子均移向负极。正离子最快，中性粒子次之，负离子最慢，可通过靠近负极的在线监测系统实时监测（图 11-1）。

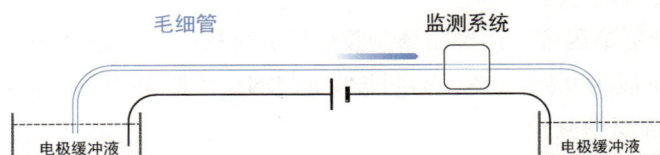

图 11-1　毛细管电泳

毛细管电泳监测系统多采用紫外检测法或激光诱导荧光检测法。激光诱导荧光检测法的灵敏度远高于紫外检测法，当然取决于所用荧光标记物的荧光效率。

毛细管电泳综合了聚丙烯酰胺凝胶电泳（PAGE）和高效液相色谱（HPLC）的优势，有快速、微量、分辨率高、重复性好、易于定量、自动化程度高等特点，在生命科学研究领域广泛用于蛋白质的肽谱构建、结构分析、活性分析和核酸的序列分析、突变检测、PCR 产物鉴定等。

第三节 DNA 测序

DNA 是遗传物质，其核苷酸序列包含遗传信息。因此，要想解读遗传信息就要进行 DNA 测序。然而，在确定 DNA 是遗传物质之后的 20 多年中，DNA 测序一直进展缓慢，因为那时受技术条件限制，即使分析一个 5nt 序列也是很耗时费力的。直至 1977 年，第一个基因组——ΦX174 噬菌体长 5386nt 的环状单链 DNA 才由 F. Sanger 等完成测序。目前已有多代 DNA 测序技术得到广泛应用。

一、第一代 DNA 测序技术

1975 年，F. Sanger 建立了 DNA 测序的链终止法。1977 年，A. Maxam 和 W. Gilbert 建立了 DNA 测序的化学降解法。这两种方法使 DNA 测序有了划时代的突破，W. Gilbert 和 F. Sanger 因此于 1980 年获得诺贝尔化学奖。

链终止法和化学降解法均用待测序 DNA 制备四组标记 DNA 片段，每组片段有以下特征：① 5' 端序列相同。② 3' 端序列不同，但 3' 末端碱基相同，因而测定每组片段的长度可以确定一种核苷酸在待测序 DNA 链中的排序。③一种核苷酸在待测序 DNA 链中有多少个，相应片段组所含的 DNA 片段就有多少种，所以在待测序 DNA 链中的这种核苷酸全都可以确定排序。因此，接下来就是测定四组 DNA 片段的长度，要求分辨率达到一个核苷酸单位，用变性聚丙烯酰胺凝胶电泳就可以做到。

（一）链终止法

链终止法（chain termination method）又称双脱氧法（dideoxy method），需要建立四个链终止反应体系，每个体系都含 DNA 聚合酶、引物（20~30nt）和 dNTP，可用待测序 DNA 作为模板，合成其互补链，然后进行电泳、显影和读序（图 11-2），读长（read length）可达 500~1000nt。

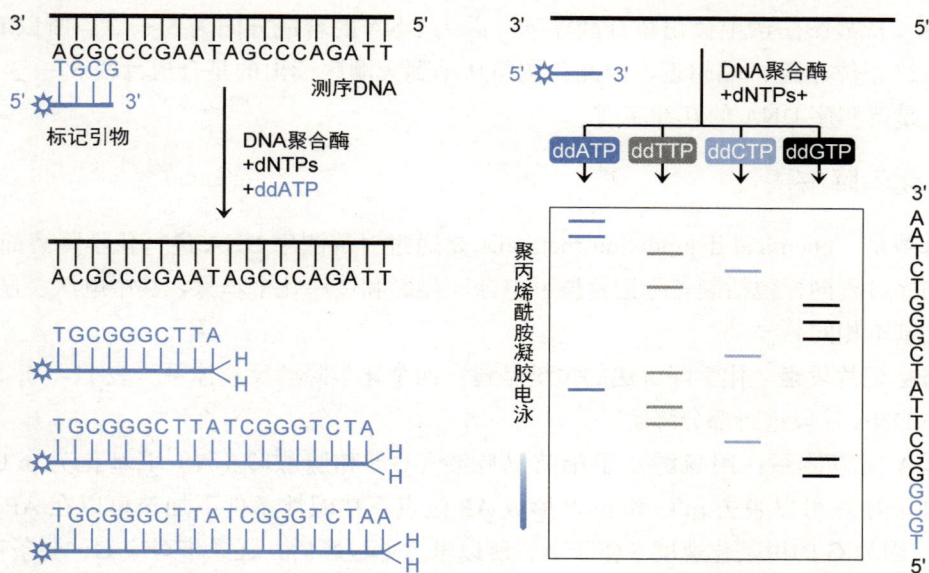

图 11-2 链终止法

1. 制备标记片段组 链终止法的关键是在每个反应体系中加入一种 2',3'- 双脱氧核苷三磷酸（ddNTP）。以 ddATP 为例，它和 dATP 一样可以与模板 TMP 配对，把 ddAMP 连接到新生链的 3' 端；但是 ddAMP 没有 3'- 羟基，所以下一个 dNMP 不能连接，DNA 链的合成终止于 ddAMP，即最后合成的 DNA 片段的 5' 端是引物序列，3' 端是 ddAMP。

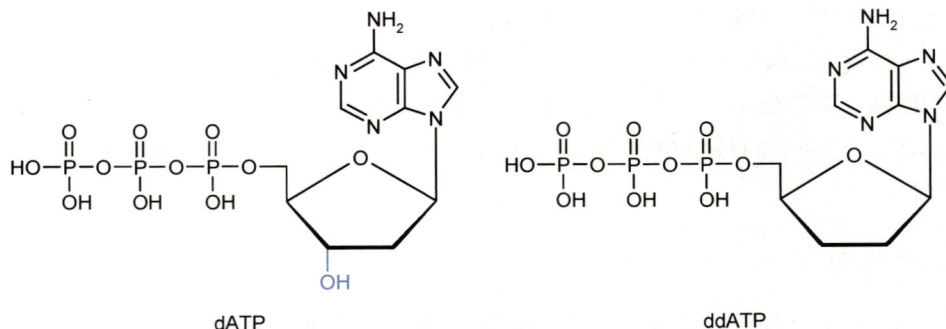

dATP   ddATP

由于 ddATP 的掺入是随机的，通过优化反应体系中 dATP 和 ddATP 的比例（通常 100:1，与模板长度、DNA 聚合酶种类有关），在 DNA 聚合酶读模板序列的任何一个 TMP 时都可能催化 ddATP 的掺入。因此，在模板序列中有多少个 TMP，该反应体系最终就会合成多少种 DNA 片段，它们的 5' 端均为引物序列，3' 端均为 ddAMP。这样，只要测定该组片段的长度就可以确定 TMP 在待测序 DNA 中的位置。

为了便于接下来的分析，链终止法合成的 DNA 片段必须进行标记，例如将引物用荧光素或放射性同位素进行标记（第十二章，303 页）。

● 链终止法通常使用经蛋白质工程改造的 T7 DNA 聚合酶（商标名称测序酶），该酶的 3' → 5' 外切酶活性中心因缺失了 28aa 而失活，因而只有 5' → 3' 聚合酶活性，且延伸能力很强。

2. 电泳 将四个反应体系合成的 DNA 片段在变性聚丙烯酰胺凝胶（又称测序胶）的四个分离通道上进行电泳，DNA 片段按照长度分离，可以形成梯状条带。

3. 显影 显影方法因标记物而异，用荧光标记的 DNA 片段可用 CCD 扫描法，用放射性同位素标记的 DNA 片段可用放射自显影法。

4. 读序 从显影图谱上读出核苷酸序列。因为 DNA 的合成方向为 5' → 3'，所以 DNA 链终止得越早，终止位点离 5' 端越近。因此，按照从小到大顺序读出的是合成片段 5' → 3' 方向的核苷酸序列，是待测序 DNA 的互补序列。

（二）化学降解法

化学降解法（chemical degradation method）是通过对待测序 DNA 进行化学降解而测序的一种方法，测序过程同样包括制备标记片段、电泳、显影和读序几个步骤，其中电泳、显影和读序与链终止法基本相同。

1. 制备标记片段组 化学降解法的关键是建立四个化学降解反应体系（表 11-1），对 5' 端标记的待测序 DNA 片段进行部分降解。

（1）G>A 反应体系：用硫酸二甲酯将鸟嘌呤（G）和腺嘌呤（A）甲基化为 m⁷G 和 m³A，在中性条件下加热可以脱去 m⁷G 和 m³A 形成 AP 位点，在碱性条件下加热可以在 AP 位点裂解 DNA 主链。因为 G 的甲基化速度 5 倍于 A，所以电泳并显影后，强条带对应 G，弱条带对应 A。

（2）A>G 反应体系：m³A 糖苷键比 m⁷G 糖苷键对酸敏感，用稀酸温和处理可以优先脱去 m³A 形成 AP 位点，然后在碱性条件下加热可以在 AP 位点裂解 DNA 主链，电泳并显影后，强条带对应 A，弱条带对应 G。

表 11-1　DNA 测序化学降解反应体系

反应体系	碱基修饰试剂	碱基修饰反应	脱碱基	主链断裂方式	断裂点
G>A	硫酸二甲酯	甲基化	中性条件加热	碱性条件加热	G 优先于 A
A>G	硫酸二甲酯	甲基化	稀酸温和处理	碱性条件加热	A 优先于 G
T+C	肼	嘧啶裂解、成脲	哌啶	哌啶	T 和 C
C	肼 +NaCl	胞嘧啶裂解、成脲	哌啶	哌啶	C

（3）T+C 反应体系：用肼使 T 和 C 开环，生成尿素核苷酸，并进一步与肼反应生成脲，然后用 0.5mol/L 哌啶脱腙并在该位点裂解 DNA 主链。

（4）C 反应体系：在 T+C 反应体系中加入 2mol/L NaCl，只有 C 发生开环、成脲、脱腙及裂解 DNA 主链反应。

上述反应体系有以下特征：①每个体系都可以脱掉特定碱基形成 AP 位点，并在 AP 位点裂解 DNA 主链。②控制反应温度和反应时间等条件，可以使每一个待测序 DNA 片段都形成一个 AP 位点并裂解。③经过化学降解后，每个体系中标记 DNA 片段的 5' 端序列均相同，3' 末端碱基可确定，片段种类也可确定。例如，如果待测序 DNA 片段序列中有五个位置为胞苷酸（dCMP），则用 C 反应体系降解后可以得到五种标记片段。

虽然四个化学降解反应体系的特异程度不同，但是并不影响分析。

2. 读序　将四个反应体系得到的 DNA 片段在变性聚丙烯酰胺凝胶的四个分离通道上进行电泳，形成梯状条带，显影后即可读序（图 11-3）。

3. 特点　化学降解法只需简单的化学试剂，对 250nt 以内的 DNA 片段测序效果最佳，并且可以测定很短（2~3nt）的序列，最后读出的就是待测序 DNA 的核苷酸序列。化学降解法的不足是用时长、有误读，并且需要消耗较多的待测序 DNA 样品，因此目前已经很少用于 DNA 测序。化学降解法可用于其他研究，例如分析和鉴定甲基化碱基、调控元件、DNA 的二级结构、DNA 与蛋白质的相互作用等。

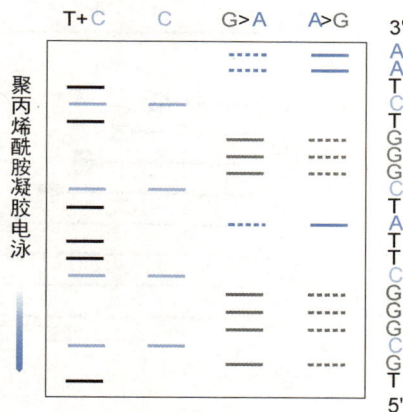

图 11-3　化学降解法

（三）毛细管电泳测序

传统的链终止法和化学降解法还存在不足，包括操作步骤繁琐、效率低、速度慢等，特别是显影读序耗时。

1987 年，L. Hood 在链终止法基础上发明了测序仪（又称序列分析仪，sequencer），实现了凝胶电泳、数据采集和序列分析的自动化。测序仪在技术上的一大发展就是用荧光素代替同位素标记 DNA。在制备标记片段时，仍然建立四个传统的反应体系，但每个体系中的引物使用不同的荧光标记，因此合成的四组 DNA 片段带有不同的荧光标记，可以混合在一起，在聚丙烯酰胺凝胶的一个分离通道上进行分析，并通过位于凝胶底部的激光诱导荧光检测器进行扫描，由计算机采集扫描信号，利用软件分析，自动读出 DNA 序列。

20世纪90年代，DNA测序自动化进一步得到发展，使**第一代测序技术**（又称自动激光荧光DNA测序）达到巅峰：①将引物荧光标记改为ddNTP荧光标记，因而只需建立一个链终止反应体系就可以合成有不同3'末端标记的四组DNA片段。②用**毛细管阵列电泳**（capillary array electrophoresis，CAE）取代传统的聚丙烯酰胺凝胶平板电泳，简化了繁琐的人工操作（图11-4）。一台测序仪能同时测定384种DNA序列，读长500~1000nt，测序精度99.999%，机器运行一次产生的数据通量（data output）达1Gb，成本0.5美元/kb。

荧光标记ddCTP

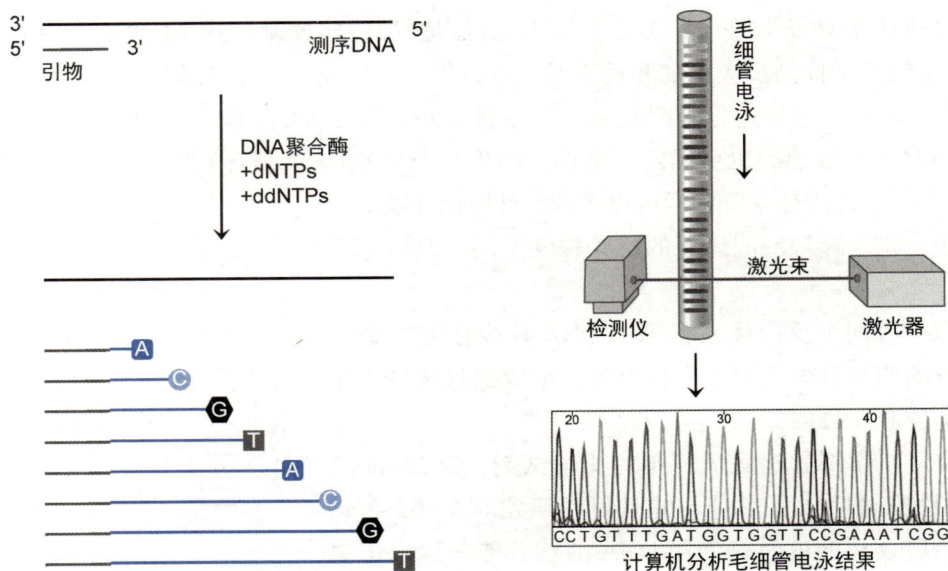

图 11-4　第一代 DNA 测序技术

二、第二代 DNA 测序技术

测序技术发展迅速，第二代、第三代测序技术（统称深度测序技术，deep sequencing）相继问世。深度测序技术又称下一代测序（next-generation sequencing）、高通量测序（high-throughput sequencing）、大规模平行测序（massively parallel sequencing），共同特点是用样量少，高度平行，分辨率高，计算能力突破，分析快速，成本低廉。

第二代测序技术又称边合成边测序（sequencing by synthesis）、循环测序（cyclic array sequencing），代表性技术主要有Roche/454测序技术、Illumina/Solexa测序技术和SOLiD测序技术，其基本流程相似：将测序样品片段化，加接通用接头构建测序文库，进行PCR扩增，将测序文库每个单一片段都扩增成为芯片上固定位点的一个克隆簇，通过循环反应并进行全芯片成像，完成测序。

第二代测序技术优势：实时测序，成本更低，能同时测定几十万~几千万条读长；**高通量**

（high-throughout）且速度快，机器运行一次产生的数据通量达几 Gb，测序仪运行一次只需 3~6 天。不足：读长和测序精度等尚未超越第一代测序技术。

（一）焦磷酸测序

焦磷酸测序（pyrosequencing）由 M. Ronaghi 等于 1998 年发明，是针对核苷酸掺入 DNA 时释放的焦磷酸建立的实时测序技术，是第二代测序技术的化学基础。

1. 焦磷酸测序原理 建立含 Klenow 片段、测序 DNA（作为模板）、测序引物、ATP 硫酸化酶（ATP sulfurylase）、腺苷 -5' - 磷酰硫酸（adenosine-5'-phosphosulfate，APS）、荧光素酶（luciferase）、荧光素、三磷酸腺苷双磷酸酶（apyrase）的测序体系，不含 dNTP。

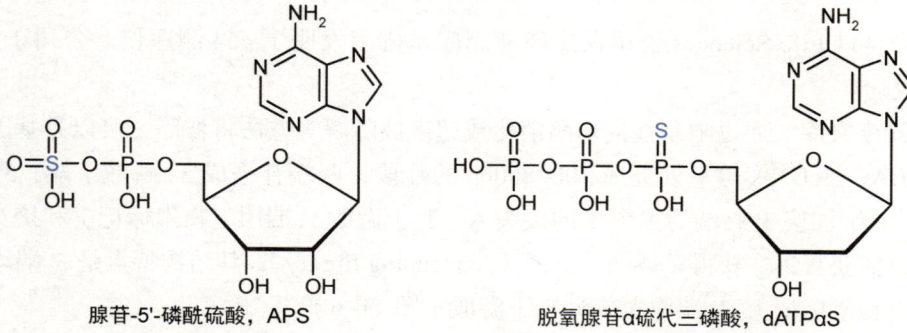

腺苷-5'-磷酰硫酸，APS   脱氧腺苷α硫代三磷酸，dATPαS

（1）加入一种 dNTP，如果与测序 DNA 序列互补，则由 Klenow 片段催化，通过以下反应连接至引物 3' 端：

$$dNMP_n + dNTP \longrightarrow dNMP_{n+1} + PP_i$$

（2）生成的 PP_i 在 ATP 硫酸化酶的催化下与腺苷 -5' - 磷酰硫酸（APS）发生以下反应：

$$PP_i + APS \longrightarrow ATP + H_2SO_4$$

（3）生成的 ATP 在荧光素酶的催化下与荧光素发生以下化学发光反应：

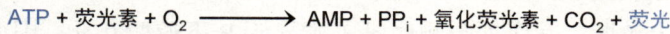

$$ATP + 荧光素 + O_2 \longrightarrow AMP + PP_i + 氧化荧光素 + CO_2 + 荧光$$

所产生荧光的峰值波长约 556nm，荧光强度与消耗的 dNTP 数成正比，且与模板同聚体（如 AAAA）序列长度成正比（线性范围可达 8nt，灵敏度可达 10^{-12}mol），可用 CCD 检测（图 11-5）。

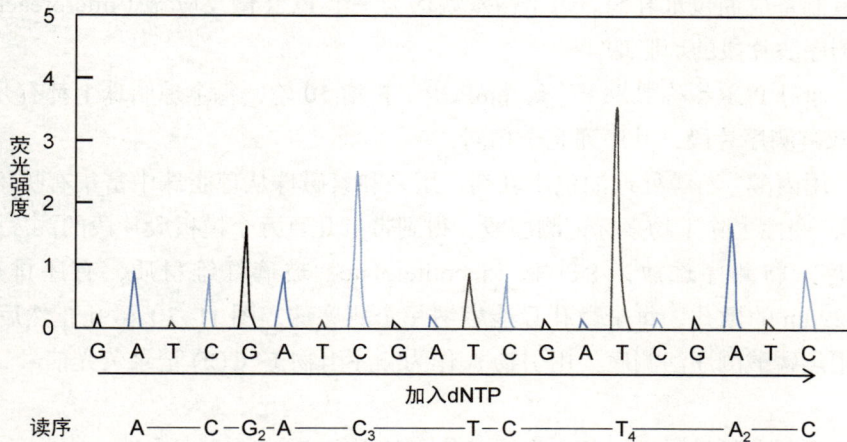

图 11-5 焦磷酸测序图谱

（4）不反应或未反应的 dNTP 和残留的 ATP 被三磷酸腺苷双磷酸酶催化降解：

$$dNTP/ATP + 2H_2O \longrightarrow dNMP/AMP + 2P_i$$

加另一种 dNTP 重复上述过程。所加 dNTP 种类和 CCD 所监测荧光强度可实时输入计算机，分析测序 DNA 序列。

值得注意的是，dATP 也是荧光素酶的底物，因此第一步反应中是用脱氧腺苷 α 硫代三磷酸（dATPαS）代替 dATP。

2. 焦磷酸测序特点　快速、准确，不需要电泳，读长 400~500nt。

（二）Roche/454 测序技术

2005 年，454 Life Sciences 公司在焦磷酸测序基础上发明了 454 测序仪，公司于 2007 年被 Roche 公司收购。

1. 构建测序文库　通过限制性内切酶消化或超声波降解等方法将样品（可以是基因组 DNA、PCR 产物、BAC、cDNA 等）处理成 300~800bp 的片段，两端补平成 5'- 磷酸平端，3' 端再加接 1 个 dAMP，分别加接 3' 黏端为 1 个 T 的接头 A（其上游股 5' 端用生物素标记）和接头 B，用亲和素磁珠进行捕获富集，获得单链测序文库（sequencing library），其结构特点是 5' 端均为接头 A 上游股（有生物素标记）、3' 端均为接头 B 下游股（图 11–6）。

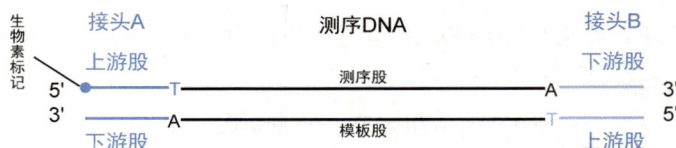

图 11–6　Roche/454 测序 DNA 结构

2. 制备测序珠　包括退火、乳化、扩增、富集环节。

（1）退火：文库测序股片段加直径 20μm 的琼脂珠孵育。每一个琼脂珠上交联有几百万个扩增引物 B，即接头 B 上游股，其序列与测序股 3' 端接头 B 下游股互补，因而可以退火。通过控制比例，可令每个琼脂珠最多捕获一个测序股片段。

（2）乳化：加入含 DNA 聚合酶、dNTP、生物素标记引物 A（即接头 A 上游股）的 PCR 反应体系，加乳液制备成油包水乳剂。每个微水滴均为一个 PCR 微反应器（microreactor），最多包含一个结合了测序股片段的琼脂珠。

（3）扩增：通过 PCR（称乳液 PCR，emPCR）扩增 50 轮，每个琼脂珠上都有几百万个扩增引物 B 扩增为双链测序片段，其序列完全相同。

（4）富集：用丙醇 - 乙醇处理油包水乳剂，用亲和素磁珠从琼脂珠中富集有扩增产物的琼脂珠（去除裸珠），变性去除生物素标记测序股，得到带有几百万个模板股片段的测序珠。

3. 循环测序　将测序珠放入 PTP 板（picotiterplate，玻璃纤维材质，有序排列了 4×10^5~ 2×10^6 个直径 29μm 的微孔，每个微孔只能容纳一个测序珠，图 11–7）微孔，然后将 PTP 板置于测序仪中，用焦磷酸测序法测序（用引物 A 作为测序引物）。CCD 记录荧光信号，获得测序股序列信息。

4. 应用　高通量分析转录组、基因组甲基化、基因突变、DNA 多态性、小分子 RNA 或非编码 RNA 等。

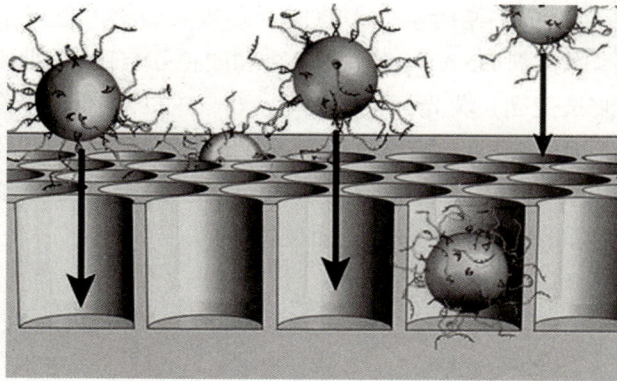

图 11-7　Roche/454 测序 PTP 板

454 测序技术因通量低而成本高，于 2013 年终止升级。

（三）Illumina/Solexa 测序技术

2006 年，Solexa 公司推出 Solexa 测序平台，次年公司被 Illumina 公司收购。2017 年，Illumina 公司推出 NovaSeq 系列测序仪，平均 1 小时可完成全基因组测序，基因组测序性价比最高。不足之处是测序读长短，最长仅为两端各 300nt。根据 2021 年的统计数据，该公司已经拥有全球 DNA 测序市场约 80% 的份额。

1. 构建测序文库　用超声波法将 DNA 样品处理成 200~500bp 的片段，两端分别加接上游接头和下游接头，构建测序文库。

2. 流通池吸附　流通池（flow cell）是一种有 8 个泳道（lane）的透明基质，每个泳道底面有大量纳米孔，如图 11-8 所示，孔底有随机分布的上游接头引物（蓝色）和下游接头引物（灰色），即每个接头的上游股，其 5' 端交联于透明基质表面。测序片段变性后注样，注样时每个纳米孔仅获得一股测序片段，图示为下游股，与蓝色上游接头引物退火后固定于纳米孔底。

3. 桥式 PCR 扩增　延伸合成上游股（淡蓝色），变性，漂洗去除下游股，上游股 3' 端与下游接头引物（灰色）退火，延伸合成下游股，此时上游股和下游股的 5' 端均交联于纳米孔底。变性，上游股和下游股的 3' 端分别与纳米孔底的两种引物退火（搭桥），重复扩增 10 轮，扩增大约 1000 倍，后续测序时荧光信号强度可被检测。

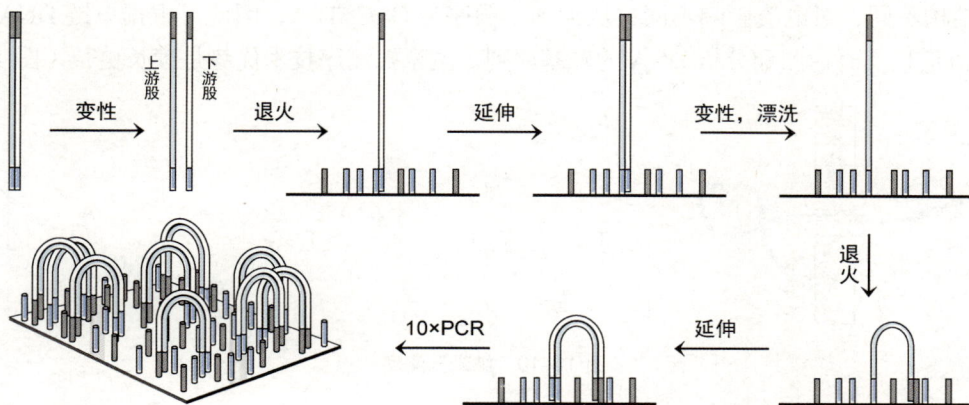

图 11-8　桥式 PCR

4. 测序和数据分析　如图 11-9 所示，①酶切下游接头引物（也可上游接头引物），变性，漂洗去除下游股。②加测序试剂 DNA 聚合酶、引物和四种 dNTP 等。四种 dNTP 有不同荧光标记，激发时可发射不同波长荧光，荧光标记可切除。dNTP 的 3'-羟基带有烯丙基保护基团，可切除，切除前不能连接新的 dNMP，因此每轮反应只能连接一个 dNMP。③合成，连接一个与测序 DNA 互补的标记 dNMP，漂洗去除其他游离试剂，荧光检测鉴定连接的 dNMP。④切除连接 dNMP 的荧光标记和 3'-羟基保护基团，漂洗。重复②~④。

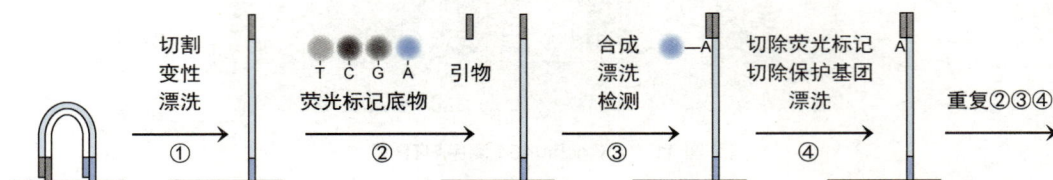

图 11-9　Illumina/Solexa 测序

● **SOLiD 测序技术**　ABI 公司（2008 年变更为 Life Technologies 公司）于 2007 年推出了基于 DNA 连接反应原理的 SOLiD（sequencing by oligo ligation detection）测序平台。SOLiD 测序是基于连接酶法，采用四色荧光标记寡核苷酸探针边连接边测序原理，应用独特的解读测序结果的技术，取代了传统的 DNA 聚合酶边合成边测序的思路。SOLiD 测序准确率更高（原始数据可达99.99%，15× 覆盖率时可达 99.999%），通量中等（30Gb），读长太短（85bp）。Life Technologies公司于 2014 年终止升级 SOLiD 测序平台（公司同年被 Thermo Fisher 公司收购）。

第二代测序技术实现了通量化和规模化，促使人类基因组研究完成了从个体基因组作图到群体基因组研究的飞跃。

三、第三代 DNA 测序技术

第三代测序技术（third-generation sequencing）又称单分子测序技术，测序过程无需进行 PCR 扩增，从而避免了 PCR 对测序精度的影响。第三代测序技术包括纳米孔测序和单分子实时测序等。

1. 纳米孔测序（nanopore sequencing）　纳米孔测序技术是一项基于电信号而非光信号的测序技术，不涉及合成、修饰等化学反应。纳米孔测序技术的核心元件是纳米孔检测器的纳米孔膜，膜上有直径约 1nm 的纳米孔，仅允许单股 DNA 穿过。穿过时纳米检测器记录跨膜电流变化，4 种碱基结构不同，对电流影响不同，从大到小顺序为 G>C>T>A，因此可根据单链 DNA 通过纳米孔的电流信息实时检测和分析 DNA 的碱基序列。纳米孔测序技术优势是读长更长（图 11-10）。

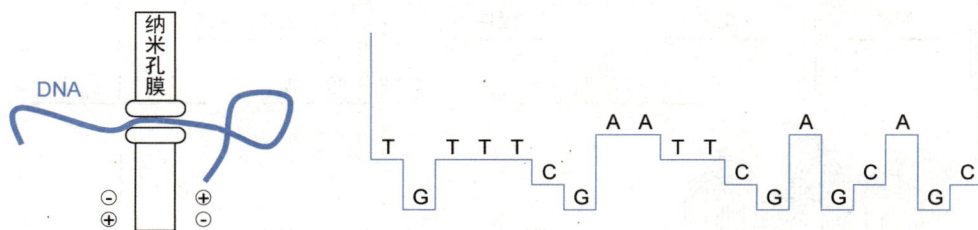

图 11-10　纳米孔测序

2. 单分子实时测序（single molecule real time sequencing，SMRT）　由 PacBio 公司推出。SMRT 测序仪的核心结构是附着于透明基质上的一层 100nm 金属膜（SMRT Cell），其上蚀刻有

15 万个直径 70nm 的称为零模波导（零级波导，zero mode waveguide，ZMW）的纳米孔，纳米孔底部透明基质面上固定有一分子 DNA 聚合酶。

（1）纳米孔：由于纳米孔直径小于激发光波长，激发光照射透明基质时不会透过纳米孔，而是在纳米孔底部形成呈指数衰减的消逝波，结果形成一个极小的荧光信号监测空间（10^{-21}L，高 20~30nm），仅可罩住一分子 DNA 聚合酶，纳米孔底部固定的 DNA 聚合酶分子就在该监测空间内，其活性中心内的荧光标记 dNTP 可以被激发，且 μmol/L 浓度 dNTP 下该监测空间内不会同时出现两个及以上 dNTP 分子（图 11–11 ①）。

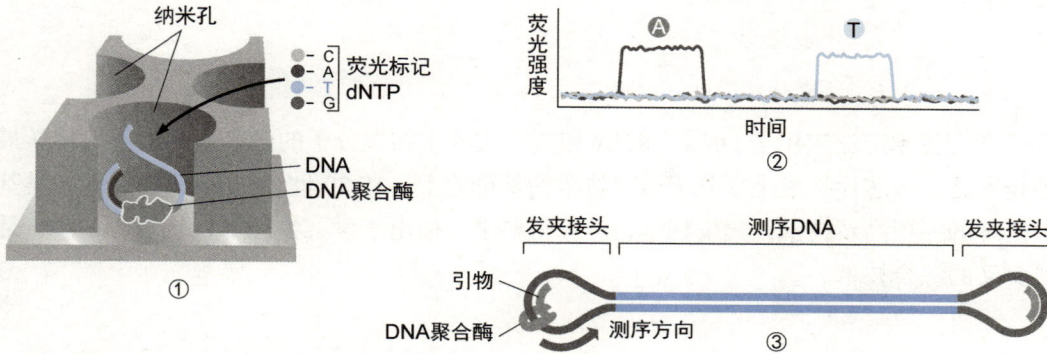

图 11–11　单分子实时测序

（2）测序 DNA：被降解为合适长度的片段，两端连接发夹寡核苷酸接头，使 DNA 片段形成单链环结构（图 11–11 ③）。

（3）荧光标记 dNTP：4 种荧光标记分别与 4 种 dNTP 的 γ- 磷酸基交联，聚合反应完毕后，荧光标记随焦磷酸释放，省却切除荧光标记环节。

测序时，测序 DNA 加单一发夹引物退火，被纳米孔底 DNA 聚合酶捕获。荧光标记 dNTP 进入活性中心与引物连接时其荧光标记被激光激发，产生荧光光曝。连接反应完成后，荧光标记随焦磷酸释放，扩散离开监测空间，光曝消失。通过实时监测每个纳米孔产生的每个光曝的波长，可以鉴定连接 dNMP 的种类，从而获得测序模板的序列信息（图 11–11 ②）。

SMRT 测序技术优势是长读长（30~40kb），不足是低通量，高成本，低精度。其中错误率高达 10%~15%，但因为测序 DNA 为单链环，可循环合成，重复测序，通过提高测序深度降低错误率。

●**测序深度**（sequencing depth）　测序得到的总碱基数与待测基因组或转录组碱基数的比值，即每个碱基被测序的平均次数，是评价测序量的指标之一。测序深度值多控制 100~1000，深度值越大测序结果越准确。

●**测序覆盖度**（sequencing coverage）　测序获得的序列占全部靶序列如基因组序列的比例。由于基因组中的高 GC、重复序列等复杂结构的存在，测序拼接组装获得的最终序列往往无法覆盖所有的区域。如一个细菌基因组测序覆盖度为 98%，则有 2% 的序列区域未能测序。

●**读长**（read length）　DNA 测序直接得到的原始序列长度。

●**重叠群**（contig）　一组 DNA 片段或 DNA 克隆，可通过末端的重叠序列拼接得到一个连续的 DNA 长片段序列。

第十二章
印迹杂交与芯片技术

分子杂交技术广泛应用于 DNA、RNA 和蛋白质等生物大分子的研究，是分子生物学最基本的实验技术之一。芯片技术是在分子杂交技术的基础之上，在 20 世纪 90 年代初伴随人类基因组计划而出现的一项高新技术，集生物学、计算机科学、微电子学、物理学、化学为一体，是一门多学科交叉的综合技术。

第一节　分子杂交原理

分子杂交技术是一类分析核酸或蛋白质等生物分子的技术，用于检测混合样品中特定核酸或蛋白质分子是否存在，甚至测定其分子量大小。核酸 [分子] 杂交技术是以核酸（DNA 或 RNA）为检测对象的分子杂交技术。

印迹杂交技术是将电泳分离的样品从凝胶转移到印迹膜上，然后与标记探针进行杂交，并对杂交体做进一步分析。

1975 年，英国爱丁堡大学的 E. Southern 发明了印迹杂交技术，他将 DNA 片段从琼脂糖凝胶中转移到硝酸纤维素膜上进行杂交分析，这一技术后来称为 Southern blot。1977 年，美国斯坦福大学的 J. Alwine 等用类似方法分析 RNA，用于研究基因表达，这一技术称为 Northern blot。1979 年，瑞士米歇尔研究所的 H. Towbin 等将蛋白质从 SDS- 聚丙烯酰胺凝胶电泳凝胶中转移到膜上进行免疫学分析，这一技术称为 Western blot。1982 年，美国宾夕法尼亚大学的 M. Reinhart 等对等电聚焦电泳（isoelectric focusing electrophoresis，IEF）凝胶中的样品蛋白进行印迹分析，以研究蛋白质的翻译后修饰，这一技术称为 Eastern blot。目前根据研究成分将上述技术直接命名为 DNA 印迹法、RNA 印迹法和蛋白质印迹法。其中，蛋白质印迹法分析蛋白质的化学基础是其免疫原性，所以又称免疫印迹法（immunoblotting）。

印迹杂交技术是分子生物学的基本技术，并随着分子生物学技术的不断发展而发展，广泛应用于克隆筛选、核酸分析、蛋白质分析和基因诊断等。

一、核酸杂交

在一定条件下（如加热）破坏碱基对氢键，可以使双链核酸局部解链，甚至完全解链，称为核酸的熔解（melting，变性，denaturation）。反之，两条单链核酸的序列如果部分互补甚至完全互补，则在一定条件下可以按照碱基配对原则自发结合，形成双链结构，称为退火（annealing）。同一来源核酸的退火称为复性（renaturation）。不同来源单链核酸的退火称为杂交

（hybridization）。

1.变性　生物体内的 DNA 几乎都是双链的，RNA 几乎都是单链的。因此，核酸变性主要是指 DNA 变性。不过，许多 RNA 分子中含局部双链结构，因此核酸变性也包括 RNA 变性。

加热或加入化学试剂（如酸、碱、乙醇、尿素和甲酰胺，但酸会催化 DNA 水解）等均能使溶液中的 DNA 变性。变性导致核酸的一系列物理性质改变，例如黏度降低，沉降速度加快。此外，单链 DNA 的紫外吸收比双链 DNA 高，所以变性导致 DNA 的紫外吸收增强，这一现象称为增色效应。

在各种变性因素中，加热更容易控制，且不改变核酸溶液组成，因此常用加热法研究 DNA变性。使双链 DNA 解链度达到 50% 所需的温度称为解链温度（变性温度，熔解温度，熔点，T_m，图 12–1）。DNA 的解链温度多数集中在 82~95℃，它与以下因素有关：DNA 的长度、组成和均一性，溶液的 pH 值和离子强度，变性剂（图 12–2）。

$$T_m=41\times(GC含量)\%+69.3　（0.15mol/L氯化钠-0.15mol/L柠檬酸钠）$$

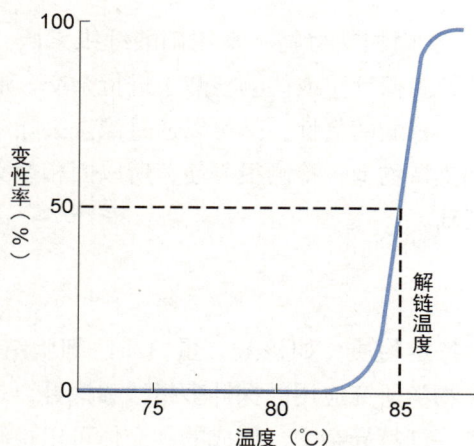

图 12–1　DNA 变性曲线

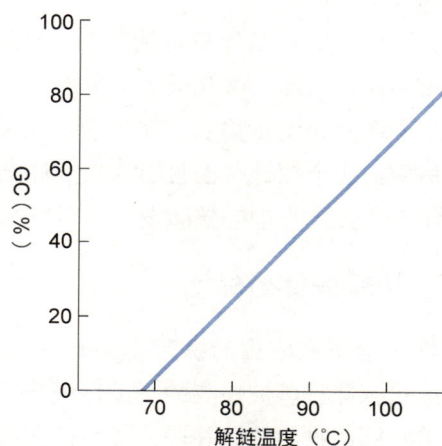

图 12–2　解链温度与 GC 含量关系曲线

此外，同样条件下，RNA-DNA、RNA-RNA 的解链温度分别比 DNA-DNA 高 10~15℃、20~25℃。

通常 DNA 在低离子强度溶液中的解链温度较低（且范围较宽）。离子强度增加时，DNA 的解链温度也升高（且范围变窄），例如将 DNA 溶解于浓度相差 10 倍的一价盐溶液中，其解链温度相差 16.6℃。因此，DNA 制剂通常以高离子强度溶液形式保存。

2.复性与杂交　缓慢降温可以使热变性 DNA 复性或杂交（退火），形成双链结构。双链的形成导致 DNA 的紫外吸收减弱，这一现象称为减色效应。因此，通过检测 DNA 紫外吸收的变化可以分析其变性、退火程度。

DNA 退火并不是简单的变性逆过程，退火效率受多种因素影响。

（1）温度：DNA 的最适退火温度通常比解链温度低 25℃左右。

（2）DNA 浓度：退火过程的第一步是两条 DNA 互补链随机碰撞形成局部双链，DNA 浓度越高互补链碰撞几率越大，退火越快，符合二级反应动力学。

（3）时间：较长的退火时间可以使退火更完全。

（4）DNA 序列复杂程度：在一定条件下，序列简单的 DNA（如重复序列）退火快，序列复杂的 DNA（如单一序列）退火慢，因而可以通过测定退火速度分析 DNA 序列的复杂程度。

（5）DNA 长度：DNA 越长，寻找互补序列的难度越大，因而退火越慢。

（6）离子强度：DNA 溶液的离子强度越高，DNA 互补链越容易碰撞，因而退火越快。

3. 核酸杂交技术　不同来源的单链核酸，只要其序列有互补性即可杂交，形成的杂交产物称为**杂交体（杂交分子）**。杂交可以发生在 DNA-DNA、DNA-RNA、RNA-RNA 之间，不论是来自生物体的还是人工合成的。杂交是核酸杂交技术的分子基础。**核酸杂交技术**是分子生物学研究常用技术之一，是用已知序列的标记核酸片段与未知序列的待测核酸样品进行杂交，以分析样品中是否存在靶序列或靶序列是否存在变异等。

根据杂交体系的不同，核酸杂交可分为液相杂交和固相杂交。

（1）**液相杂交**：是指待测核酸和探针都游离于溶液中，在一定条件下进行杂交。液相杂交速度快、效率高，操作简单；但其既会发生待测核酸的复性，又不易去除未杂交的多余探针，因而误差较大。不过，目前已经发展了新的液相杂交技术。此外，DNA 测序、PCR 中有引物或探针进行液相杂交的环节。

（2）**固相杂交**：是先将待测核酸（或探针）固定在固相支持物（常用硝酸纤维素膜、尼龙膜、乳胶颗粒、磁珠、微孔板）上，然后与溶液中的游离探针（或待测核酸）进行杂交，形成的杂交体结合在固相支持物上。固相杂交既可以避免待测核酸的复性，又可以通过漂洗去除未杂交的待测核酸或多余探针，而且因为杂交体结合在固相支持物上，检测很方便，所以固相杂交应用广泛。印迹杂交技术中的核酸杂交即以固相杂交为基础。

二、核酸探针与标记

生物化学研究应用的**探针**（probe）是用于指示特定物质（如核酸、蛋白质、细胞结构等）的性质或状态并且可被检测的一类标记分子。分子生物学研究应用的探针多指**核酸探针**，是序列已知且带有标记物的核酸片段，能与待测核酸中的靶序列特异杂交，形成的杂交体可以检测。核酸探针是否合适是决定核酸杂交分析能否成功的关键。合适的核酸探针符合以下条件：①特异性高，只与待测核酸样品中的靶序列杂交。②带有标记物，标记物稳定且灵敏度高，检测方便。③长度通常 >20nt。

（一）核酸探针种类

根据来源和性质的不同，可以把核酸探针分为基因组探针、cDNA 探针、RNA 探针和寡核苷酸探针等。

1. 基因组探针　可以直接从基因组文库中选取目的基因克隆，经过酶切制备（第十四章）；也可以通过聚合酶链反应扩增基因组中的目的基因制备（第十三章）。基因组探针包含目的基因的全部序列或部分序列，是最常用的 DNA 探针。制备基因组探针应尽量选用编码序列，避免选用非编码序列，因为非编码序列（特别是各种重复序列）特异性差，会得到假阳性结果。基因组探针有以下特点：①制备方法简便，多来自基因组文库。②标记方法成熟，可采用切口平移标记、随机引物标记等。

2. cDNA 探针　不含内含子等非编码序列，所以特异性高，是一类较为理想的核酸探针，可用于研究基因表达。不过 cDNA 探针不易制备，因此使用不广。

3. RNA 探针 常用带有噬菌体（T7 或 SP6）启动子（307 页）的重组质粒制备。RNA 探针有以下特点：①是单链探针，因而不会自身退火，杂交效率更高，杂交体更稳定。②不含高度重复序列，所以非特异性杂交也较少，特异性高。③杂交之后可用 RNase 降解游离的 RNA 探针，从而降低本底（background，非待测样品产生的信号值）。不足：容易降解。

4. 寡核苷酸探针 是根据已知核酸序列人工合成的 DNA 探针，或根据基因产物氨基酸序列推导并合成的简并探针（编码同一氨基酸序列的一组寡核苷酸的混合物）。寡核苷酸探针有以下特点：①复杂程度低，因而杂交时间短。②是单链 DNA 探针，因而不会自身退火。③多数寡核苷酸探针长度只有 17~50nt，只要其中有一个碱基错配就会影响杂交体的稳定性，因而可用于分析点突变。

（二）核酸探针标记物

合适的核酸探针标记物符合以下条件：①标记方便、稳定，标记后可长期保存。②不影响杂交特异性。③检测方便、灵敏、特异。核酸探针标记物分为放射性标记物和非放射性标记物。

1. 放射性标记物 是较常应用的一类标记物，可用液体闪烁计数法、放射自显影法或磷光成像技术来检测。优点：①与稳定同位素化学性质相同，既不影响化学反应，也不影响杂交的特异性和杂交体的稳定性。②用其作标记物有极高的灵敏度（10^{-18}~10^{-14}g）和特异性。③定量分析最准确。不足：①应用时需要采取保护措施，否则会危及操作者身体健康甚至生命安全。②废弃物易造成放射性污染，需要进行特殊处理。③用半衰期短的放射性同位素标记的探针应尽快使用。④需要昂贵的检测设备和苛刻的检测场所。⑤稳定性差，检测耗时。

可用于标记核酸探针的放射性同位素有 ^{32}P、^{35}S 和 ^{3}H 等（表 12-1）。它们均可发射 β 射线。其中 ^{32}P 因能量高、信号强而应用最多。^{32}P 主要以 [α-^{32}P]NTP 或 [α-^{32}P]dNTP 形式通过酶促反应掺入核酸探针，也可用 [γ-^{32}P]ATP 进行末端标记。

表 12-1 常用放射性同位素特性

同位素	^{32}P	^{35}S	^{3}H	同位素	^{32}P	^{35}S	^{3}H
灵敏度	最高	较低	最低	显影时间	短	较短	较长
半衰期	14.3 天	87.48 天	12.43 年	散射	严重	较轻	极少
β 射线能量	最高	较低	极低	分辨率	较低	较高	最高

2. 非放射性标记物 优点：①安全，无放射性污染，废弃物处理方便。②稳定性好，所标记的核酸探针可以长期保存。③用不同非放射性标记物标记探针，可进行多探针杂交。④检测过程快，实验周期短。不足：①灵敏度和特异性有时不理想。②探针标记之后不能立即确定标记效率。目前常用的非放射性标记物有半抗原类（生物素、地高辛、二硝基苯、雌二醇等）、荧光素类和酶类。

（1）生物素（biotin）：应用最早，通常用一段 4~16 原子的连接臂与核苷酸交联，例如生物素 -11-dUTP，可以代替 dTTP 掺入 DNA 探针。

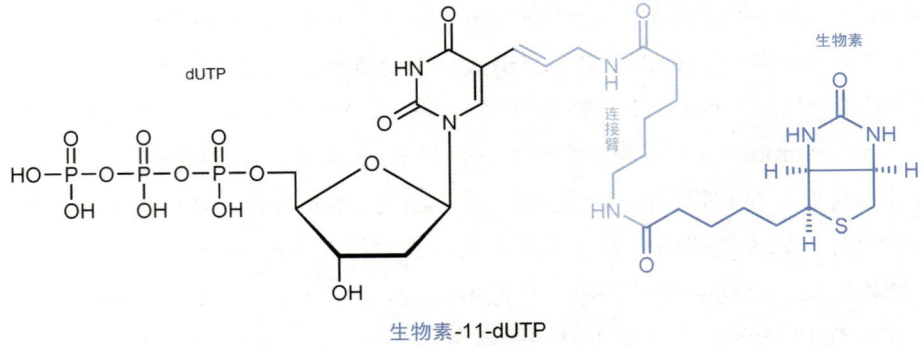

生物素-11-dUTP

生物素是亲和素与链霉亲和素的天然配体。亲和素（avidin，抗生物素蛋白）是蛋清中的一种同四聚体糖蛋白。链霉亲和素（streptavidin，链霉抗生物素蛋白）是链霉菌合成的一种同四聚体蛋白。用生物素标记核酸探针与待测核酸杂交之后，可用偶联有标记酶（指示酶，如碱性磷酸酶、辣根过氧化物酶）的亲和素与杂交体结合，然后加标记酶底物，通过显色反应或化学发光分析（图 12-3）。如果用荧光标记亲和素，则杂交体可以直接进行荧光分析。

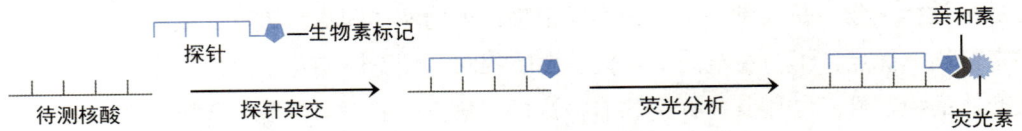

图 12-3 生物素标记核酸探针的应用

生物素普遍存在于各种生物体内，所以会对杂交分析产生内源性干扰。此外，生物素标记DNA 不能用酚法纯化，因为生物素使探针进入酚相。

（2）地高辛（digoxin）：本指地高辛精三洋地黄毒糖苷，水解可得到三分子洋地黄毒糖和一分子地高辛精（digoxigenin，又称地高辛苷元），但现在许多文献中把地高辛精称为地高辛。地高辛（精）是一种类固醇半抗原，应用比较广泛，可以用一段连接臂与核苷酸交联，例如地高辛 -11-dUTP，可以代替 dTTP 掺入 DNA 探针。

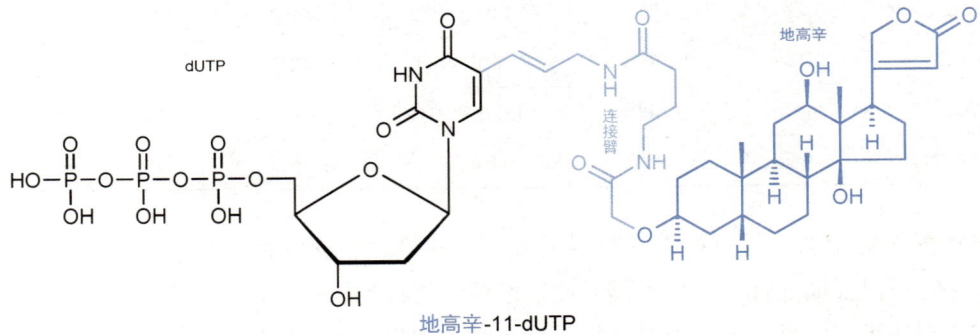

地高辛-11-dUTP

杂交体可用偶联有标记酶或荧光素的地高辛抗体分析。

地高辛标记优点：①所标记的核酸探针非常稳定，–20℃下可以保存数年。②标记效率高，每 20nt 可掺入一个，灵敏度是生物素标记的 20 倍。③地高辛只存在于洋地黄植物，所以不会产生类似于生物素的内源性干扰，杂交本底较低。不足：所标记的 DNA 探针在碱性条件下容易水解，因此只能采用加热变性。

（3）荧光素（fluorescein）：如异硫氰酸荧光素（fluorescein isothiocyanate，FITC，λ_{ex}=490nm,

λ_{em}=525nm）、罗丹明（rhodamine，例如罗丹明 123，λ_{ex}=511nm，λ_{em}=534nm）等标记核酸探针，可以进行荧光检测。荧光标记操作简单，但因无放大效应，灵敏度较低。荧光标记核酸探针适用于原位杂交分析。

（4）酶类：主要是辣根过氧化物酶和碱性磷酸酶，用戊二醛处理后可以直接与探针共价结合，制成酶标记探针。①辣根过氧化物酶（horseradish peroxidase，HRP）可用化学发光法检测：当有 H_2O_2 时，辣根过氧化物酶催化鲁米诺氧化发光，可用 X 光胶片曝光分析。②碱性磷酸酶（alkaline phosphatase，ALP）可用显色反应检测：用 5- 溴 -4- 氯 -3- 吲哚磷酸酯 - 四唑盐（BCIP-NBT）作底物，生成深紫色沉淀。反应可被 EDTA 终止。HRP 也可用显色反应检测：催化 H_2O_2 氧化 3,3'- 二氨基联苯胺显棕色。酶法操作步骤简单，可以减少污染，但为了避免酶变性失活，杂交之后的漂洗等步骤需在温和条件下进行，因而不易去除非特异性杂交。

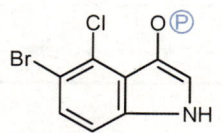

5-溴-4-氯-3-吲哚磷酸酯　　　　　　　3,3'-二氨基联苯胺

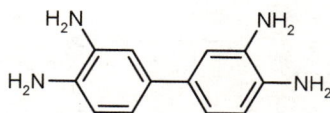

（三）核酸探针标记法

核酸探针标记法可分为直接标记（用荧光标记底物）和间接标记（用半抗原标记底物，用荧光标记抗体），也可分为体内标记和体外标记。

体内标记是将放射性标记物加入培养基，由细胞摄取后掺入新合成的核酸分子。例如用 ^{3}H-胸苷标记 DNA，用 ^{3}H- 尿苷标记 RNA。体外标记可以采用化学法和酶促法。①化学法是使标记物分子通过活性基团与核酸探针进行交联，将标记物直接结合到核酸探针上，例如用光敏生物素标记探针即属于化学法。化学法的优点是简便快捷、标记均匀。②酶促法是先用标记物标记核苷酸，再通过酶促反应将标记核苷酸掺入核酸探针，或将标记基团从核苷酸转移到核酸探针上。体外标记法最常用。前述所有标记物都可用体外标记法标记核酸探针。以下介绍体外标记的部分酶促法。

1. 切口平移标记　由 R. Kelly 等建立于 1970 年，是最早用于 DNA 探针标记的方法之一，制备的 DNA 探针适用于大多数杂交分析。标记过程：①用微量 DNase Ⅰ 在 DNA 双链上随机水解磷酸二酯键，形成切口。②用大肠杆菌 DNA 聚合酶 Ⅰ 通过切口平移降解原有 DNA 片段，以标记核苷酸为原料合成标记 DNA 片段。③变性解链，获得 DNA 探针（图 12-4）。

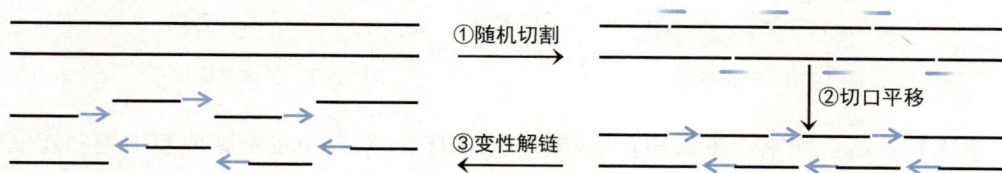

①随机切割　②切口平移　③变性解链

图 12-4　切口平移标记

2. 随机引物标记　随机引物（random primer）是一定长度（6~7nt）寡核苷酸部分或全部随机序列的集合，可作为各种 DNA 合成的引物。如果合成时应用的原料是标记 dNTP，则合成的标记产物可作为 DNA 探针，这就是 DNA 探针的随机引物标记（random priming）。随机引物标

记可以合成各种长度的 DNA 探针，适用于一般的杂交分析。与切口平移标记相比，随机引物标记效率高，且只需要 Klenow 片段一种酶，合成的标记 DNA 探针长度更均匀，在杂交分析中重复性更好，因而成为 DNA 探针标记的首选方法。标记过程：①将 DNA 探针模板变性，与随机引物退火。②加 Klenow 片段，以一种标记 dNTP（如 [α-^{32}P]dATP）和三种普通 dNTP 为原料，合成标记 DNA。③变性解链，获得 DNA 探针（图 12-5）。

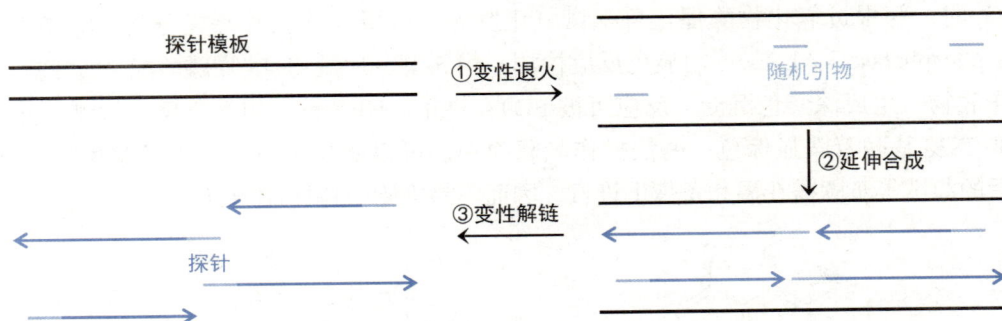

图 12-5　随机引物标记

3. **末端标记**　是对 DNA 或 RNA 探针的 5' 末端或 3' 末端进行标记，多用于寡核苷酸探针的标记，标记效率不高。5' 末端标记常用 T4 多核苷酸激酶催化，3' 末端标记常用末端转移酶、Klenow 片段和 T4 DNA 聚合酶等催化。

（1）**T4 多核苷酸激酶**：由 T4 噬菌体 *pseT* 基因编码，有 5'- 羟基激酶、3'- 磷酸酶、2',3'- 环磷酸二酯酶活性。其 5'- 羟基激酶活性能催化 ATP 的 γ- 磷酸基转移到 DNA（RNA、3'- 核苷酸亦可）的 5'- 羟基上。DNA 或 RNA 的 5' 端通常有磷酸基，因此标记时需先用碱性磷酸酶脱去 5'- 磷酸基，暴露 5'- 羟基，再用 T4 多核苷酸激酶催化 [γ-^{32}P]ATP 将其磷酸化（图 12-6）。

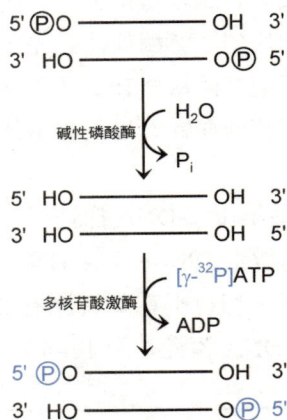

图 12-6　5' 末端标记

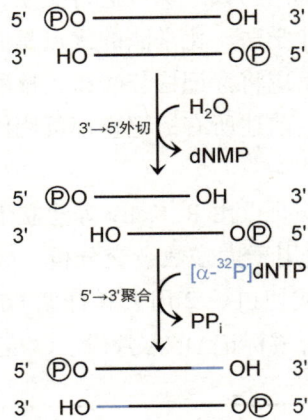

图 12-7　3' 末端标记

（2）**末端转移酶**：即末端脱氧核苷酸转移酶（TdT），来自小牛胸腺或髓细胞，能催化脱氧核苷酸连接到单链 DNA 的 3' 端或双链 DNA 的 3' 黏性末端（第十四章，331 页），反应不需要模板，但需要 Mg^{2+}。如果用标记 3'-dNTP 或 2',3'-ddNTP 为原料，例如 3'-[α-^{32}P]dNTP 或 2',3'-[α-^{32}P]ddNTP，可以在 3' 端加接一个标记核苷酸。

如果只用一种 dNTP（常用 2'-dATP）作为原料，末端转移酶可以催化合成由单一核苷酸组成的 3' 寡核苷酸尾，称为**同聚物尾**，这一过程称为**同聚物加尾**（第十四章，343 页）。

（3）**T4 DNA 聚合酶**和 **Klenow 片段**：T4 DNA 聚合酶由 T4 噬菌体 *43* 基因编码，和 Klenow 片段一样有 5'→3' 聚合酶活性和 3'→5' 外切酶活性，都可用于 DNA 探针末端标记。① 3' 黏性末端和平端 DNA：可利用 T4 DNA 聚合酶的 3'→5' 外切酶活性，先从探针 3' 端降解（长度可缩短一半），形成 5' 黏性末端（第十四章，331 页），然后再加入标记 dNTP，如 3'-[α-^{32}P]dNTP，利用 T4 DNA 聚合酶的 5'→3' 聚合酶活性将 5' 黏性末端补成平端，从而实现末端标记，这种末端标记称为**取代合成标记**（replacement synthesis，图 12-7）。T4 DNA 聚合酶的 3'→5' 外切酶活性比 Klenow 片段高 200 倍，因此是取代合成标记的首选酶。② 5' 黏性末端 DNA：可直接加入标记 dNTP，利用 T4 DNA 聚合酶或 Klenow 片段的 5'→3' 聚合酶活性催化标记。

4. 转录标记　用带有 T3、T7 或 SP6 启动子的质粒载体（如 pSP、pGEM）制备重组质粒，用 T3、T7 或 SP6 噬菌体 RNA 聚合酶体外转录可制备 RNA 探针（NTP 中含标记 NTP，如标记 GTP）。注意：转录前需先将环状重组质粒线性化。

5. 聚合酶链反应标记　聚合酶链反应（PCR）可以快速扩增 DNA。如果在 PCR 反应体系中加入引物对（20~30nt）、一种标记 dNTP（如 [α-^{32}P]dCTP）和三种普通 dNTP，用 Taq DNA 聚合酶（第十三章，320 页）扩增，扩增产物即为标记 DNA，可以作为 DNA 探针。**聚合酶链反应标记**适用于制备短链 DNA 探针。

三、固相支持物与印迹

印迹杂交技术包括三个基本环节：电泳分离、样品转移和杂交分析。为了保证杂交的灵敏度和重复性，选用合适的固相支持物和印迹方法至关重要。

（一）固相支持物

固相支持物应符合以下基本条件：①结合量大，核酸结合量应不少于 10μg/cm²。②结合稳定，可耐受杂交温度及漂洗。③核酸样品结合后不影响探针杂交及其特异性。④非特异性吸附可以排除。⑤柔韧性等机械性能良好，便于操作。

印迹杂交技术目前使用的固相支持物有硝酸纤维素膜、尼龙膜、聚偏氟乙烯膜和活化滤纸等**印迹膜**，可根据实际需要选用，其中硝酸纤维素膜、尼龙膜和聚偏氟乙烯膜最常用。

1. 硝酸纤维素膜　最早用于 DNA 印迹，其优点是结合量大（80~150μg/cm²）、本底较低、操作简单。硝酸纤维素膜广泛应用于 DNA 印迹、RNA 印迹、蛋白质印迹和菌落杂交、噬菌斑杂交、斑点杂交等。

2. 尼龙膜　韧性较强，不易破裂，结合量更大（350~500μg/cm²）。在各种 pH 和离子强度下经紫外线照射后，尼龙膜与核酸的一部分嘧啶碱基以共价键牢固结合，即使与小 DNA 片段（10nt）的结合也很牢固。在保持完整的情况下，尼龙膜可以进行多轮杂交。用于印迹杂交的尼龙膜有中性尼龙膜（如 Hybond-N）和正电荷修饰尼龙膜（如 Hybond-N⁺），其中正电荷修饰尼龙膜在碱性条件下印迹后不需要固定即与核酸共价结合，且结合更牢固。

3. 聚偏氟乙烯膜　常用于蛋白质印迹，有较高的机械强度，耐受剧烈的实验条件，样品结合强度比硝酸纤维素膜强 6 倍，结合量是 170~200μg/cm²，结合后可用氨基黑、印度墨汁、丽春红或考马斯亮蓝等进行染色，可以进行多轮杂交。

（二）印迹方法

印迹（blotting）是指将核酸和蛋白质等样品用类似于吸墨迹的方法从凝胶等电泳或色谱介

质中转移到合适的印迹膜上，样品在印迹膜上的相对位置与在凝胶中时一样。目前常用的印迹方法有电转移（electrotransfer）和毛细管转移（capillary transfer）。

1. **电转移** 是通过电泳使凝胶中的带电荷样品沿着与凝胶面垂直的方向泳动，按原位从凝胶中转移到印迹膜上，是一种简便、高效的转移方法（图 12-8）。

2. **毛细管转移** 是通过虹吸作用使缓冲液定向渗透，带动样品按原位从凝胶中转移到印迹膜上。转移效率主要取决于样品分子大小、凝胶浓度和凝胶厚度（图 12-9）。

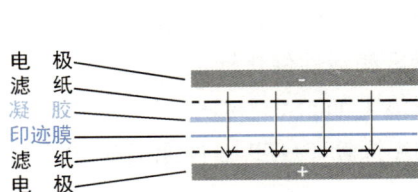

图 12-8 电转移

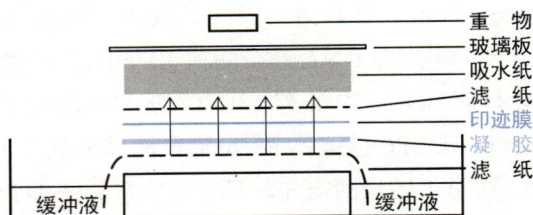

图 12-9 毛细管转移

第二节 常用杂交技术

常用核酸杂交技术多为固相杂交，例如印迹杂交、原位杂交、菌落杂交、等位基因特异性寡核苷酸杂交等。

一、DNA 印迹法

DNA 印迹法分析的样品是 DNA（50~20000bp），基本内容如下（图 12-10）。

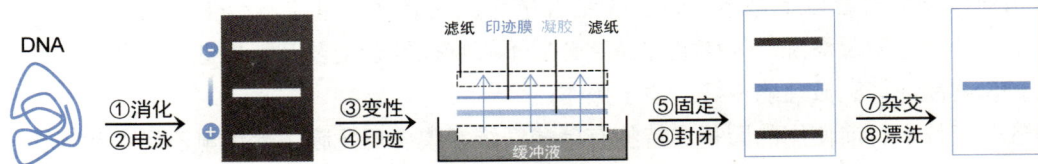

图 12-10 DNA 印迹法

1. **样品制备** 制备有一定纯度和完整度的样品 DNA，约需 10μg，可来自 1mL 血液或 10mg 绒毛膜组织，用限制性内切酶消化，获得长度不等的限制性片段。

2. **电泳分离** 用琼脂糖凝胶电泳将限制性片段按长度分离。

3. **变性** 用碱液处理电泳凝胶，使限制性片段原位变性解链（同时还可降解 RNA 杂质）。变性条件：1.5mol/L NaCl-0.5mol/L NaOH 变性 1 小时，1.5mol/L NaCl-1mol/L Tris-HCl（pH 8.0）中和 1 小时。如果 DNA 片段太长（>15kb），可先用稀盐酸处理，使其部分脱嘌呤，然后用强碱处理，使其降解为较短片段。

4. **印迹和固定** 选择合适的印迹法，将变性的限制性片段从凝胶中转移到经过预处理的印迹膜上，然后 80℃烘烤两小时，可将 DNA 固定于印迹膜上。此外还可采用紫外线照射（紫外交联），使 DNA（通过嘧啶碱基）与尼龙膜共价结合。

5. **预杂交、杂交和漂洗** 在杂交之前用**封闭试剂**（blocking agent，主要是非特异性核酸或蛋白质，如变性的鲑精 DNA 或牛血清白蛋白）封闭印迹膜上那些未结合 DNA 的位点，以避免 DNA 探针的非特异性吸附，称为**预杂交**（prehybridization）。之后漂洗去除未结合的封闭试剂。

用 DNA 探针杂交液浸泡结合了待测 DNA 的印迹膜，孵育，DNA 探针即与待测 DNA 片段进行杂交，形成探针 - 靶序列杂交体。

用不同离子强度的漂洗液依次漂洗印迹膜，去除未杂交 DNA 探针和形成非特异性杂交体的 DNA 探针。非特异性杂交体稳定性差，解链温度低，可以在比探针 - 靶序列杂交体解链温度低 5~12℃的条件下解链，而探针 - 靶序列杂交体在同样条件下不会解链。

6. 检测分析　用放射自显影或显色反应等方法分析印迹膜上的杂交体，进而分析样品 DNA 的有关信息。例如，将印迹膜上杂交体的位置与凝胶电泳图谱进行对比，可以确定样品 DNA 片段的长度；如果基因出现缺失或扩增，相应条带的位置可能会改变；如果基因中存在其他突变，可能会有正常条带消失或异常条带出现。

DNA 印迹法是最经典的基因研究方法，可用于分析 DNA 长度、DNA 克隆、DNA 多态性、限制性酶切图谱、基因拷贝数、基因突变和基因扩增等，从而应用于基础研究和基因诊断。

二、RNA 印迹法

RNA 印迹法与 DNA 印迹法基本一致，所不同的是，①分析的样品是 RNA，长度相对较短，不需酶切。②为了使 RNA 呈单链状态进行电泳，以使 RNA 按长度分离，需先用变性剂（如 50% 甲酰胺 -2.2mol/L 甲醛）处理，使 RNA 完全变性，再用琼脂糖凝胶电泳分离。③ RNA 可用甲酰胺、甲醛、乙二醛、二甲基亚砜、氢氧化甲基汞等变性，但不能用碱变性，因为碱会导致 RNA 降解。④电泳凝胶中不能加溴化乙锭，因为它影响 RNA 与硝酸纤维素膜的结合。⑤严格操作以防止 RNase 污染。由于 RNase 无处不在，会降解 RNA，因而 RNA 从制备到分析都要防止 RNase 污染，特别是需要抑制内源性 RNase。

RNA 印迹法可用于定性或定量分析组织细胞中的总 RNA 或某一特定 RNA，特别是测定 mRNA 的长度和含量，从而研究基因结构（插入缺失等突变信息）和基因表达（在定量分析方面虽然 RNA 印迹法灵敏度低于定量 PCR，但特异性高，所以仍被视为检测基因表达水平的金标准，甚至用于验证基因表达芯片的分析结果），从而用于基础研究和基因诊断。

三、斑点杂交法和狭缝杂交法

斑点杂交法（dot blot，斑点印迹法）和狭缝杂交法（slot blot，狭线印迹法）是指样品不用电泳和转移，变性后直接点在印迹膜上，经过固定、预杂交后与过量的探针进行杂交分析。斑点杂交法点样印迹为圆斑，狭缝杂交法点样印迹为短线。

斑点杂交法和狭缝杂交法分析的样品可以是 DNA、RNA 或蛋白质，可以进行定性和半定量分析，如用于检测 DNA 的相似性、靶序列的拷贝数和基因表达水平。优点：用样量少，操作简单，提取的核酸不用进行电泳和转移，在同一张印迹膜上可以批量点样分析，便于较大规模的检测和筛选。不足：不能测定核酸长度，有一定的假阳性。

四、菌落杂交法和噬菌斑杂交法

1975 年，M. Grunstein 和 D. Hogness 在 DNA 印迹法的基础上发明了菌落杂交法（colony hybridization，又称菌落印迹法）。1977 年，W. Benton 和 R. Davis 发明了噬菌斑杂交法（plaque hybridization）。

菌落杂交法的基本内容：①用印迹膜拓印培养菌落，并做相应标记。②用 NaOH 处理拓膜菌落，原位裂解并使 DNA 变性，80℃烘烤或紫外线照射固定。③进行封闭试剂预杂交、探针杂交和分析（图 12-11）。噬菌斑杂交法基本内容与菌落杂交法一致，但因为噬菌斑密集（在培养皿中可达 1500 多个），通常要重复进行，每次在对应点附近挑取克隆。

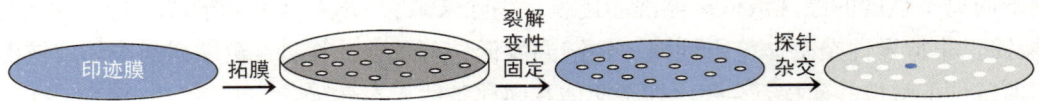

图 12-11 菌落杂交法

菌落杂交法和噬菌斑杂交法的特点是省却核酸提取步骤，在基因工程技术中适用于筛选含靶序列的阳性菌落和噬菌斑，在临床上适用于检验病原体标本。

五、原位杂交

原位杂交（*in situ* hybridization，ISH）是指把细菌、细胞涂片或组织切片（冰冻切片、石蜡切片）进行适当处理（0.2mol/L HCl 处理，蛋白酶 K 消化，乙醇脱水），增加其细胞膜通透性，然后置于核酸探针杂交液中，使探针进入细胞内，与目的 DNA（或 RNA）杂交。

原位杂交不需提取核酸，可保持组织、细胞甚至染色体的形态，多用于分析目的 DNA（或 RNA）的染色体、细胞器、细胞、组织甚至整体定位，这一点具有重要的生物学和病理学意义。此外，原位杂交还可用于分析病原体定位和存在形式。因此，原位杂交在发育生物学、细胞生物学、遗传学、病理学和诊断学研究中得到广泛应用。

核酸原位杂交包括染色体原位杂交和 RNA 原位杂交。其中 RNA 原位杂交是指以 cDNA 或寡核苷酸为探针检测与其互补的 mRNA 在组织细胞中的分布，常用于分析基因表达的组织特异性。

荧光原位杂交（fluorescence *in situ* hybridization，FISH）是用荧光标记核酸探针进行的原位杂交，因有以下特点而广泛应用：①荧光标记灵敏、稳定、安全、直观，不需要特别的防护措施。②建立多色荧光原位杂交（multicolor fluorescence in situ hybridization，mFISH）可以同时分析多种靶序列，分辨率可达 100~200bp。

六、等位基因特异性寡核苷酸杂交法

等位基因特异性寡核苷酸杂交法（allele-specific oligonucleotide hybridization，ASOH）是最早用于检测已知点突变的方法，也是目前广泛采用的基因诊断方法，由 R. Wallace 于 1979 年建立。

1. 等位基因特异性寡核苷酸杂交法原理 该方法的关键是制备一对等位基因特异性寡核苷酸探针（Allele-specific oligonucleotide probe，ASO 探针），长度为 15~20nt。两段探针序列只有一个碱基不同，该碱基对应突变位点，因而一种探针与野生型等位基因序列完全互补，为野生型探针；另一种探针与突变等位基因序列完全互补，为突变探针。

ASOH 要求所设计的探针覆盖点突变的两翼。对于 <20nt 的寡核苷酸而言，仅 1nt 的错配就会使 T_m 降低 5~10℃。因此，通过严格控制杂交条件，可使探针只与完全互补序列杂交，所以可鉴别一个碱基的不同，从而鉴定个体的基因型。

在各种遗传病中，许多致病基因的结构异常是点突变，因此可用 ASOH 诊断。例如，苯丙酮尿症（phenylketonuria，PKU）是一种常染色体隐性遗传病，遗传基础是苯丙氨酸羟化酶基因（*PAH*）发生点突变，不表达苯丙氨酸羟化酶、表达的苯丙氨酸羟化酶无活性或很快降解。人体

每日摄入的苯丙氨酸通常有 1/4 用于合成蛋白质，3/4 被苯丙氨酸羟化酶催化羟化为酪氨酸。苯丙氨酸羟化酶缺乏引起苯丙氨酸代谢障碍，积累于血液，浓度持续高于 1200μmol/L。新生儿血液苯丙氨酸正常浓度低于 100μmol/L，因此患儿如不及时治疗，血液苯丙氨酸长期过高，会导致智力低下，出现先天性痴呆，1/2 会在 20 岁前死亡，3/4 会在 30 岁前死亡。要检测苯丙酮尿症基因点突变，可根据某个突变位点（如 Arg243Gln）设计野生型探针和突变探针：

野生型探针：TTC CGC CTC CGA CCT GT
突变探针：　TTC CGC CTC CAA CCT GT

用两种探针分别与待检个体 DNA 杂交，野生型纯合子只与野生型探针杂交，杂合子与野生型探针和突变探针都杂交，突变纯合子只与突变探针杂交，因此根据杂交结果可以判断待检个体的基因型，如图 12-12 所示的杂交结果：① a/b/d/g 与野生型探针、突变探针都形成杂交点，为突变携带者，基因型是杂合子。② e/h 只与野生型探针形成杂交点，为正常个体，基因型是野生型纯合子。③ c/f 只与突变探针形成杂交点，为苯丙酮尿症患者，基因型是突变纯合子。

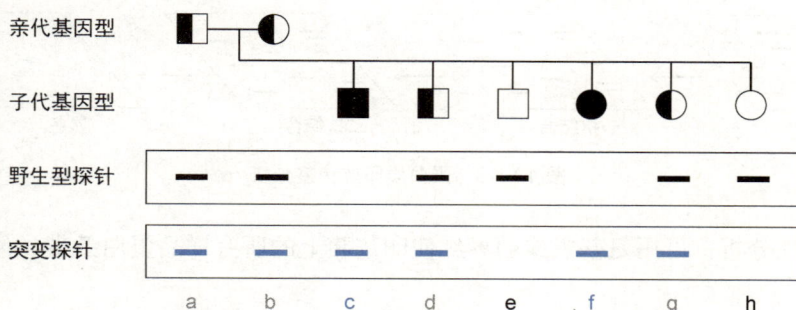

图 12-12　ASOH 检测苯丙酮尿症

2. **反向点杂交**　是 ASOH 的改进技术，是将多组 ASO 分别固定到尼龙膜或硝酸纤维素膜上，再用经 PCR 扩增的标记待测 DNA 与之杂交，鉴定其基因型。这种将待测 DNA 固定改为 ASO 固定的反向点杂交（RDB）方式，一次杂交即可鉴定待测 DNA 多种可能的突变，可用于遗传病基因诊断、病原体分型、癌基因点突变检测等，已用于各种点突变型地中海贫血的筛查及基因型分析。

七、蛋白质印迹法

蛋白质印迹法是以抗原抗体反应特异性为基础建立的印迹技术，可用于定性和半定量分析样品蛋白，它结合了聚丙烯酰胺凝胶电泳分辨率高和固相免疫分析特异性高、灵敏度高（0.1~5ng）等优点，广泛应用于生物学研究和医学研究。

（一）基本内容

蛋白质印迹法与 DNA 印迹法、RNA 印迹法类似，也包括电泳分离、样品转移和检测分析等主要步骤，但使用的探针不同，是能与目的蛋白特异性结合的抗体。

1. **样品制备**　样品蛋白制备过程主要包括组织匀浆或细胞裂解，沉淀并粗提样品蛋白。对于培养的哺乳动物细胞，用细胞裂解液裂解之后离心去除细胞碎片，上清液即可备用。此外，必要时上述制备工艺需加蛋白酶抑制剂。

2. **电泳分离**　取含 10~50μg 样品蛋白的样品，加含 SDS 的样品缓冲液加热处理，进行 SDS-

聚丙烯酰胺凝胶电泳，使样品蛋白按照分子大小在凝胶上形成梯状条带。也可采用其他电泳，例如等电聚焦电泳（第十六章，390页）。

3. 印迹　用电转移法将样品蛋白条带转移到硝酸纤维素膜或聚偏氟乙烯膜上。

4. 预杂交　用非特异性蛋白质例如白蛋白、脱脂奶粉（其所含蛋白成分主要是白蛋白）浸泡印迹膜，以封闭未结合样品的位点，避免杂交时发生抗体非特异性吸附，从而降低本底。

5. 检测分析　可采用特异性分析和非特异性分析。

（1）特异性分析：通常应用抗原抗体反应检测印迹膜上的目的蛋白。①用目的蛋白（或表位标签）抗体（第一抗体，一抗）溶液浸泡印迹膜，一抗与目的蛋白反应。②漂洗去除未反应的一抗，再用抗一抗的抗体（第二抗体，二抗，抗抗体）溶液浸泡，二抗与一抗反应。二抗常用过氧化物酶或碱性磷酸酶等标记酶标记，称为酶标抗体，也可用生物素或荧光素标记。③漂洗去除未反应的酶标抗体，则印迹膜上只有目的蛋白条带结合有标记酶。加标记酶底物进行显色反应，使目的蛋白条带显色，可以确定其在印迹膜上的位置，进而测定其分子量（图12-13）。

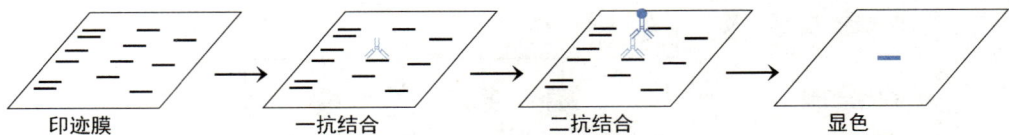

印迹膜　　　　　一抗结合　　　　　二抗结合　　　　　显色

图12-13　蛋白质印迹免疫分析

（2）非特异性分析：可用氨基黑或丽春红使印迹膜上的所有样品蛋白条带显色，然后用凝胶扫描仪扫描定量。

（二）技术发展

DNA-蛋白质印迹法（Southwestern blot）　是将样品蛋白电泳、转移，用DNA探针进行杂交分析，可用于研究DNA-蛋白质相互作用。

RNA-蛋白质印迹法（Northwestern blot）　是将样品蛋白电泳、转移，用RNA探针进行杂交分析，可用于研究RNA-蛋白质相互作用。

Far-Western blot　是将样品蛋白电泳、转移，用非抗体类探针蛋白进行杂交分析，可用于研究蛋白质相互作用。

（三）应用

蛋白质印迹法可分析抗原的相对丰度、抗原与其他已知抗原的关系、蛋白质翻译后修饰、蛋白质相互作用。

（四）特点

蛋白质印迹法高效、简便、灵敏：最低可以检出5pg目的蛋白。

印迹技术发明至今虽然不过几十年，但应用非常广泛，在基因、基因组、基因工程、基因诊断和一些生物制品的研究中有独特优势。不难想象，随着印迹技术不断发展及与其他技术的广泛结合，其将在生命科学各领域中发挥更大作用。

第三节　生物芯片概述

广义的生物芯片是指采用生物技术制备或应用于生物技术的一切微型分析系统，包括新一代测序芯片、用于研制生物计算机的生物芯片、将健康细胞与集成电路相结合的仿生芯片、芯片实验室，还包括可利用生物分子相互作用的特异性处理生物信号的基因芯片、蛋白芯片、细胞芯片和组织芯片等。狭义的生物芯片（biochip）又称生物微阵列（biomicroarray），是以生物分子相互作用特异性为基础，将一组已知核酸片段、多肽、蛋白质、组织或细胞等生物样品有序固定在惰性载体（硅片、玻片、滤膜等，统称基片、固相载体）表面，组成高密度二维阵列的微型生化反应分析系统。生物芯片制备时常用硅片作为基片，并且在制备过程模拟计算机芯片制备，故得名。

生物芯片的特点是高通量、集成化、标准化、微量化、微型化、并行化、自动化。由于芯片上可以固定几十到上百万个探针点（dot），因此可以批量分析生物样品，快速准确地获取样品信息。生物芯片用途广泛，可用于分析基因、抗原或活细胞、组织等，已成为生物学和医学等各研究领域最有应用前景的一项生物技术。

生物芯片的种类很多，可根据作用途径分为功能芯片和信息芯片。功能芯片又称主动式芯片，这类芯片将样品制备、生化反应及检测分析等多个实验步骤集成化，通过一步反应主动完成，例如微流控芯片（microfluidic chip）和芯片实验室（lab-on-a-chip）。信息芯片又称被动式芯片，这类芯片将多个生化实验集成化，但操作步骤不变，例如基因芯片、蛋白芯片、组织芯片、细胞芯片等。目前信息芯片技术比较成熟，应用比较广泛。

常用生物芯片可分为基因芯片、蛋白芯片、组织芯片、液相芯片以及缩微芯片实验室等。

一、基因芯片

基因芯片（gene chip，DNA 芯片，DNA chip，DNA 微阵列，DNA microarray，寡核苷酸微阵列，oligonucleotide array）是高密度、有序固定有寡核苷酸或 cDNA 探针阵列的生物芯片，可用于分析基因组图谱、基因表达谱等。和 DNA 印迹法、RNA 印迹法一样，基因芯片技术的基本原理是基于核酸杂交，是集成化的反向点杂交，即探针固相化、集成化并且不被标记，而待测样品制成杂交液且被标记。

1. 分类　基因芯片根据用途可分为基因表达谱芯片（主要用于基因功能研究和系统生物学研究）、测序芯片、检测芯片（如检疫芯片、病原体检测芯片）、诊断芯片（如肝癌、糖尿病芯片）、芯片实验室等，根据探针性质可分为寡核苷酸芯片、cDNA 芯片和基因组芯片。

2. 基本操作　基因芯片技术本质上是高通量的反向点杂交技术。其基本操作包括样品制备、分子杂交和检测分析等步骤。

（1）样品制备：即从组织细胞中提取 RNA 或基因组 DNA 样品，对样品进行扩增、标记和纯化。所用标记物是荧光素或生物素等，其中以荧光素最为常用。扩增和标记可采用逆转录反应联合聚合酶链反应（逆转录 PCR，第十三章，325 页）。

在基因芯片技术中，一般将对照样品用花青素 Cy3（cyanine 3，检测分析呈绿色，$\lambda_{ex}=$550~554nm，$\lambda_{em}=$568~570nm），待测样品用 Cy5（cyanine 5，检测分析呈红色，$\lambda_{ex}=$649nm，$\lambda_{em}=$666~670nm）进行标记，这样与芯片杂交之后可以清楚地分析两种样品基因表达谱的异同。

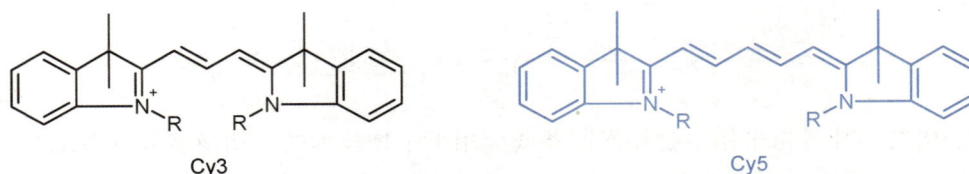

Cy3　　　　　　　　　　　　　　　　　　　Cy5

（2）分子杂交：将已标记的样品等量混合，在一定条件下使 DNA 样品与芯片探针点进行**共杂交**（co-hybridized），然后漂洗去除未杂交的 DNA 样品。

基因芯片杂交的一个特点是探针点探针的含量远高于可以杂交的靶序列的含量，所以杂交信号的强弱与靶序列的含量成正比，称为**饱和杂交**（saturation hybridization）。

（3）检测分析：基因芯片技术的最后一步是对芯片进行扫描分析。此时，芯片上分布有靶序列 - 探针杂交体。用芯片扫描仪对芯片进行 Cy3、Cy5 扫描分析，根据芯片上每个探针点的探针序列即可确定待测 cDNA 的靶序列，从而获得样品基因表达谱信息。通常 Cy3/Cy5=0.5~2.0 视为靶基因在两种组织细胞中的表达没有显著差异，Cy3/Cy5<0.5 或 >2.0 视为表达有显著差异，称为**基因差异表达**（图 12-14）。

扫描结果的处理与存储由专业软件完成。芯片配套软件通常包括芯片扫描仪控制软件、芯片图像处理软件、数据获取或统计分析软件。

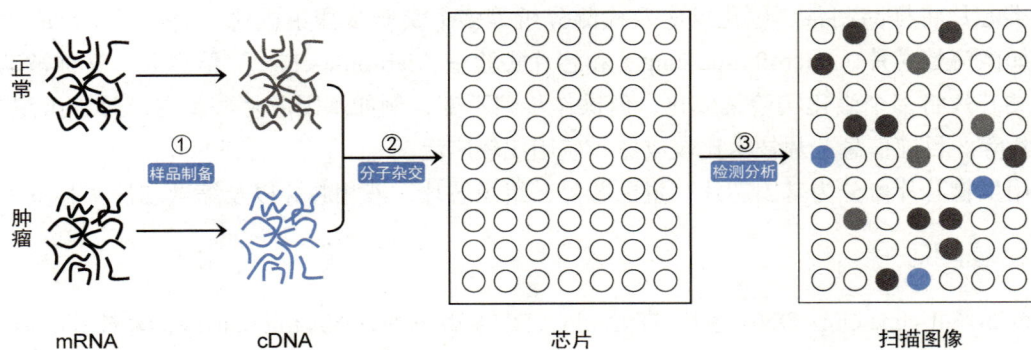

图 12-14　基因芯片技术分析基因差异表达

3. 应用　基因芯片技术发明至今，在生物学和医学领域的应用日益广泛，主要用于基因表达分析。在此基础上，基因芯片技术已经应用于基因组研究（包括基因表达谱分析、基因鉴定、多态性分析、点突变检测、基因组作图等）、发病机制研究、基因诊断、个体化治疗、药物开发、卫生监督、法医 [学] 鉴定和环境监测等。

（1）基因表达谱分析：在转录水平分析基因表达谱，从而研究基因功能，这是目前基因芯片（cDNA 芯片）应用最多的一个领域。例如，肿瘤细胞和正常细胞的基因表达谱存在差异，涉及众多基因的异常表达。应用基因芯片可以平行分析大量基因的表达水平，揭示肿瘤细胞和正常细胞的基因表达谱在 mRNA 水平上的差异。应用人类基因表达谱芯片检测不同肿瘤细胞的基因表达谱，选择差异表达显著的基因作为肿瘤标志，可进行肿瘤分类和鉴定。

（2）DNA 测序：应用基因芯片进行的 DNA 测序属于**杂交测序**（sequencing by hybridization，SBH），基本原理是在芯片上固定一定长度所有寡核苷酸序列的探针，然后和待测序 DNA 进行杂交。从理论上讲，任意待测序 DNA 序列都有相应探针与之杂交。根据杂交探针的重叠序列进行分析，即可确定待测序 DNA 序列。例如，将含有全部 8nt 探针（4^8=65536 种）的芯片与一种 12nt 的待测序 DNA 片段杂交之后，检出 5 个杂交点。将这 5 个杂交点的探针按照其重叠序列进行排列，可以确定 12nt 序列为 3' AGCCTAGCTGAA 5'（图 12-15）。

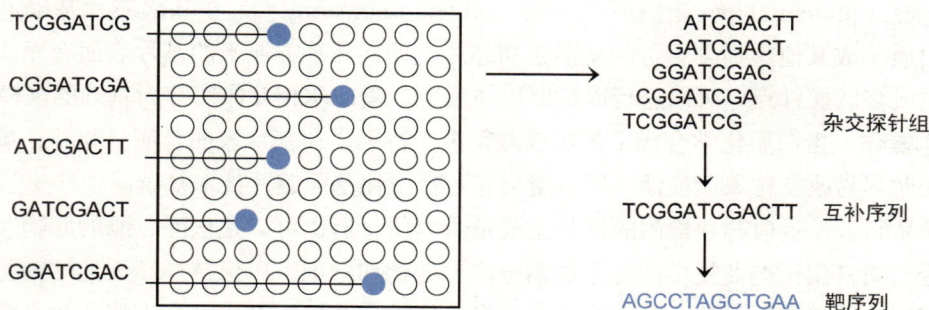

图 12-15 杂交测序

（3）基因诊断：基因芯片技术是基因诊断的核心技术，可用于诊断肿瘤、遗传病、感染性疾病，特别适用于产前诊断、群体筛查。2007 年，第一种基因诊断芯片被美国 FDA 批准应用于临床。该芯片可用于乳腺癌的基因分型和预后判断。目前已经成功研发的有艾滋病病毒芯片（可以分析 HIV 携带个体）、p53 基因芯片（可以分析肿瘤易感个体）、P450 芯片（可以分析药物代谢多态性）等，基因诊断详见第十五章（358 页）。

（4）疾病治疗：①治疗方案评价：通过分析治疗前后基因表达谱差异评估疗效，指导调整治疗方案。②个体化治疗：同一种药物对于不同患者在疗效和副作用方面会有较大差异。导致差异的主要原因是患者的遗传背景存在种族差异和个体差异，这种差异主要体现在 DNA 的单核苷酸多态性（SNP）上。基因芯片技术已经广泛应用于分析 SNP，可根据分析结果设计给药方案，即针对不同基因型采取不同的用药剂量，实施个体化治疗，以减少药物的副作用，取得更好的疗效。

（5）药物开发：药物开发包括四个环节：靶点确证、建立模型、发现先导化合物、优化先导化合物。基因芯片技术已用于药物开发，特别是靶点确证。

●**药物靶点（药物靶标，drug target）** 是指体内能被药物作用的生物大分子，其活性可以通过与药物分子的结合而改变，并产生预期药效。一种药物可能作用于单靶点，也可能作用于多靶点。靶点确证及靶点分布评估是药物开发的关键环节，合适的药物靶点必须具有高度特异性，即对特定代谢途径的影响显著，而对其他代谢途径的影响很小。应用基因芯片分析正常组织和病理组织在用药前后基因表达谱的变化，可以确定一组相关基因产物作为药物靶点。基因芯片技术利用多靶点同步进行高通量药物筛选，研究药物作用机制，评价药物活性及毒性，可以省却大量的动物试验，缩短药物筛选所用时间，降低药物开发成本。

（6）中药研究：由于中药有多成分、多靶点、多途径、多系统的作用特点，用基因芯片技术研究中药优势明显。基因组学及转录组学、DNA 指纹等在中药研究中的应用都需要用基因芯片技术完成。①中药鉴定：应用基因芯片可以鉴定不同产地甚至不同季节药用植物、药用动物的品种和药用价值。②中药筛选：应用基因芯片可以分析用药前后基因表达谱的变化，分析病理生理学原因，从中药成分中筛选先导化合物，极大减少动物试验和临床研究工作量，加快中药新药的研发步伐。

二、蛋白芯片

蛋白质是生命活动的主要执行者，其结构和功能直接决定着生命活动，因此需要对蛋白质进行直接和充分的研究。

蛋白芯片（protein chip，蛋白质微阵列，protein microarray）是在基因芯片基础上研发的用于分析蛋白质（或其他生物分子）的新型生物芯片，即在几平方厘米的基片表面有序固定多达数万个蛋白质或多肽探针点，可以进行以抗原抗体反应、蛋白质相互作用等为基础的规模化分析。

1. 基本操作 蛋白质化学合成工艺比核酸复杂，特别是在基片表面合成。此外，蛋白质固定于基片表面时容易改变构象而失活，所以蛋白芯片技术比基因芯片技术复杂。

（1）样品制备：蛋白芯片检测的样品主要是蛋白质，但也可以是核酸、酶的底物、其他小分子。样品蛋白通常用试剂商提供的专用试剂分离、纯化和标记，以保持样品天然结构并呈溶解状态。①标记物：可以是标记酶、荧光素、化学发光物等。②标记方法：有直接法和交联法。直接法是用过碘酸氧化标记酶分子表面糖基的邻二醇结构，形成醛基，与样品中的游离氨基反应形成西佛碱。交联法是用双功能交联剂将标记酶与样品交联。

（2）检测分析：检测方法取决于样品标记物：荧光素可用激光共聚焦芯片扫描仪扫描，标记酶显色后可用 CCD 扫描仪扫描，化学发光物可用 X 光胶片感光，未标记芯片目前也可用质谱法分析。

最后用分析软件对芯片信息进行分析。

2. 应用 蛋白芯片广泛用于蛋白质功能研究、基因表达谱分析、疾病发病机制研究、临床诊断、靶点确证及药物开发、中药鉴定等领域。

（1）蛋白质功能研究：蛋白芯片可用来研究蛋白质翻译后修饰和蛋白质 - 蛋白质、蛋白质 - 核酸、蛋白质 - 小分子代谢物、蛋白质 - 药物、酶 - 底物等的相互作用，从而研究其各种结构域，例如 DNA 结合域、转录激活结构域、蛋白相互作用结构域、配体结合区、催化结构域（即活性中心）。

（2）蛋白质组学研究：可用特定器官、组织或细胞的全部蛋白质制备蛋白质组芯片（proteome chip），用于蛋白质组学研究。

（3）基因差异表达分析：例如用抗体芯片在蛋白质组水平研究基因表达，可以分析不同组织细胞的蛋白质组及其差异，鉴定疾病相关蛋白，从而发现疾病标志（物），特别是灵敏度高、特异性高的肿瘤标志物，建立新的诊断、评价和预后指标。目前已在膀胱癌、结肠癌、卵巢癌、乳腺癌、鼻咽癌、肺癌、前列腺癌等常见肿瘤的标志物研究中取得了许多有意义的结果，此外在阿尔茨海默病、精神分裂症等研究中显现优势。

（4）药物开发：人类基因组编码的许多 GPCR，特别是多数孤儿受体被认为是候选靶点，因此需要研发确证技术。GPCR 芯片既可以提供与常见疾病相关的各种候选靶点，又可以筛选针对 GPCR 的多靶点先导化合物，还可以研究多靶点先导化合物的选择性。

三、组织芯片

组织芯片（tissue chip，组织微阵列，tissue microarray）是由 J. Kononen 等于 1998 年研发的以形态学为基础的生物芯片，即在基片（通常是玻片）表面有序固定几十到上千种微小组织切片，可以进行常规病理学、免疫组织化学、原位杂交或原位 PCR 等的高通量分析。

1. 分类 组织芯片可根据所排布组织切片的数目分为低密度芯片（<200）、中密度芯片（200~600）和高密度芯片（>600），根据研究目的分为正常组织芯片、肿瘤组织芯片、特定病理类型组织芯片，根据组织来源分为人组织芯片和其他动物组织芯片。

检测分析：常用 HE 染色、免疫组织化学、原位杂交等。

2. 应用　组织芯片最初主要应用于肿瘤研究，包括标志物分析、病因和诊断、治疗和预后等，目前已扩展到包括人类基因和蛋白质研究、医学研究、分子诊断、药物开发等领域。

（1）肿瘤标志物筛选：组织芯片可以高通量分析大批量肿瘤组织的基因及其表达。用上千种肿瘤组织制成组织芯片，应用相应的探针可以平行地原位分析各种标志物。目前已从乳腺癌、前列腺癌、结肠癌、膀胱癌、肾癌、肺癌、肝癌和脑瘤等鉴定了上百种肿瘤标志物（分属于胚胎蛋白、糖蛋白、酶、激素、癌蛋白等），并获得了数以万计的免疫组织化学数据、原位杂交数据，其中对乳腺癌和前列腺癌研究得最为深入。

（2）临床研究：组织芯片已成为临床病理学研究的一个标准平台。组织芯片与基因芯片结合可以组成基因功能检测系统，从而使疾病的分子诊断、治疗和预后等大规模研发成为可能。例如，可以先用基因芯片检测病理组织与正常组织的基因表达谱，确定差异表达基因，再用其表达产物作为探针分析组织芯片，以确定其表达的组织特异性。

（3）药物开发：组织芯片与基因芯片结合可用于靶点确证。例如，可以先用基因芯片确定候选靶点，再用大量病理组织制作组织芯片进行靶点确证。

综上所述，组织芯片技术对人类基因组的相关研究具有实际意义，尤其在基因和蛋白质与疾病关系的研究，疾病相关基因的研究，疾病的诊断、治疗和预后，药物开发等方面。

第十三章
聚合酶链反应技术

聚合酶链反应技术（PCR）是一种在体外扩增特定 DNA 片段的方法，可用很短时间使微量 DNA 样品扩增几百万倍。该技术由 K. Mullis（1993 年诺贝尔化学奖获得者）于 1983 年发明，有特异性高、灵敏度高、简便快捷等优点，在基础研究和临床检验中得到广泛应用，成为分子生物学研究的重要技术之一。

第一节　PCR 基本原理

PCR 是一种选择性扩增 DNA 的技术，待扩增 DNA 及其扩增产物称为**目的 DNA**（target DNA），其中扩增产物又称**扩增子**（amplicon）。PCR 与细胞内 DNA 半保留复制的化学原理一致，但过程更简便，是用一对单链寡脱氧核苷酸作为 PCR 引物（引物对），通过变性、退火、延伸三个基本步骤的几十次循环，使目的 DNA 得到扩增（图 13-1）。

1. **变性**　根据 DNA 高温变性的原理，将反应体系温度升至变性温度（约 95℃），使目的 DNA 双链解链成 PCR 模板。

2. **退火**　将反应体系温度骤降至退火温度（约 55℃），使 PCR 引物与 PCR 模板 3' 端杂交，这一步骤称为退火（第十二章，300 页）。因为 PCR 引物是一对人工合成的单链寡脱氧核苷酸，短而不易缠绕，并且引物量远多于模板量（摩尔比 $>10^8$），所以 PCR 模板与引物的退火（杂交）效率远高于 PCR 模板之间的退火（复性）效率。因此，通过控制退火条件，引物可以与 PCR 模板特异性结合。

3. **延伸**　将反应体系温度升至延伸温度（约 72℃），DNA 聚合酶按照碱基配对原则在引物 3' 端以 5'→3' 方向催化合成 PCR 模板新的互补链，使目的 DNA 拷贝数增加 1 倍。

以上变性、退火、延伸三个基本步骤组成 PCR 循环，每次循环的产物均为下一循环的模板，这样每次循环都使目的 DNA 的拷贝数增加 1 倍。PCR 多数需要循环 30 次，理论上能将目的 DNA 扩增 2^{30}（$\approx 10^9$）倍，但实际扩增效率略低，为 75%~85%，循环 n 次之后的扩增倍数约为 $(1+75\%\sim85\%)^n$。PCR 每次循环需要 2~3 分钟，约 1 小时就能将目的 DNA 扩增几百万倍。

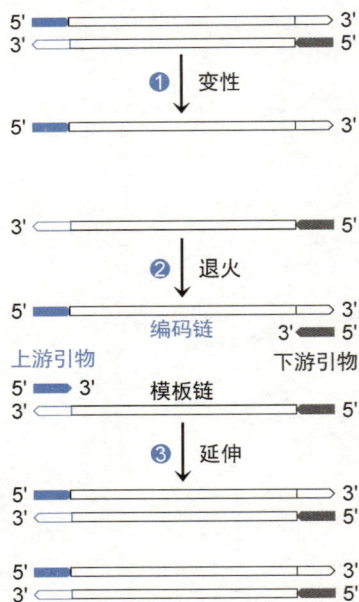

图 13-1　聚合酶链反应

图 13-2 是 PCR 产物示意图，图中可见，经过三次循环得到八条双链 DNA，其中两条短链 DNA（※）是最终要得到的扩增产物。从理论上讲，随着循环次数的增加，长链 DNA 双链以 $2n$ 倍增加，而扩增产物以（2^n-2n）倍增加。因此，循环 30 次之后得到的几乎都是扩增产物，长链 DNA 只有 60 条，用电泳法分析时不会检出。

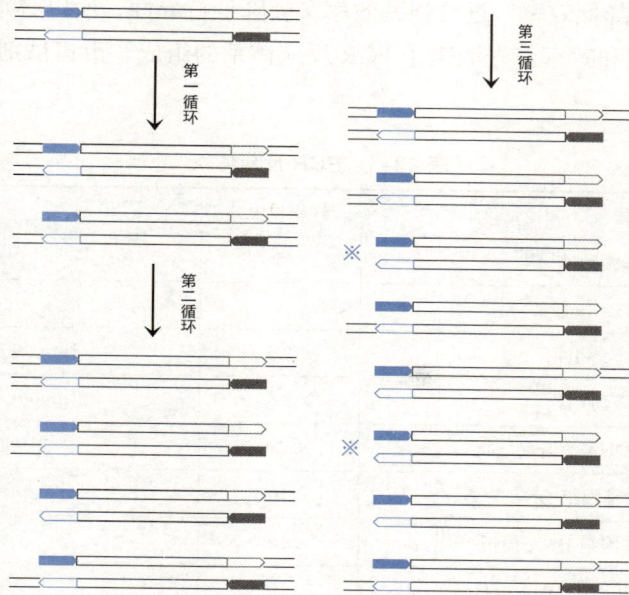

图 13-2　聚合酶链反应产物

第二节　PCR 特点

PCR 有特异性高、灵敏度高、简便快捷、重复性好、易自动化等优点，在一个 PCR 反应体系中就能将目的 DNA 扩增几百万倍，以供分析研究和检测鉴定。

1. 特异性高　PCR 的特异性取决于引物序列与模板序列互补的特异性、引物与模板杂交的特异性。通过合理设计引物、控制适当的反应温度、采用热启动法（323 页）等，可以提高扩增特异性。

2. 灵敏度高　在理想状态下，即使只有一个 DNA 分子也能扩增。在临床检验中，利用 PCR 技术可以从 10^6 个细胞内检出 10 个结核分枝杆菌。法医鉴定只用一滴血、一个毛囊，甚至一个细胞（精子）进行扩增和分析。

3. 简便快捷　在 PCR 技术发明初期，所用的 DNA 聚合酶因加热而变性失活，所以每次循环之后都要补加，只能靠手工操作。目前 PCR 技术已经自动化，可以应用各种 PCR 仪，使用耐高温的 DNA 聚合酶，只需一次性地建立 PCR 反应体系，并设计一定程序，即可进行自动扩增，通常约 1 小时即可完成。

4. 对样品要求低　样品不论是来自病毒、细菌还是来自培养细胞，不论是新鲜的还是陈旧的甚至是化石，不论是 DNA 还是 RNA，不论是纯品还是粗品，都可以扩增。在优化的 PCR 反应体系中，细菌、细胞、组织 DNA 都可以直接作为模板。

此外，PCR 不要求目的 DNA 全序列已知，只需知道两端序列。目的 DNA 序列可以很长，大于 10kb。

第三节　PCR 反应体系

通过 PCR 扩增目的 DNA，既要考虑特异性，又要考虑效率。特异性和效率通常是一对矛盾：过分强调特异性会降低效率，过分强调效率又会降低特异性，所以必须综合考虑。

PCR 技术的特异性和效率首先取决于 PCR 反应体系的组成，市售试剂附有 PCR 反应体系参考（表 13-1）。

表 13-1　PCR 反应体系

成分	体积（μL）	终浓度
10× 扩增缓冲液	5	1×
20mmol/L dNTPs（pH 8.0）	1	400μmol/L
20μmol/L 上游引物	2.5	1μmol/L（0.05~1μmol/L）
20μmol/L 下游引物	2.5	1μmol/L（0.05~1μmol/L）
1~5U/μL Taq DNA 聚合酶	0.2~1	1~2U/50μL（0.5~2.5U）
100μg/mL 哺乳动物基因组 DNA 模板	10	1μg/50μL
或 1μg/mL 酵母基因组 DNA 模板	10	10ng/50μL
或 0.1μg/mL 细菌基因组 DNA 模板	10	1ng/50μL
或 1~5ng/mL 质粒模板	2~10	10pg/50μL
水	至 50	

1. DNA 聚合酶　耐热的 DNA 聚合酶在 PCR 中起关键作用。目前使用的 DNA 聚合酶有多种（表 13-2），共同特点是最适温度较高，其中 Taq DNA 聚合酶应用最广。

表 13-2　PCR 常用 DNA 聚合酶

DNA 聚合酶	来源	校对功能	加接 3' dAMP
Taq DNA 聚合酶	*Thermus aquaticus*	−	+
Tth DNA 聚合酶	*Thermus thermophilus*	−	+
KOD DNA 聚合酶	*Thermococcus kodakaraensis*	+	−
Tli/Vent DNA 聚合酶	*Thermococcus litoralis*	+	−
Pfu DNA 聚合酶	*Pyrococcus furiosus*	+	−
Pwo DNA 聚合酶	*Pyrococcus woesei*	+	−
AmpliTaq DNA 聚合酶	Taq DNA 聚合酶修饰	−	+
KlenTaq DNA 聚合酶	Taq DNA 聚合酶修饰	−	+
Phusion DNA 聚合酶	一种大肠杆菌	+	−

Taq DNA 聚合酶（Taq 酶）来自栖热水生菌（*T. aquaticus*）YT-1 株。该菌株是 1969 年在美国黄石国家公园的温泉中发现的，能在 70~75℃下生长，所以 Taq DNA 聚合酶有良好的热稳定性，在 92.5℃、95℃和 97.5℃下的半衰期分别为 120、40 和 5 分钟，其催化活性可以适应相当宽的温度范围。

Taq DNA 聚合酶有以下特点：①有 5'→3' 聚合酶活性。②有 5'→3' 外切酶活性，但没有 3'→5' 外切酶活性，因此没有校对功能，催化反应错配率较高，为 $2.0 \times 10^{-5} \sim 2.1 \times 10^{-4}$。③有末端转移酶活性，可以不依赖模板地在双链 DNA 的 3' 末端加接一个 dNMP，且优先加接 dAMP，因此扩增产物可用 T 载体（限制性酶切位点 3' 黏性末端为 1 个 dTMP 的载体，例如 pUCm-T、pGEM-T、pMD18-T）克隆（第十四章，344 页），当然也可用 Klenow 片段削平。

Taq DNA 聚合酶催化合成速度是 35~150nt/s，最适温度是 75~80℃，降低温度则合成速度明显减慢。PCR 反应体积为 50μL 时（一般控制在 10~200μL）所需 Taq DNA 聚合酶量为 1~2.5U，加酶过多会增加非特异性扩增，加酶过少则会降低扩增效率。

目前市售 Taq DNA 聚合酶均为大肠杆菌表达的基因工程酶，价格低廉，扩增效率较高，适用于对错配率要求不高的终端研究，如克隆筛选、基因鉴定等。如果扩增产物还要进一步研究或有其他用途，则应使用有校对功能的 DNA 聚合酶进行扩增，例如 KOD Plus DNA 聚合酶、Phusion DNA 聚合酶等。它们有校对功能，扩增错配率低，称为高保真酶，扩增产物可用于 DNA 克隆等。

2. 引物 PCR 通常需要一对引物（引物对），分别称为上游引物（正向引物）和下游引物（反向引物）。上游引物序列与目的 DNA 模板链的 3' 端互补，引发合成编码链；下游引物序列与目的 DNA 编码链的 3' 端互补，引发合成模板链（图 13-1）。引物与 PCR 模板的互补程度影响 PCR 的特异性，所以 PCR 引物的设计非常重要。

理论上，只要知道目的 DNA 两端的序列，即可设计相应的引物对，通过 PCR 大量扩增。实际应用中，引物设计还要遵循一些经验规律，才能用于 PCR 扩增，获得预期产物。

（1）引物定位：基因组 DNA 引物序列应定位于保守序列内，且在其他区域没有相似序列（序列相似度一般不超过 70%）；cDNA 引物序列应尽量定位于编码区内，断裂基因 cDNA 上游引物和下游引物序列应尽量定位于不同外显子内。

（2）引物长度：引物太短会增加非特异性扩增，引物太长则会降低扩增效率。引物长度通常控制在 10~40nt，多数 20~30nt，最佳长度 18~22nt。

（3）引物末端：3' 端与模板严格互补，特别是末端的两个核苷酸，最好是 G 或 C，但不能有三个连续的 G 或 C。5' 端序列不必严格互补，甚至可以修饰，例如引入限制性酶切位点、突变位点、调控元件等短序列及用生物素、荧光素、地高辛等标记。

（4）引物组成：G 和 C 含量应控制在 40%~75%，且引物对组成一致，以确保引物熔点一致（相差不超过 5℃）。25nt 以下引物的参考熔点 $T_m = 2(A+T) + 4(G+C)$。

（5）引物序列：引物之间不能存在互补序列，特别是 3' 端不能互补，以免形成引物二聚体，既发生"引物"非特异性扩增，又降低扩增效率。引物内部不能存在可形成发夹的反向重复序列。引物所含单核苷酸重复序列长度不能超过 5nt。

●使用引物设计软件（如 Primer6.0）可以设计出合适的引物对。荧光定量 PCR 的引物目前多使用 Beacon Designer 软件设计。

3. dNTP 四种 dNTP 是 PCR 原料，其比例和浓度与 PCR 密切相关。目前市售的 PCR 专用 dNTP 已经按照等摩尔浓度配制好，所含 4 种 dNTP 均为 2.5mmol/L 或 10mmol/L。通常根据目的 DNA 的长度把 dNTP 反应浓度控制在 50~400μmol/L。

4. 模板 PCR 模板主要是 DNA，可以是基因组 DNA、cDNA 或质粒。线性 DNA 最好，若为环状 DNA，可（非必需）先用限制性内切酶将其切开。PCR 扩增目的 DNA 的长度可达 10000bp，定量 PCR 多数在 100~150bp。模板总量应根据序列复杂程度确定。

根据科学研究或临床检验的需要，PCR 的模板可以来自临床标本（血液、尿液、羊水、分泌物、咽拭子等）、食材、药材（动植物组织细胞等）、法医标本（血渍、精斑、毛发甚至烟蒂等）、病原体标本、考古标本（骨骼、毛囊等）、化石（如尼安德特人、丹尼索瓦人化石）。无论何种来源的标本，都应先进行预处理，特别是去除 DNA 聚合酶抑制剂。

5. 缓冲液　用以维持 DNA 聚合酶的活性和稳定性。如果反应体系缓冲液的组成不当，包括 pH<7.0，会影响 PCR 扩增效率：① PCR 要在 pH 7.2 下进行，为此可用 10~50mmol/L Tris-HCl 缓冲液（20℃时 pH 8.3~8.8）配制反应体系，该体系在 72℃时 pH 7.2。② 50mmol/L KCl 可促进引物退火，但浓度过高会抑制 Taq DNA 聚合酶的活性。③ 1~100μg/mL 小牛血清白蛋白可以去除样品中可能存在的抑制剂。④ 2%~5% 二甲基甲酰胺或二甲基亚砜有利于松解发夹等二级结构，促进引物退火。市售 DNA 聚合酶一般同时提供相应的缓冲液，按所附说明使用即可。

Mg^{2+} 是 PCR 缓冲液的重要成分，主要作用是提高酶活性，促进引物退火，提高扩增效率、扩增特异性等。Mg^{2+} 浓度过低会降低 Taq DNA 聚合酶的活性，降低扩增效率；Mg^{2+} 浓度过高会降低扩增特异性。常用 1.5mmol/L（一般控制在 1.0~2.5mmol/L）。扩增效率不理想时，可以在 1.0~10mmol/L 范围内进行优化。

第四节　PCR 条件优化

PCR 操作简单，但影响因素很多。PCR 条件影响到扩增的特异性、灵敏度和扩增效率，可以从以下几个方面控制和优化（表 13-3）。

表 13-3　PCR 条件

步骤	温度（℃）	第一循环时间（秒）	中间循环时间（秒）	末次循环时间（秒）
预变性	95	120~300		
变性	95		30	60
退火	55	15~60	30	30
延伸	72	60/kb	60/kb	300

1. 变性温度和时间　在 PCR 中，模板 DNA 必须完全解链，才能与引物有效退火。变性温度和变性时间通常是根据目的 DNA 的长度和组成以及所用 DNA 聚合酶的性质确定的。变性温度过低、时间过短，会造成变性不彻底；变性温度过高、时间过长，会导致 DNA 聚合酶失活。采用 Taq DNA 聚合酶时通常选择 95℃（高于模板熔点）变性 30 秒。

2. 退火温度和时间　退火温度过低、时间过长，会增加非特异性扩增；退火温度过高、时间过短，会降低扩增效率。合适的退火温度应当比引物 T_m 值低 3~5℃，通常为 55℃退火 30 秒。优化退火温度和时间时要考虑引物的长度、组成、浓度及模板序列等因素。

3. 延伸温度和时间　如无其他限制，延伸温度应接近 DNA 聚合酶的最适反应温度，常用 72℃。延伸时间可根据酶活性和目的 DNA 序列的长度确定，一般按 60 秒/kb 计算，1kb 以内延伸 60 秒。

此外，① PCR 末次循环的延伸时间可以延长至 5~10 分钟，以确保充分延伸。②如果模板较短（100~300bp），可以采用二温度点法，即统一退火温度与延伸温度，一般采用 94℃变性、65℃退火与延伸。③如果引物太短（<16nt），72℃延伸会造成引物脱落，可以将延伸温度分段升

至 72℃。

4. 循环次数 PCR 循环次数主要取决于初始模板拷贝数。当初始模板拷贝数是 3×10^5 时，循环次数可以控制在 25~30 次。如果模板拷贝数偏低，可以增加循环次数，一般控制在 30~40 次。如果循环次数太少，产物的量不够；如果循环次数太多，由于模板浓度增加、dNTP 和引物浓度下降，加之酶活性下降，会使反应进入平台期，即增加循环次数也不会提高产量，且特异性下降。因此，在保证产量的前提下，应当限制循环次数。如需进一步扩增，可以将产物适当稀释，再作为模板进行新一轮 PCR。

5. 热启动 PCR 第一循环升温变性过程在达到解链温度前会发生非特异性退火，如形成引物二聚体等，从而发生非特异性扩增。采取以下**热启动**（hot start）措施可避免这种非特异性扩增：①先将 PCR 反应体系升温至变性温度预变性 120~300 秒，再加入 DNA 聚合酶进行扩增循环。②在 PCR 反应体系中加入 DNA 聚合酶抗体，温度升高后（一般在 90℃以上）抗体失活，扩增启动。

此外，因为 PCR 非常灵敏，样品污染会影响实验结果，须设计对照。

第五节 PCR 产物鉴定

PCR 特异性如何，其最终产物是否符合预期，必须进行鉴定。具体可根据不同的研究对象和研究目的选择不同的鉴定方法。

1. 电泳分析 属于非特异性分析，仅可分析扩增产物的长度。PCR 产物长度应与预期一致，特别是多重 PCR，因为应用了多对引物，其产物长度都应符合预期。用毛细管电泳可以提高分析效率。

2. 高效液相色谱分析 属于非特异性分析，但有灵敏度高、分析效率高、定量准确、自动化程度高等优点。

3. 酶切分析 根据 PCR 产物中的限制性酶切位点，用相应的限制性内切酶消化（第十四章，329 页），通过电泳分析消化产物长度，看是否符合预期。酶切分析既能对 PCR 产物进行鉴定，又能对目的基因进行分型，还可对基因突变进行研究。

4. 杂交分析 是分析 PCR 产物特异性的有效方法，也是研究 PCR 产物是否存在突变的有效方法。常用 DNA 印迹法、斑点杂交法（第十二章，308 页）、探针捕获法。

探针捕获法 是夹心杂交的发展，即用生物素标记引物进行 PCR 扩增，产物变性，与固相化探针杂交（如结合于微量滴定板），加辣根过氧化物酶标记亲和素孵育，加底物显色、定量分析。

5. 序列分析 是分析 PCR 产物特异性最可靠的方法，能对目的基因进行分型，还能对基因突变进行研究。

此外，一些联合技术可以提高分析的精确度和灵敏度，例如 PCR-ELISA。

第六节 常用 PCR 技术

PCR 技术自发明以来在生命科学和医学领域得到广泛应用，PCR 技术本身也在不断发展和完善，目前已衍生出各种特殊的 PCR 技术，广泛应用于基础研究和临床检验。

1. 原位 PCR（*in situ* PCR） 由 A. Haase 等于 1990 年建立，是 PCR 技术与原位杂交技术的

联合应用，旨在提高原位杂交技术的灵敏度。

（1）原位 PCR 原理：①处理组织切片或细胞涂片（1%~4% 聚甲醛固定，蛋白酶 K 充分消化），原位固定其核酸成分，增加其细胞膜通透性。②在细胞内建立 PCR 反应体系（含地高辛 -11-dUTP），扩增其目的 DNA 序列。③如果是分析细胞内的 RNA，包括病毒 RNA，需先加 DNase 降解 DNA，再建立逆转录 PCR 反应体系，扩增其目的 RNA。④用偶联有标记酶或荧光素的地高辛抗体与扩增产物结合，进行分析。

如果扩增产物无标记，可用核酸探针进行杂交分析，称为原位杂交 PCR，其特异性高于原位 PCR。

（2）原位 PCR 应用：研究基因表达调控，早期鉴定癌变细胞，研究发病机制，筛查病原体感染，诊断疾病，评估预后。

（3）原位 PCR 特点：①不必从组织细胞中分离出目的 DNA 或 RNA。②可以获得其他 PCR 技术得不到的信息，因为原位 PCR 只在含目的 DNA 或 RNA 的组织细胞中进行。③灵敏度比原位杂交高两个数量级。

（4）原位 PCR 注意事项：维持细胞形态完整性以便于细胞计数。防止小片段扩增产物逸出细胞。防止扩增过程中组织细胞干燥。

2. 多重 PCR（multiplex PCR） 是在一个 PCR 反应体系中加入多个引物对，同时扩增同一 DNA 或不同 DNA 的多个靶序列，且各靶序列的长度不同。多重 PCR 由 J. Chamberlain 等于 1988 年建立。

多重 PCR 可用于模板定量、DNA 多态性（微卫星 DNA、SNP）批量分析、连锁分析、基因突变（特别是基因缺失，例如缺失突变导致的 Duchenne 型肌营养不良）分析、RNA 分析、癌基因分析、基因诊断（第十五章，358 页）、病原体鉴定及分型、法医鉴定、食品分析。其特点是经济、简便、高效。

例如，研究人员针对 Duchenne 型肌营养不良患者 DMD 基因包含缺失热点的 18 个外显子设计 18 个引物对，构建了两个多重 PCR 反应体系，每个体系可扩增 9 个外显子。通过 DNA 印迹法分析扩增产物，可以鉴定发生缺失的外显子。

多重 PCR 原理与常规 PCR 相同，但需要优化反应体系和反应条件，使其适合各个引物对及其靶序列，同时还要确保各个靶序列长度不同，便于对扩增产物进行电泳分析。

3. 等位基因特异性 PCR（AS-PCR，ASPE） 可用于分析单核苷酸多态性（SNP）。

原理：针对等位基因的 SNP 设计一个野生型引物对和一个突变引物对，两个引物对的下游引物完全一样，上游引物只是 3' 末端的碱基不同，对应已知 SNP 碱基。针对目的 DNA 分别建立两个 PCR 反应体系，各加入一个引物对，进行扩增，通过控制扩增条件，使 3' 末端错配的引物不能扩增，可以确定目的 DNA 是否存在点突变（图 13-3）。

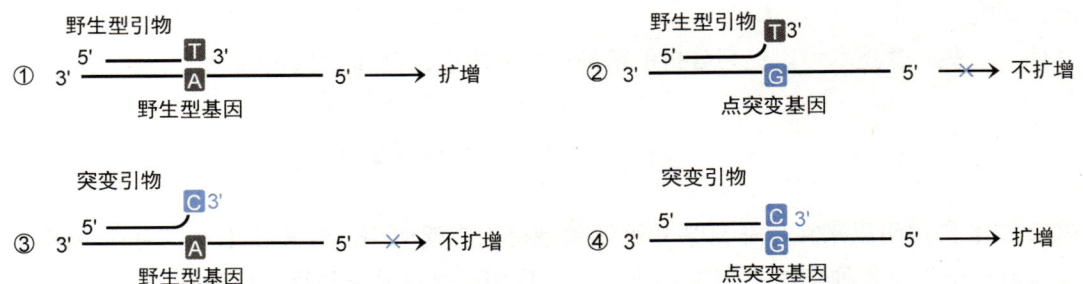

图 13-3　等位基因特异性 PCR（AS-PCR）

等位基因特异性 PCR 要求目的 DNA 序列已知，SNP 明确并且位于引物 3' 末端。

4. **逆转录 PCR**（RT-PCR） 是逆转录与 PCR 的联合，即先以 mRNA 为模板，用逆转录酶催化合成其 cDNA，再以 cDNA 为模板，用 Taq DNA 聚合酶通过 PCR 扩增其特异序列。逆转录 PCR 常用于基因表达分析、cDNA 克隆、cDNA 探针制备、转录体系制备、遗传病诊断、RNA 病毒检测。

逆转录 PCR 能否成功，逆转录引物很关键。根据所掌握目的 RNA 的信息，可以选用：① **oligo(dT) 引物**（12~18nt）：针对 mRNA 的 poly(A) 尾（参见图 14–12，342 页）。② **随机引物**（6nt）：不需要 mRNA 的序列信息。随机引物和 oligo(dT) 引物统称**普通引物**（general primer）。③ **特异性引物**（20~30nt）：针对 mRNA 的特异序列。对于特异性引物，如果根据不同外显子的编码序列设计引物，可以鉴别 cDNA 和基因组 DNA 扩增产物。

如果同时设计**内标 [物]**（internal standard [substance]，内参照），则用逆转录 PCR 可以对 mRNA 进行定性和半定量分析，可检测低丰度 mRNA（不到 10 个拷贝）。

逆转录 PCR 可以采用一步法：逆转录和 PCR 在一个反应体系中进行。也可以采用两步法：逆转录和 PCR 在两个反应体系中分开进行。

5. **定量 PCR**（qPCR） 又称实时 [荧光][定量]PCR（real-time PCR），是一种通过实时监测 PCR 进程对 DNA 进行定量分析的方法，即在 PCR 反应体系中加入一种荧光试剂，扩增过程中产生荧光，荧光强度与扩增产物水平成正比，所以通过对荧光强度的实时监测可跟踪 PCR 进程，最后根据连续监测下获得的 PCR 动力学曲线可定量分析初始模板的水平。

（1）定量 PCR 原理：定量 PCR 的关键是在 PCR 反应体系中加入一种荧光试剂。以 TaqMan 荧光探针法为例，TaqMan 探针（18~22nt，T_m 值比引物高 10℃）的 5' 端有一个**荧光报告基团**（R），如 6- 羧基荧光素（6-FAM，λ_{ex}=490nm，λ_{em}=530nm），3' 端有一个**荧光淬灭基团**（Q），如 6- 羧基四甲基罗丹明（TAMRA，λ_{ex}=543nm，λ_{em}=575nm）。探针完整时，报告基团 R 与淬灭基团 Q 之间发生荧光淬灭，报告基团 R 不能产生 530nm 荧光。

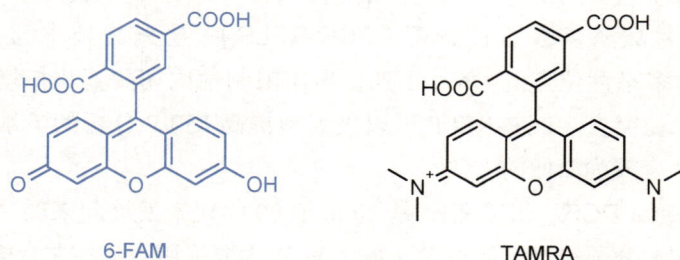

6-FAM   TAMRA

在 PCR 退火时，探针与模板杂交。在 PCR 延伸遇到探针 5' 端时，DNA 聚合酶的 5'→3' 外切酶活性将探针降解，报告基团 R 和淬灭基团 Q 分离。游离报告基团 R 可被 490nm 激光激发，产生 530nm 荧光。每增加一个扩增子就产生一个游离报告基团 R，实现了扩增子数量与荧光强度的同步化（图 13–4）。

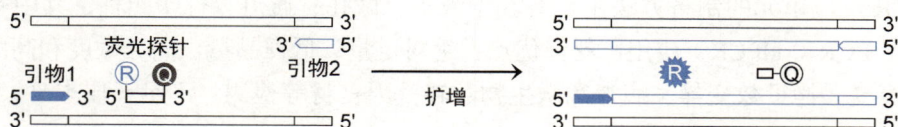

图 13–4 定量 PCR（qPCR）

荧光定量 PCR 一般根据所用荧光试剂的不同分为探针法和染料法。所用荧光试剂分别为荧光探针（如 TaqMan 探针、分子信标）和荧光染料（如 SYBR Green、PicoGreen）：①分子信标：两端分别带荧光报告基团和淬灭基团，因形成茎环结构而淬灭，茎长 5~7bp，环长 15~30nt，与模板退火后解除淬灭，荧光报告基团可被激发产生荧光。② SYBR Green（λ_{ex}=488nm，λ_{em}=522nm）：只与双链 DNA 结合，并被激发产生荧光，灵敏度至少是溴化乙锭的 5 倍。SYBR Green 成本较低，操作简单，但特异性差，荧光本底较高，且浓度过高时会抑制扩增。

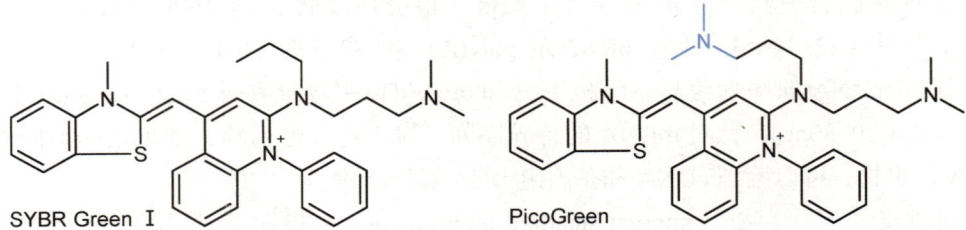

SYBR Green I　　　　　　　　　PicoGreen

（2）定量 PCR 应用：与逆转录联合可以定量分析 mRNA 以研究基因表达，是快速、简便、常用的 RNA 定量方法。

TaqMan 探针法检测 SNP　如果所设计的探针序列内部含 SNP 位点，则 TaqMan 探针可用于检测 SNP，可在一个反应体系中同时检测 7 种 SNP（第一章，29 页）。

（3）定量 PCR 特点：充分利用 PCR 的高效性、核酸杂交的特异性、荧光技术的高灵敏度和可计量性、Taq DNA 聚合酶的 5'→3' 外切酶活性，在封闭条件下实时监测扩增产物，避免污染，灵敏度高，特异性高，定量准确，方便快捷，自动化程度高，能实现多重反应。

（4）**竞争 PCR**：是一种改进型定量 PCR。其主要区别是在 PCR 反应体系加入了不同量的竞争 DNA（内标，内参照竞争模板），竞争 DNA 与待测样品使用同一个引物对，因而可以等效扩增。扩增产物长度相差 50~100bp，因而扩增过程中或结束后，可以分别对竞争 DNA 和待测样品扩增产物进行定量分析，从而实现对初始样品的定量分析。竞争 PCR（cPCR）特点：可以消除因引物扩增效率不同而产生的误差，结果更准确。

6. **PCR– 限制性片段长度多态性分析**（PCR-RFLP）　是 PCR 技术与 RFLP 分析的联合，即先用 PCR 扩增包含多态性位点的 DNA 序列，再用限制性内切酶消化扩增产物，电泳分析其 RFLP，判断其是否存在突变。PCR-RFLP 可以极大地提高 RFLP 分析的灵敏度和特异性（第一章，27 页），是检测突变较为简便的方法。

7. **数字 PCR**（digital PCR，dPCR）　是 20 世纪 90 年代末发展起来的一项基于单分子 PCR 来进行计数的目的 DNA 分子绝对定量技术。数字 PCR 主要采用微流控芯片或微滴化等方法，将高倍稀释后的 DNA 溶液随机分散为几百个至几百万个独立反应单元，所有反应单元均属于以下两类之一，1 类单元有 1 个 DNA 分子，2 类单元无 DNA。这样经过 PCR 循环之后，1 类单元就会给出荧光信号，2 类单元没有荧光信号。根据两类单元比例和单元体积，就可以推算出原始溶液的目的 DNA 浓度。

数字 PCR 反应单元的制备方法主要有基于液滴、微孔、通道、打印四种，其中基于液滴分散体系的数字 PCR（ddPCR）应用广泛。优点：绝对定量、低样品量、高灵敏度和高耐受性，可应用于基因突变、拷贝数变异、病毒和微生物、转基因食材等检测。不足：成本高，操作复杂，检测时间长，检测范围较窄。

8. **巢式 PCR**（nested PCR）　是设计两个引物对（巢式引物，包括外引物对和内引物对），针对 DNA 样品进行两次扩增，可以提高检测的灵敏度和特异性。原理：①以样品为模板，加外引物对进行第一次扩增。②以第一次扩增产物为模板，加内引物对进行第二次扩增。

为了防止两次操作可能产生的交叉污染，可以设计高熔点外引物对和低熔点内引物对，一次性加入反应体系，第一次扩增采用高退火温度，仅外引物对退火、扩增，外引物对耗尽之后降低低退火温度，使内引物对退火扩增。

半巢式 PCR（semi-nested PCR）原理与巢式 PCR 基本相同，只是两个引物对中有一个引物是相同的。

9. **cDNA 末端快速扩增技术（RACE）** 是由 M. Frohman 等于 1988 年在 RT-PCR 的基础上建立的一项 PCR 技术，可以选择性扩增部分序列已知 mRNA 的 3' 端或 5' 端序列，对应的技术分别称为 3'–RACE 和 5'–RACE（图 13–5）。

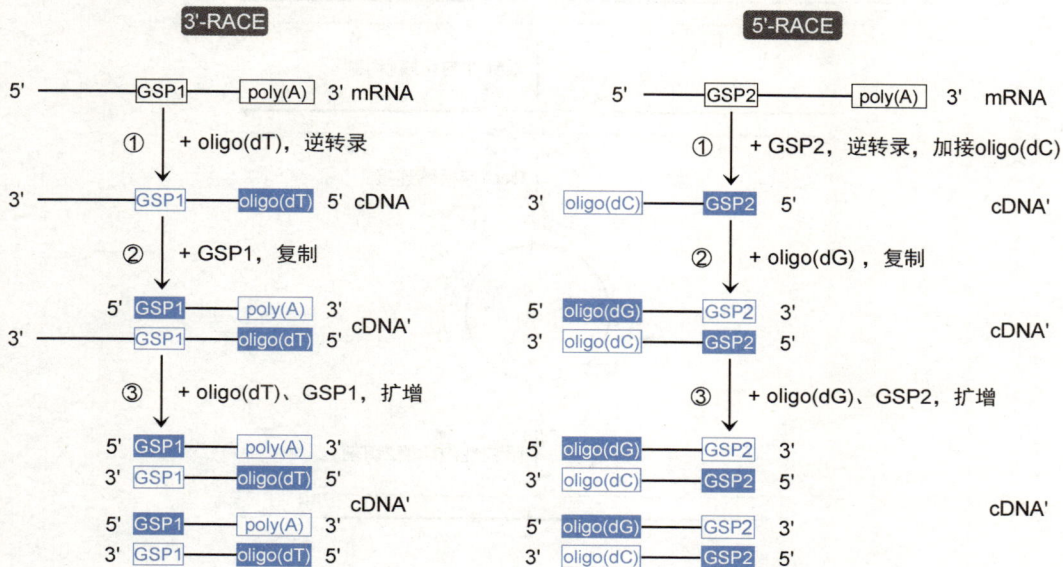

图 13–5 cDNA 末端快速扩增技术

（1）3'-RACE 原理：①用 oligo(dT)（17nt）或 3'-RACE 接头（30~40nt，如 GACTCGAGT CGACATCGAT$_{12~30}$）作为下游引物逆转录制备 sscDNA。②用与 sscDNA 内部特异序列互补的 DNA 片段作为上游引物（称为**基因特异性引物**，GSP1，20~30nt）复制 dscDNA 片段。③用 oligo(dT)（或 3'-RACE 接头）与 GSP1 组成引物对，进行 PCR 扩增，可以得到 mRNA 3' 端的 dscDNA。④必要时可用巢式 PCR 进一步扩增。

在合成 sscDNA 时，oligo(dT) 与 poly(A) 尾的结合不是唯一的，因而会导致 dscDNA 3' 端 oligo(dA) 长短不一。为此可将下游引物 oligo(dT) 改造为**锁定引物**（lock docking primer），即在 oligo(dT) 3' 端引入两个简并核苷酸（dT$_{12-30}$MN，M 可以是 C、A 或 G，N 可以是 C、T、A 或 G，因而共 12 种），从而使引物定位在 poly(A) 尾的 5' 端。

（2）5'-RACE 原理：①用与 mRNA 内部特异序列互补的 GSP2（20~30nt）作为下游引物逆转录制备该内部特异序列与 mRNA 5' 端之间序列的 sscDNA 片段，用 TdT 和 dCTP 在 sscDNA 片段 3' 端加接 oligo(dC)。有时可用 6nt 随机引物作为下游引物，引发合成 sscDNA 片段。②用 oligo(dG) 或 5'-RACE 接头作为上游引物复制 dscDNA 片段。③用 oligo(dG) 或 5'-RACE 接头与 GSP2 组成引物对，进行 PCR 扩增，可以得到 mRNA 5' 端的 dscDNA。

（3）RACE 应用：①扩增和克隆低丰度 mRNA。②从 cDNA 文库筛选低表达基因。③基因测序。④探针制备。⑤用于分离和分析 mRNA 转录起始位点或 3' 端序列。⑥联合外显子捕获法鉴定编码序列。

（4）RACE 特点：①选择性扩增目的基因 cDNA，适合分析低表达基因。②只需知道目的基因的部分序列。③将 3'-RACE 和 5'-RACE 联合应用，可以制备目的基因全长 cDNA。

10. 反向 PCR（iPCR） 引物对与目的 DNA 内部已知序列（图 13-6 中的 2、3）退火，扩增已知序列两翼的片段（图 13-6 中的 1、4），故得名。反向 PCR 既可用于鉴定已知序列两翼的未知序列，也用于研究 DNA 重组。

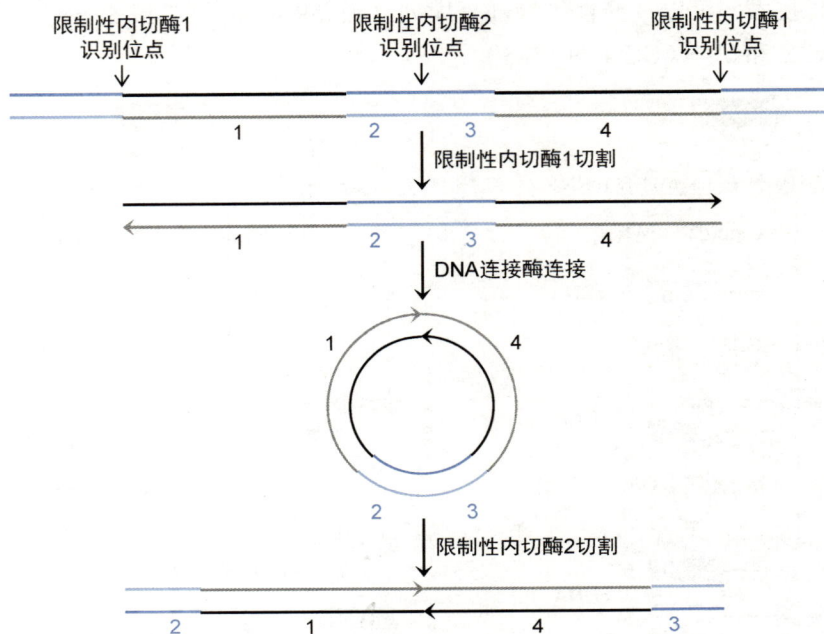

图 13-6　反向 PCR

PCR 技术发明至今不过 40 多年，但是已经在分子生物学、医学、药学、流行病学、法医学、古生物学、考古学领域得到广泛应用，包括在基础研究中用于基因组 DNA 扩增、基因分离、基因克隆、克隆筛选、定点突变、突变检测（分子进化研究）、探针制备、DNA 测序、RNA 定量等，在临床上用于基因诊断（肿瘤、遗传病、病原体，指导疗程设计、疗效评价及是否复发）和组织配型，在流行病学中研究病原体变异，在考古学领域研究古人类迁徙，在法医鉴定中用于个体识别、亲权鉴定等，在药物研究中用于中药材鉴定。

重组 DNA 技术

重组 DNA 技术（recombinant DNA technology）又称基因工程（genetic engineering），是 DNA 克隆所采用的技术和相关研究的统称。DNA 克隆（DNA cloning，分子克隆，molecular cloning）是重组 DNA 技术的核心，即将某种 DNA 片段（目的 DNA）与 DNA 载体连接成重组 DNA，转入细胞进行复制，并随细胞分裂而扩增，最终获得该 DNA 片段的大量拷贝（DNA 克隆，DNA clone）。

重组 DNA 技术的建立得益于 1967 年发现的 DNA 连接酶和 1968 年发现的限制性内切酶。它们使 DNA 分子的体外剪接得以实现，是重组 DNA 技术最基本的工具酶。

1972 年，斯坦福大学 P. Berg（1980 年诺贝尔化学奖获得者）等构建了含 λ 噬菌体 DNA 片段和大肠杆菌 DNA 片段的重组猿猴空泡病毒 40（SV40）。1973 年，S. Cohen、A. Chang 和 H. Boyer 等用 pSC101（携带四环素抗性基因）和 RSF1010（携带链霉素、磺酰胺抗性基因）构建重组质粒并转化大肠杆菌，使它们所携带的四环素和链霉素抗性基因得到表达；同年，他们又在大肠杆菌中克隆和表达了非洲爪蟾 18S 和 28S rRNA 基因。至此，重组 DNA 技术打破了种属界限。

1978 年，重组 DNA 技术生产人胰岛素获得成功，1983 年获准上市，从而使重组 DNA 技术进入成熟阶段。1990 年，W. Anderson 用重组 DNA 技术对一名重症联合免疫缺陷患儿进行基因治疗并获得成功。

重组 DNA 技术自诞生之日起就为细胞的增殖和分化、肿瘤的发生和发展等基础研究提供了新的研究手段，也为医药卫生和工农业生产开辟了新的发展领域。目前，人们用重组 DNA 技术研发并生产了大量用传统制备技术产量很低或不易制备的生物制品，包括肽类激素、抗体和疫苗等，很多已经应用于临床。重组 DNA 技术使药物研发步入了分子医学时代，医药工业已成为重组 DNA 技术应用活跃的领域之一。

第一节　工具酶

重组 DNA 技术需要各种工具酶，其中最重要的是限制性内切酶和 DNA 连接酶（表 14-1）。

一、限制性内切酶

限制性内切酶（限制 [性] 酶，restriction enzyme，限制性核酸内切酶，restriction endonuclease）是一类核酸内切酶，主要由原核生物（特别是细菌）基因编码，能识别双链 DNA 的特定序列，水解该序列内部或侧翼特定位点的磷酸二酯键。限制性内切酶识别的特定序列称为识别位点

（recognition site，识别序列，recognition sequence）、**限制性酶切位点**（restriction site，限制位点）。事实上，某些限制性内切酶的识别位点≠酶切位点，如 *Mme* I 的识别位点与酶切位点相隔 20nt（TCCRACN$_{20}$-N）。

表 14–1　重组 DNA 技术工具酶

工具酶	催化活性	应用
II 型限制性内切酶	识别并切割 DNA 特异序列	制备合适 DNA 片段，分析限制性酶切图谱
DNA 连接酶	催化切口 5'- 磷酸基与 3'- 羟基形成磷酸二酯键	连接 DNA 切口，制备重组 DNA
DNA 聚合酶	以 DNA 指导 DNA 合成	DNA 复制、扩增，DNA 缺口填补，5' 黏端补齐
逆转录酶	以 RNA 指导 DNA 合成	cDNA 合成，转录起始位点分析
多核苷酸激酶	DNA 或 RNA 5' 端羟基磷酸化	DNA/RNA 末端磷酸化，DNA/RNA 末端同位素标记
末端转移酶	DNA 3' 端连接核苷酸（不需要模板）	DNA 3' 端同聚物加尾
核酸外切酶 III	双链 DNA 3' 端（平端或 5' 黏性末端）脱核苷酸	DNA 末端修饰，DNA 测序，绘制 DNA- 蛋白质相互作用图谱
λ 噬菌体核酸外切酶	双链 DNA 5' 端脱核苷酸	制备 3' 黏性末端，DNA 末端修饰，DNA 测序，绘制 DNA- 蛋白质相互作用图谱
DNase I	水解磷酸二酯键	切口平移，绘制超敏感位点图谱、DNA- 蛋白质相互作用图谱
RNase H	降解 DNA-RNA 杂交体中的 RNA	制备 cDNA
S1 核酸酶	单链 DNA 或 RNA 水解	DNA 或 RNA 末端修饰，切除 cDNA 制备物末端发夹
碱性磷酸酶	水解各种磷酸单酯键	DNA 5' 端或 3' 端脱磷酸基
DNA 甲基转移酶	DNA 特定碱基甲基化	保护目的 DNA
重组酶（Cre，Int）	催化位点专一性重组	制备特异性嵌合 DNA
CRISPR-Cas9/C2c2	RNA 靶向 DNA 或 RNA 指导核酸酶	基因组编辑

在原核细胞中，限制性内切酶可以消化含识别位点的**外源 DNA**（foreign DNA），从而抗转化，例如噬菌体 DNA 感染率仅为 10^{-4}。虽然原核细胞基因组 DNA 中也含同样的识别位点，但其中的个别碱基已被甲基化修饰，因而这些位点受到保护，不会被自身限制性内切酶消化。DNA 的这种甲基化修饰是由**修饰性甲基化酶**（modification methylase）催化完成的，修饰性甲基化酶的这种活性具有种属特异性，即只修饰自身 DNA 的识别位点。实际上，限制性内切酶和修饰性甲基化酶组成了原核细胞的**限制修饰系统**（restriction modification system），起防御作用，即降解外源 DNA、保护自身 DNA，对原核生物遗传性状的稳定性具有重要意义。

1. 限制性内切酶的分类　已报道的限制性内切酶有数万种，分为三类（表 14–2）。

（1）**I 型限制性内切酶**：三聚体结构，多酶复合体，有 DNase 活性和修饰性甲基化酶活性，这类酶可在距离识别位点约 1kb 范围内切割 DNA，对酶切位点序列并无特异性，所以切割不同 DNA 形成的末端序列未必相同。

（2）**III 型限制性内切酶**：二聚体结构，多酶复合体，有 DNase 活性和修饰性甲基化酶活性，这类酶通常在识别位点附近（相距 20~30bp）切割 DNA，对酶切位点序列并无特异性，所以切割不同 DNA 形成的末端序列未必相同。

（3）**Ⅱ型限制性内切酶**：单体结构，绝大多数只有 DNase 活性，酶切位点就是识别位点，所以切割不同 DNA 形成的末端序列是相同的。Ⅱ型限制性内切酶是重组 DNA 技术常用的限制性内切酶，被称为分子生物学家的手术刀。

表 14-2　限制性内切酶

特性	Ⅰ型	Ⅱ型	Ⅲ型
亚基数	3（RMS 异三聚体）	1（R 同二聚体）	2（RM 异二聚体）
DNase 活性	+	+	+
修饰性甲基化酶活性	+	−	+
辅助因子	ATP，Mg^{2+}，SAM	Mg^{2+}	ATP，Mg^{2+}，SAM
酶切位点与识别位点距离	<1kb	绝大多数位于识别位点内	20~30bp

● 第一种Ⅱ型限制性内切酶 *Hind* Ⅱ由 H. Smith（与 W. Arber、D. Nathans 获得 1978 年诺贝尔生理学或医学奖）、K. Wilcox 和 T. Kelley 于 1970 年从 *H. influenzae*（strain Rd）中分离，其识别位点是 GTY-RAC。同裂酶 *Hinc* Ⅱ分离自 *H. influenzae*，均含 257aa，只有 3 个氨基酸残基不同。

在各种教材及其他专著中，没有注明类型的限制性内切酶通常默认为Ⅱ型。

● *Mme* Ⅰ是一种特别的Ⅱ型限制性内切酶，其切割位点位于识别位点下游 20bp 处（$TCCRACN_{20}$-N）。

2. Ⅱ型限制性内切酶的识别和切割　Ⅱ型限制性内切酶识别位点有两个特点：①通常含 4~8bp。②多为回文序列（两个重复单位反向串联）。在随机序列 DNA 中，平均每 4096（4^6）bp 有一个 6bp 的识别位点。因此，DNA 分子可以被一种限制性内切酶消化成平均长度为 4kb 的片段，称为**限制性 [酶切] 片段**（restriction fragment）。限制性片段末端分两类。

（1）黏端：限制性内切酶从识别位点的两个对称点错位切割（staggered cut）DNA 双链，产生**黏 [性末] 端**（sticky end，突出末端，protruding terminus），包括 **5' 黏性末端**和 **3' 黏性末端**。例如限制性内切酶 *Eco*R Ⅰ水解 *Eco*R Ⅰ位点对称中心 5' 侧特定 3'- 磷酸酯键，形成 5' 黏性末端。

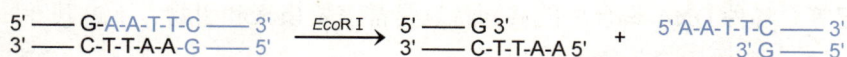

```
5' — G-A-A-T-T-C —— 3'      EcoR I      5' — G 3'              5' A-A-T-T-C —— 3'
3' — C-T-T-A-A-G —— 5'      ────────→   3' — C-T-T-A-A 5'  +   3' G —— 5'
```

限制性内切酶 *Pst* Ⅰ水解 *Pst* Ⅰ位点对称中心 3' 侧特定 3'- 磷酸酯键，形成 3' 黏性末端。

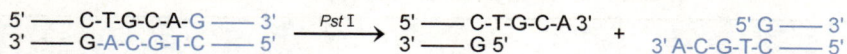

```
5' —— C-T-G-C-A-G —— 3'     Pst I       5' —— C-T-G-C-A 3'     5' G —— 3'
3' —— G-A-C-G-T-C —— 5'     ────────→   3' —— G 5'         +   3' A-C-G-T-C —— 5'
```

（2）平端：限制性内切酶水解识别位点对称中心的 3'- 磷酸酯键，形成**平 [头末] 端**（blunt end）。例如，限制性内切酶 *Sma* Ⅰ切割 *Sma* Ⅰ位点对称中心处，形成平端。

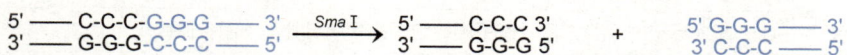

```
5' —— C-C-C-G-G-G —— 3'     Sma I       5' —— C-C-C 3'         5' G-G-G —— 3'
3' —— G-G-G-C-C-C —— 5'     ────────→   3' —— G-G-G 5'     +   3' C-C-C —— 5'
```

许多限制性内切酶的识别位点含 6bp。相比之下，有些限制性内切酶的识别位点含 4bp（如 *Taq* Ⅰ位点），在 DNA 中相对较多（平均每 4^4=256bp 一个），称为**高频限制性内切酶**、高频剪切酶（frequent cutter）；另一些限制性内切酶的识别位点含 8bp（如 *Not* Ⅰ位点），在 DNA 中相对较少（平均每 4^8=65536bp 一个），称为**低频限制性内切酶**、低频剪切酶（rare cutter）。

3. 限制性内切酶的应用 限制性内切酶的应用非常广泛，包括 DNA 重组、载体构建、探针制备、DNA 杂交、限制性酶切图谱分析、DNA 指纹分析、基因组文库构建、DNA 测序、DNA 相似性分析和基因定位等。

● **限制性酶切图谱** 简称限制图（restriction map），是指一种或一组识别位点在一种 DNA 中的数目和分布。该 DNA 由限制性内切酶消化成限制性片段后，用电泳等方法分离，形成独特的条带图谱。例如，SV40 有 1 个 *Eco*R Ⅰ 位点、4 个 *Hpa* Ⅰ 位点、11 个 *Hind* Ⅲ 位点。图 14-1 为 SV40 的三种限制性酶切图谱。

二、DNA 连接酶

DNA 连接酶可用于将目的 DNA 和载体共价连接成重组 DNA。常用的 DNA 连接酶包括大肠杆菌 DNA 连接酶和 T4 DNA 连接酶。它们催化 DNA 切口处的 5'- 磷酸基与 3'- 羟基缩合，形成磷酸二酯键，反应机制相同，但反应消耗的高能化合物不同：大肠杆菌 DNA 连接酶消耗 NAD^+，T4 DNA 连接酶消耗 ATP。

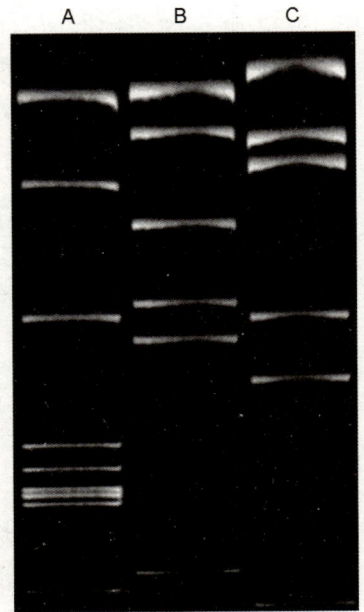

图 14-1 SV40 限制性酶切图谱

1. 大肠杆菌 DNA 连接酶 由大肠杆菌 *ligA* 基因编码，在大肠杆菌 DNA 的复制、修复和重组过程中起作用，在重组 DNA 技术中用于连接 DNA 切口或互补黏性末端（343 页）。

大肠杆菌 DNA 连接酶的最适温度是 37℃，但连接互补黏性末端时反应温度要低一些；因为黏性末端较短，温度过高时不易退火，也就无法连接。

2. T4 DNA 连接酶 由 T4 噬菌体的 *30* 基因编码，在 T4 噬菌体感染的大肠杆菌中合成，在重组 DNA 技术中用于连接 DNA 平端或互补黏性末端。多胺及高浓度 ATP（5mmol/L）抑制 T4 DNA 连接酶活性。

三、DNA 聚合酶

DNA 聚合酶催化合成 DNA，在重组 DNA 技术中用于 DNA 体外扩增、DNA 缺口填补和 DNA 探针标记等。各种 DNA 聚合酶的共同特点是都需要模板和引物，不过其专一性高低不同，反应条件也不一样，所以用途各异（表 14-3）。

表 14-3 重组 DNA 技术应用的 DNA 聚合酶

DNA 聚合酶	应用
DNA 聚合酶 Ⅰ	①催化 DNA 切口平移，制备高比活性 DNA 探针。②合成 dscDNA。③补平或标记 5' 黏性末端。④DNA 测序
Klenow 片段	①补平或标记 5' 黏性末端。②合成 dscDNA。③DNA 测序
T4 DNA 聚合酶	①补平或标记 5' 黏性末端。②平端标记（先水解后补平）制备探针
T7 DNA 聚合酶	①补平或标记 5' 黏性末端。②平端标记（先水解后补平）制备探针
Taq DNA 聚合酶	①PCR。②DNA 测序
逆转录酶	①逆转录合成 sscDNA。②制备探针。③逆转录 PCR。④补平或标记 5' 黏性末端。⑤DNA 测序

四、RNA 聚合酶

T7 RNA 聚合酶由 T7 噬菌体的 *1* 基因编码，因为以下特点而用于构建表达系统。

1. 高效性　合成速度约 300nt/s，比大肠杆菌 RNA 聚合酶快（50~100nt/s）。

2. 专一性　只识别噬菌体的晚期启动子，该启动子较小，位于 -1~-11 区。

五、修饰酶

在重组 DNA 技术中，目的 DNA 经常需要通过修饰进行标记、保护，或加接人工接头，便于重组。修饰需要各种修饰酶。

1. 末端转移酶　末端转移酶（第十二章，306 页）可用于：① DNA 3' 端进行同聚物加尾（343 页），便于克隆。②标记 DNA 3' 端，以制备探针或测序。

2. 碱性磷酸酶　常用的碱性磷酸酶有两种：从牛小肠分离的，称为牛小肠碱性磷酸酶；从细菌中分离的，称为细菌碱性磷酸酶。它们的专一性不高，能水解各种磷酸单酯键，可用于：①脱去载体的 5'- 磷酸基，防止其自身环化或形成串联体，提高重组效率。②与 T4 多核苷酸激酶联合，用 $[\gamma\text{-}^{32}P]ATP$ 标记 DNA 或 RNA 的 5' 末端。

3. T4 多核苷酸激酶　T4 多核苷酸激酶（第十二章，306 页）可用于：①将 DNA 或 RNA 的 5'- 羟基磷酸化。②与碱性磷酸酶联合标记 DNA 或 RNA 的 5' 末端。

4. 修饰性甲基化酶　在重组 DNA 技术中，常用修饰性甲基化酶将目的 DNA 的某些识别位点甲基化，使其不再被相应的限制性内切酶消化，起到保护作用。例如，*Eco*R Ⅰ DNA 甲基转移酶能催化 *S*- 腺苷蛋氨酸将 *Eco*R Ⅰ 位点 G-A**A**TC 的 **A** 甲基化为 N^6- 甲基腺嘌呤，使该限制性酶切位点抗 *Eco*R Ⅰ 切割。

5. 核酸酶　水解磷酸二酯键。核酸酶有各种分类：① DNase、RNase 和 RNase H。②核酸内切酶和核酸外切酶。③ 3' → 5' 外切酶和 5' → 3' 外切酶。④特异性核酸酶（如限制性内切酶）和非特异性核酸酶。⑤水解单链核酸的核酸酶（RNase S1、绿豆核酸酶）、水解双链核酸的核酸酶、单 / 双链核酸都水解的核酸酶。⑥水解 3'- 磷酸酯键的核酸酶和水解 5'- 磷酸酯键的核酸酶等。

（1）核酸外切酶Ⅲ：从 3'- 羟基端外切水解双链 DNA 的平端、5' 黏端、不超过 3nt 的 3' 黏端、切口。

（2）λ噬菌体核酸外切酶：从 5'- 磷酸基端外切水解双链 DNA 的平端、3' 黏端、切口。

第二节　载　体

重组 DNA 技术的一个基本操作，是把目的 DNA 转入宿主细胞，并在宿主细胞内扩增。大多数目的 DNA 很难自己进入宿主细胞，更不能自主复制，因此需要把目的 DNA 连接到一种特定的、可以自主复制的 DNA 中，这种 DNA 分子就是重组 DNA 技术的载体。

一、概述

重组 DNA 技术载体（vector）的化学本质是 DNA。载体不但能与目的 DNA 重组，转入宿主细胞，还能利用自身的调控元件，使目的 DNA 在宿主细胞内独立和稳定地复制甚至表达，并据此分为克隆载体和表达载体（图 14–2）。

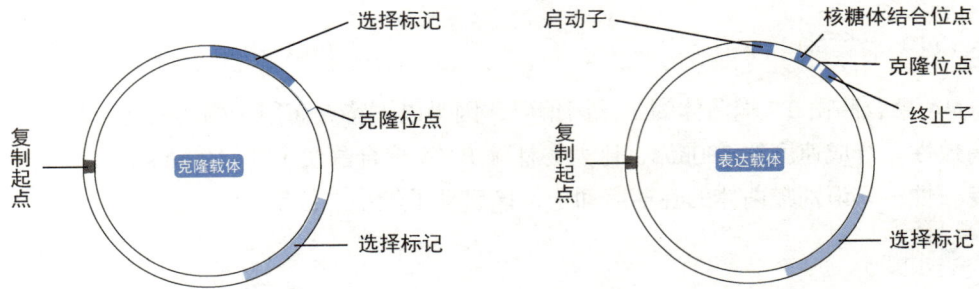

图 14-2 载体的基本结构

1. 克隆载体（cloning vector） 是用来克隆和扩增目的 DNA 的载体，含以下基本元件。

（1）**复制起点**（ori）：能利用宿主的 DNA 复制系统启动载体复制，目的 DNA 也随之复制。

（2）**克隆位点**：目的 DNA 的插入位点，为某种限制性内切酶的单一酶切位点（unique restriction site），或多种限制性内切酶的单一酶切位点，后者多集中形成**多克隆位点**（MCS），又称多接头、多位点人工接头（polylinker）（图 14-3）。

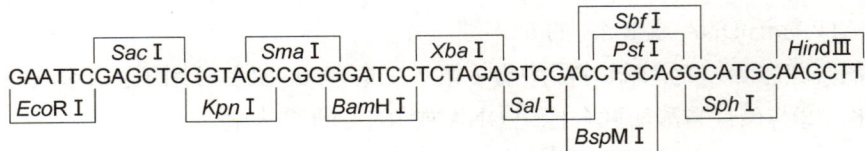

图 14-3　pUC18/19 多克隆位点

（3）选择标记和筛选标记：①**选择标记**（selectable marker）决定宿主能否存活，分为阳性选择标记（其表达产物为宿主存活所必需）和阴性选择标记（其表达产物会杀死宿主）。②**筛选标记**（screenable marker），又称**报告基因**（reporter gene），不影响宿主代谢，但赋予宿主某种表型（编码产物易检测，如抗药酶、荧光蛋白），便于筛选重组 DNA 克隆。广义选择标记包括筛选标记。

此外，克隆载体还应有分子小、容量大、容易转入宿主细胞、拷贝数高、容易提取和抗剪切力强等特点。克隆载体适用于目的 DNA 的重组、克隆和保存。

2. 表达载体（expression vector） 是用来表达目的基因的载体，除了含克隆载体的基本元件外，还含表达元件。这些元件能被宿主表达系统识别，从而调控转录和翻译。因此，表达载体可以利用宿主表达系统表达其携带的目的基因。

常用的载体有：①**原核载体**：以原核细胞为宿主的质粒载体、噬菌体载体、噬菌粒载体、黏粒载体和细菌人工染色体。②**真核载体**：以真核细胞为宿主的病毒载体和酵母人工染色体。③**穿梭载体**：可以转化不同宿主细胞，例如细菌和酵母、细菌和动物细胞。这些载体是由相应的野生型质粒、噬菌体或病毒等构建的（表 14-4）。

表 14-4　常用载体类型

载体	最大容量（kb）	举例	宿主	用途
质粒	10	pBR322，pUC18	大肠杆菌	一般用途，载体构建
λ 噬菌体（插入型）	10	λgt11	大肠杆菌	cDNA 文库构建
λ 噬菌体（置换型）	20~23	λZAP，EMBL4，charon 4A	大肠杆菌	基因组文库构建

续表

载体	最大容量（kb）	举例	宿主	用途
M13 噬菌体	8~9	M13mp18	大肠杆菌	定点突变，DNA 测序
黏粒	45~50	pJB8	大肠杆菌	基因组文库构建
噬菌粒	10~20	pBluescript	大肠杆菌	一般用途，定点突变
P1 人工染色体	75~90	pAd10SacB II	大肠杆菌	基因组文库构建
细菌人工染色体	300	pBAC108L	大肠杆菌	基因组文库构建
酵母人工染色体	2000	pYAC4	酵母	基因组文库构建

二、质粒载体

质粒载体在重组 DNA 技术中应用最早、最广泛。

在重组 DNA 技术中，为了提高目的 DNA 的扩增效率或目的基因的表达效率，常采用松弛型质粒构建载体，除非过多的目的 DNA 克隆或目的基因产物会影响到宿主菌的存活。

（一）pBR322 载体

质粒 pBR322 是第一种人工构建的克隆载体（F. Bolivar & R. Rodriguez，1977），现在已经对其进行详细研究，包括 DNA 测序、限制性酶切图谱分析。

1. pBR322 载体的结构　质粒 pBR322 含 4361bp，用三种亲本 DNA 构建而成，含以下元件（图 14-4，图中未标出所有限制性酶切位点）。

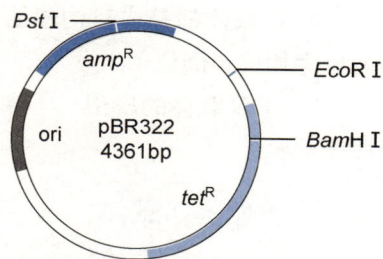

图 14-4　pBR322 结构

（1）复制起点：来自质粒 pMB1 的复制起点 *rep*，功能是决定质粒拷贝数和不相容性（同一不相容组的两种质粒不能在一个宿主细胞中共存），可被宿主复制系统识别、启动复制。

（2）选择标记：①氨苄青霉素抗性基因（*amp*R）：来自 Tn3 转座子，编码一种分泌型 β- 内酰胺酶（AmpR），可以分解青霉素、氨苄青霉素（氨苄西林）、羟氨苄青霉素（阿莫西林）。②四环素抗性基因（*tet*R）：来自质粒 pSC101，编码一种膜蛋白（TetR），可将四环素泵出细胞。

（3）克隆位点：其中有的位于 *amp*R 基因中（如 *Pst* I 位点），在这种位点插入目的 DNA 会导致 *amp*R 基因失活；有的位于 *tet*R 基因中（如 *Bam*H I 位点），在这种位点插入目的 DNA 会导致 *tet*R 基因失活。

2. pBR322 载体的特点　①分子量较小：便于操作和转化。已切除与载体功能无关的序列。为了便于提取并且避免在提取过程中发生断裂，克隆载体的大小最好不超过 15kb。②有两个抗性基因：可以通过插入失活筛选转入目的 DNA 的细胞（转化子，344 页）。③是松弛型质粒：通常拷贝数在 10~20（由以复制起点为靶点的调控系统控制）。如果用氯霉素处理，可在每个细胞内扩增 1000~3000 个拷贝，极大提高 DNA 克隆效率。

3. pBR322 载体的应用　①作为原核克隆载体。②构建原核表达载体。③构建其他载体。

（二）pUC 载体

pUC 载体是用质粒 pBR322 和 M13 噬菌体构建的（J. Vieira & J. Messing，1982），大小为

2686bp，是目前在分子生物学研究中应用比较广泛的一类质粒克隆载体。

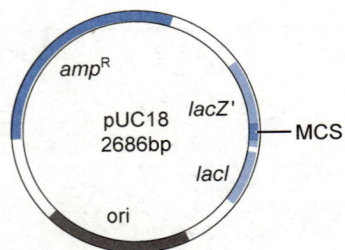

图 14-5　pUC18 和 pUC19 结构

1. pUC 载体的结构　典型的 pUC 含以下元件。

（1）复制起点：来自质粒 pBR322，因含有一个点突变而使 pUC 拷贝数更高。

（2）选择标记：① *amp*^R：来自质粒 pBR322，但其序列已被改造，不含限制性酶切位点。② *lacZ* '：来自噬菌体载体 M13mp18/19，包含大肠杆菌乳糖操纵子的 *CRP*、启动子 *lacP*、操纵基因 *lacO* 和结构基因 *lacZ* 的 5' 端部分序列（编码 β - 半乳糖苷酶 N 端的 146aa）。

（3）多克隆位点：位于 *lacZ* ' 编码区内（图 14-3）。

（4）调控基因 *lacI*：来自大肠杆菌乳糖操纵子（图 14-5）。

2. pUC 载体的特点　与 pBR322 相比，pUC 有以下特点：①分子量更小，拷贝数更高，不用氯霉素处理即可在每个细胞内扩增 500~700 个拷贝。②针对所含的 *lacZ* ' 可用 α 互补和蓝白筛选法筛选转化细胞（以大肠杆菌 DH5α 菌株为宿主），筛选过程简便省时（346 页）。③ *lacZ* ' 内的多克隆位点使重组更方便。

pUC 载体都是成对构建的。它们在结构上基本一致，只是多克隆位点所含限制性酶切位点的排序相反（倒位）。

3. pUC 载体的应用　①克隆目的基因。②表达目的基因。③构建 cDNA 文库。④用于 DNA 测序。

三、噬菌体载体

噬菌体（phage）是以细菌为宿主的病毒。噬菌体 DNA 除了含复制起点外，还携带噬菌体衣壳蛋白基因。噬菌体载体的特点是转化效率高、拷贝数高。噬菌体载体适用于构建基因文库。

λ 噬菌体有一个携带基因组 DNA 的头部（head）、一个用于感染大肠杆菌的尾部（tail）（含尾丝，tail fiber，图 14-6）。

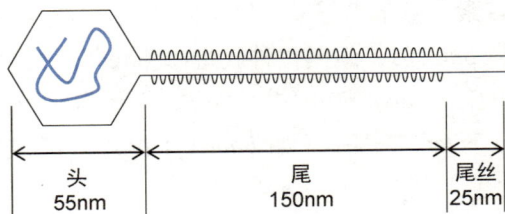

| 头 | 尾 | 尾丝 |
| 55nm | 150nm | 25nm |

图 14-6　λ 噬菌体

1. λ 噬菌体的生命周期　λ 噬菌体属于溶原性噬菌体（lysogenic phage，温和噬菌体），感染细菌之后可以进入裂解周期或溶原周期。裂解周期是指噬菌体感染细菌后持续增殖，可以产生 100 多个子代噬菌体（病毒粒子，virion），直至溶菌，释放的噬菌体可以继续感染细菌。溶原周期是指噬菌体感染宿主菌后将 DNA 整合到其染色体 DNA 中，并随之一起复制，遗传给新生菌。这种宿主菌只有一个噬菌体 DNA 拷贝（原噬菌体，prophage），并且宿主菌不被裂解（称为溶原菌、溶原体，lysogen），但在适当条件下（如紫外线照射）可以转入裂解周期（图 14-7）。

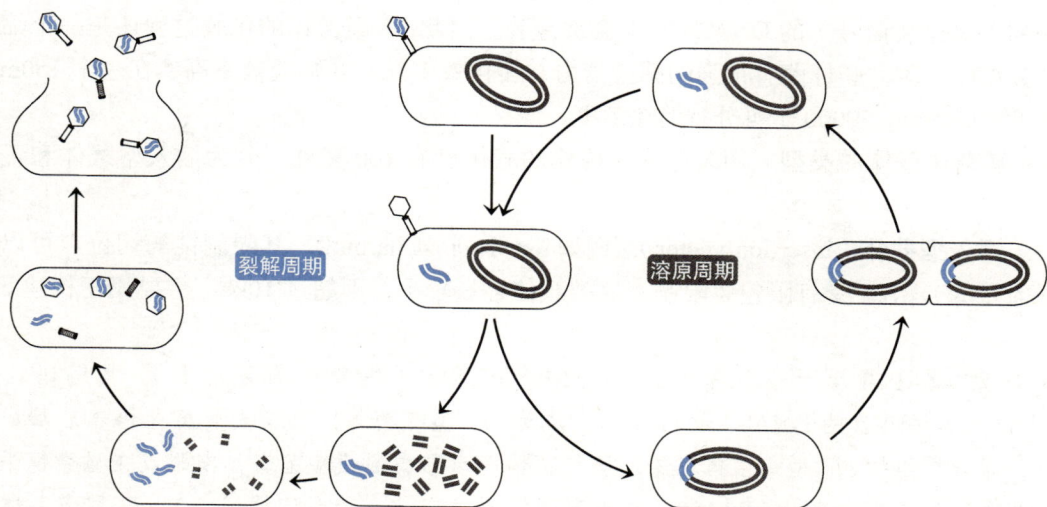

图 14-7　λ 噬菌体的生命周期

2. λ 噬菌体的基因组　是线性双链 DNA，含 48502bp，两端各有 12nt 的互补单链，因而是一种天然黏性末端，称为 cos 末端，包括左端（L cos）和右端（R cos）（图 14-8）。

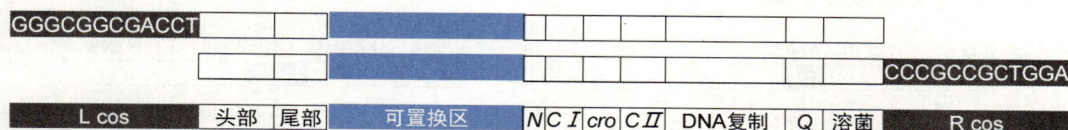

图 14-8　λ 噬菌体基因组

野生型 λ 噬菌体的基因组有 60 多个基因：①衣壳蛋白（头部、尾部、尾丝）基因在左侧。②裂解生长蛋白基因在右侧。③中间的一部分序列属于可置换区，可置换容量为 23kb。可置换区并非溶原周期所必需，该区被置换并不影响 λ 噬菌体的感染和包装。

3. λ 噬菌体的复制和包装　λ 噬菌体的 DNA 感染大肠杆菌后自身环化，cos 末端退火形成 cos 位点。如果营养缺乏，则进入溶原周期；如果营养充足，则进入裂解周期，在感染晚期进行滚环复制（第二章，51 页），合成 DNA 串联体，同时合成衣壳蛋白，分别组装成头部、尾部和尾丝。

λ 噬菌体包装过程：① Nu1 亚基和 gpA 亚基构成的二聚体末端酶（terminase）与 cos 位点结合，其中 gpA 亚基可能是核酸内切酶，从 cos 位点切开串联体，将切下的基因组装入头部空腔（由 ATP 驱动）。②头部和尾部结合，包装成子代噬菌体（图 14-9）。

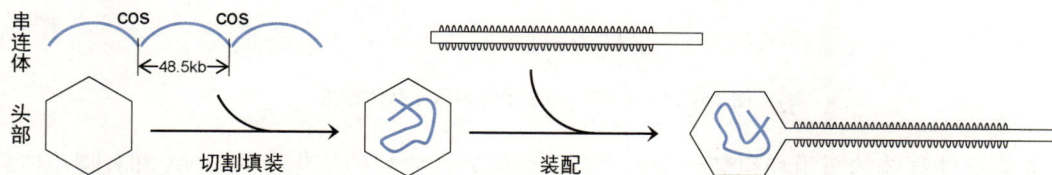

图 14-9　λ 噬菌体包装

4. λ 噬菌体载体的特点　λ 噬菌体载体由 F. Blattner（威斯康星大学遗传学教授，领导完成大肠杆菌 K-12 株基因组测序）等于 1977 年构建，有以下特点：①λ 噬菌体的包装属于有限包装，可以包装长度相当于噬菌体基因组 78%~105% 的 DNA 片段（不超过 50kb）。过大、过小或缺少必要序列（如包装信号）的 DNA 片段不会被包装。因此，λ噬菌体的包装过程还是一个筛选过程。②λ噬菌体对大肠杆菌有很强的感染能力，转化效率高。③筛选效率高，在一个 150mm 培养皿中可形成 5000~50000 个可分辨的噬菌斑。

5. λ噬菌体载体的类型　用λ噬菌体构建的载体已有 100 多种，分为插入型载体和置换型载体。

（1）**插入型载体**（insertion vector）：例如λgt 系列、Charon 2，其限制性酶切位点可以被切开并插入目的 DNA。受有限包装限制，这类载体容量较小，不超过 10kb，主要用于构建 cDNA 文库。

λgt10 和λZAP II 属于插入型载体。λgt10 含 *cI* 基因（编码阻遏蛋白 I），其编码区内含 *Eco*R I 位点。插入目的 DNA 导致 *cI* 失活，成为 *cI*⁻ 型噬菌体，感染大肠杆菌培养后形成透明噬菌斑；而未重组的 *cI*⁺ 型噬菌体感染大肠杆菌培养后形成混浊噬菌斑，肉眼或在显微镜下可以识别。此外，如果宿主菌含 hflA150（高频率的溶原突变，一种遗传标记，使 *cI*⁺ 型噬菌体的溶原率大大提高），则只有 *cI*⁻ 型噬菌体能形成噬菌斑；*cI*⁺ 型噬菌体则进入溶原周期，不会形成噬菌斑，便于筛选。

λZAP II 载体含 *lacZ'*，其编码区内含多克隆位点。插入目的 DNA 导致 *lacZ'* 失活，可用 α 互补和蓝白筛选法筛选转化细胞（图 14-10）。

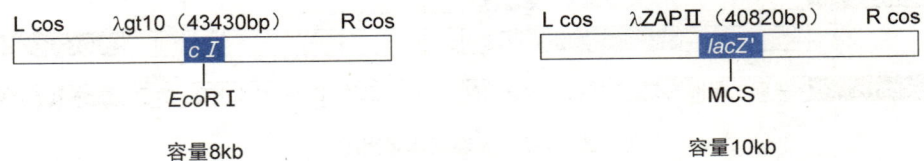

图 14-10　λgt10 和 λZAP II 载体结构

（2）**置换型载体**（replacement vector）：又称取代型载体，例如 EMBL 系列、Charon 4，其各种限制性酶切位点都成对存在，一对限制性酶切位点之间的 DNA 序列可以被目的 DNA 置换。置换型载体容量大，可达 23kb，主要用于构建基因组文库。

λWES-λB' 和 EMBL4 属于置换型载体。λWES-λB'（或λgt-λβ）的可置换区两端只有 *Eco*R I 位点，EMBL4 的可置换区两端有 *Eco*R I、*Bam*H I 和 *Sal* I 位点（图 14-11）。

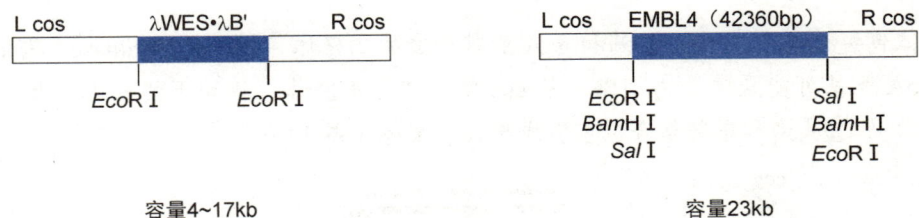

图 14-11　λWES-λB' 和 EMBL4 载体结构

6. λ噬菌体载体的重组和包装　①选择合适的限制性内切酶消化目的 DNA 和λ噬菌体载体，电泳分离，选取长度约 15kb 的限制性片段，与噬菌体载体重组，制备重组串联体。②以 gpA 亚基缺陷噬菌体感染大肠杆菌，制备头部和尾部。如果没有 gpA 亚基，DNA 就不会装入头部，而尾部不会与空的头部组装。③以野生型λ噬菌体（辅助噬菌体）感染大肠杆菌，制备 gpA 亚基，与重组串联体、头部及尾部混合，自动包装成重组λ噬菌体（图 14-12）。

7. λ噬菌体载体的应用　①构建基因组文库、cDNA 文库和表达文库。②克隆目的基因。

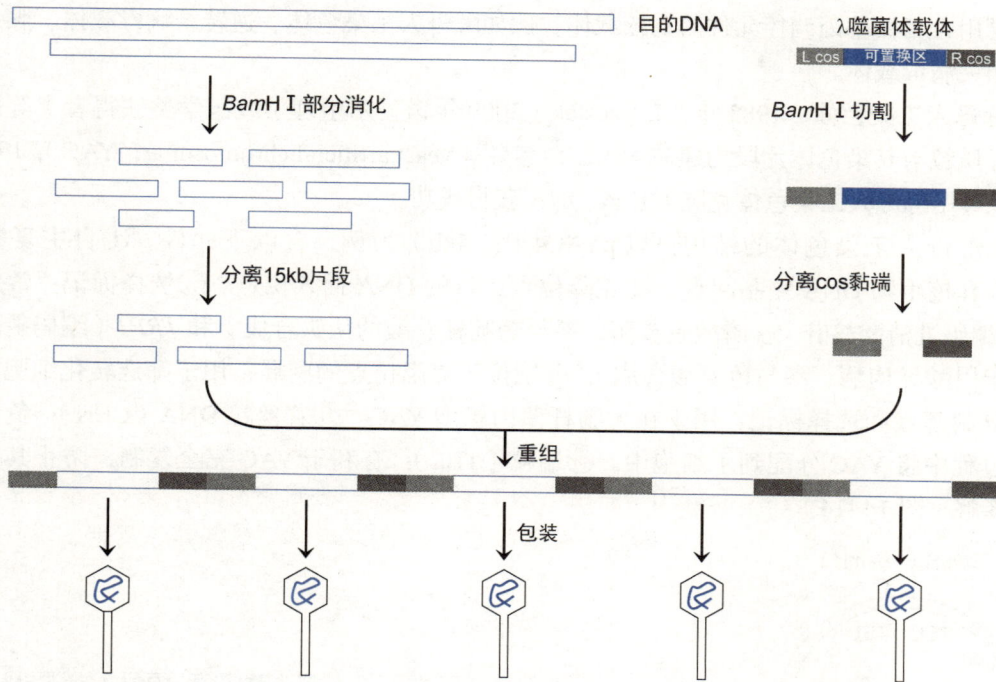

图 14-12 λ 噬菌体载体的重组和包装

四、细菌人工染色体

1992 年，H. Shizuya 和 B. Birren 构建细菌人工染色体作为稳定载体。**细菌人工染色体**（BAC）载体属于质粒载体，是用大肠杆菌严紧型**性因子**（F 因子）构建的，含以下元件：①复制起点，如性因子的 *oriS*，该复制起点维持拷贝数 1~2。②阳性选择标记，如 *cm*^R（编码多药转运蛋白 MdfA/Cam^R）。③筛选标记，如 *lacZ'*，含多克隆位点。④来自性因子的 *par* 基因——编码 *oriS* 结合蛋白，该蛋白质可以使细菌人工染色体均分到子细胞（新生菌）内（图 14-13）。

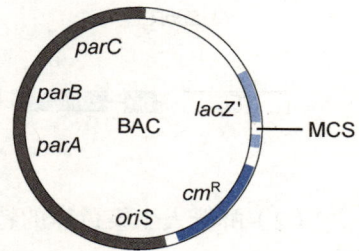

图 14-13 细菌人工染色体

细菌人工染色体在一个宿主菌内的拷贝数是 1~2 个，拷贝数过高时会发生不可控重组，破坏目的 DNA，影响研究和应用。

细菌人工染色体和目的 DNA 重组的方法与一般质粒载体一样，但转化方法不同，需用电穿孔法。

细菌人工染色体重组体比酵母人工染色体稳定得多，且呈共价闭合环状结构，易于提取。细菌人工染色体是人类基因组计划应用的主要载体，用于物理图谱分析和基因组测序。

五、真核载体

真核基因可用原核细胞克隆，但其某些功能在原核细胞中得不到体现，例如 DNA 与减数分裂的关系、细胞的特异性分化等。因此，真核基因有时需要用真核细胞克隆和表达，特别是表达。

真核细胞只能识别真核基因调控元件，不能识别原核基因调控元件。因此，将基因转入真核细胞需要用含真核基因调控元件的真核载体，例如酵母人工染色体、逆转录病毒载体、腺病毒载体和腺相关病毒载体。

1. 酵母人工染色体 1983 年，J. Szostak（2009 年诺贝尔生理学或医学奖获得者）等用一种酿酒酵母质粒与其染色体片段构建酵母人工染色体（yeast artificial chromosome，YAC）；1987 年，D. Burke 等用酵母人工染色体克隆大片段 DNA 获得成功。

（1）酵母人工染色体的结构：以 pYAC4（11.4kb）为例，含以下元件。①自主复制序列（ARS）：真核生物 DNA 复制起点。②克隆位点：目的 DNA 插入位点。③选择标记：常用的是 *URA3*（编码乳清酸核苷 -5'- 磷酸脱羧酶，参与嘧啶核苷酸的从头合成）和 *TRP1*（编码磷酸核糖邻氨基苯甲酸异构酶，参与色氨酸合成），分别位于克隆位点的两翼，用于筛选转化细胞。④大肠杆菌复制起点和选择标记：用于在大肠杆菌内扩增 YAC。⑤着丝粒 DNA（CEN）：负责在细胞分裂过程中将 YAC 分配到子细胞中。⑥端粒（TEL）：有利于 YAC 完全复制，防止其被核酸外切酶降解（图 14–14）。

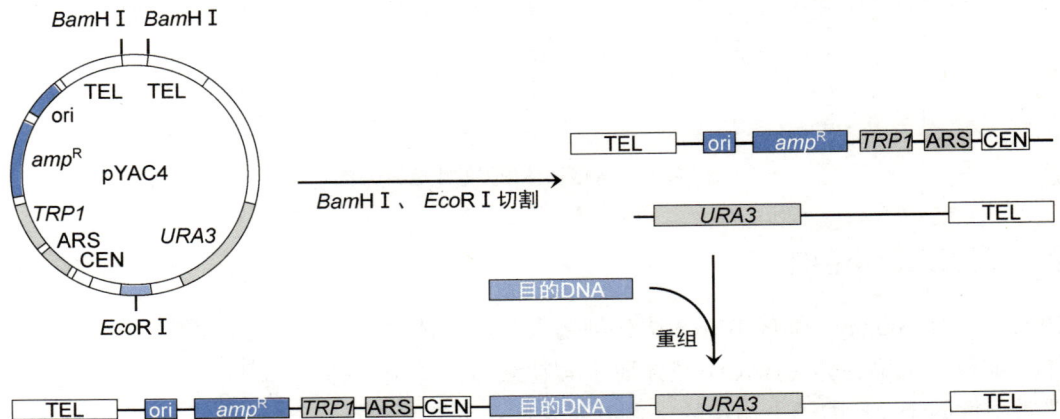

图 14–14 酵母人工染色体克隆原理

（2）酵母人工染色体的特点：主要特点是容量大，可达 2000kb，且所克隆 DNA 片段越长越稳定，大于 150kb 时几乎和宿主染色体一样稳定。相反，如果所克隆 DNA 片段小于 100kb，会随着细胞分裂而丢失。因此，YAC 可用于克隆较长的 DNA 片段，适用于传统的基因图谱研究。YAC 曾经是人类基因组计划应用的主要载体，用于人类基因组的物理图谱分析和序列图谱绘制。此外，YAC 可用于研究真核生物 DNA 与染色体结构、基因表达调控元件和调控机制、基因功能。

2. 病毒载体 目前应用的病毒载体包括逆转录病毒载体、腺病毒载体、腺相关病毒载体、单纯疱疹病毒载体、牛痘病毒载体、杆状病毒载体等，其有害基因和元件均已删除，只保留感染相关基因和元件，能携带目的 DNA 感染宿主细胞并复制。多数病毒载体已经质粒化，由病毒启动子、包装信号、选择标记构成。病毒具有宿主细胞定向感染性和寄生性两大特征。用动物病毒基因组构建的真核载体不但能把目的 DNA 送入宿主细胞，有的还能进一步整合到宿主染色体DNA 中。

六、表达载体

表达载体包括原核表达载体和真核表达载体，都含表达元件。原核表达载体（如 pET 系列）含原核基因的启动子、终止子、核糖体结合位点等表达元件，只能被原核表达系统识别；真核表达载体（如杆状病毒载体）含真核基因的增强子、启动子、终止子、核糖体结合位点等表达元件（用于研究转录后加工的载体还携带剪接位点信号），只能被真核表达系统识别。

表达载体可分为非融合表达载体和融合表达载体等。

1. 非融合表达载体　表达产物完全由目的基因编码，例如 pKK223-3，含以下表达元件。

（1）启动子：位于克隆位点上游。好的启动子必须是具有特异性、能被宿主表达系统高效识别和有效调控的强启动子。

（2）终止子：位于克隆位点下游。虽然没有终止子也能转录，但如果转录合成的 mRNA 过长，不仅消耗大量 NTP，而且还会使 mRNA 形成复杂的二级结构，抑制翻译。因此，为了获得稳定的转录产物，避免转录无关序列（连读），高效表达载体必须含终止子。原核表达载体含不依赖 ρ 因子的终止子，真核表达载体含加尾信号等。

（3）核糖体结合位点：位于启动子下游，并与其保持合适的距离。

（4）克隆位点：表达载体的克隆位点（如 *Nde* I 位点 CA-T ATG、*Nco* I 位点 C-CATG G）均含起始密码子 ATG。因此，只要将目的基因适当修饰，并加接相应的接头，确保克隆位点的 ATG 恰好作为目的基因阅读框的起始密码子，即可表达目的蛋白。

（5）其他调控元件：如阻遏蛋白基因和操纵基因。基于以下原因，目的基因的表达必须受到调控：①多数表达载体的启动子是强启动子，表达效率非常高，以至于会影响宿主基因的表达。②某些目的蛋白可能有毒性，过量表达会影响宿主细胞的代谢，甚至杀死宿主细胞。③如果翻译速度快于翻译后修饰速度，会导致翻译后修饰异常，影响产物活性。

为此，通常调节宿主细胞的代谢和调控目的基因的表达，使其分两阶段进行：①使宿主细胞快速增殖，以获得足够量的细胞。②启动目的基因表达，使目的基因高效表达，合成目的蛋白。

2. 融合表达载体　除了含上述表达元件之外，还含有一段结构基因序列，位于克隆位点上游或下游，重组时会与插入的目的基因重组成融合基因（fused gene，两个不同来源的基因片段通过重组构成的一种基因，又称嵌合基因，chimeric gene），表达融合蛋白（fused protein）。在融合蛋白中，载体结构基因编码的肽段位于 N 端或 C 端。

融合蛋白特点：①更稳定，不易被宿主蛋白酶水解。②一定程度上可以避免形成包涵体。

第三节　基本过程

重组 DNA 技术通常包括以下基本步骤：①目的 DNA 制备：可从组织细胞提取、逆转录合成、PCR 扩增或化学合成。②载体选择：根据研究目的和目的 DNA 的特点选择。③体外重组：用限制性内切酶联合 DNA 连接酶将目的 DNA 与载体连接，构建重组体。④基因转移：重组体转化宿主细胞。⑤细胞筛选和 DNA 鉴定：检出转入目的 DNA 的宿主细胞。⑥应用：扩增、表达及其他研究（图 14-15）。

一、目的 DNA 制备

重组 DNA 技术中的目的 DNA 既指有待克隆的 DNA，又指有待研究或应用的克隆产物（扩增子），例如基因文库。制备目的 DNA 就是要保证目的 DNA 的量、结构和纯度符合要求。常用的制备方法有从组织细胞提取、逆转录合成、PCR 扩增和化学合成，其中 PCR 扩增应用最广泛。

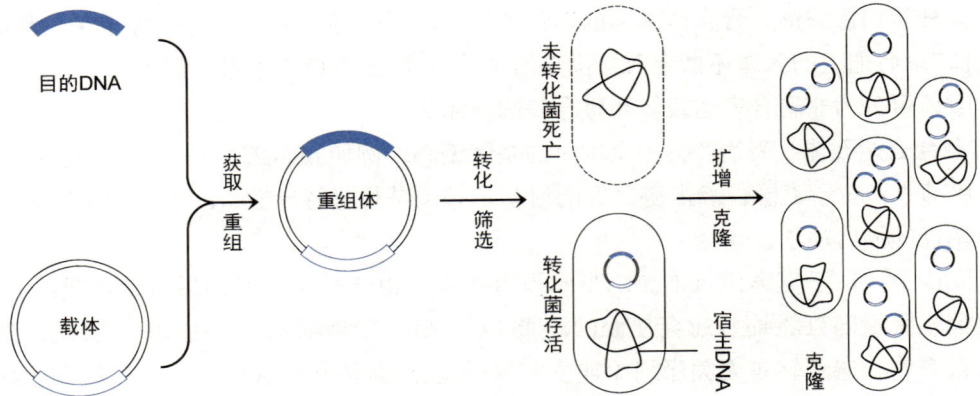

图 14–15　重组 DNA 技术基本过程

1. 从组织细胞提取　只要有足够的组织细胞材料，便可从中提取基因组 DNA，不过在提取时应尽量维持 DNA 分子的完整性，减少断裂（第十一章，286 页）。基因组 DNA 主要用于构建基因组文库。

2. 逆转录合成　以下目的 DNA 不宜从基因组 DNA 中提取：①要在原核细胞中表达的真核基因：真核基因转录的 pre-mRNA 必须经过后加工，成为成熟 mRNA，才能指导蛋白质合成；原核细胞转录后加工系统不能加工真核生物 pre-mRNA。②要研究表达特异性的基因：基因组 DNA 没有组织特异性，并且含量稳定，不受环境因素、营养状况和发育状况的影响。

研究这类基因可用其 cDNA。这就需要先从（高表达）组织细胞中提取 mRNA（如从网织红细胞提取珠蛋白 mRNA，从鸡输卵管提取卵清蛋白 mRNA，从晶状体提取晶状体蛋白 mRNA），然后用 oligo(dT) 作引物（通常 12~20nt，其 5' 端可加接人工接头以便于克隆），逆转录合成其 cDNA（图 14–16），再进行克隆。

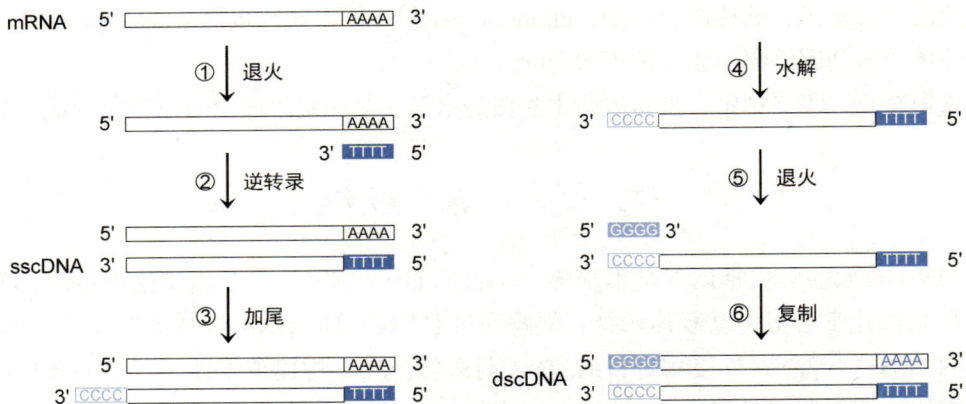

图 14–16　cDNA 合成

为了避免在克隆时被限制性内切酶消化，合成体系中可用甲基化 dCTP 代替 dCTP。不过，很多大肠杆菌都表达 5- 甲基胞嘧啶特异性限制性内切酶，因此须选择相应的缺陷型菌株。

3. PCR 扩增　如果已构建有基因组文库、cDNA 文库，或有少量目的 DNA、mRNA 样品，可进行 PCR 扩增，获得重组所需量。PCR 扩增主要用于克隆已知基因。

4. 化学合成　用 dNMP 衍生物作为合成原料合成 DNA，目前已经自动化，可用于：①制备 PCR 引物、寡核苷酸探针、人工接头、较小的基因、带黏性末端的 DNA 片段、重组质粒。②DNA 测序。③研究基因突变。④改造基因。采用化学合成法已经成功合成人的胰岛素基因、生长抑素基因等，并且在大肠杆菌细胞内表达。

用哪种方法制备目的 DNA 要根据研究目的和实际条件来确定。例如，研究基因表达调控元件使用基因组 DNA，在原核细胞中表达真核基因则用 cDNA。实际上，要制备符合要求的目的 DNA，通常要联合应用上述方法。例如，要合成 cDNA 得先提取 mRNA，再逆转录合成，最后还要从逆转录合成体系中分离纯化 cDNA。

二、载体选择

选择载体要考虑克隆的目的：制备目的 DNA 克隆用克隆载体，表达目的基因用表达载体。此外，还要考虑目的 DNA 长度和限制性酶切图谱、宿主细胞兼容性等。

三、体外重组

在重组 DNA 技术中，目的 DNA 与载体在体外连接的过程称为体外重组（*in vitro* recombination）。体外重组的产物称为重组 DNA（recombinant DNA，rDNA，重组体，recombinant），属于嵌合 DNA（chimeric DNA）。

构建重组 DNA 之前需先用限制性内切酶消化目的 DNA 和载体，为此应明确目的 DNA 和载体的限制性酶切图谱，以选用合适的限制性内切酶：①其识别的限制性酶切位点仅存在于目的 DNA 两翼，这样消化后可以得到完整的目的 DNA。②载体的克隆位点也存在其限制性酶切位点，便于重组和筛选。

目的 DNA 和载体消化之后还要用琼脂糖凝胶电泳、聚丙烯酰胺凝胶电泳或高效液相色谱纯化，然后才可重组。不同的 DNA 可用不同的连接方法重组，要综合考虑以下因素：①操作简单易行。②连接形成的"接点"最好能被限制性内切酶识别和切割，便于回收目的 DNA。③不要破坏表达克隆的表达元件和阅读框。

1. 平端连接 凡是有 3'- 羟基和 5'- 磷酸基的平端 DNA 都可由 T4 DNA 连接酶催化连接，这就是平端连接。连接时通常按等摩尔量混合载体和目的 DNA，且载体需用碱性磷酸酶脱去 5'- 磷酸基以免自身环化，这样仅一股重组 DNA 连接，另一股的切口在转入宿主细胞后会由宿主酶系统连接。

2. 互补黏性末端连接 目的 DNA 和载体由同一种限制性内切酶消化，产生相同的黏性末端，因而彼此互补，称为互补黏性末端。在适当条件下，互补黏性末端退火，由 DNA 连接酶催化连接成重组 DNA，称为互补黏性末端连接。

3. 同聚物加尾连接 利用末端转移酶在线性载体 DNA 的 3' 端加接同聚物，例如 oligo(dA)，在目的 DNA 的 3' 端加接互补同聚物，例如 oligo(dT)。两者混合，即可通过同聚物退火。用 DNA 聚合酶催化填补缺口，再用 DNA 连接酶催化连接成重组 DNA。

4. 加人工接头连接 人工接头又称接头 DNA（linker DNA），是一种化学合成的双链寡核苷酸，含有一种（通常 8~16bp）或多种单一酶切位点（polylinker，图 14-3，334 页），可用 T4 DNA 聚合酶催化连接到目的 DNA 的平端，然后用相应的限制性内切酶消化，形成的黏性末端与载体互补，即可进行互补黏性末端连接。

人工接头与目的 DNA 的连接多属于平端连接，目的 DNA 的末端如果是黏性末端，需要先用核酸外切酶削平，或用 DNA 聚合酶补平。人工接头很短，容易达到平端连接所需的高浓度。值得注意的是，目的 DNA 序列中不能含与人工接头相同的限制性酶切位点。

同聚物加尾连接和加人工接头连接操作比较繁琐，目前多用于构建基因文库和测序文库等。

5. PCR 产物连接　①平端产物采用平端连接。②克隆 PCR 产物采用互补黏性末端连接。③ Taq DNA 聚合酶的扩增产物用 T 载体克隆（第十三章，321 页）。

四、基因转移

基因转移（gene transfer）是指将外源 DNA 转入宿主细胞的过程。所用宿主细胞可以是体外培养细胞或体内细胞、真核细胞或原核细胞。在重组 DNA 技术中，重组体对宿主细胞而言属于外源 DNA。外源 DNA 转入宿主细胞，使其获得新的遗传表型，称为 DNA 转化（transformation），被转化的细胞称为转化子（转化体，transformant）。其中，通过噬菌体或病毒完成的转化称为转导（transduction，感染，infection），被转导的细胞称为转导子（transductant）；外源 DNA 转化培养的真核细胞称为转染（transfection），被转染的细胞称为转染子（transfectant）。

重组 DNA 技术是将重组体转入宿主细胞内，利用宿主细胞的复制系统和表达系统进行复制、扩增和表达。评价重组 DNA 技术应用的成败首先要看是否得到携带目的 DNA 的转化子。

1. 宿主细胞选择　宿主细胞既有原核细胞又有真核细胞。常用的原核细胞包括大肠杆菌、枯草杆菌和链球菌等，可用于构建基因组文库、扩增目的 DNA、表达目的基因；常用的真核细胞包括酵母、昆虫和哺乳动物细胞等，一般只用于表达目的基因。选择宿主细胞要考虑以下因素。

（1）限制与修饰：宿主细胞必须是限制修饰系统和重组酶缺陷型，以免重组 DNA 在宿主细胞内被降解或发生重组。

（2）功能互补：宿主细胞必须是目的基因和载体选择标记功能缺陷型，便于筛选，例如针对 pUC 载体的 *lacZ'* 应选择 JM 系列菌株。

（3）易于转化：例如大肠杆菌可诱导形成感受态，转化效率高。

（4）遗传稳定性好：易于大量培养或发酵。

（5）安全性高：是感染寄生缺陷型，不会扩散，也不会污染环境。例如所用的大肠杆菌多为从 K-12 株改造的缺陷型菌株，在人体肠道内几乎不能存活。

（6）内源蛋白酶基因缺失或低表达：有利于富集目的基因产物。

（7）存在翻译后修饰系统：确保有效表达活性产物。

大肠杆菌应用最早，且迄今仍然广泛应用。优势：①其 DNA 代谢及其他代谢已经系统阐明。②是常用载体（质粒和噬菌体）的天然宿主。③其基因转移技术非常成熟。

2. 常用转化方法　有许多方法可以将重组 DNA 转入宿主细胞内，各种转化方法均有其适用对象、适用条件。可根据目的 DNA、载体、宿主细胞等的特性采用合适的转化方法（表 14-5）。

表 14-5　常用转化方法

转化方法	适用宿主细胞	转化方法	适用宿主细胞
氯化钙法	大肠杆菌	显微注射法	真核细胞
噬菌体感染法	大肠杆菌	病毒感染法	真核细胞
完整细胞转化法	酵母	磷酸钙共沉淀法	真核细胞
原生质体转化法	酵母，链霉菌	DEAE 葡聚糖法	真核细胞
电穿孔法	大肠杆菌，链霉菌，哺乳动物细胞	脂质体转染法	真核细胞

（1）氯化钙法：用于较小外源 DNA（如质粒）转化大肠杆菌。①制备感受态细胞：将指数生长期大肠杆菌悬浮在 0℃的 0.1mol/L $CaCl_2$ 低渗溶液中，冰浴 30 分钟，Ca^{2+} 使细菌膨胀，细胞

膜的结构发生变化，通透性增加，细胞易被外源 DNA 转化，这种细胞称为感受态细胞（compe-tent cell）。感受态的大肠杆菌在 0℃时吸附 DNA，在 42℃时摄取 DNA（机制未知）。②转化：将外源 DNA 加入感受态细胞悬液，冰浴 30 分钟，快速升温至 42℃维持 90 秒（称为热休克，heat shock），再冰浴 1~2 分钟，DNA 可转入细胞。

转化率（transformation efficiency）是指外源 DNA 转入细菌的效率，通常以每微克 DNA 转化宿主细胞的数量表示。氯化钙法的转化率为 5×10^6~2×10^7 转化细胞 /μg 质粒。环状 DNA 转化率比线性 DNA 高 1000 倍。

（2）噬菌体感染法：用于转化大肠杆菌。用 λ 噬菌体载体或黏粒构建重组体，在体外包装成噬菌体，可以感染大肠杆菌。

（3）完整细胞转化法：用于转化酵母。用醋酸锂或氯化锂处理指数生长期的酵母细胞，在运载 DNA（鲑精 DNA、小牛胸腺 DNA）、聚乙二醇、二甲基亚砜存在下，外源 DNA 经过热休克处理转入酵母细胞。

（4）原生质体转化法：用于转化酵母、链霉菌。用蜗牛酶（snailase）等处理指数生长期的酵母细胞，降解细胞壁，获得原生质体，以山梨醇 -$CaCl_2$ 溶液悬浮，可以在运载 DNA、聚乙二醇存在下吸收外源 DNA。

（5）电穿孔法：用于转化大肠杆菌、链霉菌、哺乳动物细胞。电穿孔（electroporation）是指在 0℃下用直流高压电脉冲（大肠杆菌 12.5kV/cm，哺乳动物细胞 3kV/cm）瞬时电击细胞，增加其膜通透性（可逆地形成 105~115nm 的纳米孔，几毫秒到几秒后自行消失），可有效摄取 DNA 等大分子或其他亲水分子。目前，各种不能用其他方法转化的细胞都可用电穿孔法转化。电穿孔法操作简单，转化率高（10^9~10^{10} 转化细胞 /μg 质粒），在基因工程和细胞工程中广泛应用。

（6）VigoFect 转染法：VigoFect 是一类以阳离子非脂质物质为主的配方，可以与 DNA 形成稳定的复合物，被细胞摄取，并且保护 DNA 免受核酸酶降解。该试剂对细胞毒性很小，可在含血清与抗生素的完全培养液中充分发挥作用，对多数培养细胞都有较高的转染效率，目前在非病毒介导方法中转染效率最高。

五、细胞筛选和 DNA 鉴定

筛选（screening）是指从一个群体中选出特定对象，在重组 DNA 技术中特指选出特定克隆，例如细胞克隆、分子克隆。鉴定（identification）是指分析目的 DNA 结构是否存在变异、重组过程是否受到损伤，目的基因是否得到表达、表达产物是否具有天然结构及活性。宿主细胞被重组体转化后，经过培养可以形成许多细胞克隆。然而，这些克隆并非都含有重组体。有的细胞可能只是转入了载体、目的 DNA 或非目的 DNA，更多的细胞根本就没有转入上述成分。显然，转入了重组体的转化细胞只占少数，常常是极少数。因此，必须排除那些阴性克隆，筛选出阳性克隆，形成这些阳性克隆的即为目的 DNA 转化细胞。

筛选鉴定方法的选择与设计主要根据载体、重组体、目的 DNA、宿主细胞的遗传学特性和生物学特性。这些方法可分为两类：①利用转化细胞表型变化进行筛选，例如利用抗药性、营养依赖性、显色反应、噬菌斑形成能力等。这些方法简便快捷，可以批量筛选，但存在假阳性。②根据目的 DNA 长度、核苷酸序列、表达产物特性等进行鉴定，例如利用核酸杂交、序列分析、放射免疫分析。这些方法灵敏度高、结果可靠，但要求高、成本高、难度大。

1. 载体标记筛选　载体的选择标记赋予转化细胞新的表型。例如，抗药性的得失决定转化细胞能否在含药平板培养基上形成克隆，*lacZ* 的表达与否使这些克隆有不同的表型。载体标记筛选简便省时，是筛选转化细胞的第一步，也是重要的一步。不过，载体标记筛选通常只能确定哪些克隆含有重组体，至于这些重组体是否携带目的 DNA，尚需进一步鉴定。

（1）抗生素抗性：以 pBR322 为例，如果 DNA 插入载体抗性基因之外的位点（如 *Eco*R Ⅰ 位点，图 14-4），则不会导致抗性基因失活；此外，未经限制性内切酶消化或消化之后重新环化的质粒也都不存在抗性基因失活。它们转化的细胞的表型都是 *amp*$^+$*tet*$^+$。这些细胞都能在含氨苄青霉素（Amp）或四环素（Tet）的 LB 平板培养基上形成克隆。而未转化细胞的表型是 *amp*$^-$*tet*$^-$，同样条件下不能形成克隆。

（2）插入失活：许多载体的选择标记内有限制性酶切位点，插入目的 DNA 将导致该选择标记失活，称为**插入失活**（insertional inactivation）。

以 pBR322 为例，通过插入失活筛选过程：①将目的 DNA 插入 *amp*^{R} 的 *Pst* Ⅰ 位点（图 14-4），制备重组体，其 *amp*^{R} 发生插入失活。②转化大肠杆菌，转化后有三种不同表型的大肠杆菌：未转入 pBR322 载体或重组体的表型为 *amp*$^-$*tet*$^-$，转入载体的表型为 *amp*$^+$*tet*$^+$，转入重组体的表型为 *amp*$^-$*tet*$^+$。③用含 Tet 平板培养基培养，*amp*$^-$*tet*$^-$ 菌被四环素杀死，不形成克隆，*amp*$^+$*tet*$^+$ 菌形成的都是阴性克隆，*amp*$^-$*tet*$^+$ 菌形成的克隆中含阳性克隆，但这些克隆在外观上不易鉴别。④制备 Tet 平板和 Tet+Amp 平板，标记对应位置作为接种点，接种上一步在 Tet 平板培养基上的克隆菌。两平板对应位置接种同一克隆的菌样，不同位置接种不同克隆的菌样。经过培养，在 Tet 平板培养基上接种的菌样全部形成克隆；在 Tet+Amp 平板培养基上接种的菌样一部分形成克隆，其表型为 *amp*$^+$*tet*$^+$，是阴性克隆；其余未形成克隆，其表型为 *amp*$^-$*tet*$^+$。从 Tet 平板上挑出对应的克隆，其中有些是阳性克隆，其大肠杆菌已被目的 DNA 转化（图 14-17）。

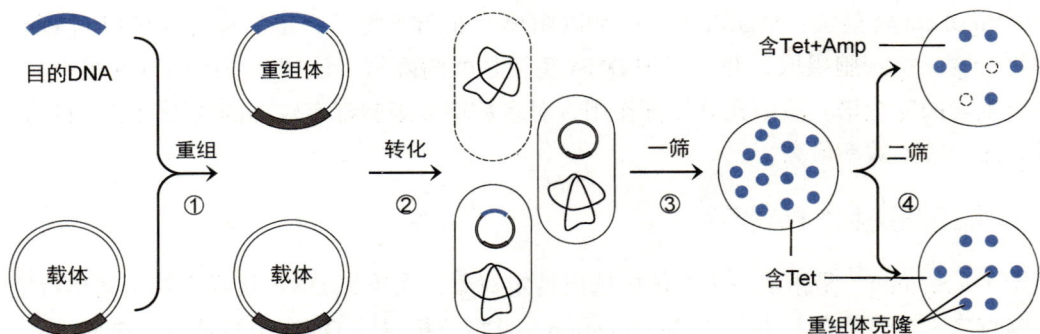

图 14-17　插入失活

（3）蓝白筛选：有些选择标记的表达产物为酶，它们催化显色反应，使培养细胞形成有色克隆，容易识别。例如，细菌人工染色体含 *lacZ*，*lacZ* 内含限制性酶切位点，与目的 DNA 重组时发生插入失活。转化细菌后，在培养基中加入 *lacZ* 的化学诱导物异丙基 -β-D- 硫代半乳糖苷（IPTG）和人工合成底物 5- 溴 -4- 氯 -3- 吲哚 -β-D- 半乳糖苷（BCIG，又称 X-gal），IPTG 诱导 *lacZ* 表达 β- 半乳糖苷酶，催化水解 BCIG，生成的 5- 溴 -4- 氯 -3- 羟基吲哚自发二聚化氧化，产物呈蓝色，因而使克隆呈蓝色；另一方面，重组体的 *lacZ* 因插入失活而不表达有活性的 β- 半乳糖苷酶，相应的克隆呈白色。因此，很容易根据显色鉴定含重组体的克隆，这一方法称为**蓝白筛选**（图 14-18）。

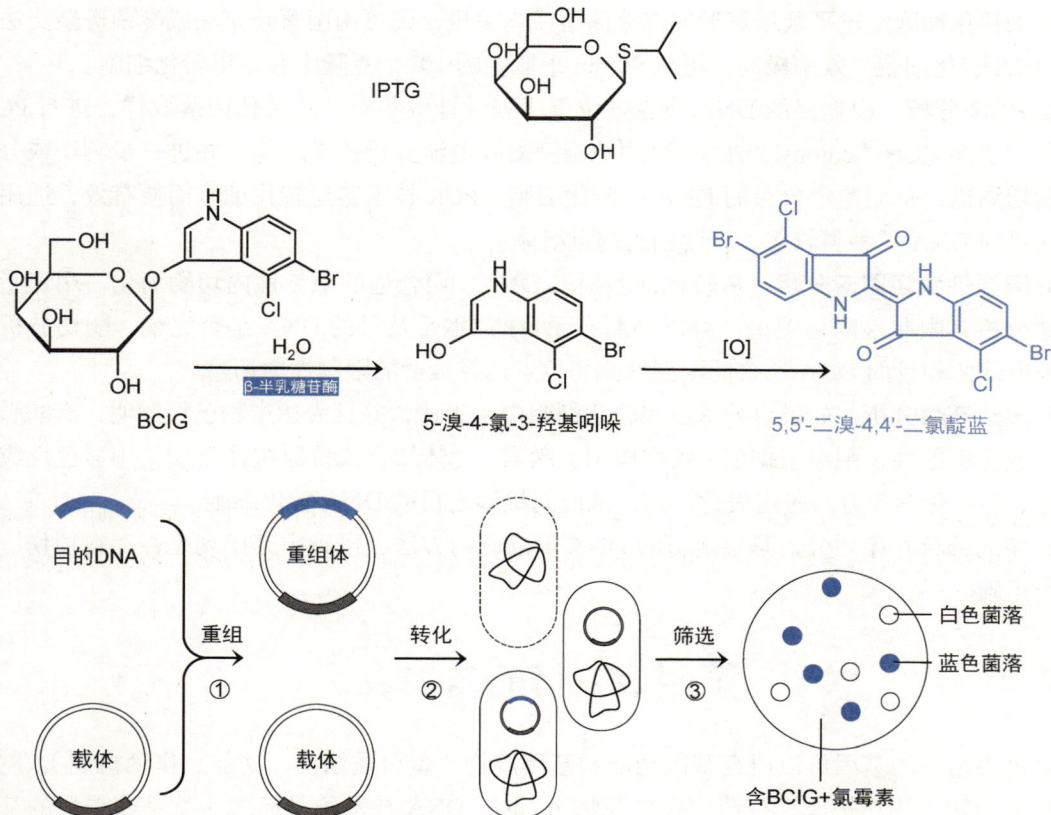

图 14-18　蓝白筛选

　　鉴别 pUC、pGEM 系列质粒和 M13mp 系列噬菌体转化的克隆是利用另一种蓝白筛选。以 M13mp 噬菌体为例，其选择标记为含多克隆位点的 *lacZ '*，编码产物为 β- 半乳糖苷酶 N 端的 Met1~Gly146（称为 α 肽）。M13mp 噬菌体的宿主菌为 JM 系列（如 JM103），其性因子含 *lacZ* Δ M15，编码称为 ω 肽的 β- 半乳糖苷酶片段，缺少 Val11~Glu41 肽段，因而没有酶活性。当 M13mp 噬菌体感染 JM 菌之后，两种表达产物 α 肽和 ω 肽结合，形成有活性的 β- 半乳糖苷酶，这一现象称为 α 互补（α-complementation）。

　　当在细菌培养基中加入 IPTG 和 BCIG 时，IPTG 诱导 M13mp 噬菌体的 *lacZ '* 表达，JM 菌的 *lacZ* Δ M15 表达。表达产物通过 α 互补形成活性 β- 半乳糖苷酶，催化 BCIG 水解，产物进一步二聚化氧化而呈蓝色，因而使克隆呈蓝色；而 M13mp 重组体的 *lacZ '* 发生插入失活，JM 菌不能通过 α 互补形成活性 β- 半乳糖苷酶，因而克隆呈白色。

　　（4）**遗传互补**：又称标志补救，是指载体选择标记（或目的基因）的表达产物恰好可弥补宿主细胞的遗传缺陷，从而使宿主细胞可以在选择性培养基中生长。例如，①中国仓鼠卵巢细胞（CHO）二氢叶酸还原酶缺陷型（*Dhfr⁻*）不能在未加胸腺嘧啶的选择性培养基中生长，被 *Dhfr*+ 载体或重组体转化后则可以生长。②大肠杆菌咪唑甘油磷酸酯脱水酶缺陷型（*hisB⁻*）不能在未加组氨酸的选择性培养基中生长，被携带 *hisB* 的 λ 噬菌体载体或重组体转化后则可以生长。③酿酒酵母磷酸核糖邻氨基苯甲酸异构酶缺陷型（*TRP1⁻*）不能在未加色氨酸的选择性培养基中生长，被 *TRP1⁺* 载体或重组体转化后则可以生长。

　　2. 核酸杂交分析　要想鉴定目的 DNA 转化细胞，可通过核酸杂交，即从转化细胞中提取核酸，与目的 DNA 探针进行杂交。该方法常用于从基因组文库或 cDNA 文库中鉴定目的 DNA。

如果转化细胞经过平板培养形成克隆菌落或噬菌斑，则可用菌落杂交法或噬菌斑杂交法鉴定目的 DNA 转化细胞，效率极高，可从 90mm 平皿上的 10^4 个克隆中鉴定出转化细胞。

3. PCR 分析　根据目的 DNA 或克隆位点序列设计引物对，从转化菌落取样，进行 PCR 扩增，称为**菌落 PCR**（colony PCR）。可用琼脂糖凝胶电泳分析扩增产物，并进一步测序或分析限制性酶切图谱，从而鉴定含目的 DNA 的转化细胞。PCR 技术鉴定转化细胞简便有效，适用于鉴定插入目的 DNA 的种类较多、长度相近的重组体。

4. 限制性酶切图谱分析　从转化细胞提取 DNA，用合适的限制性内切酶消化，用琼脂糖凝胶电泳分析其限制性酶切图谱，可以判断有无目的 DNA 及目的 DNA 是否完整。酶切分析的关键是根据载体和目的 DNA 所含的限制性酶切位点选择合适的限制性内切酶。

5. 表达产物分析　如果目的基因在转化细胞中有表达，并且表达产物已经阐明，有酶、激素等活性或免疫原性，则可根据酶 - 底物作用、激素 - 受体结合或抗原抗体反应，用显色反应、化学发光、免疫化学等方法鉴定表达产物，从而间接鉴定目的 DNA 转化细胞。

6. 序列分析　序列分析是鉴定目的 DNA 最准确的方法，可确定其序列是否存在损伤、阅读框是否正确。

第四节　目的基因表达

通过表达目的基因可以研究基因功能和基因产物（蛋白质结构、功能、作用机制），制备和应用基因产物（用作抗原、疫苗、生物药物）。重组 DNA 技术的目标之一就是获得目的基因产物。在得到目的基因克隆后，只要将其按正确的方向插入表达载体的正确位置——启动子的下游，然后转化合适的宿主细胞，即可进行表达。

用重组 DNA 技术表达目的基因有以下特点：①传统方法不能制备的均可制备，如干扰素、组织型纤溶酶原激活剂。②可制备人体蛋白，如胰岛素、生长激素。产物可用于疾病治疗、诊断、预防，也可用于基础研究。③制备非天然蛋白（蛋白质工程），以研究蛋白质一级结构与空间结构及活性的关系。

理论上任何宿主都可表达各种异源基因，但各有优势或不足，因此需要选择宿主构建合适的**表达系统**（expression system）。通常用原核表达系统表达原核基因，用真核表达系统表达真核基因。不过，真核表达系统条件苛刻，成本较高，所以某些真核基因也可用原核表达系统表达。

重组 DNA 技术目前已经用原核细胞（大肠杆菌、枯草杆菌、乳酸菌、沙门菌、苏云金杆菌、蓝细菌、棒状杆菌、链霉菌等）、真菌（酵母等）、植物细胞、昆虫细胞、哺乳动物细胞（中国仓鼠卵巢细胞 CHO、大鼠肝细胞 IAR20、人肝癌细胞 HepG2 等）等构建了各种表达系统。它们具有遗传背景清楚、对人和环境安全等优点，在理论研究和生产实践中有较高的应用价值。

一、大肠杆菌表达系统

大肠杆菌表达系统建立最早，是研究详尽、应用广泛、发展成熟的原核表达系统，既可用于表达原核基因，又可用于表达真核基因。

1. 大肠杆菌表达系统特点　①遗传背景和生理特点已研究得非常清楚，有很多有不同抗药性、不同营养缺陷型、不同校正突变型的菌株可供选用。②增殖迅速，在指数生长期每 20~30 分钟分裂一次。③表达水平通常高于真核表达系统（表 14-6）。④表达调控机制明了，且相对简单，适合于研究外源基因表达调控。⑤培养条件简单，培养成本低廉，适合大规模生产。⑥实验室应用株是感染寄生缺陷型，只能在实验室条件下生长，比较安全，容易保存。⑦其寄生型或共生型质粒、噬菌体可以携带异源基因。

表 14-6 部分基因在大肠杆菌表达系统中的表达水平

目的基因	表达产物丰度	目的基因	表达产物丰度	目的基因	表达产物丰度
γ 干扰素	25	α_1 抗胰蛋白酶	15	白细胞介素 2	10
胰岛素 A 链	20	β 干扰素	15	牛生长激素	5
胰岛素 B 链	20	肿瘤坏死因子	15	人生长激素	5

大肠杆菌表达系统已可以大规模生产真核基因产物，目前是生产人体蛋白最主要的表达系统，部分产品（如胰岛素、干扰素等）已经上市。

2. 大肠杆菌表达系统不足 ①翻译后修饰：不能对真核基因的表达产物进行有效的翻译后修饰，如糖基化、磷酸化。此外有些异源蛋白不易正确折叠或裂解激活，会形成包涵体（影响分离纯化，且复性困难）或被蛋白酶降解。②内毒素：大肠杆菌本身会产生结构复杂、种类繁多的内毒素（第十章，265 页），在分离纯化时不易除尽。

二、酵母表达系统

酵母是一种单细胞真核生物，有完整的亚细胞结构。其基因结构、基因表达调控机制、蛋白质合成、修饰与分泌的方式都有真核生物的特征，表达高等真核基因有大肠杆菌无法比拟的优势。酵母表达系统已经被应用于医药领域，生产人、动植物和病毒的蛋白质。

1. 酵母表达系统特点 ①遗传背景清楚且遗传稳定。②有真核生物转录后加工和翻译后修饰系统，表达产物接近天然产物。③应用分泌表达载体，表达的分泌型融合蛋白分离纯化较方便。④生长繁殖快速，营养要求简单，工艺简便成熟，成本相对低廉，可以规模培养。⑤安全无毒（不产生内毒素），不致病。⑥某些真核基因的表达效率高于大肠杆菌表达系统。

2. 酵母表达系统不足 ①目的基因在酵母中的表达规律需要阐明，否则其表达特别是表达效率有很大的随机性。②高等真核生物的基因在酵母中表达时，翻译后修饰产物的结构与天然产物差异较大，常见的有甘露糖过多或糖链过长。有些未折叠蛋白不能正确折叠。③酵母基因组不编码某些修饰因子。④表达蛋白酶水解目的蛋白，降低产率。

目前用于外源基因表达和研究的酵母菌主要有酿酒酵母、毕赤酵母、乳酸克鲁维酵母、产朊假丝酵母、粟酒裂殖酵母、解脂耶氏酵母等。

三、哺乳动物细胞表达系统

1986 年，美国 FDA 批准了第一个用哺乳动物细胞表达系统生产的基因工程药物——组织型纤溶酶原激活物。已上市及在研的基因工程药物多为糖蛋白。哺乳动物细胞表达系统的糖基化修饰与人相似，因而受到重视。

1. 哺乳动物细胞表达系统特点 哺乳动物细胞表达系统的最大优点是转录后加工和翻译后修饰系统完善、精确，因此常用于表达结构复杂需要进行精确翻译后修饰的蛋白质。①目的基因既可来自 cDNA，又可来自基因组 DNA。②能进行复杂的一级结构修饰（如糖基化）和高级结构修饰（如蛋白质折叠），因而表达产物最接近天然产物，甚至就是天然产物。③分泌表达更有效。④表达产物不降解。⑤目的基因可瞬时表达或稳定表达。

2.哺乳动物细胞表达系统不足　生长速度缓慢，表达效率不高，营养要求复杂，培养条件苛刻，技术操作困难，培养成本很高，污染风险较大，细胞株稳定性差。因此，目前主要用于在细胞内研究蛋白质功能而不是制备蛋白质。

目的基因要在哺乳动物细胞中表达，必须先与合适的真核表达载体重组，通常应用穿梭载体，即重组后先在大肠杆菌中扩增，然后分离提取，转入哺乳动物细胞内进行表达。

真核目的基因表达的目的蛋白基本都要经过翻译后修饰，许多糖蛋白药物尤其如此。目的蛋白的糖基化类型和糖基化程度常常会影响其药物活性、药代动力学行为、在体内的稳定性以及免疫原性等。酵母、植物和昆虫细胞表达系统尽管也能进行糖基化修饰，但它们的糖基化酶与哺乳动物细胞差别很大，所以糖基化产物也就不同于天然产物，对人体可能有免疫原性，还容易被肝细胞或巨噬细胞降解。因此，用其他表达系统表达的糖蛋白药物存在一些问题。目前已经投放市场以及正在进行临床试验的蛋白质药物大多数来自哺乳动物细胞表达系统，包括组织型纤溶酶原激活物（XB01AD）、凝血因子Ⅷ（XB02B）、卵泡刺激素、红细胞生成素（XB03B）、β干扰素（如 Rebif）及一些抗体（如免疫毒素 BL-22、AH-22）。

第五节　重组 DNA 技术发展

重组 DNA 技术的诞生推动了分子生物学和医药学研究的进步。目前，重组 DNA 技术的应用主要在基因文库构建、基因表面展示、基因定点突变、转基因生物培育等方面。

一、基因文库

基因文库（gene library，DNA 文库，DNA library，gene bank，cloned library）是一种 DNA 克隆群，可用于基因组测序、基因发现、基因功能和蛋白质功能研究。基因文库包括基因组文库（genomic library）和 cDNA 文库（cDNA library）等。

1.基因组文库　是用重组 DNA 技术构建的一个克隆群，它携带了某一物种或个体的基因组全序列，即可以序列片段形式提供该生物的全部基因组信息。基因组文库可用于基因组 DNA 制备、基因结构分析、基因组作图。

构建基因组文库的基本过程是提取基因组 DNA 并降解成适当长度的片段，与克隆载体重组，转化宿主菌形成克隆群。基因组 DNA 的任何一段序列都存在于该克隆群的某一个或一组细胞中。

构建基因组文库应当注意以下事项。

（1）基因组 DNA 的提取和片段化：动物生殖细胞或早期胚胎以及植物叶片等是提取基因组 DNA 的常用材料。一般需先提取基因组 DNA，用限制性内切酶进行部分消化（partial digestion），用 0.6% 琼脂糖凝胶电泳从消化产物中分离出长度为 15~20kb 的限制性片段进行克隆。如果要以酵母人工染色体构建大的基因组文库，可用脉冲场凝胶电泳从消化产物中分离出 150~2000kb 的限制性片段进行克隆。

（2）基因组文库载体的选择：鉴于基因组 DNA 片段较长而基因组克隆数又不宜过大，再考虑到载体的容量，目前常用的基因组克隆载体是 λ 噬菌体（构建较小的基因组文库）、黏粒和细菌人工染色体、酵母人工染色体（构建较大的基因组文库）。

2. cDNA 文库　是用重组 DNA 技术构建的一个克隆群，它包含了一种生物的某种细胞或组织在特定状态下表达的全部基因（约占基因组全部基因的 15%）的 cDNA 序列。cDNA 文库可用于目的基因鉴定、基因序列分析、基因芯片检测等。迄今已阐明的蛋白基因大多数是应用 cDNA 文库鉴定的。

构建 cDNA 文库的基本过程是从组织细胞提取 mRNA，逆转录合成 cDNA，与克隆载体或表达载体重组，转化宿主菌形成克隆群。

与基因组基因和基因组文库相比，cDNA 和 cDNA 文库有以下优势：① cDNA 无内含子序列，比基因组基因序列短，多为 0.5~8kb，一般的质粒载体和噬菌体载体都可以作为 cDNA 文库载体。② cDNA 文库比基因组文库小，从中鉴定目的基因的工作量较小。③高表达基因在 cDNA 文库中的丰度大于在基因组文库中的丰度，鉴定方便。④目的基因鉴定方法更多，可根据表达产物进行鉴定。⑤可用于在原核细胞中表达真核基因。⑥可以直接从 cDNA 序列中鉴定开放阅读框，分析其编码蛋白的氨基酸序列、性质和功能等。⑦可以研究基因表达的特异性。⑧假阳性率低。

二、表面展示技术

表面展示技术（surface display technology）是利用噬菌体、病毒或细胞表达目的基因，并将表达产物展示于其表面，以便于鉴定目的克隆的高通量技术，已广泛应用于蛋白质组学、蛋白质工程和医药研发等。目前应用的有噬菌体展示技术、病毒展示技术、细菌展示技术、酵母展示技术、哺乳动物细胞展示技术等。

噬菌体展示技术（phage display）由 G. Smith（2018 年诺贝尔化学奖获得者）于 1985 年发明，是目前工艺最成熟、应用最广泛的展示技术。

1. 噬菌体展示技术原理　①展示：用重组 DNA 技术将外源肽（含 6~43aa）基因与 M13 噬菌体（最常用）基因组重组，使其与 M13 噬菌体衣壳蛋白 G3P 或 G8P 基因形成融合基因，转化大肠杆菌，扩增成为噬菌体展示文库，其中一些噬菌体的衣壳蛋白是融合蛋白，并且融合蛋白中的外源蛋白或多肽部分可以保持相对独立的空间结构和生物活性（图 14-19）。②富集：将外源蛋白或多肽相关配体（蛋白质或 DNA）固定于微孔板的反应孔内，再加入噬菌体展示文库，阳性噬菌体通过融合蛋白与配体结合，亲和吸附于反应孔内；然后洗涤去除未吸附和非特异性吸附的噬菌体，洗脱收集阳性噬菌体，再次感染大肠杆菌，扩增，亲和吸附筛选。经过重复筛选，最终可以富集到带有外源蛋白或多肽及其基因的噬菌体。

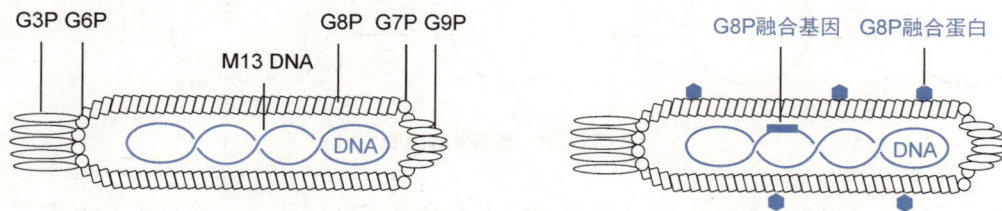

图 14-19　噬菌体展示技术

2. 噬菌体展示技术应用　①研究蛋白质相互作用、蛋白质 - 肽相互作用，从而研究蛋白质的功能及作用机制，例如表位的定位、蛋白质结构域的鉴定、特异调节分子的分离。②构建肽库、抗体库、蛋白库。③寻找肿瘤抗原，作为新的肿瘤标志物或药物靶点。④与基因文库结合研究 DNA- 蛋白质相互作用。⑤在蛋白质工程中用于药物开发，例如寻找药物靶点配体（酶的抑制剂、受体的激动剂和拮抗剂），制备特异性抗体或疫苗。

三、定点突变技术

研究基因的结构和功能需要分析其特定序列甚至特定碱基的作用。传统的研究方法是培育突变表型，然后克隆突变基因，与野生型基因进行序列比对。传统方法不足之处：①个体突变太具有随机性，常难以得到特定突变表型。②突变种类受限制，有些突变表型无法获得。③诱发个体突变，实验周期长，突变效率低。④某些突变并无明显的突变表型，容易遗漏，或得出错误结论。

英国科学家 M. Smith（1993 年诺贝尔化学奖获得者）建立的定点突变技术可以在基因的任何位点诱发突变，让基因结构和功能的研究有了质的突破，已成为基因工程定点改造基因结构的主要方法。

定点突变（定点诱变，位点专一诱变，site-directed mutagenesis）是指可以在基因或基因组的任意指定位点人为进行单核苷酸或寡核苷酸置换或插入缺失的一系列基因突变技术。定点突变技术建立至今发展很快，新技术不断推出，可分为不依赖 PCR 的定点突变技术（如寡核苷酸突变、Kunkel 法、盒式突变）和 PCR 定点突变技术（如重叠延伸 PCR、大引物 PCR）。

1.寡核苷酸突变　又称寡核苷酸 [定点] 诱变，是指用人工合成的突变引物引导合成突变体DNA。M. Smith 建立的定点突变技术属于寡核苷酸突变。

寡核苷酸突变的基本原理，以 A-T → G-C 转换为例（图 14–20 ）。

（1）针对待突变环状单链 DNA（可用 M13 噬菌体克隆）设计突变引物，其中间序列对应突变位点，含有待置换的一到三个核苷酸（30~40nt 含有一个错配时不影响退火），两翼序列与突变位点两翼的序列严格互补，这样突变引物可以与待突变环状单链 DNA 突变位点进行错配杂交，即在突变位点形成非 Watson-Crick 碱基配对。

（2）用 Klenow 片段催化突变引物延伸，合成双链 DNA 杂交体，用 DNA 连接酶连接成共价闭合环状结构。

（3）用杂交体转化大肠杆菌，复制产生野生型 DNA 与突变体 DNA（突变体），可以通过筛选获得突变体。

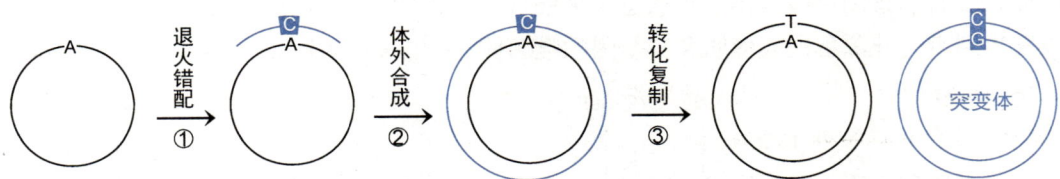

图 14–20　寡核苷酸突变

2. Kunkel 法　1985 年，T. Kunkel 将上述定点突变技术加以改进，建立了 Kunkel 法，又称含 U 模板法，大大提高了突变效率。

Kunkel 法的关键是用缺陷型大肠杆菌 CJ236 菌株（*dut⁻ ung⁻* F'）制备含 U 模板：① *dut* 编码 dUTP 焦磷酸酶，催化水解 dUTP。*dut⁻* 不表达 dUTP 焦磷酸酶，造成 dUTP 积累，dUTP 就会在 DNA 复制时代替 dTTP 掺入。② *ung* 编码尿嘧啶 -DNA 糖基化酶，催化从 DNA 脱 U，形成 AP 位点。*ung⁻* 不表达尿嘧啶 -DNA 糖基化酶。

CJ236 菌株合成的 DNA 中除了有 T 之外还有 U，故称含 U 模板。①应用 CJ236 菌株制备含 U 模板，与介导定点突变的突变引物退火。②用 DNA 聚合酶和 DNA 连接酶体外复制共价闭合环状双链杂交体。③将杂交体转入野生型（*dut⁺ ung⁺*）大肠杆菌，野生型大肠杆菌的尿嘧啶 -DNA 糖基化酶催化含 U 模板脱 U，形成 AP 位点。④含 AP 位点的含 U 模板被特异的 AP 核酸内切酶切割并进一步降解，剩下带突变位点的新生链，通过复制扩增，可以获得大量突变体（图 14-21）。

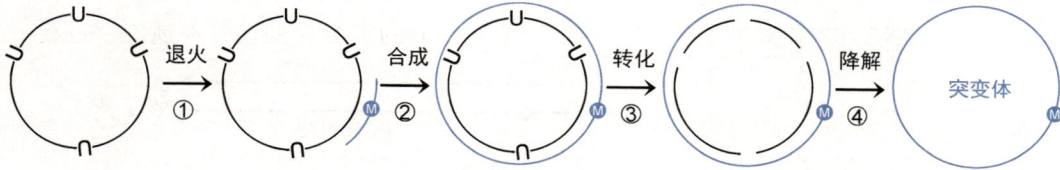

图 14-21　Kunkel 法

3. 盒式突变　又称盒式诱变，是用化学合成的含突变位点的双链寡核苷酸（寡核苷酸盒）置换目的 DNA 中改造序列，制备突变体（图 14-22）。

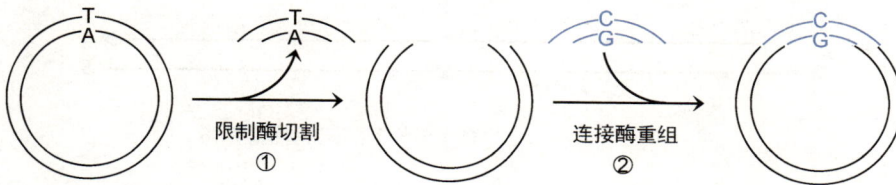

图 14-22　盒式突变

盒式突变同样可用于碱基置换、插入缺失，并且操作更简便。不足之处：因为双链寡核苷酸不能太长，所以要求突变位点两翼必须恰好存在合适的限制性酶切位点，便于切割与重组。很多突变位点两翼没有合适的限制性酶切位点，所以不能应用盒式突变。

4. 重叠延伸 PCR　是一个十分经典的基因工程和基因功能分析技术，由 R. Higuchi 等于 1988 年首先应用。

基本原理：重叠延伸 PCR 除了需要制备针对突变位点两翼序列的常规引物对（常规上游引物和常规下游引物，20~30nt）之外，还需要制备一对覆盖突变位点的突变引物（突变上游引物和突变下游引物，20~30nt，互补序列 >15nt）。①以野生型序列为模板，用常规上游引物 - 突变下游引物对扩增出含突变位点的上游序列（PCR₁ 产物），用突变上游引物 - 常规下游引物对扩增出含突变位点的下游序列（PCR₂ 产物）。② PCR₁ 和 PCR₂ 产物等量混合、变性、退火，形成 3' 端互补的杂交体和 5' 端互补的杂交体（图中未示）。③用 Klenow 片段补平 3' 端互补的杂交体。④加常规引物对，变性、退火、延伸，可以得到定点突变的 DNA 片段（PCR₃ 产物）（图 14-23）。重叠延伸 PCR 还可制备插入缺失突变。

5. 大引物 PCR　由 M. Kammann 等于 1989 年首先应用。该方法是用三个引物（突变上游引物、常规上游引物、常规下游引物）进行两轮 PCR：①第一轮 PCR（PCR₁）：以野生型序列为模板，用突变上游引物和常规下游引物（近距离引物）扩增含突变位点的下游序列。②第二轮 PCR（PCR₂）：以野生型序列为模板，用第一轮扩增产物模板股作为下游大引物，和常规上游引物扩增全序列，得到定点突变的 DNA 片段（图 14-24）。

1997 年，S. Ke 和 E. Madison 通过设计有不同退火温度的外引物，省却了两轮 PCR 之间的纯化环节，即在完成上述 PCR₁ 后再加入常规上游引物，采用高退火温度（该温度下突变上游引物和常规下游引物不退火）进行 PCR₂，最后得到含突变位点的双链 DNA。

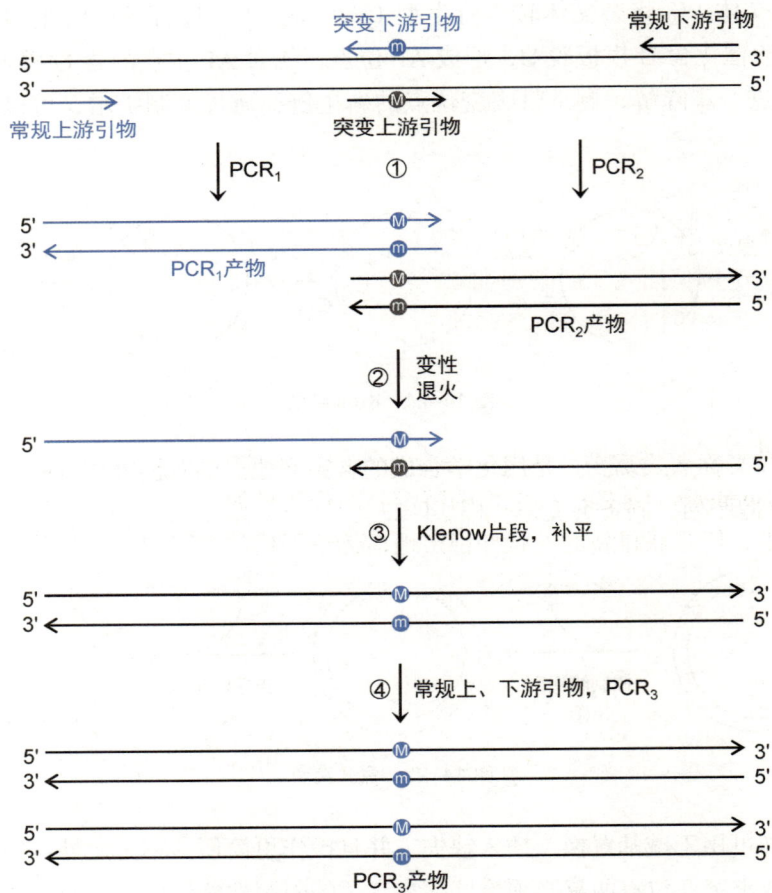

图 14-23　重叠延伸 PCR

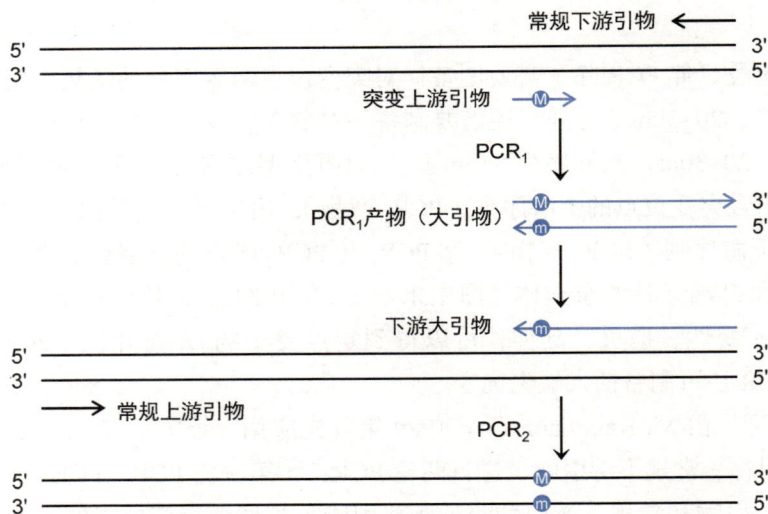

图 14-24　大引物 PCR

6. 缺失突变　应用反向 PCR 在质粒中引入缺失：针对待缺失序列侧翼序列设计反向引物对，扩增产物为缺失后的全质粒序列。只要引物带 5'-磷酸基，产物即可用连接酶催化环化。

7. 定点突变应用　定点突变技术突变率高、简便易行、重复性好，能够精确地产生预先设计的突变，用于改造基因或载体。

（1）改造基因：①改变个别密码子，从而改造蛋白质结构，研究其结构与功能的关系。②构建融合基因。③改变调控元件，可以研究 DNA 特定序列的功能。④删除不需要的序列（如内含子和非翻译区）。⑤精确组合不同的结构单位（如启动子和编码区）。目前，定点突变技术已成功用于改造微生物、植物、动物（包括人类）的基因。

（2）改造载体：①在表达载体的最佳位置插入核糖体结合位点和加尾信号等表达元件。②删除原有限制性酶切位点，插入新的限制性酶切位点。定点突变技术应用于改造载体对于基因科学研究具有重要作用，为我们提供了解决各种生物学问题和改良生物的有效手段。

四、转基因技术

转基因泛指基因在生物间的转移，自然界生物的天然杂交和农业杂交育种均存在基因转移。转基因技术（transgenesis）是把一种生物的特定基因作为外源基因随机整合至另一种生物（生殖细胞）的基因组中，使其获得新的性状并稳定地遗传给子代的基因 cDNA 操作技术。转基因技术所转的外源基因称为转基因（transgene）。基因组中含有转基因的生物称为转基因生物、遗传修饰生物体，包括转基因动物、转基因植物、转基因微生物和转基因细胞。转基因生物的共同特征是其所有细胞基因组都整合有外源基因，并且能将外源基因遗传给子代。应用转基因生物造福人类的同时应注意转基因安全性问题，包括食品安全、生物安全、生态安全、环境安全等。

五、基因组编辑技术

基因组编辑（genome editing）是采用序列特异性核酸酶切割基因组编辑位点形成双链断裂，进而实现基因敲除、敲入、置换等操作的技术方法，包括以下基因组编辑技术（图 14-25）。

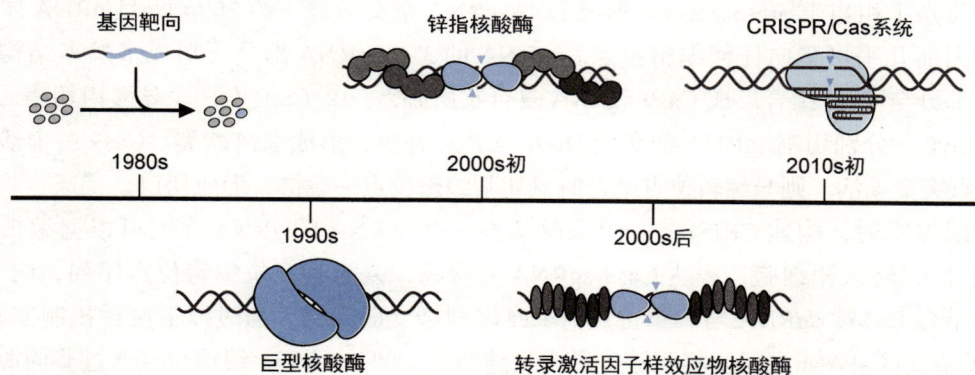

图 14-25　基因组编辑技术发展一览

1. 基因靶向（gene targeting，基因打靶）　是通过同源重组定点改造生物体特定基因座，是第一代基因组编辑。基因靶向可能产生两种效应：①导致基因组编辑位点特定基因失活，称为基因敲除（gene knock-out，基因破坏，gene disruption）；②导致外源基因（含基因片段、基因簇）或调控序列插入基因组编辑位点，或置换该位点的特定基因，称为基因敲入（gene knock-in）。其中基因敲入本质上属于转基因技术，所植入的外源基因属于转基因。

2. 巨型核酸酶（Meganuclease）　第一种用于基因组编辑的天然核酸内切酶，该酶特异切割 >12nt 编辑位点，形成双链断裂，进而引入外源序列。

3. 锌指核酸酶和转录激活因子样效应物核酸酶　①锌指核酸酶（ZFN）是第一种用于人类

基因组编辑的工程核酸内切酶，为锌指 DBD-*Fok* I 融合蛋白，含 3~6 个 DBD，每个 DBD 识别编辑位点特定碱基三联体（通过改变 DBD 的 4 个氨基酸残基，可改变碱基三联体序列特异性），ZFN 通过内切酶活性中心二聚化，非特异切割中间序列形成双链断裂。②**转录激活因子样效应物核酸酶**（TALEN）为转录激活因子样效应物 DBD-*Fok* I 融合蛋白，含一组来自转录激活因子样效应物（TALE）的 DBD，每个 DBD 含 34aa，其中残基 12 和残基 13 识别编辑位点单一碱基（NI、HD、NG、NN 分别识别 A、C、T、G/A），*n* 个串联重复 DBD 就可以特异识别 *n* 个碱基。改变残基 12 和残基 13 可改变所识别序列特异性。TALEN 通过内切酶活性中心二聚化，非特异切割中间序列形成双链断裂。

4. CRISPR/Cas 系统 由 E. Charpentier（与 J. Doudna 共获 2020 年诺贝尔化学奖）于 2011 年报告，是 40% 细菌拥有的一种获得性免疫系统，可抵抗外源核酸如噬菌体二次感染。该系统有 4 种成分。①一段**成簇规律间隔短回文重复序列**（CRISPR），由一组短重复序列 repeat 和一组短单一序列 spacer 交替排布构成，其中 repeat 为回文序列，spacer 来自首次感染的噬菌体 DNA，在噬菌体 DNA 中称为 protospacer。protospacer 的 3' 侧翼有一段 3~4 碱基序列，称为前间区序列邻近基序（protospacer adjacent motif，PAM），共有序列 5'-NGG。CRISPR 的 spacer 不含 PAM 序列。②一组核酸内切酶 Cas。③一种 tracrRNA。④ RNase Ⅲ（基因组编辑技术不需要）。

当同一噬菌体二次感染时，其基因组 DNA 可被 CRISPR/Cas 系统灭活。① RNA 聚合酶以 CRISPR 为模板催化合成 pre-crRNA，加工生成 5'-spacer-repeat-3' 串联体 gRNA（CRISPR RNA，crRNA）。② gRNA 与一种或几种 Cas 形成 Cas-gRNA 复合物，有的还要结合一种 tracrRNA。③ Cas-gRNA 复合物结合噬菌体 protospacer，切割形成双链断裂。

应用于基因组编辑技术的 CRISPR/Cas9 系统来自化脓性链球菌，只需要一种核酸酶 Cas9 和一种单链指导 RNA（sgRNA）。① sgRNA 为 5'-gRNA-tracrRNA-3' 融合体。其 5' 端 gRNA 部分可与编辑位点（相当于 protospacer）形成 DNA-gRNA 杂交双链（约 20bp），且 gRNA 序列可按需改造，因而几乎可靶向任何编辑位点。sgRNA 的 3'-tracrRNA 部分可形成多发夹结构，为通过 gRNA 部分与 Cas9 结合形成 Cas9-sgRNA 复合物所必需。② Cas9 有两个核酸内切酶活性中心 HNH 和 RuvC，分别切割 sgRNA 杂交股 DNA 及其互补股，形成双链断裂。Cas9 一个活性中心可通过定点突变灭活，则与编辑位点结合时只切割编辑位点一股链，形成切口。

基因组编辑时，构建 CRISPR/Cas9 表达质粒（其 sgRNA 的 gRNA 序列可根据编辑位点序列进行设计），转入靶细胞，表达 Cas9-sgRNA 复合物，复合物定位编辑位点序列，向 PAM 方向解链至结合 PAM，sgRNA 与编辑位点 spacer 序列杂交股杂交，通过以下两种机制实施编辑：① Cas9 于杂交区 -PAM 之间切割双链，形成双链断裂（图 14-26），编辑位点通过非同源末端连接修复（non-homologous end joining，NHEJ），实现基因敲除。② Cas9 于杂交区 -PAM 之间切割单链，形成切口，与供体片段（含改造序列或外源基因，末端序列与编辑位点序列同源，与表达质粒同时转入靶细胞）进行同源修复（homology directed repair，HDR），实现靶序列改造或基因敲入。

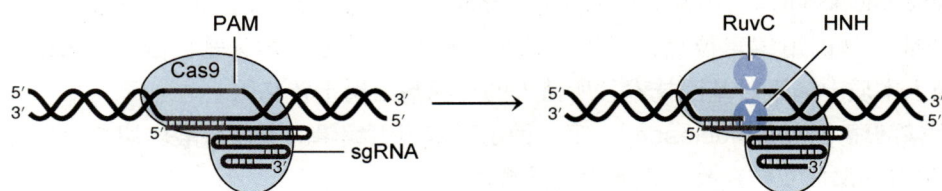

图 14-26 CRISPR/Cas9 系统

　　CRISPR/Cas9 技术联合其他技术可获得更多信息。例如先灭活一特定基因，再通过 RNA-Seq 分析转录组变化，可在组织、细胞群、单细胞水平分析该基因与其他基因表达的关系。

　　CRISPR/Cas9 应用发展迅速，特别是在基础研究和医学研究领域。CRISPR 还应用于改良农作物和家畜、抗感染、消除外来有害物种、治疗遗传病（遗传性视网膜营养不良性失明，Duchenne 肌营养不良，β 地中海贫血等）。与此同时要考虑一些不利因素，例如脱靶（切割非靶点序列）。随着这些问题的解决，CRISPR/Cas9 应用将更加成熟、广泛。

第十五章
基因诊断和基因治疗

现代科学技术的飞速发展使医学研究进入了分子时代。随着人类基因组计划的完成和后基因组时代的到来，功能基因组学、蛋白质组学等研究相继展开，使我们能够在基因和基因组水平上揭示更多疾病的本质及其发生、发展的机制，为预防、诊断和治疗疾病提供了新的策略和方法。

第一节　基因诊断

疾病的发生往往是基因组中基因结构异常、表达异常，或病原体基因入侵所致。**基因诊断**（gene diagnosis）是指直接检测基因组中致病基因或疾病相关基因的结构异常或表达水平的改变，或病原体基因的存在，从而对人体健康作出评价，或对人体疾病作出诊断。基因诊断属于分子诊断，两者没有严格区分，虽然基因诊断的检测物主要是 DNA 和 RNA，但蛋白质是基因表达产物，某些蛋白质数量的变化甚至能反映其基因结构的异常改变，故特异蛋白质的分子诊断也可视为基因诊断。基因诊断是继形态学、生理学、生化和免疫学检查之后的新一代诊断技术，它的建立和发展得益于分子生物学的发展。

一、基因诊断策略

基因诊断分为直接诊断和间接诊断。

1. **直接诊断**　是指检测与疾病有因果关系的致病基因，从而对疾病作出诊断。对于那些致病基因及其突变谱已经阐明的遗传病，检出基因异常即可确诊，例如镰状细胞贫血、β 地中海贫血、苯丙酮尿症、LDL 受体缺乏、α_1 抗胰蛋白酶缺乏症、亨廷顿病、肌营养不良等。

直接诊断的必要条件：①致病基因异常的确是导致疾病发生的根本原因。②致病基因的结构异常或表达异常已经在分子水平上阐明。③致病基因定位已经明确。

2. **间接诊断**　许多疾病的致病基因从序列到定位及突变谱等尚未在分子水平上阐明，不能采用直接诊断，但可以采用间接诊断。间接诊断采用**连锁分析**，即分析与该致病基因连锁的**遗传标记**（genetic marker）。

例如用 RFLP 法诊断非洲人镰状细胞贫血：将非洲人基因组 DNA 用限制性内切酶 *Hpa* Ⅰ（GTT-AAC）消化，与 β 珠蛋白基因探针杂交，可以检出 7.6kb 和 13kb 两种限制性片段，其中 13kb 片段在正常人群检出率只有 3%，在镰状细胞贫血患者检出率却高达 87%，提示 13kb 片段可以作为非洲人镰状细胞贫血间接诊断的遗传标记。

由于间接诊断是通过遗传标记的多态性判断染色体单倍型是否与致病基因连锁，从而判断被检者的患病风险或是否为致病基因携带者，因此间接诊断实际上是在评估患病风险。

间接诊断的必要条件：①只能用于遗传病家系中，且亲代遗传信息可以获得，相关资料必须完整。②家系中有先证者，子代有患病个体。即便如此，基因发生重组、家系成员资料不完整或遗传信息量不足等均影响间接诊断的特异性。因此，应谨慎看待间接诊断的结果。

二、基因诊断特点

常规诊断多为表型诊断，以疾病或病原体的表型为依据，优点是比较直接和直观，但有以下不足：①某些疾病表型的特异性不高。②表型改变晚于基因型改变，容易错过最佳治疗期。③某些疾病表型不显著，检测方法不灵敏，容易漏诊。④诊断耗时，准确度低。

基因诊断属于病因诊断，有以下特点。

1. 特异性高　以特定基因为检测对象，可以直接检测导致疾病发生的异常基因，不仅可确诊病患，还可筛查出致病基因携带者和一些易感个体。

2. 灵敏度高　应用核酸杂交技术和 PCR 技术，用微量标本即可检测，例如可诊断病毒抗体呈阴性的 HIV 感染者，新冠病毒核酸（PCR）检测比抗原检测更灵敏（更早检出）。

3. 早期诊断　可诊断尚无临床表现的个体，特别是单基因遗传病，适用于产前诊断（prenatal diagnosis，常采用孕后 10 周绒毛膜取样，或孕后 16 周羊膜腔穿刺抽取羊水）和遗传筛查，评估其患某些疾病的潜在风险，便于采取预防措施，降低新生儿缺陷率。

4. 采样方便　一般不受采样部位、方式或时间的限制。

5. 安全高效　可以快速检测那些不能或不易在体外安全培养的病原体（如 HPV、HIV），还能对其亚型进行基因分型（基因型分型）。

6. 应用广泛　内源基因和外源基因都可以检测，既能对一些疾病的内因或病原体直接做出检测，又能对疾病的易感性、抗药性和发展阶段等作出判断，还能对毛囊、血渍和精斑中的 DNA 进行法医鉴定。目前，基因诊断主要应用于遗传性疾病、肿瘤、感染性疾病的诊断及筛查，法医鉴定，组织配型（HLA 分型），个体化精准用药的药物代谢酶谱检测等。

三、基因诊断常用技术

基因诊断可分为基因结构鉴定和基因表达定量。各种分子生物学技术均可用于基因诊断。

1. 核酸杂交技术　可用于检测是否存在异常内源基因或外源基因，基因表达是否异常等。其中检测 >50bp 的插入缺失常用限制性片段长度多态性分析（RFLP），检测已知点突变常用等位基因特异性寡核苷酸杂交法（ASOH）或反向点杂交（RDB）。

2. PCR 技术　核酸是基因诊断的检测物。当核酸样品不足或采样受限时，往往先进行 PCR 扩增，再进行相关分析。PCR 在基因诊断中常与核酸杂交或 DNA 测序等其他技术联合，如 PCR-RFLP、AS-PCR、PCR-ASO（PCR 结合 ASOH）、RAPD（随机扩增多态性 DNA）分析、DNA 指纹图谱等。

3. 基因芯片技术　基因芯片技术不仅可以检测基因结构、基因突变和 DNA 多态性，还可以分析基因表达谱，有快速、高效、灵敏、高通量、并行化和自动化等优点，尤其适于分析复杂的多基因遗传病，例如有几百种基因与恶性肿瘤、糖尿病等疾病相关，用基因芯片可同时检测这些基因的突变或表达异常情况。

4. DNA 测序技术　直接测定单基因遗传病致病基因的全序列可以实现准确诊断、早期诊断，目前主要用于基因型已经阐明的遗传病的诊断及产前诊断、致病病毒新突变株的鉴定和分型等。DNA 测序十分简便，可高通量且已商业化，随着测序技术的发展和普及，耗时越来越少，成本不断降低，有望成为最常用的基因诊断技术。

5. 变性高效液相色谱技术   适用于检测杂合突变。原理：携带杂合突变的 DNA 样品进行 PCR 扩增，得到的扩增产物是同源双链（homoduplex）和异源双链（heteroduplex）的混合物。在部分变性的条件下，异源双链因存在错配而更易变性，在反相色谱柱中的保留时间短于同源双链，故先被洗脱下来，色谱图表现为双峰或多峰的洗脱曲线，可收集洗脱样品进一步测序以鉴定突变位点。

变性高效液相色谱有高通量检测、自动化程度高、灵敏度和特异性较高、检测 DNA 长度范围广且不需要标记、相对价廉等优点。对于纯合突变，可以利用混合的方法进行检测，即将纯合突变样品和野生型样品混合分析。

6. 质谱和液质联用技术   例如基质辅助激光解吸飞行时间质谱技术（MALDI-TOF-MS），使基因诊断更快捷、更准确，还可用液质联用（LC-MS）或超高效液相色谱质谱联用（UPLC-MS）技术分析蛋白质组和代谢组，从而评估基因表达、表观遗传学和代谢状况（第十六章）。

不同技术用于检测不同突变类型（表 15–1）。

表 15–1   基因诊断常用技术

基因突变	基因诊断方法
点突变	ASOH，RFLP，基因芯片，AS-PCR，PCR-ELISA，PCR-SSCP，DGGE，DNA 测序，DHPLC
片段突变	DNA 印迹法，多重 PCR，荧光原位杂交
动态突变	DNA 印迹法，PCR
表达异常	RT-PCR，RNA 印迹法，cDNA 芯片，蛋白质印迹法，免疫组化技术，ELISA，蛋白芯片，LC-MS

四、遗传性疾病基因诊断

绝大多数遗传病目前尚无有效的治疗手段，有些遗传病虽然可以治疗但费用高昂，往往给患者及其家庭带来沉重的经济负担和心理负担。

遗传病的基因诊断主要有以下意义：①对有遗传病家族史的孕妇进行产前诊断，指导孕育，对遗传病的防治和优生优育有实际意义。②对有一定治疗措施的遗传病进行检测，可以做到早发现、早控制、早治疗。例如苯丙酮尿症，6 岁前施行限制苯丙氨酸摄入的特殊配方营养餐疗法，诊断越早、餐疗越早，疗效越好。目前有部分遗传病可以进行基因诊断（表 15–2）。

表 15–2   我国部分单基因遗传病基因诊断

疾病	缺陷基因产物	突变类型	基因诊断方法
α 地中海贫血	α 珠蛋白	缺失为主	缺口 PCR，核酸杂交，DHPLC
β 地中海贫血	β 珠蛋白	点突变为主	RDB，DHPLC
血友病 A	凝血因子Ⅷ	点突变为主	PCR-RFLP
血友病 B	凝血因子Ⅸ	点突变、缺失等	PCR-STR 连锁分析
苯丙酮尿症	苯丙氨酸羟化酶	点突变	PCR-STR 连锁分析，ASOH
马凡综合征	原纤蛋白	点突变、缺失	PCR-VNTR 连锁分析，DHPLC

（一）血红蛋白病

血红蛋白病（hemoglobinopathy）是由血红蛋白基因异常导致血红蛋白（Hb）结构或水平异常引起的遗传性血液病，是最常见的遗传病，也是最早实现产前基因诊断的遗传病。血红蛋白病习惯上分为异常血红蛋白病和地中海贫血。目前全球有超过 7% 人口携带血红蛋白病致病突变，其中 0.3% 携带异常血红蛋白病致病突变，其余绝大多数携带地中海贫血致病突变。

1. 异常血红蛋白病　是因 Hb 结构和功能异常引起的疾病。已被鉴定的 Hb 突变类型超过 1000 种，其中大多数对 Hb 功能没有影响或影响极小，但有几百种会导致 Hb 功能异常，产生病理表型。

镰状细胞贫血是第一种被阐明的**分子病**，由 V. Ingram 于 1956 年采用色谱技术揭示，患者**镰状血红蛋白**（HbS）β 珠蛋白基因（*HBS*）编码区的第六密码子发生错义突变（CC-TG**A**GG → CC-TG**T**GG，Glu6Val），突变碱基位于 *Mst* II 位点（CC-TN**A**GG）中，突变导致该限制性酶切位点丢失。

因此，可以设计镰状细胞贫血的 PCR-RFLP 诊断方法：PCR 扩增 *HBB* 基因含第 5、6、7 密码子的片段（1.35k），用 *Mst* II 充分消化扩增产物，然后用琼脂糖凝胶电泳分析。正常人扩增产物显示 1.15kb 和 0.20kb 两条带，镰状细胞贫血患者扩增产物显示 1.35kb 一条带，携带者则显示 1.35kb、1.15kb 和 0.20kb 三条带（图 15-1）。

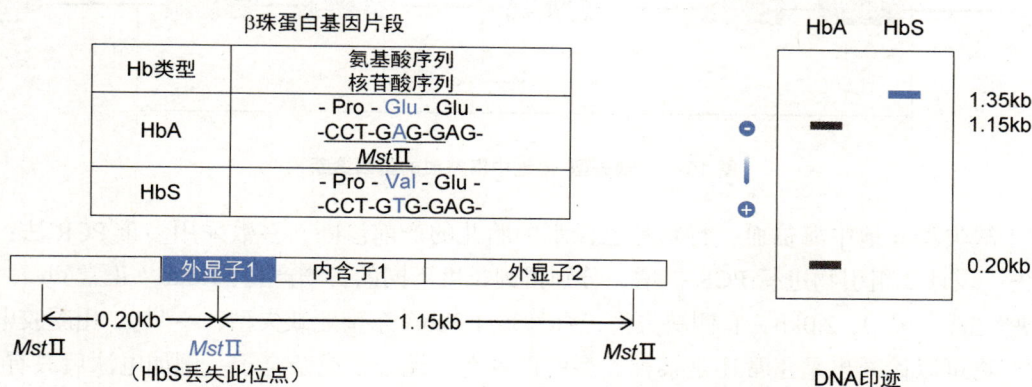

图 15-1　PCR-RFLP 分析镰状细胞贫血

此外，该镰状细胞贫血还可用 PCR-ASO 诊断，例如用以下 19nt 的 ASO 探针：

野生型探针：TG ACT CCT G**A**G GAG AAG TC
突变探针：　TG ACT CCT G**T**G GAG AAG TC

PCR-ASO 检测更快，但只能检测已知突变类型，不能检测未知突变类型。

2. 地中海贫血　又称珠蛋白生成障碍性贫血、海洋性贫血，是由于 α 或 β 珠蛋白基因存在缺陷（点突变、缺失等），导致其表达水平异常，珠蛋白合成失衡，表现为一种或几种珠蛋白合成明显不足（α⁻ 或 β⁻）甚至不能合成（α⁰ 或 β⁰），正常成人型血红蛋白（HbA，$\alpha_2\beta_2$）减少，引起溶血性贫血。已鉴定了超过 750 种珠蛋白基因缺陷，造成的地中海贫血包括 α、β、γ、δ、βδ、βγδ 地中海贫血等 6 种类型，其中以 α 地中海贫血和 β 地中海贫血较为常见，主要发生于地中海沿岸国家及东南亚国家。我国主要发生于广东、广西、海南、四川等南方地区。

（1）**α 地中海贫血**：分子基础是 α 珠蛋白基因簇（*HBA1* 和 *HBA2*）存在缺陷，导致 α 珠蛋白合成不足，形成大量 HbH（β_4），不能向组织有效供氧。临床上根据缺陷 α 珠蛋白基因数目的不同分为四型（表 15-3）。

表 15-3　α 地中海贫血的临床分型

类型	缺陷基因数	基因型	临床表现
静止型 α 地中海贫血	1	-/α α/α	基本无症状
标准型 α 地中海贫血	2	-/- α/α 或 -/α -/α	轻度贫血，红细胞体积小
HbH 病	3	-/- -/α	血红蛋白 H（β_4）多，贫血，轻度黄疸，肝脾肿大
巴氏胎儿水肿综合征	4	-/- -/-	血红蛋白 Bart（γ_4）多，胎儿重度贫血、黄疸、水肿，肝脾肿大，浆膜腔积液，死胎，新生儿死亡

α 珠蛋白基因缺陷分为缺失型（含不等交换）和非缺失型（无义突变和移码突变）。我国的患者和携带者主要是缺失型，可根据缺失位置和缺失长度分为三种类型：①左侧缺失型（$-\alpha^{4.2}$）：缺失 α2 珠蛋白基因及其两翼区域，缺失片段长度约 4.2kb。②右侧缺失型（$-\alpha^{3.7}$）：缺失 α2 珠蛋白基因的 3' 端和 α1 珠蛋白基因的 5' 端，缺失片段长度约 3.7kb。③东南亚缺失型（$--^{SEA}$）：缺失包含 ψα2、ψα1、α2、α1、θ 的一段序列，缺失片段长度约 20.5kb。α 地中海贫血目前尚无有效的治疗策略，故应重视携带者筛查及产前基因诊断（图 15-2）。

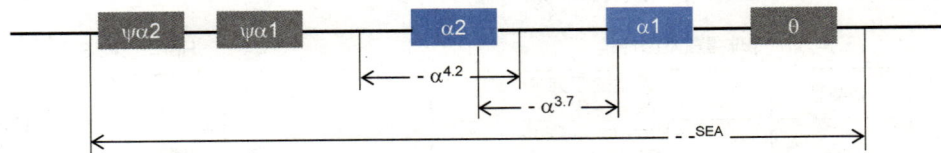

图 15-2　缺失型 α 地中海贫血的基因诊断

对于缺失型 α 地中海贫血，特别是巴氏水肿胎儿的产前诊断，多数采用多重 PCR 法：针对 3 种缺失，设计 3 组引物进行 PCR 扩增，分别得到长度不同的扩增产物：1.8kb（正常 αα）、1.6kb（左侧缺失型，$-\alpha^{4.2}$）、2.0kb（右侧缺失型，$-\alpha^{3.7}$）、1.3kb（东南亚缺失型，$--^{SEA}$）。用凝胶电泳分析扩增产物可以诊断出是正常还是某种类型的携带者、纯合子或杂合子。例如电泳后只有 1.3kb 条带，就是巴氏水肿胎儿纯合子（$--^{SEA}/--^{SEA}$）患者。

α 地中海贫血的共同特点是 α 珠蛋白 mRNA 减少，因此用定量 PCR 测定红细胞中 α 珠蛋白 mRNA 水平也可诊断 α 地中海贫血，但不能区分亚型。

（2）**β 地中海贫血**：分子基础是 β 珠蛋白基因（*HBB*）发生突变，且多数是点突变（少数是缺失）。突变导致 β 珠蛋白合成不足，过量 α 亚基形成不溶性聚集物，在未成熟红细胞内沉积，红细胞缺乏而引起贫血。这类点突变目前已经鉴定到 200 多种，包括剪接位点突变、启动子突变、错义突变、无义突变、移码突变、加尾信号突变等。我国有 30 多种，常见以下 6 种：第 41/42 密码子的移码突变（缺失 TCCT）占 45%，内含子 2 第 654 位的碱基转换（C → T）占 24%，第 17 密码子的无义突变（A → T）占 14%，TATA 盒 -28 位的碱基转换（A → G）占 9%，第 71/72 密码子的移码突变（插入 T/A）占 2%，第 26 密码子的碱基转换（G → A）占 2%。这些突变多数并未造成限制性酶切位点的形成或丢失。

β 地中海贫血目前主要用 PCR-RDB、PCR-ASO、DNA 测序等诊断。例如多重 PCR-RDB 诊断：用两个引物对 Bio-C$_1$/Bio-C$_2$ 和 Bio-C$_3$/Bio-C$_4$ 分别扩增 β-129~+473 区、β+952~+1374 区，可以获得 602bp、423bp 两种扩增片段，各包含了中国人常见的 14 种和 1 种突变类型，然后利用

15 对 ASO 探针进行 RDB 分析，即可作出诊断。

由于每个 β 地中海贫血家系有独特的突变谱，所以应用 PCR-RDB 诊断的前提是必须阐明其突变谱。

（二）血友病 A

血友病目前尚无有效的根治方法。通过基因诊断检出携带者，以及通过产前基因诊断控制患儿出生，可以阻断致病基因传播。

血友病 A 的分子基础是凝血因子Ⅷ基因突变。凝血因子Ⅷ基因很大（186936bp），其突变呈现高度异质性，几乎每个家系都有独特的凝血因子Ⅷ突变谱，直接诊断成本较高，且操作繁琐，故多采用间接诊断。

1. 非倒位型血友病 A 目前在凝血因子Ⅷ基因中已经发现了 7 个可用于间接诊断的限制性片段长度多态性位点（RFLP），中国人主要有位于内含子 18 中的 *Bcl* Ⅰ位点（T-GATCA）、内含子 19 中的 *Hind* Ⅲ位点（A-AGCTT）、内含子 22 中的 *Xba* Ⅰ位点（T-CTAGA）和 *Hpa* Ⅱ位点（C-CGG）。

对于非倒位型血友病 A 采用 RFLP 法进行连锁分析，有 98% 可以作出诊断，其中有 85% 可用 *Bcl* Ⅰ-RFLP 法作出诊断。原理：首先根据凝血因子Ⅷ外显子 18 和内含子 18 序列设计以下引物：

引物1: TTCATTTCAGTGGACATGTG
引物2: CCTATGGGATTTGAGATGGT

然后进行 PCR 扩增，获得 374bp 的扩增产物，用限制性内切酶 *Bcl* Ⅰ消化，电泳分析其 RFLP。野生型基因扩增产物含 *Bcl* Ⅰ位点，被限制性内切酶 *Bcl* Ⅰ消化后得到 211、163bp 两种片段。非倒位型血友病 A 的 *Bcl* Ⅰ位点缺失，扩增产物不被限制性内切酶 *Bcl* Ⅰ消化，长度仍为 374bp。女性携带者含有一个野生型等位基因和一个突变等位基因，所以扩增产物有 211、163 和 374bp 三种片段（图 15-3）。

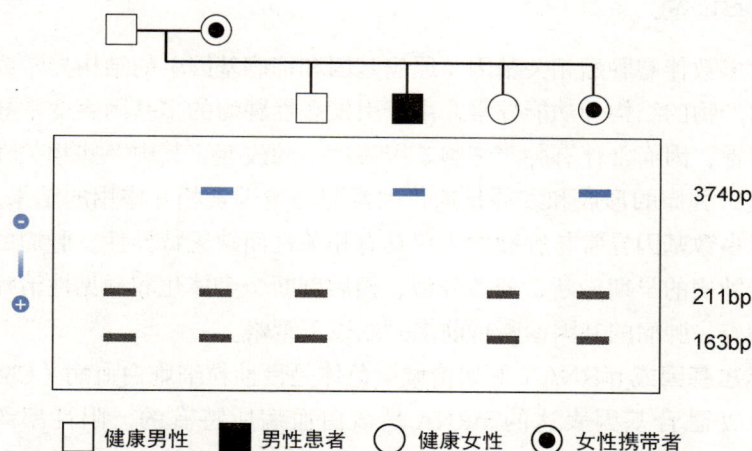

图 15-3 血友病 A 的 *Bcl* Ⅰ-RFLP 连锁分析

2. 倒位型血友病 A 可以采用多重长距离 PCR 技术或 DNA 印迹法进行诊断。

（1）多重长距离 PCR 联合脉冲场凝胶电泳分析：①多重长距离 PCR：共同上游引物 GCC CTG CCT GTC CAT TAC ACT GAT GAC ATT ATG CTG AC，野生型下游引物 GGC CCT ACA

ACC ATT CTC CTT TCA CTT TCA GTG CAA TA，倒位下游引物 CCC CAA ACT ATA ACC AGC ACC TCC CCT CTC ATA。②脉冲场凝胶电泳：正常扩增产物 12kb，倒位患者扩增产物 11kb，女性倒位携带者扩增产物 11、12kb。

●**脉冲场凝胶电泳**　常规电泳过程中只施加一个方向的电场，不能分离超过 20kb 的大片段 DNA。脉冲场凝胶电泳过程中交替施加两个或多个方向的电场，可以分离 2~10000kb 的大片段 DNA（图 15-4）。

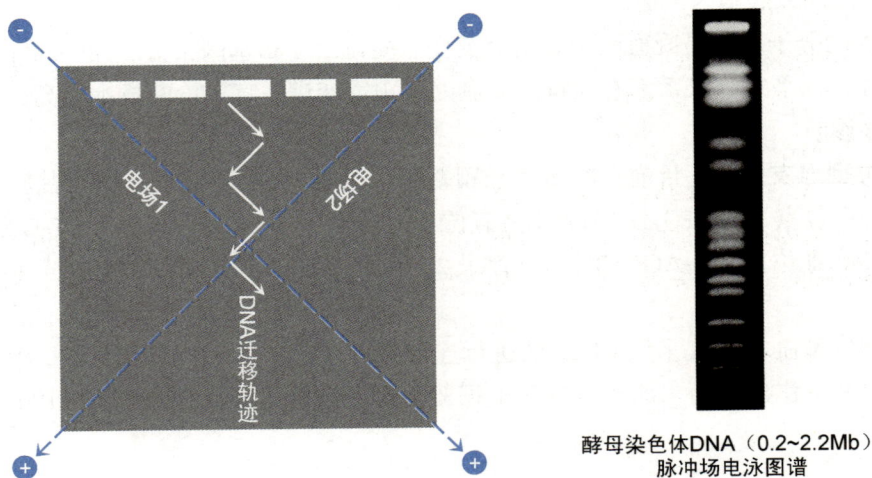

酵母染色体DNA（0.2~2.2Mb）
脉冲场电泳图谱

图 15-4　脉冲场凝胶电泳

（2）DNA 印迹法分析：用 *Nco* I（C-CATGG）、*Dra* I（TTT-AAA）或 *Bcl* I（T-GATCA）消化基因组 DNA（切割位点位于倒位点两翼），进行 DNA 印迹分析：正常人获得 21.5（*A1*）、14（*A2*）、16kb（*A3*）限制性片段。I 型倒位获得 20、14、17.5kb 限制性片段。II 型倒位获得 20、15.5、16kb 限制性片段。

五、肿瘤基因诊断

　　肿瘤的形成大多数伴有肿瘤相关基因（原癌基因和抑癌基因）的结构异常或表达异常，导致其表达异常或表达产物的结构和功能异常，由于引发恶性肿瘤的多基因突变常导致成百上千个下游相关基因表达异常，因而常伴有肿瘤细胞基因表达谱的改变，其中一些相关性强的基因可以作为肿瘤标志。不过，肿瘤的形成和发展是遗传因素与环境因素相互作用的结果，是一个多因素、多步骤过程，所以多数基因异常与肿瘤发生仅具有相关性而缺乏特异性。肿瘤的基因诊断多属于间接诊断，可用于肿瘤的早期诊断、分类分型、预后判断、个体化和预见性治疗的指导，还可用于肿瘤高危人群筛查。肿瘤的基因诊断目前多采取以下策略。

　　1. 检测肿瘤标志基因或 mRNA　例如费城染色体是慢性粒细胞白血病（CML）的一个标志，其所含的 *BCR-ABL1* 融合基因表达的 mRNA 是该白血病所特有的，阳性率约为 95%。用 RT-PCR 检测，能从 10^5 个细胞内检出 1 个费城染色体阳性细胞。此外，也可采用常规细胞遗传学和双色双融合荧光原位杂交（D-FISH）等技术进行检测。

　　2. 检测肿瘤相关基因　即癌基因 / 原癌基因、抑癌基因及其他与肿瘤发生、发展、化疗等相关的基因（表 15-4）。

表 15-4 部分肿瘤的标志基因

标志基因	*Rb*	*WT1*	*APC*	*p53*	*BRCA*
肿瘤	视网膜母细胞瘤	肾母细胞瘤，1 型神经纤维瘤	结肠癌	Li-Fraumeni 综合征	乳腺癌

（1）*ras* 基因：是肿瘤中最常见被激活的原癌基因。①有 20%~30% 的肿瘤中可以检出 *ras* 突变，主要是点突变，有 Gly12、Gly13、Gln61 三个突变热点，见于各种肿瘤。例如 Gly12 的密码子 GGT 多数突变为 TGT、GAT、GTT，少数突变为 GCT。这些点突变可用 PCR-ASO 法或测序法检测。②很多肿瘤存在 *ras*（或 *myc*、*erb* 和 *src*）的过表达，可用定量 PCR 或免疫组化法进行分析。*ras* 突变致过表达的肿瘤对靶向 EGFR 等生长因子类受体家族的小分子化疗药不敏感，只能用靶向其下游 MAPK 途径信号转导蛋白或其他靶点的小分子药才有效。因此，术后取材检测是否存在 *KRAS*、*NRAS*、*HRAS* 过表达，对术后化疗的精准用药有重要意义。

（2）*BRCA1* 基因：与乳腺癌和卵巢癌的发生密切相关。该基因已报道有 400 多种突变，包括点突变、小范围的插入缺失等。J. Hacia 用基因芯片检测遗传性乳腺癌和卵巢癌 *BRCA1* 外显子 11 的基因突变，所用的芯片含有 96000 种 20nt 探针，可以检测 *BRCA1* 外显子 11 的所有点突变。结果在 15 例患者中有 14 例检出点突变，在 20 例对照个体中均未检出点突变，提示其可用于高危人群筛选。

（3）*p53* 基因：是目前已知突变发生率最高的抑癌基因，50%~60% 肿瘤存在 *p53* 基因突变。突变集中于外显子 5 到 8 之间，对应 130~290 号密码子，其中 175、248、249、273、282 号密码子突变率最高。*p53* 基因突变主要是碱基置换，少数为插入缺失，可以利用 PCR 联合其他方法进行检测，例如 PCR-SSCP、PCR-RFLP、PCR-ASO、DNA 测序。*p53* 基因芯片可以检出目前发现的所有错义突变和单碱基缺失突变，用于部分肿瘤的早期诊断，准确率达 94%，灵敏度达 92%，特异性达 100%。

3. 检测肿瘤病毒基因 目前认为乙型肝炎病毒（HBV）和丙型肝炎病毒（HCV）与肝癌有关，EB 病毒（EBV，又称 4 型人类疱疹病毒，HHV-4）与鼻咽癌、Burkitt 淋巴瘤、霍奇金淋巴瘤有关，人乳头瘤病毒（HPV）与宫颈癌有关，这些肿瘤可以通过检测肿瘤病毒基因辅助诊断。

4. 检测免疫检查点 目前针对 PD-1、CTLA4 等免疫检查点的抑制疗法在多种晚期转移期恶性肿瘤的临床治疗中取得突破，有效率达到 20% 以上，部分患者甚至长期生存。PD-1/PDL1、CTLA4 的单抗能拮抗抑制型免疫检查点，阻断肿瘤细胞的免疫逃逸，提高机体的抗肿瘤能力。一般来说，该治疗策略对 PD-1/PDL1、CTLA4 高表达患者效果较好，低表达患者也有一定疗效，对阴性患者疗效较差，故采用免疫组化法检测术后肿瘤组织中免疫细胞的 PD-1、CTLA4 或肿瘤细胞的 PD-L1 表达水平有利于指导临床精准用药。

六、感染性疾病基因诊断

形态学检查、分离培养、生化检查和血清学检测等是检测病原体的常规方法，但常受灵敏度和特异性的限制。例如，形态发生变异，标本中混有大量非病原体菌群，病原体培养生长缓慢或难以培养，血清学发生交叉反应。基因诊断技术不受这些因素影响，可以作出准确诊断。

针对病原体应用基因诊断有以下优势：①可以直接分析标本，省去某些培养过程，更避开培养风险。②可以检测潜伏期病原体。③有助于研究病原体的变异趋势，指导暴发流行的预测、预防、诊治、隔离，这在预防医学中具有重要意义。

目前，感染性疾病的基因诊断包括以下几个方面：①快速准确的病原体现场检测，确定传染源。②携带者和潜在感染的检测。③病原体流行病学的大规模筛查。④病原体的分类分型，鉴定其致病性和耐药性。⑤培养基和无菌试剂中微生物的检测。⑥需要复杂分离条件或目前还不能体外培养的病原体的鉴定。

1. 乙型肝炎病毒检测　乙型肝炎病毒（HBV）检测主要是检测 HBV-DNA。HBV-DNA 是 HBV 复制和传染性的直接标志。定量检测 HBV-DNA 可为 HBV 感染的早期诊断、HBV 复制程度、基因分型、药物抗病毒疗效、HBV 耐药性等方面提供更多信息，对那些有传染性而血清阴性个体以及慢性乙型肝炎患者血清病毒 DNA 的检测尤其重要。

（1）HBV-DNA 定量：血清 HBV-DNA 定量可以提示病毒复制能力的强弱，是判断 HBV 传染性、判断疾病进程、评价抗病毒疗效、监测耐药性产生、指导临床治疗的基本依据。①定量 PCR：可检出 10^{-2}pg 的 HBV-DNA，能准确反映 HBV 复制水平、病程变化、治疗恢复情况等，是目前检测血清 HBV-DNA 最灵敏的方法。② DNA 生物传感器：是利用特定的生物活性材料与 HBV-DNA 相互作用，将目的 DNA 的存在转变为可检测信号的传感器装置，有高通量、高敏感、高效率和低成本等优点。

（2）基因型检测：目前对 HBV 进行基因分型的方法主要有 DNA 测序、PCR-RFLP、基因型特异性表位单克隆抗体 ELISA、基因型特异性探针检测、基因型特异性引物 PCR、基因芯片技术。① DNA 测序：被认为是金标准，一般由专业生物公司检测。② S 区 PCR-RFLP：根据不同基因型的 RFLP。操作步骤烦琐，图谱分析复杂，参考序列少，代表性略差。③巢式 PCR：根据 S 区的保守序列设计巢式引物。操作较简单，结果准确，适合于临床检验和大规模筛查。

2. 艾滋病病毒检测　HIV-DNA 可以整合到宿主基因组中并长期处于潜伏状态。整合 HIV-DNA 的拷贝数很低，要用非常灵敏和特异的方法才能检出。应用 PCR 和核酸杂交等技术可在病毒标志和血清标志出现前检出 HIV，因而可筛查血清阴性 HIV 感染者，评估其 HIV 传播的可能性，还可检出长潜伏期（4~7 年）携带者。在婴儿出生后 6~9 个月期间，基因诊断可以排除母体干扰，判定婴儿是否被 HIV 感染。

3. 幽门螺杆菌检测　幽门螺杆菌（HP）大量表达尿素酶，能分解尿素产氨而损伤胃黏膜，是 B 型萎缩性胃炎的主要根源。HP 不仅刺激胃酸分泌过多，导致胃溃疡和十二指肠溃疡，还与胃癌、黏膜相关淋巴组织（MALT）淋巴瘤相关。HP 的 rRNA 基因（rDNA）比较保守，可针对其 16S rDNA 设计引物，用 PCR 检测经加热处理的胃液或胃黏膜标本，用标记探针对扩增产物进行杂交分析。

4. 新冠病毒检测　新冠病毒（SARS-CoV，SARS-CoV-2）的结构蛋白包括刺突蛋白（S）、包膜蛋白（E）、膜蛋白（M）、衣壳蛋白（N）。N 蛋白基因在不同 SARS-CoV-2 病毒株系中高度保守，且具有良好的免疫原性，是病毒侵染细胞后表达量最高的结构蛋白，是良好的检测生物标志物。酶切刺突蛋白 S（Gln14~Thr1273）可得到刺突蛋白 S1（Gln14~Arg685）和刺突蛋白 S2（Ser686~Thr1273），刺突蛋白 S1 是冠状病毒最重要的致病蛋白，通过与膜受体结合感染细胞，其主要膜受体为呼吸道上皮细胞膜血管紧张素转换酶 2（ACE2）。S 是重组新型冠状病毒疫苗主要成分，也是新冠病毒抗体的主要靶点。

（1）核酸检测：主要采用荧光定量 RT-PCR 法。取口咽拭子、鼻咽拭子、痰液、呼吸道吸取物等标本，引物设计一般以 N 蛋白基因为对象，但会和其他冠状病毒基因有交叉，而 ORF1ab 基因具有较好的特异性，故核酸检测同时测两个基因能有效避免误诊。核酸检测是新冠病毒感染的确诊依据。

（2）病毒 RNA 测序：病毒宏基因组测序（mNGS）是针对病原微生物（细菌、真菌、病毒和寄生虫等）使用的基因组测序技术，用于新突变株的筛查和病毒基因分型。

七、法医鉴定

DNA 指纹于 1985 年开始应用于法医 [学] 鉴定，是基因诊断应用于法医鉴定的分子基础。

法医鉴定有两个主要内容，即个体识别和亲权鉴定。以往的鉴定方法多采用血型、血清蛋白型、红细胞酶型、人类白细胞抗原分析，但这些方法无论是单独应用还是联合应用，其个体识别结果都只支持"否"而不支持"是"。DNA 指纹具有很高的个体特异性，如今在法医鉴定中得到广泛应用。

法医鉴定中的基因诊断主要是采用基于短串联重复序列（STR）设计引物、进行多重 PCR 的 DNA 指纹技术进行个体识别，目前应用的常染色体 STR 标记主要是美国联邦调查局 1998 年建立的 DNA 联合索引系统（CODIS），是分布在人类 12 对常染色体上的 13 个 STR 标记（STR loci，表 15–5）。

表 15–5　DNA 联合索引系统

基因座	染色体定位	重复单位	重复次数	等位基因数
CSF1PO	5q33.1	TAGA	5~16	20
FGA	4q28	CTTT	12.2~51.2	80
TH01	11p15.5	TCAT	3~14	20
TPOX	2p25.3	GAAT	4~16	15
VWA	12p13.31	[TCTG][TCTA]	10~25	28
D3S1358	3p21.31	[TCTG][TCTA]	8~21	24
D5S818	5q23.2	AGAT	7~18	15
D7S820	7q21.11	GATA	5~16	30
D8S1179	8q24.13	[TCTA][TCTG]	7~20	17
D13S317	13q31.1	TATC	5~16	17
D16S539	16q24.1	GATA	5~16	19
D18S51	18q21.33	AGAA	7~39.2	51
D21S11	21q21.1	[TCTA][TCTG]	12~41.2	82

法医鉴定应用的基因型分析系统包含 16 个基因座，除 CODIS 系统 13 个基因座之外，还有 Penta E、Penta D、Amelogenin（牙釉蛋白，性别基因座），即 15 个 STR 基因座和 1 个性别基因座。牙釉蛋白基因用于鉴别性别，其位于 X、Y 染色体上的等位基因长度不同。2017 年，CODIS 系统基因座增加到 20 个（新增 D1S1656、D2S441、D2S1338、D10S1248、D12S391、D19S433、D22S1045）。截止 2019 年中，CODIS 数据库已经汇集了超过 1.8×10^{7} 种 STR 基因型，支持法医鉴定近 5×10^{5} 件。

法医学可以利用在犯罪现场采集的少量标本（<1ng DNA，来自血渍、精斑、毛囊、分泌物或小块组织等）进行 PCR 扩增，获得足够量的 DNA，再结合 DNA 指纹图谱分析等技术，进行个体识别（错误率可低于 $1/10^{18}$）。

在进行亲权鉴定时，需要同时测定生物学意义上的父母或可能个体的 DNA 指纹。被鉴定个体的 DNA 指纹条带来自亲代，因而在生物学亲代的 DNA 指纹中应该存在相应条带。

我国已开始加大对基因诊断的支持力度。2014 年 12 月，国家卫生健康委员会公布了第一批高通量测序技术临床应用试点单位，分为遗传病诊断、产前筛查与诊断、植入前胚胎遗传学诊断 3 个专业。2015 年 1 月，卫健委发布了第一批可以开展胎儿染色体非整倍体异常无创性产前诊断（noninvasive prenatal testing，NIPT）的产前诊断试点单位，全国 31 个省市地区共有 109 家机构入选。

第二节　基因治疗

基因治疗（gene therapy）是指在基因水平上治疗疾病，包括基因添加、基因置换或修复、基因干预、基因修饰免疫细胞疗法等。

基因治疗应用分子生物学、分子病毒学、细胞生物学等的最新研究成果，治疗用其他方法疗效不佳的疾病，是一个高技术密集的生物医学领域。尽管基因治疗的技术复杂，策略众多，但实质都是对患者的转基因，转基因手段主要是重组 DNA 技术（基因工程）和基因组编辑技术，不仅可以治疗遗传性疾病，还可以治疗恶性肿瘤和心血管、内分泌、自身免疫、中枢神经系统疾病及感染性疾病。

一、基因治疗基本条件

在现阶段，应用基因治疗必须符合以下条件：①对所治疗的疾病已有充分认识，并且传统治疗无效或效果不佳。②致病的突变基因（缺陷基因）和相应的野生型基因（正常基因）已经阐明。③正常基因已经克隆，可转入患者细胞，并稳定表达。④正常基因（目的基因）的表达水平不需要严格控制，并且即使低表达也可治愈或缓解症状。⑤治疗方案必须经过审批。

二、基因治疗基本策略

基因治疗策略众多，归纳为以下几类。

1.基因添加　又称基因增补，是指针对病变细胞的缺陷基因（如凝血因子Ⅷ基因）或不表达、低表达的正常基因（如细胞因子基因、缺失的抑癌基因），转入相应的正常基因，其表达产物可以纠正或改善、增强细胞的代谢和功能，使表型恢复正常。

（1）添加缺陷基因对应的正常基因：原来的缺陷基因并未去除。最早应用基因治疗获得成功的腺苷脱氨酶缺乏症和血友病 B 等即采用这一策略。目前大多数单基因遗传病的基因治疗仍然以该策略为主，已有不少临床成功案例。

（2）添加需要增强的正常基因：包括细胞因子基因和表位基因。例如，将 *IL2* 基因导入肿瘤患者细胞，提高患者 IL-2 水平，以增强免疫系统的抗肿瘤能力。

（3）添加有治疗作用的外源基因：如自杀基因。自杀基因是指转入宿主细胞表达后可致细胞死亡的基因。例如以下两类基因：①编码产物是一种酶，该酶能将细胞摄取的无活性前药转化为细胞毒 [性] 药物，从而杀死细胞。②编码产物诱导细胞凋亡。自杀基因可用于治疗恶性肿瘤和其他增生性疾病。

以 HSV-TK-GCV 系统为例，Ⅰ型单纯疱疹病毒胸苷激酶（HSV1-TK）可催化更昔洛韦（XJ05AB，XS01A，GCV）磷酸化，形成一磷酸更昔洛韦（GCV-MP），进一步由体内核苷酸激酶催化生成三磷酸更昔洛韦（GCV-TP）。GCV-TP 与 GTP 结构相似，可抑制核酸合成，从而抑制细胞增殖。不仅转入了自杀基因的靶细胞会被 GCV-TP 杀死，其附近未转入自杀基因的细胞也会被杀死，这一现象称为旁观者效应（旁杀伤效应）。旁观者效应的机制可能与细胞缝隙连接、瘤苗作用等有关（被杀死细胞的毒性产物通过缝隙连接进入未转染细胞，或死亡细胞的某些成分成为特异抗原引起免疫反应）。旁观者效应使自杀基因的杀伤效应明显增强，在相当程度上弥补了基因转染效率低的不足，对自杀基因治疗具有积极意义。

肿瘤自杀基因疗法目前仍处于临床试验阶段。

2. 基因置换和基因修复　基因置换是指以正常基因通过同源重组置换基因组中的缺陷基因。基因修复又称基因矫正，是指把缺陷基因修复为正常基因。基因置换和修复均为对缺陷基因进行精确的原位复原，不涉及基因的其他改变，是最理想的治疗策略，但目前尚处于探索阶段。

3. 基因干预　是指抑制致病基因或相关关键基因的过表达甚至使其沉默，以达到治疗的目的。这类基因往往是过表达的癌基因或者是控制病毒复制的关键基因。基因干预可采用以反义核酸（反义 RNA、反义 DNA 和肽核酸）、siRNA、核酶等为基础的基因沉默技术。

4. T 细胞受体疗法　T 细胞受体（TCR）是位于 T 细胞表面的一种抗原识别受体，与细胞表面糖蛋白 CD3 形成八聚体 TCR-CD3 复合物，可特异性识别并结合抗原提呈细胞提呈的 MHC-抗原肽复合物（pMHC），形成 TCR-pMHC 复合物，激活 T 细胞，分泌细胞毒颗粒，诱导细胞凋亡（第八章，237 页）。如果抗原肽来自肿瘤抗原，则活化 T 细胞可以杀死肿瘤细胞。许多肿瘤细胞会下调 MHC，逃避活化 T 细胞。

过继性 T 细胞疗法曾被视为一种治疗肿瘤策略，即从患者实体瘤分离肿瘤特异性 T 细胞，体外培养大量增殖，注回患者体内，杀死肿瘤细胞。该策略虽缺乏可行性，却催生了 T 细胞受体疗法，又称基因修饰 T 细胞疗法：将患者自身 T 细胞在体外进行基因修饰，然后将它们注回患者体内，杀死肿瘤细胞。T 细胞受体疗法根据基因修饰策略不同分为以下两类：① TCR 基因修饰 T 细胞疗法（T cell receptor-engineered T cell therapy，TCR-T 疗法）：获取患者 T 细胞，转入一种对肿瘤抗原有高亲和力和高特异性的 TCR 基因，表达后激活 T 细胞。②嵌合抗原受体 T 细胞疗法（chimeric antigen receptor-T cell therapy，CAR-T 疗法）：获取患者 T 细胞，转入一种嵌合抗原受体基因，表达后激活 T 细胞。

嵌合抗原受体（chimeric antigen receptor，CAR）是一种重组受体，由 B. Irving 和 A. Weiss 等发明于 1991 年，构成如下：①胞外配体结合域：为肿瘤抗原受体，来自抗体 V 区的单链可变片段（scFv），可高亲和力结合肿瘤细胞表面抗原而不是 pMHC 中的抗原肽，即与肿瘤细胞的结合不依赖 MHC，故可杀死通过下调 MHC 逃避活化 T 细胞的肿瘤细胞。②跨膜区。③胞内信号转导域，多用 CD3ζ 结构域，可激活 T 细胞。④ 1~3 个共刺激结构域，如 CD28，可增强杀伤力，提高专一性。

三、基因治疗基本程序

基因治疗本质是人体转基因，故其基本程序与重组 DNA 技术或基因组编辑技术是一致的，不过因为转基因对象是人体，在某些环节上有自己的特点，且需要更多地关注安全性。

1. 目的基因选择和制备　选择目的基因是基因治疗的第一步，用于基因治疗的目的基因必须符合以下条件：①基因序列和功能已经阐明，并且能够克隆制备。②过量表达也不会危害机体。③在抗病原体治疗中，目的基因应该是特异的，并且作用于病原体生命周期的关键环节。④目的基因的表达必须受合适调控元件的控制。⑤如果是分泌蛋白，信号肽必须完整，以确保可以分泌到细胞外。

目的基因既可以来自 cDNA，也可以来自基因组 DNA，还可以是反义核酸。目的基因可用传统的方法制备（第十四章，341 页）。

2. 靶细胞选择　选择靶细胞的原则：①特异性高，有效表达。②取材方便，生存期长。③培养方便，转染率高。④耐受处理，适合移植。

生殖细胞和体细胞均可作为基因治疗的靶细胞，并且在当前技术条件下，就某些遗传病而言，生殖细胞显然更适合。但是，为了防止对人类造成永久性危害，更涉及伦理问题，国际上严禁使用生殖细胞作为基因治疗的靶细胞，所以只能采用体细胞基因治疗。

根据疾病的性质和基因治疗的策略，目前可供选择的靶细胞有造血干细胞、皮肤成纤维细胞、淋巴细胞、血管内皮细胞、肌细胞、肝细胞、神经胶质细胞、神经细胞等。

（1）造血干细胞：来自骨髓，能进一步分化为其他血细胞，并能维持基因组的稳定性，但数量少，且分离和培养难度较大。脐带血细胞是造血干细胞的重要来源，它在体外增殖能力强，移植后宿主抗移植物反应（HVGR）发生率低，是代替骨髓造血干细胞的理想靶细胞。

（2）皮肤成纤维细胞：可进行体外培养且容易移植，因此是理想的靶细胞。用逆转录病毒重组体感染原代培养的成纤维细胞，移植入患者体内，目的基因可稳定表达一段时间，并通过血液循环将表达产物送到靶组织。

（3）淋巴细胞：容易分离和回输，可以进行体外培养。目前已将细胞因子等功能蛋白基因成功转入淋巴细胞并获得稳定高效表达。

3. 目的基因转移策略　①**体外基因治疗**：又称 *ex vivo* 基因治疗、*ex vivo* 途径、间接体内疗法、细胞回输法，是先从患者体内分离靶细胞，进行体外培养，然后以目的基因转染靶细胞，再回输到患者体内，使其在体内表达以达到治疗的目的。这种方法安全性好，目前应用较多；但操作步骤多，技术较复杂，不易形成规模。②**体内基因治疗**：又称 *in vivo* 基因治疗、*in vivo* 途径、直接体内疗法、直接注射法，是将目的基因的裸 DNA（naked DNA）或带目的基因的重组质粒或病毒直接注入适当部位（皮肤、骨骼肌、肝、支气管、心肌、瘤体），使其进入相应细胞表达之后起作用。优点：是最简便的转移策略，易于规模化操作。不足：裸 DNA 或质粒在体内易降解丢失，病毒注射的安全条件苛刻，都需大量注射；存在靶细胞转染率和表达效率低、疗效差、免疫排斥等问题。

4. 目的基因转移方法　目的基因转入靶细胞即转染的方法是基因治疗的关键。因为目的基因只能在细胞内表达并起作用。转染通常需要载体。基因治疗载体需要符合以下条件：①对人体安全有效。②容易转入靶细胞。③支持目的基因在靶细胞中持续有效地表达。④支持目的基因在体内复制。⑤携带能被识别、便于鉴定的标记基因。⑥易于大量制备。转入方法分为病毒载体法和非病毒载体法。

（1）病毒载体法：是目前在基础研究和临床治疗中应用的主要方法，优点是转入效率高，不足是成本高、靶向性差、免疫原性强、制备工艺复杂、存在安全风险。已经构建的病毒载体有逆转录病毒载体、腺病毒载体、腺相关病毒载体、单纯疱疹病毒载体、牛痘病毒载体和杆状病毒载体等。其中逆转录病毒只作用于增殖细胞，因而有一定选择性，转染率很高（尤其是慢病毒），体外转染率可达 90%，并且能整合到宿主 DNA 上随之复制和稳定表达，但有一定的致突变风险；腺相关病毒基本不会产生免疫反应，且能特异性整合，致突变风险低；其他载体整合率很低，因而致突变风险也很低，但容易被细胞清除而稳定性较差。单纯疱疹病毒载体、牛痘病毒载体容量大（20~25kb）。可见不同病毒载体在实际应用中各有优势和不足，选用时要综合考虑。

（2）非病毒载体法：是用化学介质或物理方法将目的基因转入靶细胞，包括脂质体转染法、受体介导法、磷酸钙共沉淀法、电穿孔法、DEAE 葡聚糖法、聚凝胺法和基因枪法等。与病毒载体法相比，非病毒载体法有以下优点：①操作简单，易规模化，不必进行复杂的体外包装。②潜在风险低于病毒载体，致宿主基因突变风险更低。③低免疫原性，可反复给药。不足：转染率低且属于瞬时转染，转入的基因会被靶细胞降解而稳定性差。

5. RNA 药物转入　①可以和其他基因一样，将相应基因与表达载体重组，转入靶细胞中甚至整合到靶细胞基因组中，通过转录合成 RNA 药物。②可以先在体外合成，通过脂质体转染法等转入靶细胞，但存在 RNase 降解问题。③受体介导法，如去唾液酸糖蛋白受体介导法。

●用硫代核苷酸合成的硫代寡核苷酸药物（S-oligo）也抗 RNase 降解。

6. 转染细胞筛选和正常基因鉴定　基因转移效率通常很低，即使用病毒载体法也很难超过30%。因此，转移之后需要筛选出转染靶细胞。转染细胞与非转染细胞在形态上难以区分，为此可以利用标记基因、构建目的基因与报告基因的融合基因、基因缺陷型靶细胞的选择性进行筛选。其中，利用载体上的标记基因进行筛选最常用，可以判断目的基因是否成功转入。多数哺乳动物表达载体中都有标记基因 neo^R，可用 neo^R-G418 系统筛选。

在转染细胞筛出之后，往往还需要鉴定目的基因及表达情况。常用方法有点杂交、qPCR、蛋白印迹、免疫组织化学等。此外，大多数还要进行动物试验，评价转染细胞和目的基因的整体效应。

四、基因治疗临床应用

基因治疗基础研究开展较早，但直至 1990 年才开始临床应用。基因治疗策略的提出最初是针对遗传性疾病，但目前其临床应用范围已拓展到肿瘤、艾滋病及其他疾病的治疗。基因治疗对某些疾病疗效显著，并且发展很快。

腺苷脱氨酶缺乏症是一种单基因隐性遗传病，是第一种成功实施体细胞基因治疗的遗传病。

腺苷脱氨酶（ADA）可以催化腺苷和 2'- 脱氧腺苷脱氨基生成肌苷和 2'- 脱氧肌苷。腺苷脱氨酶缺乏会造成腺苷、脱氧腺苷和 S- 腺苷同型半胱氨酸积累（其他脱氧核苷酸合成减少）。它们有细胞毒性，且不能被淋巴细胞排出，所以对淋巴细胞毒性最大，可以杀死淋巴细胞，导致免疫力低下。85% 的腺苷脱氨酶缺乏患者伴有致死性的重症联合免疫缺陷（SCID，俗称气泡男孩症）。

● 1990 年 9 月 14 日，美国一名因腺苷脱氨酶缺乏而患重症联合免疫缺陷的 4 岁女孩 Ashanti 成为世界上首例采用基因治疗的患者。治疗策略是用野生型 ADA 基因和逆转录病毒载体制备重组体转染其增殖 T 细胞，然后回输体内。结果 Ashanti 免疫力提高，临床症状改善，年感染次数降到正常人水平。1991 年 1 月 30 日，患重症联合免疫缺陷的 9 岁女孩 Cutshall 成功接受了同样的基因治疗。不过这一基因治疗策略有其局限性：由于 T 细胞寿命有限，这种治疗需定期实施。为此，有人提出干细胞疗法：干细胞携带的正常基因可以在患者体内终生表达，不仅比 T 细胞疗法疗效好，而且可以提供更广泛的免疫保护，因而有可能一次治疗即达到治愈目的。1993 年，Cutshall 及三例新生患儿成功接受了干细胞治疗。2016 年 5 月 27 日，欧洲药品管理局批准了葛兰素史克公司（GSK）等共同研发，用于治疗腺苷脱氨酶缺陷导致的重症联合免疫缺陷（ADA-SCID）的干细胞基因疗法上市。

目前应用基因治疗的单基因遗传病有腺苷脱氨酶缺乏症、嘌呤核苷磷酸化酶缺乏症、鸟氨酸氨甲酰基转移酶缺乏症、精氨琥珀酸合成酶缺乏症、血友病 B 等。此外，β 地中海贫血、镰状细胞贫血、苯丙酮尿症、帕金森病、阿尔茨海默病、亨廷顿病、肿瘤、高血压、糖尿病、躁狂抑郁症、支气管哮喘、类风湿性关节炎、先天性巨结肠和心血管疾病、囊性纤维化病、肌萎缩侧索硬化等遗传病及艾滋病的基因治疗也已成为广大生命科学工作者的研究目标。

五、基因治疗问题与展望

基因治疗的研究目前多集中在恶性肿瘤方面，并且覆盖了大多数恶性肿瘤，有些肿瘤基因治疗的临床试验已经取得了一定疗效，基因组编辑尤其是碱基编辑技术的应用，大大推进了基因治疗的进展。不过，基因治疗总体还处在研究和探索阶段，虽然有些方案已经试用于临床，但仍存在理论、技术、安全、伦理问题。

● 1999 年，美国一名 18 岁的鸟氨酸氨甲酰基转移酶缺乏症患者 Jesse Gelsinger 死于腺病毒介导的基因治疗；2003 年，法国两例重症联合免疫缺陷患儿在采用基因治疗时因大剂量使用逆转录病毒载体插入并激活 *LMO2* 基因而患上白血病。

1. 基因治疗存在的技术问题　基因治疗目前存在的技术问题主要有以下几个方面。

（1）应用范围有限：除部分单基因遗传病外，许多疾病（如恶性肿瘤、高血压、糖尿病、冠心病、神经退行性疾病）的致病基因尚未阐明。大多数多基因遗传病涉及的致病基因较多，要找到可用于基因治疗的主基因并非易事。

（2）体内转入率低：通常只有约 10%，导致疗效不足，尤其是对恶性肿瘤这种需要杀灭全部癌细胞才能治愈的疾病。

（3）靶向性较差：这对肿瘤基因治疗来说，是影响其临床应用的主要限制因素，如果不能靶向转入癌细胞，相对于放化疗就没有多少优势和意义，故如何实现肿瘤靶向性是肿瘤基因治疗的聚焦点也是主要难点。

2. 基因治疗存在的伦理问题　基因治疗可能带来的社会问题和伦理问题一直是争议热点。故目前基因治疗的临床试验多选择常规治疗失败或晚期肿瘤患者或无法治疗的致命遗传病。基因治疗目前倡导以下伦理原则：

（1）尊重患者原则：对于基因缺陷患者，医务人员应该像对待正常人或其他患者一样，尊重其人格和权利。

（2）知情同意原则：医务人员必须向患者或其家属作出适当解释，让其在知情同意的前提下实施基因诊断和治疗。

（3）有益于患者原则：在实施基因治疗前，医务人员必须确信其他治疗方案无效，基因治疗有效。

（4）保守秘密原则：为患者保守秘密，这是医务人员的道德义务。当然，如果在适当范围内公布病情，能够使其他人的受益大于对患者产生的副作用，并且征得患者同意，可以有限解密。

随着人类基因组计划的完成和对遗传病的深入研究，特别是致病基因的克隆，基因治疗将逐步走向成熟。国际上批准实施的临床试验方案已有 2000 多个，专业的基因治疗公司已有 100 多家。在我国，已有多个基因治疗方案获得国家食品药品监督管理部门批准，进入临床试验。不过，基因治疗要想作为一种常规治疗方案，还有待完善和提高。基因治疗前景美好，任重道远。

　　人类基因组计划（Human Genome Project，HGP）是一项规模宏大、多国参与、多学科协作的科学探索工程，与曼哈顿计划和阿波罗计划并称为三大科学计划，被誉为生命科学的"阿波罗计划"。人类基因组计划彻底改变了当今生命科学的研究模式，规模化、整体化、自动化、信息化研究已经发展到包括分子生物学在内的所有生命科学领域。

　　人类基因组计划的启动使一个新的学科——基因组学迅速崛起。该计划的完成催生了一批后基因组学——功能基因组学、表观基因组学、转录组学、蛋白质组学、代谢组学等。这些组学研究不仅可以提高人类健康水平，改善人类生活质量，更将深入揭示生命奥秘。组学研究被公认为21世纪生命科学发展的热点，将为医学研究带来革命性变化。

第一节　人类基因组计划

　　1984 年，美国能源部（DOE）与国立卫生研究院（NIH）及其他国际组织发起会议，讨论人类基因组作图和测序的可行性和有效性。

　　1986 年，R. Dulbecco（1975 年诺贝尔生理学或医学奖获得者）在《Science》上发表题为 "A turning point in cancer research: sequencing the human genome" 的文章，率先提出人类基因组计划，并认为这是加快肿瘤研究进程的有效途径，引起了世界性的反响。

　　1987 年，美国能源部向国会提交人类基因组倡议（Human Genome Initiative）。1988 年，美国国家研究委员会（NRC）建议进行人类基因组作图和测序，同年，美国国会举行了听证会。

一、人类基因组计划目标

　　1990 年 10 月，美国国会批准了人类基因组计划（Human Genome Project，HGP）：用 15 年时间完成人类基因组作图和基因组测序（表 16-1）。这是一个由多个国家和众多科学家共同实施的人类历史上最大规模的生命科学计划，仅美国的预算就高达 30 亿美元。

表 16-1　人类基因组计划目标

内容	目标	实际完成内容	完成时间
基因图谱	600~1500 个标记，分辨率 2~5cM	3000 个标记，分辨率 1cM	1994.9
物理图谱	30000 个序列标签位点	52000 个序列标签位点	1998.10
序列图谱	基因组测序完成 95%，准确度 99.99%	基因组测序完成 99%，准确度 99.99%	2003.4

续表

内容	目标	实际完成内容	完成时间
测序效率及成本	测序 500Mb/ 年，费用 <$0.25/b	测序 >1400Mb/ 年，费用 <$0.09/b	2002.11
人类基因组变异图	100000 个单核苷酸多态性位点作图	3700000 个单核苷酸多态性位点作图	2003.2
基因鉴定	全长 cDNAs	15000 种全长 cDNAs	2003.3
模式生物基因组作图与测序	大肠杆菌	大肠杆菌（ *E. coli* K-12）（$4.63×10^6$bp）	1997.9
	酿酒酵母	酿酒酵母（ *S. cerevisiae* ）（$1.20×10^7$bp）	1996.5
	线虫	线虫（ *C. elegans* ）（$9.03×10^7$bp）	1998.12
	果蝇	果蝇（ *D. melanogaster* ）（$1.20×10^8$bp）	2000.3
		以下基因组草图 *	
		线虫（ *C. briggsae* ）（$1.04×10^8$bp）	
		果蝇（ *D. pseudoobscura* ）（$1.25×10^8$bp）	
		小鼠（ *M. musculus* ）（$2.63×10^9$bp）	
		大鼠（ *R. norvegicus* ）（$2.75×10^9$bp）	
功能分析	发展基因组技术	高通量寡核苷酸合成技术 基因芯片技术 真核生物基因组敲除技术 双杂交技术	1994 1996 1999 2002

* 基因组草图：已测序 90% 以上、测序准确度达 99% 的基因组图谱。

二、人类基因组计划进程

2003 年 4 月 14 日，科学家们在华盛顿宣布：经过美国、英国、日本、法国、德国和中国科学家 13 年的共同努力，人类基因组测序工作基本完成（表 16-2）。

表 16–2　人类基因组计划主要进程

时间	内容
1986.3.7	Dulbecco 提出人类基因组计划
1987.10.23	人类基因组第一张基因图谱公布，以 RFLP 为标记
1989.3	发现新的遗传标记：微卫星 DNA，适用于绘制基因图谱
1989.9.29	发现新的遗传标记：序列标签位点，适用于绘制物理图谱
1990.10	人类基因组计划启动
1991.6.21	发现新的遗传标记：表达序列标签，适用于绘制转录图谱
1992.10.29	人类基因组第二张基因图谱公布，以微卫星 DNA 为标记
1994.9.30	人类基因组第三张基因图谱公布，以单一序列、短串联重复序列、基因序列为标记
1995.5.21	完成原核生物流感嗜血杆菌（ *H. influenzae* ）基因组（1830137bp）测序 完成生殖支原体（ *M. genitalium* ）基因组（580070bp）测序
1995.12.22	人类基因组第一张物理图谱公布，含 15086 个序列标签位点，图距 199kb
1996.5.29	完成酿酒酵母（ *S. cerevisiae* ）基因组（12080000bp）测序

续表

时间	内容
1996.10.25	人类基因组第一张转录图谱公布，其表达序列标签来自 16000 个基因
1996	启动人类基因组测序
1997.9.5	完成大肠杆菌（*E. coli* K-12）基因组（4639675bp）测序
1998.6.11	完成结核分枝杆菌（*M. tuberculosis*）基因组（4.4Mb）测序
1998.8	发现新的遗传标记：单核苷酸多态性（SNP），适用于绘制基因图谱
1998.10	人类基因组第二张物理图谱公布，含 52000 个序列标签位点，图距 58kb
1998.10.23	人类基因组第二张转录图谱公布，其 41664 个表达序列标签来自 30181 个基因
1998.12.11	完成线虫（*C. elegans*）基因组（90269800bp）测序
2000.3.24	完成果蝇（*D. melanogaster*）基因组常染色质（120367260bp）测序
2001.2.12	第一张人类基因组草图（draft sequence）及初步分析公布
2002.12.5	完成小鼠（*M. musculus*）基因组（2634266500bp）草图
2003.4.14	基本完成（finished sequence）人类（*H. sapiens*）基因组（3070128600bp）测序

三、人类基因组遗传标记

绘制人类基因组图谱简称人类基因组作图（genome mapping），即确定基因或限制性酶切位点等其他遗传标记在染色体上的相对位置和相对距离。人类基因组作图首先需要选择合适的位标（landmark），它们是一些特定的遗传标记（多态性位点）。

1. 限制性片段长度多态性（RFLP）　见第一章（27 页），是人类基因组计划的第一代遗传标记，信息量较少。

2. 微卫星 DNA（microsatellite DNA）　大多数基因都与一种或几种微卫星 DNA 相关，所以通过分析微卫星 DNA 可以确定基因座。微卫星 DNA 于 1989 年被选为人类基因组计划的第二代遗传标记。

● 1981~1989 年的众多研究表明，人类基因组中有一种以 CA 为重复单位、重复 15~30 次的微卫星 DNA，散在分布于基因组中，多达 50000~100000 处，平均每隔 30~60kb 就有一处。这种微卫星 DNA 具有个体特异性，所以赋予个体 DNA 长度多态性，并且易于用 PCR-PAGE 分析，检测的速度和灵敏度都远高于传统的印迹杂交技术。

3. 序列标签位点（sequence tagged site，STS）　具有以下特点：①是基因组中的一类 200~500bp 序列。②其核苷酸序列和基因组定位都已经阐明。③是单一序列，即一种序列标签位点在基因组中只出现一次。④很容易用 PCR 检测。⑤序列标签位点数据库已经建立，因此其检测手段可以从数据库中获取。序列标签位点于 1989 年被选为绘制物理图谱的遗传标记。

4. 表达序列标签（expressed sequence tag，EST）　是指来自 cDNA 的一段特征性单一序列（300~500bp）。来自 cDNA 文库的全部表达序列标签组成表达序列标签数据库，于 1991 年被选为绘制转录图谱的遗传标记。

5. 单核苷酸多态性（SNP）　见第一章（29 页），1998 年被选为人类基因组计划的第三代遗传标记。

四、人类基因组图谱

基因组图谱（genomic map）是展示一种生物全基因组结构的图谱。根据作图目的、方法和精细程度的不同，可以分为用遗传学方法建立的基因图谱，根据距离绘出基因位置分布的物理图谱，标记出可表达序列的转录图谱，经 DNA 测序得到的序列图谱。人类基因组计划的核心内容是解析人类基因组图谱。

1. 基因图谱（genetic map）又称遗传图谱、连锁图谱（linkage map），是反映基因等遗传标记在染色体 DNA 中的相对位置、连锁关系的基因组图谱，是以遗传标记为位标、遗传距离为图距绘制的。基因图谱的图距单位是厘摩（centimorgan，cM），其含义是染色体上相距 1cM 的两个遗传标记在子一代中由于交换而分离的可能性是 1%。在人类基因组中，1cM 平均相当于1Mb。

（1）第一张基因图谱完成于 1987 年（人类基因组计划尚未正式启动），含 403 个遗传标记（图距是 7.4cM），其中 393 个是 RFLP 标记。

（2）第二张基因图谱完成于 1992 年，含 814 个遗传标记（图距是 3.7cM），均为以 CA 为重复单位的短串联重复序列，其中 813 个标记在 22 条常染色体和 X 染色体上构成连锁群（linkage group）。有 605 个标记的杂合度（heterozygosity）高于 0.7，553 个标记的比值比（odds ratio）高于 1000。

（3）第三张基因图谱完成于 1994 年，含 5840 个遗传标记（图距是 0.5cM），其中包括 970 个单一序列，3617 个短串联重复序列，427 个基因序列。第三张基因图谱是人类基因组计划完成的第一个主要目标。

基因图谱的绘制为基因鉴定和基因定位创造了条件。基因图谱有助于对疾病相关基因进行染色体定位。如果一个遗传标记与某致病基因连锁，那么它可能就位于该致病基因附近。基因图谱所含的遗传标记越多，遗传标记与致病基因连锁的可能性就越大。

2. 物理图谱（physical map）是以基因和序列标签位点等遗传标记为位标、物理距离（位标间隔的碱基对数）为图距绘制的基因组图谱。人类**染色体带型**（banding pattern）就是一张低分辨率的物理图谱。

（1）第一张物理图谱完成于 1995 年，含 15086 个序列标签位点，图距是 199kb。

（2）第二张物理图谱完成于 1998 年，含 52000 个序列标签位点，图距是 58kb。

物理图谱的图距小，便于 DNA 测序。

3. 转录图谱（transcriptional map）又称表达图谱（expression map），是以基因（以外显子或表达序列标签为标记）为位标、物理距离为图距绘制的基因组图谱，是基因图谱与物理图谱的统一。

（1）第一张转录图谱完成于 1996 年，其表达序列标签来自 16000 个基因。

（2）第二张转录图谱完成于 1998 年，其 41664 个表达序列标签来自 30181 个基因，所含的基因数约为第一张转录图谱的 2 倍，囊括了大多数已经阐明的蛋白基因，精确度提高了 2~3 倍。

这两张转录图谱所"定位"的基因数与人类基因组计划初期的一个假设相关：人类基因组"可能"含 50000~100000 个蛋白基因。第三张基因图谱完成（completed）时，这一数字修正为30000~35000 个。人类基因组计划完成（finished）时，这一数字修正为 20000~25000 个，基因数减少的部分原因是许多"基因"被鉴定为假基因，例如超过一半的嗅觉受体基因均为假基因。

绘制转录图谱的目的是要鉴定基因组中所有的功能基因以及它们在基因组序列中的定位。在人类基因组中，蛋白质编码序列仅占全部序列的2%~3%。

转录图谱具有特别意义：①基因表达具有特异性，因而可以绘制基因表达的时空图——**基因表达谱**，用于研究基因表达的特异性，为医学研究奠定基础。②通过分析cDNA可以发现基因，确定人类基因的准确数目、每一个基因的序列及其在基因组中的定位，深入分析基因产物的功能及其与相关疾病的关系，从而在基因组层面获得与医学和药学关系密切的信息。

4. 序列图谱（sequence map） 是染色体DNA的全部核苷酸序列，实际上也是分辨率最高的物理图谱。基因图谱、物理图谱、转录图谱等的全部信息都可以整合到序列图谱上。

人类基因组测序于1996年启动，从1999年到2006年陆续公布了全部染色体DNA的核苷酸序列（表16-3）。

表16-3 人类基因组各染色体DNA序列公布时间

公布时间	染色体	公布时间	染色体	公布时间	染色体	公布时间	染色体
1999.12.2	22	2003.10.10	6	2004.12.23	16	2006.3.16	12
2000.5.18	21	2004.3.1	13	2005.3.17	X	2006.3.23	11
2001.12.20	20	2004.3.1	19	2005.4.7	2	2006.3.30	15
2003.1.1	14	2004.5.27	10	2005.4.7	4	2006.4.20	17
2003.6.19	Y	2004.5.27	9	2005.9.22	18	2006.4.27	3
2003.7.10	7	2004.9.16	5	2006.1.19	8	2006.5.18	1

2003年宣布人类基因组计划基本完成的含义：①全部序列的92%已经测定，仅有8%的缺口序列用当时的组学技术尚无法测定。②测序的准确度高达99.99%。分析发现人类基因组有以下特点。

（1）人类基因组有20320个基因（截至2009年），仅与线虫（*C. elegans*）（20000个）相当，比拟南芥（*A. thaliana*）（25498个）还少几千个。

（2）基因组序列碱基对（即不含转座、重排）的个体差异仅为1/1100。相比之下，人与黑猩猩基因组序列的种间差异为1.23%。

（3）基因组序列的50%以上是重复序列，不编码蛋白质。

（4）蛋白基因外显子序列仅占基因组序列的1.5%。

（5）每个基因序列平均长度40kb，但差异很大，最长的是抗肌萎缩蛋白（2400kb）。

（6）约有23000个（数据来源不同，与前述不一致）蛋白基因已经得到鉴定。

（7）一个基因平均指导合成三种蛋白质。

（8）人类基因不均匀分布在基因组中；相比之下，原核基因均匀分布在基因组中。

（9）基因密集区G-C多，基因稀疏区A-T多。

（10）基因密集区随机分布，密集区之间被大量非编码DNA（noncoding DNA，又称非编码序列）隔开。

（11）1号染色体所含的基因最多（约3000个，另有报道5078个）；Y染色体所含的基因最少（约230个）。

（12）基因组序列的个体差异大多数属于单核苷酸多态性（SNP）。已经鉴定的SNP超过1.5×10^7个（即每200bp就有1个），其中0.7×10^7个的等位基因频率>5%。此外，每个编码区（开放阅读框）平均含4个SNP。

（13）男性生殖细胞突变率约为女性生殖细胞的 2 倍。

● T2T　Telomere-to-Telomere Consortium（端粒到端粒联盟），是指来自不同国家 33 个科研机构的 114 位科学家，于 2022 年 4 月 1 日公布了人类基因组的完整序列（The complete sequence of a human genome）。

五、人类基因组其他计划

人类基因组计划得到的仅仅是人类基因组的参考图谱，对于个体间的基因差异及更具医学意义的遗传变异图谱知之甚少。研究人类基因组的多态性是阐明疾病遗传基础的根本内容，只有阐明基因组的多态性，才能真正阐明疾病的遗传基础，揭示生命起源、进化、迁徙过程中的基因组变异。

1. 人类基因组单体型图计划　2002 年 10 月，由美国、加拿大、中国、日本、尼日利亚、英国科学家组成的国际协作组发起人类基因组单体型图计划（HapMap 计划），目的是在人类基因组计划的基础上确立世界上主要族群基因组的遗传变异图谱，内容是用 3 年时间对亚裔、欧裔和非裔 270 份样品基因组中的多态性位点（主要是 SNP、SNP 组成的单体型、单体型中的标签 SNP）进行分析，构建出每条染色体的单体型图。它整合了人类遗传多态性信息，为遗传多态性、疾病易感性、药物敏感性等研究提供最基本的信息和工具，旨在实现疾病遗传因素的准确筛查，从而及早采取预防措施，或设计更有效的治疗方案（包括药物的选择）。

HapMap 计划于 2005 年完成人类基因组第一张遗传变异图谱，含有 1.0×10^6 个 SNP 位点；2008 年完成第二张遗传变异图谱，含有 3.1×10^6 个 SNP 位点。

2. 千人基因组计划　2008 年 1 月，由中国、英国、美国科学家组成的国际协作组宣布启动千人基因组计划（1000 Genomes Project），内容是对来自全球 27 个族群（族裔）的 2500 份样品（其中 400 份来自黄种人）的基因组进行测序，绘制到目前为止最详尽、最有医学应用价值的遗传变异图谱，建立精细的人类基因组变异数据公共数据库，为各种疾病的关联分析提供详细的基础数据，为阐释人类重大疾病发病机制、开展个性化预测、预防和治疗打下基础。

千人基因组计划于 2010 年完成人类基因组第三张遗传变异图谱，含有 1.5×10^7 个 SNP 位点。第三张遗传变异图谱的最大优势在于所采用的样本针对的是大规模族群，远超过 HapMap 计划两张遗传变异图谱所测定的样本数，可以从更深层次上研究族群之间、个体之间的基因差异。对于族群中发生频率在 1% 以上的基因突变的覆盖率达 95% 以上，因此可能包括了 HapMap 计划没能涉及的罕见病的致病基因。2012 年 11 月，千人基因组计划发布了 1092 人的基因数据。这是科学界首次实现千人规模以上的基因组对比分析，数据总量达到 200TB，是世界上最大的人类基因变异数据集。

随着新的测序技术的发展和完善，尤其是高通量测序技术和长读[长]测序技术的不断进步，基因组测序的速度和质量不断提升而成本不断下降。多国政府也先后主导了一系列更大规模的基因组研究计划（表 16-4）。

3. 癌症基因组计划　癌症是人类健康的重大威胁，为深入揭示癌症的突变图谱，英国于 1999 年率先发起癌症基因组计划（Cancer Genome Project），2008 年发布了首个急性髓系白血病（AML）样本的全基因组序列。美国于 2006 年发起癌症基因组图谱计划（The Cancer Genome Atlas，TCGA），该计划对 20000 多个原发性癌症进行了分子特征分析，并匹配了 33 种癌症类型的正常样本。经过十多年的研究，TCGA 已产生了超过 2.5×10^{15} bp 的基因组、表观基因组、转录组和蛋白质组数据（https://www.cancer.gov/ccg/research/genome-sequencing/tcga）。

表 16-4　多国政府主导的大规模基因组研究计划（部分，截至 2023 年 5 月 14 日）

国别	名称	规模（万人）	启动时间	完成时间
冰岛	冰岛基因组计划（Genomes of Icelanders）	0.2636	1998	2015
日本	日本生物银行项目（Biobank Japan）	10	2003	2018
英国	英国 10 万人基因组计划（100000 Genomes Project）	10	2012	2018
美国	精准医学项目（ALL of US）	100	2015	2025
韩国	韩国万人基因组计划（Korea1K）	1	2015	2019
法国	2025 法国基因组医学倡议（PFMG2025）	-	2015	2025
新加坡	新加坡国家基因组项目（SG10K）	1	2016	2019
中国	十万人基因组计划	10	2017	2021
英国	五百万人基因组计划	500	2019	2024

第二节　基因组学

基因组学（genomics）是研究基因组的组成、结构、功能及表达产物的学科，是揭示生命全部信息的前沿学科。基因组学主要研究内容包括结构基因组学、功能基因组学、比较基因组学。人类基因组计划使基因组学迅速崛起，将对生物学、医药学乃至整个人类社会产生深远影响。

一、基因组学基本内容

基因组学以遗传学技术、分子生物学技术、生物信息学技术、电子计算机技术和信息网络技术为研究手段，在群体水平上研究基因组，研究内容包括分析基因组序列，绘制基因组图谱，研究基因（基因定位、基因结构和基因功能及其关系、基因相互作用），建立数据库，储存、管理、分析基因组信息，并应用于生物学、医药学及农业、工业、食品、环境等领域。

1977 年，F. Sanger 等完成了 ΦX174 噬菌体的基因组测序（5386nt），这是人类完成的第一个基因组测序，标志着基因组学的诞生。1986 年，T. Roderick 创造了 "genomics（基因组学）" 一词（作为一种新创刊杂志的名字）。1987 年，H. Donis-Keller 等绘制出第一张人类基因图谱。1995 年，R. Fleischmann 等完成了流感嗜血杆菌（*H. influenzae*）基因组测序（1830137bp），这是人类完成的第一种原核生物基因组测序。1996 年，人类基因组计划的 633 位科学家完成了酿酒酵母（*S. cerevisiae*）基因组测序（12057500bp），这是人类完成的第一种真核生物基因组测序。

截至 2023 年 5 月 16 日，已经公布基因组序列 221561 种（其中 189892 种是完成草图绘制），正在进行测序的有 26094 种（表 16-5）。

表 16-5　基因组测序进展（截至 2023 年 5 月 16 日）

物种	病毒 / 噬菌体	古细菌	原核生物	真核生物	合计
已经完成测序数	12873	1808	200042	6838	221561
正在进行测序数	115	213	14126	11589	26094
已立项	0	4	620	16	640

除人类外，基因组学目前研究的其他物种可分为 6 类（表 16-6）。

表 16-6　基因组学目前研究的其他物种分类

物种	举例	完成测序时间
①病原体	流感嗜血杆菌（*H. influenzae*）	1995
	甲流病毒 H1N1	2009
	新冠病毒（SARS-CoV2）	2020
②模式生物	酵母（*S. cerevisiae*）	1996
	线虫（*C. elegans*）	1998
	果蝇（*D. melanogaster*）	2000
	拟南芥（*A. thaliana*）	2000
	斑马鱼（*D. rerio*）	2013
③医学研究常用的动物模型	狗（*C. familiaris*）	2004
	黑猩猩（*P. troglodytes*）	2005
	小鼠（*M. musculus*）	2006
④经济生物	水稻（*O. sativa*）	2002
	猪（*S. scrofa*）	2005
	牛（*B. taurus*）	2007
	玉米（*Z. mays*）	2009
⑤濒危物种	大熊猫（*A. melanoleuca*）	2009
	长江江豚（*N. asiaeorientalis*）	2018
	绿孔雀（*P. muticus*）	2021
	华南虎（*P. tigris amoyensis*）	2022
⑥中药材	蛹虫草（*C. militaris*）	2011
	灵芝（*G. lucidum*）	2012
	丹参（*S. miltiorrhiza*）	2016
	甘草（*G. uralensis*）	2017
	三七（*P. notoginseng*）	2017
	人参（*P. schinseng*）	2017
	天麻（*G. elata*）	2018
	茯苓（*W. cocos*）	2020
	厚朴（*M. officinalis*）	2021
	黄连（*C. chinensis*）	2021
	蕲艾（*A. argyi*）	2022

二、基因组学与医学

基因组学研究改变了生命科学的研究模式，人类基因组计划加快了医学研究的发展速度。基因组图谱可以支持我们方便地寻找致病基因、疾病相关基因，以阐明疾病的分子机制，并为寻找特异的诊断标志、设计有效的治疗方案奠定坚实的基础。

1. 基因组学与健康个体化研究　长期以来，生命科学工作者一直期望能够在了解人类遗传多态性的基础上确定疾病的易感性（susceptibility）、过敏原的敏感性（sensitivity）、药物治疗的承受力（receptivity）。在此基础上筛查易感个体，一方面可以对其饮食结构、生活方式和生活环境给出建议，以预防疾病发生、延缓发病时间或减轻病患症状；另一方面可以在患病前采取基因治疗，在患病时确定介入治疗的最佳时机，以提高疗效，减轻负担。

2. 基因组学与疾病遗传基础研究　人类基因组计划最重要的医学意义是确定各种疾病的遗传基础。通过基因组分析可以对已知单基因遗传病的致病基因进行定位，然后从基因组数据库中鉴定致病基因，这种策略将加快对致病基因的研究。目前已有 7000 多种遗传病的致病基因或连锁基因座已经确定基因组定位，相关基因有 4000 多个。

3. 基因组学与肿瘤研究　肿瘤相关基因是肿瘤研究的目标之一。人类基因组 DNA 一方面受到各种因素损伤，另一方面在复制过程中不可避免地出现错误。如不及时修复，其中有些会导致关键基因发生突变，甚至导致细胞癌变和肿瘤发生。利用基因组信息及相关技术，可以有效地筛查和鉴定肿瘤相关基因，阐明多态性与肿瘤预警、发生、分类、分型、分级、发展、浸润、转移、治疗、预后等的关系，建立个体化诊断指标，设计个体化治疗方案。

基因组学的医学应用不可避免地涉及伦理、法律、公共政策等问题：①如何界定个人基因组信息的隐私性。②工作单位、保险公司、未来配偶是否可以获得员工、保险人、恋人的基因组信息。③基因组信息的进一步解读是否会引发新的种族歧视。

三、药物基因组学

药物基因组学（pharmacogenomics）是药物遗传学与基因组学相结合的学科，它利用基因组学信息和技术研究个体及群体遗传因素差异对药物反应的影响，探讨个体化治疗（personalized medicine）、靶点确证和药物开发。虽然年龄、饮食、环境、生活方式、健康状况都影响药效，但遗传因素是决定高效安全的个体化治疗的关键。

1. 药物基因组学内容　药物基因组学研究药物作用相关基因（包括药物作用靶点、药物代谢酶和药物转运蛋白、药物副作用相关基因）的多态性，研究其对基因表达的影响，从而阐明药物疗效或不良反应的机制，最终目标是实现药物设计与应用的个体化，即根据个体遗传特征设计特异性药物，实施个体化治疗。

（1）指导个体化治疗：因为存在遗传多态性，许多药物并不是对每一位患者都有效，无效患者的药物靶点、药物代谢酶和药物转运蛋白的基因可能存在微小差异。例如，氨基糖苷类抗生素的致聋性与线粒体 12S rRNA 基因 A1555G 突变有关，通过基因诊断鉴定相关患儿并指导其避免使用氨基糖苷类抗生素，可以防止其患药物性耳聋。

巯基嘌呤类药物（XL01BB）巯嘌呤、硫鸟嘌呤、硫唑嘌呤常用于治疗白血病、免疫功能紊乱、炎症性肠病等。这些药物对少数患者有毒性作用，原因是药物代谢酶硫嘌呤甲基转移酶（TPMT）存在个体多态性，如在白种人中 90% 有高活性，10% 有中等活性，0.3% 活性极低，后者不能有效灭活巯基嘌呤类药物，导致药物积累而引起中毒。目前从基因组水平可以分析这种多态性，指导确定用药剂量。

选择性 β 受体阻滞剂（XC07AB）美托洛尔作用于 β_1 肾上腺素能受体，是广泛应用的降压药，但某些个体药物反应不明显。已知野生型 β_1 肾上腺素能受体等位基因的 Ser49 和 Arg389（基

因型记作 *SR/SR*，以下同）是两个多态性位点，对应有三种基因型：*SR/GR*、*SR/SG*、*GR/SG*。药用剂量美托洛尔可使 *SR/SR* 型患者舒张压降低（14.7±2.9）mmHg，*SR/GR*、*SR/SG* 型只有 *SR/SR* 型药效的一半，*GR/SG* 型无效。因此对不同患者可通过基因分型确定是用美托洛尔或其他 β 受体阻滞剂。

（2）第一时间安全用药：改变传统的尝试用药策略，在第一时间就根据患者的遗传特征设计治疗方案，既缩短治疗周期，又保证用药安全，降低不良反应，还能降低因不良反应导致的住院率和死亡率。

（3）优化用药剂量和用药时间：传统的用药剂量是根据患者的体重和年龄来确定的，药物基因组学可根据患者的遗传特征来确定用药剂量和用药时间，既能提高治疗效果，又能避免用药过量。

（4）研发高效药物：发现疾病相关基因、病原体毒力基因或特异基因，从这些基因或其表达产物中选择药物靶点，研发疗效好、特异性高的药物。

（5）降低研发成本，缩短研发周期：在基因组水平上更容易寻找药物靶点，还可以从那些已被否定的候选药物中筛选适用于特殊患者的药物，成功率高并且成本低、风险小、周期短、上市快。

（6）研发第三代疫苗：比第一、二代疫苗更稳定，更安全。

（7）降低医疗保健成本：降低药物不良反应率，缩短治疗周期（通过提高早期确诊率、减少尝试用药次数）。

2. 药物基因组学现状　以人类基因组计划为基础，药物基因组学已成为药物开发的技术平台。各大制药公司和实验室已经注意到其潜在的商机，纷纷投资进行开发。

肝细胞色素 P450 系统（cytochrome P450，CYP）参与 30 多类药物的转化。*CYP* 基因的多态性（特别是单核苷酸多态性，SNP）使 P450 系统活性存在个体差异，从而影响某些药物的转化。低活性或无活性 P450 不能有效地转化药物，会造成用药过量。*CYP2D6* 是第一个被阐明具有多态性的药物代谢酶基因，其等位基因 *CYP2D6*3*（2549delA）和 *CYP2D6*4*（1846G → A）使酶失活，*CYP2D6*10*（100C → T）和 *CYP2D6*17*（1023C → T）使酶活性降低，*CYP2D6*2xn*（2850C → T）使酶活性增加。2005 年，美国 FDA 批准了第一张进入临床的 SNP 芯片——P450 芯片，该芯片可检测决定 P450 活性的多态性位点，评价药物代谢水平的个体差异，据此可设计不同的给药方案，例如可通过鉴定血栓性疾病患者 P450 的 SNP 指导其华法林类抗凝药物的用量。许多医药企业在药物开发时也考虑到了 P450 个体差异这一因素。

3. 药物基因组学问题　药物基因组学是一个新兴领域，需要面对以下问题。

（1）影响用药的 DNA 多态性复杂多样：①平均每 200bp 中就有 1 个 SNP 标记，需要分析上千万的 SNP 位点以确定其对药物反应的影响。②与每一种药物反应有关的基因可能有很多，以我们目前的认知程度还不能完全阐明这些基因，并且阐明它们将是极其耗时费力的。

（2）候选药物太少：某些疾病可能只有一种或两种候选药物。如果患者因为存在个体差异而不能使用这些候选药物，那他就无药可用了。

（3）医药企业要考虑经济效益：研发一种药物可能要投入上亿的资金，为一个小群体研发替代药物没有经济效益。

（4）处方医生需接受培训：针对同一疾病的不同患者使用不同药物进行治疗，毫无疑问使处方复杂化了。处方医生必须执行额外的诊治程序，确定患者使用哪种药最合适。为了向患者解释诊断结果，设计治疗方案，处方医生还必须精通遗传学。

第三节 功能基因组学

完成基因组测序只是迈出了基因组研究的第一步，接下来还要解读基因组信息，包括全部基因序列和非基因序列，阐明其功能，研究其如何控制细胞、组织、整体的生命活动。

功能基因组（functional genome）是指细胞内所有具有特定生理功能的基因序列。功能基因组学（functional genomics）是研究基因组中全部基因序列和非基因序列功能，包括基因表达及其调控的学科。它利用基因组信息，借助大规模、高通量、自动化的分析技术及生物信息学平台，在整体规模上全面系统地研究基因组。

一、功能基因组学内容

功能基因组学主要研究基因组的动态信息，包括转录、翻译、蛋白质相互作用等。相比之下，基因组学主要研究基因组的静态信息，包括 DNA 序列和结构等。

1.鉴定基因组元件及其定位 包括基因编码序列、基因调控元件和非基因序列。

2.研究基因产物及其功能 研究内容发展为转录组学、蛋白质组学。

3.研究基因表达及其调控 研究内容发展为转录组学、蛋白质组学。

4.研究基因组功能相关信息 例如 DNA 损伤信息和 DNA 多态性信息。

5.研究生物医学 例如基因表达调控与肿瘤的关系，神经系统基因表达模式与神经系统疾病的关系，疾病易感性，药物反应，个体化治疗。

6.研发基因产品 例如基因药物。

二、功能基因组学技术

功能基因组学技术的特点是大规模、高通量、自动化。常用技术有基因芯片技术（第十二章，313 页）、基因表达系列分析技术、RNA 干扰技术、生物信息学技术、消减杂交技术、转基因技术和基因靶向技术等。

（一）消减杂交技术

消减杂交技术（subtractive hybridization，SH）是将实验组 mRNA（或 cDNA）与对照组 cDNA（生物素标记）杂交，去除杂交体和未杂交对照组 cDNA，得到未杂交实验组 mRNA，以分析仅在实验组表达的基因。传统的消减杂交技术对 mRNA 的质和量要求很高，并且很难获得低丰度的差异基因 mRNA。为此，科学家将消减杂交技术与 PCR 技术联合，建立了代表性差异分析（representational difference analysis，RDA）、抑制性消减杂交（suppression subtractive hybridization，SSH）等方法，极大地提高了分析的效率和灵敏度。

此外，随着测序技术的不断发展，可以很方便地获得各种组织细胞、同一组织细胞在不同时期或不同生理状态下的转录组信息。通过两两比对或多重比对，可较全面地鉴定特异性基因，称为电子消减杂交、数据库消减杂交。

（二）代表性差异分析

代表性差异分析又称差异显示分析（differential display analysis，RDA），是一种基因表达差异分析技术。

1. RDA 原理 RDA 融合了逆转录、消减杂交、PCR 等技术，关键是应用了以下成分：①限制性内切酶，用于消化 cDNA、切除引物接头。②一种引物接头（接头 1，含引物 1 序列，5' 端去磷酸化，故只能连接于 DNA 的 5' 端）和相应的接头引物（引物 1），用于 PCR 制备 cDNA 扩增产物。③一组引物接头（接头 2、3、4，5' 端去磷酸化，故只能连接于 DNA 的 5' 端）和相应的接头引物（引物 2、3、4），用于 PCR 制备差异表达基因片段。这组引物接头的共同特征是加接后形成 5' 黏性末端，且含相应的接头引物序列。④连接酶，用于加接引物接头。⑤绿豆核酸酶（特异降解单链 DNA 或 RNA，可将两种黏性末端削为平端），用于降解单链扩增产物。RDA基本原理如下（图 16-1）。

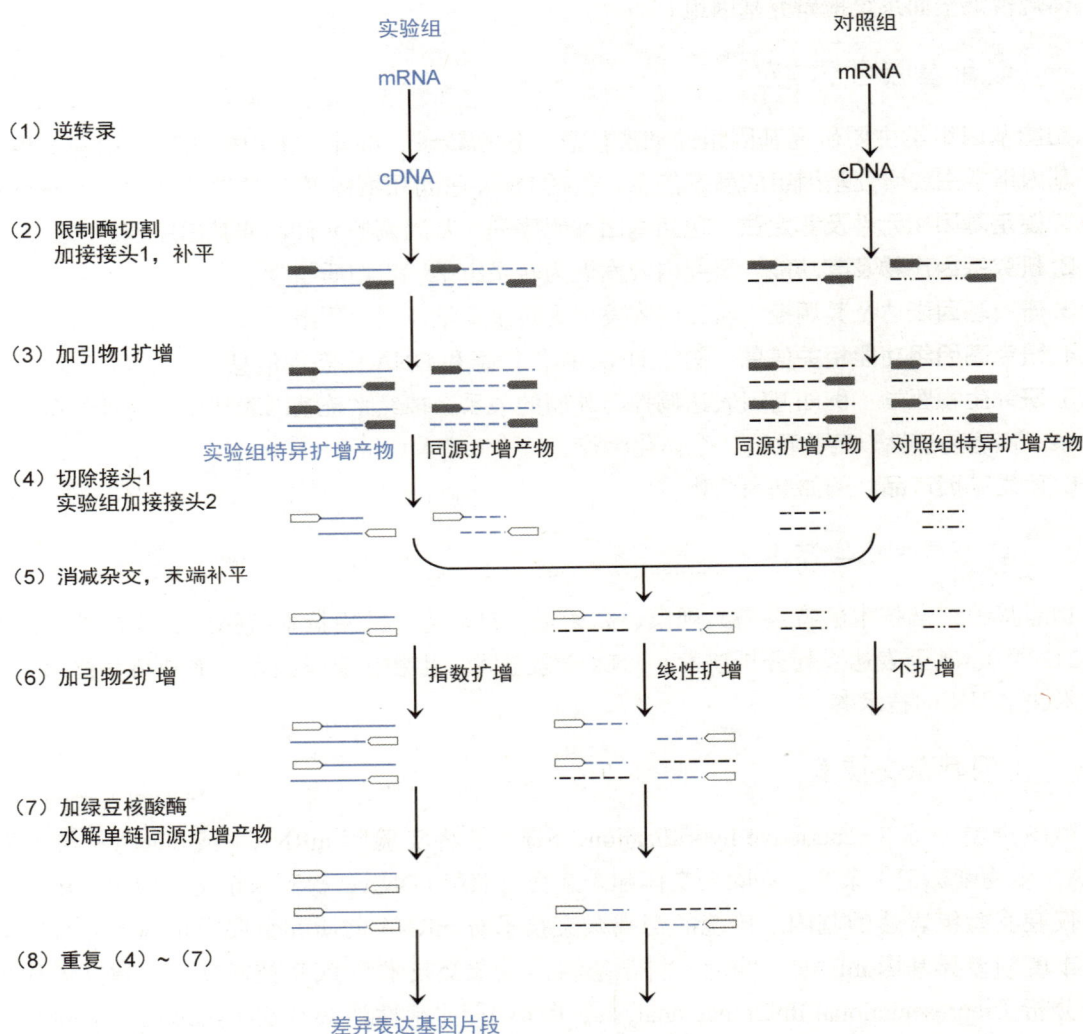

图 16-1 代表性差异分析

（1）逆转录制备实验组 cDNA（tester，又称目标 DNA）和对照组 cDNA（driver，又称驱动 DNA）。

（2）用同一种限制性内切酶（如 *Dpn* II，限制性酶切位点 N-GATC）分别消化两组 cDNA（150~1500bp，平均长度 256bp），加接接头 1。

（3）加入引物 1 进行 PCR 扩增，制备实验组、对照组 cDNA 扩增产物。

（4）切除两组 cDNA 扩增产物接头 1，实验组 cDNA 加接接头 2。

（5）实验组 cDNA 与过量（1∶100）对照组 cDNA 扩增产物混合杂交（消减杂交），DNA 聚合酶补平 5' 黏性末端。此时体系有三类扩增产物：①两端都有接头 2 的扩增产物，是实验组 cDNA 特异扩增产物，来自只在实验组表达的基因，因而是要富集的扩增产物，即**差异表达基因片段**。②一端有接头 2 的扩增产物，是实验组、对照组 cDNA 同源扩增产物的杂交体，来自在实验组、对照组都表达的基因。③两端没有接头的扩增产物，是同源 cDNA 扩增产物（来自在实验组、对照组都表达的基因）和对照组 cDNA 特异扩增产物（来自只在对照组表达的基因）。

（6）加入引物 2 进行 PCR：①实验组 cDNA 特异扩增产物呈指数扩增，得双链产物。②一端有接头 2 的杂交体呈线性扩增，得单链产物。③没有接头的扩增产物不扩增。

（7）加绿豆核酸酶降解单链同源扩增产物。

重复步骤（4）～（7）2 次，第一次切除接头 2，加接接头 3，第二次切除接头 3，加接接头 4，每次均与过量（1∶800 和 1∶400000）对照组扩增产物消减杂交，PCR 扩增，最后得到差异表达基因片段。

2. RDA 应用　①研究转录组差异以阐明基因表达的特异性、疾病的遗传基础。②研究基因组差异以阐明 DNA 多态性、基因突变。

3. RDA 特点　快速、高效、灵敏、特异、稳定。

（三）基因功能研究模式生物

模式生物（model organism）是作为实验模型以研究特定生物学现象的动物、植物和微生物。从研究模式生物得到的结论，通常可适用于其他生物。目前公认的用于生命科学研究的常见模式生物有噬菌体（*Bacteriophage*）、大肠杆菌（*Escherichia coli*）、酿酒酵母（*Sacharomyces cerevisiae*）、秀丽新小杆线虫（*Caenorhabditis elegans*）、黑腹果蝇（*Drosophila melanogaster*）、斑马鱼（*Danio rerio*）、小鼠（*Mus musculus*）、拟南芥（*Arabidopsis thaliana*）等。

尽管生物信息学和基因芯片技术等的建立和发展加快了功能基因组的研究进程，但它们主要是通过分析序列相似性、根据已知基因功能推测未知基因功能。由于基因序列还有复杂的二级结构，其功能最终要在整体水平阐明。研究基因功能最有效的方法是观察基因表达减弱或增强时细胞水平和整体水平的表型变化，需要应用模式生物进行研究。

1. 微生物　主要是细菌和酵母，是生命科学不可缺少的研究材料，也是简单和古老的基因功能研究平台。其优点是培养简便，增殖迅速；不足是作为单细胞生物不适于研究细胞 - 细胞相互作用。

2. 哺乳动物细胞　主要是一些鼠类培养细胞和人体培养细胞，是研究基因（特别是高等动物基因）功能的重要平台，可用于研究基因表达、信号转导、细胞周期调控以及原癌基因和抑癌基因的功能。不足是培养细胞系统也是单细胞的体外集合，不能提供整体功能信息。此外，部分哺乳动物细胞培养条件苛刻，不易控制。

3. 类器官　是利用干细胞在体外定向诱导分化形成的具有自我更新、自我组织能力的微型器官，与体内器官（*in vivo* organ）具有相似的空间组织并且能够执行体内器官部分或全部功能。类器官具有以下三个特征：①细胞能够通过空间组织和细胞特异化自行组织，重现体内器官结构；②含有一种以上与体内器官相同的细胞；③能够再现体内器官的某些功能。目前已能成功培养的类器官有小肠类器官、胃类器官、视网膜类器官、肾脏类器官、肝脏类器官、胰腺类器官、大脑类器官、肺类器官、前列腺类器官、乳腺类器官、输卵管类器官、海马体类器官等。相比于普通细胞，类器官能更好地模拟体内环境，已被广泛应用于发育生物学、疾病病理学、再生医学、精准医学、药物毒性和药效等研究领域。其缺点在于培养条件更加复杂、成本高昂，且实验结果的均一性和可重复性比细胞实验差。

4. 转基因和基因靶向小鼠　小鼠的遗传资源十分丰富，其基因组已经完成测序。人类基因组序列有约 85% 和小鼠相同，有超过 98% 的人类基因在小鼠基因组中存在同源基因，因此小鼠在生理上和人类非常接近，是药物开发最重要的模式生物。不足是技术难度大，研究费用高，实验周期长。此外，胚胎受母体内环境影响较大。

三、转录组学

转录 [物] 组（transcriptome）是指一定条件下基因组在一种细胞或组织内表达的全部转录产物的总称，包括 mRNA 和 ncRNA，可以反映某一生长阶段、某一生理或病理状态下、某一环境条件下，机体细胞或组织所表达的基因种类和表达水平。转录 [物] 组学（transcriptomics）是研究转录组，即在基因组水平研究基因组的表达模式及表达的全部转录物的种类、结构、水平和功能的学科。

一个细胞在特定条件下转录合成的全部 RNA 称为细胞转录组（cellular transcriptome）。考虑到人类基因组序列仅有约 1.5% 编码蛋白质，我们似乎可以理解为只有一小部分基因组可以转录。然而事实并非如此，转录组分析表明人类基因组序列 90% 以上可以指导合成 RNA。当然，它们大多数是 ncRNA。许多 ncRNA 通过与其他 RNA、基因组 DNA 或蛋白质相互作用参与调控基因表达。ncRNA 研究进展之快让我们意识到，即使人类自己的 ncRNA，其大部分的功能尚未阐明。

1. 转录组学内容　转录组学是功能基因组学的一个分支，所以转录组学内容也是功能基因组学内容。转录组学研究转录组的过程就是大规模分析转录组的过程。

（1）研究基因功能：研究各种组织细胞的转录组可以知道一种基因在不同细胞中的表达情况，从而分析其功能。例如，①如果两种基因的表达模式相似，则它们的功能可能相似。②如果一种基因在脂肪组织表达，但在骨骼和肌肉组织不表达，则该基因可能参与脂肪代谢。③如果一种基因在肿瘤细胞中的表达水平明显高于正常细胞，则该基因可能在细胞增殖过程中起重要作用。

（2）研究基因表达特异性：基因组没有特异性，但基因表达有时间特异性、空间特异性和条件特异性。转录组是基因组的转录产物，所以分析转录组可以知道一定条件下细胞中有哪些基因表达，哪些基因不表达。任何一种细胞在特定条件下所表达基因的种类和表达水平都有特定的模式，称为基因表达谱（gene expression profile）。基因表达谱包括转录组和蛋白质组。分析基因表达谱应当注意细胞类型、代谢条件（生理状态、病理状态、治疗状态、治疗阶段）。

（3）研究基因表达调控：包括基因表达的调控机制、调控网络，基因及其表达产物在代谢途径中的地位，基因产物的相互作用。一种细胞的基因表达水平能够反映其细胞类型、所处分化阶段以及代谢状态。因此，系统研究基因组表达的所有 mRNA 和蛋白质及其相互作用，可以阐明个体在不同发育阶段和不同生长条件下的基因表达调控网络。

（4）诊断疾病：有时一种诊断标志还不足以区分两种类似的疾病，例如某些肿瘤。通过研究基因表达谱可以作出正确诊断。

（5）寻找诊断标志：分析病理组织及相应正常组织的转录组，其中的差异基因可能成为诊断标志。

（6）寻找药物靶点：如果一种药物作用后的基因表达谱与一种突变体的基因表达谱相似，则突变影响的编码产物可能就是该药物的靶点。

2. 转录组数据库　可用于分析基因表达的特异性，推导全长 cDNA 序列，确定基因座。如 Gene Expression Omnibus（https://www.ncbi.nlm.nih.gov/geo/）、The Cancer Genome Atlas Program（TCGA）（https://www.cancer.gov/ccg/research/genome-sequencing/tcga）、UCSC Xena（https://xena.ucsc.edu/）。

3. 转录组与基因组比较　基因组包含全部遗传信息，但只是一个信息库，是静态的，必须表达才能起作用；基因组是均一的，与细胞类型无关；基因组是稳定的，与发育阶段、生长条件无关。

研究表明，转录组序列占人类基因组序列的 90% 以上。此外，一个基因可能因存在选择性启动子而转录得到多种初级转录产物。一种初级转录产物可能因选择性剪接、选择性多聚腺苷酸化、编辑等而得到多种 mRNA，所以转录组比基因组序列复杂；因为基因组在不同条件下有不同的表达模式，所以转录组是动态的，反映的是正在表达的基因，与细胞类型、发育阶段、生长条件、健康状况等有关。

功能基因组学将为我们阐明人类基因组信息的逻辑构架，基因结构与功能的关系，信号转导的机制，细胞增殖、分化和凋亡的机制，神经传导和脑功能的机制，个体生长、发育、衰老和死亡的机制，疾病发生、发展的机制等奠定基础。

第四节　蛋白质组学

继人类基因组计划基本完成之后，人类蛋白质组计划于 2003 年 12 年月 15 日正式启动。国际人类蛋白质组计划的总部设在北京，首批行动计划包括我国科学家牵头的人类肝脏蛋白质组计划和美国科学家牵头的人类血浆蛋白质组计划。

蛋白质组的概念由澳大利亚学者 M. Wilkins 于 1994 年提出，并仿造了一个混成词"proteome"。因为蛋白质是基因编码的产物，所以蛋白质组似乎可以被简单地理解成是由一个基因组编码的全部蛋白质。然而，至少有一个事实告诉我们蛋白质组与基因组绝不是简单的对应关系：蛋白质组既有空间特异性、时间特异性，又有条件特异性；而基因组只有物种特异性，没有空间特异性，更没有条件特异性。因此应该多层面动态理解蛋白质组，即一个个体、一种组织、一种细胞、一种细胞器或一种体液在一定的生理或病理状态下所拥有的全部蛋白质，包括所含蛋白质种类、丰度、结构、修饰状态、性质、功能、分布、相互作用和变异等。

蛋白质组学的概念由瑞士学者 P. James 于 1997 年提出，并仿造了一个混成词"proteomics"。蛋白质组学应用组学技术研究蛋白质组，建立和应用蛋白质信息数据库。

一、蛋白质组学内容

蛋白质组学高通量、全方位、多层次、动态研究蛋白质组。

1. 分析蛋白质丰度　用双向电泳技术、蛋白质印迹技术、蛋白芯片技术、抗体芯片技术、免疫共沉淀技术进行蛋白质作图（protein mapping），即分析特定组织细胞在特定时间和特定条件下的蛋白质组。通过比较不同组织细胞或同一组织细胞在不同条件下的蛋白质组差异，研究基因表达的特异性及疾病相关性。

2. 分析蛋白质翻译后修饰　从而鉴定其存在形式、活性形式、必需基团，揭示其变构机制、活性调节机制。

3. 揭示蛋白质构象　阐明蛋白质功能的一个重要前提是揭示其构象。蛋白质组学应用质谱技术、X 射线衍射技术和核磁共振技术等在蛋白质组水平研究蛋白质的构象信息，建立数据库，通过信息分析揭示一级结构决定构象的规律，最终可以预测蛋白质的构象。近年来，多种用于预测蛋白质构象的人工智能工具已被开发和应用，如 Alphafold、RoseTTAFold 等。

4. 阐明蛋白质功能　系统应用中和抗体、小分子化合物等干预蛋白质活性或使蛋白质失活，观察对某一生命活动过程的影响，从而阐明蛋白质功能模式。

5. 研究蛋白质作用　几乎所有生命活动的化学本质都是蛋白质作用，既包括辅基结合、亚基组装，更包括蛋白质 - 蛋白质、蛋白质 - 核酸、酶 - 底物、抗体 - 抗原、配体 - 受体等相互作用。因此，蛋白质组学应用酵母双杂交技术、表面展示技术等研究蛋白质作用，可以绘制蛋白质作用图谱，阐明蛋白质在代谢途径和调控网络中的作用，以获得对生命活动的全景式认识。

二、蛋白质组学特点

DNA 只是遗传信息的载体，蛋白质才是生命活动的主要执行者。蛋白质组的多样性和动态性使蛋白质组学研究要比基因组学研究复杂得多。因此，基因组学只是组学研究的起步，蛋白质组学才是组学研究的核心。

1. 蛋白质组不是基因组的映射　人类基因组有 90%~95% 基因在转录时存在选择性剪接，平均每个基因指导合成 4 种 mRNA（资料来源不同，与第 377 页数据不一致）。

2. 蛋白质组不是转录组的映射　转录组展示了一定条件下细胞内 RNA 的种类及每种 RNA 的相对丰度，但其中 mRNA 的种类及丰度与蛋白质组不一致，其差异由 mRNA 翻译效率及寿命、蛋白质翻译后修饰效率及寿命决定。

3. 蛋白质组具有多样性　不同组织细胞的蛋白质组不尽相同，因为基因表达具有组织特异性。相比之下，同一个体不同组织细胞的基因组完全一样。

4. 蛋白质组具有动态性　一种组织细胞的蛋白质组在不同发育阶段、不同代谢条件下不尽相同，并且直接决定了组织细胞的表型，这是因为基因表达具有时间特异性、条件特异性。相比之下，基因组具有稳定性。

5. 蛋白质组包含翻译后修饰信息　蛋白质的翻译后修饰对蛋白质的功能至关重要，所有蛋白质在合成之后一直经历着各种修饰，许多代谢调节也是通过调节蛋白质的翻译后修饰实现的。

6. 蛋白质组学研究更接近生命活动的本质和规律　蛋白质是生物体的结构基础，是生命活动的主要执行者和体现者。蛋白质组的变化直接反映生命现象的变化。研究蛋白质组可以更全面、细致、直接地揭示生命活动规律。

三、蛋白质组学应用

分析比较正常人与患者完整的、动态的蛋白质组，可以发现在疾病不同发展阶段蛋白质水平的差异，找到某些特异性蛋白质分子，作为疾病诊断标志或药物靶点，指导建立诊断指标、设计治疗方案。

1. 病理研究　阐明人类各种疾病的发病机制。疾病发病机制目前是蛋白质组学研究的一个热点。通过比较生理状态下和病理状态下组织、细胞的蛋白质组，即分析蛋白质在表达部位、表达水平、修饰状态上的差异，发现疾病相关蛋白甚至疾病特异性蛋白，进一步研究这些蛋白质可能存在的结构变化及其导致的功能变化，可以为阐明发病机制提供信息。

2. 疾病诊断　包括疾病的筛查、分期、分型等。所有疾病在表型显示之前已经有某些蛋白质发生变化。因此寻找疾病相关蛋白，特别是疾病标志蛋白，对于疾病诊断具有重要意义。单纯的遗传分析很难诊断多因素疾病，可靠的诊断和有效的治疗应当基于对机体生长发育过程的调控和失控的认识，同时必须考虑环境因素的影响。蛋白质组研究是寻找疾病标志蛋白最有效的方法，在肿瘤、阿尔茨海默病等重大疾病的诊断方面已经显示出可观前景（表 16–7）。

表 16–7　部分肿瘤的标志蛋白

分子标志	疾病
已经确定的部分标志蛋白	
甲胎蛋白（AFP）	肝癌，睾丸癌
降钙素（CT）	甲状腺髓样癌
癌胚抗原（CEA）	结肠癌，肺癌，乳腺癌，胰腺癌，卵巢癌
人绒毛膜促性腺激素（HCG）	滋养细胞疾病，生殖细胞肿瘤
单克隆免疫球蛋白	骨髓瘤
前列腺特异性抗原（PSA）	前列腺癌
肿瘤抗原 125（CA125）	卵巢癌，乳腺癌，肺癌
神经元特异性烯醇化酶（NSE）	肺癌
蛋白质组学技术发现的标志蛋白	
RhoGDI，Glx I，FKBP12	浸润性卵巢癌
膜联蛋白 I	早期前列腺癌和食道癌
Hsp27，Hsp60，Hsp90，PCNA，transgelin，RS/DJ-1	乳腺癌
PGP9.5，角蛋白	肺癌
Hcc-1，核纤层蛋白 B1，肌氨酸脱氢酶	肝癌
Op18，NDKA	白血病
Hsp70，S100-A9，S100-A11	结肠癌
角蛋白，银屑素	膀胱癌

3. 疾病治疗　病程分析、治疗方案及手术时机的确定等。

临床上常见这种情况：两个分型相同的肿瘤患者采取相同的化疗策略，疗效却明显不同。比较蛋白质组学（comparative proteomics，差异显示蛋白质组学）分析发现两者肿瘤细胞的蛋白质组并不相同，显然其所患肿瘤至少应进一步分型，而且蛋白质组中的差异蛋白可能成为相关标志物，并可以指导有针对性地设计更有效的化疗方案。

与 DNA 多态性相比，蛋白质组直接反映代谢的个体差异，可以为处方医生提供基本信息，设计个体化治疗方案，提高疗效，避免不良反应。

4. 药物开发　蛋白质组学应用于药物开发前景可观。

以蛋白质组学为基础的研究表明，人体内可能存在的药物靶点有 3000~15000 个，目前已确证的只有 600 多个，因此还有大量药物靶点尚未阐明。大多数药物靶点是在生命活动中起重要作用的蛋白质，包括酶、受体、激素等。如果通过蛋白质组学信息确定某种蛋白质是药物靶点，就可根据其空间结构信息设计药物，对其生物活性进行干预。例如，一个分子如果能与酶的活性中心不可逆结合，即可以抑制其活性，这正是药物的开发模式之一。

通过对比药物治疗前后蛋白质组差异，可以评价先导化合物结构与活性的关系，研发高活性药物。

在病原体研究方面，蛋白质组学技术可用于病原体鉴定、疫苗研制和药物开发。例如，幽门螺杆菌感染与慢性胃炎、胃和十二指肠溃疡有关，研究表明该菌有 32 个蛋白质点可以与阳性血清特异性结合，其中某些蛋白质可用于疫苗研制。

在中药鉴定中，蛋白芯片技术与药用植物化学结合，可用于药用植物种群和个体的鉴别。

四、蛋白质组学技术

双向电泳技术、质谱技术和生物信息学等是研究蛋白质组的核心技术。

1. 双向电泳技术　**双向电泳**是以等电聚焦电泳和 SDS- 聚丙烯酰胺凝胶电泳为基础建立的电泳技术，用于分析蛋白质混合物最有效。双向电泳技术具有分辨率高、重复性好、可微量制备等特点，是蛋白质组学最经典的研究手段，常与质谱等技术联合研究蛋白质组学特征。

（1）**等电聚焦电泳**（IEF）：1961 年，H. Svensson 提出 IEF 理论并实际应用。1964 年，O. Vesterberg 发明了载体两性电解质。1983 年，B. Bjellquist 发明了一种商标名称为 immobiline 的固定化电解质，用其与丙烯酰胺共聚合可以在凝胶中形成固相 pH 梯度。

电泳凝胶中加入**载体两性电解质**，施加电场之后形成从正极低 pH 值到负极高 pH 值的 pH 梯度，称为 pH 梯度凝胶。凝胶中的蛋白质分子等电点如果小于所在位点 pH 值，则带负电荷，在电场的驱动下向正极移动。正极 pH 值低，因而蛋白质分子所带负电荷随移动而减少。当移动到 pH 值与等电点相同的位点时，蛋白质分子净电荷为零，停止移动。因此，在等电聚焦电泳中，样品蛋白因等电点不同而分离，分析各电泳条带最终位点的 pH 值即为条带所含蛋白质分子的等电点。

早期等电聚焦电泳中的 pH 梯度由可溶性载体两性电解质形成，稳定性、重复性差。**固相 pH 梯度**（IPG）技术的发明使这些问题得到解决，在稳定性、分辨率、重复性、操作性和酸性蛋白质、碱性蛋白质的分离等方面都有了极大的提升。其中分辨率可达 0.001pH，能分离只相差一个静电荷的蛋白质，在一块胶上可分离出 10000 多个蛋白质点。

除非需要维持样品蛋白的天然构象和活性，等电聚焦电泳通常在含尿素甚至非离子表面活性剂的变性凝胶系统中进行。

样品制备是等电聚焦电泳的一个重要步骤，其成功与否是决定等电聚焦电泳、双向电泳成败的关键。样品制备应遵循以下原则：①制备过程中既要尽量减少蛋白质丢失，又要去除起干扰作用的无关蛋白质，特别是高丰度无关蛋白质。②样品蛋白的等电点要处在等电聚焦电泳凝胶的 pH 梯度范围内。③彻底去除盐、脂质、糖、核酸等杂质。④保持样品溶解状态。⑤样品制备过程中避免发生化学修饰，特别是酶解和化学降解等。二硫键例外。

（2）**SDS- 聚丙烯酰胺凝胶电泳**（SDS-PAGE）：聚丙烯酰胺凝胶电泳（PAGE）原理见第十一章（290 页）。SDS-PAGE 属于变性凝胶电泳：需先用二硫苏糖醇（或巯基乙醇）和 SDS 处理样品蛋白，破坏其二、三、四级结构。①二硫苏糖醇还原所有二硫键，使蛋白质所有肽链游离。② SDS 是阴离子表面活性剂，可按 1.4g : 1g（1SDS : 2 氨基酸残基）的比例与多肽链结合，使其携带大量负电荷，且负电荷量与肽链长度成正比（肽链自身解离基团所带电荷已可忽略），因而电泳时聚丙烯酰胺凝胶的分子筛效应使肽链因长度不同而分离。短肽链迁移快，长肽链迁移慢。当肽链分子量为 15~200kDa 时，肽链迁移率与其分子量的对数值呈线性关系。

（3）**双向电泳**（2-DE）：1975 年 P. O'Farrell 建立高分辨率双向电泳，即在二维方向上先后进行 IEF 和 SDS-PAGE，使得样品中的蛋白质成分先后按照等电点和分子量进行分离（图 16-2）。

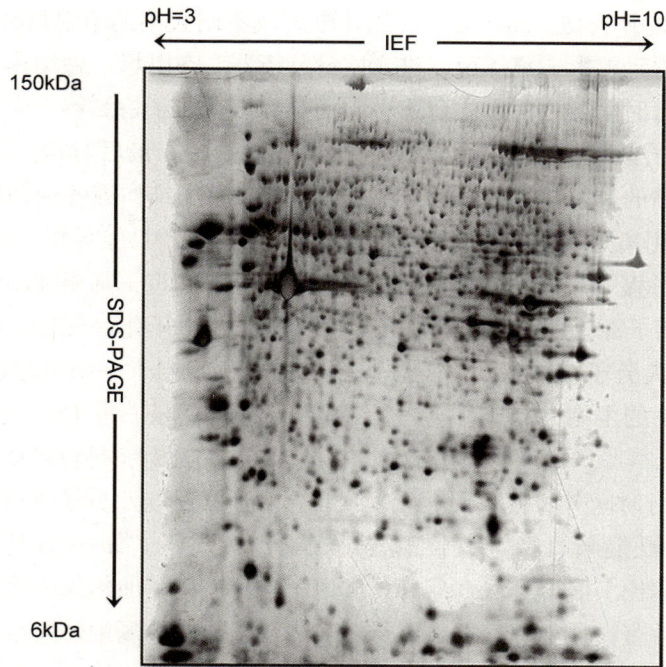

图 16-2　双向电泳

双向电泳分辨率极高，每块凝胶最多可分离出 10000 个蛋白质点（通常是 2000 个左右），灵敏度可达 1ng。每个蛋白质点的纯度都很高，可用于抗体制备甚至序列分析。此外，还可以获得蛋白质的分子量、等电点、表达量以及蛋白质组等信息。

尽管近年来陆续建立了各种新的蛋白质组学技术，如同位素亲和标签技术（ICAT）、蛋白芯片技术等，在不同条件下蛋白质组的平行比较方面，到目前为止仍然没有一种技术可以与双向电泳相媲美。双向电泳可以分析完整蛋白质（或亚基）水平、异构体和翻译后修饰。目前对于双向电泳技术的发展在于改善疏水蛋白的溶解和分离能力、展示低丰度蛋白质和采用荧光标记技术提高定量精度。

（4）荧光差异显示双向电泳（2D DIGE）：将几种样品（如正常肝细胞、肝癌细胞、胚胎干细胞）分别与不同荧光染料（如花青素 Cy2、3、5）交联，然后混合，在同一块聚丙烯酰胺凝胶上进行双向电泳。最后分别针对每种荧光染料进行光密度扫描，所得的图像用分析软件进行自动匹配和统计分析，可鉴别和定量分析不同组织的蛋白质组差异。优点：①可以极大地减小系统误差，提高实验结果的可重复性和可信度。②灵敏度高，可检出 25pg 成分。③线性范围宽，可达 5 个数量级。

2. 质谱技术　质谱（MS）是利用质谱仪将离子化的原子、分子或分子碎片根据质荷比（m/z）大小不同进行分离，并按序排列形成的图谱，可精确测定蛋白质分子量、氨基酸序列（20~30aa 测序只需几秒），与蛋白质分离技术偶联可鉴定蛋白质组，包括分析其丰度（只需一小时）。质谱技术特点：①高度精确。②用样量极少，适合分析双向电泳样品。③既可鉴定简单蛋白质，又可鉴定结合蛋白质，因而既可用于分析蛋白质的氨基酸序列，又可用于研究蛋白质的翻译后修饰，例如磷酸化、硫酸化、糖基化等。

质谱仪主要由进样系统、离子源、质量分析器、检测器构成。其中离子源（10^{-5}~10^{-3}Pa）和质量分析器（10^{-6}Pa）为高真空系统。

　　离子源可将样品（分析物，analyte）气化并电离成不同大小的单电荷分子离子和碎片离子，然后在电场中加速获得动能形成离子束，进入质量分析器。在电场、磁场作用下，离子束中各种离子在飞行轨迹、飞行时间等方面因质荷比不同而分离，聚焦于检测器不同点。将离子流转换为电信号，其强度与离子数成正比，所记录的信号形成质谱图。最后对样品粒子进行定性定量分析，可获得所分析样品的分子量、分子式、同位素组成、分子结构等各种信息。

　　早期质谱技术所用离子源主要采用真空管加热气化技术，只能分析小分子。1988 年，有两种软电离（即离子化过程中保持样品分子的完整性）离子源问世：基质辅助激光解吸电离离子源（MALDI）和电喷雾离子源（ESI）。它们可以将生物大分子离子化、气化，进而可以用质谱技术高灵敏度地检测生物大分子，即在 $10^{-15} \sim 10^{-12}$ mol（10^{-7}g，相当于一条电泳条带）的水平上准确分析分子量高达 10^5Da 的生物大分子，成为蛋白质组学研究的核心技术。

　　（1）**基质辅助激光解吸飞行时间质谱技术**（MALDI-TOF-MS）：是将**基质辅助激光解吸电离离子源**（MALDI）与飞行时间分析器联用。原理：将蛋白质样品与小分子光吸收基质（light-absorbing matrix，易挥发，既能吸收特定波长激光，又能提供质子，如 α- 氰基 -4- 羟基肉桂酸）按 1∶100 ～ 1∶50000（摩尔比）混合，取 0.5 ～ 1μL 点到样品靶表面，加热或风吹烘干共结晶，置入离子源，用激光脉冲使蛋白质电离、解吸，从靶表面飞出，在电场中加速后导入直线飞行管，由其末端的飞行时间分析器记录飞行时间（TOF，与离子质荷比成正比），获得的**肽质量指纹图谱**（PMF）包含样品中每一种肽的质荷比和丰度信息。因为 MALDI 获得的离子多为一价阳离子，所以肽质量指纹图谱中的离子与肽质量有对应关系。理论上，只要直线飞行管有足够长度，飞行时间分析器可监测离子的质量是没有上限的，因而 MALDI-TOF 很适合于分析多肽、核酸、多糖等各种生物大分子。

　　（2）**电喷雾质谱技术**（ESI-MS）：是将**电喷雾离子源**（ESI）与质谱仪联用，由 Fenn 等于 1988 年首次应用于蛋白质分析。原理：用挥发性溶剂溶解样品，样品液通过带高压电（3 ～ 6kV）的针头喷出，雾化成带正电荷（质子化）的微滴，溶剂快速蒸发，微滴表面电荷的密度随溶剂挥发而增高，最终崩解成大量一价离子和高价离子而进入气相，导入质量分析器进行质核比分析（图 16-3）。电喷雾离子源的特点是产生高价离子而不是碎片离子，因而质荷比范围窄，分子量分析范围宽，而且可以直接分析高效液相色谱（HPLC）样品。

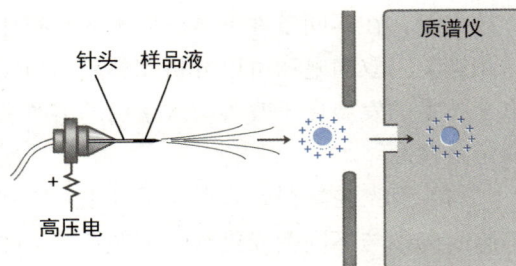

图 16-3　电喷雾质谱技术

　　（3）**液相色谱 - 串联质谱联用技术**（LC-MS/MS）：是将液相色谱（LC）与串联质谱技术（MS/MS）联用，可快速分析肽序列。原理：样品蛋白（可以是单一样品或混合样品）用蛋白酶（常用胰蛋白酶）消化成短肽（<20aa）后液相色谱（如离子交换层析和反相色谱）分离，洗脱液直接输入电喷雾离子源离子化，然后导入一级质谱仪进行质谱分离（根据质量差别），获得肽质量指纹图谱（PMF），称为**一级质谱**。通过一级质谱仪控制系统（如磁场强度控制系统）引导分离的特定短肽进入一个碰撞室（collision cell），通过与惰性气体（如氦气、氩气）碰撞进一步碎片化，这一过程称为**碰撞诱导解离**（CID）。每个肽段平均裂解一次，裂解的多数是肽键。之后碎片离子导入二级质谱仪进行质谱分析，由检测器获得**肽碎片指纹图谱**（PFF），称为**二级质谱**。二级质谱中有两组碎片峰值，一组是断键氨基侧碎片，另一组是羧基侧碎片，

相邻峰差一个氨基酸，分子量差值对应氨基酸种类，从而可以确定序列。该分析也可只用串联质谱。LC-MS/MS 特点：所分析的样品蛋白可为细胞粗提物，可一次性鉴定 1000 多种蛋白质。

蛋白质组学虽然还是一门新兴学科，但已成为当今生命科学领域的前沿学科。蛋白质组学不仅可以与基因组学衔接，揭示生命活动的规律和本质；更可以研究人类各种疾病的分子基础以及发生和发展的机制和规律。

第五节　代谢组学

人类认识生命现象，最初是在整体水平对个体表型的认识，之后深入组织器官水平和细胞水平，随着生物化学和分子生物学等学科的发展，开始在分子水平上认识生命现象，并发现了从 DNA 经 mRNA 到蛋白质再到代谢和表型的生物信息流。

通过分析一个细胞或个体在不同环境条件和生理状态下所含代谢物的种类和浓度，发现代谢物与基因、蛋白质并没有简单的对应关系。生命活动是一个复杂的代谢网络，这个网络随着环境的变化而不断调整。因此，现阶段对生命现象的进一步研究需要上升到对整个细胞或个体全部生物化学过程的认识这一层次，即对各种基因产物和代谢产物进行综合分析，对众多的研究数据进行整合，实现系统性认识，从而由分子生物学时代进入系统生物学时代，代谢组学应运而生。

代谢组学通过组群指标分析、高通量检测和数据处理，研究生命系统受到环境影响、物质干扰，出现生理扰动或发生基因突变时，生物体整体或组织细胞代谢系统表现出的各种动态变化及其变化规律，从整体水平评价生命系统的功能状态及其变化。因此，如果说基因组学、转录组学和蛋白质组学能够预测可能发生的事件，代谢组学则研究已经发生和正在发生的事件。代谢组学已成为生物学和医药学的研究热点，作为系统生物学的核心，通过与其他组学数据整合，构建系统生物学数据库，对生命系统进行定量化和系统化研究，为深入认识生命现象，也为中医药研究提供新思路和新方法。

一、代谢组学概述

代谢组学研究的是基因、环境、营养、时间、病因、药物等诸多因素综合作用于机体时的系统反应。代谢组学研究需要借助高通量的分析技术以及系统科学的理论和方法。

2005 年 1 月，加拿大科学家 D. Wishart 发起人类代谢组计划（Human Metabolome Project）。目前的人类代谢组数据库（HMDB5.0）包括 220945 种代谢物、2832 种药物和 800 种药物代谢物、约 3670 种毒素和环境污染物、797 种食物成分和 70926 食物添加剂信息（截至 2023 年 6 月 19 日）。

（一）代谢组学的建立

20 世纪 80 年代，一些科技工作者开展了对动物尿液进行质谱分析从而确定其代谢物动态变化的研究，初步体现出代谢组学研究的思路。1997 年，O. Fiehn 提出"metabolomics"的概念，指的是细胞内的代谢组学。1999 年，J. Nicholson 提出"metabonomics"的概念，指的是动物体液和组织中的代谢组学，也就是目前代谢组学概念的基础。

（二）代谢组学的基本概念

代谢组学（metabonomics）是通过组群指标分析进行高通量检测和数据处理，研究生理状态和病理状态下的代谢组及其代谢特征。

代谢组（metabolome）是指在一定生理状态下，特定生物样品（如细胞、组织、器官、生物体或体液）中所有小分子代谢物（代谢中间产物、激素、其他信号分子、次生代谢物等）的集合。

代谢指纹分析（metabolic fingerprinting）是对不同的生物样品进行整体性定性分析，通过比较代谢组差异对样品进行快速鉴别和分类。

代谢通量组（fluxome）是在功能与表型关系的研究中，从代谢工程学角度，对复杂生物代谢网络的代谢物流量进行数学动态模拟、计算和定量分析。

生物标志物（biomarker）是对相关生命状态（如疾病等）有指示作用的物质或现象，如某些特异抗原、生物发光等。它可以准确定量，并且它的水平与生命状态相关，即在生理状态、病理状态下，甚至接受治疗前后是不一样的。通过对生物标志物功能进行分析和确认，最终可以完成对代谢机制和生命现象的整体认知和系统解析。

（三）代谢组学的研究方法

代谢组学的研究方法是以高通量、大规模实验方法和计算机统计分析为特征的，具有"整体性研究"和"动态性研究"的特点。

代谢组学研究过程包括三个部分：前期的样品制备，中期的代谢产物分离、检测与鉴定，后期的数据分析与模型建立（表 16-8）。

表 16-8　代谢组学研究方法

流程	内容	流程	内容
（1）样品采集	血液，尿液，组织，其他	（5）数据分析	主成分分析，聚类分析，其他
（2）样品制备	灭活，预处理	①代谢指纹分析	找出生物标志物
（3）成分分离	气相色谱，液相色谱，电泳，其他	②数据库与专家系统	给出事件相应的规律
（4）成分分析	质谱，核磁共振，红外光谱，紫外光谱，其他	③机制分析	分析事件机制，给出干预方法

1. 样品制备　根据研究对象确定样品制备方法，样品可以是细胞、组织或体液。具体步骤包括样品采集、灭活和预处理。在样品制备和分析过程中应尽量保留和体现样品中完整的代谢组信息，使分析结果的差异主要体现样品的内在差异，所以对生物样品的采集、灭活、储存、预处理和仪器分析等环节必须标准化。

2. 代谢产物分离、检测与鉴定　在代谢组学研究中，需要分析的小分子代谢物种类多、理化性质差异大、含量低并且动态范围宽（高低相差 $10^7 \sim 10^9$ 倍）、时空分布差异明显，所以代谢组学分析要做到无损、灵敏、快速、精确、特异、原位、动态、高通量。目前采用的分离分析技术有色谱、质谱、核磁共振等，其中色谱 - 质谱联用技术和核磁共振技术最常用。

（1）**色谱 - 质谱联用技术**：优势是具有很高的灵敏度，可以同时对多种化合物进行快速分析与鉴定，检测动态范围较宽。例如，气相色谱 - 质谱联用技术（GC-MS）是用气相色谱技术分离混合物，分离组分用质谱技术鉴定。液相色谱 - 质谱联用技术（LC-MS）进一步简化了样品制备步骤，能够鉴定和分析含量极低的代谢物。近年来，随着分析技术的发展，新的质谱技术不断涌现。

（2）**核磁共振技术**：可在接近生理状态下分析样品，无需样品制备，无损样品结构，动态测定，因而可以分析完整器官或组织细胞中的各种微量代谢物。特别值得一提的是，新发展的魔角旋转（MAS）、活体磁共振波谱（*in vivo* MRS）和磁共振成像（MRI）等技术能够无创、整体、快速地获得活体指定部位的核磁共振谱，直接鉴定和解析其中的化学成分。^{1}H-MAS-NMR 技术已经成功地应用于肝脏、肾脏、心脏、肠道等实体组织的分析。

3.数据分析与模型建立　目的是找到生物标志物，建立相应的模型。数据分析主要包括原始数据采集和处理，运用化学计量学理论和多元统计分析方法对获得的多维数据进行压缩降维和聚类分析，从中发现生物标志物等有用信息。要求做到数据采集完整，数据处理有效、快速，能够完成多维技术联用。

从分析仪器得到的原始图谱信息量大、噪音复杂，还有基线漂移和测试重现性等问题，不能直接分析，可以先进行前处理，即对原始图谱进行分段积分、滤噪、峰匹配、标准化和归一化等。

解决复杂体系中归类问题和标志物鉴别的主要手段是模式识别，常用无监督学习方法和有监督学习方法。

（1）无监督学习：这类方法适用于缺少有关样品分类的信息，需要在原始图谱信息采集和处理后，根据样品间的相似性对样品进行归类，得到分类信息，并将得到的分类信息和样品的原始信息（如药物靶点或疾病种类等）进行比较，建立代谢产物的分类信息与原始信息之间的联系，筛选与原始信息相关的标志物，进而研究其中的代谢途径。应用较多的方法是主成分分析（PCA），该方法的目标是用较少的独立主成分综合体现原多维变量中蕴含的绝大部分整体信息。

（2）有监督学习：这类方法适用于建立已有类别间的数学模型，突出各类样品间的差异，并利用建立的多参数模型对未知样品的类别进行预测。

此外，可以利用各种数据库，特别是代谢途径数据库，帮助分析及建模。

在上述分析的基础上，可以针对样品的原始信息和所建模型，给出对样品进行系统定性定量分析的全套解决方案，即为专家系统（ES）。

总之，通过以上工作，可以判断生物体的代谢状态、基因功能、药物毒性和药效等，找出相关生物标志物。

（四）代谢组学技术的整合

现有分析技术都有各自的利弊和适用范围，通过整合代谢组学技术，可以对不同来源的生物样品进行分析和数据比较，完成综合评价。

1.分析技术联用　例如，将气相色谱-质谱联用技术与液相色谱-质谱联用技术联合应用，可得到对有关代谢组更全面的了解。

2.分析数据整合　运用数学统计方法对不同代谢组数据进行整合。例如，气相色谱-质谱联用分析数据与液相色谱-质谱联用分析数据整合，核磁共振分析数据与超高效液相色谱-质谱联用（UPLC-MS）分析数据整合。

在以上工作的基础上，将机体不同样品的代谢组学分析整合起来，完成整体水平的代谢组学分析。

二、代谢组学与其他组学的联系

基因组在生物个体的生长、发育和代谢过程中起决定作用，但受环境因素影响。

转录组反映基因表达过程中 RNA 的代谢状况，基因转录、转录后加工、RNA 降解等环节均受到调控，并受基因组、蛋白质组、代谢网络、饮食、体内微生物和药物等因素的影响。

　　蛋白质组反映基因表达过程中蛋白质的代谢状况，蛋白质的合成和修饰、运输和降解等环节均受到调控，并受基因组、转录组、代谢网络、饮食、体内微生物和药物等因素的影响。

　　代谢组作为生物信息流的终端结果，与基因组、转录组、蛋白质组都有密切联系，并受饮食、体内微生物和药物等因素的影响（图 16-4）。

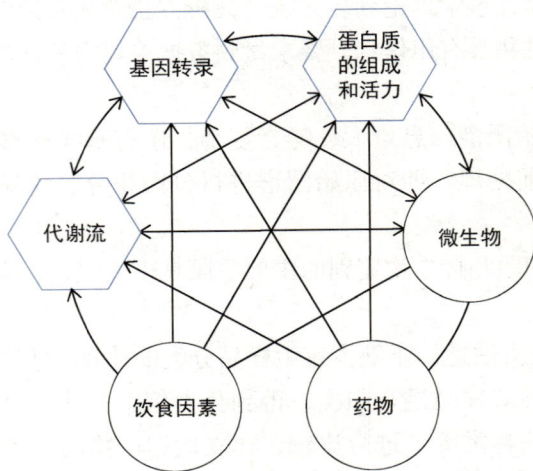

图 16-4　代谢组与诸多因素相互影响

　　基因组、转录组、蛋白质组与代谢组是生物信息传递的几个阶段，可以运用代谢组学的研究成果建立相应的数据库和专家系统，并且与其他组学的数据库相互整合，建立基因突变、基因表达和代谢扰动之间的内在联系，在整体水平上系统地认知生命。

三、代谢组学在中医药研究中的应用

　　通过与其他组学联合，代谢组学不仅已应用于疾病诊断和疾病治疗、靶点确证和药物开发等，也开始应用于中医药研究领域。

　　1. 代谢组学与中医理论　代谢组学通过研究体内小分子代谢物的动态变化揭示机体的生理病理变化趋势和变化机制。中医诊疗的特点是充分考虑人体内在反应与外在表现的联系，具有整体观、动态观和辨证观的特点。

　　中医的"证候"简称"证"，是指在一种或多种致病因子的影响下，机体各系统及与内外环境的相互关系发生紊乱所产生的综合反应。代谢组学能够针对特定的证候对机体进行全面研究及动态研究，识别和分析各种代谢物，找出该证候代谢指纹特征，建立符合中医证候的模型。因此，代谢组学技术的应用有利于使中医学更加客观化、标准化，避免因人为因素而产生错误的诊断结果。

　　2. 代谢组学与中药研究　在中药研究中，代谢组学技术目前主要用于研究中药对机体代谢的影响，研究中药的药理、毒理和安全性，建立中药材质量评价标准等。

　　（1）中药药理研究：中药具有多组分、多靶点、多层次、多途径的作用特点，与代谢组学的整体性特点相吻合。方剂配伍是中医治病的主要手段，组方灵活多变，每因一药的增减或用量的不同即可有不同的疗效。由于复方有效成分极其复杂，配伍原则和效应机制不甚明确，中医治疗学的发展受到一定的限制。通过代谢组学研究方药对机体的整体影响，寻找方药中起主要作用的有效成分，进一步阐明中药的作用机制，包括确证药物靶点或受体，反证方药组成的合理性，有助于使中药发展真正与国际接轨，实现中药的现代化。

（2）中药安全性分析：和其他药物一样，中药具有毒效两重性。因其化学成分复杂，有些中药还含有重金属成分或其他毒性成分，长期使用会损害肝脏和肾脏等器官。值得注意的是，现代中成药的安全性还与中药复方的配伍、生产工艺、药物浓度等因素有关。因此，必须建立整体、动态的评价体系，对中药的安全性作出评价，包括对其副作用成分进行标识和控制。为此可以应用代谢组学技术研究代谢指纹变化，分析与毒性作用靶点及作用机制密切相关的内源性代谢物浓度的特征性变化，确定毒性作用靶点、毒性作用过程以及生物标志物。

（3）中药材质量控制：中药材质量优劣与其所含化学成分直接相关，中药材成分复杂，其组成和含量受中药材的品种、产地、气候、加工方法、储藏条件等各种因素的影响，所以中药材质量控制是中药研发的一个重难点。利用代谢组学技术分析中药材中各种化学成分的含量及状态变化，建立数据库和专家系统，从而制定中药材质量评价标准，可以促进中药材评价的规范化、自动化和现代化。

附录一
专业术语索引

α 地中海贫血　361

α 互补　347

α 肽　347

β 地中海贫血　362

β 连环蛋白　221

γ 干扰素受体　213

ρ 因子　80

σ 因子　76

ω 肽　347

+1 移码　177

−10 区　78

13bp 序列　41

19S 调节颗粒　179

1 型家族性低 β 脂蛋白
　血症　271

1 型家族性高胆固醇
　血症　272

1 型糖尿病　273

1 型血管紧张素 Ⅱ 受体　269

−1 移码　177

−1 阅读框　102

2',3'− 双脱氧核苷三
　磷酸　292

20S 核心颗粒　179

2'−3' 转酯反应　93

26S 蛋白酶体　179

2 型家族性高胆固醇
　血症　271

2 型糖尿病　274

300nm 纤维　14

30nm 纤维　13

3'−3' 转酯反应　93

−35 区　78

3'−RACE　327

3' 编码外显子　24

3' 编码外显子编码区　24

3' 编码外显子非编码区　24

3' 端　8

3' 非翻译区　99

3' 剪接位点　92

3− 磷酸磷脂酰肌醇依赖性蛋
　白激酶 1　212

3' 黏性末端　331

3' 外显子　24

43S 前起始复合物　113

48S[起始] 复合物　113

5'AUG　173

5'−RACE　327

5' 编码外显子　24

5' 编码外显子编码区　24

5' 编码外显子非编码区　24

5' 端　8

5' 非翻译区　99

5' 剪接位点　92

5' 帽子　87

5' 黏性末端　331

5' 外显子　24

9bp 序列　40

Ⅰ B 型高脂血症　271

Ⅰ 类分子伴侣　121

Ⅰ 型倒位　267

Ⅰ 型限制性内切酶　330

Ⅱ 类分子伴侣　122

Ⅱ 类启动子　82

Ⅱ 型倒位　267

Ⅱ 型限制性内切酶　331

Ⅲ 型高脂血症　272

Ⅲ 型内含子　92

Ⅲ 型限制性内切酶　330

A

ABL1 基因　252

A−DNA　10

APC/C　229

APOB 基因　271

APOC2 基因　271

APOE 基因　271

AP 核酸内切酶　60

AP 位点　54

ARF 蛋白　257

A 复合物　93

A 位　103

阿尔茨海默病　171，181

癌　243

癌基因　246

癌症基因组计划　378

艾滋病　279

艾滋病病毒　279

氨基酸臂　18

氨基酸活化　104

氨酰 tRNA 103，104
氨酰 tRNA 合成酶 105
氨酰化反应 104
氨酰位 103

B

B–DNA 10
BH3 蛋白 236
B 复合物 93
靶点确证 29
靶细胞 182
靶向序列 125
白喉毒素 131
百日咳毒素 192
摆动假说 102
摆动碱基 102
摆动位置 102
摆动性 102
斑点杂交法 309
半保留复制 31
半不连续复制 33
半巢式 PCR 327
半胱天冬酶 235
半甲基化 GATC 57
半衰期 17
伴侣蛋白 122
包膜 264
包装比 13
包装信号 72
胞内 [结构] 域 188
胞外 [结构] 域 188
饱和杂交 314
保守序列 40
报告基因 334
比较蛋白质组学 389
闭合复合物 78，85
蓖麻毒素 132
编码链 74
编码区 23，99
编码外显子 24

编码序列 21，23，99
变构模型 86
变性 300
变性高效液相色谱 360
变性凝胶电泳 290
标记酶 304
标签 SNP 29
表达体 135
表达系统 348
表达序列标签 375
表达载体 334
表面展示技术 351
表皮生长因子 208
表皮生长因子受体 206，208
表位标签 312
别乳糖 141
并行合成 42
病毒 24
病毒癌基因 246
病毒性肝炎 276
病原 [体] 相关分子
  模式 240
不对称转录 74
不依赖 ρ 因子的终止子 80

C

C/D snoRNP 90
CAAT 盒 83
cAMP 反应元件 205
cAMP 反应元件结合蛋白
  205
cAMP 结合域 141
cAMP 受体蛋白 141
CAR–T 疗法 369
Cas 356
CDC20 229
Cdc25 途径 231
CDH1 229
CDK 226

CDK1 230
CDK2 228
CDK7 228
CDK 抑制因子 227
cDNA 末端快速扩增
  技术 327
cDNA 探针 302
cDNA 文库 350
cGMP–PKG 途径 217
cos 末端 337
cos 位点 337
CpG 岛 156
CRISPR 356
crk 蛋白 200
CRP 140
CRP 结合位点 140
CTAB 法 286
cyclin 227
cyclin A 228
cyclin B 230
cyclin D 227
cyclin E 228
C 端结构域 77
C 复合物 93
C 值 24
C 值矛盾 24
操纵基因 138
操纵子 134
测序覆盖度 299
测序胶 292
测序酶 292
测序深度 299
测序仪 293
测序珠 296
插入 68，128
插入激活 249
插入缺失 53
插入失活 346
插入型载体 338
插入序列 69

差异表达基因片段　385

长号模型　43

长链非编码 RNA　169

长末端重复序列　72

长修补途径　60

常居 DNA　7

常染色体病　264

常染色体显性遗传病　262

常染色体隐性遗传病　262

常染色质区　153

超螺线管　14

超螺旋化　11

超螺旋结构　11

超敏感位点　154

超顺磁性纳米颗粒　288

巢式 PCR　326

巢式引物　326

沉默突变　53

沉默子　161

成簇规律间隔短回文重复

　　序列　356

成核糖体循环　111

成孔蛋白　241

成熟 miRNA　176

成熟 mRNA　87

成熟 rRNA　81，90

成熟 tRNA　82，90

乘客突变　52

程序性细胞死亡　232

重编程因子　253

重叠基因　22

重叠群　299

重叠延伸 PCR　353

重复单位　26

重复基因　23

重复序列　26

重排　53

重塑复合物　154，164

重新折叠　121

重组 DNA　343

重组 DNA 技术　329

重组酶　67

重组酶 RecA　62

重组体　68，343

重组位点　67

重组修复　61

出口位　104

穿孔素　237

穿孔素途径　237

穿梭载体　334

传染病　264

传染性感染性疾病　264

串话　184

串联体　51

串联重复序列　26

串联重复序列多态性　28

串珠纤维　13

磁珠吸附法　288

次要操纵基因　140

次要剪接体　94

促凋亡蛋白　236

促凝血酶原激酶　266

脆性 X 综合征　54

脆性位点　54

错编　105

错配　52

错配修复　57

错配杂交　352

错误折叠　121

错义突变　53

错载　105

D

Dam 甲基化酶　58

Dane 颗粒　277

DNA　7

dnaA 盒　40

DNase　36

DNA 变性　301

DNA 重组　64

DNA 促旋酶　38

DNA–蛋白质印迹法　312

DNA 的二级结构　7

DNA 的三级结构　7

DNA 的一级结构　7，8

DNA 多态性　27

DNA 复制　31，34

DNA 光解酶　61

DNA 甲基化　156

DNA 结合蛋白　10

DNA 结合基序　164

DNA 结合域　141，187

DNA 解旋酶　37

DNA 解旋元件　41

DNA 聚合酶　34

DNA 聚合酶Ⅰ　34

DNA 聚合酶Ⅲ　35

DNA 聚合酶 α　45

DNA 聚合酶 γ　45

DNA 聚合酶 δ　45

DNA 聚合酶 ε　45

DNA 克隆　329

DNA 连接酶　39

DNA 联合索引系统　367

DNA 扭转应力　11

DNA 损伤　52

DNA 损伤检查点　226，230

DNA 拓扑异构酶　37

DNA 糖基化酶　60

DNA 引物酶　39

DNA 印迹法　300，308

DNA 指纹　30

DNA 肿瘤病毒　245

DNA 转化　344

[DNA] 转座　68

D 环复制　49

大沟　10

大引物 PCR　353

代表性差异分析　383

代谢通量组　394

代谢指纹分析 394
代谢综合征 275
代谢组 394
代谢组学 393，394
单倍型 29
单次跨膜受体 187，208
单分子实时测序 298
单核苷酸多态性 29，375
单基因 [遗传] 病 262
单链 DNA 结合蛋白 39
单链测序文库 296
单链互补 DNA 71
单顺反子 22
单顺反子 mRNA 22，99
单体型 29
单一序列 27
蛋白 [质] 丝氨酸/苏氨酸
　激酶 194
蛋白激酶 193
蛋白激酶 A 204
蛋白激酶 ATM 231
蛋白激酶 ATR 231
蛋白激酶 B 212
蛋白激酶 C 207
蛋白激酶 Chk1 231
蛋白激酶 Chk2 231
蛋白激酶 G 218
蛋白激酶 JAK 213
蛋白激酶 MEK 210
蛋白激酶 RAF 210
蛋白酪氨酸磷酸酶 195
蛋白磷酸酶 195
蛋白酶 K 286
蛋白酶 K 法 286
蛋白丝氨酸/苏氨酸磷
　酸酶 195
蛋白相互作用结构域 167
蛋白芯片 316
蛋白质二硫键异构酶 121
蛋白质分选 124

蛋白质构象病 124
蛋白质家族 23
蛋白质平衡 98
蛋白质前体 116
蛋白质印迹法 300，311
蛋白质原 116
蛋白质折叠 120
蛋白质组 386，387
蛋白质组芯片 316
蛋白质组学 387
蛋白质作图 387
倒位 68
地高辛 304
地高辛精 304
地中海贫血 361
等电聚焦电泳 390
等位基因特异性 PCR 324
等位基因特异性寡核苷酸杂
　交法 310
低本底 303
低丰度 mRNA 287
低丰度 tRNA 101
低频限制性内切酶 331
第二代测序技术 294
第二抗体 312
第二信使 192
第二信使学说 193
第二遗传密码 105
第三代测序技术 298
第三碱基简并性 100
第一代测序技术 294
第一抗体 312
第一信使 185
颠换 53
点突变 53
电穿孔 345
电离辐射 244
电喷雾离子源 392
电喷雾质谱技术 392
电压门控通道 202

电转移 308
凋亡 caspase 235
凋亡体 236
凋亡小体 233
凋亡抑制蛋白 XIAP 236
定点突变 352
定量 PCR 325
定向运输 124
动粒 230
动态突变 52
毒力 264
毒力岛 265
毒力因子 264
毒素 265
读长 291，299
端粒 26，48
端粒酶 48
短串联重复序列 26
短修补途径 60
断裂基因 21
对等位基因特异性寡核苷酸
　探针 310
对照组 cDNA 384
多 [聚] 核糖体 111
多倍体 225
多复制子 32
多核体 225
多基因 [遗传] 病 263
多价蛋白 195
多聚 (A) 尾 88
多聚蛋白 116
多聚泛素化 179
多克隆位点 334
多泡体 183
多嘌呤序列 72
多顺反子 22
多顺反子 mRNA 22，99
多态性位点 27
多亚基蛋白 121
多因子病 263

多重 PCR　324

E

Eastern blot　300

EF 手　207

eIF-4E 结合蛋白　174

ENCODE 计划　23

E 盒　168

E 位　104

额外臂　18

恶性肿瘤　243

二级质谱　392

二聚化结构域　141

二聚化螺旋　168

二抗　312

二氢尿嘧啶臂　18

二氢尿嘧啶环　18

F

Far-Western blot　312

F 因子　339

发育调控　153

翻滚启动子　136

翻译　98

翻译后　127

翻译后修饰　116

翻译后转运　125，129

翻译起始复合物　108，114

翻译起始因子　106

翻译区　72

[翻译] 延伸因子　108

翻译抑制　148

翻译抑制因子　148

翻转　119

反密码子　18，102

反密码子臂　18

反密码子环　18

反面　127

反式作用因子　24

反式作用元件　24

反向 PCR　328

反向重复序列　10，68

反向点杂交　311

反义 RNA　149

泛素　119

泛素 – 蛋白酶体途径　179

泛素化　119

泛素化系统　119

纺锤体检查点蛋白 Mad2　230

非 Watson-Crick 碱基配对　16，102

非编码 RNA　13，26

非编码大 RNA　16

非编码外显子　24

非编码小 RNA　16

非编码序列　21

非编码序列　23

非变性凝胶电泳　290

非传染性感染性疾病　264

非经典焦亡途径　241

非经典炎症小体　241

非酶联受体　187

非溶解性程序性细胞死亡　232

非融合表达载体　341

非受体酪氨酸激酶　193

非同源末端连接　62

非组蛋白　12

费城染色体　252

分解代谢物阻遏　140

分离酶　229

分离酶抑制蛋白　229

分泌囊泡　127

分支点　92

分子伴侣　121

分子病　361

分子开关　189

分子克隆　329

分子量标准　289

分子模式　240

分子生物学　1

分子信标　326

分子信号　134

分子杂交技术　300

封闭试剂　308

缝隙连接　182

辅助分子伴侣　121

辅助噬菌体　338

辅助因子元件　160

辅阻遏物　134

负超螺旋　11

负链 DNA　49

负调控　138

负载　104

复合 [型] 转座子　69

复合物 I　238

复合物 IIa　239

复合物 IIb　239

复性　300

复杂转录单位　87

复制叉　33

复制滑动　55

复制滑移　55

复制起点　26，32，334

复制起点识别元件　47

复制前复合物　47

复制体　40

复制转座　69

复制子　32

G

G$_0$ 期　224

G$_1$/S 检查点　226

G$_1$ 期检查点　226

GC 盒　83

GDP 解离抑制因子　191

gpA 亚基缺陷噬菌体　338

GRB2 蛋白　200

GT-AG 规则　92

GTP 酶激活蛋白 191
G 蛋白 189
G 蛋白偶联受体 203
G- 四分体 11
G- 四链体 11
G 值 24
G 值矛盾 24
钙动员 206
钙调蛋白 207
钙调蛋白激酶 207
感染性疾病 262，264
感受态细胞 345
干扰素 131，215
冈崎片段 33
高保真酶 321
高度重复序列 26
高丰度 mRNA 287
高丰度 tRNA 101
高频限制性内切酶 331
高通量 294
高脂血症 271
个基因家族 23
功能 RNA 75
功能获得性突变 248
功能基因组 383
功能基因组学 383
功能缺失性突变 254
功能未定读框 101
功能芯片 313
共翻译插入 127
共翻译糖基化 119
共翻译转运 124，125
共合体 69
共激活因子 163
共价闭合环状 DNA 289
共调节因子 163
共同祖先 104
共抑制因子 164
共有序列 40
共杂交 314

构象链反应 124
孤儿受体 203
谷氨酰胺结构域 167
固相 pH 梯度 390
固相杂交 302
固相载体 313
固有无序区域 77
寡核苷酸探针 303
寡核苷酸突变 352
管家 RNA 16
管家基因 133
光修复 61
滚环复制 51
过表达 248
过继性 T 细胞疗法 369
过客链 176

H

H/ACA snoRNP 90
HECT E3 120
HER2 基因 251
Holliday 连接 66
Holliday 模型 65
HTH 基序 165
H 链 15
含 U 模板 352
和外源性细胞凋亡 235
和细胞焦亡 233
核磁共振技术 395
核蛋白 7，16
核定位信号 130
核苷酸切除修复 59
核基因组 7
核孔复合体 130
核酶 20
核内复制 225
核内小 RNA 92
核内小核糖核蛋白 92
核内效应 205
核仁小 RNA 90

核仁小核糖核蛋白 90
核受体 187，200
核输出信号 130
核酸 7
核酸 [分子] 杂交技术 300
核酸酶 36，333
核酸内切酶 36
核酸探针 302
核酸外切酶 36，60
核酸杂交技术 302
核糖 [核酸] 核蛋白 16
核糖核酸 7
核糖开关 146
核糖体 19
核糖体 RNA 19
核糖体蛋白 19
核糖体结合蛋白 1 126
核糖体结合位点 107
核糖体循环因子 111
核糖体移码 101
核糖体移位 110
核外效应 205
核小体 13
核小体核心颗粒 13
核心 DNA 13
核心酶 76
核心启动子 82
核心组蛋白 12
核因子 κB 219
核转运蛋白 130
盒式突变 353
后随链 33
候选基因 268
互补 DNA 71
互补链 9
互补黏性末端 343
互补黏性末端连接 343
滑动序列 177
化学降解法 292
化学致癌物 244

坏死小体 239
坏死诱导复合物 239
环磷酸腺苷 204
活化 T 细胞核因子 208
活性构象 120
活性基因 153
活性染色质 153
获得性疾病 262
获得性免疫缺陷综合征 279
霍乱毒素 192

I

Illumina/Solexa 测序技术 297
IP₃–DAG 途径 206
IP₃ 受体 206

J

机械敏感性离子通道 202
基础转录复合物 162
基础转录水平 133，162
基础转录因子 162
基片 313
基因 7，21
基因靶向 355
基因表达 133
基因表达的阶段特异性 151
基因表达的空间特异性 151
基因表达的时间特异性 151
基因表达的条件特异性 151
基因表达的细胞特异性 151
基因表达的组织特异性 151
基因表达调控 133
基因表达谱 377，386
基因病 262
基因差异表达 314
基因沉默 154
基因簇 27
基因带 15
基因对 84
基因分型 359

基因干预 369
基因工程 329
基因激活 154
基因间区 26
基因扩增 158
基因内基因 22
基因敲除 355
基因敲入 355
基因特异性引物 327
基因添加 368
基因突变 52
基因图谱 376
基因文库 350
基因芯片 313
基因芯片技术 313
基因修复 369
基因修饰 T 细胞疗法 369
基因诊断 358
基因治疗 368
基因置换 369
基因转移 344
基因组 7
基因组编辑 355
基因组探针 302
基因组图谱 376
基因组文库 350
基因组修复 60
基因组学 379
基质辅助激光解吸电离离子
    源 392
基质辅助激光解吸飞行时间
    质谱技术 392
激动剂 188
激活蛋白 138
激活蛋白结合位点 138
激活肽 125
激素反应元件 160
级联反应 184
即刻早期基因 211
急性转化病毒 245

疾病 262
寄生分子 22
加尾位点 85
加尾信号 85
甲基化 117
假底物序列 204
间接标记 305
间接诊断 358
减色效应 301
剪接 [位点] 突变 94
剪接供体 92
剪接受体 92
剪接体 92
剪接信号 92
剪接因子 92
简并探针 303
简并性 100
简单转录单位 86
简单转座 69
碱基堆积力 10
碱基配对原则 9
碱基切除修复 60
碱基置换 52
碱裂解法 285
碱性亮氨酸拉链 168
碱性磷酸酶 333
碱性螺旋 – 环 – 螺旋 168
鉴定 345
降解决定子 178
胶原纤维 116
胶原原纤维 116
焦磷酸测序 295
焦磷酸解编辑 79
焦亡信号 240
焦亡信号受体 240
酵母人工染色体 340
接头 DNA 343
拮抗剂 188
结构基因 21
结构转录因子 164

解链温度 301
进位循环 109
近端重组 267
茎环结构 16
经典焦亡途径 240
竞争 PCR 326
静态突变 52
静止期细胞 225
局部激素 186
巨型核酸酶 355
聚合酶链反应标记 307
聚合酶链反应技术 318
聚偏氟乙烯膜 307
聚乙二醇沉淀法 286
卷曲螺旋 167
绝缘子 161
均匀染色区 158
菌落 PCR 348
菌落杂交法 309

K

Klenow 片段 34，307
Kozak 序列 112
Kunkel 法 352
开放复合物 78，085
开放阅读框 101
开环 DNA 289
抗凋亡蛋白 236
抗抗体 312
抗生素 131
抗性基因 69
抗血友病因子 266
抗终止因子 81
抗终止作用 81
拷贝数 26
拷贝数变异 27
颗粒酶 237
颗粒酶途径 237
可变区 187
可变数目串联重复序列 28

可溶性受体或 188
可抑制基因 134
可诱导基因 134
克隆位点 334
克隆载体 334
跨膜结构域 188
跨损伤合成 36，63
扩增子 318

L

LDLR 基因 272
L 链 15
兰尼碱受体 208
蓝白筛选 346
老年斑 181
酪氨酸激酶 193
酪氨酸激酶受体 193
类泛素 120
离子通道受体 202
连读 81
连环数 37
连环体 43
连接 DNA 13
连接 DNA 组蛋白 12
连接物 102
连接子 182
连接子蛋白 182
连锁分析 358
联合调控 153
镰状细胞贫血 53，361
镰状血红蛋白 361
链霉亲和素 304
链终止法 291
良性肿瘤 243
两亲性 α 螺旋 129，167
亮氨酸拉链 167
裂解液 286
裂解周期 336
磷酸化 117
磷脂酰肌醇 -3- 激酶 211

零模波导 299
流产式启动 79
螺线管型 12
螺旋 - 环 - 螺旋 168
螺旋轴 9
螺旋 - 转角 - 螺旋 165
氯化锂 - 尿素法 287
氯化铯密度梯度离心法 285

M

MAPK 210
MAPK 级联反应 209
MAPK 途径 208
MAP 激酶激酶 210
MAP 激酶激酶激酶 210
miRNA 基因 176
mirtron 176
mRNA 多腺苷酸化 88
mRNA 加帽 87
mRNA 前体 81，87
MutS–MutL 复合物 58
myc 基因 252
M 胆碱受体 190
M 期检查点 226，229
脉冲场凝胶电泳 364
慢作用逆转录病毒 245
毛细管电泳 290
毛细管阵列电泳 294
毛细管转移 308
酶标抗体 312
酶联受体 187
门控 [离子] 通道 202
密码子 99
密码子偏好性 101
免疫印迹法 300
模板 34
模板链 74
模块性 198
模式生物 385
模式识别受体 240

末端标记 306

末端酶 337

末端转移酶 306，333

目的 DNA 318，341

N

NF-κB 219

NF-κB 途径 219

Northern blot 300

NO 受体 218

N 胆碱受体 202

N- 聚糖 119

N- 糖基化 119

纳米孔测序 298

内标 [物] 325

内部核糖体进入位点 114

内部外显子 24

内部指导序列 20

内毒素 265

内分泌 186

内含子 24

内含子套索 93

内皮型一氧化氮合酶 208

内向通量 205

内源性凋亡途径 235

内源性细胞凋亡 235

内转录间隔区 81

尼龙膜 307

逆转录 34

逆转录 70

逆转录 PCR 325

逆转录病毒 70

逆转录酶 71

黏 [性末] 端 331

黏连蛋白 229

鸟苷酸交换因子 191

鸟苷酸结合蛋白 189

凝血因子Ⅷ 266

牛小肠碱性磷酸酶 333

扭转不足 11

扭转过度 11

O

oligo(dT) 引物 325

oligo(dT)- 纤维素亲和层析 287

O- 聚糖 119

O- 糖基化 119

P

p16 蛋白 257

p16 基因 257

p53 蛋白 256

p53 基因 256

p53 途径 231

PCR- 限制性片段长度多态性分析 326

PH 结构域 199

PI3K-Akt 途径 211

PKA 途径 204

PKC 途径 207

PKG 通路 217

poly(A) 尾 88

PP2A-B55 230

PPIase A 121

Pribnow 盒 78

PTB 结构域 199

PTEN 蛋白 257

PTEN 基因 257

P 位 103

P 小体 172

旁分泌 186

旁观者效应 369

配体 186

配体结合域 187

配体门控离子通道 202

配体诱导二聚化 188

碰撞诱导解离 392

偏爱密码子 101

片段重组体 66

拼接重组体 66

平端连接 343

脯氨酸结构域 167

葡萄糖效应 140

葡萄糖转运蛋白 4 212

普通引物 325

Q

启动 caspase 235

启动子 24，78，82，107

启动子清除 79

启动子逃逸 79

起始密码子 99

起始子 83

千人基因组计划 378

前蛋白质原 116

前导链 33

前导肽 125，143

前导序列 99，143

前基因组 RNA 49

前胶原 116

前肽 116，125

前体蛋白 116

前序列 129

嵌合 DNA 343

嵌合抗原受体 369

嵌合抗原受体 T 细胞疗法 369

嵌入染料 56

强启动子 138

羟化 117

桥式 PCR 297

切除核酸酶 59

切除修复 59

切口 37

切口平移 37

切口平移标记 305

侵袭力 264

亲和素 304

亲环素 A 121

驱动突变 52

取代合成标记 307

去烷基化修复 61

去折叠 121

全或无调节 137

全甲基化 GATC 57

缺口 35

缺失 68

R

Ran 130

Ras 超家族 191

ras 基因 251

RB1 基因 255

Rb 蛋白 227，255

RecBCD 复合体 62

RING E3 120

RNA 7

RNase 36

RNA 编辑 88

RNA 变性 301

RNA– 蛋白质印迹法 312

RNA 复制 34，95

RNA 复制酶 95

RNA 干扰 175

RNA 剪接 91

RNA 结合蛋白 172

RNA 结合域 166

RNA 聚合酶 76

RNA 聚合酶全酶 76

RNA 前体 75，81

RNA 识别基序 166

RNA 探针 303

RNA 调节子 174

RNA 引物 39

RNA 印迹法 300，309

RNA 诱导沉默复合体 175

RNA 原位杂交 310

Roche/454 测序技术 296

Rous 肉瘤病毒 244

rRNA 前体 81，90

rut 位点 80

染色单体 14

染色体病 262，264

染色体带型 376

染色体外 DNA 14

染色体外环状 DNA 15

染色体易位 53，64

染色体域 14

染色体组 7

染色体组 DNA 7

染色线 14

染色质重塑 153

染色质纤维 13

染色质小体 13

热酚法 287

热启动 323

热休克 345

热休克蛋白 121

人工接头 343

人类代谢组计划 393

人类代谢组数据库 393

人类基因组单体型图计划 378

人类基因组计划 373

人类基因组作图 375

人类免疫缺陷病毒 279

溶解性程序性细胞死亡 233

溶酶体途径 178

溶原菌 336

溶原性噬菌体 336

溶原周期 336

熔解 300

融合表达载体 341

融合蛋白 341

融合基因 341

乳糖操纵子 140

乳液 PCR 296

朊病毒 124

朊病毒病 124

弱启动子 138

S

SDS– 聚丙烯酰胺凝胶电泳 290，390

SD 序列 107

Sextama 盒 78

SH2 结构域 198

SH3 结构域 199

snoRNA 90

snoRNP 90

snRNA 92

SOLiD 测序技术 298

SOS 蛋白 63

SOS 反应 63

SOS 盒 145

SOS 基因 63，145

SOS 调节子 145

SOS 修复 63

Southern blot 300

SR 环 109

STET 溶液 285

SUMO 化 120

三聚体 G 蛋白 189

散在重复序列 26

扫描复合物 113

色氨酸操纵子 142

色谱 – 质谱联用技术 394

筛选 345

筛选标记 334

上游 75

上游激活序列 160

上游开放阅读框 101，173

上游引物 321

上游元件 78，82

奢侈基因 134

神经激素 186

神经内分泌 186

神经内分泌细胞 186

生分支迁移 66

生物标志物 394
生物素 303
生物微阵列 313
生物芯片 313
生长因子 259
生殖细胞突变 244
失活染色质 153
十二烷基硫酸钠 284
识别螺旋 165，168
识别位点 329
识别序列 120
实时 [荧光][定量]PCR 325
实验组 cDNA 384
是细胞程序性坏死 233
适体 146
释放因子 110
噬菌斑杂交法 309
噬菌体 24，336
噬菌体展示技术 351
受体 186
受体病 188
受体酪氨酸激酶 193
受体上调 188
受体丝氨酸 / 苏氨酸激酶 194
受体调节 188
受体下调 188
输出蛋白 130
输入蛋白 130
数字 PCR 326
衰减子 143
双链断裂 66
双链断裂修复 62，66
双链互补 DNA 71
双螺旋结构模型 9
双特异性蛋白激酶 194
双特异性磷酸酶 195
双脱氧法 291
双微体 158

双向电泳 390
双向复制 33
双向基因对 84
双向启动子 84
水解编辑 79
顺反子 22
顺反子间区 99
顺面 127
瞬时调控 153
丝氨酸 / 苏氨酸激酶 194
丝氨酸 / 苏氨酸激酶受体 194
丝裂原活化蛋白激酶 196，210
死亡配体 237
死亡受体 237
死亡受体途径 236
死亡信号 237
死亡诱导信号复合物 237，239
四聚化结构域 141
松弛结构 11
松弛型质粒 15
宿主细胞 15
酸性结构域 167
随机引物 305，325
随机引物标记 305
损伤相关分子模式 240
羧化 117
锁定引物 327

T

T2T 378
T4 DNA 聚合酶 307
T4 多核苷酸激酶 306，333
Taq DNA 聚合酶 320
TaqMan 探针法检测 SNP 326
Taq 酶 320
TATA 盒 83

TATA 结合蛋白 83
Tau 蛋白 171
TBP 相关因子 83
TCR–T 疗法 369
TCR 基因修饰 T 细胞疗法 369
TE 溶液 285
TGF–β 家族 215
TGF–β 途径 215
TIM 复合物 129
TOM 复合物 129
tRNA 核苷酸转移酶 82
tRNA 剪接 91
tRNA 前体 82，90
Tus 蛋白 43
TΨC 臂 18
TΨC 环 18
T 细胞受体 369
T 细胞受体疗法 369
T 载体 321
拓扑结构域 14
拓扑异构体 37
肽反密码子 111
肽基脯氨酰顺反异构酶 121
肽碎片指纹图谱 392
肽酰 tRNA 104
肽酰位 103
肽质量指纹图谱 392
探针 302
探针捕获法 323
糖基化 118
糖基化缺陷与 I 细胞病 119
糖基磷脂酰肌醇锚定蛋白 118
糖尿病 272
糖皮质激素 201
糖皮质激素反应元件 201
糖皮质激素受体 201
特殊类型糖尿病 275
特异性引物 325

特异因子 138

提前终止密码子 170

体内标记 305

体内基因治疗 370

体外标记 305

体外重组 343

体外基因治疗 370

体细胞突变 244

体液因子 185

条件特异性 134

调节氨基酸 143

调节基因 21

调节性表达 134

调节性细胞死亡 232

调节因子 24，138

调节子 144

调控 RNA 16，169

调控基因 21

调控元件 23，137

铁调节蛋白 173

铁反应元件 173

停靠蛋白 126

停泊位点 117

停止转移 – 锚定序列 128

通读 81

通用转录因子 83，162

同工 tRNA 102

同聚物加尾 306

同聚物尾 306

同向重复序列 68

同义密码子 100

同义突变 53

同源 23

同源 [异构] 体 87

同源盒 166

同源盒蛋白 166

同源盒基因 166

同源域 166

同源重组 64

头部 336

退火 300

脱酰 tRNA 104

脱氧核糖核酸 7

V

V(D)J 重组 158

W

Watson–Crick 碱基配对 9

Western blot 300

Wnt 蛋白 221

Wnt 途径 221

外毒素 265

外泌体 183

外显子 24

外向通量 207

外源 DNA 330，344

外源性凋亡途径 235

外转录间隔区 81

微 [小]RNA 175

微泡 183

微卫星 DNA 28，375

微卫星多态性 28

尾部 336

尾丝 336

尾随序列 99

卫星 DNA 28

未折叠蛋白 120

位标 375

位点特异性核酸内切酶 58

位点特异性重组 67

位置效应遗传病 162

无创性产前诊断 368

无巩膜 162

无监督学习 395

无嘌呤嘧啶位点 54

无义突变 53

物理图谱 376

X

X 连锁显性遗传病 263

X 连锁隐性遗传病 263

X 染色质 157

硒代半胱氨酸插入序列 116

硒代半胱氨酸插入序列结合
蛋白 116

硒代半胱氨酸特异性延伸因
子 116

硒蛋白 115

稀有碱基 16

稀有密码子 101

细胞 [表面] 识别 182

细胞癌基因 245

细胞表面受体 187

细胞程序性坏死 238

细胞凋亡 232，233

细胞毒颗粒 237

细胞坏死性凋亡 238

细胞焦亡 239

细胞裂解物 286

细胞内受体 187

细胞死亡 232

细胞通讯 182

细胞外信号调节蛋白激酶
196

细胞外信号调节激酶 210

细胞因子 213

细胞因子受体 213

细胞肿瘤抗原 p53 256

细胞周期 224

细胞周期蛋白 227

细胞周期调控 225

细胞周期检查点 225

细胞周期时间 225

细菌碱性磷酸酶 333

细菌人工染色体 339

狭缝杂交法 309

下游 75

下游启动子元件　83
下游引物　321
先导化合物　389
先天性疾病　262
酰化　118
显性负突变　257
限制点　226
限制性 [酶切] 片段　331
限制性酶切图谱　332
限制性酶切位点　28，330
限制性内切酶　27，36，329
限制性片段　28
限制性片段长度多态性　28，
　375
限制修饰系统　330
线粒体 DNA　15
线粒体基因组　7
线粒体加工肽酶　129
线粒体途径　235
线粒体外膜透化　235
线粒体遗传病　262
线性 DNA　290
腺苷酸环化酶　204
腺苷脱氨酶缺乏症　371
相变异　136
相缠型　12
消减杂交技术　383
硝酸纤维素膜　307
小 G 蛋白　190
小泛素相关修饰物　120
小沟　10
小时序 RNA　175
小卫星 DNA　28
小炎症小体　241
校对　36
效应 caspase　235
效应器　230，231
效应物　138
协同表达　134
协同调控　136，144

协同合成　42
心钠素　217
心钠素受体　217
锌指　165
锌指蛋白　166
锌指核酸酶　355
新生肽　116
信号 [转导] 通路　182
信号 [转导] 途径　182
信号 [转导] 网络　182
信号分子　185
信号锚定序列　128
信号识别颗粒　126
信号肽　116，125
信号肽酶　126
信号细胞　182
信号学说　125
信号整合　142
信号转导　182
信号转导蛋白　183
信号转导分子　182，183
信号转导和转录激活因子
　214
信使 RNA　16，17
信使核糖核蛋白 [体]　90
信息芯片　313
性染色体病　264
性因子　339
雄激素不敏感综合征　188
修饰性甲基化酶　330，333
序列标签位点　375
序列段　119
序列分析仪　293
序列图谱　377
选择标记　334
选择性剪接　87
选择性培养基　347
选择性启动子　160
选择性增强子　160
选择性转录　74

血管紧张素 II　268
血红蛋白病　361
血浆凝血活酶　266
血友病　266
血友病 A　266，363

Y

Y 连锁遗传病　263
亚病毒　124
延伸能力　36
严紧型质粒　15
炎症小体　240
药物靶点　315
药物基因组学　381
叶绿体基因组　7
液相色谱 – 串联质谱联用技
　术　392
液相杂交　302
一级质谱　392
一抗　312
依赖 ρ 因子的终止子　80
移码突变　53
移位酶　110
遗传变异图谱　378
遗传标记　27，358，375
遗传病　262
遗传互补　347
遗传性疾病　262
乙酰化　118
乙酰化蛋白质组　118
乙型病毒性肝炎　276
乙型肝炎病毒　276
异常剪接　94
异常血红蛋白病　361
异硫氰酸胍 – 酚 – 氯仿法
　287
异硫氰酸胍 – 氯化铯密度梯
　度离心法　287
异染色质区　153
异源双链　66

抑癌 miRNA 258
抑癌基因 253
抑制性表达 134
易位子 126
意外细胞死亡 232
因子X激活物 267
引导链 176
引发体 39
引发体前体 41
引物 34
引物结合位点 72
引物末端 34
印迹 307
印迹膜 307
印迹杂交技术 300
荧光报告基团 325
荧光差异显示双向电泳 391
荧光淬灭基团 325
荧光染料 326
荧光探针 326
荧光原位杂交 310
有监督学习 395
有限包装 337
有义密码子 99
诱导酶 134
诱导物 134
诱导性表达 134
诱发突变 55
鱼雷模型 86
预引发复合物 41
预杂交 308
原癌基因 245
原发性高血压 268
原核 25
原核载体 334
原胶原 116
原聚体 123
原噬菌体 336
原位 PCR 323
原位杂交 310

原位杂交 PCR 324
远端重组 267
运输囊泡 126

Z

Z-DNA 10
杂交 300
杂交测序 314
杂交分子 302
杂交体 302
载体 333
载体两性电解质 390
增强体 160
增强元 160
增强子 160
增强子结合蛋白 162
增色效应 301
增殖细胞 225
折叠 121
着丝粒 DNA 26
真核载体 334
真性红细胞增多症 214
整码突变 53
正超螺旋 11
正链 DNA 49
正调控 138
支架蛋白 198
脂血症 271
直接标记 305
直接修复 61
直接诊断 358
指导 RNA 89
质荷比 391
质粒 15，284
质粒拷贝数 15
质粒扩增 284
质谱 391
致癌 miRNA 258
致癌突变 244
致病基因 262

致病性 264
致死突变 52
置换型载体 338
中度重复序列 26
中心法则 31
终末分化细胞 225
终止密码子 99
终止区 43
终止序列 43
终止因子 110
终止子 80
肿瘤 243
肿瘤病毒 244，245
肿瘤坏死因子 α 219
肿瘤抑制蛋白 253
种子序列 177
重症肌无力 188
周期蛋白依赖性激酶 226
周期蛋白依赖性激酶抑制
　因子 227
主成分分析 395
主链 8
主要操纵基因 140
主要剪接体 94
煮沸裂解法 285
专家系统 395
转导 344
转导逆转录病毒 245
转导子 344
转化率 345
转化生长因子 215
转化子 344
转换 53
转换器 230，231
转基因 355
转基因技术 355
转基因生物 355
转接蛋白 198
转录 34，74
转录 [物] 组 386

转录 [物] 组学　386

转录标记　307

转录后基因沉默　176

转录后加工　75

转录激活 [结构] 域　166

转录激活区　141

转录激活因子　160，162

转录激活因子样效应物核酸
　　酶　356

转录偶联修复　60

转录泡　79

转录起始复合物　78，85

转录起始位点　24，78

转录起始因子　76，138

转录前起始复合物　85

转录区　23

转录衰减　143

转录提前终止　144

转录调控　137

转录图谱　376

转录抑制因子　164

转录因子　83，138

[转录] 终止子　24

转录组　386

转染　344

转染子　344

转移后编校　105

转移前编校　105

转运 RNA　18

转运肽　129

转座酶　68

转座子　22

转轴酶　38

自 [身] 磷酸化　208

自发突变　55

自分泌　186

自杀基因　368

自噬途径　179

自主复制序列　47

阻遏蛋白　138

阻遏酶　134

阻滞剂　188

组成酶　134

组成性表达　133

组成性剪接　87

组成性突变　134

组蛋白　12

组蛋白八聚体　13

组蛋白变体　154

组蛋白密码　155

组蛋白去乙酰化酶　156

组蛋白尾　155

组蛋白乙酰化酶　156

组织特异性表达　151

组织特异性基因　151

组织芯片　316

1. Kennelly PJ，Botham KM，McGuinness OP，et al. Harper's Illustrated Biochemistry. 32th ed. McGraw-Hill, LLC，2023

2. Alberts B，Heald R，Johnson A，et al. Molecular biology of the cell. 7th ed. W. W. Norton & Company Inc，2022

3. Lodish H，Berk A，Kaiser CA，et al. Molecular Cell Biology. 9th ed. W. H. Freeman and Company，2021

4. Nelson DL，Cox MM，Hoskins AA，et al. Lehninger Principles of Biochemistry. 8th ed. W. H. Freeman and Company，2021

5. Berg JM，Tymoczko JL，Gatto GJ，et al. Biochemistry. 9th ed. New York：W. H. Freeman and Company，2019

6. Krebs JE，Goldstein ES，Kilpatrick ST，et al. Lewin's Genes XII. Jones & Bartlett Learning，2018

7. Krauss. G. Biochemistry of Signal Transduction and Regulation. 5th ed. Wiley-VCH, Inc，2014

8. Watson JD，Baker TA，Bell SP，et al. Molecular Biology of the Gene (International Edition). 7th ed. Pearson Education, Inc，2014

9. 朱圣庚，徐长法. 生物化学. 4 版. 北京：高等教育出版社，2017

全国中医药行业高等教育"十四五"规划教材

全国高等中医药院校规划教材（第十一版）

教材目录

注：凡标☆号者为"核心示范教材"。

（一）中医学类专业

序号	书 名	主 编		主编所在单位	
1	中国医学史	郭宏伟	徐江雁	黑龙江中医药大学	河南中医药大学
2	医古文	王育林	李亚军	北京中医药大学	陕西中医药大学
3	大学语文	黄作阵		北京中医药大学	
4	中医基础理论☆	郑洪新	杨 柱	辽宁中医药大学	贵州中医药大学
5	中医诊断学☆	李灿东	方朝义	福建中医药大学	河北中医药大学
6	中药学☆	钟赣生	杨柏灿	北京中医药大学	上海中医药大学
7	方剂学☆	李 冀	左铮云	黑龙江中医药大学	江西中医药大学
8	内经选读☆	翟双庆	黎敬波	北京中医药大学	广州中医药大学
9	伤寒论选读☆	王庆国	周春祥	北京中医药大学	南京中医药大学
10	金匮要略☆	范永升	姜德友	浙江中医药大学	黑龙江中医药大学
11	温病学☆	谷晓红	马 健	北京中医药大学	南京中医药大学
12	中医内科学☆	吴勉华	石 岩	南京中医药大学	辽宁中医药大学
13	中医外科学☆	陈红风		上海中医药大学	
14	中医妇科学☆	冯晓玲	张婷婷	黑龙江中医药大学	上海中医药大学
15	中医儿科学☆	赵 霞	李新民	南京中医药大学	天津中医药大学
16	中医骨伤科学☆	黄桂成	王拥军	南京中医药大学	上海中医药大学
17	中医眼科学	彭清华		湖南中医药大学	
18	中医耳鼻咽喉科学	刘 蓬		广州中医药大学	
19	中医急诊学☆	刘清泉	方邦江	首都医科大学	上海中医药大学
20	中医各家学说☆	尚 力	戴 铭	上海中医药大学	广西中医药大学
21	针灸学☆	梁繁荣	王 华	成都中医药大学	湖北中医药大学
22	推拿学☆	房 敏	王金贵	上海中医药大学	天津中医药大学
23	中医养生学	马烈光	章德林	成都中医药大学	江西中医药大学
24	中医药膳学	谢梦洲	朱天民	湖南中医药大学	成都中医药大学
25	中医食疗学	施洪飞	方 泓	南京中医药大学	上海中医药大学
26	中医气功学	章文春	魏玉龙	江西中医药大学	北京中医药大学
27	细胞生物学	赵宗江	高碧珍	北京中医药大学	福建中医药大学

序号	书名	主编		主编所在单位	
28	人体解剖学	邵水金		上海中医药大学	
29	组织学与胚胎学	周忠光	汪涛	黑龙江中医药大学	天津中医药大学
30	生物化学	唐炳华		北京中医药大学	
31	生理学	赵铁建	朱大诚	广西中医药大学	江西中医药大学
32	病理学	刘春英	高维娟	辽宁中医药大学	河北中医药大学
33	免疫学基础与病原生物学	袁嘉丽	刘永琦	云南中医药大学	甘肃中医药大学
34	预防医学	史周华		山东中医药大学	
35	药理学	张硕峰	方晓艳	北京中医药大学	河南中医药大学
36	诊断学	詹华奎		成都中医药大学	
37	医学影像学	侯键	许茂盛	成都中医药大学	浙江中医药大学
38	内科学	潘涛	戴爱国	南京中医药大学	湖南中医药大学
39	外科学	谢建兴		广州中医药大学	
40	中西医文献检索	林丹红	孙玲	福建中医药大学	湖北中医药大学
41	中医疫病学	张伯礼	吕文亮	天津中医药大学	湖北中医药大学
42	中医文化学	张其成	臧守虎	北京中医药大学	山东中医药大学
43	中医文献学	陈仁寿	宋咏梅	南京中医药大学	山东中医药大学
44	医学伦理学	崔瑞兰	赵丽	山东中医药大学	北京中医药大学
45	医学生物学	詹秀琴	许勇	南京中医药大学	成都中医药大学
46	中医全科医学概论	郭栋	严小军	山东中医药大学	江西中医药大学
47	卫生统计学	魏高文	徐刚	湖南中医药大学	江西中医药大学
48	中医老年病学	王飞	张学智	成都中医药大学	北京大学医学部
49	医学遗传学	赵丕文	卫爱武	北京中医药大学	河南中医药大学
50	针刀医学	郭长青		北京中医药大学	
51	腧穴解剖学	邵水金		上海中医药大学	
52	神经解剖学	孙红梅	申国明	北京中医药大学	安徽中医药大学
53	医学免疫学	高永翔	刘永琦	成都中医药大学	甘肃中医药大学
54	神经定位诊断学	王东岩		黑龙江中医药大学	
55	中医运气学	苏颖		长春中医药大学	
56	实验动物学	苗明三	王春田	河南中医药大学	辽宁中医药大学
57	中医医案学	姜德友	方祝元	黑龙江中医药大学	南京中医药大学
58	分子生物学	唐炳华	郑晓珂	北京中医药大学	河南中医药大学

（二）针灸推拿学专业

序号	书名	主编		主编所在单位	
59	局部解剖学	姜国华	李义凯	黑龙江中医药大学	南方医科大学
60	经络腧穴学☆	沈雪勇	刘存志	上海中医药大学	北京中医药大学
61	刺法灸法学☆	王富春	岳增辉	长春中医药大学	湖南中医药大学
62	针灸治疗学☆	高树中	冀来喜	山东中医药大学	山西中医药大学
63	各家针灸学说	高希言	王威	河南中医药大学	辽宁中医药大学
64	针灸医籍选读	常小荣	张建斌	湖南中医药大学	南京中医药大学
65	实验针灸学	郭义		天津中医药大学	

序号	书 名	主 编	主编所在单位	
66	推拿手法学☆	周运峰	河南中医药大学	
67	推拿功法学☆	吕立江	浙江中医药大学	
68	推拿治疗学☆	井夫杰 杨永刚	山东中医药大学	长春中医药大学
69	小儿推拿学	刘明军 邰先桃	长春中医药大学	云南中医药大学

（三）中西医临床医学专业

序号	书 名	主 编	主编所在单位	
70	中外医学史	王振国 徐建云	山东中医药大学	南京中医药大学
71	中西医结合内科学	陈志强 杨文明	河北中医药大学	安徽中医药大学
72	中西医结合外科学	何清湖	湖南中医药大学	
73	中西医结合妇产科学	杜惠兰	河北中医药大学	
74	中西医结合儿科学	王雪峰 郑 健	辽宁中医药大学	福建中医药大学
75	中西医结合骨伤科学	詹红生 刘 军	上海中医药大学	广州中医药大学
76	中西医结合眼科学	段俊国 毕宏生	成都中医药大学	山东中医药大学
77	中西医结合耳鼻咽喉科学	张勤修 陈文勇	成都中医药大学	广州中医药大学
78	中西医结合口腔科学	谭 劲	湖南中医药大学	
79	中药学	周祯祥 吴庆光	湖北中医药大学	广州中医药大学
80	中医基础理论	战丽彬 章文春	辽宁中医药大学	江西中医药大学
81	针灸推拿学	梁繁荣 刘明军	成都中医药大学	长春中医药大学
82	方剂学	李 冀 季旭明	黑龙江中医药大学	浙江中医药大学
83	医学心理学	李光英 张 斌	长春中医药大学	湖南中医药大学
84	中西医结合皮肤性病学	李 斌 陈达灿	上海中医药大学	广州中医药大学
85	诊断学	詹华奎 刘 潜	成都中医药大学	江西中医药大学
86	系统解剖学	武煜明 李新华	云南中医药大学	湖南中医药大学
87	生物化学	施 红 贾连群	福建中医药大学	辽宁中医药大学
88	中西医结合急救医学	方邦江 刘清泉	上海中医药大学	首都医科大学
89	中西医结合肛肠病学	何永恒	湖南中医药大学	
90	生理学	朱大诚 徐 颖	江西中医药大学	上海中医药大学
91	病理学	刘春英 姜希娟	辽宁中医药大学	天津中医药大学
92	中西医结合肿瘤学	程海波 贾立群	南京中医药大学	北京中医药大学
93	中西医结合传染病学	李素云 孙克伟	河南中医药大学	湖南中医药大学

（四）中药学类专业

序号	书 名	主 编	主编所在单位	
94	中医学基础	陈 晶 程海波	黑龙江中医药大学	南京中医药大学
95	高等数学	李秀昌 邵建华	长春中医药大学	上海中医药大学
96	中医药统计学	何 雁	江西中医药大学	
97	物理学	章新友 侯俊玲	江西中医药大学	北京中医药大学
98	无机化学	杨怀霞 吴培云	河南中医药大学	安徽中医药大学
99	有机化学	林 辉	广州中医药大学	
100	分析化学（上）（化学分析）	张 凌	江西中医药大学	

序号	书 名	主 编		主编所在单位	
101	分析化学（下）（仪器分析）	王淑美		广东药科大学	
102	物理化学	刘 雄	王颖莉	甘肃中医药大学	山西中医药大学
103	临床中药学☆	周祯祥	唐德才	湖北中医药大学	南京中医药大学
104	方剂学	贾 波	许二平	成都中医药大学	河南中医药大学
105	中药药剂学☆	杨 明		江西中医药大学	
106	中药鉴定学☆	康廷国	闫永红	辽宁中医药大学	北京中医药大学
107	中药药理学☆	彭 成		成都中医药大学	
108	中药拉丁语	李 峰	马 琳	山东中医药大学	天津中医药大学
109	药用植物学☆	刘春生	谷 巍	北京中医药大学	南京中医药大学
110	中药炮制学☆	钟凌云		江西中医药大学	
111	中药分析学☆	梁生旺	张 彤	广东药科大学	上海中医药大学
112	中药化学☆	匡海学	冯卫生	黑龙江中医药大学	河南中医药大学
113	中药制药工程原理与设备	周长征		山东中医药大学	
114	药事管理学☆	刘红宁		江西中医药大学	
115	本草典籍选读	彭代银	陈仁寿	安徽中医药大学	南京中医药大学
116	中药制药分离工程	朱卫丰		江西中医药大学	
117	中药制药设备与车间设计	李 正		天津中医药大学	
118	药用植物栽培学	张永清		山东中医药大学	
119	中药资源学	马云桐		成都中医药大学	
120	中药产品与开发	孟宪生		辽宁中医药大学	
121	中药加工与炮制学	王秋红		广东药科大学	
122	人体形态学	武煜明	游言文	云南中医药大学	河南中医药大学
123	生理学基础	于远望		陕西中医药大学	
124	病理学基础	王 谦		北京中医药大学	
125	解剖生理学	李新华	于远望	湖南中医药大学	陕西中医药大学
126	微生物学与免疫学	袁嘉丽	刘永琦	云南中医药大学	甘肃中医药大学
127	线性代数	李秀昌		长春中医药大学	
128	中药新药研发学	张永萍	王利胜	贵州中医药大学	广州中医药大学
129	中药安全与合理应用导论	张 冰		北京中医药大学	
130	中药商品学	闫永红	蒋桂华	北京中医药大学	成都中医药大学

（五）药学类专业

序号	书 名	主 编		主编所在单位	
131	药用高分子材料学	刘 文		贵州医科大学	
132	中成药学	张金莲	陈 军	江西中医药大学	南京中医药大学
133	制药工艺学	王 沛	赵 鹏	长春中医药大学	陕西中医药大学
134	生物药剂学与药物动力学	龚慕辛	贺福元	首都医科大学	湖南中医药大学
135	生药学	王喜军	陈随清	黑龙江中医药大学	河南中医药大学
136	药学文献检索	章新友	黄必胜	江西中医药大学	湖北中医药大学
137	天然药物化学	邱 峰	廖尚高	天津中医药大学	贵州医科大学
138	药物合成反应	李念光	方 方	南京中医药大学	安徽中医药大学

序号	书　名	主　编	主编所在单位
139	分子生药学	刘春生　袁　媛	北京中医药大学　中国中医科学院
140	药用辅料学	王世宇　关志宇	成都中医药大学　江西中医药大学
141	物理药剂学	吴　清	北京中医药大学
142	药剂学	李范珠　冯年平	浙江中医药大学　上海中医药大学
143	药物分析	俞　捷　姚卫峰	云南中医药大学　南京中医药大学

（六）护理学专业

序号	书　名	主　编	主编所在单位
144	中医护理学基础	徐桂华　胡　慧	南京中医药大学　湖北中医药大学
145	护理学导论	穆　欣　马小琴	黑龙江中医药大学　浙江中医药大学
146	护理学基础	杨巧菊	河南中医药大学
147	护理专业英语	刘红霞　刘　娅	北京中医药大学　湖北中医药大学
148	护理美学	余雨枫	成都中医药大学
149	健康评估	阚丽君　张玉芳	黑龙江中医药大学　山东中医药大学
150	护理心理学	郝玉芳	北京中医药大学
151	护理伦理学	崔瑞兰	山东中医药大学
152	内科护理学	陈　燕　孙志岭	湖南中医药大学　南京中医药大学
153	外科护理学	陆静波　蔡恩丽	上海中医药大学　云南中医药大学
154	妇产科护理学	冯　进　王丽芹	湖南中医药大学　黑龙江中医药大学
155	儿科护理学	肖洪玲　陈偶英	安徽中医药大学　湖南中医药大学
156	五官科护理学	喻京生	湖南中医药大学
157	老年护理学	王　燕　高　静	天津中医药大学　成都中医药大学
158	急救护理学	吕　静　卢根娣	长春中医药大学　上海中医药大学
159	康复护理学	陈锦秀　汤继芹	福建中医药大学　山东中医药大学
160	社区护理学	沈翠珍　王诗源	浙江中医药大学　山东中医药大学
161	中医临床护理学	裘秀月　刘建军	浙江中医药大学　江西中医药大学
162	护理管理学	全小明　柏亚妹	广州中医药大学　南京中医药大学
163	医学营养学	聂　宏　李艳玲	黑龙江中医药大学　天津中医药大学
164	安宁疗护	邸淑珍　陆静波	河北中医药大学　上海中医药大学
165	护理健康教育	王　芳	成都中医药大学
166	护理教育学	聂　宏　杨巧菊	黑龙江中医药大学　河南中医药大学

（七）公共课

序号	书　名	主　编	主编所在单位
167	中医学概论	储全根　胡志希	安徽中医药大学　湖南中医药大学
168	传统体育	吴志坤　邵玉萍	上海中医药大学　湖北中医药大学
169	科研思路与方法	刘　涛　商洪才	南京中医药大学　北京中医药大学
170	大学生职业发展规划	石作荣　李　玮	山东中医药大学　北京中医药大学
171	大学计算机基础教程	叶　青	江西中医药大学
172	大学生就业指导	曹世奎　张光霁	长春中医药大学　浙江中医药大学

序号	书 名	主 编		主编所在单位	
173	医患沟通技能	王自润	殷 越	大同大学	黑龙江中医药大学
174	基础医学概论	刘黎青	朱大诚	山东中医药大学	江西中医药大学
175	国学经典导读	胡 真	王明强	湖北中医药大学	南京中医药大学
176	临床医学概论	潘 涛	付 滨	南京中医药大学	天津中医药大学
177	Visual Basic 程序设计教程	闫朝升	曹 慧	黑龙江中医药大学	山东中医药大学
178	SPSS 统计分析教程	刘仁权		北京中医药大学	
179	医学图形图像处理	章新友	孟昭鹏	江西中医药大学	天津中医药大学
180	医药数据库系统原理与应用	杜建强	胡孔法	江西中医药大学	南京中医药大学
181	医药数据管理与可视化分析	马星光		北京中医药大学	
182	中医药统计学与软件应用	史周华	何 雁	山东中医药大学	江西中医药大学

（八）中医骨伤科学专业

序号	书 名	主 编		主编所在单位	
183	中医骨伤科学基础	李 楠	李 刚	福建中医药大学	山东中医药大学
184	骨伤解剖学	侯德才	姜国华	辽宁中医药大学	黑龙江中医药大学
185	骨伤影像学	栾金红	郭会利	黑龙江中医药大学	河南中医药大学洛阳平乐正骨学院
186	中医正骨学	冷向阳	马 勇	长春中医药大学	南京中医药大学
187	中医筋伤学	周红海	于 栋	广西中医药大学	北京中医药大学
188	中医骨病学	徐展望	郑福增	山东中医药大学	河南中医药大学
189	创伤急救学	毕荣修	李无阴	山东中医药大学	河南中医药大学洛阳平乐正骨学院
190	骨伤手术学	童培建	曾意荣	浙江中医药大学	广州中医药大学

（九）中医养生学专业

序号	书 名	主 编		主编所在单位	
191	中医养生文献学	蒋力生	王 平	江西中医药大学	湖北中医药大学
192	中医治未病学概论	陈涤平		南京中医药大学	
193	中医饮食养生学	方 泓		上海中医药大学	
194	中医养生方法技术学	顾一煌	王金贵	南京中医药大学	天津中医药大学
195	中医养生学导论	马烈光	樊 旭	成都中医药大学	辽宁中医药大学
196	中医运动养生学	章文春	邬建卫	江西中医药大学	成都中医药大学

（十）管理学类专业

序号	书 名	主 编		主编所在单位	
197	卫生法学	田 侃	冯秀云	南京中医药大学	山东中医药大学
198	社会医学	王素珍	杨 义	江西中医药大学	成都中医药大学
199	管理学基础	徐爱军		南京中医药大学	
200	卫生经济学	陈永成	欧阳静	江西中医药大学	陕西中医药大学
201	医院管理学	王志伟	翟理祥	北京中医药大学	广东药科大学
202	医药人力资源管理	曹世奎		长春中医药大学	
203	公共关系学	关晓光		黑龙江中医药大学	

序号	书　名	主　编		主编所在单位	
204	卫生管理学	乔学斌	王长青	南京中医药大学	南京医科大学
205	管理心理学	刘鲁蓉	曾　智	成都中医药大学	南京中医药大学
206	医药商品学	徐　晶		辽宁中医药大学	

（十一）康复医学类专业

序号	书　名	主　编		主编所在单位	
207	中医康复学	王瑞辉	冯晓东	陕西中医药大学	河南中医药大学
208	康复评定学	张　泓	陶　静	湖南中医药大学	福建中医药大学
209	临床康复学	朱路文	公维军	黑龙江中医药大学	首都医科大学
210	康复医学导论	唐　强	严兴科	黑龙江中医药大学	甘肃中医药大学
211	言语治疗学	汤继芹		山东中医药大学	
212	康复医学	张　宏	苏友新	上海中医药大学	福建中医药大学
213	运动医学	潘华山	王　艳	广东潮州卫生健康职业学院	黑龙江中医药大学
214	作业治疗学	胡　军	艾　坤	上海中医药大学	湖南中医药大学
215	物理治疗学	金荣疆	王　磊	成都中医药大学	南京中医药大学